化学物質管理者専門的講習テキスト

リスクアセスメント対象物製造事業場・
取扱い事業場向け

総合版

関連法令・資料等収録

編著／城内 博

著／伊藤 昭好
　　小野 真理子
　　島田 行恭
　　田中 通洋
　　角田 博代
　　中原 浩彦
　　山本 健也

日本規格協会

はじめに

　化学物質数は増加の一途をたどり、米国化学会の登録番号（CAS RN®）制度によると 2023 年 4 月時点で約 2 億に上る。またその用途も多岐にわたり、使用形態も多様化している。現在、日本で工業的に使用されている物質数は約 7 万といわれるが、労働者へのばく露を少なくするために管理濃度が定められている物質数は 97、容器・包装等のラベルへの危険性・有害性の記載、安全データシート（SDS）の交付及びリスクアセスメントの実施が義務付けられている物質数は 674（労働安全衛生法 2023 年 4 月時点）にとどまる。我が国では化学物質による事故が跡を絶たないが、原因の一つとして、労働災害防止を目的とした様々な措置が定められている物質の数が限られ、事業者はこれらの物質の対策に注力し、それ以外の物質への対策がおろそかになったこと、あるいは危険性・有害性が不明で措置等が定まっていない物質へ切替え使用が行われていること等が指摘されている。

　このような現状に鑑みて、労働者の健康を確保、維持するために職場の化学物質管理を広範な物質に拡大し、より合理的に実施するための政省令改正が行われた。これは従来の「法令順守型」から「自律的な管理」への移行を促進するものである。そのための制度改革の重要な柱として、化学物質を扱う職場では事業場規模にかかわらず「化学物質管理者」を選任することが義務付けられた。化学物質管理者は、事業場における化学物質の管理に係る技術的事項を管理するものとして位置付けられており、表示及び通知に関する事項、リスクアセスメントの実施及び記録の保存、ばく露低減対策、労働災害発生時の対応、労働者の教育等の職務がある。

　「自律的な管理」においては、特に労働者に対する取扱い物質の危険性・有害性に関する情報伝達及びリスクアセスメントに係る事項が重要であるが、これらは「法令順守型」においては十分に整備・活用されてこなかった。「自律的な管理」においてはこれらについて改正が行われ、より広範・柔軟に活用されることが期待されている。本書は、これらの新たな内容を十分に取り入れ、真の「自律的な管理」を遂行できる化学物質管理者を育成するために開発された。

　本書は、労働者健康安全機構 労働安全衛生総合研究所 化学物質情報管理研究センターによってまとめられ、化学物質管理者講習テキスト作成委員会（厚生労働省）で検討・修正のうえ公開された「化学物質管理者講習テキスト＊」の草案がもとになっており、本編（第 1 章～第 11 章）と付録からなる。今回の政省令改正では化学物質管理のあり

＊ 「化学物質管理者講習テキスト～リスクアセスメント対象物製造事業場向け～第 1 版」、2023 年 3 月、厚生労働省ウェブサイト（https://www.mhlw.go.jp/content/11300000/001083281.pdf）で閲覧・利用可能。

方が抜本的に変更されたことから、その背景や関連事項（法令含む）についても追加し付録も充実させた。これは受講者には自律的な管理に対する理解が深まるように、また専門的講習の講師には講義の参考となるようにとの思いからである。

　本書は厚生労働省の公開版と異なる内容や表現も含むが、これは専門的講習を実施するための便宜や草案執筆者の考えを尊重したこと等による。
　本書が化学物質管理者の育成に広く活用されることを願う。

草案執筆者：
伊藤昭好、小野真理子、島田行恭、城内博、田中通洋、角田博代、中原浩彦、山本健也

独立行政法人労働者健康安全機構
労働安全衛生総合研究所
化学物質情報管理研究センター
城内　博

2023 年 5 月

■ 本書ご利用にあたって ■
―本書では、法令に基づき義務とされている事項については「〜しなければならない」、努力義務については「〜するよう努めなければならない」と記載しています。それ以外に実施することが望ましい事項については「〜を推奨する」、「〜必要がある」、「〜べきである」と記載しています。
―化学物質管理者に関連する主な法令・告示・指針・通達等は、本書中に掲げたほかや、新たに制定、発出等される場合がありますので、随時最新情報をご確認ください。
―本書中、参考・出典として示しているウェブサイト、各種情報・資料等のＵＲＬは、変更又は配信停止になる場合がありますのでご了承ください。

目　　次

化学物質管理者

本章では、化学物質を扱う職場で事業場規模にかかわらず選任が義務付けられる「化学物質管理者」の法的な位置付け及び職務について解説する。

　「化学物質管理者」は労働安全衛生法（以下、"法"という）第 57 条の 3 第 1 項に規定されるリスクアセスメントを行うにあたって適用される「化学物質等による危険性又は有害性等の調査等に関する指針」（平成 27 年危険性又は有害性等の調査等に関する指針公示第 3 号、以下、"リスクアセスメント指針"という）の中に定められていた。

　今回の自律的な管理の実行を目的とした省令改正により、この「化学物質管理者」が事業場の化学物質管理の技術的事項の管理を行うよう位置付けられた（☞ **A2.5**）。また、通達（基発 0531 第 9 号令和 4 年 5 月 31 日、第 4 細部事項 1 化学物質管理者の選任、管理すべき事項等（1）ア）には化学物質管理者の選任について以下のように記されている。

> 化学物質管理者は、ラベル・SDS 等の作成の管理、リスクアセスメント実施等、化学物質の管理に関わる者で、リスクアセスメント対象物に対する対策を適切に進める上で不可欠な職務を管理する者であることから、事業場の労働者数によらず、リスクアセスメント対象物を製造し、又は取り扱う全ての事業場において選任することを義務付けたこと。

　化学物質管理者の法的な位置付け及び教育は **1.1** に、またその役割（職務）は **1.2** に記した。

　化学物質管理者の業務は多岐にわたり、またそれぞれの職務遂行には専門的な知識を必要とする。化学物質管理者に選任される者の教育・経験の背景にもよるが、省令で定められている化学物質管理者の業務を全て自らが遂行するのは容易ではない。化学物質管理者の役割は、比較的大規模の事業場にあっては、化学物質の自律的な管理をさらに推進・充実化させることになるであろう。化学物質管理者の職務を複数の部署の人材が分担して担当することもあるかもしれない。また小規模事業場であれば、化学物質管理者の役割を、一人で担わなければならないような事業場もあるであろう。またこれまでリスクアセスメントの実施が十分でなかった事業場にあっては、まず化学物質の危険性・有害性を労働者に伝え、労働者と共に作業場に合ったリスクアセスメント及び対策について考えることから始めることになるであろう。つまり化学物質管理者の役割は事業場規模によっても業種、業態によっても異なるものになると思われる。いずれにしても自律的な管理の促進には必要に応じて外部の専門家の活用が求められるであろうが、これについて的確な判断ができる化学物質管理者が自律的な管理において重要になる。

1.1 　化学物質管理者とは

　化学物質管理者は、事業場における化学物質の管理に係る技術的事項を管理する者として位置付けられており、表示及び通知に関する事項、リスクアセスメントの実施及び記録の保存、ばく露低減対策、労働災害発生時の対応、労働者の教育等に携わる。化学物質管理者は、リスクアセスメント等が義務付けられる危険性・有害性のある化学物質（法第57条の3でリスクアセスメントの実施が義務付けられている危険性・有害性のある物質：☞A12）（以下、“リスクアセスメント対象物”という）を扱う全ての事業場（事業場の規模にかかわらず）で選任されなければならない。ただし、一般消費者の生活の用に供される製品のみを扱う事業場は選任の対象外である。

- ●事業者は、化学物質管理者を選任したときは、当該化学物質管理者の氏名を事業場の見やすい箇所に掲示すること等により関係労働者に周知させなければならない［労働安全衛生規則（以下、“安衛則”という）第12条の5第5項］。

- ●事業者は、化学物質管理者を選任したときは、当該化学物質管理者に対し、以下の職務（**1.2**における①〜⑦）をなし得る権限を与えなければならない（安衛則第12条の5第4項一部表現を修正）。

- ●化学物質管理者の選任は、選任すべき事由が発生した日から14日以内に行い、リスクアセスメント対象物を製造する事業場においては、厚生労働大臣が定める化学物質の管理に関する講習を修了した者等のうちから選任しなければならない（安衛則第12条の5第3項一部表現を修正）。

ワンポイント解説　“化学物質の管理に係る技術的事項を管理”とは

　事業場においては、事業者が化学物質の危険性・有害性を把握し、適切に取り扱うことが求められるが、その際におけるラベル・SDS等の作成やリスクアセスメントの実施、ばく露防止措置の実施等が適切に行われるようにすること。

　化学物質管理者の選任要件は「化学物質の管理に係る技術的事項（**1.2**に記載する事項）を担当するために必要な能力を有すると認められる者」であり、事業者の裁量による。ただし、リスクアセスメント対象物を製造する事業場においては、化学物質管理者に選任される者は厚生労働大臣が示す内容（**表1.1**）（安衛則第12条の5第3項第2号のイ）に従った専門的講習を受けていなければならない。講義は**表1.1**の科目及びその範囲について右欄に掲げる時間以上行う。また**表1.2**の資格を有する者は、当該科目の受講の免除を受けることができる。

表1.1　化学物質管理者の専門的講習（リスクアセスメント対象物製造事業場）（☞**A2.7**）

科目	範囲	時間
【講義】化学物質の危険性及び有害性並びに表示等	化学物質の危険性及び有害性 化学物質による健康障害の病理及び症状 化学物質の危険性又は有害性等の表示、文書及び通知	2時間30分
【講義】化学物質の危険性又は有害性等の調査	化学物質の危険性又は有害性等の調査(リスクアセスメント)の時期及び方法並びにその結果の記録	3時間
【講義】化学物質の危険性又は有害性等の調査の結果に基づく措置等その他の必要な記録等	化学物質のばく露の濃度の基準 化学物質の濃度の測定方法 化学物質の危険性又は有害性等の調査の結果に基づく労働者の危険又は健康障害を防止するための措置等及び当該措置等の記録 がん原性物質等の製造等業務従事者の記録 保護具の種類、性能、使用方法及び管理 労働者に対する化学物質管理に必要な教育の方法	2時間
【講義】化学物質を原因とする災害発生時の対応	災害発生時の措置	30分
【講義】関係法令	労働安全衛生法（昭和四十七年法律第五十七号）、労働安全衛生法施行令（昭和四十七年政令第三百十八号）及び労働安全衛生規則中の関係条項	1時間
【実習】化学物質の危険性又は有害性等の調査及びその結果に基づく措置等	化学物質の危険性又は有害性等の調査及びその結果に基づく労働者の危険又は健康障害を防止するための措置並びに当該調査の結果及び措置の記録 保護具の選択及び使用	3時間

表1.2　化学物質管理者講習の免除を受けることができる者及び免除科目（☞**A2.7**）

免除を受けることができる者	科目
有機溶剤作業主任者技能講習、鉛作業主任者技能講習及び特定化学物質及び四アルキル鉛等作業主任者技能講習を全て修了した者	化学物質の危険性及び有害性並びに表示等
第一種衛生管理者の免許を有する者	化学物質の危険性又は有害性等の調査
衛生工学衛生管理者の免許を有する者	化学物質の危険性又は有害性等の調査 化学物質の危険性又は有害性等の調査の結果に基づく措置等その他必要な記録等

　化学物質管理者は、その職務を適切に遂行するために必要な権限が付与される必要がある。また事業場内の労働者から選任する必要がある〔ただし、表示等に係る業務や教育管理を当該事業場以外の事業場（以下、"他の事業場"という）において行っている場合は、表示等及び教育管理に係る技術的事項は、他の事業場において選任した化学物

表 1.3　化学物質管理者の専門的講習（リスクアセスメント対象物製造事業場以外）（☞**A2.8**）

科目	範囲	時間
【講義】化学物質の危険性及び有害性並びに表示等	化学物質の危険性及び有害性 化学物質による健康障害の病理及び症状 化学物質の危険性又は有害性等の表示、文書及び通知	1 時間30 分
【講義】化学物質の危険性又は有害性等の調査	化学物質の危険性又は有害性等の調査の時期及び方法並びにその結果の記録	2 時間
【講義】化学物質の危険性又は有害性等の調査の結果に基づく措置等その他の必要な記録等	化学物質のばく露の濃度の基準 化学物質の濃度の測定方法 化学物質の危険性又は有害性等の調査の結果に基づく労働者の危険又は健康障害を防止するための措置等及び当該措置等の記録 がん原性物質等の製造等業務従事者の記録 保護具の種類、性能、使用方法及び管理 労働者に対する化学物質管理に必要な教育の方法	1 時間30 分
【講義】化学物質を原因とする災害の発生時の対応	災害発生時の措置	30 分
【講義】関係法令	労働安全衛生法（昭和四十七年法律第五十七号）、労働安全衛生法施行令（昭和四十七年政令第三百十八号）及び労働安全衛生規則（昭和四十七年労働省令第三十二号）中の関係条項	30 分

質管理者に管理させなければならない（後述、安衛則第 12 条の 5 第 2 項)]。

　また、同じ事業場で化学物質管理者を複数人選任し、職務を分担することもできる。その場合には、職務に抜け落ちが発生しないよう、職務を分担する化学物質管理者や実務を担う者との間で十分な連携を図る必要がある。

　一方、リスクアセスメント対象物の製造事業場以外の事業場では、専門的講習受講等の資格要件はない。化学物質管理者の候補としては、事業場の特性を十分に考慮したうえで、既存の法の枠組みで規定されている衛生管理者、安全管理者、安全衛生推進者、衛生推進者、作業環境測定士、作業主任者など、さらに化学物質について専門的な知識を有する者が候補となろう。

　新たに制定される専門的講習のカリキュラムにおいては、従来の専門的な知識に加え、自律的な管理において重要な役割を果たす GHS に基づいた危険性・有害性の情報伝達（☞**第 4 章**）及びリスクアセスメントに関する内容（☞**第 5 章～第 7 章**）が含まれており、リスクアセスメント対象物を製造する事業場のみならず、全ての化学物質取扱い事業場における化学物質管理者の受講が推奨されている。本書はこの専門的講習の教材として開発されたものである。

　さらに、リスクアセスメント対象物製造事業場以外の事業場においては、安衛則第12条の5第3項第2号ロの規定に基づき、必要な能力を有する者と認められる者から化学物質管理者を選任することとされているが、化学物質管理者講習修了者、同等の能力を有すると認められる者、又は化学物質管理者講習に準ずる講習を受講している者から選任することが望ましい。また、この化学物質管理者講習に準ずる講習については、**表 1.3** の科目、範囲、時間の講義によるものであることが望ましいこと、とされている。

1.2　化学物質管理者の職務

　化学物質管理者の職務は、事業場における化学物質の管理に係る技術的事項を管理することである。職務には、大きく分けて以下の二つがある。
- 自社製品の譲渡・提供先への危険有害性の情報伝達に関する職務
- 自社の労働者の安全衛生確保に関する職務

　職務［安衛則第12条の5（一部表現を修正）］を具体的に記載すると以下のようになる。

1.2.1　リスクアセスメント対象物を製造し又は取り扱う事業場（安衛則第12条の5第1項）

自社製品の譲渡・提供先への危険有害性の情報伝達に関する職務

① ラベル表示及び安全データシート（SDS）交付に関すること：
　　事業者はリスクアセスメント対象物質を含む製品を GHS に従って分類し、ラベル表示及び SDS 交付をしなければならないが、事業者に選任された化学物質管理者はその作業を管理（ラベル表示及び SDS の内容の適切性の確認等）する。化学物質管理者に GHS 分類の知識・経験が乏しければ内部の担当者又は外部の事業者に委託する等により実施することでもよい。分類結果が正しく、それに従ったラベル表示及び SDS の内容に間違いがないかどうかは製品を製造（譲渡・提供）する事業者が判断する必要がある。詳細（SDS に関する規則の改正内容を含む）は、**4.1** で説明する。

自社の労働者の安全衛生確保に関する職務

② リスクアセスメントの実施に関すること：

　　事業者はリスクアセスメントを実施しなければならないが、化学物質管理者は、リスクアセスメントの推進並びに実施状況を管理する。具体的にはリスクアセスメントを実施すべき物質の確認、取扱い作業場の状況確認（当該物質の取扱量、作業者数、作業方法、作業場の状況等）、リスクアセスメント手法（測定、推定、業界・作業別リスクアセスメント・マニュアルの参照など）の決定及び評価、労働者へのリスクアセスメントの実施及びその結果の周知等を行わなければならない。リスクアセスメントの技術的な部分については、内部又は外部専門家・機関等を活用し、相談・助言・指導を受けてもよい。詳細は、**第6章**で説明する。

③ リスクアセスメント結果に基づくばく露防止措置の内容及び実施に関すること：

　　事業者は、リスクアセスメント結果に基づくばく露防止措置を実施しなければならないが、化学物質管理者はばく露防止措置（代替物の使用、装置等の密閉化、局所排気装置又は全体換気装置の設置、作業方法の改善、保護具の使用など）の選択及び実施について管理する。

　　事業者は、リスクアセスメントの結果、作業場あるいは作業について改善が必要と判断された場合には、当該物質の労働者へのばく露を最小限度にするために対策を講じなければならない。また、全ての労働者のばく露が濃度基準値以下となるような措置を取らなければならない。これは労働者の個人ばく露濃度に関する規定であり、工学的な対策等が直ちにできない場合には、個人用保護具の着用が必要になる。

　　この職務に関しては内部又は外部専門家の相談・助言・指導を受けることが有効であろう。詳細は、**第7章**で説明する。

④ リスクアセスメント対象物を原因とする労働災害が発生した場合の対応：

　　化学物質管理者は、実際にリスクアセスメント対象物を原因とする労働災害が発生した場合に適切に対応しなければならない。そこで、実際に労働災害が発生した場合の対応、労働災害が発生した場合を想定した応急措置等の訓練の内容及び計画を定めることを管理する。

　　労働災害が発生した場合又は発生が懸念される場合（死傷病者の発生、有害物質への高濃度ばく露あるいは汚染など）の対応（避難経路確保、救急措置及び担当者の手配、危険有害物の除去及び除染作業、連絡網の整備、搬送先病院との連携、労働基準監督署長による指示が出された場合など）をマニュアル化し、化学物質管理者及び他の担当者の職務分担を明確にする。またマニュアル化した内容について、適切に訓練を行うことが望ましい。詳細は、**第8章**で説明する。

⑤　リスクアセスメントの結果等の記録の作成及び保存並びに労働者への周知に関すること：

　　化学物質管理者が行う記録・保存のための様式（例）（**表 1.4**）などを参考に、前項までの事項等を記録し保存する。また、リスクアセスメント結果の労働者への周知（詳細は **6.5**）を管理する。

⑥　リスクアセスメントの結果に基づくばく露防止措置が適切に施されていることの確認、労働者のばく露状況、労働者の作業の記録、ばく露防止措置に関する労働者の意見聴取に関する記録・保存並びに労働者への周知に関すること：

　　1 年を超えない期間ごとに定期に記録を作成し 3 年間（リスクアセスメント対象物であり、かつがん原性物質の場合には 30 年間）保存する（安衛則第 577 条の 2 第 11 項）。詳細は**第 9 章**で説明する。

⑦　労働者への周知、教育に関すること：

　　①〜④を実施するにあたっての労働者に対する必要な教育（雇入れ時教育を含む）の実施における計画の策定や教育効果の確認等を管理する。教育の実施においては、外部の教育機関等を活用することもできる。

1.2.2　リスクアセスメント対象物の譲渡又は提供を行う事業場（上記のリスクアセスメント対象物を製造し、又は取り扱う事業場を除く）（安衛則第 12 条の 5 第 2 項）

ラベル表示及び SDS 交付、労働者への教育の管理に関すること：

　リスクアセスメント対象物の譲渡又は提供を行う事業場（上記のリスクアセスメント対象物を製造し、又は取り扱う事業場を除く）においては、化学物質管理者はラベル表示及び SDS 交付、労働者への教育の管理に関する技術的事項を管理する。労働安全衛生法においては製品のラベル表示及び SDS 交付は譲渡又は提供を行う事業者の責任で行う。製品を製造（譲渡・提供）する事業者からの製品に貼付されたラベル表示及び SDS は、製品を取り扱う事業者が、リスクアセスメント及びその結果に基づく措置の実施や、当該製品を安全に取り扱うための労働者教育の参考となる。さらに当該製品を詰め替えなどをして他の事業者に譲渡又は提供する場合には、製造（譲渡・提供）する事業者から提供されたラベル表示や SDS を作成し直さなければならない場合もあり、化学物質管理者はこれらの職務の実施について判断を求められる可能性がある。ラベル表示や SDS の見直しには外部の専門家等を活用してもよい（ラベル表示及び SDS の詳細は**第 4 章**を参照）。

表 1.4 化学物質管理者が行う記録・保存のための様式（例）（安衛則第 12 条の 5）

① 事業場名：	② 業種：	③ 代表者名：

④ 化学物質管理者名：	⑤ 記録作成日：

⑥ リスクアセスメント対象物質数：　　　　　　　（義務対象物質数：　　　）

⑦ リスクアセスメント対象物質について収集した SDS の数：

⑧ 事業場で作成・交付しなければならないラベル・SDS の数：

⑨ リスクの見積りの方法及び適用作業場数又は対象者数：

クリエイトシンプル：	マニュアル準拠：	ばく露測定：	作業環境測定：	その他：

⑩ リスクの見積りの結果に基づき対策が求められた作業場又は労働者の数；

作業場数：	労働者数：

⑪ リスクの見積りの結果に基づき<u>ばく露低減</u>のために検討した対策の種類及びその数；

代替物：	密閉化：	換気・排気装置：	作業改善：	保護具：	その他：

⑫ リスクの見積りの結果に基づき<u>爆発・火災防止</u>のために検討した対策の種類及びその数；

代替物：	密閉化：	換気・排気装置：	着火源除去：	作業改善：	保護具：	その他：

⑬ 皮膚障害等化学物質への直接接触の防止：　　　対象物質数：　　　対象労働者数：

⑭ 濃度基準値を超えたばく露を受けた労働者の有無：　有り（人数：　　）　無し

取られた対策（措置）の種類：

⑮ 労働者に対する取扱い物質の危険性・有害性等の周知；

実施日：　　人数：	実施日：　　人数：	実施日：　　人数：

⑯ 労働者に対するリスクアセスメントの方法、結果、対策等の周知；

実施日：　　人数：	実施日：　　人数：	実施日：　　人数：

⑰ 労働災害発生時対応マニュアルの有無：　有り　　無し

⑱ 労働災害発生時対応を想定した訓練の実施：　有り　　無し

⑲ 労働災害発生時等の労働基準監督署長による指示の有無：　有り（回数：　　）　　無し

⑳ （安全）衛生委員会の開催又は労働者からの意見の聴取：（日時）

> **ワンポイント解説　安全配慮義務**
>
> 　労働契約法第5条において安全配慮義務とは「使用者は、労働契約に伴い、労働者がその生命、身体等の安全を確保しつつ労働することができるよう、必要な配慮をするものとする」と定められている。
>
> 　「必要な配慮」について、労働安全衛生法の義務事項は最低基準を定めたものであり、事業場の特性に応じた管理が求められる。万が一（労働災害の顕在化）の場合、管理状況等を踏まえたうえで事業者や管理者の責任が問われることもあり得ることから、自律的に管理に取り組み、化学物質による労働災害の防止に努めることが望まれる。
>
>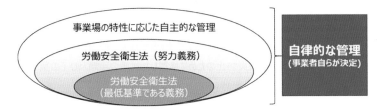

1.3　外部専門家の活用

　1.2でGHS分類に基づく表示やSDSの作成、リスクアセスメントに関する技術的な部分、リスクアセスメントに基づく対策等において外部事業者、専門家及び機関等の活用について記した。これらについて専門的な知識及び経験が乏しい化学物質管理者においては、外部の事業者等に職務を委託することを推奨する。リスクアセスメント対象物のGHS分類については、政府によるGHS分類結果がNITE（独立行政法人製品評価基盤機構）のウェブサイトに掲載されている。また、混合物についてもNITEが公表しているNITE-Gmiccs*1を使用すればある程度は分類が可能であるが、最終的な分類結果については専門家に相談することを推奨する。GHS分類、それに基づいたラベル及びSDSの作成を代行する事業者が少なからずある。

　また、リスクアセスメントの手法は、一部の物質について2016年にリスクアセスメントが義務化されて以降、様々に開発されてきた。自律的な管理におけるリスクアセスメントの手法はこれらを基礎にしてさらに広範に対応できるようになっている。リスクアセスメントの手法は、**第6章**（リスクの見積り）、**第7章**（リスク低減対策）及

---

*1　https://www.ghs.nite.go.jp/

び実習においても学習するが、特に物質の作業環境濃度及びばく露濃度の測定が必要なリスクアセスメントについては作業環境測定士等の専門家を活用したほうがよいであろう。

　リスクの見積りに基づいたリスク低減対策には工学的な手法が必要になる場合があり、これについても外部事業者及び機関を活用することができる。

　ただし、外部専門家を活用する場合であっても、リスクアセスメントの手法及びリスク低減対策の選択等は、最終的に事業者の責任で実施しなければならない。

　このほか、作業環境測定結果が特化則、有機則等における第三管理区分である事業場に対して、工学的対策や保護具の使用等ばく露防止対策が強化されるが、その際には外部の作業環境管理専門家の意見を聴かなければならない。

　労働災害発生事業場等への労働基準監督署長による指示が定められており、この際に事業者は化学物質管理専門家の助言を求めなければならないが、これについては **7.4** を参照のこと。

化学物質管理に関する法令

本章では、主に労働安全衛生法における化学物質管理に関する改正事項・経緯等について解説する。

2.1　日本の化学物質に関する法令

　日本の化学物質管理（健康障害対策）に関する法令は 1950 年代に始まった高度経済成長期に起きた多くの公害や職業病のような化学物質による健康影響の経験が生かされている。さらに現在では地球環境も含めた国際的な化学物質管理の動きも急で（☞ **A2.10**）、これらに対応した法令も制定されている。**図2.1** に化学物質に関する法令をまとめた。

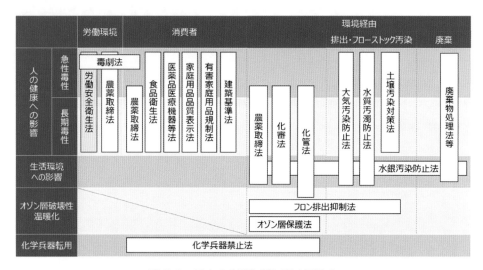

図2.1　日本の化学物質に関する法令

2.2　労働安全衛生法—化学物質管理に関して

2.2.1　これまでの規定（法令順守型）

　労働に関する基本的な条件は「労働基準法」で決められているが、その第 1 条（労働条件の原則）は以下のように記述されている。

> 労働条件は、労働者が人たるに値する生活を営むための必要を充たすべきものでなければならない。この法律で定める労働条件の基準は最低のものであるから、労働関係の当事者は、この基準を理由として労働条件を低下させてはならないことはもとより、その向上を図るように努めなければならない。

労働安全衛生法は 1972 年（昭和 47 年）に労働基準法第 5 章（安全及び衛生）、労働災害防止団体等に関する法律第 2 章（労働災害防止計画）及び第 4 章（特別規制）を母体として新規事項を加え制定された。この法の目的はその第 1 条に以下のように記述されている。労働安全衛生法は基本的に事業者が労働者の安全と健康を確保するために行うべきことについて規定している（☞**A2.2**）。

> この法律は、労働基準法と相まって、労働災害の防止のための危害防止基準の確立、責任体制の明確化及び自主的活動の促進の措置を講ずる等その防止に関する総合的計画的な対策を推進することにより職場における労働者の安全と健康を確保するとともに、快適な職場環境の形成を促進することを目的とする。

化学物質管理については、いわゆる特別規則（特化則、有機則等）により、これら規則の対象物質による健康障害を防ぐために、管理体制の構築、危険性・有害性の確認、作業環境測定による作業環境中の有害物濃度の評価、取扱方法、局所排気装置の設置、個人用保護具の備え・使用・管理、健康診断等の措置について規定しており、事業者はこれらの規則を順守することで化学物質による事故や病気の予防に取り組んできた。つまり日本の化学物質管理の基本は「法令順守型」であり、これが 50 年あまり続いてきた。これら規則の対象物質は少しずつ追加されてきたが、現在でも 123 物質に限られている（2023 年 4 月時点、☞**A2.3**）。

化学物質の危険性・有害性に関する情報はこれを扱う労働者にとっては必要不可欠であるが、この情報伝達に関するシステムが日本では整備されてこなかった。危険性・有害性に関する情報伝達の手段として労働者向けにはラベル表示（法第 57 条、☞**A2.4**）、事業者が製品に付けて他の事業者に伝達（交付）する詳細な危険性・有害性情報は安全データシート（SDS）（法第 57 条の 2、☞**A2.4**）で行うように定められている。ラベル表示及び SDS 交付が義務付けられている物質数は 674（2023 年 4 月時点）である。また、危険性・有害性が認められているこれら以外の物質についてはラベル表示（安衛則第 24 条の 14、☞**A2.4**）及び SDS 交付（安衛則第 24 条の 15、☞**A2.5**）は努力義務となっている。なお労働安全衛生法において危険性・有害性があるか否かの判断は GHS 分類によって判断される（☞**第 4 章**）。

危険性・有害性が特定され、ラベル表示及び SDS 交付が義務化されている 674 物質（2023 年 4 月時点）はリスクアセスメントも義務化（法第 57 条の 3、☞**A2.4**）されている。その他の危険性・有害性が特定されラベル表示及び SDS 交付が努力義務となっている物質のリスクアセスメントは努力義務（法第 28 条の 2、☞**A2.4**）である。

現状のいわゆる法令順守型の体系について**図 2.2** に示した。

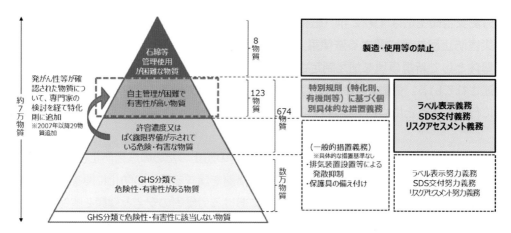

図2.2　現在の法令順守型における化学物質管理の体系

2.2.2　新しい規定（自律的な管理）の概要

　欧米においても化学物質の管理は長きにわたって法令を順守することで行われてきたが、1972年に英国で労働安全衛生に関する委員会の報告書、いわゆるローベンスレポートが議会に提出され、その後の化学物質管理の方向を大きく変えることになった。このローベンスレポートは、当時の労働安全衛生における行政組織（八つ）と関係法令（八つの法律及び500以上の規則類）の弊害、すなわち法令の依拠による事業者の責任や自主性／自発的な取組みの軽視、技術革新への対応の遅れを指摘し、独立した行政組織の設立、自主的対応への転換、法律の簡素化（原則のみの記述）等の改革案を提示した。これを受けて英国政府は1974年に「職場における保健安全法」を制定し、改革案に従って、法律は原則のみとして規則、指針、承認実施準則などで補完する体系を作った。事業者が安全衛生に取り組むべき態度として、「合理的に実行可能な限りにおいて」を基本としたが、それは「訴訟等が起きたときには、事業者は十分な防止対策を講じていたことを証明できなければ罰則が適用される」ということでもあった。これは事業者が法令に従っていればよいとする「法令順守型」から、自らが選択し対応しなければならない「自主対応型」への転換を意味していた。この施策はその後の危険性・有害性情報の労働者への伝達を前提とした、リスクアセスメントに基づいた労働災害防止施策に結び付いていった。

　厚生労働省では2019年9月から2021年7月までの計15回にわたり「職場における化学物質等の管理のあり方に関する検討会」において化学物質管理のあり方についての検討を行い、報告書を公表した。

　行政が50年にわたる「法令順守型」から「自主対応型」（以下、報告書で使用している「自律的な管理」という）に大きく舵を切ったのは、①化学物質による労働災害が

跡を絶たずその原因の多くが未規制物質であること、②化学物質数が増大しその用途も多様化しており、特定の化学物質をリストアップして管理する方法が困難であること、③さらに地球規模の化学品管理の潮流から国際基準を受け入れる必要性があること、などの理由による（☞**A2.10**及び**A2.11**）。

　今回の政省令改正は、特別規則の対象となっていない物質への対策の強化を主眼とし、国によるばく露の上限となる基準等の設定、危険性・有害性に関する情報の伝達の仕組みの整備・拡充を前提として、事業者が、リスクアセスメントの結果に基づき、国の定める基準等の範囲内で、ばく露防止のために講ずべき措置を適切に実施する制度を導入するものである。

　また「自律的な管理」は、労働者との化学物質の危険性・有害性に関する情報共有に基づき、事業者自らが選択する方法に従って化学物質管理を推進するための施策でもある。事業者は自らの判断でリスクアセスメントの方法を選択し、またリスクアセスメントの結果に基づいた対策も選択することが可能になる。これは労働安全衛生に関する資源をより有効に活用できるようになることを意味している。

　今回の改正内容は多岐にわたるので、「リスクアセスメント関連」、「情報伝達の強化」、「実施体制の確立」、「健康診断関連」、「特別規則（特化則、有機則等）関連」に分けて概要を示す。関連の改正法令については**表2.1**に示した。さらにこれらについての詳細［特別規則（特化則、有機則等）関連は概要のみ］はそれぞれ関連の各章に記載した。

　なお、特別規則（特化則、有機則等）に関しては様々な措置が規定されており、これらが対象とする物質を扱う事業者にはそれぞれ該当する作業主任者（有機溶剤作業主任者、特定化学物質作業主任者、鉛作業主任者、四アルキル鉛作業主任者、石綿作業主任者）の選任が義務付けられている。これら特別規則（特化則、有機則等）が対象とする物質管理については化学物質管理者の職務の中に特段の記載はない。特別規則（特化則、有機則等）が対象とする物質の管理に経験のない化学物質管理者は、特化則等に従った措置については作業主任者等に相談する必要があろう。

（1）リスクアセスメントに基づく自律的な化学物質管理の強化（**図2.3**）

　現在、リスクアセスメント対象物は、674物質であるが、今後、国によるGHS分類が行われた全ての物質（環境影響のみによるものを除く。約2 900物質）に拡充していく予定である。リスクアセスメント対象物と、ラベル表示、SDS交付が義務となる物は同じものである。リスクアセスメントは取扱い物質の危険性・有害性の調査、ばく露濃度の調査等（作業環境測定、個人ばく露測定、推定、記述的方法等）により行うが、これらの方法は化学物質リスクアセスメント指針に記載されているリスク見積方法の中から、事業者が選択できる。またリスクアセスメントに基づいたリスク低減措置は、リスクアセスメント指針に基づく対策の優先順位に従い、事業者が自らの判断により適切

表2.1　政省令改正項目、施行時期及び詳細記載の章

	項目及び根拠法令	施行日 2023.4.1	施行日 2024.4.1	詳細記載章
リスクアセスメント関連	ばく露を最小限度にすること（安衛則第577条の2第1項、同第577条の3）	○		6.4.2.3(2)①
	ばく露を濃度基準値以下にすること（安衛則第577条の2第2項）		○	6.4.2.3(2)②
	ばく露低減措置等の意見聴取、記録作成・保存、周知（安衛則第577条の2第10項～第12項）	○		6.5
	皮膚等障害化学物質への直接接触の防止（努力義務）（安衛則第594条の3）	○		6.4.2.4
	皮膚等障害化学物質への直接接触の防止（義務）（安衛則第594条の2）		○	6.4.2.4
	リスクアセスメント結果等に係る記録の作成保存（安衛則第34条の2の8）	○		1.2
	リスクアセスメントの実施時期（安衛則第34条の2の7第1項）	○（用語の変更）「調査」➡「リスクアセスメント」		（本書には記載なし）
	リスクアセスメントの方法（安衛則第34条の2の7第2項）	○（用語の変更）「調査」➡「リスクアセスメント」		（本書には記載なし）
	化学物質労災発生事業場等への労働基準監督署長による指示（安衛則第34条の2の10）		○	7.4
情報伝達の強化	名称等の表示・通知をしなければならない化学物質の追加（法第57条、法第57条の2、令別表第9）		○	2.2.2(1)
	SDS等による通知方法の柔軟化（安衛則第24条の15第1項、同第24条の15第2項、同第34条の2の3、同第34条の2の5第3項）	2022.05.31		4.1.2(4)
	「人体に及ぼす作用」の定期確認及び更新（安衛則第24条の15第2項、同第34条の2の5第2項）		○	4.1.2(4)②
	通知事項の追加及び含有量表示の適正化（安衛則第34条の2の4、同34条の2の6）		○	4.1.2(4)③
	事業場内別容器保管時の措置の強化（安衛則第33条の2）	○		4.1.1(3)
	注文者が必要な措置を講じなければならない設備の範囲の拡大（令第9条の3第2号）	○		（記載なし）
実施体制の確立	化学物質管理者の選任義務化（安衛則第12条の5）		○	1.1
	保護具着用管理責任者の選任義務化（安衛則第12条の6）		○	2.2.2(3)
	雇入れ時等教育の拡充（安衛則第35条）		○	2.2.2(3)
	職長等に対する安全衛生教育が必要となる業種の拡大（令第19条）	○		2.2.2(3)
	衛生委員会付議事項の追加（安衛則第22条第11号）	○		（本書には記載なし）
健康診断関連	リスクアセスメント等に基づく健康診断の実施・記録作成等（安衛則第577条の2第3項～第10項）		○	9.3
	がん原性物質の作業記録の保存、周知（安衛則第577条の2第11項）		○	9.4.1
	化学物質によるがんの把握強化（安衛則第97条の2）		○	9.4.2
特別規則関連	管理水準良好事業場の特別規則（特化則、有機則等）適用除外（特化則第2条の3、有機則第4条の2、鉛則第3条の2、粉じん則第3条の2）	○		2.2.2(5)
	特殊健康診断の実施頻度の緩和（特化則第39条第4項、有機則第29条第6項、鉛則第53条第4項、四アルキル鉛則第22条第4項）	○		2.2.2(5)
	第三管理区分事業場の措置強化（特化則第36条の3の2、同第36条の3の3、有機則第28条の3の2、同第28条の3の3、鉛則第52条の3の2、同第52条の3の3、粉じん則第26条の3の2、同第26条の3の3、石綿則第38条第3項、同第39条第2項）		○	2.2.2(5)

法：労働安全衛生法、令：労働安全衛生法施行令、安衛則：労働安全衛生規則

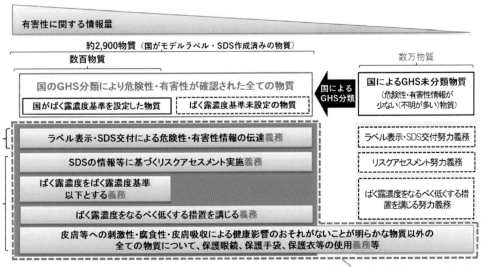

※ばく露濃度を下げる手段は、以下の優先順位の考え方に基づいて事業者が自ら選択
①有害性の低い物質への変更、②密閉化・換気装置設置等、③作業手順の改善等、④有効な個人用保護具の使用

図2.3 新たな化学物質管理の体系

に実施しなければならない。新たな化学物質管理においては、事業者は、適切なリスク低減措置の実施により、労働者のばく露を濃度基準値以下とすることを含め、労働者のばく露を最小限度にするという「結果」が求められることになることに留意する必要がある。

　新たな化学物質管理においては、屋内作業場における労働者のばく露を濃度基準値以下としなければならず、濃度基準値が設定されていない物質を含め、労働者のばく露の程度を最小限度としなければならない（☞**第6章**）。濃度基準値が設定されていない物質のばく露濃度の程度を評価するためのばく露の指標としては、日本産業衛生学会の許容濃度等の活用が推奨される。リスクアセスメントにおけるばく露の程度の評価の方法については、行政の定める「化学物質による健康障害防止のための濃度の基準等に関する技術上の指針」において考え方が示されている。同指針では、初期調査として、危険性・有害性を特定した上で、数理モデル（CREATE-SIMPLE 等）等を活用したばく露の推定を行う。この結果、濃度基準値を上回るおそれがある作業や、一定以上のリスクのある作業がある場合には、適切な測定によってばく露を評価することが必要となる。

　また、建設作業等、毎回異なる環境で作業を行う場合については、典型的な作業を洗い出し、あらかじめ当該施行において労働者がばく露される物質の濃度を測定し、その結果に基づく換気措置や十分な余裕をもった指定防護係数を有する呼吸用保護具の使用等を行うことを定めたマニュアルを定め、それに基づく措置を適切に実施することで、

リスクアセスメント及びその結果に基づくリスク低減措置を実施することができる。今後業界等から様々な業種・作業別のリスクアセスメントのマニュアルが開発され、公表される予定であり、各業界傘下の事業場はこれを活用できるようになるであろう。

　事業者は労働者に取扱い物質の危険性・有害性に関する教育を行い、さらにリスクアセスメントに労働者を参画（意見の聴取等）させなければならない。これにより労働者における物質の危険性・有害性に関する認識が一段と進み、リスクアセスメントのみならずリスクマネジメントも作業現場の状況をより的確に捉えたものになることが期待される。

　事業者は、事業場内での化学物質管理状況をモニタリングするために、衛生委員会での実施状況の共有及び調査審議（50 人以上）又は全ての労働者との実施状況の共有及び労働者からの意見聴取（50 人未満）（安衛則第 23 条の 2）を行わなければならない。リスクアセスメントの方法、その結果、及びリスクアセスメントに基づく措置の実施状況等は記録し保存しなければならない。

　従来から労働災害は労働基準監督署に届け出ることになっており、特に今回の改正では、化学物質による労働災害を発生させた、又はそのおそれがある事業場は、労働基準監督署長が必要と認めた場合は、化学物質管理専門家により自律的な管理の実施状況に関して確認・指導を受けることが義務付けられる。

　さらに皮膚腐食性、眼に対する重篤な損傷性、感作性などの健康影響のおそれがあることが明らかな物質を取り扱う場合には保護具の着用が義務付けられる。

（2）情報伝達の強化

　化学物質管理において、その関係者間での物質のもつ危険性・有害性に関する情報の共有は最上位に位置する、すなわち、まず初めに行うべきものである。物質の開発者あるいは製造者であればその事業場内労働者の健康維持のために、また供給者（譲渡・提供者）であれば供給先の労働者の健康維持のために、ラベル表示及び SDS 交付によって物質の危険性・有害性を伝える義務がある。物質の危険性・有害性はその情報をもっている製造者又は供給者が発信しない限り、物質を受け取る者は知るすべがない。これが物質の危険性・有害性に関する情報発信が義務化される理由である。欧米では基本的に GHS に基づいた分類で危険性・有害性があると判断された全物質について、情報提供が義務化されているが、日本ではラベル表示及び SDS による情報提供が義務化されている物質が限定されていることから、徐々に政府 GHS 分類結果及びモデルラベル・SDS の公表を行い、当該物質について義務化することとした。

　SDS 交付対象物質の大幅な増加及び情報技術の多様化を鑑み、情報の通知方法を柔軟化した。また「人体に及ぼす作用」の定期的な確認、通知事項に新たに「（譲渡提供時に）想定される用途及び当該用途における使用上の注意」の追加、SDS 等における

成分の含有率表示の適正化、事業場内で別容器に保管する際の表示、保護具の種類の記載義務化などについても改正を行った。

（3）自律的な管理のための実施体制の確立

　事業場においては、労働者との化学物質の危険性・有害性に関する情報共有を基盤として、リスクアセスメントを促進するシステムが必要であり、これを担当する化学物質管理者の選任義務が決定された（職務内容については**第1章**参照）。

　また労働者のばく露防止措置の方法として、保護具の使用を選択する場合は、呼吸用保護具、保護衣、保護手袋等の保護具の選択、管理（保管、交換等）等を行う責任者として、保護具着用管理責任者の選任の義務が決定され、またその教育実施要領も公表されている（☞**A2.12**）。

　化学物質管理者と保護具着用管理責任者、職長等との関係など、事業場内における化学物質管理体制を、**図2.4**に示す。

　さらに、雇入れ時・作業内容変更時の危険有害業務に関する教育が全業種に拡大され

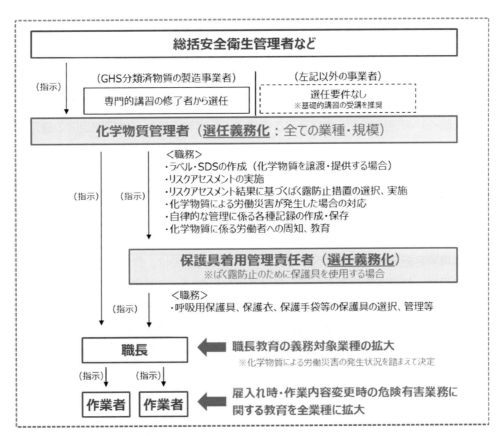

図2.4　新たな化学物質管理における事業場内の体制

る。また職長教育が食品製造業及び印刷業等に拡大される。

　以上、化学物質管理体制の確立、労働者に対する教育及び保護の拡大により、労働者が健康に働く権利がより確実に担保されるであろう。

(4) 健康診断関連 （健康診断の詳細は**第 9 章**を参照）

　化学物質を製造し又は取り扱う作業に従事する労働者については、年に 1 回実施する一般定期健康診断において、医師が化学物質の取扱い状況等を勘案して健康影響について留意することが望ましい。さらなる健康診断の要否は事業者がリスクアセスメントの結果に基づいて決定する。

　また、労働者が濃度基準値を超えてリスクアセスメント対象物にばく露したおそれがあるときは、速やかに、医師等が必要と認める項目について、医師等による健康診断を行い、その結果に基づき必要な措置を講じなければならない。なお、検査項目の選定方法等については、今後ガイドライン等の作成に向けて検討される予定である。

　同一事業場で複数の労働者が同種のがんに罹患した場合、所轄労働局長に報告しなければならない。

(5) 特別規則 （特化則、有機則等） 関連

▶管理水準良好事業場の特別規則 （特化則、有機則等） 適用除外

　特別規則（特化則、有機則等）で規制されている 123 物質（2023 年 4 月時点）の管理について、一定の要件を満たせば、特別規則による規制（保護具、健康診断に関する事項を除く）の適用が除外される。この場合、化学物質管理者は特別規則の適用対象以外の物質と同様に自律的な管理の原則に従って管理をすればよい。

▶特殊健康診断実施頻度の緩和

　特別規則（特化則、有機則等）に基づく 6 月以内ごとの健康診断を、一定の要件を満たせば、1 年以内ごとに 1 回とすることが可能となる。

▶第三管理区分場所の措置強化

　作業環境測定結果が第三管理区分である事業場に対しては、作業環境管理専門家からの助言を受け、作業環境の改善を図らなければならない。これによってもなお、第三管理区分となっている作業場所については、個人サンプリング法等による測定を行い、その測定結果に応じて適切な呼吸用保護具を選択、使用するとともに、1 年以内に 1 回、呼吸用保護具の装着が適切に行われているかをフィットテストによって確認することが義務付けられる。

化学物質による労働災害事例

本章では、日本における化学物質による労働災害の傾向及び危険性 (爆発・火災)、
健康有害性に起因する労働災害事例について解説する。

　日本では化学物質による休業 4 日以上の労働災害のうち、特別則等による規制の対象外物質を原因とするものは約 8 割を占める。規制物質の使用をやめて、危険性・有害性を十分確認・評価せずに規制対象外物質を代替品として使用し、その結果十分な対策がとられずに労働災害が発生している。

3.1　労働者死傷病報告による化学物質関連の災害の傾向

　労働者死傷病報告（以下、"死傷病報告" という）とは、事業場で作業者のけがや疾病を伴う労働災害が発生した場合（休業 4 日以上）に、事業者が労働基準監督署に届出を行う制度である。被災者一人について 1 件の報告がなされる。したがって、派遣先・派遣元からの報告の重複を整理した後では、報告の件数は被災者数に一致する。以下は、令和元年 4 月〜令和 2 年 3 月の災害について災害の内容を整理したものである。災害件数を事故の型で分けて整理したのが**表 3.1** である。事故の型によらず、労働者数が30 人未満の事業場で災害件数が多いことがわかる。

　次に、災害件数と事業場の労働者数と、事故の型の関係について**図 3.1** にまとめる。爆発・火災・破裂については特に 30 人未満の小規模事業場で件数が多いが、有害物等との接触（吸入や皮膚・眼への直接的な接触）では小規模の事業場で多い傾向はあるが、100 〜 499 人規模の事業場で件数が増えている。取り扱う化学物質の種類が増えることや作業者の数が増えることが原因として推測される。

　また、特別規則（特化則、有機則等）の対象である化学物質については、特化則、有

表 3.1　事業場の労働者数と災害発生の割合

労働者数（人）	事故の型	
	爆発・火災・破裂	有害物等との接触
1〜9	29.8%	20.4%
10〜29	41.0%	26.2%
30〜49	10.1%	13.3%
50〜99	6.7%	12.0%
100〜499	9.6%	23.3%
500 以上	2.8%	4.8%
計	100.0%	100.0%

出典：労働者死傷病報告

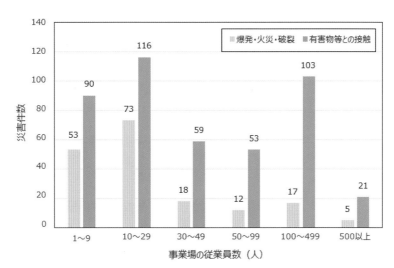

図 3.1　事故の型と事業場の従業員数（出典：労働者死傷病報告）

表 3.2　特別規則（特化則、有機則等）及び特別規則以外の有害物による障害別災害件数

		災害件数	吸入による神経障害等	眼に対する障害	皮膚に対する障害
特別規則（特化則、有機則等）の有害物	有害物計	73	33	14	27
	特化則	50	18	8	25
	有機則	18	10	6	2
	鉛	5	5	0	0
特別規則以外の有害物	通知・表示対象	129	13	32	90
	通知・表示対象外	3	0	1	2
	原因物質不明	188	28	60	104
	一酸化炭素	32	32	0	0
	酸欠	2	1	0	0
	有害光線	6	0	6	0
記載なし		12			
合計※		445	107	113	223

※　最下行の災害件数と各障害件数の和が一致しないのは、障害について複数回答の場合があるため。
出典：労働者死傷病報告

機則、鉛則の対象物質を原因とする場合に起因物を「特別規則（特化則、有機則等）の有害物」とし、それ以外の起因物を「特別規則（特化則、有機則等）以外の有害物」として災害件数を整理したものが**表 3.2** である。死傷病報告に記入されている「災害発

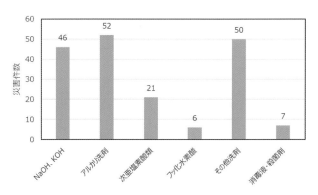

図 3.2　洗剤等に起因する災害（出典：労働者死傷病報告）

生状況・原因」等の記載事項及び収集可能であった SDS の内容から原因物質を特定できたのは約半数であり、アルカリ洗剤、漂白剤、リムーバー等の分類のみが記載されている事例が残りの半数程度であった。

　有害物による災害 445 件のうち 182 件は、酸・アルカリ等の洗剤と洗浄や殺菌に使用する製品を起因としていた。その内訳は**図 3.2** のとおりである。洗浄に使用する水酸化ナトリウムや水酸化カリウム溶液と強アルカリの洗剤への接触による災害事例が98 件と洗剤等全体の約半数を占めた。アルカリは皮膚を深く冒すため、アルカリとの接触では休業期間が長い傾向があった。アルカリ洗剤の使用業種は食品製造業と飲食業、商業施設内の厨房に偏っており、油やタンパク汚れの清掃時に災害が発生していた。

　特別規則（特化則、有機則等）対象物質による健康障害も 73 件の事例があった。吸入によるめまいや吐き気、昏倒の事例は塗装や剥離作業での有機溶剤使用作業でみられたが、特化物では皮膚障害が多かった。

3.2　危険性（爆発・火災）に起因する労働災害事例

3.2.1　集合住宅の室内改装工事で、接着剤に含まれていた有機溶剤の蒸気に引火し、爆発[1]

業種	建築設備工事業
事業場規模	16 〜 29 人
機械設備・有害物質の種類（起因物）	引火性の物
災害の種類（事故の型）	火災

（1）発生状況

　災害発生当日、作業者 3 人により壁下地材設置工事のうち結露防止用ボードの貼り付け作業が行われていた。全ての壁面への接着剤の塗布が完了したため、接着剤の乾燥を待つことになった。その間に傷をつけた台所床面の補修を行うことになり、作業者の 1 人が補修用パテを軟らかくするために加熱しようとして、ライターに火をつけたところ、突然爆発して火災となり、作業者 3 人が火傷を負った。

　当日は、気温が低く、玄関を除き全ての窓を締め切った状態で作業を行っており、換気も行っていなかった。

（2）原因

▶直接原因

　有機溶剤の蒸気が充満した室内で、ライターの火をつけたため爆発した。

▶背景要因

　有機溶剤を含有する接着剤を使用する作業の実施にあたり、火災、爆発及び中毒の危

危険

用　途：接着剤
主成分：n-ヘキサン 65〜75 %
法令（危険性）：第 4 類引火性液体，第一石油類 非水溶性 危険等級 II

GHS 分類：
　引火性の高い液体及び蒸気
　皮膚刺激
　強い眼刺激
　生殖能又は胎児への悪影響のおそれの疑い
　呼吸器への刺激のおそれ
　眠気やめまいのおそれ
　長期にわたる、又は反復ばく露により神経系の障害
　飲み込んで気道に侵入すると生命に危険のおそれ
　水生生物に毒性

図 3.3　接着剤の GHS ラベルの例

＊1　職場のあんぜんサイト 労働災害事例「集合住宅の室内改装工事で、接着剤に含まれていた有機溶剤の蒸気に引火し、爆発」をもとに作成
　　（https://anzeninfo.mhlw.go.jp/anzen_pg/SAI_DET.aspx?joho_no=101077）

険に配慮した作業計画を作成していなかったこと。また、有機溶剤作業主任者も選任されず、作業者任せで作業が行われていたこと。作業者に対し、安全衛生教育を実施していなかったこと。

（3）対策

図3.3に接着剤のGHSラベルの例を示す。「引火性の高い液体及び蒸気」などに気を付けることとされている。

- n-ヘキサンは有機則における第2種有機溶剤にあたるため、換気設備設置等、有機則に定められた事項を実施する。
- 屋内で有機溶剤を含有する物を取り扱う場合は、十分な換気を行うとともに、火気は使用しない。特に、室内で接着剤等を使用する場合には、含まれる有機溶剤の量と危険有害性を事前に調査し、水溶性のもの等できるだけ危険有害成分の少ない接着剤を使用することが重要である。
- 接着剤に含有されている有機溶剤は、爆発の危険があるほか、人体に有害なものであり、有機溶剤の性状と危険性・有害性、換気の実施、引火源となる火気の排除、防毒マスク等個人用保護具の使用等について関係作業者に十分な安全衛生教育を実施する。

3.2.2　カセットコンロ用使用済みガスボンベの廃棄作業中に火災が発生し、火傷を負う*2

業種	その他の接客娯楽業
事業場規模	16 〜 29 人
機械設備・有害物質の種類（起因物）	可燃性のガス
災害の種類（事故の型）	火災

（1）発生状況

カラオケボックスの厨房において、カセットコンロ用の使用済みガスボンベ（ブタンガス使用）を廃棄するために穴を開ける作業中に発生した。

災害発生当日、従業員Aは厨房内の棚にカセットコンロの使用済みガスボンベが多数乱雑に置かれているのに気付き、部下の従業員Bにこれを廃棄するよう指示した。指示を受けたBはガスボンベを点検したところ、ガスボンベにガスが残留しているものがいくつかあることがわかったので、BはAに厨房内で作業を行ってよいか確認し、

---

*2　職場のあんぜんサイト　労働災害事例「カセットコンロ用使用済みガスボンベの廃棄作業中に火災が発生し、火傷を負う」をもとに作成
　　（https://anzeninfo.mhlw.go.jp/anzen_pg/SAI_DET.aspx?joho_no=101146）

厨房内の床上に置いて、金槌の尖った方でガスボンベに穴を開けるガス抜き作業を同僚のCと始めた。

　ガス抜き作業中、Bがガスボンベに穴を開けるとシューとガスが噴出したのが確認されたがBはそれに構わず作業を続行した。Bが4本目のガスボンベに穴を開けたとき、突然、火炎が生じ、その火によりBとCは火傷を負った。また、その火炎は床を這うように厨房の出入り口方向に走り、外で開店準備をしていた同僚Dの足元まで達したため、Dも火傷を負った。ガスレンジ等の火気を使用する機械をガス抜き作業中に使用していないことから、着火源はガス抜き作業をしていた近くの床上に設置されていたサーモスタット機能が付いた製氷機と断定された。

（2）原因

▶直接原因

　サーモスタットなど、可燃性ガスの点火源となるものが存在し、また換気、自然通風の不十分な狭い厨房内で、可燃性ガスが残留したガスボンベの廃棄処理のためのガス抜きを行ったこと。

▶背景要因

　ガスボンベの廃棄処理方法について、安全に作業を行うためのマニュアルを作成していなかったこと。また、従業員に対する安全衛生教育を行っていなかったこと。

（3）対策

　図3.4にカセットコンロ用ガスボンベのGHSラベルの例を示す。「極めて可燃性の高いガス」及び「高圧ガス：熱すると爆発のおそれ」などに気を付けることとされている。

- カセットコンロ用ガスボンベの廃棄処理作業（ガス抜き作業）は、換気、自然通風が十分な場所で行うこと。
- ガス抜き作業は、火気、サーモスタットその他の点火源となるもののない場所で行うこと。
- カセットコンロ用ガスボンベの廃棄処理方法について、安全に作業が行えるようマニュアルを作成すること。
- 従業員に対して、安全に厨房内での作業を行うために必要な安全衛生教育を実施すること。

危険

用　途：カセットコンロ用ガスボンベ

主成分：n-ブタン、イソブタン

法令（危険性）：高圧ガス保安法：液化ガス

　　　　　　　一般高圧ガス保安規則：可燃性ガス

GHS分類：

　極めて可燃性の高いガス

　高圧ガス：熱すると爆発のおそれ

　循環器系の障害

　眠気又はめまいのおそれ

　長期にわたる、又は反復ばく露による中枢神経系の障害

図3.4　カセットコンロ用ガスボンベのGHSラベルの例

3.2.3　外国人労働者がエタノールによる洗浄作業中に、ストーブの火が引火して全身重度熱傷で死亡した事例[*3]

業種	金属製品製造業
事業場規模	16 〜 29 人
機械設備・有害物質の種類（起因物）	引火性の物
災害の種類（事故の型）	火災

（1）発生状況

金属加工の工場で、椅子に座りながらエアスプレーを用いて部品に付着したエタノールを吹き飛ばす等の洗浄作業を行っていたところ、近くに置いてあったストーブの火が被災者に引火し、全身に燃え広がった。被災者はドクターヘリで病院に搬送されたが、約 2 か月後に死亡した。

被災者は単独で作業していたが、作業途中、危険に気付いた同僚が被災者の椅子とストーブの間隔を開けて、口頭で注意をしていた。災害発生時に作業箇所は周囲の作業者から死角になっていたため、ストーブの火が燃え移る瞬間を目撃した人はいなかった。

（2）原因

▶直接原因

ストーブ（火源）の近くで、引火性の物質であるエタノールを取り扱ったこと。

▶背景要因

作業指揮者を定め、指導させていなかったこと。また、安全衛生に関する教育訓練が不十分であり、特に外国人労働者に対する教育訓練が実施されていなかったこと。

危険

用　途：洗浄作業

主成分：エタノール

法令（危険性）：第 4 類引火性液体、アルコール類、危険等級 II

GHS 分類：
　引火性の高い液体及び蒸気
　眼刺激
　発がんのおそれ
　生殖能又は胎児への悪影響のおそれ
　呼吸器への刺激のおそれ
　眠気又はめまいのおそれ
　長期にわたる、又は反復ばく露による肝臓の障害
　長期にわたる、又は反復ばく露による中枢神経系の障害のおそれ

図 3.5　洗浄作業用エタノールの GHS ラベルの例

[*3] 職場のあんぜんサイト 労働災害事例「外国人労働者がエタノールによる洗浄作業中に、ストーブの火が引火して全身重度熱傷で死亡した」をもとに作成
（https://anzeninfo.mhlw.go.jp/anzen_pg/SAI_DET.aspx?joho_no=101604）

（3）対策

図3.5に洗浄作業用エタノールのGHSラベルの例を示す。「引火性の高い液体及び蒸気」などに気を付けることとされている。

- 引火性の物質を取り扱う作業をする場合は、暖房器具等の火源となる機器等の使用を禁止すること。
- 引火性の物質を取り扱う作業をする場合は、作業指揮者を定め指導させること。危険物の取扱い状況は、随時点検等の法定事項を行うこと。安全衛生推進者を選任し、事業場内の安全衛生管理を担当させること。
- 所属労働者に対して、危険物の取扱いを含めた安全衛生に関する教育訓練を実施すること。

3.2.4 グラインダーで金属板製缶を切断時に気化したシンナーへ火花が飛び爆発[*4]

業種	その他の事業
事業場規模	30 〜 99 人
機械設備・有害物質の種類（起因物）	引火性の物
災害の種類（事故の型）	爆発

（1）発生状況

海上に停泊中の船のデッキ上で、手持ち式グラインダーで塗料シンナー（エチルベンゼン15％、キシレン79％など）が入っていた空の金属板製一斗缶を二分割しようと、缶にグラインダーの刃を当てたところ、「ボン」という音がして缶が爆発し、缶の上面が外れて海へ飛んで行き、下面（底面）がめくれ上がって変形した。爆発により被災者の作業服の胸部に引火し、鼻、顎、首の一部に火傷を負った。缶の中に残っていたシンナーが気化して一斗缶内に充満していたところに、グラインダーの刃を当てた際に火花が発生し、気化したシンナーに引火して爆発が生じたものと推定される。

（2）原因

▶**直接原因**

塗料シンナーが入っていた容器をグラインダーで切断したこと。

▶**背景要因**

リスクアセスメント等の実施不十分、安全衛生教育未実施、不十分な作業環境管理、

[*4] 職場のあんぜんサイト 労働災害事例「グラインダーで金属板性缶を切断時に気化したシンナーへ火花が飛び爆発」をもとに作成
（https://anzeninfo.mhlw.go.jp/anzen_pg/SAI_DET.aspx?joho_no=101589）

作業主任者・管理責任者等の指示内容の検討不足、作業主任者・管理責任者等による危険有害性認識不足。

（3）対策

図3.6に塗料シンナーのGHSラベルの例を示す。「引火性の高い液体及び蒸気」などに気を付けることとされている。

● 塗料を小分けする際は、専用の容器を使用することとし、一斗缶を切断して小分け容器に代用させるといった方法は行わせないこと。なお、やむを得ず一斗缶を切断する場合は、一斗缶内の残留物が気化していないか蓋（キャップ）を外して換気することにより確認する。火気が生じない切断方法により行わせる等の爆発災害の防止対策を講じたうえで行わせること。

● 塗料等の一斗缶の保管方法及び廃棄方法を定め、関係労働者に周知すること。特に、使用済みの一斗缶の廃棄については蓋（キャップ）を取り外す、洗浄する等により残留物が気化することがないような措置を講ずること。

● 爆発の危険がある場所には「火気使用禁止」の表示及び必要でない者の立入りを禁止すること。

● 一斗缶の内容物に応じた取扱い方法及び注意事項について、安全データシート（SDS）の情報を参考に関係労働者に対して安全衛生教育を行うこと。

危険

用　途：塗料シンナー

主成分：キシレン（79%），エチルベンゼン（15%），トルエン

法令（危険性）：第4類引火性液体，第一石油類 非水溶性 危険等級Ⅱ

GHS分類：
　引火性の高い液体及び蒸気
　吸入すると有害
　皮膚に接触すると有害
　皮膚刺激
　強い眼刺激
　生殖能又は胎児への悪影響のおそれ
　授乳中の子に害を及ぼすおそれ
　中枢神経系、呼吸器、肝臓、腎臓の障害
　眠気又はめまいのおそれ
　長期にわたる、又は反復ばく露による神経系、呼吸器の障害
　飲み込んで気道に侵入すると生命に危険のおそれ
　水生生物に毒性
　長期継続的影響によって水生生物に毒性長期にわたる、又は反復ばく露による中枢神経系の障害のおそれ

図3.6　塗料シンナーのGHSラベルの例

3.2.5 橋梁の型枠製作中、漏れたアセチレンガスが爆発[*5]

業種	その他の金属製品製造業
事業場規模	―
機械設備・有害物質の種類（起因物）	可燃性のガス
災害の種類（事故の型）	爆発

（1）発生状況

　工場内で橋梁のプレストレストコンクリート（PC）桁のコンクリート打設用鋼製型枠の製作作業中、床に置いてあったアセチレン溶断装置の吹管のバルブが緩んでいたため、漏えいしたアセチレンガスで付近が高濃度になっており、被災者が手持ち式のグラインダーで、はつり作業を開始した際に、その火花が点火源となって爆発した。

　まず、被災者は鋼製型枠の表面の突出した部分をアセチレン溶断装置を用いて溶断し、作業が終わると吹管の酸素とアセチレンのバルブを閉めて床に置いた。次に、溶断後の仕上げのため鋼製型枠の間に入り、しゃがんで手持ち式グラインダーを使用してバリ取り作業を開始したところ、H型鋼の台付近が爆発した。被災者は7日間休業した。

　工場長と安全衛生推進者である製造部長は、直ちにアセチレンガス溶断装置の点検を行ったが、アセチレンガスボンベ、酸素ボンベ、圧力調整器、導管、吹管のバルブ等に漏れ等の異常は認められなかった。また、吹管は逆火防止の機能が付いていた。

（2）原因

▶直接原因

　アセチレンガス溶断装置から漏れ出た可燃性ガスが存在しているところで、グラインダーによるバリ取り作業を行ったこと。

▶背景要因

　リスクアセスメント等の実施不十分。作業者がアセチレンガス溶断装置の吹管を床に置いた際、吹管のバルブを確実に閉めなかった可能性があること。吹管を床に置いた際にバルブが床面に接触したために緩んでいたこと。なお、作業者はガス溶接技能講習を修了した後、約27年の経験を有していたが、安全作業遂行のための確認作業を行わなかった。

（3）対策

　図3.7 にアセチレンガスの GHS ラベルの例を示す。「極めて可燃性の高いガス」、「高圧ガス：熱すると爆発のおそれ」などに気を付けることとされている。

[*5] 職場のあんぜんサイト　労働災害事例「橋梁の型枠製作中、漏れたアセチレンガスが爆発」をもとに作成（https://anzeninfo.mhlw.go.jp/anzen_pg/SAI_DET.aspx?joho_no=000794）

- アセチレンガス溶断装置の吹管のバルブは、使用後はガス漏れのないよう確実に閉めること
- 狭く通風のよくない場所でアセチレンガスによる溶断作業を行った後は、アセチレンガス溶断装置の吹管はそのまま置かず、通風のよい場所に移しておくこと
- ガス溶接の作業標準を作成し、それを関係作業者に周知徹底すること

危険

用　途：アセチレン溶断装置
主成分：アセチレンガス
法令（危険性）：高圧ガス保安法：圧縮アセチレンガス
　　　　　　　　一般高圧ガス保安規則：可燃性ガス
GHS 分類：
　極めて可燃性の高いガス
　高圧ガス：熱すると爆発のおそれ
　眠気又はめまいのおそれ

図 3.7　アセチレンガスの GHS ラベルの例

3.3　健康有害性に起因する労働災害事例

3.3.1　床清掃時にパーツクリーナーを用いたことによる中毒[*6]

業種	食料品製造業
事業場規模	33 〜 99 人
機械設備・有害物質の種類（起因物）	有害物
災害の種類（事故の型）	有害物等との接触

（1）発生状況

　工場において、工場床面に付着しているテープ糊痕を落とす作業で、たまたま作業場に置いてあったスプレー式のパーツクリーナーを糊痕に吹き付けながら手作業で剥ぎ取り作業を行っていたところ気分が悪くなった。救急車で病院へ搬送され、「四肢しびれ」、「呼吸困難」があり検査の結果「急性薬物中毒」と診断された。なお、剥ぎ取り作業時、工場常設の換気扇は稼働していたが、防毒マスク等の保護具は着用していなかった。

（2）原因

▶直接原因

　クリーナーを本来の使用目的ではないラベル剥がしのために狭い室内で使用し、スプレー後に溶剤蒸気が滞留している床付近に顔を近付けて作業したことから、高濃度の有機溶剤を吸い込んだと考えられる。定常的な作業ではなく、追加の作業のために手近にあるクリーナーを呼吸用保護具なし、十分な換気なしで使用したこと。

[*6]　職場のあんぜんサイト 労働災害事例「床清掃時にパーツクリーナーを用いたことによる中毒」をもとに作成（https://anzeninfo.mhlw.go.jp/anzen_pg/SAI_DET.aspx?joho_no=101624）

▶背景要因

　リスクアセスメント等の実施不十分。噴霧することで、空気中に揮発する有機溶剤の濃度が高くなることに対する認識が不足していたこと。用途の異なる薬品を安易に使用したこと。

（3）対策

　図3.8 にクリーナーの GHS ラベルの例を示す。「吸入すると有害」、「呼吸器や皮膚に刺激」、「遺伝性疾患のおそれ」などがあり、急性毒性や皮膚・眼への刺激性のような短時間の接触でも注意すべきであること、呼吸器感作性や生殖細胞変異原性・発がん性を含め、長期影響を考慮すべき化学物質があることを示している。

危険

用　途：金属パーツや金型、鋳型の脱脂・洗浄；治具、
　　　　工具の保守管理

主成分：石油系溶剤、アルコール類、LP ガス

法　令：第 4 類引火性液体，第一石油類 危険等級 Ⅱ

危険有害性情報：
　引火性の高いエアゾール
　熱すると破裂おそれ
　吸入すると有害
　呼吸器や皮膚に刺激
　遺伝性疾患のおそれ
　生物、環境への影響のおそれ

注意書き：
　換気すること

図3.8　製品（クリーナー）の GHS ラベルの例

- 有機溶剤を取り扱う場合は、有機則の対象物質かを SDS 等で確認し、有機則で定められた事項を実施する。

- 換気扇は通常、天井近くの高い位置に設置されている。有機溶剤は空気よりも密度が大きく、低いところに滞留しやすいので、換気扇は床付近に滞留している有機溶剤の排気に有効でないことに注意が必要である。使用するときには十分な換気が行われるようにドアや窓を開放する。

- やむを得ず換気の悪い場所で有機溶剤が含まれているスプレーを使用するときは、有機ガス用吸収缶を取り付けた防毒マスクを着用する。

- 有機溶剤の刺激や経皮吸収を防ぐ不浸透性の化学防護手袋、眼への飛沫の接触を防ぐゴグル形の保護眼鏡を着用する。

- 生物、環境への影響のおそれがあることから、排気後の大気への放出や排水への排出に留意する。

3.3.2　塗装工場の清掃時における水酸化ナトリウムによる皮膚障害*7

業種	その他の廃棄物処理業
事業場規模	―
機械設備・有害物質の種類（起因物）	有害物
災害の種類（事故の型）	有害物等との接触

（1）発生状況

塗装工場（A工場）における上塗ブースの槽内において、槽内の沈殿物を取り除く作業をしていた作業者（C業者からB請負業者へ派遣された労働者）が槽内の水酸化ナトリウムが溶解している水溶液を浴び、化学熱傷を負った。

なお、災害発生当日、作業前に作業者全員にビニール手袋が配布されたが、皮膚障害防止用の個人用保護具は全く備えられておらず、また、作業者も作業衣、ビニール製のヤッケ、ゴム長靴以外は身に付けていなかった。

（2）原因

▶直接原因

当該業務に従事する作業者に使用させるための、全身を防護する不浸透性の保護具を備えていなかったこと。

▶背景要因

リスクアセスメント等の実施不十分。作業開始前に、塗装ブース内の物質の有害性に関し、A工場からの説明がなく、B請負業者も確認しなかったこと。B請負業者及び現場責任者は、1人の作業者が水溶液を浴びた部位に痛みを訴えた後も、保護具を着用させることなく作業を継続させたこと。

（3）対策

図3.9に水酸化ナトリウムのGHSラベルの例を示す。「重篤な皮膚の薬傷・

危険

用　途：化学繊維・紙・パルプ製造用，有機薬品・無機薬品・医薬・農薬・染料中間体製造用，グルタミン酸ソーダ原料，食品製造用

主成分：水酸化ナトリウム

法令：腐食性液体、劇物

危険有害性情報：
　　重篤な皮膚の薬傷・眼の損傷
　　重篤な眼の損傷
　　呼吸器の障害
　　水生生物に有害

注意書き：
　　皮膚又は髪に付着した場合、直ちに、汚染された衣類を全て脱ぐこと、取り除くこと。皮膚を流水、シャワーで洗うこと。

図3.9　水酸化ナトリウムのGHSラベルの例

＊7　職場のあんぜんサイト 労働災害事例「塗装工場の清掃時における水酸化ナトリウムによる皮膚障害」をもとに作成（https://anzeninfo.mhlw.go.jp/anzen_pg/SAI_DET.aspx?joho_no=764）

眼の損傷」、「重篤な眼の損傷」、「呼吸器の障害」などがあり、急性毒性及び皮膚・眼への腐食性のような短時間の接触でも重篤な影響があることを示している。水酸化ナトリウムの GHS 分類では皮膚腐食性／刺激性と眼に対する重篤な損傷性／眼刺激性がどちらも区分 1 となっている。本例のような皮膚接触以外にも、ミストの急性吸入ばく露により粘膜刺激に続き、咳・呼吸困難などが引き起こされ、さらにばく露が強いと肺水腫が起こる可能性がある。**図 3.9** のような「腐食性」と「健康有害性」の絵表示が示される。

- 産業廃棄物、有害物を取り扱う業務を発注する場合は、発注者は施工業者に対して事前に取り扱う物質の有害性等を通知する。
- 槽内の水溶液が槽外に出るのを防ぐため、蓋を被せる等を行い、槽の開口を必要最低限にする。
- 作業者に対して取り扱う物質の有害性、講ずべき対策等について教育を実施する。
- 水酸化ナトリウムとの接触を防ぐために、不浸透性の手袋、ゴグル形の保護眼鏡、取扱量が多いときは全身を防護できる保護衣を着用する。

3.3.3 次亜塩素酸ナトリウムを加湿器に誤って投入したことによる中毒[*8]

業種	社会福祉施設
事業場規模	16 〜 29 人
機械設備・有害物質の種類（起因物）	有害物
災害の種類（事故の型）	有害物等との接触

（1）発生状況

　福祉施設内のエントランスホール及び談話室において、加湿器に誤って次亜塩素酸ナトリウムが補充されていたことにより、施設内に次亜塩素酸ナトリウムを含む水蒸気が飛散したため、入所者にお茶を提供していた作業者が吐き気や咳込み等の症状を発し、救急車で病院に搬送された。加湿器に加えられた次亜塩素酸ナトリウムと酸性物質の反応による塩素ガスの発生によるものか、次亜塩素酸ナトリウム自体の皮膚や粘膜への刺激性によるものか、症状の原因は明確ではない。

（2）原因

▶直接原因

*8　職場のあんぜんサイト 労働災害事例「次亜塩素酸ナトリウムを加湿器に誤って投入したことによる中毒」をもとに作成（https://anzeninfo.mhlw.go.jp/anzen_pg/SAI_DET.aspx?joho_no=101623）

次亜塩素酸水と次亜塩素酸ナトリウムの容器の外観や名称が類似していたため、商品を取り違えて加湿器に投入したこと。

▶背景要因

リスクアセスメント等の実施不十分。薬品の使用方法についての情報共有が不足していたこと。異臭がする際の対策が検討されていなかったこと。

（3）対策

次亜塩素酸や次亜塩素酸ナトリウムは表示対象物質ではなく、基本的にラベルが表示されていないため、特に注意が必要である。GHS ラベルが表示される場合の例を**図 3.10** に示す。「重篤な皮膚の薬傷及び眼の損傷」、「呼吸器への刺激のおそれ」などがあり、急性毒性及び皮

危険

用　途：繊維・パルプの漂白、水処理、医薬、食品添加物、殺菌剤（失効農薬）

主成分：次亜塩素酸ナトリウム（有効塩素濃度：6～15％の水溶液）

法令：　危険物・酸化性の物

危険有害性情報：
　重篤な皮膚の薬傷及び眼の損傷
　呼吸器への刺激のおそれ
　水生生物に非常に強い毒性
　長期継続的影響によって水生生物に非常に強い毒性

注意書き：
　換気のよい場所で保管すること。容器を密閉しておくこと。

図 3.10　次亜塩素酸ナトリウム（水溶液）の GHS ラベルの例

膚・眼への損傷性のような短時間の接触でも重篤な影響があることを示している。なお、次亜塩素酸ナトリウムの GHS 分類では皮膚腐食性／刺激性と眼に対する重篤な損傷性／眼刺激性がどちらも区分 1 である。

- 使用する噴霧液を低濃度のものとする。
- 外観や名称が似た化学物質の取り違えが起こらないように、容器の収納場所を別にし、容器の目立つ場所にラベルを貼る。こぼれた薬品や時間経過によりラベルが色褪せた場合は速やかに貼り替え、取り違えを防止する。噴霧器への移し替えを行う場合は、容器内に入っている物質の名称を明示する。
- 次亜塩素酸水と次亜塩素酸ナトリウムのような、名称が似ているが異なる物質について、使用時の注意事項を明確に掲示し、手順書を作業者で共有して作業を行う。
- 次亜塩素酸と次亜塩素酸ナトリウムは違うものであり、次亜塩素酸ナトリウム溶液はアルカリ性であるため、必ず耐アルカリ溶液の手袋を使用する。
- 福祉施設や病院等の交代勤務のある職場では、マニュアルを定める等、特に注意して情報共有を行う。
- 希釈液の作成マニュアルを定め、どの器具を使用して、水を何リットル使用するか明示する。
- 生物、環境への影響のおそれがあることから、排気後の大気への放出や排水への排出に留意する。

3.3.4　道路舗装工事における半剛性舗装材による薬傷*9

業種	その他の土木工事業
事業場規模	―
機械設備・有害物質の種類（起因物）	有害物
災害の種類（事故の型）	有害物等との接触

（1）発生状況

道路上において、路面強化のためのアスファルト舗装工事中、セメントを含む半剛性舗装材と水との混練作業を行っていたところ、かゆみを伴う体の炎症を発した。炎症を発した作業者は混練作業のほか、半剛性舗装材の手渡し作業や道路への舗装材混練液の注入作業等を交替して行っていた。舗装材と水の混練作業はグラウトミキサーの蓋を開けて行っており、作業者は不浸透性の保護手袋、保護衣等を着用していなかった。

（2）原因

▶直接原因

工法に用いられた半剛性舗装材には、ポルトランドセメント60％と速硬材20％が含まれていた。セメントを含む舗装材と水との混練作業において、不浸透性の保護手袋、保護衣等を着用しておらず、作業服にセメントを含む舗装材が付着してしまったこと。

▶背景要因

作業者が半剛性舗装材の有害性について十分に知らなかったこと。グラウトミキサーの蓋を開けたまま作業を続けたこと。

（3）対策

図3.11に製品（セメント）のGHSラベルの例を示す。「重篤な皮膚の薬傷・眼の損傷」や「呼吸器への刺激のおそれ」があり、急性毒性及び皮膚・眼への損傷

危険

用　途：コンクリート、モルタル、セメントペースト等の原料
主成分：けい酸カルシウム、アルミン酸カルシウム、
法　令：粉じん障害防止規則

危険有害性情報：
　重篤な皮膚の薬傷・眼の損傷
　呼吸器への刺激のおそれ
　長期にわたる、又は反復ばく露による臓器の障害
　（呼吸器）

注意書き：
　保護手袋、保護衣、保護長靴、保護眼鏡、保護面、
　防じんマスクを着用
　粉じんを吸入しないこと。

図3.11　製品（セメント）のGHSラベルの例

---

*9　職場のあんぜんサイト　労働災害事例「道路舗装工事における半剛性舗装材による薬傷」をもとに作成（https://anzeninfo.mhlw.go.jp/anzen_pg/SAI_DET.aspx?joho_no=1011）

性のような短時間の接触でも重篤な影響があることを示している。また、そのほか「長期にわたる、又は反復ばく露による臓器の障害（呼吸器）」もあり、慢性ばく露の影響があることを示している。セメントは水に触れると強いアルカリ性（pH ≧ 11.5）のスラリーになる。強アルカリは GHS 分類では皮膚腐食性／刺激性と眼に対する重篤な損傷性／眼刺激性がどちらも区分 1 であり、絵表示は「腐食性」が示されるべきであるが、粉体の場合には「腐食性」の絵表示がないことがあるので注意が必要である。

- 半剛性舗装材の混練作業においてグラウトミキサーからの飛散を極力抑える措置を講じる。
- 粉体を使用するときは、防じんマスク、ゴグル形保護眼鏡、防じん性と耐久性を有する手袋を着用する。取扱量が多いときは防じん防護服を着用して、作業着を汚染するのを防ぐ。作業着に大量のセメントなどが付着すると、着替えの際に更衣場所を汚染するなど汚染の範囲を広げてしまい、家庭まで持ち込むことがあるので注意する。
- 水を加えて練る作業やコンクリートを使用する作業では、ゴグル形保護眼鏡、不浸透性の手袋、長靴を着用する。
- 靴の履き口や手袋の口から粉やコンクリートが入らないようにする。内部に入ったときにはすぐに脱いで、皮膚を大量の水で洗浄し、すぐに病院に行く。

3.3.5　同一事業場内別作業のラッカー塗装による有機溶剤中毒[10]

業種	製造業
事業場規模	300 〜 999 人
機械設備・有害物質の種類（起因物）	有害物
災害の種類（事故の型）	有害物等との接触

（1）発生状況

　工場の部品置場において、被災者は金属製の部品の仕分け作業を行っていたところ、シンナー臭を感じ、次第に頭痛を催し嘔吐した。災害発生当時、別の部署の作業者が被災者の近くでラッカースプレーを使用して臨時に部品の塗装作業をしていた。このラッカースプレーにはトルエン、キシレン等の有機溶剤、エチルベンゼン等の特別有機溶剤が含まれていた。仕分けを行っていた作業者は防毒マスク等を着用していなかった。

---

*10　職場のあんぜんサイト 労働災害事例「同一事業場内別作業のラッカー塗装による有機溶剤中毒」をもとに作成（https://anzeninfo.mhlw.go.jp/anzen_pg/SAI_DET.aspx?joho_no=101633）

（2）原因

▶直接原因

個人用保護具を着用しておらず、有機溶剤の揮発成分を吸入してしまったこと。

▶背景要因

有害物質を使用しない仕分け作業と同一空間で、他の作業者が有機溶剤を使用する作業を実施したこと。

（3）対策

図3.12 に製品（ラッカー塗料）のGHSラベルの例を示す。「吸入すると有害」、「呼吸器への刺激のおそれ」、「眠気やめまいのおそれ」、「飲み込んで気道に侵入すると生命に危険のおそれ」などがあり、急性毒性及び皮膚・眼への損傷性のような短時間の接触でも影響があることを示している。また、「発がんのおそれの疑い」や「生殖能又は胎児への悪影響のおそれ」などがあり、長期影響を考慮すべき化学物質があることを示している。

危険

用　途：建設用等の塗料
主成分：トルエン、キシレン、エチルベンゼン
法令：危険物、第2種有機溶剤

危険有害性情報：
　引火性の高い液体及び蒸気
　吸入すると有害　　皮膚刺激
　強い眼刺激　　　　発がんのおそれの疑い
　生殖能又は胎児への悪影響のおそれ
　臓器の障害　　　　呼吸器への刺激のおそれ
　眠気やめまいのおそれ
　長期にわたる、又は反復ばく露による臓器の障害
　飲み込んで気道に侵入すると生命に危険のおそれ
　水生生物に毒性
注意書き：
　容器を密閉しておくこと
　保護手袋／保護眼鏡／保護マスクを着用すること。
　屋外又は換気のよい場所のみで使用すること。

図3.12 製品（ラッカー塗料）のGHSラベルの例

- トルエンやキシレンは有機則における第2種有機溶剤にあたるため、換気設備設置等、規則に定められた事項を実施する。
- 有機溶剤を使用しない他の作業者の近くで有機溶剤を使用する作業を実施する必要があれば、他の作業者に影響が及ばないように根本的な作業環境の設計を行う。
- 有機溶剤を使用する際は、換気設備を整備し、屋外の場合でも風下に人がいないか確認する。
- やむを得ず作業が発生する場合は、有機溶剤用防毒マスク、不浸透性の化学防護手袋を使用する。
- 作業時にはマスクを漏れのないように着用し、マスクの吸収缶は数時間〜半日程度で新しいものに交換する。翌日は前日のものを使用しない。
- スプレー塗装の際にはミストが発生するので、ミストを除去するために、防じん機能付き防毒マスクを使用する。フィルターに付着したミストから有機溶剤が発生するため、吸収缶の除毒能力が短時間で失われることに注意する。

3.3.6　イソシアネート系硬化剤の吸入によるアレルギー*11

業種	建築工事業
事業場規模	1〜4人
機械設備・有害物質の種類（起因物）	有害物
災害の種類（事故の型）	有害物等との接触

（1）発生状況

　塗装工事現場において、硬化剤を入れた塗料で雨戸に吹付け塗装を行った。作業中に喉に違和感を覚えたが、当日はそのまま作業を続けた。翌日の朝に起床したときに首や喉が腫れて呼吸困難となり病院を受診した。耐候性を高めるウレタンコーティング塗料の硬化剤に含まれていたイソシアネート類を吸入したことによるアレルギーと診断された。作業においては防毒マスク未着用であった。

（2）原因

▶直接原因

　有機ガス用吸収缶を有する防毒マスクをはじめとした個人用保護具を着用していなかったこと。

▶背景要因

　感作性のある物質を扱うことに対するリスクアセスメントが不足していたこと。化学物質の有害性に関する教育が行われず、知識が不十分であったこと。

（3）対策

　図3.13にトリレンジイソシアネートを含む硬化剤のGHSラベルの例を示す。「吸入すると生命に危険（粉じん）」、

危険

用　途：ポリウレタン原料(軟質フォーム、硬質フォーム、塗料、接着剤、繊維処理剤、ゴムなど)

主成分：トリレンジイソシアネート

法令：特定化学物質第2類物質

危険有害性情報：

　飲み込むと有害のおそれ（経口）

　吸入すると生命に危険（粉じん）

　重篤な皮膚の薬傷・眼の損傷

　強い眼刺激

　吸入するとアレルギー、喘息又は、呼吸困難を起こすおそれ

　アレルギー性皮膚反応を起こすおそれ

　発がんのおそれの疑い

　呼吸器、中枢神経系の障害

　長期又は反復ばく露による呼吸器の障害

　長期又は反復ばく露による肝臓の障害のおそれ

　水生生物に非常に強い毒性

　長期的影響により水生生物に非常に強い毒性

注意書き：

　個人用保護具や換気装置を使用し、ばく露を避けること。

　呼吸用保護具、保護手袋、保護衣、保護眼鏡、保護面を着用すること。

　屋外又は換気のよい区域でのみ使用すること。

図3.13　トリレンジイソシアネートのGHSラベルの例

---

*11　職場のあんぜんサイト 労働災害事例「イソシアネート系硬化剤の吸入によるアレルギー」をもとに作成（https://anzeninfo.mhlw.go.jp/anzen_pg/SAI_DET.aspx?joho_no=101632）

「吸入するとアレルギー、喘息又は、呼吸困難を起こすおそれ」、「アレルギー性皮膚反応を起こすおそれ」などがあり、急性毒性及び感作性のような短時間の接触でも影響があることを示している。また、「発がんのおそれの疑い」などがあり、長期影響を考慮すべき化学物質があることを示している。

- トリレンジイソシアネートは特定化学物質第2類物質にあたるため、換気設備設置等、特化則で定められた事項を実施する。
- ウレタン系の硬化剤はイソシアネート類を含有している。アレルギーを発症しやすいため、当該物質にアレルギーを有する作業者は、特に注意を要する。
- 化学物質の危険有害性（今回の場合は「呼吸器感作性」）を把握できるよう、ラベルやSDSを用いた教育を行う。
- 手袋は毎作業後に交換すべきであるが、その際に素手に付着しないように手袋外面が内側になるようにする脱ぎ方のルールを決め、一定のトレーニングを実施する。
- 有機ガス用防毒マスク、ゴグル形保護眼鏡、不透過性・不浸透性の化学防護手袋を使用する。

3.3.7　水系剥離剤を用いた橋梁塗装の剥離作業中の中毒^{*12}

業種	建設業
事業場規模	1～4人
機械設備・有害物質の種類（起因物）	その他
災害の種類（事故の型）	有害物等との接触

（1）発生状況

橋梁の塗替え塗装のため、吊り足場上において電動ファン付き呼吸用保護具（防じん機能付き防毒マスク）を着用して剥離剤（ベンジルアルコール30～40%含有）の吹付け作業を単独で行っていた作業者が倒れていたところを発見された。当日は、夏季で気温が高かったほか、作業場所は剥離対象の塗料に含まれるPCB及び鉛の飛散防止のため隔離措置が施された狭い空間であり、通風はなく、排気装置の設置等の措置は講じられていなかった。

（2）原因

▶直接原因

狭い空間にもかかわらず、十分な換気のための措置がなされていなかったこと。

＊12　職場のあんぜんサイト 労働災害事例「水系剥離剤を用いた橋梁塗装の剥離作業中の中毒」をもとに作成（https://anzeninfo.mhlw.go.jp/anzen_pg/SAI_DET.aspx?joho_no=101634）

▶背景要因

　暑さや息苦しさにより不意に呼吸用保護具をずらしてしまうなどした可能性があること。高温下では有機溶剤濃度が上昇し、呼吸用保護具の防護能力を超えた可能性があること。単独作業のため意識を失ったときに発見が遅れたこと。塗料で濡れた保護衣などから経皮吸収があった可能性が否定できない。

(3) 対策

　図3.14にベンジルアルコールのGHSラベルの例を示す。「吸入すると生命に危険（粉じん）」、「呼吸器、中枢神経系の障害」、「発がんのおそれの疑い」などがあり、急性毒性のような短時間の接触でも影響があること、長期影響を考慮すべき化学物質があることを示している。

危険

用　途：香料、塗料・インキ・エポキシ樹脂溶剤、合成繊維染色助剤、医薬・化粧品防腐剤
主成分：ベンジルアルコール
法　令：名称等を表示すべき危険物及び有害物、第4類引火性液体 第三石油類

危険有害性情報：
　飲み込むと有害のおそれ（経口）
　吸入すると生命に危険（粉じん）
　重篤な皮膚の薬傷・眼の損傷
　強い眼刺激
　吸入するとアレルギー、喘息又は、呼吸困難を起こすおそれ
　アレルギー性皮膚反応を起こすおそれ
　発がんのおそれの疑い
　呼吸器、中枢神経系の障害
　長期又は反復ばく露による呼吸器の障害
　長期又は反復ばく露による肝臓の障害のおそれ
　水生生物に非常に強い毒性
　長期的影響により水生生物に非常に強い毒性
注意書き：
　粉じん／煙／ガス／ミスト／蒸気／スプレーの吸入を避けること。
　屋外又は換気のよい場所でだけ使用すること。
　汚染された作業衣は作業場から出さないこと。

図3.14 ベンジルアルコールのGHSラベルの例

- 剥離作業は狭い空間での作業が多く高濃度ばく露になりやすいため、橋梁作業のリスクアセスメントに関する文書に従って、個人用保護具の選択、メンテナンス、作業条件（短時間、保護具の着用状況の確認）の設定に十分留意する。

- 呼吸用保護具は送気式のものを選択する。剥離剤のミストが飛散する場合は、防じん機能付き有機溶剤用防毒マスクを使用することもできるが、吸収缶を短時間で交換する。保護衣・保護手袋は不浸透性のものを着用する。しかし、不浸透性保護具の着用は暑熱対策が一層必要である。

- その他の対策については、基安化発0518第1号「剥離剤を使用した塗膜の剥離作業における労働災害防止について」[13] を参照のこと。

---

*13　橋梁等における塗装剥離に関連するガイドライン「剥離剤を使用した塗膜の剥離作業における労働災害防止について」（令和2年8月17日付け基安化発0817第1号；最終一部改正令和4年5月18日付け基安化発0518第1号）

3.3.8　（参考）慢性影響による労働災害事例

　化学物質の健康有害性に起因する労働災害の事例は、**3.3.1 ～ 3.3.7** のような急性影響のみならず、がんのような長期ばく露による慢性影響も存在する。慢性影響は症状がすぐにはみられないため作業者や事業者が気付きにくく、発がん等の影響がみられて初めて因果関係が明らかになる例も存在する。影響がみられてからでは遅いため、リスクアセスメントの実施や結果に基づいた対策が重要となる。

　表 3.3 に、業務上疾病と認定されているもののうち、慢性影響に関する主な事例について、原因となった物質、作業内容、ばく露形態、症状を示す。3,3'-ジクロロ-4,4'-ジアミノジフェニルメタン（MOCA）の事例[14] やオルト-トルイジンの事例[15]、ジクロロメタン又は 1,2-ジクロロプロパンの事例[16] のような発がん性影響のほか、架橋型アクリル酸系水溶性高分子化合物の事例[17] のような呼吸器疾患を引き起こしたものが存在する。

　労働災害事例を受けて、MOCA やオルト-トルイジン、ジクロロメタン、1,2-ジクロロプロパンは特化則における特定化学物質の第 2 類物質に指定されている。なお、

表 3.3　慢性影響に関する労働災害事例

No.	原因物質等	作業内容	主なばく露形態	症状
1	3,3'-ジクロロ-4,4'-ジアミノジフェニルメタン（MOCA）	MOCA の製造、MOCA を含む複数種類の芳香族アミンを原料とした化成品の製造	経皮ばく露	膀胱がん
2	オルト-トルイジン	オルト-トルイジンを含む複数種類の芳香族アミンを原料とした染料・顔料の中間体の製造	経皮ばく露	膀胱がん
3	ジクロロメタン又は 1,2-ジクロロプロパン	校正印刷業務における洗浄作業	経気道ばく露	胆管がん
4	架橋型アクリル酸系水溶性高分子化合物	アクリル酸系ポリマーの粉体を包装する作業	経気道ばく露	呼吸器疾患

＊14　厚生労働省 報道発表資料「芳香族アミン取扱事業場で発生した膀胱がんの業務上外に関する検討会」報告書（https://www.mhlw.go.jp/content/11201000/000707991.pdf）
＊15　厚生労働省 報道発表資料「芳香族アミン取扱事業場で発生した膀胱がんの業務上外に関する検討会」報告書（https://www.mhlw.go.jp/file/04-Houdouhappyou-11402000-Roudoukijunkyokuroudouhoshoubu-Hoshouka/0000146647.pdf）
＊16　厚生労働省 報道発表資料「印刷事業場で発生した胆管がんの業務上外に関する検討会」報告書（https://www.mhlw.go.jp/stf/houdou/2r9852000002x6at-att/2r9852000002x6zy.pdf）
＊17　厚生労働省 報道発表資料「架橋型アクリル酸系水溶性高分子化合物の吸入性粉じんの製造事業場で発生した肺障害の業務上外に関する検討会」報告書（https://www.mhlw.go.jp/content/11402000/000502982.pdf）

特化則に指定されている物質を使用する場合は、排気装置の設置等の対応が義務付けられている。

3.4 化学物質による危険性及び健康影響の種類

化学物質管理において、化学物質がもともともっている性質である危険性及び有害性をまとめてハザードともいうが、この中には爆発や可燃性などの物理化学的危険性、急性毒性や発がん性などの健康有害性、さらに環境有害性などが含まれる。以下、物理化学的危険性及び健康有害性について例をあげた。

3.4.1 物理化学的危険性の種類

爆発、火災などにより災害を起こす。

(1) 爆発性：衝撃、摩擦あるいは火により爆発を起こす。爆発は衝撃波や爆風を生じる。また高い温度に達することもある。

例：ピクリン酸アンモニウム、黒色火薬、ジアゾジニトロフェノール、ニトログリコール、ジニトロフェノール、アジ化鉛、六硝酸マンニトール（水＞40％）、ニトログリセリン、硝酸でん粉、ニトロ尿素、ピクリン酸、トリニトロベンゼン、硝酸アンモニウム、ニトロセルロース、過塩素酸アンモニウムなど

(2) 可燃性／引火性：燃えやすく引火すると火災等を引き起こす。可燃性ガスは通常酸素濃度の空気中で燃える。引火性の液体は液体上部の蒸気空間に発火源があると火災や爆発の原因となる。特定の条件下では、ほとんどの金属が大気中で燃焼する。

例：ガス：ブチレン、メチルアミン、圧縮水素、プロパン、シラン、フッ化メチル、硫化水素、トリフルオロクロロエチレン、アルシン、硫化カルボニルなど

液体：二硫化炭素、エチルイソシアネート、アセトン、ジエチルアミン、塩化アセチル、メタノール、ニトロベンゼンなど

固体：ゴムくず、デカボラン、アルミニウム粉末、金属綿、水素化チタン、ヘキサメチレンテトラミン、パラホルムアルデヒドなど。一般にプラスチックやゴムは可燃性であり、燃えると有毒ガス（塩化水素、ホスゲン、一酸化炭素、シアン化水素、窒素酸化物など）が発生する。

(3) 高圧ガス：ボンベに充填されている高圧ガスで、圧縮ガス、液化ガス、深冷液化ガス、溶解ガスなどの種類がある。圧縮ガス、液化ガス、溶解ガスの場合には、熱すると容器の破裂や爆発のおそれがあり、深冷液化ガスが漏れた場合には凍傷

のおそれがある。さらにボンベ内の化学物質が漏れた場合には、それがもつ有害性（窒息、急性毒性など）も考慮する必要がある。

例：圧縮ガス：水素、一酸化炭素、酸素、窒素、ヘリウム、アルゴンなど

　　液化ガス：エタン、エチレン、プロパン、ブタン、酸化エチレン、メチルエーテル、塩化ビニル、シアン化水素、硫化水素、アンモニアなど

　　深冷液化ガス：液化酸素、液化窒素など

　　溶解ガス：アセチレンなど

(4) 自然発火性：空気に触れると発火し、火災等の危険性のある物質。

例：液体：ジエチル亜鉛、アルキルリチウム、水素化ホウ素アルミニウム、次亜塩素酸ターシャルブチルなど

　　固体：アルカリ金属（リチウム、ナトリウム、カリウム）やアルカリ土類金属（カルシウム、マグネシウム、亜鉛）の有機金属、ジルコニウム、ハフニウム、チタンの粉末などは極めて容易に発火する。

(5) 自己反応性：熱的に不安定な物質で、酸素がなくても熱を発生する物質。熱や酸、塩基、重金属などの不純物、摩擦あるいは衝撃などで反応が起きる。

例：脂肪族アゾ化合物（–C–N=N–C–）、有機アジ化合物（–C–N$_3$）、ジアゾニウム塩（–CN$_2^+$Z$^-$）、N–ニトロソ化合物（–N–N=O）、芳香族スルホヒドラジド（–SO$_2$–NH–NH$_2$）などが含まれる。具体的には、2,2'-アゾジ(エチル–2–メチルプロピオネイト)、ベンゼンスルフォニルヒドラジン、4–ニトロソフェノールなど。

(6) 水反応可燃性：水と反応して発熱し、引火性あるいは爆発性のガスを生じる物質。

例：アルカリ金属及びその合金、水素化物（ナトリウム、水素化リチウムなど）、アルカリ土類金属及び金属炭化物、ケイ素（カルシウム、アルミニウムカーバイド、ケイ素化マグネシウムなど）

(7) 酸化性：それ自体は不燃性であっても、酸素の供給源となり、それによって燃焼を持続させて火炎を激しくする物質。

例：液体：過塩素酸溶液、五フッ化ヨウ素、過酸化水素水溶液など

　　固体：過酸化ナトリウム、重クロム酸ナトリウム、三酸化クロム（無水物）、硝酸銀、亜塩素酸ナトリウム、臭素酸バリウムなど

(8) 有機過酸化物：酸素同士の結合（–O–O–構造）を有し、反応性に富み、急速に燃焼したり、発熱したりする。

例：ターシャリ–アミルパーオキシ–3,5,5–トリメチルヘキサノエート、ジイソブチルパーオキサイド、アセチルアセトンパーオキサイドなど

3.4.2　化学物質による健康影響の種類

　生物は自己を他と分ける境界をもつことから始まった。このことは生物が生きるためには自己の生体内環境を維持する（恒常性）必要が生じたということでもある。そして生物は海から誕生したといわれるように、特に動物の生体内環境は海の環境（元素成分）に似ている。周辺環境が生体内環境と大きく異なると恒常性が維持できずに生物は弱り、時には死に至る。このような生物に悪い影響を与える環境要因として温度や圧力などのいわゆる物理的要因や、金属やガスなどの化学的要因があげられる。生物はその進化の過程で様々な環境要因に対処できるようになったが、文明の発達とともに人間の手で濃縮した金属や新たに発明した化学物質はあまりにも生物の体内環境からかけ離れているので、それらに生物がばく露した場合には恒常性が維持できなくなり悪影響となってあらわれる。また人類は自己と非自己を認識するシステム（免疫）が他の生物よりも発達したが、これは化学物質などの影響から身を守ると同時に病気の原因ともなった。

　化学物質が体内に取り込まれ、代謝され、排泄あるいは蓄積されていく過程は生物の進化を表しているといえるが、あまりに急激に多くの化学物質に対処しなければならなくなったのはわずか100年以内のことであり、今後、さらに慎重な観察が必要であろう。

　化学物質は主に吸入、経皮吸収又は経口によって体内に侵入するが、その健康影響には、①一回若しくは短期間に化学物質をばく露することにより起こる急性中毒、②皮膚又は粘膜（眼、呼吸器、消化器）などへの直接接触による障害（皮膚障害等）、③長期にわたるばく露による障害（発がんなど）に分類すると理解しやすい。

3.4.3　健康障害の起こり方及び症状の例

（1）急性毒性

　急性中毒は、一時的に高濃度の化学物質を吸入したときに生じやすい。有機溶剤であれば、吸入によって血液とともに体内を循環し、中枢神経に作用し、意識を消失させる場合がある。また化学物質の作用による窒息もあり、例として硫化水素（高濃度では中枢性の呼吸麻痺が生じる）、シアン化水素（細胞内呼吸を阻害する）、ホスゲン（肺水腫や肺線維症を通じて呼吸困難を生じさせる）などがある。

　GHSでは、致死性の影響については「急性毒性」、非致死性の影響については「特定標的臓器毒性（単回ばく露）」に対応する。

（2）皮膚又は粘膜（眼、呼吸器、消化器）への接触

▶刺激性・腐食性

　主に皮膚、眼、消化器系、呼吸器系が一般的に影響を受ける部位である。酸やアルカリ、リン化合物などの腐食性物質によって、接触部位において組織破壊が生じる。酸、

アルカリ、溶剤、鉱油などによって湿疹や皮膚炎などが生じる。アルデヒド、アンモニア、二酸化窒素、ホスゲン、塩素、臭素、オゾン等で呼吸器の刺激症状（炎症反応、呼吸器困難等）が生じる。

GHS では、「皮膚腐食性／刺激性」、「眼に対する重篤な損傷性／眼刺激性」に分類する。

▶感作性（アレルギー）

感作性物質によって、皮膚又は呼吸のアレルギー反応が生じる。皮膚感作性物質の例として、クロムやニッケルのような金属、エポキシ硬化剤、松やに（ロジン）などがあり、接触により接触性皮膚炎が生じることがある。また呼吸器感作性物質の例として、イソシアネート類、ホルムアルデヒドなどがあり、吸入により職業性ぜん息の原因となる。

GHS では、「呼吸器感作性又は皮膚感作性」に分類する。

（3）慢性毒性

▶発がん性

正常な細胞は、遺伝子の働きで細胞の増殖がうまくコントロールできるが、この細胞の遺伝子が何らかの理由で突然変異を起こすと、細胞増殖のコントロールができなくなり無秩序な増殖が起こる。この変異した細胞が増殖を繰り返した結果、周囲の組織や他の組織にまで侵入し、自分の組織や他の組織を破壊する悪性化した性質をもつ腫瘍ができ、それが"がん"と呼ばれる。

発がん性物質の原因物質は、細胞の DNA に直接作用して、遺伝子の突然変異をもたらし、それが原因となって発がんを起こす物質を「遺伝毒性発がん物質」という。化学物質によるがんは様々な臓器、部位にでき、それらは化学物質の侵入経路や化学物質又は代謝物の標的臓器などによる。

発がん性物質の例として、ベンゼン（急性骨髄性白血病）、塩化ビニル（肝臓血管肉腫）、1,2-ジクロロプロパン（胆管がん）、ベンジジン（膀胱がん）、オルト-トルイジン（膀胱がん）などがある。

GHS では、「発がん性」に分類する。

▶生殖毒性

生殖毒性には、主に生殖影響［性行動の変化、受胎可能性の減退（精子数の減少、月経変化、卵巣の萎縮など）、妊娠・出産への影響（流産、早産など）］及び発生影響［死亡（後期胎児死亡、新生児死亡など）、奇形、低体重、機能障害（発達異常、異常行動）］がある。

生殖毒性の物質の例として、マンガン、エチレングリコールモノメチルエーテル、水銀、有機水銀化合物、一酸化炭素、鉛、サリドマイド、カドミウム化合物などがある。

GHS では、「生殖毒性」に分類する。

▶神経障害

　神経障害には、中枢神経系（頭痛、めまい、記憶力低下、視力低下、手指の震え、精神神経症状など）、末梢神経系（手足のしびれ、痛み、筋肉の萎縮、筋力低下など）、自律神経系（冷え性、便秘、悪心、食欲不振など）の障害がある。

　神経障害を起こす物質の例として、ジクロロメタン（中枢神経系）、トルエン、鉛（末梢神経系）、キシレン、二硫化炭素、ノルマルヘキサン（末梢神経系）など、数多くの物質がある。

　GHS では、「特定標的臓器毒性（反復ばく露）」に分類する。

▶肝臓障害

　肝臓障害が起こると、血液の肝酵素［AST（GOT）、ALT（GPT）、γ-GTP］の上昇、尿の変色（茶褐色）、黄疸がみられることがある。

　肝臓障害を起こす物質の例として、クロロホルム、四塩化炭素、エチレングリコールモノメチルエーテル（メチルセロソルブ）、エピクロルヒドリンなどがある。

　GHS では、「特定標的臓器毒性（反復ばく露）」に分類する。

▶腎臓障害

　腎臓障害が起こると、尿中蛋白が陽性となり、むくみなどが起こることがある。

　腎臓障害を起こす物質の例として、カドミウム化合物、水銀、二硫化炭素、エチレングリコールモノメチルエーテル（メチルセロソルブ）、ジニトロフェノールなどがある。

　GHS では、「特定標的臓器毒性（反復ばく露）」に分類する。

▶血液系障害

　血液系の障害には、骨髄に対する作用による再生不良性貧血、血管の中を流れる赤血球が破壊されることにより起こる溶血性貧血、ヘモグロビンとの結合により全身に酸素不足を引き起こすメトヘモグロビン血症などがある。

　血液障害を起こす物質の例として、ベンゼン（再生不良性貧血）、アニリン（溶血性貧血又はメトヘモグロビン血症）、ジニトロベンゼン（溶血性貧血）などがある。

　GHS では、「特定標的臓器毒性（反復ばく露）」に分類する。

4章

化学物質又は混合物の危険性・有害性

本章では、危険性・有害性に関する情報伝達の手段、化学物質による健康障害の病理及び症状、GHS について解説する。

　化学物質の自律的な管理において、取扱い物質の危険性・有害性に関する情報の労働者への伝達は最も重要なポイントである。化学物質管理者は、化学物質の危険性・有害性に関してよく理解しなければならないと同時に、労働者にこれを正確に伝えることが重要な職務の一つであることを認識する必要がある。

4.1　危険性・有害性に関する情報伝達の手段

　化学物質の危険性・有害性は五感では感知できない場合が多く、これが化学物質による災害の大きな原因の一つになっている。化学物質を取り扱う人に直接的にその危険性・有害性を知らせることが災害防止対策に重要であるが、その情報伝達手段としてラベルや文書交付［SDS：Safety Data Sheet（安全データシート）］が開発されてきた。ラベルは直接的に労働者等にわかりやすく危険性・有害性を伝えるために、またSDSは事業者間でのさらに詳しい情報伝達のための手段と位置付けられている。

　現在、化学物質の危険性・有害性に関する情報伝達は国連文書である「化学品の分類および表示に関する世界調和システム（GHS）」（☞A4.1）によって国際的に調和されており、日本もこれを日本産業規格（JIS）に導入し、GHSに従った情報伝達が浸透している。情報伝達は「GHSに基づく化学品の危険有害性情報の伝達方法—ラベル、作業場内の表示及び安全データシート(SDS)（JIS Z 7253：2019)」、分類は「GHSに基づく化学品の分類方法（JIS Z 7252：2019)」として発行されている。2023年4月でのJIS最新版は2019年発行で、GHS改訂6版に準拠したものである。

　ラベル及びSDSに関して厚生労働省が公表しているQ&A[1]において、様々な疑問に対する回答が法解釈も含めて記述されているので参考になる（☞A4.6）。

　以下、GHS（JIS）に基づいたラベル、SDS及び危険性・有害性に関する分類基準について概説する。本章で取り扱う「化学物質」については法令及びGHS等で定義や使用方法が異なるが、これらを統一することが困難であったために、法令やGHSで使用されている用語はそのまま使用している。

化学物質：元素又は化合物。混合物の対の概念として、純粋な物質を指す。
混合物[2]：互いに反応を起こさない二つ以上の化学物質を混合したもの。

---

*1　https://www.mhlw.go.jp/stf/newpage_11237.html
*2　UVCB（不明な物質、多くの物質を含む組成物、化学反応による複雑な生成物、又は生物由来の物質）は混合物とみなすが化学物質として扱われる場合もある。

化学物質等：化学物質又は混合物。安衛法等の法律に沿った解説の中で使用する。
化学品：化学物質又は混合物。GHS 文書や JIS に沿った解説の中で使用する。
成分：混合物を構成する化学物質の意味で使う場合、及び、JIS で「成分」と記載されている箇所を引用する場合。JIS における成分の定義は「化学品を構成する化学物質、又は（同定が難しい場合は）起源若しくは製法によって特定できる要素」である。

4.1.1 ラベル

（1）GHS に従ったラベル

GHS で定められるラベルに記載すべき項目は以下のとおりである（**図 4.1**）。

① **製品の特定名**

製品には化学品の特定名が示されている。成分が営業秘密情報にあたる場合は、その特定名がラベルに示されていないこともあるが、これらの成分が示す危険性・有害性情報は記載される。

② **注意喚起語**

化学品を使用する人の注意を喚起するための言葉であり、「危険」と「警告」がある。「危険」はより重大な、「警告」は重大性の低い危険性・有害性及び区分に用いられる。両方が該当する場合には「危険」のみ記載されている。

③ **絵表示（ピクトグラム）**

絵表示は危険性・有害性の種類とその程度が一目でわかるように工夫されたものであり、危険性・有害性を表すシンボルを赤枠で囲む。それぞれ該当する危険性・有害性の種類及び危険有害性情報は**表 4.2**（76 ページ）に示した。

④ **危険有害性情報**

製品の危険性・有害性の種類とその程度を短い文言で表したものである（例；引火性液体区分 3：引火性液体及び蒸気、急性毒性区分 1：飲み込むと生命に危険）。使用すべき危険有害性情報は GHS 文書に危険性・有害性の種類、区分ごとに決められている。すなわち危険有害性情報を見れば当該物質の危険性・有害性の種類、重大性がわかるようになっている。

⑤ **注意書き**

「注意書き」は、被害を防止するために取るべき対応についての文言をいい、「安全対

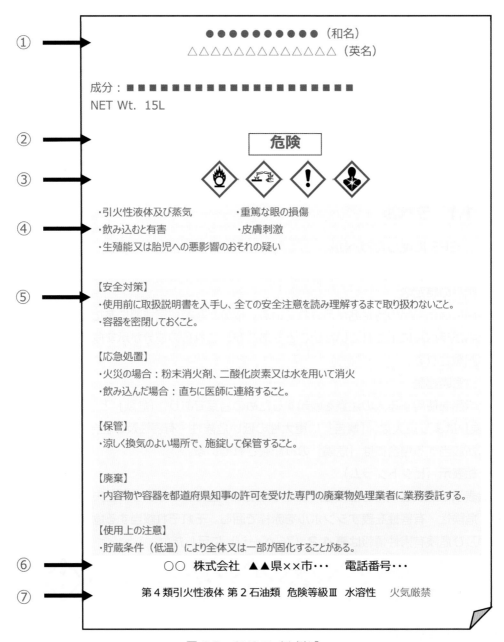

①

●●●●●●●●●（和名）
△△△△△△△△△△△（英名）

成分：■■■■■■■■■■■■■■■■
NET Wt. 15L

②

危険

③

④
・引火性液体及び蒸気　　　・重篤な眼の損傷
・飲み込むと有害　　　　　・皮膚刺激
・生殖能又は胎児への悪影響のおそれの疑い

⑤
【安全対策】
・使用前に取扱説明書を入手し、全ての安全注意を読み理解するまで取り扱わないこと。
・容器を密閉しておくこと。

【応急処置】
・火災の場合：粉末消火剤、二酸化炭素又は水を用いて消火
・飲み込んだ場合：直ちに医師に連絡すること。

【保管】
・涼しく換気のよい場所で、施錠して保管すること。

【廃棄】
・内容物や容器を都道府県知事の許可を受けた専門の廃棄物処理業者に業務委託する。

【使用上の注意】
・貯蔵条件（低温）により全体又は一部が固化することがある。

⑥
○○　株式会社　▲▲県××市・・・　電話番号・・・

⑦
第4類引火性液体 第2石油類 危険等級Ⅲ 水溶性　火気厳禁

図4.1　GHS ラベル例*³

＊3　厚生労働省、GHS ラベルの読み方の基本、社内安全衛生教育用資料（GHS ラベルの読み方の基本）
https://www.mhlw.go.jp/stf/seisakunitsuite/bunya/0000161231_00002.html

策」、「応急措置」、「保管」、「廃棄」に分かれている。「注意書き」の文言は GHS 文書の附属書に危険性・有害性の種類、区分ごとに決められている。

（例）発がん性 区分 2

安全対策	使用前に取扱説明書を入手すること。
	全ての安全注意を読み理解するまで取り扱わないこと。
	保護手袋、保護衣、保護眼鏡、保護面を着用すること。
応急措置	ばく露又はばく露の懸念がある場合、医師の診察、手当を受けること。
保管	施錠して保管すること。
廃棄	内容物及び容器を〇〇に廃棄すること。※〇〇には適切な言葉を記載する。

---

⑥ **供給者の特定**

物質又は混合物の製造業者又は供給者の名前、住所及び電話番号が示される。

⑦ **補足情報**

危険性・有害性に関する新たな情報や国内関連法令などが記載される。

GHS ラベルにおいて最も重要な項目は「危険有害性情報」である。危険有害性情報は、後述する GHS の分類基準による判定結果を反映しており、当該物質がもつ既知の危険性・有害性の種類及びそれらの重大性が全て網羅されているといえる。そして、危険有害性情報（すなわち区分）が決定されれば、注意喚起語、絵表示、注意書きも自動的に決定される。

GHS では基本的に既存のデータを用いて分類するようになっており、データのない危険性・有害性については分類されていない。すなわちラベルに記載されている危険有害性情報がその物質のもつ全ての危険性・有害性を反映しているとは限らないことに留意しておく必要がある。

(2) 労働安全衛生法令によるラベル表示

法第 57 条（表示等）ではラベル表示が規定（義務）されており、ここでその対象となる物質（以下、"ラベル表示対象物"という）は労働安全衛生法施行令（以下、"令"という）別表第 3 第 1 号（製造許可物質：特定化学物質第一類物質）、及び令別表第 9 に記載されている物質で、674 物質（2023 年 4 月時点）である。さらに、この規定に違反した場合には「6 月以下の懲役又は 50 万円以下の罰金に処する」という罰則（法第 119 条 3 号）がある。

法第 57 条及び安衛則第 33 条でラベルに記載すべき事項として以下の項目があげられている。

- 名称
- 人体に及ぼす作用
- 貯蔵又は取扱い上の注意
- 表示をする者の氏名（法人にあつては、その名称）、住所及び電話番号
- 注意喚起語
- 安定性及び反応性
- 当該物を取り扱う労働者に注意を喚起するための標章で厚生労働大臣が定めるもの

上記の法第 57 条のほかに、安衛則第 24 条の 14 でもラベル表示が規定されており、こちらはラベル表示対象物以外の危険性又は有害性を有する化学物質に対する規定で、上記と同じ項目についてラベル表示することが努力義務となっている。

法及び安衛則で定められる、ラベル表示に記載すべき項目は **4.1.1** (1) の GHS ラベル項目とは異なるが、GHS に基づいたラベルを作成すれば、法及び安衛則で定められているラベルに記載すべき項目は満足するとされている。

法第 57 条及び安衛則第 24 条の 14 で規定されるラベルは以下に示す一般消費者の生活の用に供するためのものは除かれる[*4]。

- 医薬品、医療機器等の品質、有効性及び安全性の確保等に関する法律（昭和 35 年法律第 145 号）に定められている医薬品、医薬部外品及び化粧品
- 農薬取締法（昭和 23 年法律第 85 号）に定められている農薬
- 労働者による取扱いの過程において固体以外の状態にならず、かつ、粉状又は粒状にならない製品（工具、部品等いわゆる成形品）
- 表示対象物が密封された状態で取り扱われる製品（電池など）
- 一般消費者のもとに提供される段階の食品（ただし、労働者が表示対象物にばく露するおそれのある作業が予定されるものを除く）
- 家庭用品品質表示法に基づく表示がなされている製品、その他一般消費者が家庭等において私的に使用することを目的として製造又は輸入された製品（ただし、いわゆる業務用洗剤等の業務に使用することが想定されている製品は、一般消費者も入手可能な方法で譲渡・提供されているものであっても適応除外とはならない）

[*4] 化学物質等の危険性又は有害性等の表示又は通知等の促進に関する指針（平成二十四年三月十六日）（厚生労働省告示第百三十三号）
https://www.mhlw.go.jp/web/t_doc?dataId=00008010&dataType=0&pageNo=1

(3) 事業場内別容器保管時の措置

事業場の中で小分けするときに、何のラベル表示もしないまま別の容器に移し替えて、内容がわからずに使用して災害が起きたという事例から、今回の安衛則（第33条の2）の改正により、法第57条に基づくラベル表示対象物について、譲渡・提供時以外も、以下のように事業場内で保管する場合はラベル表示・文書の交付やその他の方法により、内容物の名称やその危険性・有害性情報を伝達しなければならないこととした。「その他の方法」としては、使用場所への掲示、必要事項を記載した一覧表の備え付け、内容を常時確認できる機器を設置、作業手順書・作業指示書によって伝達する方法等によることも可能である。

- ラベル表示対象物を、他の容器に移し替えて保管する場合（対象物の取扱い作業中に一時的に小分けした際の容器や、作業場所に運ぶために移し替えた容器で保管を伴わない場合は対象外）
- 自ら製造したラベル表示対象物を、容器に入れて保管する場合

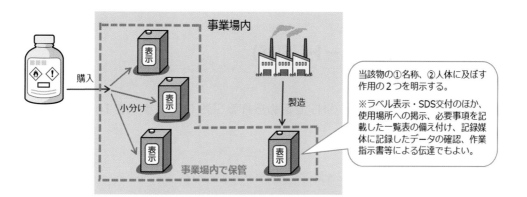

化学物質等の危険性又は有害性等の表示又は通知等の促進に関する指針（平成24年厚生労働省告示第133号）の改正
- 事業者が容器等に入った化学物質を労働者に取り扱わせる際、容器等に表示事項を全て表示することが困難な場合においても、最低限必要な表示事項として、「人体に及ぼす作用」を追加する。
- 労働者に対する表示事項等の表示の方法として、光ディスクその他の記録媒体を用いる方法を新たに認める。

(4) ラベルに関する労働者教育

化学物質管理者は、労働者がラベルに記載されている危険性・有害性情報を正しく理解するように教育をしなければならない。ラベルに記載されているそれぞれ七つの項目

の意味［☞**4.1.1**（1）］についてしっかり教育する必要がある。

　教育の手段としては、厚生労働省作成のパンフレット、労働安全衛生総合研究所 化学物質情報管理研究センターに比較的短い動画等もある。また外国人労働者に対しては、多くの国で GHS の専用サイトが開設されていることから、自国語の GHS で使用している絵表示の意味は理解できるであろう。これらの学習は実際に事業場で使用している、ラベルの例を用いながら行うと効果的である。

　目標例：労働者がラベルからは次のことを読み取り、対策を行うことができる。

・その化学品にはどんな危険性や有害性があるか？　それはどの程度の重大性か？
・重要な対策は何か？（静電気対策は？　換気は？　保護具は？　等）
・事故が起こった場合、どうすればよいか？（避難は？　皮膚に付いたときの対応は？　等）
・どのような保管をすればよいか？

4.1.2　安全データシート（SDS）

（1）GHS に従った SDS

　JIS Z 7253：2019 より、GHS で定められる SDS に記載すべき 16 項目は**表 4.1**のとおりである。

表 4.1　GHS に従った SDS に記載されている内容

1　化学品及び会社情報 ・化学品の名称 ・製品コード ・供給者の会社名称、住所及び電話番号 ・供給者のファクシミリ番号又は電子メールアドレス ・緊急連絡電話番号 ・推奨用途 ・使用上の制限 ・国内製造事業者等の情報（了解を得た上で） **2　危険有害性の要約** ・化学品の GHS 分類 ・GHS ラベル要素（絵表示又はシンボル、注意喚起語、危険有害性情報及び注意書き） ・GHS 分類に関係しない又は GHS で扱われない他の危険有害性	・重要な徴候及び想定される非常事態の概要 **3　組成及び成分情報** ・化学物質・混合物の区別 ・化学名又は一般名 ・慣用名又は別名 ・化学物質を特定できる一般的な番号 ・成分及び濃度又は濃度範囲（混合物の場合、各成分の化学名又は一般名及び濃度又は濃度範囲） 　　注記　国内法令において記載が求められる場合は、化学物質名及び濃度の記載が必須である。 ・官報公示整理番号（化学物質の審査及び製造等の規制に関する法律・労働安全衛生法） ・GHS 分類に寄与する成分（不純物及び安定化添加物も含む）

4 応急措置
- ・吸入した場合
- ・皮膚に付着した場合
- ・眼に入った場合
- ・飲み込んだ場合
- ・急性症状及び遅発性症状の最も重要な徴候症状
- ・応急措置をする者の保護に必要な注意事項
- ・医師に対する特別な注意事項

5 火災時の措置
- ・適切な消火剤
- ・使ってはならない消火剤
- ・火災時の特有の危険有害性
- ・特有の消火方法
- ・消火活動を行う者の特別な保護具及び予防措置

6 漏出時の措置
- ・人体に対する注意事項、保護具及び緊急時措置
- ・環境に対する注意事項
- ・封じ込め及び浄化の方法及び機材
- ・二次災害の防止策

7 取扱い及び保管上の注意
- ・取扱い（*技術的対策、安全取扱注意事項、接触回避などを記載する。また、必要に応じて衛生対策を記載することが望ましい*）
- ・保管（*安全な保管条件、安全な容器包装材料を記載する*）

8 ばく露防止及び保護措置
- ・許容濃度等
- ・設備対策
- ・保護具（*呼吸用保護具、手の保護具、眼、顔面の保護具、皮膚及び身体の保護具*）
- ・特別な注意事項

9 物理的及び化学的性質
- ・物理的状態
- ・色
- ・臭い
- ・融点／凝固点*(混合物の場合は、記載省略可)*
- ・沸点又は初留点及び沸点範囲
- ・可燃性
- ・爆発下限界及び爆発上限界／可燃限界
- ・引火点

- ・自然発火点
- ・分解温度
- ・pH
- ・動粘性率
- ・溶解度（混合物の場合は、記載省略可）
- ・n-オクタノール／水分配係数（log 値）（*混合物の場合は、記載省略可*）
- ・蒸気圧
- ・密度及び／又は相対密度
- ・相対ガス密度
- ・粒子特性
- ・その他データ（*放射性、かさ密度、燃焼持続性*）

10 安定性及び反応性
- ・反応性
- ・化学安定性
- ・危険有害反応可能性
- ・避けるべき条件［*熱（特定温度以上の加熱など）、圧力、衝撃、静電放電、振動などの物理的応力*］
- ・混触危険物質
- ・危険有害な分解生成物

11 有害性情報
- ・急性毒性
- ・皮膚腐食性／刺激性
- ・眼に対する重篤な損傷性／眼刺激性
- ・呼吸器感作性又は皮膚感作性
- ・生殖細胞変異原性
- ・発がん性
- ・生殖毒性
- ・特定標的臓器毒性（単回ばく露）
- ・特定標的臓器毒性（反復ばく露）
- ・誤えん有害性

12 環境影響情報
- ・生態毒性
- ・残留性、分解性
- ・生態蓄積性
- ・土壌中の移動性
- ・オゾン層への有害性

13 廃棄上の注意
- ・化学品（*残余廃棄物*）当該化学品が付着している汚染容器及び包装の安全で、かつ、環境上望ましい廃棄、又はリサイクルに関する情報

4

化学物質又は混合物の危険性・有害性

14　輸送上の注意
・国連番号
・品名（国連輸送名）
・国連分類（輸送における危険有害性クラス）
・容器等級
・海洋汚染物質（該当・非該当）
・MARPOL73/78 附属書 II 及び IBC コードによるばら積み輸送される液体物質（該当・非該当）
・輸送又は輸送手段に関する特別の安全対策
・国内規制がある場合の規制情報

15　適用法令
・安衛法※
・毒劇法※
・化管法※
・消防法
・火薬類取締法
・高圧ガス保安法

※必須。該当する場合は、該当する化学物質の名称を記載する。

・水質汚濁防止法　など
・該当法令の名称及びその法令に基づく規制に関する情報
（化学品に SDS の提供が求められる特定化学物質の環境への排出量の把握等及び管理の改善の促進に関する法律、労働安全衛生法、毒物及び劇物取締法に該当する化学品の場合、化学品の名称と共に記載する）
・その他の適用される法令の名称及びその法令に基づく規制に関する情報（化学品の名称と共に記載する）

16　その他の情報
・安全上重要であるがこれまでの項目名に直接関係しない情報

詳細は JIS Z 7253：2019 の D.18 の表 D.1 を参照。

(2) SDS からわかること

　危険性・有害性及び安全対策等について、以下の事項を SDS から読み取る。なお、化学物質の危険性・有害性については、新たな知見が得られ、SDS が更新されている場合もあるので、最新の SDS を入手し、関連する情報を確認すること（☞**A4.2**）。

項目	わかること
2　危険有害性の要約	・ラベルと同じように読み取ればよい（☞**4.1.1**） ・SDS において、GHS 分類は、区分も明確に記載されている
3　組成及び成分情報	・化学物質の種類、又は混合物の場合、成分及び含有率 ・影響の大きい成分の確認など
4　応急措置	・経路（吸入、皮膚、眼、経口）別に、初歩的な応急措置対応を確認（吸入、皮膚接触、眼接触、経口摂取が起こる状況や場面も想定する） ・医療機関へ連れていくべき緊急度合い ・重要な症状、遅発性の症状 ・応急措置を行う者への二次被害の可能性と予防策 ・解毒剤や医薬品の有無
5　火災時の措置	・適切な消火剤、使ってはいけない消火剤 ・消火剤として水の使用の可否 ・火災時に爆発や有毒ガスの発生等の可能性と予防策 ・保護具やその他必要な対策

項目	わかること
6 漏出時の措置	・漏出時の重要な危険性 ・有害性（火災爆発、労働者や近隣住民への影響等） ・被害を大きくしないための必要な対応及び注意事項 ・漏出物の回収方法
7 取扱い及び保管上の注意	・火災爆発を防止する対策 ・健康被害を防止する対策
8 ばく露防止及び保護措置	・濃度基準値、管理濃度、許容濃度 ・換気設備、保護具
9 物理的及び化学的性質	・火災爆発につながる可能性（引火点、自然発火点、爆発範囲など） ・取扱い中に物質の状態が変わり得るかどうか（融点、沸点） ・蒸発しやすさ ・蒸気密度（空気より下方に滞留するかどうか） ・粒子径（粒子径が小さいと、粉じん爆発の可能性や吸入による健康影響が大きい） 　注）混合物のSDSには、主要成分の引火点や燃焼下限界のみ掲載されている場合がある ・混合物になると個々の物質の成分の引火点よりも低い引火点を示す場合もある
10 安定性及び反応性	・火災爆発につながる可能性 ・条件によって起こり得る特有の危険な反応 ・避けるべき条件 ・混触危険物 ・火災時等の分解生成物
11 有害性情報	・各成分の毒性値、有害性情報の詳細 ・健康への悪影響（発がん性、生殖毒性など）を起こし得る経路（吸入、経口、経皮のいずれであるか） 　注）混合物のSDSには、成分ごとの健康有害性情報が記載されていないものもある
15 適用法令	・火災爆発等につながる法令（消防法、高圧ガス保安法、火薬類取締法）の有無 ・健康への悪影響が推定できる法令（安衛法、毒劇法、農薬取締法など）の有無

4

化学物質又は混合物の危険性・有害性

（3）労働安全衛生法令によるSDS

　法第57条の2（文書の交付等）ではSDSの交付が義務となっており、その対象となる物質（通知対象物という）は、**4.1.1**で示したラベル表示対象物と同様674物質（2023年4月時点）である。SDS交付に関してはラベル表示のような罰則規定はない（行政指導はあり得る）。

　法第57条の2及び安衛則第34条の2の4でSDSに記載すべき事項として以下の項目があげられている。

- ・名称
- ・成分及びその含有量
- ・物理的及び化学的性質
- ・人体に及ぼす作用
- ・貯蔵又は取扱い上の注意
- ・流出その他の事故が発生した場合において講ずべき応急の措置
- ・通知を行う者の氏名（法人にあつては、その名称）、住所及び電話番号
- ・危険性又は有害性の要約
- ・安定性及び反応性
- ・想定される用途及び当該用途における使用上の注意（令和6年4月1日から記載義務化）
- ・適用される法令
- ・その他参考となる事項

　上記の法57条の2のほかに、安衛則第24条の15でもSDSが規定されており、こちらは通知対象物以外の危険性又は有害性を有する化学物質に対する規定で、上記と同じ項目についてSDSの交付をすることが努力義務となっている。

　法及び安衛則で定められる、SDSに記載すべき項目は、**4.1.2**(1)のGHSに従ったSDSとは異なるが、GHS（実際にはGHSに準拠したJIS Z 7253）に基づいたSDSを作成すれば、法及び安衛則で定められているSDSに記載すべき項目は満足するとされている。

　法第57条の2及び安衛則第24条の15で規定されるSDSは一般消費者の生活の用に供するためのもの（ラベルと同様、☞64ページ）は除かれる。

（4）SDSに関する規則の改正

　今回の安衛則改正では、SDSの運用について以下の3点が変更になった。

① **SDS等による通知方法の柔軟化（安衛則第24条の15及び第34条の2の5）**

　SDS情報の通知手段として以下の方法が可能になった。

- ●文書の交付、磁気ディスク・光ディスクその他の記録媒体の交付
- ●FAX送信、電子メール送信
- ●通知事項が記録されたホームページアドレス、二次元コード等を伝達し、閲覧を求める

② **「人体に及ぼす作用」の定期確認及び更新（安衛則第24条の15及び第34条の2の5）**

- 通知対象物を譲渡・提供する者は「人体に及ぼす作用」について、定期的（5年以内ごと）に確認し、変更があるときは確認後1年以内に更新しなければならない。更新した場合は、変更内容の通知をすることとしている。

③ SDS 等による通知事項の追加及び含有率表示の適正化（安衛則第34条の2の6）

- 通知事項に新たに「想定される用途及び当該用途における使用上の注意」が追加される

- 「成分及びその含有量」における、成分の含有量の記載について、従来の10％刻みでの記録方法を改め、重量％による記載を義務付ける（製品により、含有量に幅がある物については、濃度範囲による表記も可）。

また、「貯蔵又は取扱い上の注意」の項目に想定される用途での使用において吸入又は皮膚や眼との接触を保護具で防止することを想定した場合に必要とされる保護具の種類を必ず記載すること、となった（基安化発0531第1号 令和4年5月31日）（☞ **A4.3**）。

（5）SDS の利用

表4.1 で示したように、SDS は多くの項目からなり、かなり専門的なので、全てを理解することは簡単ではないが、この中には危険性・有害性に関する詳細な情報、事故時の対応、必要な保護具及び関連法令等についても記載されており、必要に応じて情報を抽出し、労働者に伝えるべきである。GHS の分類結果には反映されなくても（すなわちラベルの危険有害性情報としてはなくても）注意すべき危険性・有害性が SDS には記載されていることもあり得る。

4.2 GHS による危険性・有害性の分類

4.2.1 GHS による危険性・有害性の項目、定義及び区分（改訂9版に準拠）（☞A4.4）

GHS による危険性・有害性の項目、定義及び区分（重大性）を以下にまとめる。国内法と用語は同じでも定義が異なるので注意が必要である。

「区分」は、数字が小さい方ほど重大性（発がん性などでは「証拠の確からしさ」）が大きい。「タイプ」は、A に近い方ほど重大性が大きい。

GHS の分類に関しては日本産業規格（JIS Z 7252）があり、政府で行っている分類はこれに従っている。また多くの事業場で行っている国内向け GHS 分類もこれに従っ

ているものと思われる。

（1）物理化学的危険性

1. 爆発物	
それ自体の化学反応により、周囲環境に損害を及ぼすような温度および圧力ならびに速度でガスを発生する能力のある固体または液体（ガス爆発は含まれない）。火工品に使用される物質はたとえガスを発生しない場合でも爆発性物質とされる。	区分1、区分2A、区分2B、区分2C
2. 可燃性ガス	
可燃性ガス 標準気圧 101.3kPa で 20℃ において、空気との混合気が燃焼範囲を有するガス。	区分1A、区分1B、区分2
自然発火性ガス 54℃ 以下の空気中で自然発火しやすいような可燃性ガス。	区分1A
化学的に不安定なガス 空気や酸素が無い状態でも爆発的に反応しうる可燃性ガス。	区分1A、A 又は B
3. エアゾールおよび加圧下化学品	
エアゾール 圧縮ガス、液化ガスまたは溶解ガスを内蔵する金属製、ガラス製またはプラスチック製の再充填不能な容器に、内容物をガス中に浮遊する固体もしくは液体の粒子として、または液体中またはガス中に泡状、ペースト状もしくは粉状として噴霧する噴射装置を取り付けたもの。	区分1、区分2、区分3
加圧下化学品 加圧下化学品とは、エアゾール噴霧器ではなく、かつ高圧ガスとは分類されない、圧力容器中で 20℃ において 200kPa 以上（ゲージ圧）の圧力でガスにより加圧された液体または固体（例えばペーストまたは粉体）をいう。	区分1、区分2、区分3
4. 酸化性ガス	
空気以上に燃焼を引き起こす、または燃焼を助けるガス。	区分1
5. 高圧ガス	
20℃、200kPa（ゲージ圧）以上の圧力の下で容器に充填されているガスまたは液化または深冷液化されているガス。 ※圧縮ガス、液化ガス、深冷液化ガス、溶解ガスの区別は、重大性を示すものではなく、ガスのグループ分けである。	圧縮ガス、液化ガス、深冷液化ガス、溶解ガス
6. 引火性液体	
引火点が 93℃ 以下の液体。	区分1、区分2、区分3、区分4
7. 可燃性固体	
易燃性を有する、または摩擦により発火あるいは発火を助長するおそれのある固体。	区分1、区分2

8.　自己反応性物質および混合物	
熱的に不安定で、酸素（空気）がなくとも強い発熱分解を起こしやすい液体または固体あるいはそれら混合物。	タイプ A、タイプ B、タイプ C、タイプ D、タイプ E、タイプ F、タイプ G
9.　自然発火性液体	
空気と接触すると 5 分以内に発火しやすい液体。	区分 1
10.　自然発火性固体	
空気と接触すると 5 分以内に発火しやすい固体。	区分 1
11.　自己発熱性物質および混合物	
自然発火性液体または自然発火性固体以外の固体物質または混合物で、空気との接触によりエネルギー供給がなくとも、自己発熱しやすいもの。それが大量（キログラム単位）にあり、かつ長期間（数時間または数日間）経過後に限って発火する。	区分 1、区分 2
12.　水反応可燃性物質および混合物	
水との相互作用により、自然発火性となるか、または危険となる量の可燃性ガスを発生する固体または液体あるいはそれら混合物。	区分 1、区分 2、区分 3
13.　酸化性液体	
他の物質を燃焼させ、または助長するおそれのある液体。	区分 1、区分 2、区分 3
14.　酸化性固体	
他の物質を燃焼させ、または助長するおそれのある固体。	区分 1、区分 2、区分 3
15.　有機過酸化物	
2 価の-O-O-構造を有し、1 あるいは 2 個の水素原子が有機ラジカルによって置換されている過酸化水素の誘導体と考えられる、液体または固体有機物質。	タイプ A、タイプ B、タイプ C、タイプ D、タイプ E、タイプ F、タイプ G
16.　金属腐食性物質	
化学反応によって金属を著しく損傷し、または破壊する物質または混合物。	区分 1
17.　鈍性化爆発物	
大量爆発や非常に急速な燃焼をしないように、爆発性を抑制するために鈍性化したもの。	区分 1、区分 2、区分 3、区分 4

出典：国連 GHS 改訂 9 版を参考に作成（☞ **A4.4**）

（2）健康有害性

1. 急性毒性	
単回または短時間の経口、経皮または吸入ばく露後に生じる健康への重篤な有害影響（すなわち致死作用）。	区分1、区分2、区分3、区分4、区分5※
2. 皮膚腐食性／刺激性	
皮膚腐食性 皮膚に対する不可逆的な損傷（腐食性）。ばく露後に起こる、表皮を貫通して真皮に至る明らかに認められる壊死。	区分1、1A、1B、1C
皮膚刺激性 ばく露後に起こる、皮膚に対する可逆的な損傷。	区分2、区分3※
3. 眼に対する重篤な損傷性／眼刺激性	
眼に対する重篤な損傷性 ばく露後に起こる、眼の組織損傷を生じさせること。視力の重篤な機能低下で、完全には治癒しないもの。	区分1
眼刺激性 ばく露後に起こる、眼に変化を生じさせることで、完全に治癒するもの。	区分2/2A、2B
4. 呼吸器感作性または皮膚感作性	
呼吸器感作性 吸入後に起こる、気道の過敏症。 皮膚感作性 皮膚接触した後に起こる、アレルギー性反応。	区分1、1A、1B
5. 生殖細胞変異原性	
ばく露後に起こる、生殖細胞における構造的および数的な染色体の異常を含む、遺伝性の遺伝子変異。	区分1、1A、1B、区分2
6. 発がん性	
ばく露後に起こる、がんの誘発またはその発生率の増加。	区分1、1A、1B、区分2
7. 生殖毒性	
ばく露後に起こる、雌雄の成体の性機能および生殖能力に対する悪影響、子世代における発生毒性。授乳に対する、または授乳を介した影響を含む。	区分1、1A、1B、区分2
8. 特定標的臓器毒性（単回ばく露）	
単回のばく露後に起こる、特異的な非致死性の標的臓器への影響。	区分1、区分2区分3
9. 特定標的臓器毒性（反復ばく露）	
反復ばく露後に起こる、特異的な標的臓器への影響。	区分1、区分2
10. 誤えん有害性	
誤えん後に起こる、化学肺炎、肺損傷あるいは死のような重篤な急性影響。	区分1区分2※

※　区分の後ろに※が付いたものは、GHSでは採用されているが、日本では採用されていない。
出典：国連GHS改訂9版を参考に作成（☞**A4.4**）

(3) 環境有害性

1.　水生環境有害性	
短期（急性） 短期の水生ばく露の間に、その急性毒性によって生物に引き起こされる有害性。	区分1、区分2、区分3
長期（慢性） 水生環境における長期間のばく露を受けた後に、その慢性毒性によって引き起こされる有害性。	区分1、区分2、区分3、区分4
2.　オゾン層への有害性	
ハロカーボンによって見込まれる成層圏オゾンの破壊。モントリオール議定書の附属書に列記された規制物質の含有で判断する。	区分1

出典：国連 GHS 改訂 9 版を参考に作成（☞**A4.4**）

4

化学物質又は混合物の危険性・有害性

4.2.2　分類のための判定基準及び分類結果

　危険性については、物質であれ混合物であれ、基本的に試験データに基づき分類する（推定が可能なものもある）。物質の有害性については、GHS 分類のために試験を行うことは求められていないので、該当する有害性に関して既存のデータがない場合には、基本的に分類の必要はない。混合物の分類においては、有害性を示す成分の含有量によってカットオフ値が与えられている。感作性、生殖細胞変異原性（区分 1）、発がん性及び生殖毒性については、これらの有害性をもつ成分が 0.1％を超える成分を含む全ての混合物、他の有害性については 1％を超える成分をもつ全ての混合物について、該当する有害性を考慮して分類し、その結果をラベルや SDS に反映させる必要がある（詳細は事業者向け GHS 分類ガイダンス[*5] を参照）。

　一方、労働安全衛生法におけるラベル表示対象物及び通知対象物（SDS 交付義務物質）においても、同様に裾切り値（カットオフ値）（安衛則 34 条の 2 別表 2）（☞**A12**）が設定されているが、GHS と異なるものがあるので、分類作業を行う場合等必要に応じて事業場での取扱い物質について確認したほうがよい。

　表 4.2 に GHS 分類による危険性・有害性の種類、該当する絵表示及び代表的な危険有害性情報を示す。

[*5]　事業者向け GHS 分類ガイダンス
　（https://www.meti.go.jp/policy/chemical_management/int/files/ghs/GHS_gudance_rev_2020/GHS_classification_gudance_for_enterprise_2020.pdf）

表 4.2　危険性・有害性の種類、GHS 絵表示及び該当する危険有害性情報の例

① 火災爆発の危険性に関連するもの

絵表示	危険性・有害性の種類	危険有害性情報の例[*6]
炎	可燃性ガス（区分 1 〜 2）	極めて可燃性の高いガス
	自然発火性ガス	空気に触れると自然発火するおそれ
	エアゾール（区分 1 〜 2）	可燃性の高いエアゾール　高圧容器：熱すると破裂のおそれ
	加圧下化学品（区分 1 〜 2）	可燃性の高い加圧下化学品：熱すると爆発のおそれ
	引火性液体（区分 1 〜 3）	引火性の高い液体及び蒸気
	可燃性固体（区分 1）	可燃性固体
	自己反応性物質及び混合物（タイプ B 〜 F）	熱すると火災又は爆発のおそれ
	自然発火性液体	空気に触れると自然発火
	自然発火性固体	空気に触れると自然発火
	自己発熱性物質及び混合物	自己発熱：火災のおそれ
	水反応可燃性物質及び混合物	水に触れると可燃性ガスを発生
	有機過酸化物（タイプ B 〜 F）	熱すると火災のおそれ
	鈍性化爆発物	火災又は飛散危険性：鈍感化剤が減少した場合には爆発の危険性が増加
円上の炎	酸化性ガス（区分 1）	発火又は火災助長のおそれ：酸化性物質
	酸化性液体（区分 1）	火災又は爆発のおそれ：強酸化性物質
	酸化性固体（区分 1）	火災助長のおそれ：酸化性物質
爆弾の爆発	爆発物（区分 1、区分 2 A、2 B、2 C）	爆発物　火災又は飛散危険性
	自己反応性物質及び混合物（タイプ A、B）	熱すると火災又は爆発のおそれ
	有機過酸化物（タイプ A、B）	熱すると爆発のおそれ
ガスボンベ	高圧ガス（圧縮ガス、液化ガス、深冷液化ガス、溶解ガス）	高圧ガス：熱すると爆発のおそれ　深冷液化ガス：凍傷又は傷害のおそれ
腐食性	金属腐食性物質及び混合物（区分 1）	金属腐食のおそれ

[*6]　国連 GHS 改訂 9 版及び令和 3 年度の厚生労働省のポスター「ラベルでアクション運動実施中」、「化学物質取り扱い時には絵表示を確認！(2021.9)」などをもとに作成。

② 健康有害性に関連するもの

絵表示	危険性・有害性の種類	危険有害性情報の例
どくろ	急性毒性（区分1～3）	（経口）飲み込むと生命に危険、飲み込むと有害 （経皮）皮膚に接触すると生命に危険、皮膚に接触すると有害 （吸入）吸入すると生命に危険、吸入すると有害
腐食性	皮膚腐食性（区分1A、1B、1C） 重篤な眼の損傷（区分1）	重篤な皮膚の薬傷・眼の損傷 重篤な眼の損傷
健康有害性	呼吸器感作性（区分1、1A、1B）	吸入するとアレルギー、喘息又は呼吸困難を起こすおそれ
	生殖細胞変異原性（区分1～2）	遺伝性疾患のおそれ
	発がん性（区分1～2）	発がんのおそれ、発がんのおそれの疑い
	生殖毒性（区分1～2）	生殖能又は胎児への悪影響のおそれ、生殖能又は胎児への悪影響のおそれの疑い
	特定標的臓器毒性（単回ばく露）（区分1、2）	臓器の障害、臓器の障害のおそれ
	特定標的臓器毒性（反復ばく露）（区分1、2）	長期にわたる、又は反復ばく露による臓器の障害 長期にわたる、又は反復ばく露による臓器の障害のおそれ
	誤えん有害性（区分1）	飲み込んで気道に侵入すると生命に危険のおそれ
感嘆符	急性毒性（区分4）	（経口）飲み込むと有害 （経皮）皮膚に接触すると有害 （吸入）吸入すると有害
	皮膚刺激性（区分2）	皮膚刺激
	眼刺激性（区分2A）	強い眼刺激
	皮膚感作性（区分1、1A、1B）	アレルギー性皮膚反応を起こすおそれ
	特定標的臓器毒性（単回ばく露）（区分3：気道刺激性、麻酔作用）	（気道刺激性）呼吸器への刺激のおそれ （麻酔作用）眠気やめまいのおそれ

4

化学物質又は混合物の危険性・有害性

③　環境有害性に関連するもの

絵表示	危険性・有害性の種類	危険有害性情報の例
環境	水生環境有害性　短期間（急性）（区分1）	水生生物に非常に強い毒性
	水生環境有害性　長期間（慢性）（区分1、2)	長期継続的影響により水生生物に毒性
感嘆符	オゾン層への有害性（区分1）	オゾン層を破壊し、健康及び環境に有害

注：絵表示が割り当てられていない区分は表示していない。

4.3　化学物質の GHS 分類結果の入手及び更新

4.3.1　化学物質の分類結果の入手

　事業者が新規化学物質を開発製造した場合、事業者は労働安全衛生法や化学物質審査規制法等に則った試験を行う必要があるが、さらに、それらの化学構造や試験結果をみながら GHS 分類を行うことになる。

　既存の化学物質については、各国や国際機関等が試験データを集めて公表しているものが多数存在する。また、事業者が試験データを用いて危険性・有害性の判定をすでに済ませ、GHS 分類結果として公表されている化学物質も多数存在する。事業者は、これらの無料公開されている試験データを用いて GHS 分類を実施したり、公表済みの GHS 分類結果を事業者の責任において使用したりすることができる。

　日本では、厚生労働省、経済産業省、環境省の 3 省が GHS 分類を実施し、その分類結果を NITE（独立行政法人 製品評価技術基盤機構）で公表している。3 200 種類強の化学物質の GHS 分類結果が公表（2023 年 4 月時点）されている。これらの GHS 分類結果に強制力はなく、その採否は事業者に委ねられている。すなわち、これらの分類結果に基づいたラベル及び SDS は事業者の責任として貼付あるいは交付することになる。

　また、欧州では、ECHA（European CHemicals Agency：欧州化学品庁）によって、分類結果が公表されている。欧州圏内で「調和された分類（CLP 分類）」*7 として採用

＊7　欧州における化学品規制の一つである CLP 規則による GHS 分類を指す。CLP とは Classification, Labelling and Packaging of substances and mixtures の略。

義務のある分類結果が閲覧できる。日本の事業者が欧州圏内に輸出する化学物質は、原則としてこの「調和された分類」を採用しなければならない。日本国内向け化学品の場合は、これら分類結果の採否は事業者に委ねられる。

4.3.2　化学物質の GHS 分類結果の更新

日本においても、欧州においても、同一の化学物質の GHS 分類結果が見直しされ、変更されることがある。それは、危険性・有害性に関する新しい知見が出てきたり、GHS の判定基準が変わったりすることがあるためである。NITE のウェブサイトにおいては、最新版の GHS 分類結果が整理されている[8]。また、**4.1.2**(4)②に示したように 5 年以内に一度は化学物質の GHS 分類に更新がないかチェックが必要である[9]。

また、NITE が公表している混合物の分類ツール NITE-Gmiccs（ナイト -ジーミックス）は、随時更新が行われ、最新の GHS 分類結果が搭載されるシステムになっている。したがって、NITE-Gmiccs を使って混合物の GHS 分類を実施すれば、最新情報に基づいた GHS 分類ができるといえよう。

化学物質等の GHS 分類の変更が確認されれば、化学物質管理者を中心として、労働者との情報共有、リスクアセスメントの再実施及びばく露対策の見直し等を行わなければならない場合もあり得る。また譲渡・提供者であれば、ラベルや SDS の変更、譲渡・提供先への情報提供をしなければならない。

4.3.3　施行令の改正による情報伝達物質の追加

現在日本における化学物質の危険性・有害性の分類、ラベル、SDS は GHS に基づいている。

今後情報伝達及びリスクアセスメントが義務となる物質は令別表第 9 に追加される。なお、令別表第 9 に追加した物質の裾切り値は安衛則別表第 2 に定める。これまで及びこれからのラベル表示、SDS 交付及びリスクアセスメント対象物質を**表 4.3**にまとめた。なお、前述したようにラベル表示の義務は法第 57 条、SDS 交付の義務は同第 57 条の 2、リスクアセスメントの義務は同第 57 条の 3 に規定されている。ラベル表示の努力義務は安衛則第 24 条の 14、SDS 交付の努力義務は同第 24 条の 15、リスクアセスメントの努力義務は法第 28 条の 2 に規定されている。

---

[8]　NITE 統合版 GHS 分類結果　https://www.nite.go.jp/chem/ghs/ghs_nite_download.html

[9]　NITE では、「NITE ケミマガ」と呼ばれる定期メールを週 1 回発信している。GHS 分類の更新や修正があれば、そのケミマガで報告される。登録は無料。

表4.3　情報伝達対象物質数（義務・努力義務）

項目	義務又は努力義務	2006年	2022年	2026年	遠い未来？
ラベル表示	義務	99物質	674物質	約2900物質	危険有害な全物質
	努力義務	―	危険有害な全物質	危険有害な全物質	―
SDS交付	義務	640物質	674物質	約2900物質	危険有害な全物質
	努力義務	―	危険有害な全物質	危険有害な全物質	―
リスクアセスメント	義務	―	674物質	約2900物質	危険有害な全物質
	努力義務	危険有害な全物質	危険有害な全物質	危険有害な全物質	―

　今後は、政府によるGHS分類が終了した物質は**表4.4**のようなスケジュールでラベル表示、SDS交付及びリスクアセスメントが義務化される予定である。

表4.4　当面の情報伝達物質（義務）追加のスケジュール

	2021	2022	2023	2024	2025	2026
政府によるGHS分類モデルラベル・SDS作成	50〜100物質	50〜100物質	50〜100物質	50〜100物質	50〜100物質	50〜100物質
ラベル表示・SDS交付・リスクアセスメント義務化	234物質※	700物質	850物質	150〜300物質	50〜100物質	50〜100物質

□：既存GHS分類済み物質
※　政令改正により令和3年度中に追加された物質は、2024年4月1日施行。

　2008年GHS導入に備え、政府は事業場支援の一環としてSDS交付義務対象約1400物質（労働安全衛生法、化管法SDS制度、毒物劇物取締法）について2006年にGHS分類を開始し、2008年にはこれをNITEのウェブサイトで公開した。これは強制力のない分類結果、つまり分類結果の使用は事業者に委ねることとした。その後政府は危険性・有害性及び使用量等を勘案して分類を継続しており、2021年までに約3200物質（環境有害性のみを有する物質もあるために労働安全衛生法上は約2900物質）がNITEウェブサイト[10]に公開されている。
　今回の改正によりGHS分類に基づいて危険性・有害性のある物質は漸次ラベル表示、

---

[10]　https://www.nite.go.jp/chem/ghs/ghs_download.html

SDS 交付及びリスクアセスメントが義務化されていく予定である。**表 4.4** における 2021 年度から 2023 年度までの追加物質はすでに分類されている約 1 800 物質であり、2021 年度の 234 物質は急性毒性、生殖細胞変異原性、発がん性、生殖毒性のいずれかが区分 1 のもの、2022 年度の約 700 物質は左記以外の健康有害性のいずれかが区分 1 のもの、2023 年度の約 850 物質は健康有害性が区分 1 以外の区分又は危険性区分があるものである。施行はそれぞれ 2022 年の約 700 物質は 2025 年 4 月に施行、2023 年の約 850 物質は 2026 年 4 月施行予定である。

> **ワンポイント解説　政府による GHS 分類結果**
>
> 　事業者がラベルや SDS を作成する際の参考として、厚生労働省、経済産業省、環境省の 3 省が GHS 分類を実施・公表しているもの。同じ内容を日本国内向けのラベルや SDS に記載しなければならないという義務はなく、ラベルや SDS に政府による GHS 分類結果と異なる内容を記載することを妨げるものではない。ラベルや SDS に対する責任は、ラベルや SDS を作成する事業者にある。

　これまでに約 3 200 物質が分類されたが、2023 年 4 月時点でラベル表示・SDS 交付が義務化されているものは 674 物質であり、これに 1 736 物質を合わせても 2 410 物質である。この 3 200 物質と 2 410 物質の違いは、NITE のウェブサイトで公開されている分類済み物質は基本的に単体の物質であるのに対して、行政的な整理番号は包括的（例、令別表第 9 の 141：クレゾール、o-クレゾール、m-クレゾール、p-クレゾール）であること（令別表第 9 に記載されているものを単体物質数でみると 1158）、さらに危険性、健康有害性、環境有害性の区分に該当しないもの、環境有害性のみのものは除かれていることによる（記載した物質数は執筆時の予定数であり施行時には変更される可能性がある。考え方を示すためにあえて不確定な数字を示した）。

　関係機関等に対してラベル表示及び SDS に関する質問が多く寄せられていることから、化学物質対策に関する Q&A（ラベル・SDS）（厚生労働省ウェブサイト）を **A4.6** に収載した。

4.4　他の国内法令と GHS の違い

　日本において危険性に関する主な国内法令として、消防法、高圧ガス保安法、火薬類取締法があげられる。これら三法は GHS を導入していない。したがって、GHS の物理

化学的危険性と危険性に関する国内法令を比較すると、用語は同じであっても、危険性の定義や試験方法は同一ではない（**表 4.5 〜表 4.7**）。

　毒劇法においても、GHS 準拠の SDS で、急性毒性の区分 1 〜 3 という分類等が記載されていたとしても毒劇物に指定されているとは限らない。

　化学物質管理者は、国内法で危険物等に該当しても GHS では該当しない、あるいは、その逆の場合もあり得ることを理解し、危険性・有害性の用語を用いるとき、GHS 上のものか、国内法令のものか注意すべきである。

表 4.5　消防法と GHS の違いの例

物質名	消防法	GHS
グリセリン	第 4 類引火性液体、第 3 石油類	引火性液体：分類基準に該当しない
マンネブ	非危険物	自己発熱性化学品：区分 2 水反応可燃性化学品：区分 3

表 4.6　毒劇法と GHS の違いの例

物質名	毒劇法	GHS
キシレン	劇物	急性毒性（経口）区分外 急性毒性（経皮）区分 4 ☠ ではなく ❗

表 4.7　可燃性ガスの定義

GHS	標準気圧 101.3kPa で 20℃において 【区分 1】 ・空気中の容積で 13％以下の混合気が可燃性であるもの、又は ・燃焼下限に関係なく空気との混合気の燃焼範囲が 12％以上のもの 【区分 2】 ・区分 1 以外のガスで、空気との混合気が燃焼範囲を有するもの
高圧ガス保安法	可燃性ガスの名称で指定されている。名称指定以外のガスとして、下記のガスも可燃性ガスとされる。 ・爆発限界の下限が 10％以下のもの ・爆発限界の上限と下限の差が 20％以上のもの

5章

ばく露の指標

本章では、リスクアセスメントを実施する際に重要となるばく露の指標について
解説する。

5.1　無害と有害の境界

　化学物質が「有害である」とはどういうことか。一般には「生体にとって好ましくない変化を生じさせる能力」といってよいであろう。しかしこれは概念としてはなんとなく理解できるが、実際に化学物質を管理する立場からはもっと論理的、具体的に考える必要がある。

　ルネサンス期の有名な科学者（医師）パラケルススは、「全ての物質は毒である。毒でない物質は存在しない。それが毒となるか薬となるかは用いる量に依存する」といっており、有害性を服用量（ばく露量）でとらえている。彼は医師であったことから、治療薬として使われていた水銀化合物などがある量を超えると毒になるという診療体験から得られた知見と思われる。

　ある化学物質の有害性を調べる場合、量–影響関係及び量–反応関係に着目する。

5.1.1　量–影響関係

　量–影響関係とは、個体レベルでの用量（ばく露量）と影響の間の関係である。ばく露量の増加は影響の強さを増大させたり、別の重大な影響を生じさせたりする。量–影響関係は個体、細胞、分子レベルにおいてそれぞれ得られるが、人への影響を考える場合には一般に人あるいは動物の個体に関するデータを用いる。

　例として、**表5.1**に硫化水素の量–影響関係を示した。人は硫化水素の濃度が非常に低くても臭いを感じるが、逆に高濃度になると臭いを感じなくなる。そしてこの臭いを感じなくなる濃度以上では呼吸困難となり死亡する。毎年のように廃棄物処理などの作業で事故が起きている。

表5.1　硫化水素の量–影響関係

濃度（ppm）	影響
0.03	「卵の腐った臭い」を感じる
5.0	不快臭
50 〜 100	気道刺激
100 〜 200	嗅覚麻痺
200 〜 300	1時間で亜急性麻痺
600	1時間で致命的麻痺
1 000 〜 2 000	即死

5.1.2　量−反応関係、閾値

　ある特定の生体影響（硫化水素の例では「気道刺激」、「即死」など）に着目した場合、ばく露量が増加するとばく露を受ける集団のなかで徐々に多数の個体（実験動物あるいは人）が影響を受けるようになる。このばく露量と影響が観察された個体の百分率（反応）の関係を量−反応関係という。

　一般にこの関係は、**図 5.1** のように S 字状の曲線となることが知られている。ばく露量が少ない場合には反応が検出されず、ばく露量が増加するにつれて反応は急上昇し、さらに量が増加すると反応は 100% の個体にみられる。

　動物実験での死を例にとると、ばく露濃度ゼロでは 1 匹の動物も死なないが、ある濃度を超えると死ぬ動物が現れ、濃度が上昇するに従ってその割合が多くなり、さらに半数の動物が死ぬ濃度（半数致死濃度、50% Lethal Concentration：LC_{50}）、（吸入）を通り過ぎ、ついには全ての実験動物が死ぬ濃度に達する。半数致死濃度あるいは半数致死量（50% Lethal Dose：LD_{50}）、（経口）は急性毒性の強さを表す指標として使用されている。日本では毒物及び劇物取締法がこの半数致死量を目安として、毒物（経口、≦50 mg/kg 体重）あるいは劇物（経口、≦300 mg/kg 体重）を指定している。

　量−影響関係と量−反応関係の発見は化学物質を管理する手法を大きく前進させた。すなわち、「量−影響関係から重篤な疾病や機能障害などに結び付かない影響に目標を定め、この影響について量−反応関係を求め、この関係から環境濃度やばく露量を設定して化学物質を管理すれば健康障害を防ぐことができる」という理論的な基礎が確立された。

　この考え方は現在、化学物質管理の基礎となっている。反応率がゼロになるばく露量、すなわちそれより低い量では検出可能な影響は起こらないと思われる数値（閾値：いきち又はしきいち）を超えなければ指標とした健康障害は起きないはずである。そしてこの値について、動物とヒトとの種差と、ヒトにおける個体差を考慮し、ばく露量を抑制

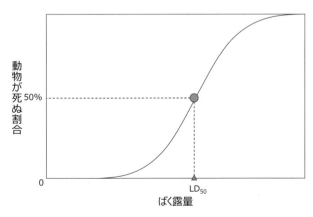

図 5.1　用量−反応関係（一般毒性）

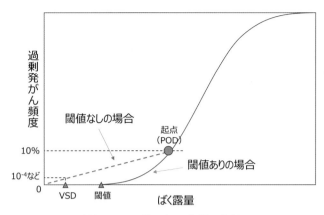

図 5.2　閾値のない物質の指標

するための理論的な指標値（ばく露限界値）とすればよい。しかし実際のばく露限界値は、試験方法、分析技術、工学的管理技術、社会的な要請等、様々な要因がからみ、必ずしも閾値だけで決定されるわけではない。

　一方、遺伝毒性発がん物質には閾値がないとの考え方が現在のところ主流である。遺伝毒性発がん物質は、遺伝子に直接作用してがんを引き起こし、そのばく露量がゼロにならない限り、発がんの可能性もゼロにはならないと仮定されるためである。

　閾値がないと考えられている遺伝子毒性のある発がん性に関する量−反応関係には、数学的なモデルにより、人で想定される摂取量又はばく露量におけるリスクを推定する定量的外挿などの手法が用いられており、その際の指標として、VSD（Virtually Safe Dose：実質安全量）が用いられる。VSD は、あるリスクレベル（1 万分の 1 あるいは 10 万分の 1 というような低い確率）でがんを増加させる用量であり、通常の生活で遭遇する稀なリスクと同程度の非常に低い確率となるようなばく露量と解釈される（**図 5.2**）。

> **ワンポイント解説　ユニットリスク／スロープファクター**
>
> 　ユニットリスク、スロープファクターも、起点（POD: Point of Departure）より低用量域の毒性頻度を推測する際の評価指標として用いられる。
> 　ユニットリスクは、ある有害物質の単位ばく露量（吸入ばく露では $1\mu g/m^3$）にヒトが生涯にわたってばく露されたときに予測される過剰発がんリスクである。
> 　スロープファクターとは、体重 1 kg あたり 1 mg の化学物質を毎日生涯にわたって経口摂取した場合の過剰発がんリスク推定値であり、発がん物質のように閾値なしの毒性物質について使用できる。起点（POD）からゼロへ引いた直線の傾きによって示される。
> 　※起点（POD）は、実際には信頼限界を考慮して算出される。

5.2 　作業環境モニタリング、ばく露モニタリング

　モニタリングとはある状態を調査・監視することであるが、ここでは物質の濃度を測定、評価する意味で用いる。作業環境の物質濃度に対しては作業環境モニタリング、個人ばく露に関しては個人ばく露モニタリングと呼ぶ。

5.2.1 　作業環境モニタリング

　有害な物質の作業者へのばく露量を少なくするための方策は様々あるが、物質の作業環境中濃度をできるだけ低くすることが対策の大きな柱の一つである。日本では作業環境中の物質濃度を測定・評価して対策に結び付けるために、有害な業務を行う屋内作業場その他の作業場で、政令で定めるものについて、作業環境測定を行うように定められている（法第 65 条）。

作業環境測定

　作業環境測定とは作業環境の実態を把握するため空気環境その他の作業環境について行うデザイン、サンプリング及び分析（解析を含む）をいう。作業環境測定が義務付けられているのは 2023 年 4 月時点で 107 物質（放射性物質は除いた数）である。

> **作業環境測定を行うべき作業場と測定回数（令第 21 条）**
>
> 1. 土石、岩石、鉱物、金属又は炭素の紛じんを著しく発散する屋内作業場（6 月以内ごとに 1 回）
> 2. 暑熱、寒冷又は多湿の屋内作業場（半月以内ごとに 1 回）
> 3. 著しい騒音を発する屋内作業場（6 月以内ごとに 1 回）
> 4. 坑内作業場—炭酸ガス、通気設備のある坑内、28℃を超える場所（それぞれ 1 月、半月、半月以内ごとに 1 回）
> 5. 中央管理方式の空気調和設備を設けている建築物の室で、事務所の用に供されるもの（2 月以内ごとに 1 回）
> 6. 放射線業務を行う作業場
>   (1) 放射線業務を行う管理区域（1 月以内ごとに 1 回）
>   (2) 放射性物質取扱作業室（1 月以内ごとに 1 回）
>   (3) 事故由来廃棄物等取扱施設（1 月以内ごとに 1 回）
>   (4) 坑内核原料物質掘採場所（1 月以内ごとに 1 回）

7. 第1類（製造設備の密閉化、作業規定の作成などの措置を条件とした製造の許可を必要とするもの、ジクロルベンジジンなど8種）若しくは第2類（製造若しくは取扱い設備の密閉化又は局所排気装置などの措置を必要とするもの、アクリルアミドなど60種）の特定化学物質を製造し、又は取り扱う屋内作業場（6月以内ごとに1回）
特定有機溶剤混合物を製造し、又は取り扱う屋内作業場
石綿を取り扱い、又は試験研究のため製造する屋内作業場（6月以内ごとに1回）

8. 一定の鉛業務を行う屋内作業場（1年以内ごとに1回）

9. 酸素欠乏危険場所において作業を行う場合の当該作業場（その日の作業開始前）

10. 有機溶剤を製造し、又は取り扱う屋内作業場（6月以内ごとに1回）

1、6（2）、6（3）、7、8、10の作業場の測定は作業環境測定士又は作業環境測定機関が行わなければならない
9の作業場の測定は酸素欠乏危険作業主任者に行わせること

　作業環境中の物質の濃度変動は非常に大きく（ゼロから数千あるいは数万ppmまで）、一般に対数正規分布（各濃度の対数をとってヒストグラムを見ると正規分布となる）に従うことが知られている。物質の測定方法や分析さらに結果の評価には専門的な知識が必要なことから、作業環境測定の専門家として作業環境測定士の資格が定められている（作業環境測定法）。**図5.3**に示すように、作業環境の測定結果は管理濃度と比較、評価され、それによって対策が取られる。

　管理濃度：作業環境測定結果を評価するために、学会などのばく露限界や技術的な可能性などを考慮して行政的に決められた値で、2023年4月時点97物質（放射性物質は除いた数）について定められている。特定化学物質障害防止規則の10物質（インジウム化合物など）については管理濃度が示されていない。

作業環境測定にかかわる技術的な指針は「作業環境測定基準」に示されている。

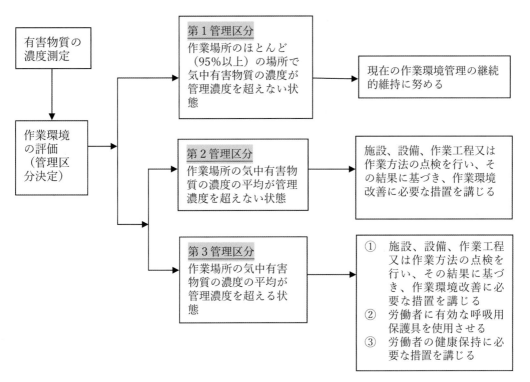

図 5.3 作業環境測定結果の評価及び措置

作業環境測定における管理区分の考え方（法 65 条に基づく作業環境評価基準参照）

　実測された気中ばく露濃度は、通常、対数正規分布に従うことが広く知られており、分布のほとんどがその値以下となる上側 5% 値（X_{95}）と、幾何平均（GM）と平均（M）の関係式から求めた平均の推定値（AM）が分布の指標として作業環境測定基準では使用されている。

　気中ばく露濃度が対数正規分布に従うと仮定すると、実測値の幾何平均を GM、幾何標準偏差を GSD とすると、上側 5% 値（X_{95}）の推定値は

$$\log(X_{95}) = \log(GM) + 1.645 \times \log(GSD)$$

で表される。これは作業環境評価基準では第 1 評価値とされるものである。

　また平均の推定では、対数正規分布の場合、平均（M）と幾何平均（GM）の間に、

$$\log(M) = \log(GM) + 1.151 \times \log^2(GSD)$$

という関係があるため、この式で求めた M の値を平均の推定値（AM）とする。これは作業環境評価基準では第 2 評価値とされるものである。ただし、実測値のサンプル数（n）が 5 より小さい場合は、誤差が大きくなるため、n 個のデータから直接算出する算術平均を AM として用いるほうがよい。

基本的な考え方として、作業環境評価基準では、この二つの指標（AM及びX_{95}）と管理濃度の大小を比較して、以下の三つの区分に分類している（**表5.2**）。

表5.2　作業環境評価基準における管理区分の考え方

管理区分	定義	内容
第1管理区分	AM＜X_{95}＜管理濃度	気中ばく露濃度は管理濃度を下回っていると考えられ、良好である。
第2管理区分	AM≦管理濃度≦X_{95}	気中ばく露濃度は管理濃度を上回るおそれがある。ばく露低減対策の実施が強く推奨される。
第3管理区分	管理濃度＜AM＜X_{95}	気中ばく露濃度は管理濃度を上回っている。直ちにばく露低減対策を実施する。

5.2.2　個人ばく露モニタリング

　有害な物質が生体内に取り込まれる経路として、経気道、経口、経皮があるが、これらを通して体内に取り込まれる物質量を推定・評価する方法を個人ばく露モニタリングという。労働環境においては多くの場合、作業者が体内に取り込む化学物質は気道からであり、有害性に関する情報の蓄積も多い。この経気道からのばく露量を測定するために、個人ばく露測定を行う。具体的には呼吸域の空気（気体）を捕集し、対象物質の分析を行い、さらに濃度基準値等と比較して評価を行う。

　濃度基準値は、安衛法第22条（安衛則第577条の2第2項）に基づく健康障害を防止するための最低基準であることから、全ての労働者のばく露が、濃度基準値以下である必要がある。濃度基準値は、法令上、労働者のばく露がそれを上回ってはならない基準であるため、労働者の呼吸域の濃度が濃度基準値を上回っていても、有効な呼吸用保護具の使用により、労働者のばく露を濃度基準値以下とすることが許容される。

　濃度基準値には、八時間濃度基準値及び短時間濃度基準値（天井値を含む。）が設定される。物質によって、両方が設定される物質、いずれか一方が設定される物質がある。**表5.3**に定義を示す。また、**表5.4**に濃度基準値の例を示した。

　個人ばく露測定における試料採取方法、分析方法等については、「化学物質による健康障害防止のための濃度の基準の適用等に関する技術上の指針」（☞**A6.4**）に詳細な記載があるので、参照のこと。

表5.3　濃度基準値の定義

定義	説明
八時間濃度基準値	長期的な健康障害を防止するために、1日（8時間）の時間加重平均値が超えてはならない基準。
短時間濃度基準値	急性中毒等の健康障害を防止するために、作業中のいかなる15分間の時間平均値も超えてはならない基準。短時間濃度基準値が設定されていない物質についても、作業期間のいかなる15分間の時間加重平均値が八時間濃度基準値の3倍を超えないように努めなければならない。
短時間濃度基準値（天井値）	作業中のばく露のいかなる部分（いかなる短時間のピーク）においても超えないように努めなければならない基準。

表5.4　濃度基準値の例

物質名	八時間濃度基準値	短時間濃度基準値
アクリル酸エチル	2 ppm	—
アクリル酸メチル	2 ppm	—
アクロレイン	—	0.1 ppm[1]
アセチルサリチル酸（別名アスピリン）	5 mg/m^3	—
アセトアルデヒド	—	10 ppm

※1　天井値
「—」には該当する値が設定されていない。

　濃度基準値は、令和5年4月に67物質に対して設定され（☞**A6.3**）、今後、順次設定されていく予定である。濃度基準値が設定されていない物質については、ACGIH（米国産業衛生専門家会議）の定めるTLVや、ドイツ（DFG）や英国衛生庁（HSE）が定めるばく露限界値などを活用することが望ましい。例として、ACGIHの基準値の定義を**表5.5**に示す[1]。ACGIHのばく露限界は約700物質について示されている。**表5.6**にこれらの例を示した。

　作業環境中では有害な物質の作業者へのばく露が、これらTLV-TWA、TLV-STEL、TLV-C などの値を超えないような管理を目指す。

　個人ばく露測定に関しては日本産業衛生学会から「化学物質の個人ばく露測定のガイドライン」（平成27年1月）[2]が出ており、日本産業衛生学会のウェブサイトからダウンロードできるので、活用を勧める。

---

*1　https://www.acgih.org/
*2　https://www.sanei.or.jp/files/topics/recommendation/J57_2_09_guideline.pdf

表 5.5　ACGIH の定義

種類	定義
許容限界値 時間加重平均値 （TLV-TWA）	1 日 8 時間、1 週 40 時間の正規の労働時間中の時間加重平均濃度として表され、大多数の労働者がその条件に連日繰り返しばく露されても健康に悪影響を受けないと考えられている。
許容限界値 短時間ばく露限界 （TLV-STEL）	たとえ 8 時間の 1 労働日中の時間加重平均濃度が時間加重平均値を超えない場合であっても、その中のどの 15 分間についても超えてはならない 15 分間の時間加重平均濃度。TLV-STEL は短時間継続的にばく露されても、(1) 刺激、(2) 慢性的又は非可逆的な生体組織の変化、(3) 量に依存する毒作用、(4) 麻酔作用による障害事故発生の危険性増加、自制心の喪失、又は著しい作業能率の低下が起こらない濃度の限度と考えられている。時間加重平均値を超え短時間ばく露限界以下の高濃度は 1 回に 15 分を超えて継続してはならず、1 労働日中に 4 回以上繰り返されてはならない。また、1 回の高濃度と次の高濃度のあいだに少なくとも 60 分間濃度の低い時間がなくてはならない。
許容限界値 天井値（TLV-C）	たとえ瞬間的にでも超えてはならないピーク濃度。

表 5.6　ばく露限界の例

物質名	時間加重平均値 （TLV-TWA）	短時間ばく露限界 （TLV-STEL）	天井値 （TLV-C）
アセトアルデヒド	—	—	25 ppm
ベンゼン	0.5 ppm	2.5 ppm	—
ホルムアルデヒド	—	—	0.3 ppm
トルエン	20 ppm	—	—
トリクロロエチレン	10 ppm	25 ppm	—

「−」には該当する値が設定されていない。

5.2.3　生物学的モニタリング

　血液や尿などの生体試料を用いて、物質へのばく露量や生体影響の程度を調べる目的で行われる測定を生物学的モニタリングという。これにより個人のばく露程度をより正確に知ることができる。現在の物質に関する生物学的モニタリングは全てばく露の程度を調べる目的で使用されている。この判断基準となっているのが、日本産業衛生学会では生物学的許容値、ACGIH では BEIs（Biological Exposure Indices: 生物学的ばく露指標）と呼ばれるものである。作業環境の改善の要否を判断する指標として利用するものであり、生体が受ける有害性の強度を評価するために使用するものではないことに注意が必要である。日本産業衛生学会では、23 種類 [許容濃度等の勧告（2021 年度）]、

表5.7 日本で義務付けられている生物学的モニタリング

対象物質の検査区目					
対象物質名	検査項目	単位	分布		
			1	2	3
キシレン	尿中メチル馬尿酸	g/l	≦0.5	0.5<、≦1.5	>1.5
スチレン	尿中マンデル酸 尿中フェニルグリオキシル酸	g/l			
トルエン	尿中馬尿酸	g/l	≦1	1<、≦2.5	>2.5
エチルベンゼン	尿中マンデル酸	g/l			
N,N-ジメチルホルムアミド	尿中N-メチルホルムアミド	mg/l	≦10	10<、≦40	>40
ノルマルヘキサン	尿中2,5-ヘキサンジオン	mg/l	≦2	5<、≦5	>5
1,1,1-トリクロロエタン	総三塩化物	mg/l	≦10	10<、≦40	>40
	尿中トリクロロ酢酸	mg/l	≦3	3<、≦10	>10
トリクロロエチレン	総三塩化物	mg/l			
	尿中トリクロロ酢酸	mg/l			
テトラクロルエチレン	総三塩化物	mg/l			
	尿中トリクロロ酢酸	mg/l			
鉛	血中鉛	μg/dl	≦20	20<、≦40	>40
	尿中デルタアミノレブリン酸	mg/l	≦5	5<、≦10	>10
	赤血球プロトポルフィリン	μg/dl 全血	≦40	40<、≦100	>100

ACGIHでは54種類（2023年4月時点）の物質についてBEIsを発表している。BEIsは、当該物質の作業環境気中のばく露限界と同程度のばく露を受けたのと同程度の値となるように定められている。しかし生体内に実際に取り込まれる物質量は個々人や民族間の体質の違いや、労働強度などによっても異なることから、**5.2.2** の個人ばく露モニタリングにおける測定値とは多少異なる。

　表5.7 に日本で特化則、有機則、又は鉛則に基づき生体試料の測定が義務付けられている化学物質及びその関連生体試料を示す。前述のようにこれらの数値は、ばく露の程度（生体内取込量）を示すものであり、健康の影響を示すものではない。分布1であれば当該物質の生体への取り込みは少なく、作業環境の現状維持が望ましく、分布2の場合は取り込みが比較的多いので職場改善が望まれ、分布3では取り込みが相当量に達しているので職場改善の措置が必要になる。分布は生体影響と直接的に関係はしていないが、取込量が多い場合には、健康影響についての検査も注意深く行う必要がある。

5.2.4　各測定・モニタリングの関係

　日本では労働衛生管理について①作業環境管理、②作業管理、③健康管理の三つを柱として、これらを定期的に実施し、その結果を総合的に判断することにより、化学物質を取り扱う労働者の健康確保を図ってきた。

　これをモニタリングの視点で見ると、作業環境モニタリング（作業環境測定）は作業環境管理の一つの手法としての役割を担ってきたといえる。健康モニタリングは特別規則（有機則、特化則等）の対象物質を取り扱う労働者に対する特殊健康診断という形で健康管理の一部として確立している。そしてこれらは労働安全衛生関連法令の中で規定されている。

　一方、作業環境気中の有害物質に対する個人ばく露モニタリングは長年にわたり法令で制度化されたことはなかった。労働安全衛生法令の中で個人ばく露モニタリングが初めて登場したのは、「屋外作業場等における作業環境管理に関するガイドライン」（平成17年3月31日付け基発第0331017号）である。このガイドラインでは、「屋外作業場等については個人サンプラーを用いて作業環境の測定を行い、その結果を管理濃度の値を用いて評価する」とある。令和4年5月の安衛則等の改正による新たな化学物質管理の導入に伴い、屋内作業場における作業について濃度基準値が定められ、労働者のばく露の程度が濃度基準値以下であることを確認するために、個人ばく露測定が導入された。また、個人ばく露モニタリングの一つとして、前項で述べたように、数種類の物質に対して生物学的モニタリングが行われている。

　それぞれの管理には、状況を把握するための測定（あるいは検査）があり、その結果を評価する判断基準があり、それに基づいて対策を行うようになっている。それぞれの測定・判断基準は単独でも機能するが、これらを総合的に評価・判断することでより効果的なリスクアセスメントとなるようにしたい。

6章

化学物質等のリスクアセスメント（リスクの見積り・評価）

本章では、化学物質等のリスクアセスメントの具体的な方法、手順等について解説する。

　リスクアセスメントを行うにあたり、「リスク」について理解する必要がある。リスクとは化学物質の危険性・有害性による「危害が起きる可能性」である。化学物質の危険性及び有害性に関しては基本的に GHS に基づいて分類され（☞**第 4 章**）、それらの重大性が区分として示されている。危害を未然に防ぐためにはリスクの見積り（危害が起きる可能性の評価）が必要となるが、爆発や火災など危険性の場合にはその重大性と起こり得る頻度の組合せ等で、また健康有害性の場合には有害性の重大性とばく露の程度の組合せで、総合的に評価される。

6.1　リスクアセスメントとは

（1）化学物質リスクアセスメント指針

　労働安全衛生法では第 57 条の 3 第 1 項（義務）及び同第 28 条の 2 第 1 項（努力義務）でいう（事業者が行うべき調査等）「化学物質等による危険性又は有害性等の調査」を「リスクアセスメント」と呼び、リスクアセスメントの内容について厚生労働省のウェブサイトでは「事業場にある危険性や有害性の特定、リスクの見積り、優先度の設定、リスク低減措置の決定の一連の手順」（「リスクアセスメント」を「リスクの見積り」と同義で使用している場合もあるので注意が必要である）としている。さらに同第 57 条の 3 第 3 項及び第 28 条の 2 第 2 項ではこのリスクアセスメントを実施するために、厚生労働大臣は指針を公表するとしている。

　労働安全衛生法に基づいたリスクアセスメントについては、平成 27 年 9 月 18 日に出された「化学物質等による危険性又は有害性等の調査等に関する指針」（☞A6.1）（平成 28 年 6 月 1 日施行、令和 5 年 4 月 27 日改正）[1] 及びその普及のために出された「労働災害を防止するためリスクアセスメントを実施しましょう」（☞A6.2）[2] を基本としている。

　この指針は、法第 57 条の 3 第 1 項の規定に基づき行う「第 57 条第 1 項の政令で定める物及び通知対象物」（以下「化学物質等」という）に係るリスクアセスメントについて適用し、労働者の就業に係る全てのものを対象とする、とある。つまりリスクアセスメントは化学物質の危険性・有害性のみに着目するのではなく、労働者の健康を守るための方策として考えるということである。また、この「化学物質等」には、製造中間

＊1　https://www.mhlw.go.jp/content/11300000/001091557.pdf
＊2　https://www.mhlw.go.jp/file/06-Seisakujouhou-11300000-Roudoukijunkyokuanzeneiseibu/
　　　0000099625.pdf

体（製品の製造工程中において生成し、同一事業場内で他の化学物質に変化する化学物質をいう）が含まれる。リスクアセスメントにはいろいろな方法があり、事業場によっても、作業工程によっても、さらに担当者によっても異なるであろう。また政令で定めるリスクアセスメント対象物以外の物質についても、法第 28 条の 2 に基づき、本指針を適用することが推奨されている。

　リスクアセスメントの実施方法は事業者が自ら選択すべきものであり、すでにリスクアセスメントを導入している事業場においては、より適切な方法があるか、改めて考えることが望ましい。ただし、リスクアセスメントを行うべき物質、その結果に関する措置（結果の記録及び保存、労働者への通知、ばく露の程度の低減、健康診断等）等に関して改正された項目（☞**第 2 章**、**表 2.1**）があるので確認が必要である。

（2）ばく露の最小限度化等との関係

　令和 4 年 5 月の省令改正により、新たな化学物質の管理が導入され、安衛法第 22 条を根拠として、安衛則第 577 条の 2 第 1 項により、リスクアセスメント対象物に労働者がばく露される程度を最小限度としなければならない規定が設けられた。さらに、同条第 2 項により、屋内作業場については、労働者がリスクアセスメント対象物にばく露される程度を、厚生労働大臣が定める濃度基準値以下としなければならないことが規定された。

　このため、リスクアセスメントの結果に基づくリスク低減措置には、労働者のばく露の程度を必要最小限度とする措置を含める必要があり、濃度基準値が設定されている物質については、労働者がばく露される程度を濃度基準値以下とすることも盛り込まれなければならなくなる。

（3）事業者が実施すべき事項

　このようなことを踏まえ、化学物質リスクアセスメント指針と相まって、新たな安衛則による義務規定を踏まえた形でリスクアセスメントを実施するための指針として、新たに「化学物質による健康障害防止のための濃度の基準の適用等に関する技術上の指針」（令和 5 年 4 月 27 日）（☞**A6.4**）が策定された。同指針においては、事業者の実施事項として、以下が示されている。

①事業場で使用する全てのリスクアセスメント対象物について、危険性又は有害性を特定し、労働者が当該物にばく露される程度を把握した上で、リスクを見積もること。

②濃度基準値が設定されている物質について、リスクの見積りの過程において、労働者が当該物質にばく露される程度が濃度基準値を超えるおそれがある屋内作業を把握した場合は、ばく露される程度が濃度基準値以下であることを確認するための測定（以下、「確認測定」という）を実施すること。

③①及び②の結果に基づき、危険性又は有害性の低い物質への代替、工学的対策、管

理的対策、有効な保護具の使用という優先順位に従い、労働者がリスクアセスメント対象物にばく露される程度を最小限度とすることを含め、必要なリスク低減措置（リスクアセスメントの結果に基づいて労働者の危険又は健康障害を防止するための措置をいう。以下同じ）を実施すること。その際、濃度基準値が設定されている物質については、労働者が当該物質にばく露される程度を濃度基準値以下としなければならないこと。

(4) 基本的考え方

技術上の指針においては、上記の事業者の実施事項を実施するための基本的考え方として、以下の事項が示されている。

①事業者は、事業場で使用する全てのリスクアセスメント対象物について、危険性又は有害性を特定し、労働者が当該物にばく露される程度を数理モデルの活用を含めた適切な方法により把握した上で、リスクを見積もり、その結果に基づき、危険性又は有害性の低い物質への代替、工学的対策、管理的対策、有効な保護具の使用等により、当該物にばく露される程度を最小限度とすることを含め、必要なリスク低減措置を実施すること。

②事業者は、濃度基準値が設定されている物質について、リスクの見積りの過程において、労働者が当該物質にばく露される程度が濃度基準値を超えるおそれのある屋内作業を把握した場合は、確認測定を実施し、その結果に基づき、当該作業に従事する全ての労働者が当該物質にばく露される程度を濃度基準値以下とすることを含め、必要なリスク低減措置を実施すること。この場合において、ばく露される当該物質の濃度の平均値の上側信頼限界（95％）（濃度の確率的な分布のうち、高濃度側から5％に相当する濃度の推計値をいう。以下同じ）が濃度基準値以下であることを維持することまで求める趣旨ではないこと。

③事業者は、濃度基準値が設定されていない物質について、リスクの見積りの結果、一定以上のリスクがある場合等、労働者のばく露状況を正確に評価する必要がある場合には、当該物質の濃度の測定を実施すること。この測定は、作業場全体のばく露状況を評価し、必要なリスク低減措置を検討するために行うものであることから、工学的対策を実施しうる場合にあっては、個人サンプリング法等の労働者の呼吸域における物質の濃度の測定のみならず、よくデザインされた場の測定も必要になる場合があること。また、事業者は、統計的な根拠を持って事業場における化学物質へのばく露が適切に管理されていることを示すため、測定値のばらつきに対して、統計上の上側信頼限界（95％）を踏まえた評価を行うことが望ましいこと。

④事業者は、建設作業等、毎回異なる環境で作業を行う場合については、典型的な作業を洗い出し、あらかじめ当該作業において労働者がばく露される物質の濃度を測定し、その測定結果に基づく局所排気装置の設置及び使用、要求防護係数に対して

十分な余裕を持った指定防護係数を有する有効な呼吸用保護具の使用（防毒マスクの場合は適切な吸収缶の使用）等を行うことを定めたマニュアル等を作成することで、作業ごとに労働者がばく露される物質の濃度を測定することなく当該作業におけるリスクアセスメントを実施することができること。また、当該マニュアル等に定められた措置を適切に実施することで、当該作業において、労働者のばく露の程度を最小限度とすることを含めたリスク低減措置を実施することができること。

⑤事業者は、①から④までに定めるリスクアセスメント及びその結果に基づくリスク低減措置については、化学物質管理者（安衛則第12条の5第1項に規定する化学物質管理者をいう。以下同じ）の管理下において実施する必要があること。

これら一連の流れをフローチャートで示すと**図6.1**のとおりとなる。

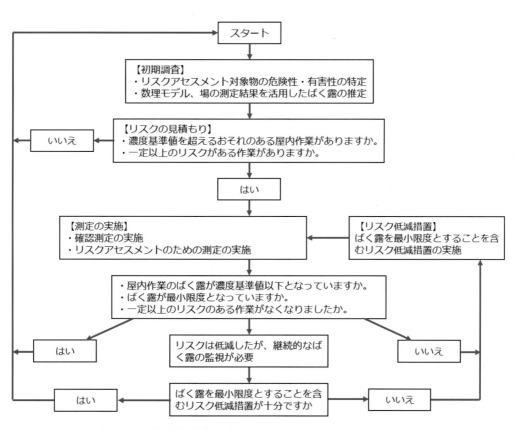

図6.1　濃度基準値等を含めたリスクアセスメント実施の流れ

6.2　リスクアセスメントの準備

6.2.1　適用事業場

　GHS分類により危険性・有害性があると判断された物質を製造又は取り扱う事業場ではリスクアセスメントを実施する必要がある。ただしリスクアセスメント対象物は義務、その他の物質は努力義務である。

6.2.2　実施内容

　リスクアセスメントは、化学物質等による危険性又は有害性の特定、リスクの見積り及びリスク低減措置の検討、リスク低減措置の実施及びリスクアセスメント結果の労働者への周知という手順で進める（**図6.2**）。

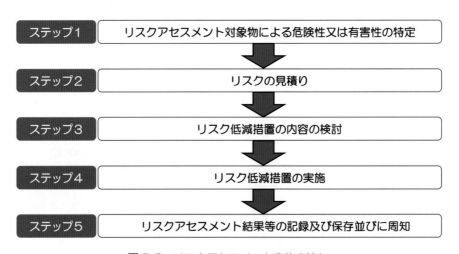

図6.2　リスクアセスメント実施の流れ

ワンポイント解説　**ラベルでアクション**

　GHSマーク（絵表示）があったら、SDSの確認とリスクアセスメントの実施につなげよう。

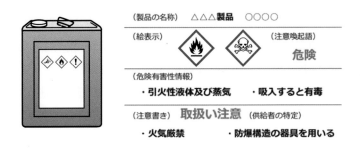

6.2.3　実施体制

　事業者は**表6.1**に示した事業場内の担当者にそれぞれの役割を担わせてリスクアセスメントを実施する。事業者は、表中のリスクアセスメントの実施を管理する者、技術的業務を遂行する者等（外部の専門家を除く）に対し、リスクアセスメント等を実施するために必要な教育を実施するものとする。

表6.1　リスクアセスメントの担当者とその役割

担当者	該当する職位又は能力	役割
総括安全衛生管理者など	事業の実施を統括管理する人（事業場のトップ）	リスクアセスメント等の実施を統括管理
化学物質管理者	化学物質などの適切な管理について必要な能力がある人の中から指名	事業場における化学物質の管理に係る技術的事項を管理（☞**第1章**）
保護具着用管理責任者	保護具の適切な管理について必要な能力がある人の中から指名	呼吸用保護具、保護衣、保護手袋等の保護具の選択、管理（保管、交換等）等
専門的知識のある人	必要に応じ、化学物質の危険性と有害性や、化学物質等に係る機械設備や生産設備等についての専門的知識のある人	対象となる化学物質、機械設備のリスクアセスメント等への参画
化学物質管理専門家、作業環境管理専門家	労働衛生コンサルタント、労働安全コンサルタント、作業環境測定士、インダストリアル・ハイジニストなど	より詳細なリスクアセスメント手法の導入又はリスク低減措置の実施等、技術的な助言を得るために活用

　通達（基発0531第9号令和4年5月31日、第4細部事項　1化学物質管理者の選任、管理すべき事項等(1)ア）には衛生管理者、作業主任者及び化学物質管理者の関係について以下のように記されている。

　なお、衛生管理者の職務は、事業場の衛生全般に関する技術的事項を管理することであり、また有機溶剤作業主任者といった作業主任者の職務は、個別の化学物質に関わる作業に従事する労働者の指揮等を行うことであり、それぞれ選任の趣旨が異なるが、化学物質管理者が、化学物質管理者の職務の遂行に影響のない範囲で、これらの他の法令等に基づく職務等と兼務することは差し支えないこと。

6.2.4　実施時期

　次に示すように実施時期として、（1）法令上の実施義務及び（2）指針による実施努力義務が示されているが、事業場内の取扱い物質全てについて一度はリスクアセスメントを実施するべきであろう。

（1）法令上の実施義務

- 化学物質等を原材料等として新規に採用し、又は変更するとき
- 化学物質等を製造し、又は取り扱う業務に係る作業の方法又は手順を新規に採用し、又は変更するとき
- 化学物質等による危険性又は有害性等についての情報に変化が生じ、又は生ずるおそれがあるとき

（2）リスクアセスメント指針による実施努力義務

- 化学物質等に係る労働災害が発生した場合であって、過去のリスクアセスメント等の内容に問題がある場合
- 前回のリスクアセスメント等から一定の期間が経過し、化学物質等に係る機械設備等の経年による劣化、労働者の入れ替わり等に伴う労働者の安全衛生に係る知識経験の変化、新たな安全衛生に係る知見の集積等があった場合
- すでに製造し、又は取り扱っていた物質がリスクアセスメントの対象物質として新たに追加された場合など、当該化学物質等を製造し、又は取り扱う業務について過去にリスクアセスメント等を実施したことがない場合

6.2.5　化学物質のリストアップ、危険性・有害性情報及びその他の情報収集

　事業場内で製造あるいは取り扱っている化学物質を全てリストアップし、それらの危険性・有害性について調査する。自社で新規に製造した物質であれば法令等に基づいて自ら採取したデータから、また外部から取得した物質であれば交付された SDS の記載から危険性・有害性を特定する。基本的に危険性・有害性に関する情報は GHS の判定

基準に従って分類された結果を使用する。すなわち譲渡又は提供される化学物質に添付されている SDS は GHS に従ったものであることが求められる。自社で採取したデータも GHS に従って分類するべきである（GHS 分類については **4.3** を参照）。

　リスクアセスメントの対象となる業務や作業工程の作業標準、作業手順書、機械設備等に関する情報、さらに当該化学物質に関する災害事例、災害統計なども必要である。GHS 分類物質以外で、負傷又は疾病の原因になるおそれのある危険性・有害性をもつ物質についても情報を収集しておくことが必要である。これらには過去の労働災害の事例、ヒヤリハットのあった作業、労働者が日常不安を感じている作業、過去に事故のあった設備等を使用する作業、操作が複雑な化学物質にかかわる機械設備等の操作などがある。

　リスクアセスメントは事業場内の全ての物質を考慮し優先順位を付けて実行することが原則であるが、「義務対象の物質及び重大なリスクが懸念される何らかの情報がある物質」については、直ちに実施すべきである。

6.3　リスクアセスメント対象物質（義務対象物質、努力義務対象物質）

　法第 57 条第 1 項の政令で定める物及び通知対象物［674 物質（2023 年 4 月現在）］に対するリスクアセスメントは義務（法第 57 条の 3 第 1 項）である。

　義務となる物質は将来的に継続して追加される予定である（**表 6.2**、令和 5 年度までを示す）。これら以外の物質で、GHS 分類により危険性・有害性が認められる物質に対するリスクアセスメントは努力義務である（法第 28 条の 2 第 1 項）。

表 6.2　リスクアセスメント義務対象となる追加物質数（予定）

	令和 3 年度	令和 4 年度	令和 5 年度
○ラベル表示・SDS 交付義務化　改正後施行までの期間は 2 年程度	234 物質※	約 700 物質	約 850 物質
	急性毒性、生殖細胞変異原性、発がん性、生殖毒性のいずれかが区分 1	左記以外のいずれかが区分 1	区分 1 となる有害性区分なし

※ 234 物質：政省令改正により令和 3 年度中に追加された物質は、2024 年 4 月 1 日施行。

6.4　リスクアセスメント手法（リスクの見積り）

　リスクの見積りは危険性及び健康有害性の両者について行う（労働安全衛生法では環境有害性は対象としていないので、このリスクアセスメントについては記載しない）。

　リスクの見積り方法は一つではない。危険性に関しては、危害の発生可能性と重大性の組合せで見積もる方法、数理モデル（CREATE-SIMPLE）による方法等が推奨されている。健康有害性に関しては、一般に「濃度基準値」が決められているものについては気中濃度の測定による方法［作業環境測定、個人ばく露測定、簡易測定（検知管、リアルタイムモニター等）］、CREATE-SIMPLE による方法、危害の発生可能性と重大性の組合せで見積もる方法等が推奨されている。また特化則等で規定されている具体的な措置が十分に実行されている場合には特段のリスクの見積りを実施する必要はない（☞ **6.4.2**）。事業場内における作業形態・方法等に従ってリスクの見積りの方法を変えてもよい。

　リスクの見積り及びリスクアセスメントの方法は、労働者の健康を守るために、事業者自らの責任で選択・実行するものであり、化学物質管理者はその技術的部分の遂行に責任がある。

6.4.1　化学物質の危険性に対するリスクアセスメント

（1）化学物質の危険性に対するリスクアセスメントを実施しなければならない理由

　通常、化学物質が存在するだけでは、火災・爆発・破裂（以下、"火災・爆発等"という）が発生することはないが、化学物質を取り扱っている設備や装置が故障した場合や、作業者が不適切な作業を行った場合には、化学物質に潜在する危険性が顕在化し、火災・爆発等を発生させることがある。このとき、作業者が近くにいれば、火災・爆発等の発生に巻き込まれたり（労働災害発生）、事業場内の設備や施設の損壊、周辺地域へのダメージ、さらに社会的なサプライチェーンへの影響と、被害が拡大することもある。そのため、事前に化学物質の危険性に対するリスクアセスメントを実施することにより、化学物質取扱作業にどのような危険性があるのかを明らかにするとともに、必要なリスク低減措置を検討・実施する必要がある。

　GHS ラベルや SDS には、その化学物質の取扱い上の注意点や対策などの一般的な情報が記載されているが、化学物質の危険性については、これらの情報だけでは、実際に行う作業における火災・爆発等発生の可能性（頻度）や被害の大きさを推定することができず、また、具体的なリスク低減措置を検討・実施することはできない。化学物質の

危険性に対する自律的管理のためには、化学物質取扱作業をどのような条件で行っているかなどを明らかにしたうえで、GHS ラベルや SDS の情報を参照しながらリスクアセスメントを実施し、必要な対策を検討・実施する必要がある。

（2）化学物質の危険性に対するリスクアセスメント手法・ツール

化学物質の危険性に対するリスクアセスメントを実施するための手法・ツールは大きく、①簡易的な手法・ツールと、②詳細な解析手法に分けることができる[*3]。**表 6.3** にそれぞれに分類される手法・ツールと、長所（適用する目的）及び短所（気に留めておくべき点）をまとめている[*4]。

簡易的な手法・ツールは、厚生労働省より 2 種類のツールが提供されており、化学物質に何らかの危険性があることに気付くためのツールとして活用することができる。一方、当該作業に固有の情報は考慮されていないため、具体的なリスク低減措置を検討・実施するために必要な情報を得ることは難しい。

表 6.3　化学物質の危険性に対するリスクアセスメント等を実施するための手法・ツール

分類	手法・ツール	長所（適用する目的）	短所（気に留めておくべき点）
簡易的な手法・ツール	・スクリーニング支援ツール ・CREATE-SIMPLE	・何らかの危険性があることを把握することができる ・GHS や SDS の情報を基に実施することができる	・具体的な作業条件を考慮していない （具体的にどのような対策を実施すればよいか決めることができない）
詳細な解析手法	・安衛研手法[*5] ・労働省方式[*6] ・JISHA 方式[*7] ・HAZOP[*8] など	・危険源を網羅的に洗い出し、できるかぎり想定外をなくすことができる （一度に全てを検討するよりも、継続的に実施・見直しすることが重要） ・具体的なリスク低減措置を検討・実施することができる	・化学に関する知識や情報が必要となる （難しい） ・膨大な作業となる （時間と労力がかかる）

[*3] リスクアセスメントの実施時期については「化学物質等による危険性又は有害性等の調査等に関する指針」の第 5 項を参照。

[*4] 各手法の詳細については、厚生労働省　職場のあんぜんサイト、化学物質のリスクアセスメント実施支援（https://anzeninfo.mhlw.go.jp/user/anzen/kag/ankgc07.htm）を参照。

[*5] 労働安全衛生総合研究所技術資料、プロセスプラントのプロセス災害防止のためのリスクアセスメント等の進め方、JNIOSH-TD-No.5（2016）

[*6] 化学プラントにかかるセーフティ・アセスメントに関する指針（平成 12 年 3 月 21 日付け基発第 149 号）

[*7] 中央労働災害防止協会、化学物質による爆発・火災を防ぐ、第 2 編 第 4 章（2018）

[*8] 高圧ガス保安協会、リスクアセスメント・ガイドライン（Ver.2）（2016）

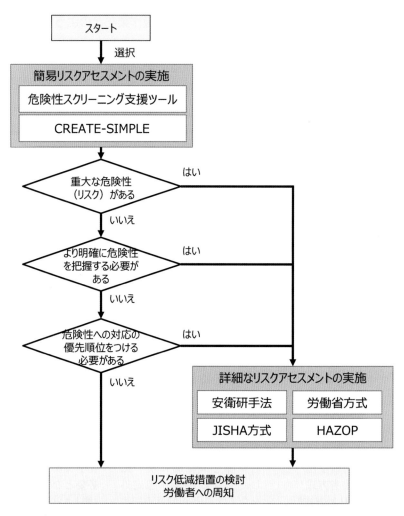

図6.3　危険性に関するリスクアセスメント手法・ツールの活用フロー

　詳細な解析手法は、実際に事業場で行っている作業での化学物質の取扱条件なども考慮して、火災・爆発等発生に至る道筋（シナリオ）を調査することで、具体的なリスク低減措置を検討・実施することができる。このことは、「事前にできるかぎり危険性を洗い出し（想定し）、具体的な対策を検討・実施する」という事業場の安全配慮義務への対応そのものであり、自律的管理の最も有用な手段の一つである。一方、詳細な解析を行うためには化学反応やリスク低減措置に関する知識や情報を必要とし、専門家による指導がなければ、最適な判断を行うことが難しい場合もある。また、多くの時間と労力が必要となる。

　図6.3に危険性に関するリスクアセスメント手法・ツールの活用フローを示す。最初に簡易的な手法・ツールを用いて対象とする化学物質取扱作業に何らかの危険性があ

るかどうかを確認し、危険性があり、具体的なリスク低減措置を検討する必要があると判断された場合（例えば、CREATE-SIMPLE によりリスクレベル Ⅳ と判定された場合など）には、詳細な解析手法を用いて、火災・爆発等が発生する危険性について調査し、具体的にどこにどのようなリスク低減措置を実施すればよいのかを検討するとよい。

（3）リスクアセスメント実施の流れ

具体的なリスク低減措置の検討・実施につながる詳細なリスクアセスメントを実施する際のポイントを示す[9]。

1）化学物質取扱作業に潜在する危険性（火災・爆発等の発生）を顕在化させる事象の想定[10]

通常、化学物質が存在するだけでは、火災・爆発・破裂（以下、火災・爆発等）が発生することはないが、何らかの<u>不具合事象</u>（ここでは、"引き金事象"という）の発生をきっかけとして不安全状態[11]を引き起こし、さらに条件が成立すれば火災・爆発等の発生に至る。

> **ポイント！**
>
> 「すでに対策を実施しているからそんなことは起こらない」と決め付け、解析しない場合もあるが、対策を実施していても、何らかの不具合により対策が機能しない（無効化される）こともある。そのため、「想定外の不具合が発生したらどのような不安全状態となるのか」、「火災・爆発等が発生するのか、あるいは全く影響がないのか」、「他の対策が機能して火災・爆発等発生による被害を軽減することができるのか」などを確認することもリスクアセスメントを実施する目的の一つである。

化学物質の危険性に対するリスクアセスメントでは、それまで想像もしなかった<u>引き金事象</u>の発生を想定し、火災・爆発等を発生させる可能性について調査する必要がある。引き金事象は**表 6.4** に示すように 3 種類に分けることができる。

①設備・装置・道具の不具合は"機械は壊れることがある"という前提条件の下、作業に用いる設備や装置などが故障などにより予定どおりに動作しなかった場合を想定する。

---

[9]　労働安全衛生総合研究所技術資料、化学物質の危険性に対するリスクアセスメント等実施のための参考資料―開放系作業における火災・爆発を防止するために―、JNIOSH-TD-No.7（2021）

[10]　ここでは、安衛研手法で示された方法を示すが、化学物質等による危険性又は有害性等の調査等に関する指針の第 9 項（1）ア（オ）「化学プラント等の化学反応のプロセス等による災害のシナリオを仮定して、その事象の発生可能性と重篤度を考慮する方法」について説明する。詳しくは脚注[5]の JNIOSH-TD-No.5（2016）を参照。

[11]　不安全状態とは、爆発性雰囲気（ガス、蒸気又は粉じんの状態の可燃性物質が大気条件において空気と混合したものであって、点火すれば自己伝播が維持されるもの）が形成されている状態や溶断作業による火花などの着火源が発現している状態を指す。

表6.4　引き金事象（不具合事象）の分類

引き金事象の分類	引き金事象想定の前提条件と検討すべきシナリオの例
①設備・装置・道具の不具合	・機械は壊れることがある 例）局所排気装置が故障して作動しなかったらどうなるか？ 　　可燃性の化学物質を保管している容器の蓋が破損していたらどうなるか？
②不適切な作業・操作	・人（作業者）はミスをすることがある 例）局所排気装置のスイッチを入れ忘れたらどうなるか？ 　　化学物質を容器に移している途中であふれさせたらどうなるか？
③外部要因[*12]	・停電で装置等が止まることがある。また、地震・台風・洪水などの自然災害による大規模災害が頻繁に発生している 例）大規模停電が発生し、装置が止まったらどうなるか？ 　　洪水が発生し、工場が浸水したらどうなるか？

出典：JNIOSH-TD-No.7（労働安全衛生総合研究所技術資料）表 1.11[*13] をもとに作成

②不適切な作業・操作は“人（作業者）はミスをすることがある（ヒューマンエラー）”という前提条件の下、作業者が作業手順書に記載されたとおりに実施しなかった場合を想定する。一般的にヒューマンエラーは**表6.5**に示す7種類（一つの省略エラーと六つのやり間違い）に分類する[*14] ことができ[*15]、対象とする作業ごとに7種類のエラーを想定するとよい[*16]。

③外部要因は“近年、大規模停電や自然災害が多発している”という前提条件の下、事業場全体に同時に影響を与えるような事象を想定する。

2）火災・爆発等発生に至るシナリオの同定

　想定された引き金事象が発生した際に火災・爆発等の発生に至るかどうかを確認する（ここでは、引き金事象の発生による不安全状態から火災・爆発等の発生に至る過程を“シナリオ”という）。火災・爆発等発生に至るシナリオを同定するためには、①燃焼の3

[*12]　労働安全衛生総合研究所技術資料 JNIOSH-TD-No.7 では、外部要因の想定については省略しているが、事業継続計画（BCP: Business Continuity Plan）策定に合わせて、検討しておくとよい（同資料の 1.5 節参照）。

[*13]　https://www.jniosh.johas.go.jp/publication/doc/td/TD-No7.pdf

[*14]　労働安全衛生総合研究所技術資料 JNIOSH-TD-No.7 の 1.2 節ではヒューマンエラーの想定方法を、3.3 節ではヒューマンエラー対策について提案している。

[*15]　A. D. Swain, H. E. Guttmann, *Handbook of Human Reliability Analysis with Emphasis on Nuclear Power Plant Applications, Final Report* (1983).

[*16]　ヒューマンエラーの背景要因を考慮すると、大きく、（A）「うっかりミス」によるものと、（B）「意図的なルール違反」によるものに分類することができるが、あくまで潜在する危険を顕在化させる引き金事象として、結果的にやってしまうだろうと思われることは全て想定する。この段階では、（A）「うっかりミス」によるものか、（B）「意図的なルール違反」によるものかを区別する必要はない。

表6.5　ヒューマンエラーの分類

種類	説明
①省略エラー （Omission Error）	必要な作業を実施しなかった。 　例）塗料カップの蓋をしない
やり間違い （Commission Error）	作業は実施したが、異なることを実施した。
②選択エラー （Selection Error）	間違った道具を選択した。作業する箇所を間違えた。 間違った命令または情報を出した（設定ミス）。 　例）スプレーブース以外の場所で作業する
③手順エラー （Sequential Error）	作業の順番を間違えた。 　例）局所排気装置を起動する前に塗料を取り扱う
④タイミングエラー （Time Error）	作業のタイミングが適切でなかった（早すぎた、遅すぎた）。 　例）局所排気装置の稼働が遅れた
⑤質的エラー （Qualitative Error）	作業の強度（質）が定められた基準・標準と異なる。 　例）塗料の吐出量が多すぎる／少なすぎる 　例）塗料の調合で均一になるまで撹拌しない 　例）塗料缶の蓋がきちんと閉められていなかった
⑥量的エラー （Quantitative Error）	作業量（充填量や作業継続時間など）が定められた基準・標準と異なる。 　例）塗料をカップからあふれさせる 　例）塗料とラッカーシンナーの割合を間違える
⑦その他のエラー （Other Error）	その他、上記に分類されないもの。 　例）塗料をこぼす 　例）非防爆構造の照明を持ち込む 　例）床の上に汚れ防止用ビニールシートを敷く

出典：JNIOSH-TD-No.7（労働安全衛生総合研究所技術資料）表1.12[*13]をもとに作成

要素が揃う場合と、②化学物質による異常反応（暴走反応、混合危険）が起こる場合を考えるとよい。

①　燃焼の3要素が揃う場合

　火災・爆発等の発生に至るシナリオを同定するためには、燃焼の3要素（**図6.4**）が揃う条件が成立するかどうかを確認する。つまり、<u>可燃性や引火性を有する化学物質（可燃物）が酸素（空気）と接触又は混合する</u>ことで爆発性雰囲気が形成され（不安全状態となり）[*17]、同時に<u>着火源（点火源）が発現する</u>ことにより火災・爆発等が発生するというシナリオを考えることができる。

---

*17　塗装作業のような反応を伴わない化学物質取扱い作業では、化学物質は常に酸素（空気）と触れている（開放作業において、何も対策が実施されていない場合には、常に爆発性雰囲気が形成されていると考える）。

> **ポイント！**
>
> 　燃焼とは熱と光の発生を伴う酸化反応のことで、三つの要素『可燃物（可燃性物質）』、『酸素供給源（支燃物）』、『着火源』のうち、どれか一つでも欠ければ、燃焼は起こらない。燃焼の未然防止のためにはこの3要素のうち、少なくとも一つを存在しない状態にすることがポイントとなる。

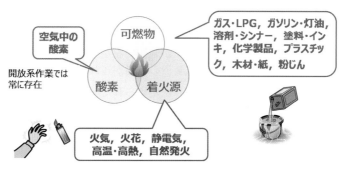

図6.4　燃焼の3要素

　図6.5〜**図6.7**に塗装作業などの開放系作業に対して、引き金事象発生から火災・爆発等発生に至る流れ（シナリオ検討のイメージ）を示す。開放系作業において化学物質を取り扱う場合、酸素（空気）は常に存在すると考えることができるので、空気と触れて形成されている「爆発性雰囲気形成」と「着火源発現」の2種類の不安全状態が同時に発生するかどうかに着目すればよい[18]。ここでは不安全状態となるのを防ぐための対策（リスク低減措置）を実施している場合と実施していない場合に分けて考える。

　図6.5は不安全状態となるのを防ぐための対策を実施していない場合を示す。この場合、すでに爆発性雰囲気が形成されている可能性があり、また、いつ着火源が発現してもおかしくない状況となっている。

　このため、燃焼の3要素が揃い、火災・爆発等の発生に至る可能性がある。さらに、火災・爆発等の発生が労働災害や周辺地域への被害拡大につながるというシナリオを同定することができる[19]。

　図6.6は不安全状態となるのを防ぐためのリスク低減措置を実施している場合を示す。例えば、爆発性雰囲気形成防止対策として「局所排気装置の設置」、着火源発現防

---

*18　労働安全衛生総合研究所技術資料 JNIOSH-TD-No.7 の 1.2 節には、燃焼の3要素に着目したシナリオ検討方法を提案している。

*19　労働安全衛生総合研究所技術資料 JNIOSH-TD-No.7 では、この場合、すでに危険な状態であるため、リスクアセスメントを実施する前に、何らかのリスク低減措置を実施することを推奨している。

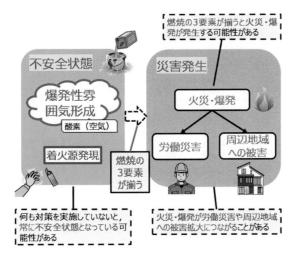

図 6.5 不安全状態となるのを防ぐためのリスク低減措置を実施していない場合

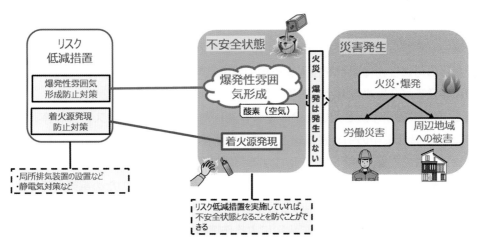

図 6.6 不安全状態となるのを防ぐためのリスク低減措置を実施している場合

止対策として「静電気対策（帯電防止作業服の着用など）」を行っている。この場合、不安全状態となることは避けられ、燃焼の 3 要素が揃うこともないため、火災・爆発等は発生しない。

　図 6.7 は何らかの引き金事象発生によりリスク低減措置が無効化され、不安全状態となる場合を示す。この場合、爆発性雰囲気が形成され、また、着火源が発現する可能性もあり、燃焼の 3 要素が揃うことから、火災・爆発等の発生に至るシナリオを同定することができる。

　一方、化学プラントなどの密閉系の設備（例えば反応器など）では、原料となる化学物質などは、酸素が存在しない（例えば窒素置換されている）状態で、化学物質を反応させることにより製品を得ている。このとき、化学物質の漏えい管理や着火源の管理な

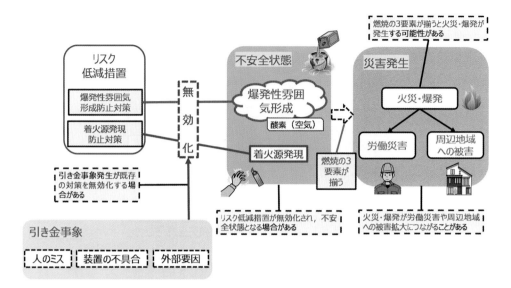

図 6.7　引き金事象発生により不安全状態となり、燃焼の 3 要素が揃う場合

どを厳しく実施しているが、設備の老朽化による内容物の漏えいや酸素の混入、塔槽類上部からの可燃性粉体原料を投入する際の静電気発生などにより燃焼の 3 要素が揃い、火災・爆発等が発生する場合もある。

　表 6.6 に安衛研手法を用いた金属塗装作業に対するリスクアセスメント等実施例を示す[20]。塗装作業中の引き金事象として「局所排気装置の故障」を想定した場合、スプレーブース内で爆発性雰囲気を形成する可能性がある（不安全状態となる）。このとき、さらに「防爆構造照明の故障」が発生すると、照明の絶縁不良のため電気火花が発生する可能性があり（これにより燃焼の 3 要素が揃う）、スプレーブース内の蒸気に着火して、火災又は爆発が発生する。さらに火災による作業者の火傷、周辺の可燃物への延焼などに被害が拡大するというシナリオを同定している。

② **化学物質による異常反応（暴走反応、混合危険）が起こる場合**[21]

　化学プラントのような密閉系の設備で燃焼の 3 要素が揃わないように管理を行っている場合でも、化学反応の温度や圧力制御の失敗により暴走反応となったり、複数の化学物質が偶発的に混合したりするなどして、火災・爆発等の発生に至ることもある。

---

[20]　**表 6.6** には、安衛研手法で用いているリスクアセスメントシートに一つの引き金事象の想定からシナリオ同定、及びリスク低減措置の提案までを示している。詳細な解析の流れは、労働安全衛生総合研究所技術資料 JNIOSH-TD-No.7 の 1.2 節を参照。また、化学物質の危険性に対するリスク低減措置の具体例については、**7.1** を参照。

[21]　異常反応についての解析はさらに詳しい情報や知識を必要とするため、本書では省略する。労働安全衛生総合研究所では、異常反応（暴走反応、混合反応）に対するリスクアセスメントを実施するための情報等を技術資料にまとめている。労働安全衛生総合研究所技術資料、化学物質の危険性に対するリスクアセスメント等実施のための参考資料—異常反応による火災・爆発を防止するために—、JNIOSH-TD-No.8（2022）

表6.6 安衛研手法によるリスクアセスメント実施例[*22]

実施日	○年○月○日
実施者（記載者）	○○○○

STEP 1　取扱い物質及びプロセスに係る危険源の把握

取扱い物質及びプロセスに係る危険源の把握結果	【使用する化学物質】ラッカープライマーサーフェーサー ・ラッカープライマーサーフェーサーをスプレーガンに入れて使用、室温、200 mL ・危険物第4類（引火性液体）（第1石油類）（引火点：0℃）（爆発範囲：1～15%） 【Q1～Q17への回答】1. リスクアセスメント義務、2. GHS、3. 可燃性・引火性、13. 高圧

STEP 2　リスクアセスメント等の実施

作業・操作、設備・装置とその目的	【作業・操作】作業手順9：スプレーガンで下塗り塗装を行う。 【設備・装置・道具】噴霧塗装設備、作業台、ポリ容器、ゴミ箱、蓋つき廃液容器（金属製） 【目的】塗料の乗りをよくする

①引き金事象特定とシナリオ同定	引き金事象（初期事象）	【引き金事象】局所排気装置の故障⇒防爆構造照明が故障の順番で発生
	プロセス異常（中間事象）	【爆発性雰囲気の形成】塗装中にスプレーブースに爆発性雰囲気を形成する可能性あり 【着火源の発現】防爆構造照明が故障し、照明の絶縁不良のため、電気火花が発生する可能性あり
	プロセス災害（結果事象）	【火災？爆発？】スプレーブースの蒸気に着火して、火災又は爆発 【その他の影響】火炎での火傷、周辺の可燃物への延焼など

②既存のリスク低減措置の確認	▷スプレーブース付属の局所排気装置〈B-a〉 ▷スプレーガンの塗料カップの蓋〈B-a〉 ▷蓋つき廃液容器（金属製）への廃液の廃棄〈C-a〉 ▶防爆構造の照明使用〈B-b〉 ▶非防爆機器（スマートフォン等）の持ち込み禁止〈C-b〉 ▶導電性床の使用〈B-b〉 ▶金属製品の接地〈B-b〉〈C-b〉 ▶帯電防止ホースの使用〈B-b〉 ▶帯電防止作業服・帯電防止靴の着用〈C-b〉 ▶火気使用・持ち込みの管理〈C-b〉	●リスク低減措置実施（実装）の種類 A）本質安全対策 B）工学的対策 C）管理的対策 D）保護具の着用 ●リスク低減措置の目的 a）異常発生防止 b）事故発生防止 c）被害の局限化 d）異常発生検知

②リスク見積りと評価（その1） 既存のリスク低減措置がないと仮定した場合	重篤度	頻度	リスクレベル
	×	×	III

②リスク見積りと評価（その2） 既存のリスク低減措置の有効性確認	重篤度	頻度	リスクレベル
	×	○	II

③追加のリスク低減措置の検討＆リスク見積りと評価（その3） 追加のリスク低減措置の有効性確認		重	頻	リ
	イ）作業前に局所排気装置の前面風速の測定を行い〈C-d〉、基準に達していなければ作業しないことを義務付ける〈C-b〉	×	○	II
	ロ）2年に1回程度、電気設備の点検整備を行い〈B-d〉、防爆性能を維持することを義務付ける〈C-b〉	×	○	II

③追加のリスク低減措置の実装可否	イ）ロ）とも実装可能
③リスク低減措置の機能を維持するための現場作業者への注意事項等	イ）定期的なガス濃度計の動作確認、局所排気装置の動作確認 （その他）静電発生防止対策を確実に実施すること
③その他、生産開始後の現場作業者に特に伝えておくべき事項	残留リスクの有無の確認：有 残留リスクへの対応方法：火災・爆発を防止するための爆発性雰囲気形成防止対策及び着火源発現防止対策としてリスク低減措置が実装されていることを1年に1回教育する。また、現場での実装状況のパトロール、点検記録等の確認を1か月に1回実施する。
備考	

[*22] 本書では説明していない項目もある。詳しくは労働安全衛生総合研究所技術資料 JNIOSH-TD-No.7（https://www.jniosh.johas.go.jp/publication/doc/td/TD-No7.pdf）を参照。

3）リスクの見積りと評価

　火災・爆発等発生に至るシナリオに対する発生頻度（可能性）と火災・爆発等発生による重篤度（影響の大きさ）を見積もり、リスクレベルを決定することで、リスクを評価する[23]。

> a）危害発生の頻度　⇒　火災・爆発等発生に至るシナリオ発生頻度（可能性）
> b）危害の重篤度　　⇒　火災・爆発等発生による重篤度（影響の大きさ）

　火災・爆発等発生に至るシナリオ発生頻度（可能性）は化学物質を取り扱う作業の頻度、使用する装置等の不具合（故障）の頻度、作業失敗の頻度[24]などを考慮して決定する。火災・爆発等発生による重篤度（影響の大きさ）は作業者の作業とのかかわり方（手作業で化学物質を直接取り扱っている場合と装置等を用いて間接的に取り扱っている場合では、作業者の被災の程度が異なる）、作業環境（作業場周辺の整理整頓状況、避難のしやすさなど）、工場の立地条件（近隣施設、住宅地の有無など）、生産する製品の社会的な位置付け（サプライチェーン）などを考慮して決定する。

　リスク評価方法については数値法（加算、乗算）、リスクマトリクス法、枝分かれ法などがあるが、いずれを用いてもよい[25]。リスク見積り及びリスク評価の目的は「リスク低減措置の検討・実施の優先順位を決めること」であり、複数のシナリオが存在する場合には、それぞれのリスクレベルを相対的に比較し、リスクレベルが高いシナリオから順番にリスク低減措置を検討する。目標とするリスクレベルを達成するまで、追加のリスク低減措置を検討する。目標とするリスクレベルに達していない場合や、検討されたリスク低減措置をすぐに実施することができない場合には、残留リスクとして明示しておき、当面の現場での対応などを考えるとともに、計画的にリスクを低減する方針で取組みを続ける。また、すでにリスク低減措置が実施されている場合にも、その機能を維持するための取組み（例えば、局所排気装置のメンテナンス、マニュアルに沿って

---

[23]　化学物質等による危険性又は有害性等の調査等に関する指針の9（1）ア（オ）に示されている「化学プラント等の化学反応のプロセス等による災害のシナリオを仮定して、その事象の発生可能性と重篤度を考慮する方法」として、ここでは、「危害」を「火災・爆発等発生」として説明している。

[24]　ヒューマンエラー発生頻度について、本来、その作業を繰り返し行い、作業ミスの回数や誤判断の回数などのデータを収集し、発生頻度の大小等を決めることが望ましいが、このようなデータがない場合には、関係者（安全管理者、リスクアセスメント担当者、作業者など）での話し合いなどによる合意形成の下でおおよその数値（基準）等を仮定するとよい。一方、重篤度についても同様に、そのシナリオが発生した場合の最悪の影響を基準として、より軽微な範囲で収まるかどうかなどを、関係者で相談して決めるとよい。リスク見積りの目的は、正確な発生頻度や重篤度を求めることではなく、その大小の比較により、どのシナリオが発生しやすいか、どのシナリオによる影響がより大きいかという順番を把握することである。

[25]　労働安全衛生総合研究所技術資料 JNIOSH-TD-No.7 の第2章には、リスク見積り及びリスク評価に関する参考情報を掲載している。

作業を行うことの重要性や緊急時の対応などに関する教育・訓練など）を続ける必要がある。

> **ポイント！**
>
> 　化学物質を用いて作業を行っている以上、リスクはゼロにはならない。このため、常にリスクレベルが高いものから順番にリスク低減措置を検討・実施していく必要がある。また、リスクレベルが低いと評価された場合でも、何らかのリスクは残っていると考え、さらなる努力によりリスクレベルを下げる取組みを続けていくことが求められる。

6.4.2　化学物質の健康有害性に対するリスクアセスメント

6.4.2.1　健康有害性に関するリスクの考え方

　化学物質によるリスクは、「危害発生の確率（又は可能性）と、その危害の度合との組合せ」（JIS Z 7252：2019）のように定義されるが、健康障害のリスクに関しては以下の式が示されることも多い。

$$\boxed{\text{「有害性」} \times \text{「ばく露」} = \text{リスク}}$$

　この式は、健康障害リスクは、当該化学物質の有害性の程度とばく露の程度の双方に依存することを示したもので、健康障害リスクの評価では、有害性の評価とばく露の評価が必要なことを示す。

　有害性の評価では、対象とする化学物質の有害性の種類を特定し（健康影響の種類とどのような経路のばく露で生じるか）、それがどの程度のばく露量から影響が生じるか（健康影響発現閾値・有害性の指標）を把握することが重要である。一般に、労働者がばく露される経路としては、経口（誤飲など）による健康障害、吸入ばく露による健康障害、皮膚からの吸収による健康障害、皮膚や眼に直接接触することで生じる薬傷などが想定される（**図6.8**）。

　吸入や経皮吸収による健康障害では、ばく露量と健康影響発現の閾値を基に設定された基準値との比較でリスクの評価を行う。ばく露量がこの基準値に比して十分に低い場合はリスクを低いと判断できる。通常、有害性又はばく露の程度が大きいほどそのリスクは大きくなる。逆にこれらが小さいほどリスクも小さくなる。有害性が高ければ、それに応じてばく露を低くしない限りリスクは小さくならない。

　また、皮膚腐食性／刺激性及び皮膚吸収による健康影響のおそれのある化学物質に対しては保護具の着用が義務又は努力義務となる。

　事業者はリスクアセスメントの手法を自ら選択・実行しなければならない。リスクアセスメントの手法は様々あるが、労働災害の実情を考慮し、ばく露経路としては吸入及び皮膚接触を想定したものがほとんどである。**表 6.7** にリスクアセスメントの手法とそれらの長所及び短所をまとめた。便宜上、濃度の測定を伴うあるいは測定を伴わないリスクアセスメントに分けてまとめたが、それぞれの手法において測定の有無はばく露等の状況を判断して合理的に決められるべきである。

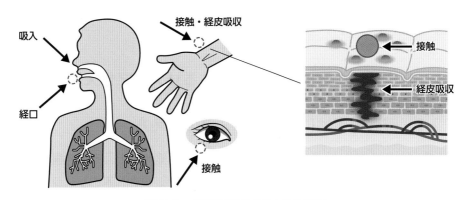

図 6.8　労働者がばく露される経路

表 6.7　リスクアセスメントの手法とそれらの長所及び短所の比較

	手法	長所（適用する目的）	短所（気に留めておくべき点）
濃度の測定を伴わないリスクアセスメント	数理モデル（CREATE-SIMPLE 等）	・数多くの物質を簡易に評価でき、リスクが十分低いことが確認できれば実測せずにリスクアセスメントを終了することができる。 ・リスクアセスメント結果を電子化された共通様式で保存可能。 ・付随して経皮吸収や皮膚、眼への有害性が認められる物質の皮膚接触や経皮吸収によるリスクの評価ができる。	・リスクが過大評価となることも多い。 ・短時間の作業の評価ができない。 ・入力因子に関係しない職場の特別な状況やその変化に対応できない。 ・常温でガス状の物質（塩素，硫化水素等）及び溶接作業や研磨作業等で発生する粉じんについては評価ができない。
	コントロール・バンディング	・有害性情報、取扱い物質の揮発性・飛散性、取扱量からリスクの見積りが可能。	・精緻な評価はできない。 ・がん等の重大な健康障害に関しては専門家の判断が必要。
	マトリクス法、数値化法等	・職場のあんぜんサイトに掲載されているパターン化した作業に関しては簡単にリスクの見積りが可能。	・局所排気装置や保護具等の対策の効果に関して確認する必要がある。

（表6.7　続き）

手法		長所（適用する目的）	短所（気に留めておくべき点）
	業界等のマニュアルに従って作業方法等を確認する方法	・マニュアルに沿って作業を行えば安全な作業となり得る。	・マニュアルから逸脱した作業あるいは行動がある場合には、確認・検証が必要になる。
	特別規則で規定されている具体的な措置に準じた方法	・行うべき措置が決められている。 ・よく管理されている特別規則対象物質は現状でよい。	・特別規則対象以外の物質に対して適用する場合には実行すべき措置に関して検討が必要。
濃度の測定を伴うリスクアセスメント	簡易測定(検知管)	・特別な測定技術が不要。 ・現場での校正が不要。 ・現場で濃度がわかる。	・共存ガスによる影響を受ける。 ・測定可能な物質は220物質程度。 ・短時間（1時間以内）の作業にのみ適用。
	簡易測定(リアルタイムモニター)	・特別な測定技術が不要。 ・現場で濃度がわかる。 ・データロギング機能があり、ばく露状況の時間的推移を把握できる。	・共存ガスによる影響を受ける。 ・測定可能な物質は270物質程度。 ・測定機器の導入コストがかかる（本体が検知管よりも高価）。 ・メーカー等の推奨に従った点検・校正が必要。
	個人ばく露測定	・ばく露測定として最終的な方法であり結果の確実性が高い。	・測定のコストがかかる。 ・専門家（作業環境測定士等）の関与が望ましい。 ・測定可能な物質は600物質程度。
	作業環境測定	・個人サンプリング法による作業環境測定（C・D測定）は、個人ばく露測定とその結果の統計的な評価を兼ねることができる。 ・工学的対策の設計と評価を実施する場合には、試料採取箇所は、よくデザインされた場の測定が活用できる。	・測定のコストがかかる。 ・専門家（作業環境測定士等）の関与が望ましい。 ・場の測定（A・B測定）の場合には、労働者のばく露を評価できない。 ・測定可能な物質は100物質程度。

職場のあんぜんサイト[*26]等を参考に作成

6.4.2.2　リスクアセスメントに必要な情報

（1）ばく露の管理に関する指標

リスクアセスメントに用いるばく露限界値は以下の優先順位に基づいて設定する（**表**

[*26]　https://anzeninfo.mhlw.go.jp/

6.8）。なお、濃度基準値が設定されている物質について、濃度基準値よりも厳しい（値が低い）ばく露限界値が公表されているなど新しい知見が得られた場合には、当該値を使用してもよい。

表 6.8　リスクアセスメントに用いるばく露限界値の優先順位

優先順位	説明
①濃度基準値	行政が定める濃度基準値（2024 年 4 月 1 日以降）が設定済みの物質については、濃度基準値を採用する。
②学会等が勧告しているばく露限界値	ACGIH TLV-TWA、日本産業衛生学会 許容濃度、ドイツ DFG MAK などのばく露限界値のうち、信頼性が高く、最も低い（有害性の高い）値を採用する。
③管理目標濃度	GHS 分類に基づいた健康有害性の情報からばく露管理を行う目安としての管理目標濃度を採用する。

濃度基準値は、安衛則第 577 条の 2 第 2 項で以下のように規定されている。

> 事業者は、リスクアセスメント対象物のうち、一定程度のばく露に抑えることにより、労働者に健康障害を生ずるおそれがない物として厚生労働大臣が定めるものを製造し、又は取り扱う業務（主として一般消費者の生活の用に供される製品に係るものを除く。）を行う屋内作業場においては、当該業務に従事する労働者がこれらの物にばく露される程度を、厚生労働大臣が定める濃度の基準以下としなければならない。

①　濃度基準値

濃度基準値は、法第 22 条に基づく健康障害を防止するための最低基準であることから、全ての労働者のばく露が、濃度基準値以下である必要がある。ただし、測定値の平均値の上限信頼限界が、濃度基準値以下であることを維持することまでは求められない。

なお、濃度基準値は、法令上、労働者のばく露がそれを上回ってはならない基準であるため、労働者の呼吸域の濃度が濃度基準値を上回っていても、有効な呼吸用保護具の使用により、労働者のばく露を濃度基準値以下とすることが許容される[27]。仮に、事業者が実施した確認測定の結果、労働者のばく露が濃度基準値を上回っていた場合は、直ちにばく露低減措置を講じなければならない。

なお濃度基準値には、八時間濃度基準値及び短時間濃度基準値が設定される（**表 6.9**）。物質によって、両方が設定される物質、いずれか一方が設定される物質がある。

---

[27]　実際に呼吸用保護具の内側の濃度の測定を行うことは困難であるため、労働者の呼吸域の濃度を呼吸用保護具の指定防護係数で除して、呼吸用保護具の内側の濃度を算定する。

　濃度基準値の設定においては、<u>ヒトに対する発がん性が明確な物質</u>については、発がんが確率的影響であることから、長期的な健康影響が発生しない安全な閾値である濃度基準値を設定することは困難であるため、当該物質には、<u>濃度基準値の設定がなされていない</u>。しかし、これら物質について、有害性の低い物質への代替、工学的対策、管理的対策、有効な保護具の使用等により、労働者がこれら物質にばく露される程度を最小限度としなければならない。

表6.9　濃度基準値の定義（**表5.3**の再掲）

定義	説明
八時間濃度基準値	長期的な健康障害を防止するために、1日（8時間）の時間加重平均値が超えてはならない基準。
短時間濃度基準値	急性中毒等の健康障害を防止するために、作業中のいかなる15分間の時間平均値も超えてはならない基準。短時間濃度基準値が設定されていない物質についても、作業期間のいかなる15分間の時間加重平均値が八時間濃度基準値の3倍を超えないように努めなければならない。
短時間濃度基準値（天井値）	作業中のばく露のいかなる部分（いかなる短時間のピーク）においても超えないように努めなければならない基準。

時間加重平均値とは

●複数の測定値がある場合に、それぞれの測定を実施した時間（測定時間）に応じた重み付けを行って算出される平均値

$$C_{TWA} = \frac{(C_1 \cdot T_1 + C_2 \cdot T_2 + \cdots + C_n \cdot T_n)}{(T_1 + T_2 + \cdots + T_n)}$$

C_{TWA}：時間加重平均値

T_1、T_2、…、T_n：濃度測定における測定時間

C_1、C_2、…、C_n：それぞれの測定時間に対する測定値

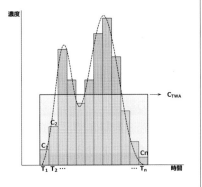

$T_1 + T_2 + \cdots + T_n = 8$時間 →

　　　　　　8時間時間加重平均値

$T_1 + T_2 + \cdots + T_n = 15$分間 →

　　　　　　15分間時間加重平均値

計算例

● 1日8時間の労働時間のうち、化学物質にばく露する作業を行う時間（ばく露作業時間）が4時間、ばく露作業時間以外の時間が4時間の場合で、濃度測定の結果、2時間の濃度が0.1 mg/m³、残り2時間の濃度が0.21 mg/m³、4時間の濃度が0 mg/m³であった場合

$$C_{TWA} = \frac{0.1\,mg/m^3 \times 2\,時間 + 0.21\,mg/m^3 \times 2\,時間 + 0\,mg/m^3 \times 4\,時間}{2\,時間 + 2\,時間 + 4\,時間}$$

$$= 0.078\,mg/m^3$$

濃度基準値の設定の優先順位は、**表6.10**のとおり（2023年4月時点）。

表6.10 濃度基準値の設定物質の選定基準

年　度	物質数	選定基準
令和4年度 （令和5年4月 施行予定）	118	リスク評価対象物質（特別則への物質追加を念頭に、国が行ってきた化学物質のリスク評価の対象物質をいう）。うち67物質（☞**A6.3**）について濃度基準値の案と測定方法を設定。
令和5年度	約160	リスク評価対象物質以外の物質であって、吸入に関するACGIH TLV-TWAがあり、かつ、測定・分析方法があるもの
令和6年度	約180	リスク評価対象物質以外の物質であって、吸入に関する職業ばく露限度があり、かつ、測定・分析方法があるもの
令和7年度 以降	約390	リスク評価対象物質以外の物質であって、吸入に関する職業ばく露限度があり、かつ、測定・分析方法がないもの

濃度基準値に関する努力義務規定

濃度の基準について、次に掲げる事項を行うよう努めるものとする。

①八時間濃度基準値及び短時間濃度基準値が定められているものについて、当該物のばく露における十五分間時間加重平均値が八時間濃度基準値を超え、かつ、短時間濃度基準値以下の場合にあっては、当該ばく露の回数が1日の労働時間中に4回を超えず、かつ、当該ばく露の間隔を1時間以上とすること。

②八時間濃度基準値が定められており、かつ、短時間濃度基準値が定められていないものについて、当該物のばく露における十五分間時間加重平均値が八時間濃度基準値を超える場合にあっては、当該ばく露の十五分間時間加重平均値が八時間濃度基準値の3倍を超えないようにすること。

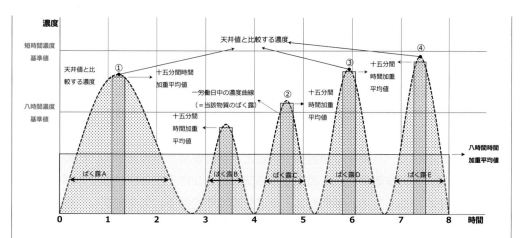

③短時間濃度基準値が天井値として定められているものについて、当該物のばく露
　における濃度が、いかなる短時間のばく露におけるものであるかを問わず、短時
　間濃度基準値を超えないようにすること。

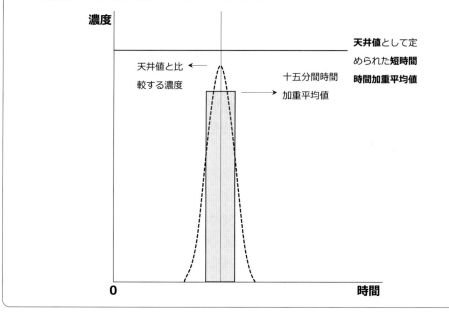

八時間濃度基準値の趣旨

　八時間濃度基準値は、長期間ばく露することにより健康障害が生ずることが知られて
いる物質について、当該障害を防止するため、八時間時間加重平均値が超えてはならな
い濃度基準値として設定されたものであり、この濃度以下のばく露においては、おおむ
ね全ての労働者に健康障害を生じないと考えられている。

　短時間作業が断続的に行われる場合や、一労働日における化学物質にばく露する作業

を行う時間の合計が8時間未満の場合は、ばく露する作業を行う時間以外の時間（8時間からばく露作業時間を引いた時間。以下、"非ばく露作業時間"という）について、ばく露における物質の濃度をゼロとみなして、ばく露作業時間及び非ばく露作業時間における物質の濃度をそれぞれの測定時間で加重平均して八時間時間加重平均値を算出するか、非ばく露作業時間を含めて8時間の測定を行い、当該濃度を8時間で加重平均して八時間時間加重平均値を算出する。

　この場合において、八時間時間加重平均値と八時間濃度基準値を単純に比較するだけでは、短時間作業の作業中に八時間濃度基準値をはるかに上回る高い濃度のばく露が許容されるおそれがあるため、事業者は、十五分間時間加重平均値を測定し、短時間濃度基準値を満たさなければならないとともに、努力義務に定める事項を行うように努める必要がある。

短時間濃度基準値の趣旨

　短時間濃度基準値は、短時間でのばく露により急性健康障害が生ずることが知られている物質について、当該障害を防止するため、作業中のいかなるばく露においても、十五分間時間加重平均値が超えてはならない濃度基準値として設定されたものである。さらに、十五分間時間加重平均値が八時間濃度基準値を超え、かつ、短時間濃度基準値以下の場合にあっては、複数の高い濃度のばく露による急性健康障害を防止する観点から、十五分間時間加重平均値が八時間濃度基準値を超える最大の回数を4回とし、最短の間隔を1時間とするよう努めなければならない。

　八時間濃度基準値が設定されているが、短時間濃度基準値が設定されていない物質についても、八時間濃度基準値が均等なばく露を想定して設定されていることを踏まえ、毒性学の見地から、短期間に高濃度のばく露を受けることは避けるべきである。このため、たとえば、8時間中ばく露作業時間が1時間、非ばく露作業時間が7時間の場合に、1時間のばく露作業時間において八時間濃度基準値の8倍の濃度のばく露を許容するようなことがないよう、作業中のいかなるばく露においても、十五分間時間加重平均値が、八時間濃度基準値の3倍を超えないように努めなければならない。

天井値の趣旨

　天井値については、眼への刺激性等、非常に短い時間で急性影響が生ずることが疫学調査等により明らかな物質について規定されており、いかなる短時間のばく露においても超えてはならない基準値である。事業者は、濃度の連続測定によってばく露が天井値を超えないように管理することが望ましいが、現時点における連続測定手法の技術的限界を踏まえ、その実施については努力義務とされている。

　事業者は、連続測定が実施できない場合は、当該物質の十五分間時間加重平均値が短

時間濃度基準値を超えないようにしなければならない。また、事業者は、天井値の趣旨を踏まえ、当該物質への労働者のばく露が天井値を超えないよう、十五分間時間加重平均値が余裕をもって天井値を下回るように管理する等の措置を講ずることが望ましい。

② ばく露限界値

リスクアセスメントの対象となる物質について、個人ばく露濃度等の実測値を用いてばく露量の評価を行う場合には、行政が定める濃度基準値（2024年4月1日以降）、日本産業衛生学会の許容濃度及び生物学的許容値、米国産業衛生専門家会議（ACGIH）のばく露限界値（時間加重平均ばく露限界値・TLV-TWA）及び生物学的ばく露指標（BEIs）等を調べる。また、作業環境測定の結果を利用する場合には、当該物質の管理濃度も調べておく。許容濃度、TLV-TWA、BEIs及び管理濃度などが設定されている物質については、SDSにそれらが記載されている。また、ばく露限界値には、1日8時間ばく露を想定した場合と、15分程度の短時間のばく露を想定したものの2種類がある。

③ 管理目標濃度（**表6.11**）

CREATE-SIMPLE[28]では、ばく露限界値がない場合において、GHS分類に基づいた健康有害性の情報からばく露管理を行う目安として「管理目標濃度」が設定[29]されている（☞**A6.5**）。

(2) ばく露レベルに関する情報

リスクの見積りにおいては、ばく露濃度又はばく露レベルに関する情報は重要である。個人ばく露測定、作業環境測定、検知管等によるスポット測定、リアルタイムモニターによる測定等による実測値のほか、シミュレーションによる作業環境における物質濃度の推定、CREATE-SIMPLEによる推定、コントロール・バンディングにみられるような粉じんやガスの取扱い状況などからそのばく露レベルを決定するものまで、様々ある。

(3) リスクの見積りに関連する情報

リスクの見積りは危険性・有害性のある物質を製造し又は取り扱う業務ごとに行う（安衛則第34条の2の7第2項、法第28条の2）。

見積りを行う際には、次に掲げる事項等が必要になる。

● 当該化学物質等の性状
● 当該化学物質等の製造量又は取扱量

---

[28] https://anzeninfo.mhlw.go.jp/user/anzen/kag/ankgc07_3.htm
[29] UK COSHH essentials における "Target airborne exposure range" について、H コードについて GHS 区分を対応させ、低濃度側に拡張したもの。"Target airborne exposure range" は Brooke（1988）によって、EU のリスクフレーズに基づき、毒性学的根拠をもって提案されており、約100物質について職業性ばく露限界値との比較・検証が行われている。

表 6.11　管理目標濃度

HL	GHS 有害性分類と区分	管理目標濃度	
		蒸気（ppm）	粉体（mg/m³）
5	呼吸器感作性：区分 1 生殖細胞変異原性：区分 1 又は 2 発がん性：区分 1	～ 0.05	～ 0.001
4	急性毒性：区分 1 又は 2 発がん性：区分 2 生殖毒性：区分 1 又は 2 特定標的臓器毒性（反復ばく露）：区分 1	0.05 ～ 0.5	0.001 ～ 0.01
3	急性毒性：区分 3 皮膚腐食性／刺激性：区分 1 眼に対する重篤な損傷性／眼刺激性：区分 1 皮膚感作性：区分 1 特定標的臓器毒性（単回ばく露）：区分 1 特定標的臓器毒性（反復ばく露）：区分 2	0.5 ～ 5	0.01 ～ 0.1
2	急性毒性：区分 4 特定標的臓器毒性（単回ばく露）：区分 2	5 ～ 50	0.1 ～ 1
1	急性毒性：区分 5 皮膚腐食性／刺激性：区分 2 又は 3 眼に対する重篤な損傷性／眼刺激性：区分 2 特定標的臓器毒性（単回ばく露）：区分 3 誤えん有害性（旧 吸引性呼吸器有害性）：区分 1 又は 2 他の有害性ランク（1 ～ 5）に分類されない場合（区分に該当しない場合も含む）	50 ～ 500	1 ～ 10

- 当該化学物質等の製造又は取扱い（以下、"製造等" という）に係る作業の内容
- 当該化学物質等の製造等に係る作業の条件及び関連設備の状況
- 当該化学物質等の製造等に係る作業への人員配置の状況
- 作業時間及び作業の頻度
- 換気設備の設置状況
- 保護具の使用状況
- 当該化学物質等に係る既存の作業環境中の濃度若しくはばく露濃度の測定結果又は生物学的モニタリング結果

　また、事業者は、一定の安全衛生対策が講じられた状態でリスクを見積る場合には、用いるリスクの見積り方法における必要性に応じて、次に掲げる事項を考慮する必要がある。

- 安全装置の設置、立入禁止措置、排気・換気装置の設置その他の労働災害防止のた

めの機能又は方策（以下、"安全衛生機能等"という）の信頼性及び維持能力

● 安全衛生機能等を無効化する又は無視する可能性

● 作業手順の逸脱、操作ミスその他の予見可能な意図的・非意図的な誤使用又は危険行動の可能性

● 有害性が立証されていないが、一定の根拠がある場合における当該根拠に基づく有害性

6.4.2.3　リスクの見積りの方法

リスクの見積りの方法は事業者に委ねられる。健康有害性に関するリスクの見積りを行う際、対象物質の有害性の程度（濃度基準値等又は GHS 分類結果）及び実測値（作業環境測定結果、個人ばく露測定結果等）の有無により、どのようなリスクの見積りが適当か検討する必要がある（☞**表 6.7**）。

（1）数理モデル（CREATE-SIMPLE 等）による方法

数理モデルには、CREATE-SIMPLE や欧州 ECETOC TRA（European Centre for Ecotoxicology and Toxicology of Chemicals, Target Risk Assessment：欧州化学物質生態毒性・毒性センター、リスク評価）などがある。また揮発量と換気量等から計算してもよい。

CREATE-SIMPLE では、対象物質の作業条件（取扱量、飛散性、揮発性、含有率、換気状況、作業方法、呼吸用保護具の着用状況、作業時間、作業頻度、接触面積・時間等）からばく露濃度を推定し、これとばく露限界値又は GHS 分類区分情報から得られる管理目標濃度を比較することでリスクの見積り[30] を行っている。さらに CREATE-SIMPLE では、リスク低減対策を検討し、これらの低減対策を行ったと仮定した場合のリスクの再見積りが可能となっている（**図 6.9**）。

CREATE-SIMPLE は「実習」を行うので、本項での詳細な説明は省略する。

（2）実測値を濃度基準値等と比較する方法（☞A6.4）

① リスクアセスメントにおける測定

基本的考え方

事業者は、リスクアセスメントの結果に基づくリスク低減措置として、労働者のばく露の程度を濃度基準値以下とすることのみならず、危険性又は有害性の低い物質への代替、工学的対策、管理的対策、有効な保護具の使用等を駆使し、労働者のばく露の程度

---

[30] CREATE-SIMPLE では、長時間（8 時間）の評価が原則であるが、短時間の評価も実施できるような改修が計画されている。

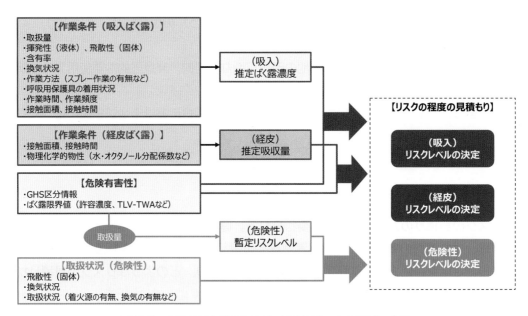

図6.9　CREATE-SIMPLE におけるリスクの見積り方法

を最小限度とすることを含めた措置を実施する必要がある。事業者は、工学的対策の設定及び評価を実施する場合には、個人ばく露測定のみならず、よくデザインされた場の測定を行う。

　試料の採取場所及び評価

　事業場における全ての労働者のばく露の程度を最小限度とすることを含めたリスク低減措置の実施のために、ばく露状況の評価は、事業場のばく露状況を包括的に評価できるものであることが望ましい。このため、事業者は、労働者がばく露される濃度が最も高いと想定される均等ばく露作業（労働者がばく露する物質の量がほぼ均一であると見込まれる作業であって、屋内作業場におけるものに限る。以下同じ）のみならず、幅広い作業を対象として、当該作業に従事する労働者の呼吸域における物質の濃度の測定を行い、その測定結果を統計的に分析し、統計上の上側信頼限界（95％）を活用した評価や物質の濃度が最も高い時間帯に行う測定の結果を活用した評価を行うことが望ましい。

　対象者の選定、実施時期、試料採取方法及び分析方法については、次項②に定める確認測定に関する事項に準じて行うことが望ましい。

　　個人ばく露測定

　個人ばく露測定の方法については、技術上の指針を参照すること。

作業環境測定

作業環境測定の測定と評価（安衛法65条の規定に基づくもの）は従来どおり、作業環境測定基準、作業環境評価基準の方法に従い、第1〜第3の管理区分が決定される（「A・B測定」又は「C・D測定」の各組合せで行う）。同様の方法を管理濃度のないものに応用する場合、評価に使われる基準値（管理濃度相当値）については、ばく露限界値をあてる。

リアルタイムモニターを用いた測定

リアルタイムモニターを用いて測定することが可能な物質（約270物質）の場合、「リアルタイムモニターを用いた化学物質のリスクアセスメントガイドブック」[31] に基づいた手順で評価することができる。なお、粉じんや粒子状物質のリスクアセスメントはできない。

なお、リアルタイムモニターは、ばく露履歴が把握できるという長所があるので、リスクアセスメントの手段として直接使用しない場合であっても、高濃度ばく露のタイミングを把握するために適宜活用することができる。

検知管を用いた測定

検知管を用いて測定することが可能な物質（約220物質）の場合、「検知管を用いた化学物質のリスクアセスメントガイドブック」[32] に基づいた手順で短時間評価を行うことができる。なお、粉じんや粒子状物質のリスクアセスメントはできない。

その他の留意事項

様々な測定（作業環境測定、検知管等によるスポット測定、リアルタイムモニターによる測定等による実測値）によるリスクの見積り方法の例については「化学物質の自律的管理におけるリスクアセスメントのためのばく露モニタリングに関する検討会報告書」（労働安全衛生総合研究所）[33] に記載されている（☞A6.6）。

ばく露濃度測定（検知管・リアルタイムモニターによる簡易測定と個人ばく露測定）は、第一種作業環境測定士、作業環境測定機関等、当該測定について十分な知識及び経験を有する者により実施されることが適切である。作業環境測定は、作業環境測定士によって実施されることが適切である。

---

[31]　https://anzeninfo.mhlw.go.jp/user/anzen/kag/pdf/realtimemonitor-guidebook.pdf
[32]　https://anzeninfo.mhlw.go.jp/user/anzen/kag/pdf/kenchi-guidebook.pdf
[33]　https://www.mhlw.go.jp/content/11300000/000945998.pdf

●吸入ばく露に関するリスクアセスメント（リスクアセスメント対象物か否か及び濃度基準値の有無による場合分け）

　　吸入ばく露の場合、ばく露の程度とばく露限界値を比較することでリスクを判定する。ばく露限界値が設定されている場合、この値は健康影響発現閾値をヒトや実験動物から得られた毒性データから推定し、不確実性などを考慮して設定されるものなので、リスク評価の基準値として使用できる。ばく露量がばく露限界値を超えていなければリスクは高くないと考える。これが健康影響リスクの見積りの基本である（**図6.10**）。

　　ただし、ばく露量の把握では、個人ばく露濃度の測定、作業環境という「場」の測定、実測をせず数理モデルで推定する方法等があり、推定の精度について配慮が必要である。また、化学物質取扱い作業の内容や作業時間により個々の労働者のばく露が変動すること、実測でも測定法により精度が異なることなども考慮して、評価に用いるばく露濃度の算出においては適切な統計学的処理を含んだ対応も求められる。

　　また、上記の原則に則り、リスクアセスメントを実施するとともに適切な労働者のばく露低減措置を実施するためには、対象となる化学物質（法令上どのような規制があるか）によって異なったアプローチが求められる場合がある。以下にポイントを示す。

（ア）リスクアセスメント対象物質については、リスクアセスメント指針に準拠してリスクアセスメントを実施することが求められるが、リスクの見積りについては複数の方法が提示されており、上述の原則を考慮しつつ事業者が適切と考える方法を選択する必要がある。リスクアセスメントが努力義務の物質についても同様の対応が望まれる。

（イ）リスクアセスメント対象物質で濃度基準値が設定されている物質については、個々の労働者のばく露を濃度基準値以下としなければならない。「化学物質による健康障害防止のため濃度の基準の適用等に関する技術上の指針」（以下、"技術上の指針"という）の記載に従った対応が求められる。最初に上記（ア）と同様、適切な方法でばく露レベルを把握する（初期調査）。初期調査で高いばく露が想定された場合（濃度基準値の1/2以上を基準に評価）は、技術上の指針に従った確認測定が必要である。

（ウ）リスクアセスメント対象物質で濃度基準値が設定されていない物質については、個々の労働者のばく露をできるだけ低くしなければならない。最初に上記（ア）と同様、適切な方法でばく露レベルを把握する（初期調査）。濃度基準値の設定がない場合も、各種機関からばく露限界値が提示されている場合があるので参考になるものと考えられる。初期調査で高いばく露が想定された場合、詳細調査としてより精度が高いと考えられる方法でリスクを見積もるとともに、ばく露防止措置を検討する。

（エ）リスクアセスメント対象で特別規則の対象物質については、同規則で定められた

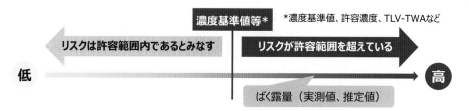

図6.10 吸入ばく露におけるリスクの考え方

措置（局所排気装置等工学的対策・環境測定等）が詳細に定められているので、これらが適切に実施されているかどうかを確認することでリスクアセスメントが実施できる。作業環境測定の結果から管理濃度を基準に判定した管理区分でリスクの程度を判断できる（第一管理区分であればリスクは低い等）。

　以下、吸入ばく露の健康有害性に関するリスクの見積りを行う際の手順を例示する（**図6.11**）。

6

化学物質等のリスクアセスメント（リスクの見積り・評価）

●詳細調査の方法（ばく露限界値とばく露濃度を比較する方法）

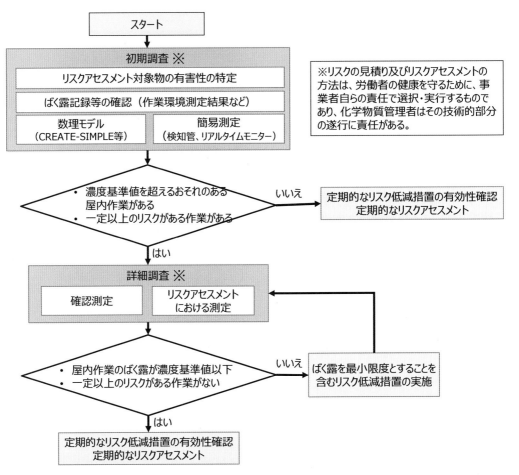

図6.11 吸入ばく露のリスクアセスメントのフロー

自律的な管理におけるリスクアセスメント対象物に関する測定

　法第57条の3においてリスクアセスメントが事業者に義務付けられている。

　安衛則第577条の2第1項で労働者がばく露される濃度を最小限にすることを事業者に義務付けている。さらに同条第2項では労働者のばく露の程度が濃度基準値を上回らないことを事業者に義務付けている。

　これらの規定には、測定の実施は義務付けられておらず、ばく露を最小化し、濃度基準値以下とするという結果のみが求められていることに留意する必要がある。また、これらの規定には優劣はなく、これらの規定に基づく措置を等しく実施することが必要なものである。

②　ばく露が濃度基準値以下であることを確認するための測定

これまで述べてきたように自律的な管理においては、事業者はリスクアセスメントの実施及びその結果に基づく対策が求められる（法第 57 条の 3）。

一方、リスクアセスメントとは別に労働者の健康を守るための措置義務（法第 22 条）があり、全ての労働者のばく露は濃度基準値以下としなければならないとされている（安衛則第 577 条の 2）。

数理モデル（CREATE-SIMPLE 等）の活用を含めた適切な方法により、事業場の全てのリスクアセスメント対象物に対してリスクアセスメントを実施し、その結果に基づきばく露低減措置を実施する。この結果、労働者のばく露が濃度基準値を超えるおそれのある作業を把握した場合は、労働者のばく露が濃度基準値以下であることを確認するための測定（確認測定）を実施し、その結果を踏まえて必要なばく露低減措置を実施しなければならない。

ここで、労働者のばく露が濃度基準値を超えるおそれのある作業とは、労働者のばく露の程度が、八時間濃度基準値の 2 分の 1 程度を超えると評価された場合は、確認測定を実施する。

●均等ばく露作業の分類

リスクアセスメントの結果や数理モデルによる解析の結果等を踏まえ、有害物質へのばく露がほぼ均一であると見込まれる作業均等ばく露作業を特定する。均等ばく露作業の特定にあたっては、ばく露測定結果が全員の平均の 50％ から 2 倍の間に収まらない場合は、均等ばく露作業を細分化することが望ましい。

●確認測定の対象者の選定（図 6.12）

最も高いばく露を受ける均等ばく露作業において、最も高いばく露を受ける労働者の呼吸域の測定を行う。全ての労働者に対して一律の厳しいばく露低減措置を行うのであれば、それ以外の労働者の測定を行う必要はない。ただし、ばく露濃度に応じてばく露

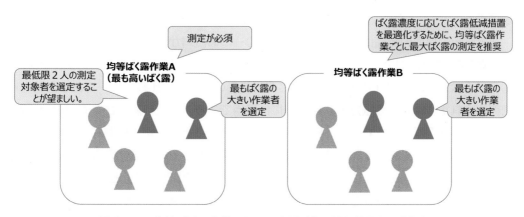

図 6.12　均等ばく露作業における確認測定の対象者選定の考え方

低減措置を最適化するためには、均等ばく露作業ごとに最大ばく露労働者を選び、測定を実施することが望ましい。測定結果のばらつきや測定の失敗等を考慮し、八時間濃度基準値との比較を行うための測定については、均等ばく露作業ごとに、最低限2人の測定対象者を選定することが望ましい。

●確認測定の実施時期

労働者の呼吸域の濃度が、濃度基準値を超えている作業場については、少なくとも6月に1回、個人ばく露測定等を実施し、呼吸用保護具等のばく露低減措置が適切であるかを確認する必要がある。

最初の測定は要求防護係数を算出するため個人ばく露測定が必要であるが、定期的に行う測定は、ばく露状況に大きな変動がないことを確認する趣旨であるため、固定式の連続モニタリングや場の測定といった方法も考えらえる。

労働者の呼吸域の濃度が濃度基準値の2分の1程度を上回り、濃度基準値を超えない作業場所については、一定の頻度で確認測定を実施することが望ましい。リスクアセスメント指針に規定されるリスクアセスメントの実施時期（☞**6.2.4**）を踏まえつつ、リスクアセスメントの結果、固定式のばく露モニタリングの結果、工学的対策の信頼性、製造し又は取り扱う化学物質の有害性の程度等を勘案し、労働者の呼吸域の濃度に応じた頻度となるように事業者が判断する。

全ての場合について定期的な測定が望ましいということではなく、局所排気装置等を整備し、作業環境を安定的に管理している場合や、固定式のばく露モニタリングによってばく露を監視している場合は、作業の方法や排気装置等の変更がない限り、呼吸域の測定を再度実施する必要はない。

●測定の実施

八時間濃度基準値と比較するための試料空気の採取（長時間測定）

確認測定は、労働者のばく露の測定であることから、空気試料の採取は労働者の呼吸域で行う。

空気試料の採取の時間については、8時間の一つの試料か8時間の複数の連続した試料とすることが望ましい。8時間未満の連続した試料や短時間ランダムサンプリングは望ましくないが、例外として作業日を通じて労働者のばく露が比較的均一である自動化・密閉化された作業という限定的な場面等には適用できる。ただし測定されていない時間帯のばく露状況が測定されている時間帯と均一であることを、過去の測定結果や作業工程の観察等によって立証する必要がある。この場合であっても、試料採取時間は、ばく露が高い時間帯を含めて、少なくとも2時間（8時間の25%）以上とする。

化学物質へのばく露を伴う作業が1日8時間を超える場合は、八時間濃度基準値より低い値で労働者のばく露を管理する必要がある。このような作業のばく露管理には、専

門家の関与が必要である。

自社の作業環境測定士の活用

　八時間濃度基準値との比較をするための労働者の呼吸域の測定にあたっては、自社の作業環境測定士（第二種でもよい）が試料採取を行い、その試料の分析を作業環境測定機関に委託する方法がある。この場合、作業内容や労働者をよく知る者が試料採取を行うことができるため、試料採取の適切な実施が担保できるとともに、試料採取の外部委託の費用を低減することが可能となる。

短時間濃度基準値と比較するための試料空気の採取（短時間測定）

　長時間測定と同様に、空気試料の採取は労働者の呼吸域で行う。

　空気試料の採取の時間については、最もばく露が高いと推定される労働者（1人）について、最もばく露が高いと推定される作業時間の 15 分間に測定を実施する。

　測定については、測定結果のばらつきや測定の失敗等を防ぐ観点から、同一作業シフト中に少なくとも 3 回程度実施し、最も高い測定値で評価を行うことが望ましい。ただし、同一作業シフト中の作業時間が 15 分程度以下である場合は、1 回でよい。

短時間作業の場合の試料空気の採取

　短時間作業が断続的に行われる場合や、同一労働日で化学物質を取り扱う時間が短い場合には、8 時間の試料を採取することが困難である。この場合は、作業の全時間の試料を断続的に採取し、作業実施時間外のばく露がゼロの時間を加えて八時間時間加重平均値を算出するか、作業を実施しない時間を含めて 8 時間の測定を行って、八時間時間加重平均値を算出する。

　この場合、八時間時間加重平均値と八時間濃度基準値を単純に比較するだけでは、短時間作業の作業中に八時間濃度基準値をはるかに上回る高いばく露が許容されるおそれがある。それを防ぐため、短時間濃度基準値が設定されている場合は、15 分間の時間加重平均値を測定することで急性毒性の影響を評価する必要がある。短時間濃度基準値が設定されていない場合は、別途 15 分間の試料を採取し、15 分間の時間加重平均値が八時間濃度基準値の 3 倍を超えないように努めなければならない。

　なお、一日の作業時間が 8 時間の 3 分の 1 より短い場合は、溶接ヒューム測定等告示のように、測定した時間に応じて時間加重平均値を算出し、その値と八時間濃度基準値を比較する方法も考えられる。

<hr>

混合物への濃度基準値への適用

　混合物に含まれる複数の化学物質が、同一の毒性作用機序によって同一の標的臓器に作用することが明らかな場合には、それら物質による相互作用を考慮する必要がある。次に掲げる相加式を活用してばく露管理を行うことに努めなければならない。短時間濃度基準値について準用される。なお、有機溶剤の作業環境測定においては、「作業環境測定基準」（昭和63年労働省告示第79号）第2条第4項において、相加式を用いることとしている。

$$C_1/L_1+C_2/L_2+\cdots+C_n/L_n \leqq 1$$

※ここで、C_1, C_2, $\cdots$, C_n は、それぞれ物質 1, 2, $\cdots$, n のばく露濃度であり、L_1, L_2, $\cdots$, L_n は、それぞれ物質 1, 2, $\cdots$, n の濃度基準値である。

<hr>

混合物への濃度基準値の適用の留意事項

　混合物に含まれる複数の化学物質が、同一の毒性作用機序によって同一の標的臓器に作用する場合、それらの物質の相互作用によって、相加効果や相乗効果によって毒性が増大するおそれがある。しかし、複数の化学物質による相互作用は、個別の化学物質の組合せに依存し、かつ、相互作用も様々である。

　これを踏まえ、混合物への濃度基準値の適用においては、混合物に含まれる複数の化学物質が、同一の毒性作用機序によって同一の標的臓器に作用することが明らかな場合には、それら物質による相互作用を考慮すべきであるため、相加式を活用してばく露管理を行うことが努力義務とされている。

一労働日の労働時間が8時間を超える場合の適用の留意事項

　一労働日における化学物質にばく露する作業を行う時間の合計が8時間を超える作業がある場合には、作業時間が8時間を超えないように管理することが原則である。

　やむを得ず化学物質にばく露する作業が8時間を超える場合、八時間時間加重平均値は、当該作業のうち、最も濃度が高いと思われる時間を含めた8時間のばく露における濃度の測定により求める。この場合において、事業者は、当該八時間時間加重平均値が八時間濃度基準値を下回るのみならず、化学物質にばく露する全ての作業時間におけるばく露量が、八時間濃度基準値で8時間ばく露したばく露量を超えないように管理する等、適切な管理を行う。また、八時間濃度基準値を当該時間用に換算した基準値（八時間濃度基準値×8時間／実作業時間）により、労働者のばく露を管理する方法や、毒性学に基づく代謝メカニズムを用いた数理モデルを用いたばく露管理の方法も提唱されて

いることから、ばく露作業の時間が8時間を超える場合の措置については、化学物質管理専門家等の専門家の意見を踏まえ、必要な管理を実施する。

（3）健康障害の発生可能性とその重大性から見積もる方法（例：マトリクス法）

　厚生労働省から「業種別のリスクアセスメントシート」（化学物質のリスクアセスメント実施支援）[34] が公表されている。ここでは工業塗装の例を基に紹介する。

【工業塗装等】

①　化学物質等による有害性のレベル分け

　化学物質等について、SDS のデータを用いて、GHS の有害性レベル（HL）を割り当てる。レベル分けは、**表6.12** のように有害性を A から E の5段階、及び S に分けて行う。例えば GHS 分類で急性毒性区分3とされた化学物質は、有害性レベル C となる。

②　ばく露レベルの推定

　作業環境レベルを推定し、それに作業時間等作業の状況を組み合せてばく露レベルを推定する。アからウの3段階を経て作業環境レベルを推定する具体例を次に示す。

ア　ML（作業環境レベル）の推定

　化学物質等の製造等の量、揮発性・飛散性の性状、作業場の換気の状況等に応じて点数を付し、その点数を加減した合計数を**表6.13** に当てはめ作業環境レベルを推定する。労働者の衣服、手足、保護具に対象化学物質等による汚れが見られる場合には、1点を加える修正を加え、次の式で総合点数を算定する。

ML（作業環境レベル）
　＝ A（取扱量点数）＋ B（揮発性・飛散性点数）－ C（換気設備点数）＋ D（修正点数）

ここで、A から D の点数の付け方は次のとおりである。

　A：一日の取扱量
　　　3点　大量（トン、kL 単位で計る程度の量）
　　　2点　中量（kg、L 単位で計る程度の量）
　　　1点　少量（g、mL 単位で計る程度の量）

　B：揮発性・飛散性
　　　3点　高揮発性（沸点50℃未満）、高飛散性（微細で軽い粉じんの発生する物）
　　　2点　中揮発性（沸点50-150℃）、中飛散性（結晶質、粒状、すぐに沈降する物）
　　　1点　低揮発性（沸点150℃超過）、低飛散性（小球状、薄片状、小塊状）

　C：換気設備

＊34　https://anzeninfo.mhlw.go.jp/user/anzen/kag/ankgc07.htm

表6.12　GHS分類における健康有害性クラスと区分の有害性レベル（重篤性）

有害性のレベル	GHS分類における健康有害性クラス及び区分
A	・皮膚刺激性 区分2 ・眼刺激性 区分2 ・吸引性呼吸器有害性 区分1 ・他のグループに割り当てられない粉体・蒸気
B	・急性毒性 区分4 ・特定標的臓器毒性（単回ばく露）区分2
C	・急性毒性 区分3 ・皮膚腐食性 区分1（細区分1A、1B、1C） ・眼に対する重篤な損傷性 区分1 ・皮膚感作性 区分1 ・特定標的臓器毒性（単回ばく露）区分1、3（麻酔作用、気道刺激） ・特定標的臓器毒性（反復ばく露）区分2
D	・急性毒性 区分1、2 ・発がん性 区分2 ・特定標的臓器毒性（反復ばく露）区分1 ・生殖毒性 区分1、2
E	・生殖細胞変異原性 区分1、2 ・発がん性 区分1 ・呼吸器感作性 区分1
S （皮膚又は眼への 接触）	・急性毒性（経皮）区分1、2、3、4 ・皮膚腐食性 区分1（細区分1A、1B、1C） ・皮膚刺激性 区分2 ・眼刺激性 区分1、2 ・皮膚感作性 区分1 ・特定標的臓器毒性（単回ばく露）（経皮）区分1、2 ・特定標的臓器毒性（反復ばく露）（経皮）区分1、2

出典：基発0918第3号化学物質等による危険性又は有害性等の調査等に関する指針について[35]（一部改変）

4点　全自動化・遠隔操作・完全密閉
3点　局所排気（プッシュプル等）
2点　局所排気（外付け）
1点　全体換気
0点　換気なし
D：修正点数
1点　労働者の衣服、手足、保護具が調査対象となっている化学物質等による汚

---

[35]　https://www.mhlw.go.jp/file/06-Seisakujouhou-11200000-Roudoukijunkyoku/0000098259.pdf

れが見られる場合

0点　労働者の衣服、手足、保護具が調査対象となっている化学物質等による汚れが見られない場合

表6.13 作業環境レベルの区分（例）

作業環境レベル（ML）	a	b	c	d	e
A+B−C+D	7〜5	4	3	2	1〜（−2）

出典：基発0918第3号　化学物質等による危険性又は有害性等の調査等に関する指針について[36]（一部改変）

イ　作業時間・作業頻度のレベル（FL）の推定

労働者の当該作業場での当該化学物質等にばく露される年間作業時間を**表6.14**に当てはめ作業頻度を推定する。

表6.14 作業時間・作業頻度レベルの区分（例）

作業時間・作業頻度レベル（FL）	i	ii	iii	iv	v
年間作業時間	400時間超過	100〜400時間	25〜100時間	10〜25時間	10時間未満

出典：基発0918第3号　化学物質等による危険性又は有害性等の調査等に関する指針について[36]

ウ　ばく露レベル（EL）の推定

アで推定した作業環境レベル（ML）及びイで推定した作業時間・作業頻度レベル（FL）を**表6.15**に当てはめて、ばく露レベル（EL：I〜V）を推定する。

---

[36]　https://www.mhlw.go.jp/file/06-Seisakujouhou-11200000-Roudoukijunkyoku/0000098259.pdf

表6.15　ばく露レベル（EL）の区分の決定（例）

(FL) ＼ (ML)	a	b	c	d	e
i	V	V	IV	IV	III
ii	V	IV	IV	III	II
iii	IV	IV	III	III	II
iv	IV	III	III	II	II
v	III	II	II	II	I

出典：基発 0918 第 3 号 化学物質等による危険性又は有害性等の調査等に関する指針について[*36]

③　リスクの見積り

①で分類した有害性レベル（HL）及び②で推定したばく露レベル（EL）を組み合わせ、リスクを見積もる。数字の値が大きいほどリスク低減措置の優先度が高いことを示す。リスクアセスメントではリスクレベルを 2 以下にすることを目標とする。

表6.16　リスクの見積り（例）

HL ＼ EL	V	IV	III	II	I
E	5	5	4	4	3
D	5	4	4	3	2
C	4	4	3	3	2
B	4	3	3	2	2
A	3	2	2	2	1

出典：基発 0918 第 3 号 化学物質等による危険性又は有害性等の調査等に関する指針について[*36]

リスク低減
の優先順位

（4）業界等マニュアルに基づく方法

リスクアセスメントは危険性・有害性を有する化学物質に対して例外なく実施することが求められる。化学物質を使用する作業は多岐にわたり、またその方法は多種多様である。それぞれの化学物質及び作業に対して実測等により精密なリスクアセスメントを実施することが理想であるが、これが技術的あるいは資源（費用）的に困難である場合が少なくない。このようなことから作業方法を熟知している事業者団体が特定の作業に特化した安全衛生マニュアルを作成し、これに従って作業を行えばリスクアセスメントの義務を果たしたとするものである。この前提として同様の作業におけるリスクアセスメントが実施されていなければならない。また労働者のばく露に懸念がある場合には各事業場においてリスクアセスメントを実施する必要がある。具体的なマニュアルは今後、

業界及び／又は行政から公表が予定されている。

　職場のあんぜんサイト*37 には業種・作業別リスクアセスメントの実施支援システム*38 や作業別モデル対策シート*39 が公表されており、有効活用が期待される。

(5) 特別規則（特化則、有機則等）で規定されている具体的な措置に準じた方法

　危険又は健康障害を防止するための具体的な措置が労働安全衛生法関係法令の各条項に規定されている場合に、これらの規定を確認する方法がある。すなわちリスクアセスメント対象物でもある特別規則対象物に関するリスクアセスメントである。

6.4.2.4　皮膚等障害化学物質等への直接接触の防止

　皮膚腐食性・刺激性・感作性・皮膚吸収による健康影響のおそれがある場合には保護具の着用が義務付けられる（安衛則第 594 条の 2）。

　GHS 分類等による有害性情報に基づいて皮膚・眼刺激性、皮膚腐食性、感作性又は皮膚から吸収され健康障害を引き起こし得る有害性に応じて、当該物質又は当該物質を含有する製剤（皮膚等障害化学物質）を製造し、又は取り扱う業務に労働者を従事させる場合には、労働者に皮膚障害等防止用保護具を使用させなければならない（表 6.17）。これは CREATE-SIMPLE 等におけるリスクアセスメントの結果に基づく保護具着用等の対策より上位にあり、義務となる。

　皮膚等障害化学物質等は、「皮膚腐食性・刺激性」、「眼に対する重篤な損傷性・眼刺激性」及び「呼吸器感作性又は皮膚感作性」のいずれかで区分 1 に分類されている物質及び別途告示等示される物質が対象となる［☞A2.6、第 4、8（2）］。

ワンポイント解説　**健康障害を起こすおそれがないことが明らかなものとは**

　政府 GHS 分類結果及び譲渡提供された SDS 等に記載された有害性情報のうち「皮膚腐食性・刺激性」、「眼に対する重篤な損傷性・眼刺激性」及び「呼吸器感作性又は皮膚感作性」のいずれも「区分に該当しない」と記載され、かつ、「皮膚腐食性・刺激性」、「眼に対する重篤な損傷性・眼刺激性」及び「呼吸器感作性又は皮膚感作性」を除くいずれにおいても、経皮による健康有害性のおそれに関する記載がないものが含まれる（☞A2.6　第 3、6）。

---

*37　https://anzeninfo.mhlw.go.jp/
*38　https://anzeninfo.mhlw.go.jp/risk/risk_index.html
*39　https://anzeninfo.mhlw.go.jp/user/anzen/kag/ankgc07_6.htm

表6.17　皮膚等障害化学物質等への対応方法

分　　類	対　　応
①健康障害を起こすおそれのあることが明らかな物質（皮膚等障害化学物質）を製造し、又は取り扱う業務に従事する労働者	保護眼鏡、不浸透性の保護衣、保護手袋又は履物等適切な保護具の使用の義務※（2024年4月1日施行） ※努力義務は2023年4月1日施行
②健康障害を起こすおそれがないことが明らかなもの以外の物質を製造し、又は取り扱う業務に従事する労働者（①の労働者を除く）	保護眼鏡、不浸透性の保護衣、保護手袋又は履物等適切な保護具の使用の努力義務（2023年4月1日施行）
③健康障害を起こすおそれがないことが明らかなもの	皮膚障害等防止用保護具の着用は不要

6.5　リスクアセスメント結果の労働者への周知

①　事業者は、安衛則第34条の2の8に基づき次に掲げる事項を、化学物質等を製造し、又は取り扱う業務に従事する労働者に周知するものとする。

> ア　対象の化学物質等の名称
> イ　対象業務の内容
> ウ　リスクアセスメントの結果
> 　（ア）特定した危険性又は有害性
> 　（イ）見積もったリスク
> エ　実施するリスク低減措置の内容

②　①の内容を周知する方法は、次に掲げるいずれかの方法によること。

> ア　各作業場の見やすい場所に常時掲示し、又は備え付けること
> イ　書面を労働者に交付すること
> ウ　磁気ディスク、光ディスクその他の記録媒体に記録し、かつ、各作業場に労働者が当該記録の内容を常時確認できる機器を設置すること

③　法第59条第1項に基づく雇入れ時教育及び同条第2項に基づく作業変更時教育においては、安衛則第35条第1項第1号、第2号及び第5号に掲げる事項として、①に掲げる事項を含めること。

　なお、**6.2.4**（1）に掲げるリスクアセスメント等の実施時期については、法第59条第2項の「作業内容を変更したとき」に該当するものであること。

④　リスクアセスメントの対象の業務が継続し①の労働者への周知等を行っている間は、事業者は①に掲げる事項を記録し、保存しておくことが望ましい。

6

化学物質等のリスクアセスメント（リスクの見積り・評価）

7章

リスクアセスメント
（リスク低減対策）

本章では、化学物質の危険性及び有害性のリスクを低減する具体的な対策の全体
像について解説する。

7.1　危険性に対するリスク低減措置検討・実施の順番

　事業者は、化学物質リスクアセスメント指針[*1] に規定されているように、危険性又は有害性の低い物質への代替、工学的対策、管理的対策、有効な保護具の使用という優先順位に従い、対策を検討し、労働者のばく露の程度を濃度基準値以下とすることを含めたリスク低減措置を実施する必要がある。

　化学物質の危険性に対するリスク低減措置検討・実施の順番としては、次の二つの考え方を組み合せて検討するとよい。
- 多重防護の考え方
- 「化学物質リスクアセスメント指針」に示された対策検討の優先順位

以下、それぞれの考え方について説明する。

（1）多重防護の考え方

　多重防護の考え方の基本は、火災・爆発等発生に至るシナリオの進展をできるだけ早い（影響が小さい）段階で止めることであり、次の四つからなる。**表7.1** にそれぞれの対策の目的と説明を示す（☞**A7.1**）。

（a）異常発生防止対策

（b）事故発生防止対策

（c）被害の局限化対策

（d）異常発生検知手段

　最初に「(a)異常（不安全状態）を発生させないこと」、次に「(b)事故（火災・爆発等）を発生させないこと」、最後に「(c)事故が発生してもできる限り被害を局限化すること」の順番で考えることで、火災・爆発等発生に至るシナリオの発生頻度を下げるとともに、火災・爆発等発生による重篤度を下げることができる。これにより、なぜそのリスク低減措置を実施するのかという目的を明確にすることもできる。

　(d)の異常発生検知手段は、(a)〜(c)のリスク低減措置の機能を果たすために、不安全状態となっていることを検知するためのセンサー（温度計、圧力計、濃度計など）や警報装置（センサーによりそれぞれの値を検知し、設定値を超えた場合にはアラームで知らせる）を設置することを意味する。例えば、濃度計を設置することで、作業場に形成されている爆発性雰囲気の濃度が設定値以上となっていることを検知したらアラームを鳴らし、作業の中断を促す（工学的に連動させる場合もある）。

---

*1　https://www.mhlw.go.jp/content/11300000/001091755.pdf

> **ワンポイント解説　多重防護とは？**
>
> 　米国化学工学会（AIChE）の化学プロセス安全センター（CCPS）は多重防護の考え方をより具体的に区分した独立防護層（Independent Protection Layer: IPL）の概念による安全設計を提唱している。独立防護層は多重の独立した防護システムによりプラントを包み込むことで、潜在的な危険が事故や災害につながることを未然に防ごうとするもので、たとえ内側の防護層が損なわれたとしても、その外側の防護層が機能することにより、事故を未然に防ぎ、被害（災害）を最小限に食い止めることを目的としたものである。

表7.1　多重防護の考え方

リスク低減措置の目的	説明
(a) 異常発生防止対策	主に原因系（引き金事象）の発生を防ぐための対策であり、設備・装置・道具に不具合を生じさせない、あるいは作業者がミスをしても正常な状態に保つ（爆発性雰囲気を形成させない、着火源を発現させないなど）。
(b) 事故発生防止対策	爆発性雰囲気が形成される作業場所で着火源が発現しないようにすること。着火源が発現している作業場に爆発性雰囲気が流れ込まないようにすること。
(c) 被害の局限化対策	たとえ火災・爆発が発生しても、それによる影響をできる限り小さくする（建屋や設備の被害や周辺住民への被害を軽減する、又は避難などにより作業員が被災するのを防ぐ）。
(d) 異常発生検知手段	爆発性雰囲気の形成や着火源の発現を検知する。検知した結果を基に、(a) 異常発生防止対策、(b) 事故発生防止対策、又は (c) 被害の局限化対策でどのように対応するかをセットで考える。

（2）化学物質リスクアセスメント指針の第10項

　リスクアセスメント指針の第10項には、次の順番でリスク低減措置を検討することとされている。

　（A）本質安全対策

　（B）工学的対策

　（C）管理的対策

　（D）保護具の着用

> ワンポイント解説 **保護具について**
>
> 「(D)保護具の着用」は最も低い優先順位となっているが、現場では非定常なトラブル（漏えい等）が起こる可能性もあることから、労働者保護（労働災害防止）のために保護具を着用することは、極めて重要な方策ともいえる。

表7.2 にそれぞれの対策の説明を示すが、(A)→(B)→(C)→(D)の順番は、より信頼性が高いリスク低減措置から順番に実施するとよいことを意味している。(A)本質安全対策は本来、危険性が低い状態で作業することができる条件（環境）の構築を目的としている。(B)の工学的対策と(C)管理的対策では、機械的に（自動的：作業者の判断を要しないで）動作する方策は、作業者（人）が実施する方策よりも信頼性が高いということを意味している。(D)は火災・爆発等の発生を防ぐための方策ではなく、あくまで作業者を保護する（火災・爆発等の災害から身を守る）ことを目的としている。

表7.2 リスク低減措置の種類（優先順位）

優先順位	リスク低減措置の種類	説明
1	(A)本質安全対策	・危険性又は有害性のより低い物質への代替、化学反応のプロセス等の運転条件の変更、取り扱うリスクアセスメント対象物の形状の変更等又はこれらの併用によるリスクの低減
2	(B)工学的対策	・リスクアセスメント対象物に係る機械設備等の防爆構造化、安全装置の二重化等の工学的対策又はリスクアセスメント対象物に係る機械設備等の密閉化、局所排気装置の設置等の衛生工学的対策
3	(C)管理的対策	・作業手順の改善、立入禁止等の管理的対策
4	(D)保護具の着用[*2]	・リスクアセスメント対象物の有害性に応じた有効な保護具の選択及び使用

(3) 化学物質の危険性に対するリスク低減措置検討・実施の基本

リスクアセスメントを実施した結果、火災・爆発等発生に至るシナリオに対するリスクレベルが高ければ、追加のリスク低減措置を検討・実施する。最初に、SDS に記載されている対策などを確認し、化学物質取扱作業の内容や作業条件（作業環境）に合わせた対策を実施する。次に、リスクアセスメントにより得られた火災・爆発等の発生に

---

*2 静電気発生対策のための作業着等の着用は、本質安全対策に含まれる。ヘルメットなどの保護具の着用は労働災害防止のために利用されるが、実際の作業現場等へ入る際には必須のことである。

つながるシナリオの進展を防ぐ（リスクレベルを下げる）ためのリスク低減措置について検討する。火災・爆発等が発生する条件[*3]は、主に次の2点が考えられ、これらを防止するためのリスク低減措置を検討し、実施する。以下、2点に分けて説明する。

- 燃焼の3要素が揃う（2種類の不安全状態が同時に発生する）こと
- 異常反応（暴走反応、混合危険）が起こること

▶燃焼の3要素が揃うことを防ぐ（不安全状態となるのを防ぐ）

塗装作業などの開放系作業では空気（酸素）を除去することはできないため、<u>可燃物（爆発性雰囲気）の除去と着火源の除去について考えるとよい</u>[*4]。

表7.3に爆発性雰囲気形成防止対策の例を示す。可燃性の粉じんを取り扱っている場合には粉じん爆発の発生防止策の検討も必要となる。また、化学プラントなどの密閉系の装置に対しては、「不活性ガスによる置換・シール」などを行う。これらは化学物質取扱作業において、不安全状態となることを避けることを目的としている。

表7.4に火災・爆発の着火源となり得る要因と対策の例を示す。(a)～(h)の8種類のリスク低減措置に分類することができ、作業条件に合わせて全ての対策を検討する。**表7.5**に静電気発生防止対策の例を示す。

<u>爆発性雰囲気が形成されていても、着火源を発現させなければ燃焼の3要素が揃うことはなく、火災・爆発等の発生を防ぐことができる。</u>一方、火気取扱作業（例えば、溶断作業）を行っている場所には着火源が存在しており、この場所に爆発性雰囲気が流れ込み、燃焼の3要素が揃う場合もある。このため、爆発性雰囲気形成防止対策と着火源防止対策の両方を実施することが望ましい。つまり、火気取扱作業に際しては、同作業場で行われている別の作業などにおいて可燃性・引火性の物質が取り扱われていないか、注意を払う必要がある。

▶異常反応（暴走反応、混合危険）を防ぐ

化学プラントでの異常反応が起こることを防ぐためには、反応温度・圧力の適切な制御、設備のメンテナンス（配管の腐食対策なども含む）、化学物質の適切な保管などが考えられるが、ここでは省略する。詳しくは文献[*5, *6]を参照されたい。

[*3]　**6.4.1**「化学物質の危険性に対するリスクアセスメント」を参照。
[*4]　労働安全衛生総合研究所技術資料、化学物質の危険性に対するリスクアセスメント等実施のための参考資料—開放系作業における火災・爆発を防止するために—、JNIOSH-TD-No.7（2021）
[*5]　AIChE/CCPS, *Guidelines for Engineering Design for Process Safety*, Wiley（1993）
[*6]　労働安全衛生総合研究所技術資料、化学物質の危険性に対するリスクアセスメント等実施のための参考資料—異常反応による火災・爆発を防止するために—、JNIOSH-TD-No.8（2022）

表7.3　爆発性雰囲気形成防止対策の例* 7

対策	対策例
ガス・蒸気爆発性雰囲気の抑制	・不要な可燃性ガス・液体の残留を除去する ・可燃性ガス・液体の漏えいを防止する ・可燃性ガス・蒸気の放出を管理する ・換気によって可燃性ガス・蒸気の滞留を防止する 【換気設備の例】外付け式フード［下方吸引（換気作業台など）、側方吸引］、プッシュプル型換気装置、囲い式フード（ドラフトチャンバーなど） 【異常発生検知手段の例】濃度計・ガス検知器 ※爆発性雰囲気の形成を確実に検知することができる場所に適切に設置していること ※爆発下限濃度（LEL）の 4 分の 1 未満の濃度に制御すること
粉じん爆発性雰囲気の抑制	・適切な粉体の粒径を選定する ・粉体の微細化を防止する ・粉体の滞留・堆積を防止する（排気／換気装置内への堆積を含む） ・取り扱いの規模を制限する ・設備を区画化する ・設備内の不要な突起物を除去する ・可燃性粉体の漏えいを防止する ・可燃性粉体の飛散・堆積を防止する 【換気設備の例】外付け式フード［下方吸引（換気作業台など）、側方吸引］、プッシュプル型換気装置、囲い式フード（ドラフトチャンバーなど）
不活性ガスによる置換・シール	【不活性ガスの種類】 ・窒素ガス、炭酸ガス、水蒸気等の適切な不活性ガスを使用する 【管理酸素濃度】 ・酸素濃度の連続監視を行う場合、限界酸素濃度（LOC）が 5 vol% 以下でないならば、LOC より少なくとも 2 vol% 低い安全マージンを確保する、LOC が 5 vol% 以下ならば、LOC の 60% を超えないように管理する ・酸素濃度の連続監視をしない場合、LOC が 5 vol% 以下でないならば、LOC の 60% 以下で管理する、LOC が 5 vol% 以下ならば、LOC の 40% を超えないように管理する 【置換・シールの方法】 ・対象となる設備・操作の種類に応じて、バッチ式（作業・操作のつど不活性ガスを供給して置換・シールをする方法）又は連続式（常時、連続的に不活性ガスを供給して置換・シールをする方法）を実施する 【不活性ガスの供給設備】 ・供給設備は適切な位置を選定し、設置する ・供給設備における不活性ガスは適切な量を保有する ・供給設備におけるガスが適切な圧力を適切に確保する ・商用電源の停電が生じた場合でも保安用不活性ガスを供給し続けることができるように、非常用電源を具備する

＊7　労働安全衛生総合研究所技術資料 JNIOSH-TD-No.7 の表 1.8 をもとに作成。

（表 7.3　続き）

対策	対策例
不活性ガスによる置換・シール	【爆発上限による管理】 ・以下を満たすようにして、少なくとも 25 vol% の天然ガス又はメタンを供給し、爆発上限以上の濃度にする ・ベントヘッド周辺の気圧は大気圧程度である ・爆発上限（UFL）が水素–空気の UFL（75 vol%）以上となる蒸気を含まないこと ・空気より高い濃度の酸素が供給されないようにする 【爆発下限による管理】 ・爆発下限（LFL）の 25% 以下にする。このとき、工程の温度と圧力を考慮しなければならない。ただし自動のインターロック設備がある場合は LEL の 60% 以下でもよい ※酸素濃度。爆発上限、爆発下限による管理を行う際は、酸素濃度、爆発上限、爆発下限が測定できる検知器を設置し、検知すべきパラメータを設定するとともに、検知した際の警報システムを構築し、異常発生防止対策や事故発生防止対策につなげる

表 7.4　火災・爆発発生の着火源となり得る要因と対策の例[*8]

種類		着火源となる要因	対策の例
電気的着火源	(a)電気火花	・加熱装置・自動温度調節器等のリレー接点に飛ぶ電気火花 ・照明用機器の破壊の際のアーク ・電気溶接用ノズルのアーク非防爆型の電気機器や漏電している電気機器の火花 ・非防爆機器（携帯電話、スマートフォンなど）の使用	・防爆構造の電気機器類の使用
	(b)静電気火花	・物体に電荷が蓄積し帯電が起こり、その電荷によって形成された電界強度がある程度以上になると、絶縁破壊を起こし、静電気火花（放電）が発生する。	・全ての導体の接地 ・作業者の接地と帯電防止 ・不導体の排除 ・電荷発生の抑制 ・除電 ・静電気に関連した測定
高温着火源	(c)高温表面	・電熱器、加熱導管、高温金属などの露出した高温表面 ・溶接・ガス切断等のときに飛び散る火の粉 ・溶接・切断を行っている鋼板の裏側表面　など	・高温装置の保守点検、過負荷の有無の監視（センサー） ・設備・装置における機械的摩擦による高温部の有無の監視 ・溶接・ガス切断等の作業の適切な制限

＊8　労働安全衛生総合研究所技術資料 JNIOSH-TD-No.7 の表 1.9 をもとに作成。

（表7.4 続き）

種類		着火源となる要因	対策の例
高温着火源	(d)熱輻射	・物質が燃焼している近く ・電熱器やボイラの近く ・焦点を結んだ太陽光線 など	・周囲からの高温物の除去 ・遮熱材の使用
衝撃的着火源	(e)衝撃・摩擦	・金属（特に軽金属合金製）同士の打撃・衝撃 ・運動部への異物の混入による摩擦 など ・流動摩擦	・軽金属合金製品の使用の禁止 ・設備・装置内の可燃物・異物の除去 ・流動摩擦対策「バルブをゆっくり操作」、「系内の可燃物の除去（清掃）」など
衝撃的着火源	(f)断熱圧縮	・配管などの閉空間への高圧ガスの急激な流入による断熱圧縮など	・バルブをゆっくり操作 ・可燃物の除去（清掃）
物理化学的着火源	(g)裸火	・厨房のコンロ ・暖房用のストーブ ・灯明 ・マッチ・ライター ・タバコの火 ・酸素アセチレン炎やトーチランプの炎 ・ボイラ ・各種の炉の中の燃料の燃焼炎 ・分析機器内の小火炎 など	・作業環境に応じた火気使用の制限 ・火気持ち込み等に関する十分な管理
物理化学的着火源	(h)自然発火	・空気や水に触れると直ちに発火するもの ・可燃性物質自体の内部に化学反応熱が蓄積することによって着火する場合 など	・小分けによる蓄熱の防止 ・適切な温度管理（センサー） ・強制的な冷却の実施

表7.5 静電気発生防止対策の例[9]

対策	説明、対策例
全ての導体の接地	導体は帯電すると静電気災害の原因となる火花放電等を発生するので、全ての導体と導電性材料を接地しなければならない。 　接地は導体と大地間を電気的に接続することにより導体の帯電を防止する対策である。ボンディングは導体同士を電気的に接続することであり、直接の接地が容易でない導体と接地した導体をボンディングすることにより接地する方法である。ボンディングの結果として導体間の電位は同電位になる。 ・装置、設備等設置された導体構造物の接地 ・絶縁された金属の排除：不導体上の金属（プラスチックパイプや容器のフランジ、絶縁性床上の金属ドラムなど）の接地

---

[9] 労働安全衛生総合研究所技術資料 JNIOSH-TD-No.7 の表 1.10 より。

（表 7.5　続き）

対策	説明、対策例
作業者の接地と帯電防止	作業者も静電気放電の原因となるので、帯電防止作業靴、導電性床の使用により作業者の帯電（電荷の蓄積）を抑制する。 ・帯電防止作業靴・導電性床の利用による人体の接地 ・帯電防止作業服の着用
不導体の排除	不導体は接地をしても電荷緩和がほとんどないので接地の効果がない、不導体に発生した電荷は蓄積され静電気災害の原因となる。不導体は導電性材料に代えて、これを接地して不導体の使用は避ける、あるいは不導体（例えば、絶縁性液体）に帯電防止剤を添加するなどして導電性を向上させることにより、静電気に起因するリスクを低減できる。 　不導体を接地導体で覆うことにより、又は、接地導体により区画化することにより、不導体の帯電の影響を小さくして静電気に起因するリスクを抑制する。例えば、絶縁ホースにスパイラル状に巻かれた接地導線もこれにあたる。 ・導電性材料の容器・パイプ・フィルタなどを利用し、これらを接地 ・静電遮へい ・絶縁性液体の帯電防止剤や導電性液体を添加
電荷発生の抑制	一般に、電荷の発生は接触の面積、摩擦の速度に依存して多くなるので、速度を遅くするなど作業工程を見直すことにより電荷発生を抑制できる。 ・作業の運転速度や液体・粉体の輸送の流速の制限 ・帯電しやすい液体では乱流や噴出を避ける
除電	除電器を利用した電荷の抑制である。除電器で発生したイオンにより帯電物体の電荷を中和する。帯電物体の周辺の媒質の導電率を高く（電荷緩和を促進）するのと等価である。不導体の除電に有効である。ただし、除電器単独でのリスク低減措置とはせず、必ず他の対策と併用すること。
静電気に関連した測定	上記の対策の指標となる導電性、帯電電位、漏えい抵抗について、以下の測定により確認する。防爆型の測定器を用いている場合でも着火源となる可能性があるため、作業場に可燃性ガスや溶剤蒸気及び粉じんが立ち込めているようなときには、絶対に測定を行わないこと。 ・全ての導体が接地されているか、テスターなどで確認 ・原料などが入った袋や作業者などの帯電電位を静電位測定器で測定 ・床や作業台、台車等の漏えい抵抗を絶縁抵抗計で測定

7.2　健康有害性に対するリスク低減措置の検討・実施の順番（衛生工学的対策）

　リスク評価の結果、許容できないリスクレベルと評価された場合には、次の優先順位に従ってリスク低減措置を検討し、具体的に実施する必要がある（☞**表7.2**）。

　①有害性のより低い物質への代替、取り扱う化学物質の形状の変更等又はこれらの併

　用によるリスクの低減

②化学物質等に係る機械設備等の密閉化、局所排気装置の設置等の衛生工学的対策

③作業手順の改善、立入禁止等の管理的対策

④化学物質等の有害性に応じた有効な保護具の使用

　いくつかの低減措置が考えられる場合には、措置を講ずることを求めることが著しく合理性を欠くと考えられる場合を除き、可能な限り高い優先順位のリスク低減措置を実施する必要がある。また、死亡、後遺障害、重篤な疾病をもたらすおそれのあるリスクについては、暫定的な措置を直ちに講ずるほか、検討したリスク低減措置を速やかに実施するよう努める。

　現実には、有害性の低い化学物質への代替、あるいは衛生工学的対策を施したとしても、管理的対策（例えば、ラベルを教材にした危険有害性の教育、あるいは急所を押さえた設備の操作マニュアルの整備、そしてマニュアルに沿った訓練の実施など）、また個人用保護具の使用（例えば、間欠的に行う飛散が著しい作業においては、呼吸用保護具を使用するなど）を補完的措置として施さなければならない作業場は多い。本質安全化、衛生工学的対策を選択した場合にも、作業内容をよく検討し、補完的に施さなければならない事柄があるのかどうかを確認し、必要に応じてそれらを実行しなければならない。

7.2.1　有害性の低い物質への代替化

　自律的な管理に移行することによって、「特別規則（特化則、有機則等）の対象となっていない化学物質は、有害性が低い（あるいは有害性がない）」と安易に判断する場面は徐々に少なくなっていくものと思われるが、改めて、代替を検討している化学物質のSDS の内容をよく読み取ったうえで、慎重に代替を検討することが求められる。有害性が確定していない化学物質に安易に代替するという選択肢以外に、有害性のわかっている化学物質を注意深く使っていく選択肢もあることを、忘れないようにする。

> **ポイント！**
>
> 　現場の作業者は、「規制がかかっている化学物質」＝「特別規則（特化則、有機則等）で規制がかかっている化学物質」という理解をしていることがある。教育・指導担当者は、規制がかかっている化学物質には、特別規則（特化則、有機則等）で対象となっている化学物質だけではなく、「表示・通知をしなければいけない化学物質（ラベルと SDS に書かれている事柄に沿って、現場もきちんと管理しなければならない）」も含まれていることをよく説明する。法令順守型に慣れ親しんできた我が国においては、この説明を、ひとつ一つの場面で丁寧に行っていくことが

重要である。

　また、規制がかかっていない化学物質であっても、危険性・有害性のある全ての化学物質は、取り扱う際にリスクアセスメントを実施し、リスク低減措置を施すことが努力義務になっている。作業者の安全を第一に考えて実行してほしい。

7.2.2　有害な化学物質の拡散を抑える、若しくは作業者が取り扱わないようにする

　代替化が困難な場合に、次に検討すべきことは、有害な化学物質の拡散をできる限り抑える工夫を考えてみることである。機械設備等を密閉化する、あるいは取り扱う場所をパーティションなどで囲って内部を負圧に保ち、作業者が通常作業を行っている区域と隔離するなどの方法をとれば、有害な化学物質の作業場への拡散を抑えることができる。また、前述したような方策を実施することが困難な場合でも、例えば常温で固体の化学物質では、作業上支障がなければ湿らせて取り扱うことで発じんをおさえる、あるいは作業で使用する化学物質を必要最小限に抑制するなどの工夫をすることによって、できる限り拡散を抑えると同時に、後述する衛生工学的対策を実施することが大切である。

　また、ロボットを利用して作業の自動化を図り、人による作業自体をなくしてしまう方策を実施すれば、本質安全化が図れる。化学物質管理者は、常に新しい関連技術情報の入手を心掛けたい。

7.2.3　衛生工学的対策（機械設備等の密閉化、局所排気装置の設置等）（☞A7.2）

　リスクアセスメントを行う際に、作業者の士気、あるいは作業者の雇用形態（正社員、パート社員、アルバイト社員等）、また外国人労働者、高齢労働者の存在といった事柄も考慮したうえで、災害発生の可能性を見積もり、評価に反映させなければならない。具体的には、作業手順の徹底が難しい、保護具の着用徹底が難しいという事情があれば、そのことをきちんとリスク評価に反映させ、安易に管理的対策、保護具の着用といった低減措置を選択することなく、前述したような本質安全化対策、あるいはこれから述べる衛生工学的対策を選択することが大切となる。

　また、化学物質の作業環境濃度を把握し、その濃度をあるレベル以下に保つことによって、作業者の有害な化学物質に対するばく露を間接的に許容濃度等以下にコントロールするという、我が国が独自に培ってきた「作業環境管理」の手法は今後も活用可能であ

る。どのような場面でもばく露濃度を把握し、直接的なばく露防止対策（保護具の使用）のみを実施するといった間違った流れにしないように留意する必要がある。

（1）局所排気装置、プッシュプル型換気装置（拡散した有害な化学物質を作業場から取り除く）

機械設備等の密閉化は、限られた工程、作業場でのみ対応できる措置であるが、特別規則（特化則、有機則等）の規定に沿って、屋内作業場の多くの現場で採用されてきた局所排気装置及びプッシュプル型換気装置は、自律的な管理においても、幅広く有効に活用されるべき基本的な衛生工学的対策であることに変わりはない。化学物質管理者自身が、これらの設備を設計する場面は限られているものと思われるので、ここでは計画に参画時や具体的な設計資料などの確認時、運用時に知っておきたい最低限の事柄について解説する。

局所排気装置

発散源において、有害な化学物質が作業場に拡散する前に吸引して排気する「局所排気」は、衛生工学的対策の基本となる方法である。ここでは、計画、運用時に特に大切となる点を解説する。

①　フード（図7.1）

有害な化学物質を気流の力で吸引しようとする（捕捉フードを利用する）場合には、囲い式フード（フードの中で有害な化学物質を取り扱う）が基本となる。外付け式フード（フードから離れた場所で有害な化学物質を取り扱う）は、作業性を考えたときに、

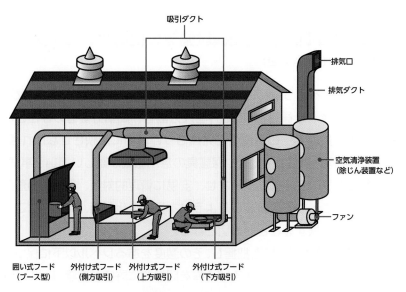

図7.1　局所排気装置

囲い式フードの利用が困難な場面のみで採用するフードであることをよく理解しておく。そして、外付け式フードを採用した場合には、フードにできる限り近い位置で作業を行うことを徹底させる。フードから離れた位置で作業を行っている様子は、局所排気装置が有効に機能していない原因として、数多くの作業場でみられる。有効な設備であっても、適切な使い方をしなければ効果は得られないことを、化学物質管理者は十分に認識すべきである。

　捕捉フードかレシーバー式フード（有害な化学物質のほうからフードに飛び込んでくる場合に採用するフード）かの選択、フードの形状の選択、吸引方向の決定などについては、対象となる化学物質の拡散の仕方、挙動などの特性をよく踏まえて（例えば、有機溶剤は空気より比重が大きい、溶接ヒュームは熱を伴うため、一定の高さまでは上昇するなど）決める必要がある。

② **制御風速**

　設計に際しては、過去に培ってきたノウハウに沿ってまず制御風速の目安を立て、それをベースに必要排風量を見積もり、さらに全体設計を進めていくこととなる。運用においては、一定の要件を満たす事業場は現行の特別規則（特化則、有機則等）の基準を必ずしも一律に満たす必要はなくなり、ファンの回転数などで調整して必要最小限の気流が得られればよいこととなる。今後は、制御風速の基準を確保するために要していた過剰なエネルギー消費を最小限に抑えることができる、というメリットも得られる。

```
┌─ ワンポイント解説　制御風速とは？ ─────────────────
```

　制御風速とは、有害物質を吸引するために必要となる風速のことをいい、囲い式フードにおいてはフード開口面上、外付け式フードにおいては、フードの開口面から最も離れた作業位置の風速を表す。特別規則（特化則、有機則等）においては、外付け式フードや囲い式フード等のフードの形状に応じて制御風速が定められていて、制御風速を守れば有害物質が作業環境中に漏えいしないとされている。

　囲い式フードの制御風速は 0.5〜1 m/sec 前後であるが、これは人がゆっくり歩いて感じる風の速さに近い。風速を体感しておくことも有用である。

　有機溶剤中毒予防規則（第 16 条）では以下のように局所排気装置の性能を求めている。

型式		制御風速（メートル／秒）
囲い式フード		0.4
外付け式フード	側方吸引型	0.5
	下方吸引型	0.5
	上方吸引型	1.0

備考
一　この表における制御風速は、局所排気装置の全てのフードを開放した場合の制御風速をいう。
二　この表における制御風速は、フードの型式に応じて、それぞれ次に掲げる風速をいう。
　　イ　囲い式フードにあつては、フードの開口面における最小風速
　　ロ　外付け式フードにあつては、当該フードにより有機溶剤の蒸気を吸引しようとする範囲内
　　　　における当該フードの開口面から最も離れた作業位置の風速

③　ダクトと排風機（ファン）
　ダクトに空気が流れるときには、圧力損失が生じ、排風機（ファン）の風量が低下する。このことを考慮して適切な設計を行わないと、想定した制御風速が得られない。また、ダクトの圧力損失によって低下した風量を補うためには、電気エネルギーを多く消費する必要が生じ、稼働させるためのコストも上昇する。したがって、まずは配管設計時にできる限り圧力損失が小さくなるように（ダクトはできる限り短く、ダクトの曲がりはできる限り少なく、ダクトの断面積は汚染物質がダクト内に滞留しない範囲でできる限り大きくなど）設計することを心掛けるとともに、ダクトの圧力損失を補うために適切な排風機を選定することが大切となる。

④　給気
　RC構造（鉄筋コンクリート構造）の建物などは、特に密閉度が高い。したがって、新たに局所排気装置を設置する場合には、建屋全体及び設置してある区画内への給気は、必ず検討すべきである。喫煙専用室の設置などにおいても、給気量不足の設計例をみかけることがある。

⑤　空気清浄装置、屋外排気、排液処理
　特別規則（特化則、有機則等）においても、一定の取り決めがなされているが、労働安全衛生法令だけではなく、大気汚染防止法、水質汚濁防止法などの環境に係る法律、並びに地方自治体ごとの条例もよく学び、関係法令を全て満たした形で必要な設備を整えることが、現実には求められている。

プッシュプル型換気装置

　化学物質が作業場に拡散する前に吸引して排気するという意味では、局所排気装置と同様の効果が得られる設備である。局所排気装置と異なるのは、吸い込む（プル）だけではなく、空気を吹き出す（プッシュ）設備も付随している点である。吹出し側の給気量と、吸込み側の排気量のバランスをきちんと図って適切に設計すると、**図7.2** のような一様な気流の流れができる。このことによって得られる最大のメリットは、外付け式フードを採用した局所排気装置を利用して作業を行う場合よりも、作業を行える範囲（装置が有害な化学物質を吸い込む範囲）が広がることである。また、局所排気装置よ

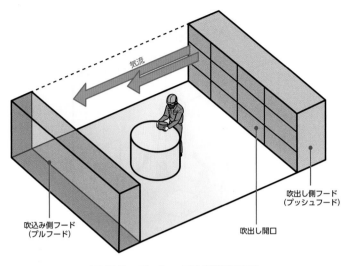

吹込み側フード
（プルフード）

吹出し開口

吹出し側フード
（プッシュフード）

気流

図7.2　プッシュプル型換気装置

りも緩やかな風速でコントロールできるため、稼働に要するエネルギーの節約、過剰な原材料の消費を抑えるなどの効果も得られる。

　計画、運用時に知っておきたい事項の多くは、局所排気装置と重なるが、特に重要な点は、作業ができる範囲が広がり、外付け式フードを利用した局所排気装置以上に、風下側に別の作業者が入ってしまい十分な換気ができない可能性が高くなること、また風下にいる作業者が、有害な化学物質を吸引する可能性が高くなることである。この問題への対応として、下降流型のプッシュプル型換気装置（天井から空気が吹き出し、床で吸い込む型式）、あるいは斜降流型のプッシュプル型換気装置（斜め上から空気が吹き出し、低い位置で吸い込む型式）を採用することも考えられる。このような型式を採用すれば、別の作業者が、風下の換気範囲に入ってしまうことを避けることができる。

　また、局所排気装置にも共通する事柄であるが、**図7.2** のように、水平方向に気流が流れる場合に、吸込み側フードに相対する形で作業者が立つと、作業者が壁となり、作業位置の一様な空気の流れが乱れることがある。このため、化学物質によっては、呼吸域に化学物質が滞留することがある。可能であれば、一様流が作業位置でも確実に確保できるように、90°立ち位置を変えて（左側に吸込みフード、右側に吹出しフードが配置されている形となる）作業を行うことが望ましい。

（2）全体換気装置（拡散した有害な化学物質を新鮮な空気で薄める）

　作業場を全体的に換気する方法である。局所排気装置、プッシュプル型換気装置と異なる点は、作業場に拡散する前に吸引してしまうわけではなく、有害な化学物質を希釈しているにすぎないということである。しかしながら、決して無駄な方法というわけで

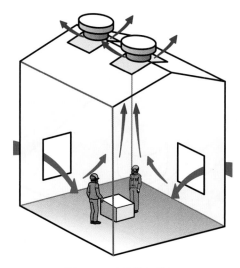

図7.3　全体換気装置

はなく、作業環境濃度をできる限り低く保ち、作業者の有害な化学物質に対するばく露を間接的に低くしたうえで保護具を活用するという、我が国が独自に培ってきた「作業環境管理」の大切さを踏まえた対策である。導入にあたっては、対象の化学物質の有害性の程度をよく検討したうえで採用する必要がある。判断が難しい場合には、専門家の助言を求めるべきである。また、この方法を採用した場合には、補完的な措置として保護具の着用の要否を必ず検討しなければならない。

　図7.3は、屋内作業場において、全体換気を行っている様子である。給気の位置、排気の位置については、対象の化学物質の特性（例えば、有機溶剤は空気より重い、溶接ヒュームは熱を伴っているので、ある程度の高さまでは上昇していくなど）、並びに空気の流れが短絡しないことを考慮して決定する必要がある。また、全体換気装置は、局所排気装置などで捕捉しきれずに作業場に拡散した有害な化学物質を希釈するために、局所排気装置などと併用して利用することもある。

　局所排気装置、プッシュプル型換気装置は、屋内作業場で、かつ定常作業が行われる作業場への設置が前提となる。したがって、製造業における非定常作業、また日々作業場が異なる作業（建設、設備工事など）においては、利用することが難しい。このような局所排気装置、プッシュプル型換気装置の利用が難しい作業場では、そのつど作業場の構造、気流の状態、対象の化学物質の特性をきちんと把握し、自然換気では滞留する可能性があると判断した場合には、必ず機械換気を行い、そのうえで呼吸用保護具を使うことを心掛けなければならない。化学物質による急性中毒は、非定常作業時、並びに建設、設備工事の作業中に多く発生していることに留意しておきたい。

　非定常作業、建設、設備工事などの作業場では、**図7.4**のような可搬型の換気装置、

図 7.4 可搬型の換気装置及びフレキシブルダクト

並びにフレキシブルダクトが広く活用されている。

　もし、一定の箇所だけで有害な化学物質を取り扱うのであれば、可搬型の換気装置とフレキシブルダクトを利用して、局所排気装置として利用することもできる。

7.3　個人用保護具

　個人用保護具（以下、"保護具" という）とは、英語では Personal Protective Equipment であり、PPE と略称される。有害化学物質にばく露する作業では、呼吸用保護具、保護手袋、防護服、保護眼鏡等の労働衛生保護具が頻繁に使用される。それぞれの保護具あるいは保護具を構成する部品等について、工業的な国際規格や国内規格があり、呼吸用保護具の一部については厚生労働省による検定が実施されている。

　今回の法令改正において、新しく安衛則 577 条の 2 第 2 項が設けられ、濃度基準値が設定されているものについては当該化学物質へのばく露が濃度基準値以下としなければならず、濃度基準値のない化学物質については当該化学物質へのばく露を最小限にしなければならないとされた。ばく露防止措置における呼吸用保護具の優先順位は低いが、今回の安衛則では、呼吸用保護具を適切に選択・装着して、労働者の呼吸域の化学物質濃度を濃度基準値以下にすることも対応策として認められている。

　これまでは、リスクアセスメントの結果を考慮して、まず使用する化学物質をより安全なものへの交換（有害性の低いものへの代替）、工学的対策や作業改善（管理的対策）を検討するが、それらの検討で十分なばく露低減が達成できない場合には、作業者の吸入ばく露を低減するために呼吸用保護具を使用することとする、段階的なアプローチが原則であった。今回の改正では、「呼吸域のばく露濃度が濃度基準値以下であること」が求められており、その判断の過程においては呼吸用保護具を適切に選択・使用されることにより達成することも可能としている。ただし、呼吸用保護具を適切に使用するた

めには訓練が必要であり、本質安全化、化学物質対策等の信頼性と比較して、呼吸用保護具は最も低い優先順位であることを、化学物質管理者は理解しておく必要がある。

　作業者が化学物質に接触するのは吸入の経路だけではなく、皮膚や眼への接触が多い。皮膚や眼への刺激性、又は皮膚感作性がある化学物質を取り扱う場合には、適切な化学防護手袋・化学防護服や保護眼鏡が必要になる。皮膚を保護することは、皮膚を通して化学物質が体内に入ることを防ぐ目的もある。このような直接的な接触の場合に保護具が必要であることは明らかであるので、保護具選定に関する基本的な考え方については従来から変更はないが、改めて適切な保護具の選定・着用状況を確認するとよいだろう。ここでは個人用保護具選定の基本的な考え方と、呼吸用保護具の選定に際しての定量的な考え方について記載する。

7.3.1　保護具選定に際して考慮すべき点

　障害防止対策として保護具を使用するには、事前に**表 7.6** の事項を確認する必要がある。

表 7.6　保護具選定の際に考慮すべき事項

確認事項	説　　明
①使用する化学物質の確認	使用する化学製品について、ラベルや SDS を確認して、危険・有害性や事故時の対応等について情報を収集・整理する。SDS には保護具について記載があるが、情報が古いことや具体的な情報が不足することが多いので注意が必要である。
②取扱い製品の状態の確認	化学製品を取り扱う際に、化学物質が粒子状物質として飛散するか、塗料のように液体であって、成分の有機溶剤が揮発して蒸気ガスになっているか、スプレー塗装のように霧状の細かい液滴とガスの混合物であるか、など詳細な状況を確認する。
③作業場の環境の確認	気温が高ければ、塗料などの液体からより多くの有機溶剤が揮発する。環境中の温度は作業者のばく露濃度が上昇する重要な因子である。また、狭い部屋や囲い込みの中での作業では濃度が高くなる。局所排気設備がある場合には有効に作動していることを確認する。
④作業内容の確認	作業内容に応じて必要な保護具の形状や必要な性能が変わるため、作業に伴う活動の状況を把握する。
⑤保護具メーカー等の情報や助言の確認	不明点があれば保護具メーカーや保護具アドバイザーの資格を有する者に相談のうえ、適切な保護具に関する情報や助言を受ける。

7.3.2　保護眼鏡等眼や顔面の保護具

　眼の保護具には、遮光保護具、レーザー用保護眼鏡、保護眼鏡がある。遮光保護具とレーザー用保護眼鏡は、有害光線やレーザー光から眼を保護するために使用する。浮遊する粒子状物質や液体の飛沫から眼を保護するためには保護眼鏡を使用する。保護眼鏡にはゴグル形とスペクタクル（普通の眼鏡のような）形のものがあるが、顔の横からの飛沫を避けるためにはゴグル形やサイドシールドありのスペクタクル形を使用するのが望ましい。視力矯正用の一般的な眼鏡については、サイドシールドのないスペクタクル形と同様に顔との密着性がよくないため、視力矯正用の眼鏡の上から着用できるタイプのゴグル形の保護眼鏡を併用する。刺激性のガスから眼を保護するためには、顔全体を覆う全面形の呼吸用保護具が必要である。

　顔面を保護するものとして、保護面がある。保護面としては溶接作業の際に発生する紫外線から眼を保護する溶接面があるが、眼、顔面や呼吸域へのヒュームの飛び込みを低減することが可能である。飛散する物質の性状や形状を理解して、適切な保護眼鏡や保護面を選択する必要がある。

　また、保護眼鏡や保護面を選択する際には、液滴等が付着した場合に曇らない材質を選定すべきである。

7.3.3　保護手袋

　労働災害事例では、アルカリ性の洗剤や化学物質への接触によるものが多い。薬品によるやけど（薬傷）は急性であるため災害として認識されやすいが、原因としては軍手で液体に触れた、手袋に孔が空いていた、腕と手袋の口の間から液体や粒子状物質が入り込んだ、という初歩的なミスが多い。また、化学物質の中には皮膚から吸収（ばく露）されて健康障害を起こす可能性の高いものが知られており、使用する化学物質に対して劣化しにくく（耐劣化性）、透過しにくい（耐透過性）保護手袋、すなわち耐化学物質を考慮して製造されている化学防護手袋を着用する必要がある。SDS を確認し、SDSの「8．ばく露防止及び保護措置」で「皮膚」、「skin」の記載のあるものは、特に皮膚に影響を与え、皮膚から体内に吸収される可能性が高い化学物質であるため、使用する化学物質から防護できる性質をもった化学防護手袋を選定しなくてはならない。

　化学防護手袋については JIS T 8116 が規定されている。化学防護手袋には素材がいろいろあることから、素材についての透過性（化学物質が分子レベルで通り抜ける程度）試験（ISO 6529）のデータが公表されているものがある。実際の手袋は、素材の厚さが異なるもの、複層にして耐透過性を向上させたものなどがあるが、化学防護手袋を使用する際の作業条件も共存する化学物質も異なるため、化学防護手袋の選択は極めて難

しい。

　次に、化学防護手袋に比較的よく使用される素材について、一般的な情報として化学物質の透過性等を整理する。

表 7.7　化学防護手袋の素材と特徴[10]

素材	特徴
天然ゴム	アルカリ、硫酸やリン酸、有機酸、メタノール以外のアルコールに耐透過性を示す。一般的な有機溶剤には適さない。
クロロプレン（ネオプレン）ゴム	アルカリ、酸、メタノール以外のアルコールに耐透過性を示す。天然ゴムよりやや優れている。
ニトリルゴム	薄手で水色のものがよくみられる。手にフィットするので使いやすい。アルカリ、硫酸・リン酸、一部の油脂には耐透過性があるが、塩素化及び芳香族炭化水素・ケトン系の有機溶剤には不適である。
ブチルゴム	広範囲の酸に耐透過性を示す。アルコール、アルデヒド、アルカリ、アルデヒド類、ケトン類に適している。
Viton®	フッ素樹脂系で有機化合物全般に対して耐透過性が高い。密着性が低く、使用しにくい。
EVOH（エチレン-ビニルアルコール共重合体）	ポリエチレンなどと積層にして、耐溶剤性を上げたもの。経皮吸収のある発がん性の芳香族アミン類に対しても耐透過性を示す。かさばるので、上にニトリル手袋をして手に密着させて使用するなどの工夫が必要である。

　表 7.7 によく使われる素材の化学防護手袋について特徴をまとめたが、素材の厚みや使用の条件によって透過性は変化する。また、アルカリや酸類は溶液濃度が高くなると透過が速くなるので注意が必要である。

　化学防護手袋はサイズの違い、腕まで防護するものなど、多種にわたっているので、各作業者の手の大きさに合うもので、作業の妨げになりにくく、かつ防護に適したものを選ぶ。メーカーによってサイズや厚さや硬さが違うのでサンプルを試してから購入するのが望ましい。作業が短時間で終了する場合でも、手袋の素材中を化学物質が移動して手袋内部に化学物質が透過する可能性があるため、透過時間が長い手袋であっても、後日使用することはしない。外部を洗っても手袋の素材に残っているものは除去できないので、再使用しない。

【化学防護手袋を使用する際の留意点】

　①使用前に息を吹き込んで、孔空きがないことを確認する。

　②実際に使用する際には、着脱の手順を決めておく。手袋の外部には有害物質が付着

＊10　出典：化学防護手袋の選択、使用等について（平成 29 年 1 月 12 日付け基発 0112 第 6 号）

する可能性が高いので、手袋の外側を触って有害物質にばく露しないように手袋の
はずし方について作業者全員で手順を共有しておく。手順を動画や写真で見えるよ
うにしておくことが、災害を防ぐポイントになる。

③孔が空いたらすぐにはずし、手を洗ってから新しいものに交換する。

④汚染した手袋はすぐに廃棄する。廃棄したものを他の作業者が触らないように袋や
容器に入れて密封して捨てる。

SDS「貯蔵又は取扱い上の注意」の項目に「想定される用途での使用において吸入又
は皮膚や眼との接触を保護具で防止することを想定した場合に必要とされる保護具の種
類を必ず記載すること」、となった（基安化発 0531 第 1 号令和 4 年 5 月 31 日）（☞
A4.3）。

7.3.4　防護服と保護靴

一般の作業着は布製であり、粉じんや化学物質の蒸気や液体が透過して、作業着の内
側に入り込む。作業者の身体を覆うことで化学物質等の危険因子の入り込みを防ぐもの
が防護服である。防護服には、電気や放射線から労働者を守るものや、切り傷などから
守るもの、高熱や炎から守るものや防水服などがある。特に液体や蒸気の化学物質や粉
じんから作業者を守る服は化学防護服と呼ばれる。透過性・浸透性が低く気密性の高い
防護服は防護性能が高いが、厚みがあり重量の負担が大きいものがあり、暑熱作業時に
は負担が大きい。さらに皮膚からの吸収が心配される化学物質に対して透過性・浸透性
の高い防護服を使用すると、内側に入り込んだ化学物質が皮膚の広い面積から体内に吸
収されるため、高性能の防毒マスクを使用して呼吸からの取り込みを防いでも、皮膚か
ら化学物質を体内に取り込むことになるので、注意が必要である。

化学防護服は、皮膚が酸、アルカリ、有機溶剤等の有機化合物、粉じん等の有害化学
物質に接触することから身体を防護するために使用する。使用する化学物質等に応じて、
カタログやメーカーに相談して適切なものを選定する。例えば、スプレー塗装のような
場合には、飛沫等の液状のものとそれらが揮発した蒸気の透過が同時に存在することに
注意が必要である。なお、透過は分子レベルで素材を通り抜けるかどうかであり、浸透
はファスナや肩の縫い目からの化学物質の通り抜けを指す。粉じん等を取り扱う作業で
は白い専用の化学防護服がよく知られているが、耐水性がない場合もあるので、スプレー
塗装では全身が濡れて皮膚に化学物質が付着することがあるので、注意する。

化学防護手袋と同様に作業により防護服表面が有害化学物質で汚染されるため、呼吸
用保護具を着用した状態で防護服を脱ぐ必要があるが、脱ぐときの手順と廃棄の方法な
どを明示したり訓練を行うようにしたりして、二次的なばく露が起こらないように注意
が必要である。

　一般の作業靴や布製のスニーカーは化学物質の溶液が入り込んだり、全体が濡れたりする。アルカリ性の液体洗剤や生コンクリートのような強アルカリ溶液を使用する作業では、耐油・耐薬品仕様の化学防護長靴を着用する。長靴の履き口から液体が入り込む場合もあるので、口を縛ることができるタイプのものが望ましい。誤って液体が靴の中に入った場合には、必ず新しいものに履き替え、足もきれいに水洗する。

7.3.5　呼吸用保護具

（1）呼吸用保護具の種類

　作業場の空気中には、粉じん（固体を研磨・切削したときや、粉砕などの機械的な作用を加えて発生したもの）、ヒューム（主に金属を溶融する、又は、溶接する際に発生する金属蒸気が空気中で凝固して微小な粒子となって空気中に浮遊しているもの）、ミスト（液体の微細な粒子が空気中に浮遊しているもの）に分類される粒子状物質と、蒸気［常温、常圧（25℃、1 気圧）］で液体又は固体のものが蒸気圧に応じて揮発又は昇華して気体となっているもの）やガス（常温、常圧で気体のもの）、それらが混合して存在している場合がある。それらを作業者が吸入して障害を受けないように保護するのが呼吸用保護具である。呼吸用保護具には**図 7.5** のような種類がある。呼吸用保護具は酸素濃度 18％以上のみで使用できるろ過式と、酸素濃度 18％未満でも使用できる給気式に大別される。給気式呼吸用保護具は酸素若しくは空気が圧縮されているボンベや有害物質のない場所からホースを用いて面体内に清浄空気が供給されるため、有害化

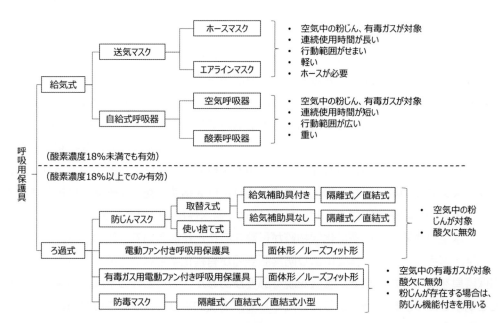

図 7.5　呼吸用保護具の種類（出典：労働衛生のしおり平成 3 年度版をもとに作成）

学物質濃度が高い場所や酸素濃度が18%未満の場所でも使用可能である。点線から下に分類されているろ過式呼吸用保護具は、フィルターや吸収缶で有害物質をろ過した作業場所の空気を吸い込むため、酸素濃度18%以上の場所で使用しなくてはならない。呼吸用保護具を選択する際は、酸素濃度と有害物質の種類と濃度を勘案して選択する。厚生労働省の職場のあんぜんサイトには労働衛生保護具（呼吸用保護具、保護手袋、保護眼鏡）について説明[11]が示されている。

防じんマスク（使い捨て式）　防じんマスク（取替え式）

防毒マスク（半面型）　防毒マスク（全面型）

図7.6 防じんマスクと防毒マスクの形状
（職場のあんぜんサイト）

　災害事例のうちには、呼吸用保護具の誤った使用、特に防毒マスクを使用すべき作業において防じんマスクを使用していた事例がある。空気中の有害物質には、粉じん、ヒューム、蒸気、ガス、ミストがあり、また、これらが混在するものもあるため、ろ過式呼吸用保護具は有害物質の形状に適した原理のものを使用しなくてはならない。粉じん、ヒュームやミストに対しては「防じんマスク」を使用し、蒸気、ガス状の有害物質については、「防毒マスク」を使用する。防じんマスクと防毒マスクとは、有害化学物質を除去する機序が全く異なるため、どちらか一方の種類のマスクでもう一方のマスクの効果を期待することはできない。粒子状物質とガス、蒸気が混在する場合には、粒子状物質をろ過するフィルターとガスや蒸気をろ過する吸収缶の両方を備えた「防じん機能付き吸収缶」を取り付けることのできる防毒マスクを使用する。防じんマスクと防毒マスクの外観は**図7.6**に示すとおりである。防じんマスクはフィルターが交換できる取替え式と、使い捨て式がある。取替え式防じんマスクと防毒マスクの面体には、顔全体を覆う形式の全面型面体と、顎から鼻にかけて覆う半面型面体がある。また、フィルターや吸収缶には、隔離式、直結式があり、吸収缶には直結式小型もある。

> **ワンポイント解説** **母性保護のための「女性労働基準規則」**
>
> 　女性労働基準規則では、妊娠や出産・授乳機能に影響のある化学物質については、作業環境測定の結果の評価により、第三管理区分に区分された屋内作業場における業務及び局所排気装置等のない作業場所で、呼吸用保護具の使用が義務付けられている業務が就業禁止の対象となっている。
>
> 　これは高濃度の有害な環境のもとでは、顔面とマスク面体等との間からの漏れに

[11] https://anzeninfo.mhlw.go.jp/user/anzen/kag/pdf/taisaku/common_PPE201903.pdf

7

リスクアセスメント（リスク低減対策）

より、妊娠・出産・授乳機能に影響が生じるおそれがあること、また妊娠中の女性労働者は、平常時より呼吸量が増大し、必要な酸素量が増加しており、呼吸用保護具の着用により呼吸の負担が増加することから、呼吸用保護具を着用しても就業を禁止するものである。

ろ過式呼吸用保護具には、電動ファンによりフィルターに空気を取り込む形式の PAPR（Powered Air Purifying Respirators：電動ファン付き呼吸用保護具）と、電動ファンにより吸収缶に空気を取り込むガス用電動ファン付き呼吸用保護具がある。これらは、電動ファンにより呼吸域の空気をフィルターや吸収缶を通して清浄な空気にして面体内に取り込むことにより、面体内が陰圧になることなく、作業者はその清浄な空気を吸入することができる呼吸用保護具である。PAPR には、全面形面体、半面形面体、フード又はフェイスシールド（☞**図 7.7**）がある。電動ファン付き呼吸用保護具は指定防護係数が高いため、石綿除去作業（S 級、PL3、PS3、国家検定合格品のみ）、トンネル建設工事作業などでは PAPR の使用が義務付けられている。防じんマスク、防毒マスク、電動ファン付き呼吸用保護具は国家検定があるため、有害化学物質を取り扱う作業場でこれらの呼吸用保護具を使用する際には、国家検定合格品を使用する必要がある。

図 7.7　フェイスシールド型 PAPR（職場のあんぜんサイト）

（2）呼吸用保護具の選択方法

酸素濃度による選択を行った後、有害物質の状態と種類を考慮して選択を行う（**表7.8**）。なお、酸素濃度が 18％未満では必ず給気式呼吸用保護具を使用しなければならない。

表 7.8　環境空気中の有害物質の状態と有効な呼吸用保護具の種類

有害物質の状態	選択可能で有効な呼吸用保護具の種類
粒子状物質・ミスト	・防じんマスク ・PAPR ・送気マスク
ガス・蒸気	・防毒マスク ・送気マスク
粒子状物質・ミストとガス・蒸気が混在	・防じん機能付き防毒マスク ・送気マスク
酸素濃度＜18％ 又は濃度不明	・送気マスク ・自給式呼吸器

表 7.9　防じんマスクの種類

取替え式（R）Replaceable			使い捨て式（D）Disposable		
固体粒子用 (S)	液体粒子用 (L)	捕集効率	固体粒子用 (S)	液体粒子用 (L)	捕集効率
RS1	RL1	80.0％以上	DS1	DL1	80.0％以上
RS2	RL2	95.0％以上	DS2	DL2	95.0％以上
RS3	RL3	99.9％以上	DS3	DL3	99.9％以上

▶粒子状物質（ミストを含む）

　粒子状物質に対しては、防じんマスクを選択しなければならない。特に有害性の高い粒子状物質や高濃度の環境では送気式呼吸用保護具が必要となる場合がある。

　防じんマスクには取替え式防じんマスク（面体とろ過材が分離していて、ろ過材を交換するタイプ）と、マスク全体がろ過材からなる使い捨て式防じんマスクがある。使い捨て式マスクは吸気抵抗値をもとに定められている使用限度時間と形状のゆがみや汚れのないことを確認して使う。使用限度時間以内でも、息苦しいとき、変形したときは交換する。防じんマスクには、固体粒子（粒子状物質）用と液体粒子（ミスト）用の2種類があり、それぞれのろ過材は粉じんの捕集効率により3段階のものがある。捕集効率の試験物質として、一定の粒径分布をもつ、固体粒子（NaCl）又は液体粒子（ジオクチルフタレート）が用いられる。防じんマスクの種類を**表 7.9**に示す。作業場に飛散する化学物質の性状を見極めて、ミストが存在しないときは固体粒子用を使用し、ミストが存在するときは液体粒子用を使用する。液体粒子用は固体粒子のみのときにも使用できる。平成17年に発出された通達（基発第0207006号）（☞**A7.3**）には、一部の作業内容に適合した防じんマスクの性能の区分が記載されている（**表 7.10**）。

▶有毒ガス

　有毒ガスに対しては、防毒マスクを選択することができる。防毒マスクには除害対象となる有害ガスに対応する吸収缶を取り付けて使用する。現在JISや厚生労働省の国家検定品があるのは**表 7.11**のとおりである。隔離式では吸収缶が面体とホースでつながれており、吸収缶は腰に付けて使用する。大容量の吸収缶を使用することができる。直結式では吸収缶を直接面体に取り付けて使用する（**図 7.6**）。吸収缶の大きさにより、直結式と直結式小型の2種類がある。

　作業環境にある有害ガスを除去できる吸収缶を選定する。吸収缶は一定量の有害ガスを除去すると除去する能力がなくなる。除去できなくなると、有害ガスがマスクの内側に漏れる（これを破過という）。作業者は吸収缶を破過時間（吸収缶の使用できる時間）の前に交換しなければならないが、目安の破過時間が取扱説明書に記載されている。有機ガス用吸収缶は、有機溶剤の種類によって破過時間が異なる。一般的に、沸点の低い

表 7.10　粉じん等の種類及び作業内容に応じた防じんマスクの選定

粉じん等の種類及び作業内容	防じんマスクの性能の区分
○安衛則第 592 条の 5 廃棄物の焼却施設に係る作業で、ダイオキシン類の粉じんのばく露のおそれのある作業において使用する防じんマスク ・オイルミスト等が混在しない場合 ・オイルミスト等が混在する場合	 RS3、RL3 RL3
○電離則第 38 条 放射性物質がこぼれたとき等による汚染のおそれがある区域内の作業又は緊急作業において使用する防じんマスク ・オイルミスト等が混在しない場合 ・オイルミスト等が混在する場合	 RS3、RL3 RL3
○鉛則第 58 条、特化則第 43 条及び粉じん則第 27 条 金属のヒューム（溶接ヒュームを含む。）を発散する場所における作業において使用する防じんマスク ・オイルミスト等が混在しない場合 ・オイルミスト等が混在する場合 ○鉛則第 58 条及び特化則第 43 条 管理濃度が 0.1 mg/m^3 以下の物質の粉じんを発散する場所における作業において使用する防じんマスク ・オイルミスト等が混在しない場合 ・オイルミスト等が混在する場合	 RS2、RS3、DS2、DS3、 RL2、RL3、DL2、DL3 RL2、RL3、DL2、DL3 RS2、RS3、DS2、DS3、 RL2、RL3、DL2、DL3 RL2、RL3、DL2、DL3
○上記以外の粉じん作業 ・オイルミスト等が混在しない場合 ・オイルミスト等が混在する場合	 RS1、RS2、RS3、 DS1、DS2、DS3、 RL1、RL2、RL3、 DL1、DL2、DL3 RL1、RL2、RL3、 DL1、DL2、DL3

　有機溶剤は破過時間が短い。高温・高湿度の場合には破過時間が短くなるので、早めの交換を行う。作業の強度が高いとき（重労働のとき）も破過時間が短くなる（☞ **A7.4**）。

　吸収缶は防毒マスクの規格第 2 条で規定する使用の範囲内で選択する。ただし、防毒マスクの面体が使用者の顔にフィットしていない場合（漏れがある場合）には、防毒マスクとして有効に使用できる濃度はこれより低くなることがある。そのため、特定された有毒ガスの環境中の濃度及びばく露限界濃度から、（3）を参考に要求防護係数を算出し、**表 7.12**（171 ページ）の指定防護係数と比較し、要求防護係数よりも大き

い指定防護係数をもつ呼吸用保護具を使用する。

対応する吸収缶の種類がない場合には、給気式呼吸用保護具を選択する。

表7.11　防毒マスクの種類[*12]

対応ガス	隔離式	直結式	直結式小型	規格	
				国家検定	JIS
ハロゲンガス用	◎	◎	◎	あり	あり
酸性ガス用	○	○	○		あり
有機ガス用	◎	◎	◎	あり	あり
一酸化炭素用	◎	○	—	あり	あり
一酸化炭素及び有機ガス用	○	—	—		あり
アンモニア用	◎	◎	◎	あり	あり
二酸化硫黄（亜硫酸ガス）用	◎	◎	◎	あり	あり
シアン化水素用	○	○	—		あり
硫化水素用	○	○	—		あり
臭化メチル用	○	○	○		あり
水銀用	—	—	○		あり
ホルムアルデヒド用	—	○	○		あり
リン化水素用	○	○	○		あり
エチレンオキシド用	—	○	○		あり
メタノール用	—	○	○		あり

▶粒子状物質と有毒ガスが混在

粒子状物質と有毒ガスが混在する場合は、防じん機能付き防毒マスクを選択するのが一般的である。

（3）指定防護係数を考慮した呼吸用保護具の選定

各呼吸用保護具の指定防護係数の最新版（JIS T 8150：2021）をもとにばく露低減する考え方は次のとおりである。作業環境の空気中に存在する有害物質の濃度を濃度基準値以下に低減するために必要となる呼吸用保護具の防護係数が要求防護係数であり、次式によって表される。

$$PF_r = CC_{out}/PC_{in}$$

PF_r：要求防護係数、CC_{out}：呼吸用保護具の外部の有害物質濃度、PC_{in}：呼吸用インタフェースの内部で許容される濃度、すなわち、ばく露限界濃度（OEL）

[*12]　出典：国家検定及び JIS T 8152：2012 をもとに作成
[*13]　漏れ率＝面体等の内側の粉じん濃度/面体等の外側の粉じん濃度

　防護係数が高いとは、マスク内への有害物質の漏れ込みが少ないことを示し、作業者のばく露をより低減できることになる。防護係数は呼吸用保護具の漏れ率[*13]の逆数と考えることができる。例えば、全漏れ率が 5％であるということは、防護係数として 20 に相当する。

　法令改正に新たに導入されたマスクの着用で期待されるのは、環境中の有害物質の濃度を低減して、マスクの内部の濃度を新たに設定される濃度基準値より低くすることである。例えば、ある有害物質の濃度基準値が 0.5 mg/m^3 で、外部の有害物質濃度が 3 mg/m^3 であるときの要求防護係数は 3÷0.5 で 6 となる。マスクの防護性能を示す指定防護係数（**表7.12**）を参照すると、この場合、取替え式防じんマスクの RL3/RS3 又は RL2/RS2 を使用できることがわかる。指定防護係数とは呼吸用保護具が正常に機能している場合、かつ、呼吸用保護具について十分にトレーニングされた着用者が使用した場合に期待される最低の防護係数を指している。

　したがって、呼吸用保護具の着用が正しく行われていなかったり、正しいメンテナンスが行われなければ要求防護係数を満たすことができなくなる。半面型マスクのように面体をもつ呼吸用保護具では、顔と面体の間の漏れが防護性能に大きく影響することから、フィットテストによる装着訓練と、着用時に必ずシールチェック（フィットチェック）を行って漏れがないことを確認する。

（4）フィットテスト

　事業者は、次に掲げるところにより、呼吸用保護具の適切な装着を 1 年に 1 回、定期的に確認する必要がある。

①呼吸用保護具（面体を有するものに限る）を使用する労働者について、JIS T 8150（呼吸用保護具の選択、使用及び保守管理方法）に定める方法又はこれと同等の方法により当該労働者の顔面と当該呼吸用保護具の面体との密着の程度を示す係数（以下、"フィットファクタ"という）を求め、当該フィットファクタが要求フィットファクタを上回っていることを確認する方法とすること。

②フィットファクタは、次の式により計算するものとする。

$$FF = C_{out}/C_{in}$$

（この式において FF、C_{out} 及び C_{in} は、それぞれ次の値を表すものとする。

　　FF　　フィットファクタ

　　C_{out}　呼吸用保護具の外側の測定対象物の濃度

　　C_{in}　呼吸用保護具の内側の測定対象物の濃度）

③①の要求フィットファクタは、呼吸用保護具の種類に応じ、次に掲げる値とする。

　　全面形面体を有する呼吸用保護具　500

　　半面形面体を有する呼吸用保護具　100

表 7.12 呼吸用保護具の指定防護係数[*14]

呼吸用保護具の種類			呼吸用インタフェース（面体等）の種類			
			半面形面体	全面形面体	フード	フェイスシールド
給気式呼吸用保護具	自給式呼吸器	空気呼吸器 プレッシャデマンド形	50	10 000		
		デマンド形	10	50		
	送気マスク	エアラインマスク プレッシャデマンド形	50	1 000		
		デマンド形	10	50		
		一定流量形	50	1 000	25/1 000[*1]	25
	ホースマスク	電動送風機形	50	1 000	25	25
		手動送風機形	10	50		
		肺力吸引形	10	50		
ろ過式呼吸用保護具	有毒ガス用電動ファン付き呼吸用保護具		50/300[*1]	1 000	25/1 000[*1]	25/300[*1]
	電動ファン付き呼吸用保護具	S 級・PL3/PS3	50/300[*1]	1 000	25/1 000[*1]	25/300[*1]
		S 級・PL2/PS2	—[*2]	—[*2]	20	20
		S 級・PL1/PS1	—[*2]	—[*2]	11	11
		A 級・PL3/PS3	—[*2]	—[*2]	20	20
		A 級・PL2/PS2	33	90	20	20
		A 級・PL1/PS1	14	19	11	11
		B 級・PL3/PS3	—[*2]	—[*2]	11	11
		B 級・PL2/PS2	—[*2]	—[*2]	11	11
		B 級・PL1/PS1	14	19	11	11
	防毒マスク[*3]		10	50	—	—
	防じんマスク	取替え式 RL3/RS3	10	50	—	—
		RL2/RS2	10	14	—	—
		RL1/RS1	4	4	—	—
		使い捨て式 DL3/DS3	10	—	—	—
		DL2/DS2	10	—	—	—
		DL1/DS1	4	—	—	—

注記：指定防護係数は，呼吸用保護具が正常に機能している場合かつ呼吸用保護具の使用方法について，よくトレーニングされた着用者が使用した場合に期待される最低の防護係数である。

※1　呼吸用保護具の製造業者による作業場所防護係数又は模擬作業場所防護係数の測定結果が，表中の指定防護係数値以上であることを示す技術資料が提供されている製品だけに適用する。

※2　市場に製品がないため，規定しない。

※3　防じん機能付き防毒マスクの粒子状物質に対する指定防護係数は，防じんマスクの指定防護係数を適用する。

[*14] 出典：JIS T 8150：2021 をもとに作成

7.4　労働災害発生事業場への労働基準監督署長による指示

　化学物質による労働災害が発生又はそのおそれのある事業場について、労働基準監督署長が、当該事業場における化学物質の管理が適切に行われていない疑いがあると判断した場合は、当該事業者に対し、改善を指示することができる。改善の指示を受けた事業者は、遅滞なく化学物質管理専門家（化学物質管理者とは異なるので注意）から、リスクアセスメントの結果に基づき講じた措置の有効性の確認及び望ましい改善措置に関する助言を書面にて受けたうえで、1 月以内に改善計画を作成し、労働基準監督署長に報告し、当該計画に従い改善措置を実施しなければならない。また、計画に基づき実施した改善措置の記録を作成し、化学物質管理専門家からの通知及び当該計画とともに 3 年間保存しなければならない（安衛則第 34 条の 2 の 10）（**図 7.8**）。

　このような事態に至った場合に重要な証拠（書類）として提出を求められるのは化学物質管理者が作成・保存している文書であろう。日頃の化学物質管理者の活動が問われるともいえる。

　「労働安全衛生規則等の一部を改正する省令等の施行について」において下記のとおり告示されている。

　「化学物質による労働災害が発生した、又はそのおそれがある事業場」とは、過去 1 年間程度で、

①化学物質等による重篤な労働災害が発生、又は休業 4 日以上の労働災害が複数発生していること

②作業環境測定の結果、第三管理区分が継続しており、改善が見込まれないこと

③特殊健康診断の結果、同業種の平均と比較して有所見率の割合が相当程度高いこと

④化学物質等に係る法令違反があり、改善が見込まれないこと

等の状況について、労働基準監督署長が総合的に判断して決定するものであること。

　[☞**A2.6**、第 4、6(1)]

　化学物質管理専門家は、次のイ～ニのいずれかに該当する者[*15][*16] とする（☞**A2.9**）。

[*15]　労働安全衛生規則第三十四条の二の十第二項等の規定に基づき厚生労働大臣が定める者（令和 4 年厚生労働省告示第 274 号）

[*16]　労働安全衛生規則第 12 条の 5 第 3 項第 2 号イの規定に基づき厚生労働大臣が定める化学物質の管理に関する講習等の適用等について（令和 4 年 9 月 7 日付け基発 0907 第 1 号）

イ　安衛法第 83 条第 1 項の労働衛生コンサルタント試験（その試験の区分が労働衛生工学であるものに限る。）に合格し、安衛法第 84 条第 1 項の登録を受けた者で、5 年以上化学物質の管理に係る業務に従事した経験を有するもの

ロ　安衛法第 12 条第 1 項の規定による衛生管理者のうち、衛生工学衛生管理者免許を受けた者で、その後 8 年以上安衛法第 10 条第 1 項各号の業務のうち衛生に係る技術的事項で衛生工学に関するものの管理の業務に従事した経験を有するもの

ハ　作業環境測定法（昭和 50 年法律第 28 号）第 7 条の登録を受けた者（以下「作業環境測定士」という。）で、その後 6 年以上作業環境測定士としてその業務に従事した経験を有し、かつ厚生労働省労働基準局長が定める講習を修了したもの

ニ　イからニまでに掲げる者と同等以上の能力を有すると認められる者

化学物質管理専門家に確認を受けるべき事項

1．リスクアセスメントの実施状況
2．リスクアセスメントの結果に基づく必要な措置の実施状況
3．作業環境測定又は個人ばく露測定の実施状況
4．特別則に規定するばく露防止措置の実施状況
5．事業場内の化学物質の管理、容器への表示、労働者への周知の状況
6．化学物質等に係る教育の実施状況

［☞**A2.6**、第 4、6（2）］

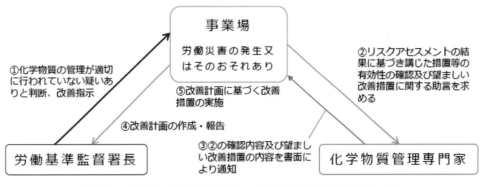

図 7.8　労働災害発生事業場等への労働基準監督署長による指示

8章

職場の見回り、教育、緊急時対策

本章では、職場の化学物質管理の定着において重要な職場の見回り、教育、緊急時対策について解説する。

8.1　職場の見回り

　化学物質管理の最初は、作業場にどういう危険・有害な化学物質があるかを把握することから始まる。そのために、最初に行うのが職場の見回りである。例えば、作業場に入った瞬間に、有機溶剤臭を感じれば、その有機溶剤が原因で健康障害が起きる可能性を予想できる。このように、常識的に考えて、安全・健康上問題があると予想される化学物質を探すのが第一歩である。

　見回り時、職場の整理整頓がされていない、定期的な点検を実施していない等の直接的には化学物質管理と関係しないような点にも気が付くことがあるが、化学物質管理の問題は、このような管理の不徹底に垣間見ることができるので、チェックしておきたいポイントである（☞**A8.1**）。

8.1.1　化学物質の特定

　安全・健康上リスクが高い可能性のある化学物質を特定する方法の例を以下にまとめる。

（1）現場での観察

　自分の五感を働かせて、"感じる"ことは、実はとても有効な方法である。上記のような有機溶剤臭以外にも、床面の滑り（粉じんが舞って床に落ちているなど）、眼の刺激（眼に刺激のあるガスが出ている）、異常な音（容器内部の化学物質が外に噴出している）などが例としてあげられる。

　その作業場で働いている作業者やその上長に意見を聞いてみるのはよい方法である。臭気など、作業者が日常的に健康面で気になっていることがあるか、ヒアリングで聞き出すことで、気が付きにくい化学物質のばく露を発見することがある。毎日行う作業以外に、1か月に一度のように、頻度が低い作業の有無も確認しておくとよい。

（2）ラベル・SDS の活用

　化学物質が危険・有害であるかどうかは、その容器や包装に貼付されているラベルや職場の SDS により確認できる。有害性の高い以下の絵表示が付いているものは、漏れのないように確実にリストアップし、優先的に対応する必要があろう。

（3）過去の労働災害記録

過去の労働災害と疾病の記録を事前に調べたうえで職場の見回りをすると、気が付き

にくい化学物質のばく露状況の特定に役立つことがある。

（4）外部情報の活用

厚生労働省が情報発信をしている職場のあんぜんサイトには、25 種類の作業別モデル対策シート[*1] が公開されているので、同種の作業が職場にあれば、見回り前に目を通して、注意ポイントを確認しておくとよい。

多くの事業者団体が非常に有益なガイダンスを作成していることがあるため、事業者団体に加盟している場合には、問い合わせると有益な情報が得られる場合がある。

また、厚生労働省の「化学物質による災害発生事例について」[*2] には、化学物質の労働災害情報が集まっている。自分の事業場と類似の状況で、労働災害が起きているか確認しておくことも有効である。

8.1.2　ばく露状況の把握

安全・健康上問題があると予想される化学物質を把握したら、その化学物質に、だれがどういう状況でばく露する可能性があるかを確認する。使用時間、使用量、作業頻度、使用時の状況（蒸発、飛散の有無など）といった情報が、次に行うリスクアセスメントの基本的な情報になるからである。

把握し難い状況として、協力会社が行っている作業があげられる。委託した協力会社に丸投げで、自分の事業場内でどのような化学物質がどのように使われているか把握していない事業場は多いと思われる。

次に、ばく露に気が付きにくい状況として、同じ作業場所で別の指示系統の人が作業する場合がある。自分が主体的に化学物質を扱っている場合は、化学物質を認識できるが、同じ作業場所で他の作業をしている人にとっては、化学物質の存在を知らずに、化学物質にばく露している状況もあり得る。上記の委託業者の作業で起きやすいことである。極端な話では、同じ作業場で防毒マスクをしている人としていない人が同席することもあり得る。

出産後の女性や妊婦、アレルギーをもっている人など、特別な配慮の必要な一部の労働者は、それぞれに該当するリスクにさらされる可能性がないかも、見回りのときに確認しておくべき項目である。

最後に、事業場内に限らず、事業場周辺に危害を受ける可能性はないかも確認しておく。有害な化学物質を屋外に排出した結果、その排出された物質が近隣住民の健康被害や悪臭による問題などを起こす懸念があるからである。

[*1]　https://anzeninfo.mhlw.go.jp/user/anzen/kag/ankgc07_6.htm
[*2]　https://www.mhlw.go.jp/bunya/roudoukijun/anzeneisei10/index.html

8.1.3　ばく露対策状況の確認

　見回りでは、作業場で行われているばく露対策も確認しておく。現在の対策としての、換気状況、保護具の使用状況に加えて、その際に、さらなる対策改善ができないか、想定しながら見回りを行うのがよい。対策の基本は、代替物使用、工学的対策（発散源密閉、排気装置等）、作業方法改善、保護具の順で考えるのが重要である。

　根本対策としての代替物使用という視点であれば、例えば、「そもそも、その化学物質を扱う作業自体が過去からの惰性で継続している業務であり本当に必要なのか？」、「より有害性の低い化学物質に切り替えることはできないか？」という見方で見回りをするのがよい。

　工学的対策としての視点であれば、「密閉化や囲い込みで蒸発した化学物質のばく露を低くできないか？」、「温度を下げて蒸発を抑えることはできないか？」などがあげられる。

　作業方法改善であれば、「作業位置を化学物質から離れた位置に移せないか？」という視点があげられる。例えば、監視業務であれば、ばく露リスクがある近接場所で直接監視しなくても、ビデオカメラ等で離れた場所で確認することもできる。自動化して人がばく露する可能性をなくすこともアイデアとしてあり得る。

　保護具を用いた対策であれば、保護具着用による作業性の課題や他のリスクが問題になるかを確認する。例えば、加熱炉の近くでの作業等、高温な場所では、熱中症リスクもあるために、化学物質対策としてカバーオールを着て作業することに制約が生じる。送気マスクであれば、空気源からホースを引く必要があるが、作業場所によっては物理的にホースを引くことが困難な場合もある。

　加えて、緊急事態が発生したときに対応できる設備が準備できるかも確認しておく。例えば、アルカリのように眼に損傷を与える化学物質を取り扱う場合、万一眼に入った場合、可及的速やかに洗眼する必要があるので、作業場所に洗眼できる設備が必要となる。

8.1.4　見回りの記録

　職場の見回りが完了したら、最後に記録を残しておく。記録した情報は、リスクアセスメントや対策に活用する基本情報となる。そのため、記録は事業場内で共有化するのが望ましい。記録シートの例を**図8.1**に示す。

所属	製品	主な化学物質	作業内容	作業場所	取扱量	作業時間	作業頻度	囲い	換気状況	保護具	特記事項
製造1課 1班	製品A	トルエン、エチルベンゼン、シリカ	塗装	製造棟1階	1L	30分	毎日	無	換気扇	無	刷毛塗
	製品B	ジクロロメタン	塗膜剥離	製造棟2階	0.5L	1時間	月1回	無	全体換気	無	容器内

職場名　＿＿＿＿＿＿＿＿＿＿

調査日　＿＿＿＿＿＿＿＿＿＿

調査者　＿＿＿＿＿＿＿＿＿＿

気温＿＿　風向＿＿＿＿　風速＿＿＿＿＿

図8.1 記録シートの例

8.2 労働者教育

　化学物質管理における教育は、知識教育に偏っている場面が多い。ヒヤリハット事例、あるいは過去の災害事例などの内容をよく読み取り、まずは「知らなかった」ことが問題だったのか、「できなかった」ことが問題だったのか、「やらなかった」ことが問題だったのか、あるいはいくつかの問題が重なりあっているのかをよく見極める必要がある。そのうえで、事業場、あるいは自らの職場の弱い点を踏まえて、適切な教育計画を立て、教育を実施する、又は日々の指導、指示を行うことが大切となる（**表8.1**）。

表8.1 労働者教育

不安全行動の原因	行うべき教育	教育内容
知らなかった	知識教育を行う	取り扱う装置、設備の構造、機能など
		化学物質の危険有害性
		作業に必要な法規、社内基準など
できなかった	技能教育（訓練）を行う	作業のやり方、設備の操作の仕方
		緊急時対応にかかわる事柄の定期的な訓練
		技能の更なる向上につながる事柄
やらなかった	態度教育を行う	化学物質を取り扱うことによる利益と不利益
		感情、本能に訴えるメッセージの伝達
		危険性の場合は、五感での体感
		適正配置のことも念頭に置いておく※

※　知識、技能、態度には問題がなく、ヒューマンエラーが原因である場合には、教育で改善は図れない。その場合は、本質安全化を基本においた対策を考える。

8

職場の見回り、教育、緊急時対策

8.2.1　知識教育

化学物質の有害性は、直感で認識しづらい。また安全管理が対象としている災害の型のように、体感させることで有害性の認識を促すというような工夫をすることが難しい。したがって、正しい知識を、きちんと、わかりやすく、言葉で伝えることが何よりも大切となる。有害性、そして取り扱う際の注意点が、知識教育によってきちんと作業者に伝わってさえいれば防げた（知らなかった）災害例が多いことを、教育・指導を行う担当者はよく認識しておく必要がある。

教育・指導担当者は、化学物質の基礎知識（例えば、有機溶剤であれば「揮発性が大きい」、「比重が空気より大きい」、「引火性がある」といった事柄）を学び、さらにSDSで、具体的に取り扱う化学物質特有の性質、並びに取扱い時の注意点等をよく学んでおく必要がある。

実際に知識教育を行うにあたっては、SDSよりも、ラベルの記載内容を教材に使うことが望ましい。詳細な情報が書き込まれているSDSは、主に教育・指導を行う担当者が参考にする資料ととらえておくべきであろう。簡潔に注意点等がまとめられているラベルを教材に活用した方が、作業者が内容を受け入れやすい。また、ラベルだけで不十分であれば、SDSそのものを教材に使うのではなく、化学物質管理者がSDSから読み取った大事な事柄を、ラベルにプラスして説明することが効果的である。ラベル、SDSには、「化学品の分類および表示に関する世界調和システム（GHS）」の国連文書を踏まえて、化学物質の名称、人体への影響などが絵表示も交えて記載されている。教育・指導担当者は、記載内容が国際的に統一された判断基準であることをよく理解したうえで、危険性・有害性の情報伝達に努める。国内においても、様々な国籍の人々が一緒に働く場面が増えていく中、国際的なルールに沿った知識を学んで作業にあたることが、今後ますます大切になってくることを作業者に伝えることも必要である。GHSに関するサイトはほとんどの国（政府）にあるので、自国の言葉でGHS（絵表示の意味など）を理解することが可能である。

8.2.2　技能教育（災害発生時の行動に関する訓練も含む）

「できなかった」をなくすためには、化学物質を装置、設備で取り扱う、あるいは手作業で取り扱う、いずれの場合においても必ず作業手順書をきちんと整えておくことが前提となる。工学的な対策を実施したとしても、正しい設備の操作手順、日常点検の方法などを、作業手順書を基にして作業者に教育する必要がある。そして、作業手順書を作成する（あるいは見直す）ときには、管理側だけでなく、必ず作業者を参画させて作成する必要がある。できあがった作業手順書は必ず現場で試行する必要がある。安全衛

生だけを考慮して、品質、効率を全く無視した作業手順は、本来の姿ではない。<u>作業手順書が完成したときには、安全衛生、品質、効率、それぞれの要因を踏まえたバランスの取れた手順書であるかどうかを確認する</u>必要がある。

　作業者の技能教育は、この作業手順書をもとに、前記した危険有害性を正しく理解したのかを現場で確認しながら行う。化学物質の労働者教育が、座学だけに留まっていないか、改めて振り返ってもらいたい。放言したままではなく、正しく危険有害性を理解したのか、正しい手順を適切に行えるのかどうかを、現場できちんと確認することを忘れてはならない。習慣などの違いで、よく理解していないにもかかわらず「わかりました」と返答しがちな外国人労働者の皆さんとともに働く折には、特に留意しなければならない。

> **ワンポイント解説　「わかりました」と返答する理由とは？**
>
> 　儀礼上、教えてくださった人に「わかりません」と返答すると失礼にあたるので、わかっていなくても「わかりました」と返答する例、「わかりません」と返答すると仕事を失ってしまうので、わかっていなくても「わかりました」と返答する例などがある。

　化学物質が眼、あるいは皮膚へ付着した場合の処置、あるいは大量に化学物質を取り扱っている事業場にあっては、大量漏えいの際の緊急時対応（避難、緊急時の給気式呼吸用保護具の使用等）などについて、<u>一回の訓練（技能教育）で終わらせずに、継続して定期的に行っていく</u>必要がある。また、大量漏えい時に高濃度の化学物質が拡散し、作業者が急性中毒に至る可能性もある事業場にあっては、作業者全員が一次救命措置を施せるように訓練しておくことが欠かせない。

8.3　災害時応急対策

　リスクアセスメントの実施や、その後のリスク低減対策により防ぐことができる化学物質による事故災害であるが、それでも災害が発生した場合には、その被害を最小限にするための応急措置が必要となる。

　特に災害時に応急措置が必要となるのは、

- 飲み込んで消化器に障害をもたらす場合
- 吸い込んで呼吸器に障害をもたらす場合
- 皮膚や粘膜に付着した場合に刺激性・腐食性がある場合
- 上記のばく露経路により体内に侵入後、急性期または亜急性期に全身中毒症状を呈

する可能性がある場合

等がある。なお、必ずしも受傷直後に特徴的な症状を呈するとは限らず、ばく露後数時間から時には数日後に発症する場合があることを念頭に置き、対応をする必要がある。

そのためには、まずは化学物質のばく露を過小評価せずに、ばく露部位の原因物質をできる限り速やかに除去したのち、SDS 等の有害性情報等を参考に、当該化学物質により発生するおそれがある症状・所見を観察し、その変化がみられる場合やその可能性が懸念される場合には、速やかに医療機関での対応を図る必要がある。

なお、医療機関受診とする際には、ばく露した化学物質等の SDS を医療機関に提示することを忘れてはならない。

表 8.2　救命救急センターに伝える原因物質の SDS 情報

1	製品及び会社情報 化学物質等（化学品／製品）	8	ばく露防止及び保護措置
2	危険有害性の要約 GHS 分類結果、ラベルの要素	9	物理的及び化学的性質
		10	安定性及び反応性
		11	有害性情報
3	組成及び成分情報	12	環境影響情報
4	応急措置	13	廃棄上の注意
5	火災時の措置	14	輸送上の注意
6	漏出時の措置	15	適用法令
7	取扱い及び保管上の注意	16	その他の情報

8.3.1　職場における応急措置の原則

化学物質ばく露全般に共通する主な応急措置対応としては、以下があげられる。

（1）飲み込んだ場合（経口）

口をすすぐ。医師の診断又は手当てを受ける。刺激性・腐食性が強い物質を飲み込んだ場合は無理に吐かせると上部消化管及び呼吸器への影響に拡大することから、無理には吐かせずに直ちに救急処置を受ける必要がある。当該物質に適切な応急措置がある場合はそれに従う（詳細は製品のラベル及び SDS に記載がある）。

（2）皮膚等に付着をした場合

直ちに汚染された衣類を可能な限り脱衣し、多量の水又は洗浄剤等で洗い、医師の診断又は手当てを受ける。刺激性・腐食性が強い物質は直ちに救急処置を受ける必要がある。なお、皮膚感作性がある物質の場合で、皮膚の刺激や湿疹が出た場合は医師の診断又は手当てを受ける。

洗浄に際して、明らかに水が不適切な場合には洗浄の際には水は使用せず、また当該物質に適切な洗浄剤がある場合にはそれを使用する（詳細は製品のラベル及び SDS に記載がある）。

（3）吸い込んだ場合（吸入）

空気の新鮮な場所に移し、呼吸しやすい姿勢で休息させる。医師の診断又は手当てを受ける。刺激性・腐食性が強い物質を吸入した場合は直ちに救急処置を受ける必要がある。なお、呼吸器感作性がある物質の場合で、呼吸器に係る症状が出た場合は直ちに救急処置を受ける必要がある。

（4）眼に入った場合

すぐに水で数分間注意深く洗う。次にコンタクトレンズを着用していて容易に外せる場合は外す。その後も洗浄を続ける。眼の刺激が続く場合は、医師の診断又は手当てを受ける。

8.3.2　局所影響

（1）吸入ばく露により呼吸器に重篤な障害をもたらすおそれがある場合

▶化学性肺炎（肺水腫）

各種の酸やアルカリ、一部の金属など皮膚粘膜への刺激性・腐食性が強い物質をガス・蒸気又は粉じんとして吸入した際、肺胞粘膜上皮での炎症が発生する。広範囲に及ぶ場合にはいわゆる肺水腫の状態となり、肺を介した酸素等のガス交換（＝呼吸）ができなくなることから、低酸素血症によるチアノーゼ（手指末端の蒼白）や顔面の蒼白、呼吸困難等の症状を呈し、重篤になると死に至る。なお、これらの反応はばく露後数時間経過してから発生することもある。

【応急措置】

● 肺胞表面に発生した炎症自体に対しては、現場での応急措置では改善を期待できないため、速やかに救急車を呼び医療機関を受診させる。なお、残存する呼吸機能に対して、気道の確保等による酸素の安定供給を図ることが望ましいが、この際、口対口による人工呼吸は呼気を介した救護者へのばく露の可能性があることから禁忌である。

▶過敏性・喘息

原因となる化学物質への少量のばく露であっても、ヒトの側でのアレルギー性免疫反応により症状が発生することがある。主に吸入ばく露により発生する疾患として重要なものには喘息発作があり、ニッケル化合物やイソシアネート等のいわゆる「呼吸器感作性」のある化学物質により発生する。喘息はその原因物質により気道が狭窄をする病態であり、呼吸に際して「息を吐き出す」ときに抵抗を感じる呼吸困難や咳、喘鳴（ヒューヒューという呼吸音）を呈し、重篤になると死に至る。

【応急措置】

● 気道狭窄に対して、現場での応急措置では改善を期待できないため、喘息の呼吸器

症状がみられた際には救急車を要請し速やかに医療機関を受診させる。

(2) 皮膚粘膜への刺激性・腐食性が強い場合

▶接触皮膚炎

化学物質が皮膚・粘膜に一次性に接触した際に、それが刺激やアレルギー反応となって炎症を起こしたもの。いわゆる「かぶれ」と呼ばれるものである。揮発性が高い場合や皮膚粘膜細胞との化学反応を示さない物質等で発生する一過性の炎症反応であることから深達性も低く、原因物質の除去により比較的早期に改善する。

▶化学熱傷

化学物質が皮膚・粘膜に一次性に接触した際、その物質固有の化学反応等によって引き起こされる急性の組織反応である。作業場で起きる化学熱傷の多くは硫酸などの酸や水酸化カルシウムなどのアルカリによるものであるが、その他にも灯油などの炭化水素系化合物、金属やその水溶液などで発生する。その症状や重篤度は、ばく露される物質の物性や濃度、被災した皮膚面積等により違いがある。例えば酸は皮膚粘膜細胞の凝固作用が、アルカリは融解作用があり、アルカリのほうが皮膚の深達度が深い傾向にある。

また、「熱傷」と呼ばれるように、その重篤度は高熱ばく露による熱傷と同様であり、障害を受けた体表面積と皮膚深達性が関与している。すなわちばく露された体表面積が一見狭いと思われても症状は重篤化することがあり、過小評価すべきではない。

【応急措置】

- 皮膚粘膜に付着後、できるだけ速やかに、かつ大量の流水で洗浄する。なおその際、可能であればばく露された箇所の脱衣を行う。
- 水との化学反応により発熱等が発生する物質（一部の金属等）では先に物理的にそれらを除去したうえで流水洗浄を行う。
- 流水の際には、ばく露されていない身体部位に洗浄液が流れることで新たなばく露とならないように留意する。
- 適切な洗浄剤等がある場合はその利用を検討する。なお一部の化学物質については、その残留により生命の危機を引き起こすおそれがあるので、当該物質に有効な中和剤（例：フッ化水素酸などに対するグルコン酸カルシウムゼリー）の外用措置をする。
- ばく露面積が比較的広い場合や、水疱（みずぶくれ）や深部組織が露出している場合は、速やかに医療機関で受診する。

(3) 誤飲

化学物質の誤飲は、職業ばく露としてはまれであるが、ペットボトル等の容器に小分けされていた化学物質を誤って飲み込むことなどにより発生する。その症状は物性により様々であるが、消化管粘膜の損傷は穿孔性腹膜炎に至ると致命的になることがある。また、刺激性や腐食性の強い物質等を飲み込んだ場合に、無理に内容物の嘔吐を

促すと、上部消化管粘膜の損傷や、気道への誤嚥による化学性肺炎を併発する可能性がある。

【応急措置】

- 速やかに救急車を呼び、医療機関を受診させる。その際、SDS を必ず持参する。
- 気道に流れ込むとそのことによる化学性肺炎を引き起こす可能性があることから、催吐は禁忌である。
- 化学物質の種類によっては、飲水による希釈や牛乳による中和効果が期待できる場合もあるが、防虫剤、石油製品（灯油、ガソリン、シンナー、ベンジンなど）などを誤飲した場合は、それらの吸収量を逆に増加させるため、注意が必要である。

8.3.3 急性・亜急性の全身影響

当該化学物質が経気道ばく露や経皮吸収に引き続き血行性に移行し、標的臓器へ到達したのちに中毒症状を呈する場合がある。例えば有機溶剤蒸気の吸入ばく露による急性の中枢神経障害やシアンを含むガスによる呼吸障害等では比較的早期にその症状が発現するが、臭化メチルのように体内で代謝・分解された物質による中枢神経症状等が数時間から半日程度経過して症状が発現することもある。したがって、全身影響の可能性がある場合には、やや長時間の経過観察が必要である。

【応急措置】

- 標的臓器等へ到達した化学物質を低減することは応急措置では困難であるため、全身影響の可能性がある場合は比較的長時間の経過観察が必要である。「気分が悪い」等の訴えや、当該物質に特有の訴えが発生した場合には、医療機関等を受診させる。

8.3.4 救命措置

（1）急性中毒による意識消失

化学物質にばく露した従業員を速やかに新鮮な空気のもとに搬出するのは重要な応急措置であるが、酸欠や、高濃度の化学物質による中毒により意識を消失している可能性が疑われる場合は、無防備のまま救助に向かうと救助者自身も被災をするため、必ず救助の段階で周囲の応援を要請し、救急車を要請したうえで、送気マスクなどを着用し、救助に向かうことが重要である。また引火の危険性があるため、決して火気を使用してはならず、事故現場の換気を十分に行う。

（2）一次救命措置

被災者の意識がない場合や意識が混濁をしている場合は、すぐに救急車を要請し、到着までの間に一次救命措置を実施する。一次救命措置は、心肺蘇生法、及び用意ができ

れば AED を用いた方法で実施する。その手順は日本医師会が心肺蘇生法[3] の手順を公表しているほか、消防署、日本赤十字社、日本医師会、日本 ACLS 協会、日本蘇生協議会、日本心臓財団等、各種の団体が研修を行っているため、定期的に、職場で救命措置講習の実施や受講、職場防災隊の整備などが望ましい。

---

[3]　救急蘇生法　心肺蘇生法の手順（日本医師会）https://www.med.or.jp/99/cpr.html

9章

9章

健康管理、健康診断

本章では、化学物質による健康障害を早期に発見、防止するための健康管理、健康診断について解説する。

本章では、化学物質による健康障害を早期に発見、防止するための健康管理、健康診断について解説する。

職場における化学物質管理の最終的な目標の一つは、労働者に当該化学物質による健康障害を起こさせないことにある。化学物質による健康障害は、急性中毒といった比較的わかりやすいものだけではなく、悪性腫瘍（がん）や間質性肺炎など、他人あるいは本人にも早期に気付きにくい慢性疾患もあげられる。したがって、取り扱う化学物質へのばく露により起こり得る健康障害をあらかじめ把握し、それに準じたスクリーニング（健康診断）を行い、当該疾患の兆候が認められないことを確認することや早期発見により病態の重篤化を防ぐことが必要である。

9.1　化学物質管理者が健康診断で担う役割

健康診断・健康モニタリングの実施やその結果の判定・事後措置については、労働者の医療情報を取り扱うことから、産業医や守秘義務規定のある衛生管理者等が担当することが原則である。そのような中、化学物質管理者においては、以下のような役割が期待される。

①化学物質の種類とそれを取り扱う作業者の把握

どのような化学物質を「だれが」、「どのように」使用しているのか、を把握することは、化学物質による健康障害予防の出発点であり、その観点で、現場において化学物質管理を担う化学物質管理者等から提供される情報は重要である。特別規則（特化則、有機則等）で規定されている化学物質については、その使用が常時であれば特殊健康診断実施の対象となる。リスクアセスメント対象物質については、リスクアセスメントの結果に基づく健康診断の実施の要否及びその方法を判断する必要がある。

②作業者が使用する化学物質による健康障害を知る

作業者の不調に気付くことは、健康障害発生を把握する重要な糸口になることがある。その際、使用する化学物質によりどのような健康障害が発生するのかを適切に把握しないと、作業者の不調が当該化学物質により引き起こされていることに気がつくことができない。健康障害に伴い発生する可能性がある自覚症状などを把握し、自覚症状の訴えがみられた際には、当該化学物質のばく露との関連性を検証することが望まれる。特に、同様の訴えが複数名に集積して発生している場合には注意が必要である。

③健康診断結果のフィードバック

上記の②では把握ができない健康影響やその兆候は、健康診断・健康モニタリング

という方法で把握することとなる。個人情報を多く含む健康診断等の情報を医療職以外が直接把握することはできないが、自身が所属する事業場での異常の有無等を確認することは可能である。すなわち医療職と連携をとり、所属する事業場の従業員の健康診断結果に異常が認められる場合には、その原因に作業環境管理対策や作業管理対策の不備などによる化学物質のばく露がないか検証することが必要である。なお、産業医や衛生管理者が選定されていない小規模事業場では、健康診断の実施やその結果に基づく事後措置などについて、産業保健総合支援センターや地域産業保健センターに相談をすることができる。

9.2　化学物質に係る健康診断とその仕組み

　化学物質の健康診断の基本的な考え方を理解するために、まずは現在の特別規則（特化則、有機則等）における特殊健康診断の考え方を知っておきたい（☞**A9.1**）。
　「特殊健康診断」とは、法第 66 条第 2 項及び第 3 項と令第 22 条に基づき実施する健康診断、じん肺法による健康診断並びに行政指導による健康診断の総称であり、取り扱う有害物質又は有害な作業環境のもとにおける業務による健康の異常を早期発見することができるように、特別の健診項目について実施するものである。
①標的健康影響
　　特別規則（特化則、有機則等）で規定されている物質は、その有害性が明確なものがほとんどであり、すなわち、検出の標的となる健康影響も明確である。
②対象者
　　特殊健康診断の対象者は、各規則が定めている有害な業務に常時従事する労働者とされており、当該業務に係るリスクアセスメントの結果のいかんにかかわらず、健康診断実施が必要である。
③実施頻度
　　特殊健康診断は、当該業務に従事する前の「配置前健康診断」、「業務従事期間中の健康診断」があり、また発がん性がある物質等の一部の物質については、「配置転換後健康診断」の実施が定められている。その実施頻度は、原則として「6 月以内に 1 回」（じん肺健診は管理区分に応じて 1 ～ 3 年以内ごとに 1 回）である。
　　なお、令和 5 年 4 月 1 日からは、有機溶剤、特定化学物質（特別管理物質等を除く）、鉛、四アルキル鉛に関する特殊健康診断について、作業環境管理やばく露防止対策等が適切に実施されている場合には頻度を 1 年以内ごとに 1 回に緩和することが可能となった。

④検査項目の構成

　特殊健康診断の検査項目は、大きく「健康影響指標」と「ばく露評価指標」に分けることができる。また、前者は「早期健康影響指標」と「標的健康影響指標」に分けることもできる（**図9.1**）。健康診断の目的の一つは、標的となる健康影響やその兆候をできるだけ早期に把握することであるため、「早期健康影響

```
1)      業務歴の調査
2)      作業条件の簡易な調査
3)      作業条件の調査（二次検診のみ）
4)      当該有害要因による健康影響・ばく露の既往
5)      当該有害要因による自他覚症状の有無
6)      早期健康影響指標に関する臨床検査
7)      生物学的ばく露モニタリング（一部の物質）
8)      標的健康影響に関する臨床検査
赤字：健康影響の評価　青字：ばく露の評価
```

図9.1　特殊健康診断の検査項目

指標」の把握が重要であり、特化則の健康診断では早期健康影響指標を一次健康診断項目（特化則別表３）に設定している。なお、スチレンの健康診断項目を**表9.1**に示す。

⑤健康診断結果の判定と医師の意見

　特殊健康診断にかかわらず、労働安全衛生法令に基づき職域健康診断の結果は医師

表9.1　スチレンの標的健康影響と健康影響指標

分類		健康影響指標	ばく露評価指標
業務歴等		—	• 業務歴の調査 • 作業条件の簡易な調査 • 作業条件の調査
標的健康影響	中枢神経障害	• 頭重、頭痛、めまい、悪心、嘔吐	
	末梢神経障害	• 聴力低下の検査等の耳鼻科学的検査 • 色覚検査等の眼科学的検査 • 神経学的検査	
	悪性リンパ腫	• 頸部等のリンパ節の腫大の有無等 • 白血球数及び白血球分画 • 血液像その他の血液に関する精密検査 • 特殊なX線撮影による検査又はMRIによる画像検査	
	皮膚粘膜障害	• 眼の刺激症状、皮膚又は粘膜の異常	
	肝機能障害	• AST/ALT/γ-GTP • 肝機能検査（AST/ALT/γ-GTPを除く）	
ばく露モニタリング		—	• 尿中のマンデル酸及びフェニルグリオキシル酸の総量

赤字：早期健康影響指標は一次健診で実施

により判定がされ、事業者は、当該結果に基づく就業上の措置に係る意見を医師から聴かなければならない。原則として、医師の意見は「就業可能」、「要就業制限」、「要休業」の3区分で提示される。特殊健康診断の検査項目の多くは非特異的であり、みられた所見が化学物質による健康影響と即断することは避けるべきであるが、ばく露の可能性がないかを検証することが必要である。

⑥医師の意見に基づく事後措置

　前述のように特殊健康診断で異常の所見が認められた場合には、医師の意見が「就業可能」であった場合でも、その原因に職場での化学物質によるばく露が関与していないかどうかを確認することが望ましい。有所見となる背景には、作業環境管理や作業管理におけるばく露防止対策のどこかにエラーが発生している可能性があると考え、設備や作業状況の確認など、作業者へのばく露の有無を再評価する必要がある。再評価の結果によりばく露の可能性が低いと判断されたのちに、作業要因以外の原因の検証へと進むことが望ましい。なお、症状の訴えや所見が集積をしている場合には、作業との関連性を慎重に判断することが必要である（☞**A9.2**）。

9.3　リスクアセスメント対象物の健康診断の仕組み

　特別規則（特化則、有機則等）に規定されていない化学物質のうち、リスクアセスメントの対象物質については、リスクアセスメントの結果に基づき、関係労働者の意見を聴き、必要があると認めるときは、医師又は歯科医師が必要と認める項目について、リスクアセスメント対象物健康診断の実施が必要となる（安衛則第577条の2第3項）。リスクアセスメントの結果、リスクが許容範囲内と判断された場合には、定期健康診断等の際に化学物質に係る関連症状の訴え等を聴取することや、リスクが許容範囲を超えていると判断された場合には、当該化学物質に係る有害性情報をもとにしたスクリーニング項目を含む健康診断の実施が推奨される。なお、検査項目の選定方法等については、今後ガイドライン等の作成に向けて検討される予定である。

　濃度基準値設定物質について、労働者が濃度基準値を超えてばく露したおそれがあるときは、速やかに、リスクアセスメント対象物健康診断を実施し（安衛則第577条の2第4項）、その結果に基づき必要な措置を講じなければならない。リスクアセスメント対象物健康診断を実施した場合は、当該記録を作成し、5年間（がん原性のある物質として厚生労働大臣が定めるもの[注]に係る健康診断については30年間）保存しなければならない（安衛則第577条の2第5項）。リスクアセスメント対象物健康診断を受診した労働者に対しては、遅滞なく健康診断結果を通知しなければならない（安衛則第577条の2第9項）。

9

健康管理、健康診断

（注）がん原性のある物質として厚生労働大臣が告示[*1]で定めるものは、政府 GHS 分類結果で発がん性区分1（1A、1B）のもの（エタノールを除く）である。

9.4　省令改正によるがん原性物質に関する対応

9.4.1　がん原性物質の作業記録の保存

リスクアセスメント対象物のうち、がん原性のある物質として厚生労働大臣が定めるものを製造し、又は取り扱う業務を行う場合は、1 年以内ごとに 1 回、定期に、当該業務の作業歴について記録をし、当該記録を 30 年間保存しなければならない（安衛則第 577 条の 2 第 11 項）。

9.4.2　がん等の遅発性疾病の把握の強化

化学物質を製造し、又は取り扱う同一事業場において、1 年に複数の労働者が同種のがんに罹患したことを把握したときは、医師に当該がんへの罹患が業務に起因する可能性についての意見を聴き、医師が、当該罹患が業務に起因するものと疑われると判断した場合は、遅滞なく、当該労働者の従事業務の内容等について、所轄労働局長に報告しなければならない（安衛則第 97 条の 2）。

[*1]　労働安全衛生規則第五百七十七条の二第三項の規定に基づきがん原性がある物として厚生労働大臣が定めるもの（令和 4 年厚生労働省告示第 371 号）

10章

受講者の作業場に合わせた
リスクアセスメント実習
（実習の進め方）

本章に示す実習項目は、講師が受講者の人数、会場の大きさ・IT設備等を勘案し選択して実行する。限られた時間の中で全ての項目を実行するのは不可能であろう。また、受講者の求めに応じて項目を選択してもよい。

　本実習では、①リスクアセスメントに必要な危険性・有害性等に関する情報検索、モデルラベル・モデル SDS の検索、② CREATE-SIMPLE 等によるリスクアセスメントの実習、③検知管の使い方、④保護具の使用方法、⑤リスクアセスメント結果の記録、自律的な管理チェックリストの活用、等の中からいくつか選択する。

10.1　作業別リスクアセスメントに必要な情報の収集

10.1.1　受講者による対象作業及び物質の決定

　あらかじめ受講者に対象作業の種類及びリスクアセスメント対象物に関する情報の提出を求める。

10.1.2　政府による GHS 分類結果（NITE 公表）へのアクセス（データの取得、内容の確認）

　政府による GHS 分類結果（以下、"GHS 分類結果"という）が掲載されているサイトへのアプローチ及びそれぞれのデータベースの特徴などを説明する。受講者が扱っている物質に関して受講者自身が検索できるようになることを目的とする。
- ●NITE（独立行政法人製品評価技術基盤機構）GHS 総合情報提供サイト[*1]
  GHS 分類結果のほか、GHS 分類方法、GHS 混合物分類判定ラベル /SDS 作成支援システム（NITE-Gmiccs）、国連 GHS 文書、学習コンテンツなど、GHS に関する幅広い情報が集約されている。
- ●NITE-CHRIP[*2]（NITE 化学物質総合情報提供システム）
  物質名称、CAS RN®、分子式、法規制情報から、物質情報を検索できる。得られる情報は、政府 GHS 分類結果のほか、構造式、国内外の主な該当法令、GHS 対応モデルラベル／モデル SDS、有害性評価書等である。
- ●物質検索　➡　GHS 分類結果の閲覧
  GHS 総合情報提供サイト、NITE-CHRIP のどちらからでも、同じ GHS 分類結果が得られる。HTML 版と Excel 版の 2 種類がある。NITE-CHRIP では、再分類・

---

*1　https://www.nite.go.jp/chem/ghs/ghs_index.html
*2　https://www.nite.go.jp/chem/chrip/chrip_search/systemTop

見直しが行われた物質については過去の分類結果も掲載されているので、リスクア
セスメントにおいては最新の分類結果（NITE 統合版：画像の赤枠で囲まれた部分）
を参照することが望ましい。

例：キシレン

GHS 総合情報提供サイト[*3]

※編集部注　CAS 登録番号は本書では省略する。

＊3　https://www.nite.go.jp/chem/ghs/ghs_index.html

NITE-CHRIP

HTML 版

Excel 版

10.1.3 職場のあんぜんサイト（物質ごとモデルラベル、モデル SDS の検索及び記載項目の確認）

受講者が扱っている物質に関して、厚生労働省で公表しているモデルラベル、モデル SDS を検索し、それらの内容及び活用方法について確認する。

●職場のあんぜんサイト　GHS 対応モデルラベル・モデル SDS 情報[4]

＊4　https://anzeninfo.mhlw.go.jp/anzen_pg/GHS_MSD_FND.aspx

GHS対応モデルラベル・モデルSDS情報　検索結果

検索結果は1件ありました。
1件～1件を表示しています。

検索結果

1／1　ページ

検索結果ページ: 1

番号	名称(データシート)	モデルラベル	英文名称	CAS番号
1	キシレン		Xylene	
	キシレン	○	Xylene	
	o-キシレン	○	o-Xylene	
	m-キシレン	○	m-Xylene	
	p-キシレン	○	p-Xylene	

検索結果ページ: 1

検索条件

CAS番号での検索	

キシレン
（Xylene）

成分：キシレン　　　　　　　　　　　　　　　　　　　　CAS番号：

危険

危険有害性情報
引火性液体及び蒸気
飲み込んで気道に侵入すると生命に危険のおそれ
皮膚に接触すると有害
皮膚刺激
強い眼刺激
吸入すると有害
眠気又はめまいのおそれ
生殖能又は胎児への悪影響のおそれ
中枢神経系、呼吸器、肝臓、腎臓の障害
長期にわたる、又は反復ばく露による神経系、呼吸器の障害
水生生物に毒性
長期継続的影響によって水生生物に毒性

安全データシート		

キシレン

1. 化学品等及び会社情報
　　化学品等の名称　　　　　　　　キシレン(Xylene)
　　製品コード　　　　　　　　　　H26-B-135（製品コードなし）

2. 危険有害性の要約
　　GHS分類
　　分類実施日　　　　　　　　　　H25.8.22、政府向けGHS分類ガイダンス(H25.7版)を使用
　　　　　　　　　　　　　　　　　GHS改訂4版を使用
　　物理化学的危険性　　　　　　　引火性液体　　　　　　区分3
　　健康に対する有害性　　　　　　急性毒性(経皮)　　　　区分4
　　　　　　　　　　　　　　　　　急性毒性(吸入:蒸気)　　区分4
　　　　　　　　　　　　　　　　　皮膚腐食性及び皮膚刺激性　区分2

10.1.2 で示した NITE-CHRIP「厚労省：GHS 対応モデルラベル・モデル SDS 情報」の項目中「職場のあんぜんサイトへ」に進めば、本ページと同じモデルラベル・モデル SDS が得られる。

10.1.4　職場のあんぜんサイト（業種別、物質別災害事例の検索、作業別モデル対策シート等）

リスクアセスメントマニュアル等が掲載されているサイトへのアプローチ、使用方法に関する説明を行う。受講者が携わる業種に関連するサイト及び情報へ受講者自身がたどり着けるようになることを目的とする。

●職場のあんぜんサイト：化学物質情報の内容確認

労働安全衛生法で何らかの規制がかかる物質は以下のサイトで検索可能である。ただし安衛則第 24 条の 14（ラベル貼付努力義務）、及び同条の 15（SDS 交付努力義務）の対象物質（GHS 分類で危険性・有害性があると判断されたもの）は含まれない。

【化学物質情報の更新情報】
- ●安衛法名称公表化学物質情報[5]（71 432 物質、令和 5 年 5 月 9 日現在）
- ●化学物質検索サイト[6]〈化学物質：安衛法名称公表化学物質等〉
- ●GHS モデル SDS 情報（3 269 物質、令和 4 年 7 月 19 日現在）
- ●GHS 対応モデルラベル一覧表（2 713 物質、令和 3 年 1 月 29 日現在）
- ●GHS とは（平成 28 年 3 月 25 日）
- ●強い変異原性が認められた化学物質（令和 3 年 12 月 6 日）

---

[5]　https://anzeninfo.mhlw.go.jp/user/anzen/kag/ankgc01.htm
[6]　https://anzeninfo.mhlw.go.jp/anzen_pg/KAG_FND.aspx

- がん原性に係る指針対象物質（40 物質、令和 2 年 2 月 7 日）
- リスク評価実施物質（98 物質、令和元年 8 月 23 日）
- 化学物質による災害事例（令和 2 年 6 月 30 日）
- がん原性試験実施結果（60 物質、令和 4 年 10 月 27 日）

【新規化学物質関連手続きの方法】

労働安全衛生法に基づく新規化学物質関連手続きについて[*7]（厚生労働省）

● 作業別モデル対策シート等[*8] の活用

職場のあんぜんサイトにおいて、受講者の事業場で該当する作業対策シートがあるかどうかを確認し、それを参考に受講者の作業場の状況について検討する。

【作業別対策シート】

- 印刷（オフセット印刷）
- 印刷（グラビア印刷）
- 印刷（スクリーン印刷）
- 試験研究
- 成形・加工・発泡（樹脂の発泡）
- 成形・加工・発泡（ゴムの成形・加工）
- 清掃・廃棄物処理（廃棄物処理）
- 接着（ラミネートフィルム）
- 接着（家具類）
- 洗浄、払しょく、浸漬又は脱脂
- 塗装（スプレーでの屋外塗装）
- 塗装（ローラー、刷毛での屋外塗装）
- 鋳造
- 溶融
- 吹き付け（工場内の溶剤塗装）
- 吹き付け（工場内の粉体塗装）
- めっき
- 化学品製造（バッチプロセス）
- 溶接、溶断
- 研削、研磨
- 粉砕、破砕、ふるい分け
- 粉体の投入、混合、袋詰め

---

*7　https://www.mhlw.go.jp/stf/seisakunitsuite/bunya/koyou_roudou/roudoukijun/anzen/anzeneisei06/index.html
*8　https://anzeninfo.mhlw.go.jp/user/anzen/kag/ankgc07_6.htm

- ●液体の小分け、移し替え等
- ●ネイル
- ●ビルメンテナンス

【共通シート】
- ●換気（局所排気装置、プッシュプル型排気装置、全体換気）、空気清浄
- ●労働衛生保護具（呼吸用保護具、保護具手袋、保護眼鏡）
- ●管理的対策
- ●清掃・廃棄

10.2 使用物質を対象とした CREATE-SIMPLE 等によるリスクアセスメントのシミュレーション

リスクアセスメントの基本的な考え方を習得するうえで、また講習後に実際に事業場でリスクアセスメントを実施してみるうえでも、CREATE-SIMPLE の実習は有意義である。

10.2.1　CREATE-SIMPLE の活用

実習の前に
- ●最新版の SDS やばく露限界値の情報、作業の実態を入手しておくこと。
- ●適切な選択肢を入力するために理解しておくべき項目がある。CREATE-SIMPLE の「マニュアル」のシートで理解しておくこと。

> ・Q6　　作業場の換気…全体換気とは？　局所排気装置（外付け式）とは？　等
> ・Q9　　呼吸器保護具…防毒マスクとは？　フィットテストとは？　等
> ・Q12　手袋の教育……基礎教育とは？　十分な教育とは？
> ・Q14　着火源…………火気だけではない。それ以外にどのようなものがあるか？

- ●「吸入」「経皮吸収」「危険性」のどれにチェックを入れるかによって、入力項目が変化する。どの項目を判定するか決めておくこと。
- ●本ツールは複数の化学物質を一度に判定できない。１成分ずつシミュレーションすることになる。混合物の場合は、シミュレーションする物質の優先順位を決めておくこと。

実習
- ●データ入力の方法は後述の〈CREATE-SIMPLE マニュアル〉を参照する。

1．危険性又は有害性の特定

　CAS 番号や物質名を入力する。自動入力できれば、GHS 分類やばく露限界値等は自動で出力される。最新版の SDS 等で情報に間違いがないか確認する。最新版でない場合、あるいは、自動で入力されていない場合には、手動で入力する。

※リスクアセスメント対象を「経皮吸収」のみにした場合、STEP 2 の物理化学的性状が全て入力されていないと判定できない。

2．リスクの見積り

　STEP 3 で質問に答えながら作業状況を入力し、リスクレベルを判定する。

　リスクレベルの意味は下記のとおり。

IV	大きなリスク。作業中止。最優先でリスク低減措置を講じる必要がある。
III	中程度のリスク。優先的にリスク低減措置を講じる必要がある。
II	小さなリスク。リスク低減措置を講じることが推奨される。
I	必要に応じてリスク低減措置を講じる。
S	局所的な影響（皮膚腐食性や眼刺激性など）がある場合に判定される。

　判定結果を実施レポートに出力し、記録されていることを確認する。

3．リスク低減措置の内容の検討

　リスク低減のために、STEP 3 の回答の選択肢を変え、再度リスクを判定する。

　様々な選択肢のパターンを検討し、それぞれ実施レポートに出力しておく。

　実施レポートに、コメントを残すとなおよい。例えば

　●ツールの選択項目以外のリスク低減措置がないか

　●どのような残留リスクがあるか等

　リスク低減措置の優先順位に基づいて、結果一覧を見ながら対応可能な措置を決定する。

リスク低減措置の優先順位

・本質安全対策（化学物質の代替や運転条件の変更等） ・工学的対策（局所排気装置の設置等） ・管理的対策（作業手順の改善等） ・有効な保護具の使用

注意点

● リスクレベルが低く判定されても安心してはならない。様々な理由でリスクが増大する可能性はある。以下に例をあげる。

設備や装置等の不具合	局所排気装置が故障で作動しなかったらどうなるか？ 容器の蓋が破損したらどうなるか？
不適切な作業や操作	作業者が局所排気装置のスイッチを入れ忘れたらどうなるか？ 作業者が作業手順を間違えたらどうなるか？
外部要因	大規模停電が発生したらどうなるか？ 洪水が発生し、工場が浸水したらどうなるか？

労働安全衛生総合研究所技術資料 JNIOSH-TD-No.7（2021）より一部改変[9]

　したがって、リスクアセスメントでは幅広い観点から何度でも考え抜くことが大切である。

CREATE-SIMPLE マニュアル[10]

CREATE-SIMPLEを用いた
化学物質のリスクアセスメントマニュアル
（ver.2.5対応）

2023年3月

厚生労働省労働基準局安全衛生部化学物質対策課

みずほリサーチ＆テクノロジーズ株式会社

---

[9] https://www.jniosh.johas.go.jp/publication/doc/td/TD-No7.pdf#zoom=100
[10] 出典：職場のあんぜんサイト「CREATE-SIMPLE　マニュアル」
（https://anzeninfo.mhlw.go.jp/user/anzen/kag/ankgc07_3.htm）
（随時最新版が公開されるため、サイトにて最新版を確認すること。）

受講者の作業場に合わせたリスクアセスメント実習（実習の進め方）

10

目次

【更新履歴】
2018年3月　マニュアル公開
2019年3月　マニュアル改訂（CREATE-SIMPLE ver.2.0対応）
2022年3月　マニュアル改訂（3．5　データの移行手順を追記）
2023年3月　マニュアル改訂（Ver2.5に対応。よくある質問を追記）

2

1. はじめに

- 本マニュアルは、厚生労働省が開発したリスクアセスメントの一つであるCREATE－SIMPLE（クリエイト・シンプル）を用いて、労働者のリスクアセスメントを実施するための方法を説明したものです。

ツールの名称	CREATE-SIMPLE（ver. 2.5）
開発者	○厚生労働省 ○検討：（平成29年度）第 3 次産業に向けた簡易リスクアセスメント手法検討委員会 　　　　（平成30年度）簡易リスクアセスメント手法開発検討委員会 ○開発：みずほリサーチ＆テクノロジーズ株式会社（旧：みずほ情報総研（株））
入手方法	職場のあんぜんサイト（http://anzeninfo.mhlw.go.jp/user/anzen/kag/ankgc07.htm）より無償で入手可能
ツールの概要	・サービス業など幅広い業種にむけた簡単な化学物質リスクアセスメントツール（Chemical Risk Easy Assessment Tool, Edited for Service Industry and MultiPLE workplaces）。 ・化学物質の吸入ばく露、経皮ばく露による健康リスクと爆発性や引火性などの危険性リスクを対象としたリスクアセスメント支援ツール。 ・（吸入ばく露）英国HSE COSHH essentialsに基づく、リスクアセスメント手法における考え方を踏まえた、推定ばく露濃度とばく露限界値の比較によりリスクレベルを推定。 ・（吸入ばく露）ばく露限界値（またはGHS区分情報に基づく管理目標濃度）と化学物質の取扱い条件等から推定したばく露濃度（吸入経路、8 時間加重平均値）を比較する方法を採用。 ・（経皮ばく露）米国NIOSH「A Strategy for Assigning New NIOSH Skin Notations」に基づく、経皮吸収のモデルを踏まえた、経皮吸収量と経皮ばく露限界値の比較によりリスクレベルを推定。 ・（経皮ばく露）ばく露限界値、肺内保持係数、呼吸量から推定した「経皮ばく露限界値」と、皮膚透過係数（オクタノール・水分配係数、分子量から算出）、水溶解度、接触面積・時間から推定した「経皮吸収量」を比較する方法を採用。 ・（経皮ばく露）これまでハザード管理がなされていた経皮吸収について、十分な情報が得られた場合にリスクに基づいた判断（スクリーニング）が可能。 ・（危険性）化学物質のGHS区分情報と取扱状況（取扱量など）を踏まえたリスクレベルを推定し、取扱物質そのものが潜在的に有している危険性をユーザーが「知ること」、「気付くこと」を目的とする。 ・（危険性）エンドポイントごとに決定したハザードレベルと取扱量から設定した「暫定リスクレベル」と、取扱状況（換気状況、着火源の有無など）を踏まえリスクレベルを決定する方法を採用。 ・簡単な質問に答えていくだけで、リスクを見積もることが可能。
ばく露経路	吸入、接触（定性・定量）

ポイント！
はじめてリスクアセスメントを実施する方は、まず「はじめてのリスクアセスメントガイドブック」を確認しましょう。

3

1. はじめに

- まず労働安全衛生法の特別規則（有機則、特化則など）の規定を確認しましょう。
- その上で、化学物質のリスクアセスメントをする際には、たとえば下記のようなフローに沿って適していると考えられるリスクアセスメント支援ツールを選択し、リスクアセスメントを実施しましょう（※有害性を例として取り上げています）。

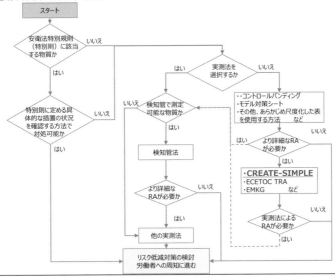

4

1. はじめに

- ツールの起動
  CREATE-SIMPLEはExcelファイルです。ダブルクリックしてファイルを開いてください。このとき、「セキュリティの警告」が表示される場合があるため、「コンテンツの有効化」または「マクロを有効にする」というボタンを押してください。

> ⚠ セキュリティの警告　一部のアクティブ コンテンツが無効にされました。クリックすると詳細が表示されます。　[コンテンツの有効化]

- シート全体の概要
  CREATE-SIMPLEでは5種類のシートから構成されており、左下のシート名をクリックすることで切り替えが可能です。

シート名	内容
注意事項	注意事項が記載されています。使用前に必ず確認してください。
リスクアセスメントシート	リスクアセスメントを実施するためのシートです。
実施レポート	リスクアセスメントの実施レポートが表示されるシートです。このシートを用いてリスク低減対策の検討および実施レポートを印刷や電子メール等で従業員に周知することも可能です。
結果一覧	リスクアセスメントを実施した結果の一覧が表示されます。このシートから各シートに過去の実施結果を呼び出すことも可能です。
マニュアル	具体的な入力方法等を説明したシートです。

5

2. リスクの見積もり方（基本的な考え方）

● CREATE-SIMPLEの基本的なリスクレベルの見積もり方法は下記のとおりです。危険有害性情報と作業条件からリスクの程度（リスクレベル）を見積もります。なお、見積もられたリスクレベルを踏まえ、別途リスクレベルに応じたリスク低減措置の内容を検討してください。

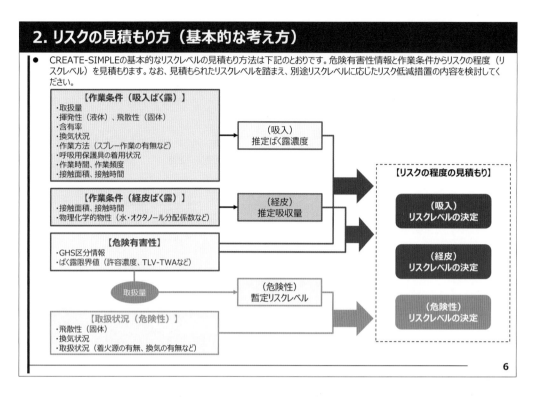

2.1. リスクの見積もり方（吸入ばく露）

【吸入ばく露】CREATE-SIMPLEでは、有害性の程度（ばく露限界値または管理目標濃度）とばく露の程度（推定ばく露濃度）を比較して、リスクを判定します。

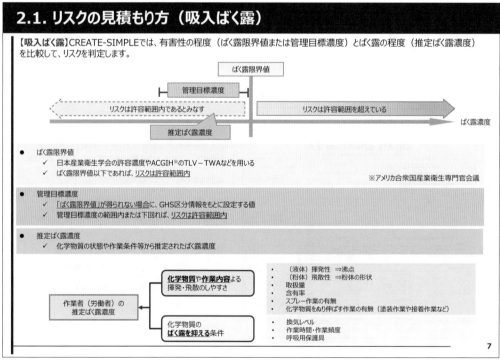

7

受講者の作業場に合わせたリスクアセスメント実習（実習の進め方）

2.1. リスクの見積もり方（吸入ばく露）

【吸入ばく露】CREATE-SIMPLEでは、以下の項目を選択することによって、ばく露の程度（ばく露濃度）を推定します。

● 化学物質・作業内容による揮発・飛散のしやすさ

項目		大 ← ばく露の程度 → 小				
揮発性・飛散性	（液体）沸点	50℃未満		50℃～150℃	150℃以上	
	（粉体）形状	微細な軽い粉体 （セメント、カーボンブラックなど）		結晶状・顆粒状 （衣類用洗剤など）	壊れないペレット （錠剤、PVCペレットなど）	
1回の取扱量 （連続作業では1日の取扱量）	液体	1kL以上	1L以上～1kL未満	100mL以上～1L未満	10mL以上～100mL未満	10mL未満
	粉体	1ton以上	1kg以上～1ton未満	100g以上～1kg未満	10g以上～100g未満	10g未満
含有率		25%以上		5%以上～25%未満	1%以上～5%未満	1%未満
スプレー作業		はい			いいえ	
化学物質の塗布面積が1m²超 （塗装作業、接着作業など）		はい			いいえ	

● 化学物質のばく露を抑える条件

項目	大 ← ばく露の程度 → 小					
換気レベル	A.特に換気が ない部屋	B.全体換気	C.工業的な 全体換気	D.局所排気 （外付け式フード）	E.局所排気 （囲い式フード）	F.密閉容器での取扱い
作業時間	8時間以上／日	（作業時間に応じて補正）				30分未満／日
作業頻度	5日以上／週	（作業頻度に応じて補正）				1回未満／月
呼吸用保護具	なし	使い捨て式		半面型	全面型	電動ファン付き

8

2.2. リスクの見積もり方（経皮ばく露）

【経皮ばく露】CREATE-SIMPLEでは、有害性の程度（経皮ばく露限界値）とばく露の程度（推定経皮吸収量）を比較して、リスクを判定します。

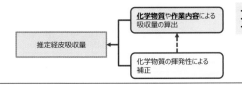

● 経皮ばく露限界値
　✓ 化学物質の気中濃度が、ばく露限界値（許容濃度など）に相当する作業環境中で、8時間の軽作業（呼吸量を10m³と仮定）を行ったと仮定し、その際の値を経皮ばく露限界値する。
　　－ ばく露限界値（経皮）＝ばく露限界値（mg/m3）×肺内保持係数×1日8時間の呼吸量（10m³）
　　－ 肺内保持係数（RF：Retention Factor）は75%と仮定する。(NIOSH 2009)
　✓ ばく露限界値以下であれば、リスクは許容範囲内

● 推定経皮吸収量
　✓ 透過係数、濃度、接触面積、接触時間から経皮吸収量を算出する。(NIOSH 2009)
　　－ 経皮吸収量（mg）＝皮膚透過係数（cm/hr）×水溶解度（mg/cm3）×接触面積（cm2）×接触時間（hr）
　　－ 皮膚透過係数は、Robinson修正式から物質ごとに算出する（詳細は、設計基準参照）。
　　－ 前提条件として、付着した化学物質の蒸発及び気体からの皮膚吸収は考慮しない。

化学物質や**作業内容**による吸収量の算出	・ 物理化学的物性（分子量、オクタノール・水分配係数、水溶解度、蒸気圧） ・ 接触面積 ・ 接触時間（揮発性と作業時間より算出）
推定経皮吸収量 ←	
化学物質の揮発性による補正	

9

2.2. リスクの見積もり方（経皮ばく露）

【経皮ばく露】CREATE-SIMPLEでは、以下の項目を選択することによって、ばく露の程度（ばく露濃度）を推定します。

● 化学物質や作業内容による吸収量の算出

項目	大			ばく露の程度		小
接触面積	両手の肘から下全体に付着	両手及び手首に付着	両手全体に付着	両手の手のひらに付着	片手の手のひらに付着	大きなコインのサイズ、小さな飛沫
手袋着用状況	手袋を着用していない 取扱う化学物質に関する情報のない手袋を使用している			耐透過性・耐浸透性の手袋を着用している		
	教育や訓練を行っていない		基本的な教育や訓練を行っている		十分な教育や訓練を行っている	

【経皮ばく露】CREATE-SIMPLEでは、蒸気圧を踏まえ接触時間を設定しています。
● 蒸気圧が低い物質（揮発しにくい物質）については、皮膚に付着した物質が吸収又は蒸発により消失する時間を見積もり、接触時間を補正しています。

10

2.3. リスクの見積もり方（危険性）

【危険性】CREATE-SIMPLEでは、エンドポイント（火薬類、引火性液体など）ごとにGHS区分情報（区分1、タイプAなど）と、取扱量から決定した暫定リスクレベルと取扱状況（飛散性、着火源の有無・換気状況など）を踏まえて、リスクを判定します。

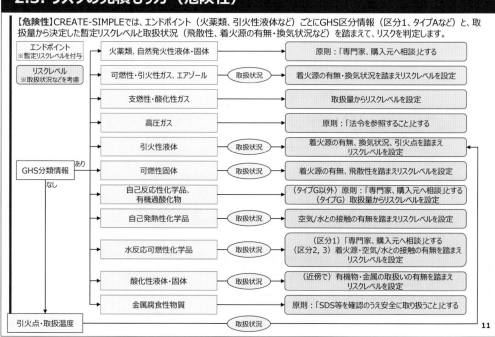

11

2.3. リスクの見積もり方（危険性）

【危険性】CREATE-SIMPLEでは、エンドポイントごとにGHS区分情報から危険性の程度（ハザードレベル、危害の重篤度）を設定し、取扱量に基づき決定した暫定リスクレベル（暫定RL）を付与します。さらに、取扱状況（着火源の有無、換気状況など、危害の発生頻度）を踏まえて暫定リスクレベルを補正してリスクレベルを算出（※エンドポイントによっては補正しない）。

- ● （STEP1）暫定リスクレベルの決定

【例】あるエンドポイントのGHS区分が3の物質を500mL使用する場合、暫定RLは「3」

		GHS区分情報（ハザードレベル）				
		区分1	区分2	区分3	区分4	区分5
取扱量	kL, ton	5	5		4	3
	≥1L、≥1kg	5	4		3	2
	1000mL~100mL、1000g~100g			3	2	2
	100mL~10mL、100g~10g	4	3	2	2	1
	≤10mL、≤10 g	3	2	2	1	1

- ✓ ただし、一部のエンドポイント（爆発性、自然発火性液体など）においては、取扱量によらず、「専門家または購入元に取り扱い方等を確認・相談すること」などと表示する。

- ● （STEP2）取扱状況の考慮
  - ✓ 上記で設定した暫定RLと取扱状況（着火点の有無など）を踏まえて暫定リスクレベルを補正する（引き下げる）。
    - − 可燃性・引火性ガス、エアゾール：着火源の有無、換気の有無
    - − 支燃性・酸化性ガス、酸化性液体、酸化性固体：有機物・金属の取扱の有無
    - − 引火性液体：着火源の有無
    - − 自己発熱性化学品、水反応可燃性化学品：空気、水との接触の有無（閉鎖系か否か）
    - − 可燃性固体：着火源の有無
    - − 上記以外は、取扱状況を考慮した補正は行わない。

12

3. CREATE-SIMPLEを用いたリスクアセスメント

まず事業場内で取り扱っている化学物質をリストアップし、作業内容、ラベルやSDSの有無、法規制状況、リスクアセスメントの実施状況、有害性情報などを確認の上、作業ごと、対象物質ごとにリスクアセスメントを実施します。

ポイント！
複数の物質がある場合には、優先順位をつけてリスクアセスメントを実施します。
優先順位は、使用量が多い、沸点が低い（揮発しやすい）、含有率が大きい、有害性が大きい（ばく露限界値が小さい）、臭気が強いもの、などの情報の中から総合的に判断し、優先順位をつけて、リスクアセスメントを実施しましょう。

本事例では、少量のフルフラール（100mL以上～1000mL未満）を外付け式フード付きの台の上で1日30分間取り扱う作業を想定して入力します。なお、作業中は、時々スプラッシュを浴びることがあるが、素材の透過性などは特に意識せず、使い捨て手袋を着用していると仮定します。

SDSなどから情報を収集

項目	入力条件	項目	入力条件
物質名	フルフラール	取扱温度	室温
CAS番号	98-01-1	スプレー作業	いいえ
ばく露限界値	許容濃度 2.5ppm、TLV-TWA 0.2ppm (Skin)	塗布面積1m2以上	はい
取扱量	少量（100mL~1000mL未満）	換気状況	換気レベルC（工業的な全体換気）
含有率	5-20%	作業時間	1日あたり0.5時間
分子量	96.09	作業頻度	週あたり5日
沸点	162℃	呼吸用保護具	なし
引火点	60℃（密閉式）	接触面積	片手の手のひらに付着
蒸気圧	294 Pa	手袋	使い捨て手袋
水溶解度	83 g/L	着火源	着火源対策あり（はい）
オクタノール・水分配係数	0.41	その他	有機物や金属の取扱いなし 水や空気に接触しない（いいえ）

※ツールの使い方を紹介するための事例であり、実際にリスクアセスメントを行う場合とは異なる可能性があります。

13

3.1. リスクアセスメントの事前準備

● STEP 0（リスクアセスメント実施のための情報収集）

※青字：確認必須の項目

SDSなどを確認し、リスクアセスメントに必要な情報を入手しましょう。

製品安全データシート（SDS）
○○溶剤

1．化学物質等及び会社情報
製品名　　：○○溶剤
製品コード：○○○
会社名　　：○○○○株式会社
　　　　　　　　：

GHS分類情報

2．危険有害性の要約
GHS分類
物理化学的危険性
　引火性液体　　　　　　　区分3
　　　　　　　　　　：

健康に対する有害性
　急性毒性（経口）　　　　区分3
　急性毒性（経皮）　　　　区分3
　急性毒性（吸入：蒸気）　区分2
　皮膚腐食性・刺激性　　　区分2
　眼に対する重篤な損傷・眼刺激性　区分2A
　発がん性　　　　　　　区分2
　特定標的臓器・全身毒性（単回ばく露）区分1（呼吸器、肝臓）
　特定標的臓器・全身毒性（反復ばく露）区分1（中枢神経系、肝臓）

3．組成、成分情報
単一製品・混合物の区別：単体

（※混合物の場合：下記のような成分表を用いて含有率を選択）　CAS番号

成分名	含有量(%)	CAS No.
フルフラール	5〜20	98-01-1
物質B	1〜5	1330-○○-○
物質C	3〜6	非公開
・・・		

含有率

8．ばく露防止及び保護措置
管理濃度
許容濃度（ばく露限界値、生物学的ばく露指標）
　日本産業衛生学会　　　25 ppm
　ACGIH　　TLV-TWA 0.2ppm

ばく露限界値
（記載がない場合もある）

9．物理的及び化学的性質
物理的状態、形状、色など：　無色の液体
融点・凝固点　-36.5℃ (ICSC (J) (2012))
沸点、初留点及び沸騰範囲　162℃ (ICSC (J) (2012))
引火点　　　60℃ (c.c.) (ICSC (J) (2012))
蒸気圧　　　2.21 mmHg(25℃) (HSDB (2017))
溶解度　　　水：8.3 g/100 mL (20℃) (ICSC (J) (2012))
n-オクタノール／水分配係数　0.41 (HSDB (2017))

主な物理化学的物性値
（記載がない場合もある）

ポイント！
・SDSが手元にない場合には、メーカーに問い合わせるか、厚生労働省「GHS対応モデルSDS情報」から物質を検索しましょう。
・混合物としての沸点が記載されている場合には、対象物質の沸点を厚生労働省「GHS対応モデルSDS情報」などから調べましょう。

14

3.2. CREATE-SIMPLEの入力とリスクの判定

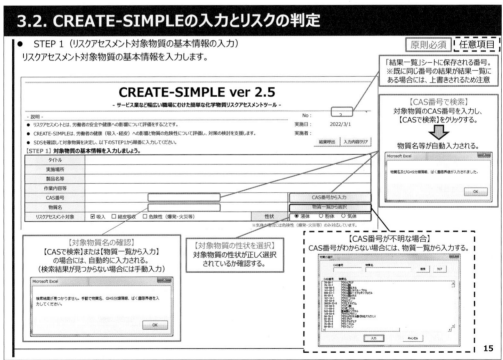

● STEP 1（リスクアセスメント対象物質の基本情報の入力）

原則必須　任意項目

リスクアセスメント対象物質の基本情報を入力します。

CREATE-SIMPLE ver 2.5
- サービス業など幅広い職場にむけた簡単な化学物質リスクアセスメントツール -

「結果一覧」シートに保存される番号。
※既に同じ番号の結果が結果一覧にある場合には、上書きされるため注意

【CAS番号で検索】
対象物質のCAS番号を入力し、【CASで検索】をクリックする。

↓

物質名等が自動入力される。

【説明】
● リスクアセスメントとは、労働者の安全や健康への影響について評価をすることです。
● CREATE-SIMPLEは、労働者の健康（吸入・経皮）への影響と物質の危険性について評価し、対策の検討を支援します。
● SDSを確認して対象物質を決定し、以下のSTEP1から順番に入力してください。

No：
実施日：2022/3/1
実施者：

結果呼出　入力内容クリア

【STEP 1】対象物質の基本情報を入力しましょう。

タイトル	
実施場所	
製品名等	
作業内容等	
CAS番号		CAS番号から入力
物質名		物質一覧から選択
リスクアセスメント対象	☑吸入 □経皮吸収 □危険性（爆発・火災等）	性状　●液体 ○粉体 ○気体

※気体の場合には危険性（爆発・火災等）のみ対応しています。

【対象物質名の確認】
【CASで検索】または【物質一覧から入力】の場合には、自動的に入力される。
（検索結果が見つからない場合には手動入力）

【対象物質の性状を選択】
対象物質の性状が正しく選択されているか確認する。

【CAS番号が不明な場合】
CAS番号がわからない場合には、物質一覧から入力する。

15

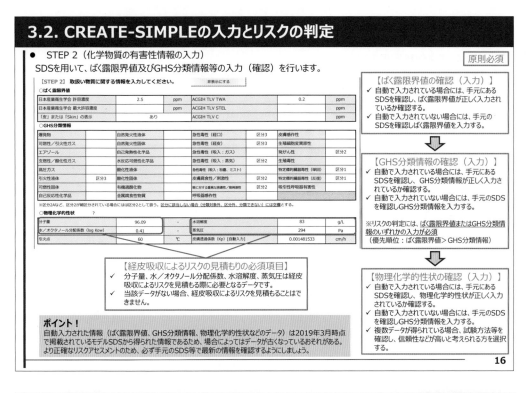

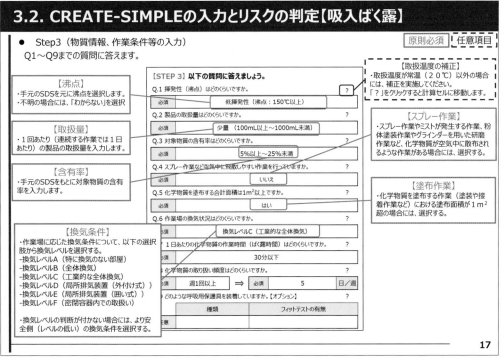

3.2. CREATE-SIMPLEの入力とリスクの判定（参考）

● Step3（換気条件の説明、事例）

換気状況	補足説明、事例
特に換気がない部屋	・換気のない密閉された部屋でも、通常人がいる環境であれば最低限の自然換気はあると考えられる。
全体換気	・窓やドアが開いている部屋。 ・一般的な換気扇のある部屋（例：台所用小型換気扇）。 ・ビル内で全体空調がある場合（例：中央管理区分式の空調）。一般に一定程度の外気取入れがある。 ・大空間の屋内の一部（例：ショッピングセンターや大きな作業場の一隅など）。
工業的な全体換気	・工業的な全体換気装置のある部屋（大型換気扇や排風機）。 ・屋外作業。
局所排気装置（外付け式）	・化学物質の発散源近くで上方向や横方向から吸引する場合（例：調理場の上部吸引フード） ・プッシュプル型換気装置
局所排気装置（囲い式）	・実験室のドラフトチャンバーの中に化学物質を置いて作業する場合など
密閉容器内での取扱い	・密閉設備（漏れがないこと） ・グローブボックス（密閉型作業箱）の中に化学物質を置いて作業する場合など

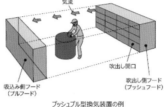

局所排気（外付け式）の例　　　プッシュプル型換気装置の例　　　局所排気（囲い式フード）の例

出典：厚生労働省「特定化学物質障害予防規則等の改正に係るパンフレット」

18

3.2. CREATE-SIMPLEの入力とリスクの判定【吸入ばく露】

● Step3（作業時間・頻度、呼吸用保護具の入力）　　　原則必須　任意項目

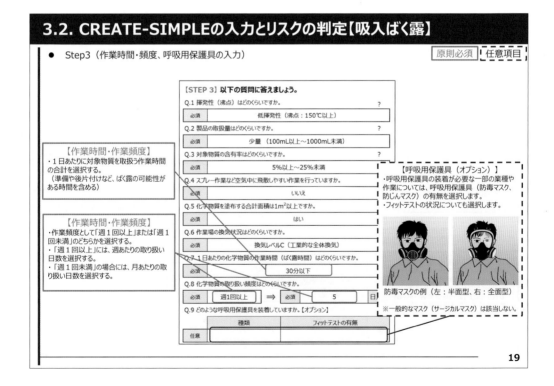

【作業時間・作業頻度】
・1日あたりに対象物質を取扱う作業時間の合計を選択する。
（準備や後片付けなど、ばく露の可能性がある時間を含める）

【作業時間・作業頻度】
・作業頻度として「週1回以上」または「週1回未満」のどちらかを選択する。
・「週1回以上」には、週あたりの取り扱い日数を選択する。
・「週1回未満」の場合には、月あたりの取り扱い日数を選択する。

【STEP 3】以下の質問に答えましょう。

Q.1 揮発性（沸点）はどのくらいですか。　　？
必須　　低揮発性（沸点：150℃以上）

Q.2 製品の取扱量はどのくらいですか。　　？
必須　　少量（100mL以上～1000mL未満）

Q.3 対象物質の含有率はどのくらいですか。　　？
必須　　5%以上～25%未満

Q.4 スプレー作業など空気中に飛散しやすい作業を行っていますか。
必須　　いいえ

Q.5 化学物質を塗布する合計面積は1m²以上ですか。
必須　　はい

Q.6 作業場の換気状況はどのくらいですか。
必須　　換気レベルC（工業的な全体換気）

Q.7 1日あたりの化学物質の作業時間（ばく露時間）はどのくらいですか。
必須　　30分以下

Q.8 化学物質の取り扱い頻度はどのくらいですか。
必須　週1回以上　⇒　必須　5　日

Q.9 どのような呼吸用保護具を装着していますか。【オプション】

	種類	フィットテストの有無
任意		

【呼吸用保護具（オプション）】
・呼吸用保護具の装着が必要な一部の業種や作業については、呼吸用保護具（防毒マスク、防じんマスク）の有無を選択します。
・フィットテストの状況についても選択します。

防毒マスクの例（左：半面型、右：全面型）

※一般的なマスク（サージカルマスク）は該当しない。

19

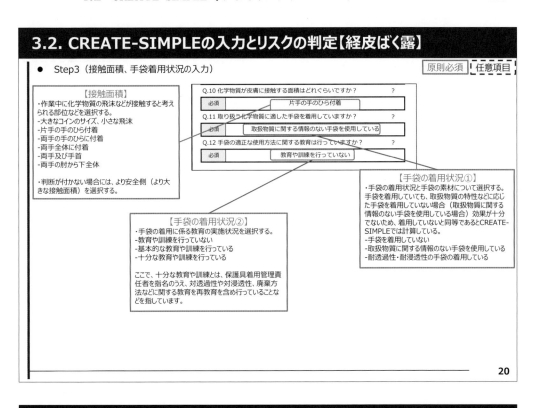

3.2. CREATE-SIMPLEの入力とリスクの判定【経皮ばく露】

● Step3（接触面積、手袋着用状況の入力）　　　　　　　　　　原則必須　任意項目

【接触面積】
・作業中に化学物質の飛沫などが接触すると考えられる部位などを選択する。
-大きなコインのサイズ、小さな飛沫
-片手の手のひら付着
-両手の手のひらに付着
-両手全体に付着
-両手及び手首
-両手の肘から下全体

・判断が付かない場合には、より安全側（より大きな接触面積）を選択する。

Q.10 化学物質が皮膚に接触する面積はどれぐらいですか？　　？
必須　片手の手のひら付着

Q.11 取り扱う化学物質に適した手袋を着用していますか？　　？
必須　取扱物質に関する情報のない手袋を使用している

Q.12 手袋の適正な使用方法に関する教育は行っていますか？　　？
必須　教育や訓練を行っていない

【手袋の着用状況①】
・手袋の着用状況と手袋の素材について選択する。手袋を着用していても、取扱物質の特性などに応じた手袋を着用していない場合（取扱物質に関する情報のない手袋を使用している場合）効果が十分でないため、着用していないと同等であるとCREATE-SIMPLEでは計算している。
-手袋を着用していない
-取扱物質に関する情報のない手袋を使用している
-耐透過性・耐浸透性の手袋の着用している

【手袋の着用状況②】
・手袋の着用に係る教育の実施状況を選択する。
-教育や訓練を行っていない
-基本的な教育や訓練を行っている
-十分な教育や訓練を行っている

ここで、十分な教育や訓練とは、保護具着用管理責任者を指名のうえ、対透過性や対浸透性、廃棄方法などに関する教育を再教育を含め行っていることなどを指しています。

20

3.2. CREATE-SIMPLEの入力とリスクの判定（参考）

● Step3（教育・訓練の実施状況の判断基準例）　　　　　　　原則必須　任意項目

教育状況		種類	補足説明、事例
基礎教育	十分な教育・訓練		
	○	体制	作業場ごとに化学防護手袋を管理する保護具着用管理責任者を指名し、化学防護手袋の適正な選択、着用及び取扱方法について労働者に対し必要な指導を行いましょう。
○		選択	化学防護手袋には、素材がいろいろあり、また素材の厚さ、手袋の大きさ、腕まで防護するものなど、多種にわたっているので、作業にあったものを選ぶようにしましょう。
○		選択	使用する化学物質に対して、劣化しにくく（耐劣化性）、透過しにくい（耐透過性）素材のものを選定するようにしましょう。
○		選択	自分の手にあった使いやすいものを使用しましょう。
○		選択	作業者に対して皮膚アレルギーの無いことを確認しましょう。
	○	使用	取扱説明書に記載されている耐透過性クラス等を参考として、作業に対して余裕のある使用時間を設定し、その時間の範囲内で化学防護手袋を使用しましょう。
	○	使用	化学防護手袋に付着した化学物質は透過が進行し続けるので、作業を中断しても使用可能時間は延長しないようにしましょう。
○		使用	使用前に、傷、孔あき、亀裂等の外観上の問題が無いことを確認すると共に、手袋の内側に空気を吹き込んで空気が抜けないことを確認しましょう
○		使用	使用中に、ひっかけ、突き刺し、引き裂きなどを生じたときは、すぐに交換しましょう。
	○	使用	化学防護手袋を脱ぐときは、付着している化学物質が、身体に付着しないように、できるだけ化学物質の付着面が内側になるように外しましょう。
	○	使用	強度の向上等の目的で、化学防護手袋とその他の手袋を二重装着した場合でも、化学防護手袋は使用可能時間の範囲で使用しましょう
	○	保管・廃棄	取り扱った化学物質の安全データシート(SDS)、法令等に従って適切に廃棄しましょう。
	○	保管・廃棄	化学物質に触れることで、成分が抜けて硬くなったゴムは、組成の変化により物性が変化していると考えられるので、再利用せず廃棄しましょう。
	○	保管・廃棄	直射日光、高温多湿を避け、冷暗所に保管して下さい。またオゾンを発生する機器（モーター類、殺菌灯等）の近くに保管しないようにしましょう。

21

3.2. CREATE-SIMPLEの入力とリスクの判定【危険性】

● Step3（取扱温度、取扱状況の入力）

原則必須 ｜ 任意項目

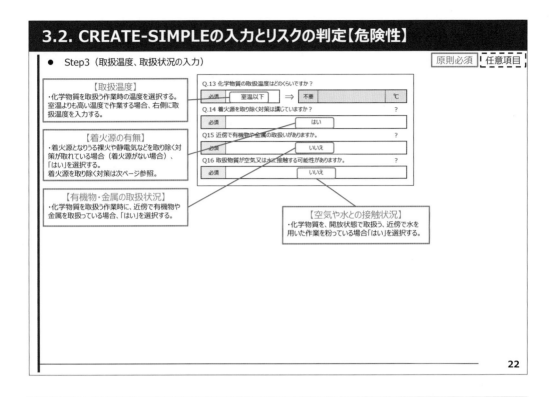

【取扱温度】
・化学物質を取扱う作業時の温度を選択する。
室温よりも高い温度で作業する場合、右側に取扱温度を入力する。

【着火源の有無】
・着火源となりうる裸火や静電気などを取り除く対策が取れている場合（着火源がない場合）、「はい」を選択する。
着火源を取り除く対策は次ページ参照。

【有機物・金属の取扱状況】
・化学物質を取扱う作業時に、近傍で有機物や金属を取扱っている場合、「はい」を選択する。

Q.13 化学物質の取扱温度はどのくらいですか？

| 必須 | 室温以下 | ⇒ | 不要 | ℃ |

Q.14 着火源を取り除く対策は講じていますか？　　　？

| 必須 | はい |

Q15 近傍で有機物や金属の取扱いがありますか。　　　？

| 必須 | いいえ |

Q16 取扱物質が空気又は水に接触する可能性がありますか。　　　？

| 必須 | いいえ |

【空気や水との接触状況】
・化学物質を、開放状態で取扱う、近傍で水を用いた作業を行っている場合「はい」を選択する。

22

3.2. CREATE-SIMPLEの入力とリスクの判定（参考）

● Step3（着火源の有無の判断基準例）
下記の対策が講じられている場合、着火源「なし」と判断する。

原則必須 ｜ 任意項目

● 下記のような静電気対策が講じられている（詳細は「静電気安全指針」を参照のこと）
　✓ 化学物質の配管内などでの流速（移送速度）は大きくし過ぎていない
　✓ 化学物質が流動・移動（混合や混練を含む）する箇所はアースをとっている
　✓ 帯電防止の衣服・靴などを着用している
　✓ 作業場の湿度は低くし過ぎていない（30%以下は危険）
　✓ 床の伝導性は確保している（絶縁シート上で作業は行っていない、など）
● 近傍に裸火や高温部は存在しない
● 金属同士の接触など火花が生じるおそれのある作業は行っていない
● 取扱う化学物質に摩擦や強い衝撃を与えるおそれはない

23

3.2. CREATE-SIMPLEの入力とリスクの判定【吸入ばく露・経皮ばく露】

● Step4（リスクの判定）

　Step1～Step3までの項目を入力後、リスクを判定します。リスクが判定されたら、レポートを出力し、リスク低減対策の検討に進みましょう。

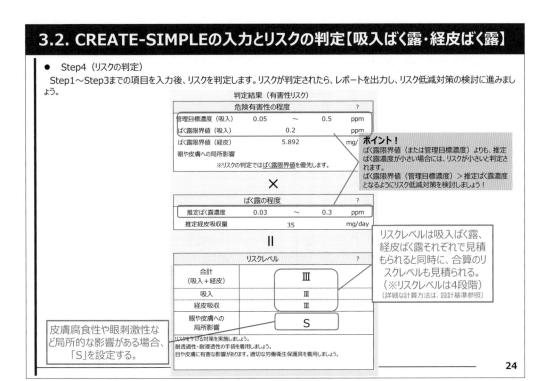

3.2. CREATE-SIMPLEの入力とリスクの判定【吸入ばく露・経皮ばく露】

● Step4（リスクの判定）

　Step1～Step3までの項目を入力後、リスクを判定します。リスクが判定されたら、レポートを出力し、リスク低減対策の検討に進みましょう。

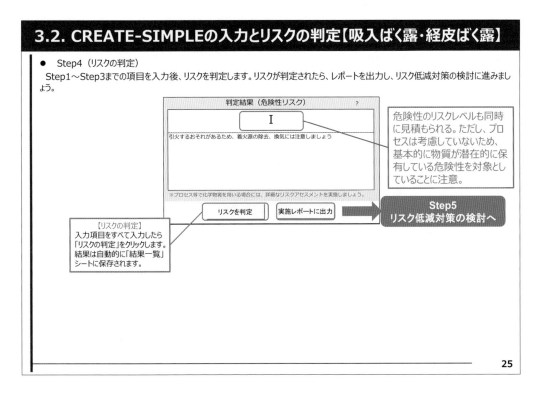

3.3. リスク低減措置の内容検討支援

● Step5（リスク低減対策の検討）

「実施レポートに出力」をクリックすることで、各質問項目やばく露濃度、経費吸収量の推定値、リスクレベルなどが転記されます。

【各質問項目の回答結果が転記】

3.3. リスク低減措置の内容検討支援

● Step5（リスク低減対策の検討）

リスクの低減のために変更できる項目がないかを検討し、再度リスクを判定します。

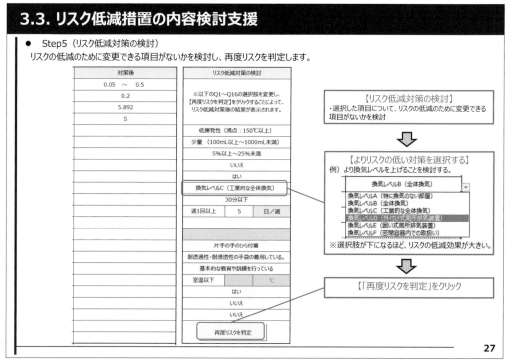

3.3. リスク低減措置の内容検討支援

● Step5（リスク低減対策の検討）

【リスクの再見積もり結果が転記】

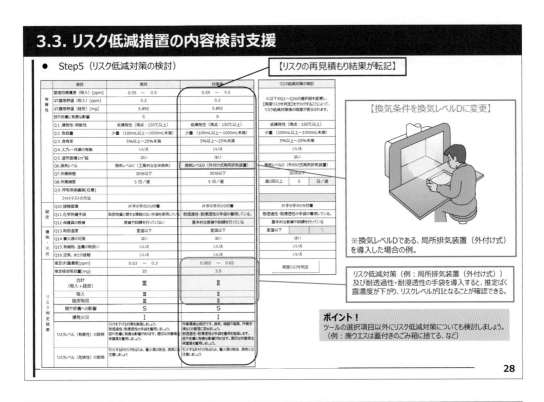

※換気レベルDである、局所排気装置（外付け式）を導入した場合の例。

リスク低減対策（例：局所排気装置（外付け式））及び耐透過性・耐浸透性の手袋を導入すると、推定ばく露濃度が下がり、リスクレベルがIIとなることが確認できる。

ポイント！
ツールの選択項目以外にリスク低減対策についても検討しましょう。
（例：廃ウエスは蓋付きのごみ箱に捨てる、など）

28

3.3. リスク低減措置の内容検討支援

● Step5（リスク低減対策の検討）
事業所で導入するリスク低減対策の内容や実施時期等について記載しましょう。

リスク低減対策の内容や今後のリスク低減対策の導入計画等について記載し、労働者に周知を行う。

【結果の保存】
保存をクリックすると、結果一覧に保存されます

10

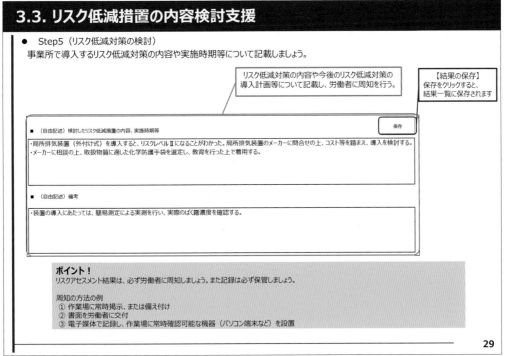

■（自由記述）検討したリスク低減措置の内容、実施時期等　　　　　　　　　　　保存

・局所排気装置（外付け式）を導入すると、リスクレベルIIになることがわかった。局所排気装置のメーカーに問合せの上、コスト等を踏まえ、導入を検討する。
・メーカーに相談の上、取扱物質に適した化学防護手袋を選定し、教育を行った上で着用する。

■（自由記述）備考

・装置の導入にあたっては、簡易測定による実測を行い、実際のばく露濃度を確認する。

ポイント！
リスクアセスメント結果は、必ず労働者に周知しましょう。また記録は必ず保管しましょう。

周知の方法の例
① 作業場に常時掲示、または備え付け
② 書面を労働者に交付
③ 電子媒体で記録し、作業場に常時確認可能な機器（パソコン端末など）を設置

29

3.4. 結果の閲覧と出力

- リスクアセスメント結果の閲覧

「結果一覧」のシートから過去に実施したリスクアセスメント結果を確認することができます。
また出力したいリスクアセスメント結果を選択し、「リスクアセスメントシート」または「実施レポート」に出力することができます。
（各シートからもリスクアセスメント結果を呼び出すことが可能です。）

- リスクアセスメント結果の削除

削除したい列を選択し、右クリックを押して削除することで、過去のリスクアセスメント結果を削除することができます。

30

3.5. データの移行

- 移行方法

「結果一覧」のシートから実施したリスクアセスメント結果をコピーし、新しいバージョンのツールに貼り付けすることが可能です。

- リスクアセスメント結果は必ずNo.1から採番してください。

31

4. よくある質問

ここでは、CREATE-SIMPLEに関して、よくある質問を紹介します。

No.	Question	Answer
1	リスクアセスメントやばく露といった用語の意味について教えてください。	労働安全衛生法におけるリスクアセスメントとは、安全や健康への影響を評価し、その対策を検討することをいいます。健康への影響を評価する際には、化学物質の持つ有害性と労働者が化学物質にさらされる度合い（ばく露）と比較して、リスクを評価します。
2	厚生労働省コントロール・バンディング（CB）とは何が異なりますか。	CBと比較するとCREATE-SIMPLEは、以下の3点からより精緻にリスクアセスメントを実施することができます。 ・有害性の程度としてばく露限界値を用いていること ・取扱量少量（mL）単位が細分化されていること ・CBでは考慮していない作業条件（含有率、換気、作業時間、保護具等）の効果を考慮していること
3	混合物については、どのようにリスクアセスメントを実施すればよいですか。	SDSから混合物の成分を確認し、物質の有害性、含有率、揮発性、使用条件などから優先順位をつけて、1物質ずつリスクアセスメントを実施してください。 　例として、トリメチルベンゼン、キシレン、ノナンを主成分とするミネラルスピリットの場合には、まずそれぞれの物質についてリスクを判定します。それぞれのリスク判定の結果、Ⅲ＆S、Ⅰ＆S、Ⅰ＆Sと判定された場合には、混合物のリスクレベルを一番リスクレベルの高いⅢ＆Sと考えてリスク低減対策を検討しましょう。 　また混合物のGHS分類情報がある場合には、混合物のGHS分類情報を手動で入力することによって、混合物としてリスクアセスメントを行うことも可能です。
4	同じ物質を異なる作業で実施している場合には、どのように考えればよいですか。	例えば、アセトンを同じ労働者が作業A、作業B、作業Cでそれぞれ1時間使用している場合には、それぞれの作業ごとにリスクアセスメントを実施してください。その際に作業時間は作業A、B、Cの合計時間である3時間を入力すると、安全側としてリスクアセスメントを実施することができます。
5	水酸化ナトリウム水溶液など、固体を溶かした水溶液についてはどのように考えればよいですか。	溶解している固体は低揮発性の液体としてリスクを判定してください。
6	リスクアセスメントの計算はどのように行われていますか。	資料「少量・低頻度の化学物質取扱作業向けたリスクの見積り方法について（CREATE-SIMPLEの設計基準）」を参照してください。

32

4. よくある質問

ここでは、CREATE-SIMPLEに関して、よくある質問を紹介します。

No.	Question	Answer
7	SDSにばく露限界値が複数記載されています。どれを入力すればよいですか。	SDSに記載されているばく露限界値をすべて入力してください。 入力対象のばく露限界値の種類は以下の通りです。 ◆ 長時間（8時間）ばく露限界値 ・ 日本産業衛生学会：許容濃度 ・ ACGIH：TLV-TWA（1日8時間、週40時間の時間加重平均濃度） ◆ 短時間ばく露限界値 ・ 日本産業衛生学会：最大許容濃度 ・ ACGIH：TLV-STEL（15分間の時間加重平均値）、TLV-C（天井値）
8	沸点の区分や含有率の区分はどのように設定されていますか。	英国安全衛生庁（Health and Safety Executive, HSE）や欧州化学物質生態毒性・毒性センター(ECETOC)といった海外政府や海外の公的研究機関などのリスクアセスメント手法における区分を参考に設定しています。 詳細は、資料「少量・低頻度の化学物質取扱作業向けたリスクの見積り方法について（CREATE-SIMPLEの設計基準）」を参照してください。
9	昇華性のある固体（ヨウ素、ナフタレンなど）は、液体または固体のどちらでリスクアセスメントを実施すればよいですか。	昇華性のある固体は、ばく露が懸念されるため、液体として取り扱うことが望ましいです。その際、揮発性については蒸気圧バンドを利用することが望ましいです。 table: 揮発性 / 固体の蒸気圧 低揮発性 / 0.5kPa未満 中揮発性 / 0.5〜25kPa 高揮発性 / 25kPa超
10	リスクの低減対策として、物質の代替を検討しています。実施レポートではどのように入力すればよいですか。	物質の代替を検討している場合には、代替後の物質のばく露限界値を対策後の列のばく露限界値[ppm]の欄に手動で入力してください。また揮発性・飛散性レベルが変わる場合には、手動で選択する必要があります。
11	危険性は、プロセスの状況まで十分に踏まえてリスクを見積もっているのですか？	危険性は、取扱量や換気状況、着火源の有無等の状況からリスクを見積もっていますが、十分にプロセスを踏まえているわけではありません。基本的に取扱物質が潜在的に有している危険性のみを対象としているため、プロセスを踏まえる場合は別途「安衛研 リスクアセスメント等実施支援ツール」などをご利用ください。

33

10

4. よくある質問

ここでは、CREATE-SIMPLEに関して、よくある質問を紹介します。

No.	Question	Answer
12	手袋を選択する際に、どのようにすれば適切な素材の手袋を選択することができますか。	下記の書籍などを参考にしてください。 ・ 田中茂「2013年版保護具選定のためのケミカルインデックス」 ・ Wiley「Quick Selection Guide to Chemical Protective Clothing」 ・ Ansell「化学防護手袋ガイド」 ・ 田中茂著「皮膚からの吸収・ばく露を防ぐ！」（中央労働災害防止協会 2017） ・ University of Colorado「Glove Selection」 または、手袋のメーカーなどに直接お問い合わせください。 その際に、取扱う化学物質の名称、取扱時間、作業内容などを整理しておくとよいでしょう。必ず耐透過性、耐浸透性を有する手袋を選択すると同時に正しく着用してください。
13	バージョンアップごとに再評価する必要がありますか。	Ver2.4→2.5のバージョンアップでは、自動入力において、低揮発性の物質（沸点150℃以上）が中揮発性として入力される不具合を修正しています。 沸点が150℃以上の物質の取扱いがある場合、再度評価をすることでリスクが下がる可能性がありますので、当該物質については必要に応じて再評価を行ってください。 また内部データの更新に伴い、下記に記載する物質については、有害性情報の変更により再評価が必要となる可能性があります。また、作業内容が変更された場合や前回の評価から一定期間が経過している場合には、再評価を検討してください。 - 政府によるGHS分類結果（令和3年度）において、GHS区分の変更が行われた物質 - 許容濃度等の勧告（2022年度）及びACGIH TLV (2023)において、ばく露限界値の新規設定・変更が行われた物質

4. よくある質問

ここでは、CREATE-SIMPLEに関して、よくある質問を紹介します。

No.	Question	Answer
14	CREATE-SIMPLEで自動入力されるデータはどのようなものですか。	CREATE-SIMPLEでは、以下の情報より、自動入力されるデータを作成しています。 ・ NITE統合版 GHS分類結果 https://www.nite.go.jp/chem/ghs/ghs_nite_download.html ・ 厚生労働省「モデルSDS」 ・ 日本産業衛生学会「許容濃度等の勧告」 ・ ACGIH TLVs® and BEIs®
15	マクロがブロックされた場合、どのように対応すればよいですか。	・ Microsoftのセキュリティ強化によりExcelのバージョン2203以降から、インターネットから取得したエクセルのマクロが実行できなくなる事象が発生しています。 セキュリティ リスク このファイルのソースが信頼できないため、Microsoftによってマクロの実行がブロックされました。　詳細を表示 ・ 「セキュリティ リスク」の表示がでた場合は、以下の手順でマクロの実行のブロックの解除をお願いします。 ファイルを右クリック→プロパティ（R）→セキュリティで「許可する」にチェック→OK セキュリティ: このファイルは他のコンピューターから取得したものです。このコンピューターを保護するため、このファイルへのアクセスはブロックされる可能性があります。　☑ 許可する(K)

10.2.2　リスクアセスメント実施支援システム[*11] の活用

　職場のあんぜんサイトから化学物質を取り扱うことが想定される作業を抽出したもの。受講者は該当作業があれば、リスクアセスメントを実施してみる。

【製造業、サービス業、運輸業】

- ●熱処理作業（洗浄作業）〈マトリクス法〉
- ●溶接作業［アーク溶接作業（衛生、安全）、ガス切断・溶接］〈マトリクス法〉
- ●木材加工作業（木材の塗装作業）〈マトリクス法〉
- ●塗装作業（脱脂作業、溶剤でのふき取り作業、調色及び希釈作業、吹付塗装作業、静電塗装作業、塗料の供給作業、塗装ブースの洗浄、電着塗装槽の作業）〈マトリクス法〉
- ●めっき作業（前処理作業、めっき作業）〈マトリクス法〉
- ●ビルメンテナンス業（清掃作業、その他）〈マトリクス法〉〈数値化法〉
- ●産業廃棄物処理業（共通事項、収集運搬、中間処理）〈マトリクス法〉〈数値化法〉
- ●自動車整備業（洗車・洗浄作業、溶接作業、塗装作業）〈マトリクス法〉〈数値化法〉
- ●食品加工業［肉・乳製品製造業、水産食料品製造業、パン・菓子製造業、その他の食品製造業（弁当・調味料）、小売業、飲食店業］〈マトリクス法〉〈数値化法〉
- ●マトリクスを用いた方法[*12]

【全ての作業・業種】

　「負傷又は疾病の重篤度」と「負傷又は疾病の発生の可能性」をそれぞれ横軸と縦軸とした表（マトリクス）に、あらかじめ重篤度と可能性の度合いに応じたリスクの程度を割り付けておき、見積り対象となる負傷又は疾病の重篤度に該当する列を選び、次に発生の可能性に該当する行を選ぶことにより、リスクを見積もる方法である。

負傷又は疾病の重篤度 （災害の程度）	災害の程度・内容の目安
致命的・重大 ×	●死亡災害や身体の一部に永久的損傷を伴うもの ●休業災害（1か月以上のもの）、一度に多数の被災者を伴うもの
中程度 △	●休業災害（1か月未満のもの）、一度に複数の被災者を伴うもの
軽　度 ○	●不休災害のかすり傷程度のもの

[*11]　https://anzeninfo.mhlw.go.jp/risk/risk_index.html

[*12]　職場のあんぜんサイト　リスクアセスメントの実施支援システム　マトリクスを用いた方法（詳細説明）（厚生労働省）(https://anzeninfo.mhlw.go.jp/risk/matrix_explanation.html) をもとに作成

負傷又は疾病の発生の可能性の度合	内容の目安
高いか比較的高い ×	●毎日頻繁に危険性又は有害性に接近するもの ●かなりの注意力でも災害につながり、回避困難なもの
可能性がある △	●故障、修理、調整等の非定常的な作業で、危険性又は有害性に時々接近するもの ●うっかりしていると災害になるもの
ほとんどない ○	●危険性又は有害性の付近に立ち入ったり、接近することは滅多にないもの ●通常の状態では災害にならないもの

発生の可能性の度合 ＼ 重篤度		負傷又は疾病の重篤度		
		致命的・重大 ×	中程度 △	軽度 ○
負傷又は疾病の発生の可能性の度合	高いか比較的高い ×	III	III	II
	可能性がある △	III	II	I
	ほとんどない ○	II	I	I

リスクの程度	優先度	
III	直ちに解決すべき、又は重大なリスクがある。	措置を講ずるまで作業を停止する必要がある。十分な経営資源（費用と労力）を投入する必要がある。
II	速やかにリスク低減措置を講ずる必要のあるリスクがある。	措置を講ずるまで作業を行わないことが望ましい。優先的に経営資源（費用と労力）を投入する必要がある。
I	必要に応じてリスク低減措置を実施すべきリスクがある。	必要に応じて低減措置を実施する。

●数値化による方法[13]

【食品加工作業・ビルメンテナンス業・産業廃棄物処理業・自動車整備業】

　ここでは、「負傷又は疾病の重篤度」、「負傷又は疾病の発生の可能性」、「発生する頻度」を一定の尺度によりそれぞれ数値化し、それらを数値演算（足し算）してリスクを見積もる方法をいう。

---

[13]　職場のあんぜんサイト　リスクアセスメントの実施支援システム　数値化による方法（詳細説明）（厚生労働省）（https://anzeninfo.mhlw.go.jp/risk/suchi_explanation.html）をもとに作成

危険性の例

重篤度	点 数	災害の程度・内容の目安
致命傷	10	死亡、失明、手足の切断等の重篤災害
重 傷	6	骨折等長期療養が必要な休業災害及び障害が残るけが
軽 傷	3	上記以外の休業災害（医師による措置が必要なけが）
軽 微	1	表面的な障害、軽い切り傷及び打撲傷（赤チン災害）

可能性	点 数	内容の目安
確実である	6	かなりの注意力を高めていても災害になる。
可能性が高い	4	通常の注意力では災害につながる。
可能性がある	2	うっかりしていると災害になる。
ほとんどない	1	通常の状態では災害にならない。

頻 度	点 数	内容の目安
頻 繁	4	毎日、頻繁に立ち入ったり接近したりする。
時 々	2	故障、修理・調整等で時々立ち入る（1回/週～1回/月）。
ほとんどない	1	立ち入り、接近することは滅多にない（1回/年程度）。

リスク	点 数※（リスクポイント）	優先度	災害発生の可能性	取扱基準
IV	12～20	直ちに解決すべき問題がある。	重大災害の可能性大	直ちに中止又は改善する。
III	9～11	重大な問題がある。	休業災害の可能性大	早急な改善が必要
II	6～8	多少問題がある。	不休災害	改善が必要
I	5以下	必要に応じて低減措置を実施すべきリスク	軽微な災害	残っているリスクに応じて教育や人材配置をする。

※ 点数（リスクポイント）＝重篤度 + 可能性 + 頻度

有害性の例

重篤度	点 数	災害の程度・内容の目安
致命傷	10	死亡や永久的労働不能につながるけが 障害が残るけが
重 傷	6	休業災害（完治可能なけが）
軽 傷	3	休業災害（医師による措置が必要なけが）
軽 微	1	手当後直ちに元の作業に戻れる微小なけが

可能性	点　数	内容の目安	
		危険察知の可能性	危険回避の可能性
確実である	6	事故が発生するまで危険を検知する手段がない	危険に気が付いた時点では回避できない
可能性が高い	4	十分な注意を払っていなければ危険がわからない	専門的な訓練を受けていなければ回避の可能性が低い
可能性がある	2	危険性又は有害性に注目していれば危険が把握できる	回避手段を知っていれば十分に危険が回避できる
ほとんどない	1	容易に危険が検知できる	危険に気が付けば、けがをせずに危険が回避できる

頻　度	点　数	内容の目安
頻　繁	4	1 日に 1 回程度
時　々	2	週に 1 回〜月に 1 回程度
ほとんどない	1	半年に 1 回〜年に 1 回程度

リスク	点　数※	優先度	取扱基準
IV	12 〜 20	直ちに解決すべき問題がある。	直ちに中止又は改善する。
III	9 〜 11	重大な問題がある。	早急な改善が必要。
II	6 〜 8	多少問題がある。	改善が必要。
I	5 以下	必要に応じて低減措置を実施すべきリスク。	残っているリスクに応じて教育や人材配置をする。

※　点数 = 重篤度 + 可能性 + 頻度

10.3　検知管の使い方

　検知管による物質の濃度測定は、操作が簡便であり、その場で濃度が把握できることから、自律的な管理においてその活用が期待される。ここでは安全に検知管によるガスの濃度測定を学ぶために、大気中及び呼気中の二酸化炭素濃度測定の比較を行う。

【ガステックの検知管式気体測定器を用いた実習】

検知管式気体測定器概要紹介[14]

　検知管式気体測定器は、検知管と気体採取器とで構成されます。検知管は、一定内径のガラス管に検知剤を緊密に充填し、その両端を熔封、その表面に濃度目盛等

＊14　株式会社ガステック「検知管式気体測定器 概要紹介」（https://www.gastec.co.jp/product/detector_tube/summary/）

を印刷したものです。

　気体採取器は、一定容量（100 mL/50 mL）のシリンダ内部をピストンで減圧にし、吸引する機能を持っています。気体採取器と検知管を用いて試料ガスの吸引を行ったとき、測定対象物質があると検知管に変色が現れます。この時変色した長さは測定対象物質の濃度に対応する為、検知管に印刷されている濃度目盛から測定対象物質の濃度を読み取ることができます。

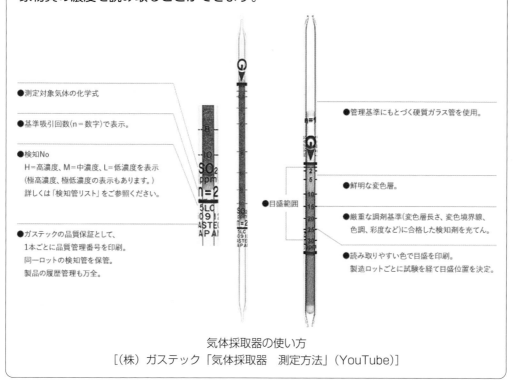

●測定対象気体の化学式

●基準吸引回数（n＝数字）で表示。

●検知No
　H＝高濃度、M＝中濃度、L＝低濃度を表示
　（極高濃度、極低濃度の表示もあります。）
　詳しくは「検知管リスト」をご参照ください。

●ガステックの品質保証として、
　1本ごとに品質管理番号を印刷。
　同一ロットの検知管を保管。
　製品の履歴管理も万全。

●目盛範囲

●管理基準にもとづく硬質ガラス管を使用。

●鮮明な変色層。

●厳重な調剤基準（変色層長さ、変色境界線、色調、彩度など）に合格した検知剤を充てん。

●読み取りやすい色で目盛を印刷。
　製造ロットごとに試験を経て目盛位置を決定。

気体採取器の使い方
［（株）ガステック「気体採取器　測定方法」（YouTube）］

【実習手順】
● 検知管の原理を学習し、YouTube の気体採取器の動画を見る
● 試料採取器及び二酸化炭素測定用検知管（GASTEC　2LC 及び 2H）を準備する
● 試料採取器に検知管 2LC（100 ～ 4 000 ppm）を装着する
● 大気中の二酸化炭素濃度（約 400 ppm）を測定する
● 各自が呼気を空のプラスチックバッグに吹き込み、バッグの口を閉じる
● 試料採取器に検知管 2H（0.5 ～ 20％）を装着し、検知管の先端をプラスチックバッグの口から差し入れ、呼気を吸引する
● 呼気中の二酸化炭素の濃度を測定する

10.4 マスクの使用方法、フィットテストの実施

　自律的な管理において、様々な保護具の重要性がさらに増した。ここでは労働者のばく露を濃度基準値以下にするためにも重要な役割を担う呼吸用保護具のフィットテストの実施方法を実習する。

マスクフィットテスト[15]

【フィットテストとは】
　マスクのフィルター性能がどんなに優れていても、マスクが顔にフィットしていなければ本来の性能が発揮されません。その為「フィルター性能」と「顔の密着」の両方を確認する必要があります。マスクが着用者の顔に密着（フィット）しているかを評価するために行うテストをフィットテストと言います。

【フィットファクタ】

　粉じんが外部に100個、内部は1個の場合

$$\frac{100（外部）}{1（内部）} = 100 \div 1 = フィットファクタ100$$

【対象呼吸用保護具】

取替え式全面形面体

取替え式半面形面体

使い捨て式半面形面体

＊15　ミドリ安全株式会社　マスクフィットテスト（https://ec.midori-anzen.com/shop/e/ea362_100/）

【定量的フィットテスト】

　専用の計測装置を用いて、面体の中と外の粉じん粒子の個数を計測し、呼吸用保護具と顔面との密着性を確認する方法です。

- ●柴田科学（株）「労研式マスクフィッティングテスター MT-05U 型〜 JIS T 8150：2021 による定量的フィットテスト編〜」（YouTube）（労研式 MT-05U 型 JIS T 8150：2021 標準）
- ●「KANOMAX 研修会用動画」（KANOMAX AccuFIT9000 JIS T 8150 短縮プロトコル）

【定性的フィットテスト】

　被験者が呼吸保護具を着けてフードをかぶり、フードの中にサッカリン等の試験溶液を噴霧して、甘味成分を感じるかの有無でフィット性を確認します。

　甘味を感じなかった場合はフィットファクタが 100 以上であるとします。

- ●興研（株）「JIS T 8150 に基づくフィットテストの実施」（動画）
- ●3M Japan「フィットテスト概要と使用方法説明動画」（YouTube）

10.5 リスクアセスメント結果の記録方法

　化学物質管理者の有用な役割の一つとしてリスクアセスメント（リスクの見積り、評価、対応）に関する記録・保存がある。ここでは**表 1.4** にあげた項目について入力することを実習する。実際には、受講者の作業場データ（架空でもよい）及び CREATE-SIMPLE 等に従ったリスクアセスメント結果を入力する。

表 1.4（再掲） 化学物質管理者が行う記録・保存のための様式（例）

① 事業場名：		② 業種：			③ 代表者名：	

④ 化学物質管理者名：	⑤ 記録作成日：

⑥ リスクアセスメント対象物質数：　　　　　（義務対象物質数：　　　　）

⑦ リスクアセスメント対象物質について収集した SDS の数：

⑧ 事業場で作成・交付しなければならないラベル・SDS の数：

⑨ リスクの見積りの方法及び適用作業場数又は対象者数：

クリエイトシンプル：	マニュアル準拠：	ばく露測定：	作業環境測定：	その他：

⑩ リスクの見積りの結果に基づき対策が求められた作業場又は労働者の数；

作業場数：	労働者数：

⑪ リスクの見積りの結果に基づきばく露低減のために検討した対策の種類及びその数；

代替物：	密閉化：	換気・排気装置：	作業改善：	保護具：	その他：

⑫ リスクの見積りの結果に基づき爆発・火災防止のために検討した対策の種類及びその数；

代替物：	密閉化：	換気・排気装置：	着火源除去：	作業改善：	保護具：	その他：

⑬ 皮膚障害等化学物質への直接接触の防止：　　　　対象物質数：　　　　対象労働者数：

⑭ 濃度基準値を超えたばく露を受けた労働者の有無：　有り（人数：　）　　無し

取られた対策（措置）の種類：

⑮ 労働者に対する取扱い物質の危険性・有害性等の周知；

実施日：　　　人数：	実施日：　　　人数：	実施日：　　　人数：

⑯ 労働者に対するリスクアセスメントの方法、結果、対策等の周知；

実施日：　　　人数：	実施日：　　　人数：	実施日：　　　人数：

⑰ 労働災害発生時対応マニュアルの有無：　　有り　　無し

⑱ 労働災害発生時対応を想定した訓練の実施：　　有り　　無し

⑲ 労働災害発生時等の労働基準監督署長による指示の有無：　有り（回数：　）　　　無し

⑳ （安全）衛生委員会の開催又は労働者からの意見の聴取：（日時）

10.6 自律的な管理　チェックリスト

以下のチェックリストを用いて講習参加者の事業場における現況を把握する。

化学物質の「自律的な管理」簡易チェックリスト（例）

大項目	チェック項目	✓	備考
1. 取扱い物質のリストアップ	ラベル・SDS・RA 義務対象物質（＿＿＿物質）		製品購入時にSDSのチェック一覧表作成
	その他の物質（＿＿＿物質）		
2. 危険性・有害性の情報共有	作業者への教育（物質名、対象者数、実施日時、実施者）		一覧表作成
	ラベル貼付・SDS 交付（製品の譲渡・提供者）		GHS 分類の専門家（機関）に依頼可
3. 化学物質管理者の選任	RA 義務対象物質製造者か否か（製造者、製造者以外）		製造者の場合にはSDS等作成
	選任要件（専門講習受講、その教育＿＿＿＿＿＿＿）		製造者であれば専門講習が必須
	職務をなし得る権限の付与（未、済）		権限付与の形式（文書、口頭）
	化学物質管理者氏名の掲示による周知（未、済）		掲示する
4. 化学物質管理者の職務	（1、7、8、9に関する管理業務、記録・保存の様式も参照）		1、7、8、9の実行で確認
	RA 結果の記録の作成・保存及び労働者への周知		記録保管場所の確保
	RA 対象物の作業の記録の作成・保存及び労働者への周知		記録保管場所の確保
5. 保護具着用管理責任者の選任（有、無）	保護具着用が必要な作業場（物質）、作業者数及び保護具の種類		労働者ごとに記録、一覧表作成
	職務をなしうる権限の付与（未、済）		権限付与の形式（文書、口頭）
	保護具着用管理責任者の掲示による周知（未、済）		掲示する
6. 保護具着用管理責任者の職務	保護具が必要な作業、取扱い物質、労働者の把握 保護具の適正な選択・適正な使用・保守管理 労働者の教育		一覧表作成 マニュアル作成 労働者ごと、保護具ごとに記録

10

大項目	チェック項目	✓	備考
7. RA（リスクアセスメント）	リスクの見積り（作業場・労働者ごとにその方法を記録） 関係労働者の意見聴取の有無（有、無）		見積りの一覧表作成 聴取日・対象者の記録
	リスクの評価（作業場・労働者ごとにその評価を記録） 関係労働者の意見聴取の有無（有、無）		評価の一覧表作成 聴取日・対象者の記録
	対策（措置）の有無（作業場・労働者ごとにその対策の有無を記録） 関係労働者の意見聴取の有無（有、無）		対策の一覧表作成 聴取日・対象者の記録
8. 確認測定の適用（有、無）	確認測定に至る経緯及び測定結果の記録		RA による測定と確認測定に関する違いの認識・確認
	確認測定の結果に基づく措置の記録		
9. 労災発生時の対応	労災発生時対応マニュアルの有無（有、無）		マニュアルの作成
	労災発生の経緯・対応の記録（有、無）		死傷病報告等
	労働基準監督署長による指示への対応記録（有、無）		外部の化学物質管理専門家の確保
10. 健康診断	RA に基づく健康診断（有、無）		定期健康診断も含め事業場の健康診断に関するマニュアルの作成
	ばく露が濃度基準値を超えた場合の健康診断（有、無）		
	健康診断の記録・保存（有、無）		3 年（発がん物質は 30 年）保存
11. 発がん物質取扱い作業（有、無）	取扱い作業及び作業者のリストアップ		作業及び労働者の一覧表作成
	作業記録の保存（30 年）		記録保管場所の確保
	複数のがん患者が発生した場合の対応		マニュアルの作成
12. 衛生委員会の付議事項	調査審議事項の確認・追加　又は 労働者からの意見聴取		衛生委員会審議事項記録・保存 聴取日・対象者の記録

RA：リスクアセスメント、SDS：安全データシート

11章

化学物質の自律的な管理 何から始める？

「自律的な管理」に関してよく聞かれる質問・不安は「何をどうすればよいかわからない」というものである。そこで何から始めればよいかを、政省令も勘案しながら、短くまとめてみた。詳細については教材の関連部分を参照のこと。

　事業者の皆さんが少しでも早く、そして楽に「自律的な管理」に着手できるようなヒントになれば幸いである。

> 　労働者が取扱い物質の危険性・有害性を知ることが最も重要である。まずこれに取り組もう。

11.1　今回の改正の要点

- 労働者の化学物質の危険性・有害性への理解を高める
- 事業者がリスクアセスメントに基づき自律的な管理を行う

11.2　なぜ大きな改正が行われたか？

【行政的理由】
- 化学物質による重篤災害の発生、労働災害件数の高止まり
- 小規模事業対策の遅れ
- 化学物質管理の国際的な潮流からの遅れ

【問題の本質及び問題解決のポイント】
- ➤ 日本では化学物質の危険性・有害性を伝えるシステムの整備が遅れた（根本的な問題）。
- ➤ 危険性・有害性がわからなければ化学物質を安全に取り扱うことはできない。
- ➤ 危険性・有害性を伝える化学物質の数を段階的に増加させることにした。
- ➤ 増加する全ての化学物質に対して特別規則（特化則、有機則等）と同様な措置義務をかけることは不可能である。
- ➤ 膨大な数の化学物質管理は事業者の裁量に委ねるのが合理的である。
- ➤ すなわち労働者との化学物質の危険性・有害性情報の共有に基づいた、事業者の選択によるリスクアセスメントシステム（GHSに基づいた情報伝達、様々なリスクアセスメント方法の導入）の構築が改正の目的である。
- ➤ このリスクアセスメントシステムを主導するために化学物質管理者の選任が義務付けられた。
- ➤ また保護具の重要性が認識され保護具着用管理責任者の選任も義務付けられた。
- ➤ 新しいリスクアセスメントシステムを実施するためには従来の化学物質管理に関する労働安全衛生法令を少なからず改正する必要があった（広範囲の改正となった）。

11.3 化学物質の自律的な管理　どこから始める？

　(1) 化学物質のリストアップ、(2) 体制の整備、(3) リスクアセスメント実施、(4) その他　の順に始めることを提案する。

　すでに事業場で取扱い物質がリストアップされていれば、体制の整備（化学物質管理者の選任）から始めてはどうか。リスクアセスメントの主導は化学物質管理者に委ねられている。

11.3.1　取扱い化学物質のリストアップ

　取扱い物質のリストアップは、**労働者への危険性・有害性の周知**、さらにリスクアセスメントを実施するための準備として最初に行うべき事項である。

　化学物質のリストアップは事業場内の全ての物質を対象とする。必要に応じて特別規則（特化則、有機則等）対象物質（123 物質、2023 年 4 月時点）、リスクアセスメント対象物（674 物質、2023 年 4 月時点）、リスクアセスメント非対象物の仕分けをする。これは以下の順序で行う。

- SDS の整理　➡　物質の一覧作成　➡　危険性・有害性情報の収集・GHS 分類結果等（NITE 公開情報）の記入　➡　労働者への周知
- 特別規則対象物質、リスクアセスメント対象物及び対象物以外の整理

11.3.2　体制の整備

リスクアセスメント対象物を製造・取り扱うには化学物質管理者の選任が必要である。また保護具を使用する事業場では保護具着用管理責任者の選任が必要である。

- これらの選任は選任すべき事由が発生した日から 14 日以内に行う。
- それぞれに対して権限の付与及び事業場内での周知が必要である。
- 化学物質管理者の職務について整理する（記録・保存様式の作成、☞**第 1 章 表 1.4**）。
- 保護具着用管理責任者の職務について整理する（チェックリストの作成）。
- 作業主任者、衛生管理者等との連携及び職務分担を検討する。

化学物質管理者の選任要件は、「化学物質管理者の業務を担当するために必要な能力を有するもの」であり、基本的に事業者の裁量による。ただしリスクアセスメント対象物を製造する事業場（譲渡・提供者）においては、化学物質管理者は 2 日間の専門講習を終了した者及び同等以上の能力を有する者となっている。製造者及び製造者以外に

対する講習の内容も告示で示されている。これら専門機関での受講又は事業場内教育により選任が可能になる。

　保護具着用管理責任者の選任要件は、①化学物質管理専門家、②作業環境管理専門家、③労働衛生コンサルタント、④第一種衛生管理者又は衛生工学衛生管理者、⑤作業主任者（特化物、鉛、四アルキル鉛、有機溶剤）、⑥安全衛生推進者、⑦保護具着用管理責任者教育カリキュラムを終了した者、となっている。

11.3.3　リスクアセスメントの実施

　従来から取り扱っている物質を従来どおりの方法で取り扱う場合は、リスクアセスメントの対象にならない（過去にリスクアセスメントを行ったことがない場合等には、計画的にリスクアセスメントを実施することが望まれる）。

　リスクアセスメントは、義務がかかっているリスクアセスメント対象物から始めるのが一般的であるが、物質ごとに取扱量、危険性・有害性、ばく露状況、過去の災害事例などを勘案した優先順位で始めたほうがよい。最も重要なことは物質が義務対象かどうかにかかわらず労働災害を防ぐことである。

　リスクアセスメント方法の選択が労働者の健康維持のみならず資源の有効活用の面からも重要になる。

　有害物質が大量に飛散するような作業（塗装など）に対してはばく露濃度の測定も含めたリスクの見積りと保護具着用を同時に考える必要があろう。また少量多品種のものをクリーンベンチや囲い式フードの中で使用するような場合には定性的なリスクアセスメントで十分と考えられる。リスクアセスメントの方法は事業者の選択に委ねられていることを最大限利用する。このような判断には、リスクアセスメントに関する業界マニュアル等が役立つであろう。

【リスクアセスメント実施の準備】

➤特別規則対象物質（123 物質）

➤リスクアセスメント対象物（674 物質）（2024 年 4 月 1 日 234 物質追加）

➤リスクアセスメント対象物以外（その他）

➤リスクアセスメントの優先順位（取扱量、危険性・有害性、作業者のばく露状況等を勘案）の決定

➤作業場あるいは作業者ごとのリスクアセスメントの方法の決定及び労働者への周知

【濃度の測定を伴わない方法】

●CREATE-SIMPLE

●コントロール・バンディング

●マトリクス法・数値化法

- 業界のマニュアル等に従って作業方法等を確認・実施する方法
- 特化則等に準じた措置等を確認・実施する方法
- 濃度基準値とばく露濃度（測定）の比較

【濃度の測定を伴う方法】

- 簡易測定（検知管）
- 簡易測定（リアルタイムモニター）
- 個人ばく露測定
- 作業環境測定

それぞれのリスクアセスメント（☞**第6章 表6.7**）の詳細（特徴、評価方法など）については「職場のあんぜんサイト」[*1] における関連項目及び「ばく露モニタリングに関する検討会報告書」[*2] 等を参照のこと。

● 実施時期

下記に示すように実施時期として、（1）法令上の実施義務及び（2）指針による実施努力義務が示されている。急ぐ必要はないが、事業場内の取扱い物質全てについて一度はリスクアセスメントを実施することを勧める。

法令上の実施義務

- 化学物質等を原材料等として新規に採用し、又は変更するとき
- 化学物質等を製造し、又は取り扱う業務に係る作業の方法又は手順を新規に採用し、又は変更するとき
- 化学物質等による危険性又は有害性等についての情報に変化が生じ、又は生ずるおそれがあるとき

指針による実施努力義務

- 化学物質等に係る労働災害が発生した場合であって、過去のリスクアセスメント等の内容に問題がある場合
- 前回のリスクアセスメント等から一定の期間が経過し、化学物質等に係る機械設備等の経年による劣化、労働者の入れ替わり等に伴う労働者の安全衛生に係る知識経験の変化、新たな安全衛生に係る知見の集積等があった場合
- すでに製造し、又は取り扱っていた物質がリスクアセスメントの対象物質として新たに追加された場合など、当該化学物質等を製造し、又は取り扱う業務について過去にリスクアセスメント等を実施したことがない場合

● リスクアセスメントに基づいた対策

- ばく露低減措置（物質の代替、工学的対策、管理的対策、個人用保護具など）
- リスクアセスメント対象物の健康診断

[*1]　https://anzeninfo.mhlw.go.jp/
[*2]　https://www.mhlw.go.jp/content/11300000/000945998.pdf

- 特別規則（特化則、有機則等）に基づき行う場合
- リスクアセスメントの結果に基づき健康影響の確認のために行う場合
- 事故等により濃度基準値を超えるばく露が懸念される場合

11.3.4　その他

● 労働者教育（危険性・有害性情報、リスクアセスメント、意見の聴取など）の実施
● 労働災害時の対応―マニュアルの作成―産業医、作業主任者、衛生管理者等との役割分担
● 譲渡・提供者の場合にはラベル、SDS の作成
● リスクアセスメント対象物のうちがん原性物質の取扱い
  - 取扱い業務に関して 30 年間の作業歴の保存
  - 健康診断結果は 30 年間保存
  - 同一事業場で複数の労働者が同種のがんに罹患した場合の労働局長への報告

付　録

A2.1
A4.6
A2.2
A6.1
A2.3
A6.2
A2.4
A6.3
A2.5
A6.4
A2.6
A6.5
A2.7
A6.6
A2.8
A6.7
A2.9
A7.1
A2.10
A7.2
A2.11
A7.3
A2.12
A7.4
A2.13
A8.1
A4.1
A9.1
A4.2
A9.2
A4.3
A11
A4.4
A12
A4.5

A2.1　化学物質管理に関連した法律

　　日本には化学物質の管理を適正に行うために作られた法規がたくさんある。ここでは主な法律の目的と関連規則等も含めた規定内容（表示関連事項を含む）をごく簡単に紹介する。例示の物質はほんの一例である。

消防法

目的：火災を予防し、警戒し及び鎮圧し、国民の生命、身体及び財産を火災から保護するとともに、火災又は地震等の災害による被害を軽減するほか、災害等による傷病者の搬送を適切に行い、もつて安寧秩序を保持し、社会公共の福祉の増進に資することを目的とする。

内容：火災の予防、危険物、消防の設備、火災の警戒、消火の活動、火災の調査、救急業務等について規定している。以下のように分類されている。

　　　第一類：酸化性固体（塩素酸塩類、無機過酸化物、重クロム酸塩類等）

　　　第二類：可燃性固体（赤りん、硫黄、金属粉、マグネシウム、引火性固体等）

　　　第三類：自然発火性物質及び禁水性物質（黄りん、アルカリ金属、金属の水素化物等）

　　　第四類：引火性液体（石油類、アルコール類、動植物油類等）

　　　第五類：自己反応性物質（有機過酸化物、硝酸エステル類、ニトロ化合物、ジアゾ化合物等）

　　　第六類：酸化性液体（過塩素酸、過酸化水素、硝酸等）

　　化学物質の性質に応じて運搬容器の外部に「火気・衝撃注意」、「可燃物接触注意」、「禁水」、「火気厳禁」、「水溶性」などの注意表示がされる。

火薬類取締法

目的：火薬類の製造、販売、貯蔵、運搬、消費その他の取扱を規制することにより、火薬類による災害を防止し、公共の安全を確保することを目的とする。

内容：製造の許可、販売営業の許可、製造施設及び製造方法、貯蔵、運搬、廃棄等について規定している。

　　火薬類には、火薬（黒色火薬、無煙火薬など）、爆薬（アジ化鉛等起爆剤、ニトログリセリンなど）、火工品（工業雷管、導爆線、煙火等）がある。

　　鉄道では包装外部に「火薬」、「爆薬」、「火工品」と赤書、道路輸送では外装に種類、数量などを標示する。

高圧ガス保安法

目的：高圧ガスによる災害を防止するため、高圧ガスの製造、貯蔵、販売、移動その他の取扱及び消費並びに容器の製造及び取扱を規制するとともに、民間事業者及び高圧ガス保安協会による高圧ガスの保安に関する自主的な活動を促進し、もつて公共の安全を確保することを目的とする。

内容：製造の許可、製造のための施設及び製造の方法、貯蔵、危害予防規定、保安教育、保安統括者、販売主任者及び取扱主任者、火気等の制限、容器（製造、検査、刻印、表示、充てん、附属品等）等について規定している。圧縮ガス及び液化ガスが対象となる。可燃性ガス（アセチレン、アンモニア、一酸化炭素、エチレン、水素、二硫化炭素、プロパンなど）には「燃」、毒性ガス（亜硫酸ガス、アルシン、アンモニア、一酸化炭素、

塩素、シアン化水素、二硫化炭素、ベンゼン、ホスゲン、硫化水素など）には「毒」の文字が容器に記入される。毒性ガスとしては「じょ限量」［ACGIHの時間加重平均ばく露限界（TLV-TWA）と同等］で200 ppm以下のものが目安とされている。

労働基準法

目的：労働条件は、労働者が人たるに値する生活を営むための必要を充たすべきものでなければならない。この法律で定める労働条件の基準は最低のものであるから、労働関係の当事者は、この基準を理由として労働条件を低下させてはならないことはもとより、その向上を図るように努めなければならない。

内容：厚生労働省令で定める健康上特に有害な業務の労働時間の延長は、一日について二時間を超えてはならない。満18歳未満の者、妊娠中の女性及び産後一年を経過しない女性の危険有害業務の制限が規定されている。妊娠中の女性に就かせてはならない業務に、鉛、水銀、クロム、砒素、黄りん、弗素、塩素、シアン化水素、アニリン等のガス、蒸気又は粉じんを発散する場所における業務が上げられている。

労働安全衛生法

目的：労働災害の防止のための危害防止基準の確立、責任体制の明確化及び自主的活動の促進の措置を講ずる等その防止に関する総合的計画的な対策を推進することにより職場における労働者の安全と健康を確保するとともに、快適な職場環境の形成を促進することを目的とする。

内容：安全管理体制（統括安全衛生責任者、安全衛生委員会等）、健康障害の防止措置（設備、保護具等）、有害物に関する規則（製造禁止、許可、表示、安全性情報の取得・提供等）、就業に当たっての措置（安全衛生教育、就業制限等）、健康管理（作業環境測定、健康診断等）、快適な職場環境の形成等の原則が述べられている。

それぞれの措置の対象となる有害作業や物質は、特定化学物質障害予防規則、有機溶剤中毒予防規則、粉じん障害防止規則、鉛中毒予防規則、四アルキル鉛中毒予防規則、電離放射線障害防止規則、石綿障害予防規則で列挙されている。

製品のラベルに危険有害性に関する情報を記載しなければならない物質は674、安全データシート（SDS）交付が義務付けられている物質が674定められている（2023年4月現在）。

作業環境測定法

目的：労働安全衛生法と相まつて、作業環境の測定に関し作業環境測定士の資格及び作業環境測定機関等について必要な事項を定めることにより、適正な作業環境を確保し、もつて職場における労働者の健康を保持することを目的とする。

内容：作業環境測定を行うべき作業場のうち、特定化学物質障害予防規則、有機溶剤中毒予防規則、粉じん障害防止規則、鉛中毒予防規則、電離放射線障害防止規則の対象物質について測定を実施する。作業環境を評価するための管理濃度が、82物質について定められている。

建築物における衛生的環境の確保に関する法律

目的：多数の者が使用し、又は利用する建築物の維持管理に関し環境衛生上必要な事項等を定めることにより、その建築物における衛生的な環境の確保を図り、もつて公衆衛生の向上及び増進に資することを目的とする。

内容：建築物内の一酸化炭素、二酸化炭素、浮遊粉じん、ホルムアルデヒド等の測定及び評価を行う。

化学物質の審査及び製造等の規制に関する法律

目的：人の健康を損なうおそれ又は動植物の生息若しくは生育に支障を及ぼすおそれがある化学物質による環境の汚染を防止するため、新規の化学物質の製造又は輸入に際し事前にその化学物質の性状に関して審査する制度を設けるとともに、その有する性状等に応じ、化学物質の製造、輸入、使用等について必要な規制を行うことを目的とする。

内容：試験結果により、製造・輸入の原則禁止（第1種特定化学物質：PCB、DDT、ヘキサクロロベンゼンなど34種）、製造・輸入予定数量の届出、技術上の指針遵守、表示義務等（第2種特定化学物質：トリクロロエチレン、テトラクロロエチレン、四塩化炭素、トリブチルスズ＝メタクリラートなど23種）の規制を受ける。
第2種特定化学物質あるいはそれらが使用されているものの容器、包装又は送り状には、環境の汚染を防止するための措置等を表示する。

化学兵器の禁止及び特定物質の規制等に関する法律

目的：化学兵器の開発、生産、貯蔵及び使用の禁止並びに廃棄に関する条約及びテロリストによる爆弾使用の防止に関する国際条約の適確な実施を確保するため、化学兵器の製造、所持、譲渡し及び譲受けを禁止するとともに、特定物質の製造、使用等を規制する等の措置を講ずることを目的とする。

内容：日本では化学兵器が存在しないことになっており、サリン等の特定物質の製造、使用についての許可制、その所持、廃棄に至るまでの管理規定、化学兵器の原料となりうるもの（指定物質）の製造等の届出、条約に関連した届出を規定している。対象となる約65物質がリストアップされている。

特定化学物質の環境への排出量の把握及び管理の改善の促進に関する法律（PRTR法）

目的：環境の保全に係る化学物質の管理に関する国際的協調の動向に配慮しつつ、化学物質に関する科学的知見及び化学物質の製造、使用その他の取扱いに関する状況を踏まえ、事業者及び国民の理解の下に、特定の化学物質の環境への排出量等の把握に関する措置並びに事業者による特定の化学物質の性状及び取扱いに関する情報の提供に関する措置等を講ずることにより、事業者による化学物質の自主的な管理の改善を促進し、環境の保全上の支障を未然に防止することを目的とする。

内容：一定の条件を満たす事業者が、指定された化学物質について、環境への排出量を大気、水域、土壌に分け、また廃棄物としての移動量を都道府県知事に届け出る制度である。人の健康を損なうおそれ、動植物の生息・生育に支障を生ずるおそれ、オゾン層を破壊し太陽紫外放射の地表に到達する量を増加させることにより人の健康を損なうおそれがある等の物質が対象となり、24業種が指定されている。
また指定された化学物質（アクリルアミド、エチレンオキシド、有機スズ化合物、ベンゼン、ホスゲンなど562物質）を譲渡または提供する場合には、SDSを交付しなければならない（2023年4月現在）。

毒物及び劇物取締法

目的：毒物及び劇物について、保健衛生上の見地から必要な取締を行うことを目的とする。

内容：急性毒性や皮膚刺激性を持つ、毒物および劇物として指定された物質に関して、その製

造、輸入、販売、取扱の段階を通じて規制している。取扱い、表示、譲渡手続き、廃棄、運搬・貯蔵、事故の際の措置等について規定されている。毒物の方が劇物よりもより少ない量で死に至らしめる、すなわち毒性が強い物質である。毒物（黄りん、クラーレ、シアン化水素、砒素など）と劇物（アンモニア、塩化水素、クロロホルム、硝酸など）合わせて583種類の物質にSDSを交付することが求められる（2023年4月現在）。

毒物には赤地に白文字で「医薬用外毒物」と、劇物には白地に赤文字で「医薬用外劇物」を表示する。

医薬品、医療機器等の品質、有効性及び安全性の確保等に関する法律

目的：医薬品、医薬部外品、化粧品、医療機器及び再生医療等製品の品質、有効性及び安全性の確保並びにこれらの使用による保健衛生上の危害の発生及び拡大の防止のために必要な規制を行うとともに、指定薬物の規制に関する措置を講ずるほか、医療上特にその必要性が高い医薬品、医療機器及び再生医療等製品の研究開発の促進のために必要な措置を講ずることにより、保健衛生の向上を図ることを目的とする。

内容：医薬品等の製造・販売業、医薬品等の基準及び検定、毒薬及び劇薬の取扱い、医薬品の取扱い、医薬部外品の取扱い、化粧品の取扱い、医薬品等の広告等について規定している。

麻薬及び向精神薬取締法

目的：麻薬及び向精神薬の輸入、輸出、製造、製剤、譲渡し等について必要な取締りを行うとともに、麻薬中毒者について必要な医療を行う等の措置を講ずること等により、麻薬及び向精神薬の濫用による保健衛生上の危害を防止し、もつて公共の福祉の増進を図ることを目的とする。

内容：免許、禁止及び制限、取扱、業務に関する記録及び届出、麻薬中毒患者に対する措置、罰則等について規定している。

農薬取締法

目的：農薬について登録の制度を設け、販売及び使用の規制等を行うことにより、農薬の安全性その他の品質及びその安全かつ適正な使用の確保を図り、もつて農業生産の安定と国民の健康の保護に資するとともに、国民の生活環境の保全に寄与することを目的とする。

内容：製造、輸入、販売、防除業者に対して、殺虫剤、殺菌剤、成長促進剤、発芽抑制剤等の公定規格（有効成分量や最大含有量）、登録、表示、虚偽の宣伝の禁止等について規制している。

食品衛生法

目的：食品の安全性の確保のために公衆衛生の見地から必要な規制その他の措置を講ずることにより、飲食に起因する衛生上の危害の発生を防止し、もつて国民の健康の保護を図ることを目的とする。

内容：使用しても良い食品添加物（指定添加物）（2022年11月現在474品目）が定められている。また営業上使用する器具及び容器包装に関して、有毒な、若しくは有害な物質（鉛、カドミウム、塩化ビニル等）が含まれ人の健康を損なうことがあってはならないとされている。

核原料物質、核燃料物質及び原子炉の規制に関する法律

目的：原子力基本法の精神にのつとり、核原料物質、核燃料物質及び原子炉の利用が平和の目

A2.1

的に限られることを確保するとともに、原子力施設において重大な事故が生じた場合に放射性物質が異常な水準で当該原子力施設を設置する工場又は事業所の外へ放出されることその他の核原料物質、核燃料物質及び原子炉による災害を防止し、及び核燃料物質を防護して、公共の安全を図るために、製錬、加工、貯蔵、再処理及び廃棄の事業並びに原子炉の設置及び運転等に関し、大規模な自然災害及びテロリズムその他犯罪行為の発生も想定した必要な規制を行うほか、原子力の研究、開発及び利用に関する条約その他の国際約束を実施するために、国際規制物資の使用等に関する必要な規制を行い、もつて国民の生命、健康及び財産の保護、環境の保全並びに我が国の安全保障に資することを目的とする。

内容：ウラン、トリウム、プルトニウム及びこれらの化合物を使用して精錬、加工等を行う場合の許認可、届出、設備基準、管理、測定、記録等について規定している。

放射性同位元素等による放射線障害の防止に関する法律

目的：原子力基本法の精神にのつとり、放射性同位元素の使用、販売、賃貸、廃棄その他の取扱い、放射線発生装置の使用及び放射性同位元素又は放射線発生装置から発生した放射線によつて汚染された物の廃棄その他の取扱いを規制することにより、これらによる放射線障害を防止し及び特定放射性同位元素を防護して、公共の安全を確保することを目的とする。

内容：許可・届出（使用、使用の変更・廃止、放射線取扱主任者）、放射線障害予防規定の作成、安全管理上の基準の遵守、罰則等について規定している。

製造物責任法

目的：製造物の欠陥により人の生命、身体又は財産に係る被害が生じた場合における製造業者等の損害賠償の責任について定めることにより、被害者の保護を図り、もって国民生活の安定向上と国民経済の健全な発展に寄与することを目的とする。

内容：製造業者等はその引き渡したものの欠陥により他人の生命、身体又は財産を侵害したときは、これによって生じた損害を賠償する責めに任ずる。損害賠償の請求権は、被害者又はその法定代理人が損害及び賠償義務者を知った時から三年間行わないときは、時効によって消滅する。その製造業者等が当該製造物を引き渡した時から十年を経過したときも、同様とする。身体に蓄積した場合に人の健康を害することとなる物質による損害又は一定の潜伏期間が経過した後に症状が現れる損害については、その損害が生じた時から起算する。などと規定している。

有害物質を含有する家庭用品の規制に関する法律

目的：有害物質を含有する家庭用品について保健衛生上の見地から必要な規制を行なうことにより、国民の健康の保護に資することを目的とする。

内容：事業者の責務、販売等の禁止、回収命令、罰則等が規定されている。対象となる物質は塩化水素、水酸化ナトリウム、トリクロロエチレン、ホルムアルデヒド、有機水銀化合物、硫酸など 21 種類である。

消費生活用製品安全法

目的：消費生活用製品による一般消費者の生命又は身体に対する危害の防止を図るため、特定製品の製造及び販売を規制するとともに、特定保守製品の適切な保守を促進し、併せて製品事故に関する情報の収集及び提供等の措置を講じ、もって一般消費者の利益を保護

することを目的とする。

内容：重大製品事故の中に一酸化炭素による中毒が含まれている。

家庭用品品質表示法

目的：家庭用品の品質に関する表示の適正化を図り、一般消費者の利益を保護することを目的
　　　とする。

内容：成分、性能、用途、貯法その他品質に関し表示すべき事項が定められている。対象とな
　　　る家庭用品の中に、合成洗剤、住宅用又は家庭用ワックス、塗料、接着剤、衣料用・台
　　　所用又は住宅用の漂白剤などが含まれる。

環境基本法

目的：環境の保全について、基本理念を定め、並びに国、地方公共団体、事業者及び国民の責
　　　務を明らかにするとともに、環境の保全に関する施策の基本となる事項を定めることに
　　　より、環境の保全に関する施策を総合的かつ計画的に推進し、もって現在及び将来の国
　　　民の健康で文化的な生活の確保に寄与するとともに人類の福祉に貢献することを目的と
　　　する。

内容：大気の汚染、水質の汚濁、土壌の汚染に係る環境上の条件について、人の健康を保護し
　　　生活環境を保全するための基準を定めている。また、地球環境保全のための国際協力も
　　　うたっている。

大気汚染防止法

目的：工場及び事業場における事業活動並びに建築物等の解体等に伴うばい煙、揮発性有機化
　　　合物及び粉じんの排出等を規制し、水銀に関する水俣条約の的確かつ円滑な実施を確保
　　　するため工場及び事業場における事業活動に伴う水銀等の排出を規制し、有害大気汚染
　　　物質対策の実施を推進し、並びに自動車排出ガスに係る許容限度を定めること等により、
　　　大気の汚染に関し、国民の健康を保護するとともに生活環境を保全し、並びに大気の汚
　　　染に関して人の健康に係る被害が生じた場合における事業者の損害賠償の責任について
　　　定めることにより、被害者の保護を図ることを目的とする。

内容：ばい煙や揮発性有機化合物の排出、粉じん発生源対策、自動車排出ガスの許容限度等に
　　　ついて規定している。

水質汚濁防止法

目的：工場及び事業場から公共用水域に排出される水の排出及び地下に浸透する水の浸透を規
　　　制するとともに、生活排水対策の実施を推進すること等によって、公共用水域及び地下
　　　水の水質の汚濁（水質以外の水の状態が悪化することを含む。以下同じ。）の防止を図り、
　　　もつて国民の健康を保護するとともに生活環境を保全し、並びに工場及び事業場から排
　　　出される汚水及び廃液に関して人の健康に係る被害が生じた場合における事業者の損害
　　　賠償の責任について定めることにより、被害者の保護を図ることを目的とする。

内容：排出基準、総量規制基準の遵守義務、事故時の措置、地下水の水質浄化に係る措置命令
　　　等が規定されている。カドミウム、鉛、水銀などの重金属、農薬、有機溶剤などが規制
　　　対象となっている。

悪臭防止法

目的：工場その他の事業場における事業活動に伴つて発生する悪臭について必要な規制を行い、
　　　その他悪臭防止対策を推進することにより、生活環境を保全し、国民の健康の保護に資

A2.1

することを目的とする。

内容：都道府県知事が「特定悪臭物質」の許容限度を定める責務、事業者の事故時の措置、市町村長が大気中「特定悪臭物質」（アンモニア、メチルメルカプタン、硫化水素など）の濃度を測定する義務、国民の悪臭発生防止に関する責務等について規定している。

農用地の土壌の汚染防止等に関する法律

目的：農用地の土壌の特定有害物質による汚染の防止及び除去並びにその汚染に係る農用地の利用の合理化を図るために必要な措置を講ずることにより、人の健康をそこなうおそれがある農畜産物が生産され、又は農作物等の生育が阻害されることを防止し、もつて国民の健康の保護及び生活環境の保全に資することを目的とする。

内容：カドミウムなどに汚染された農用地の利用に起因して人の健康をそこなうおそれがある農畜産物が生産され、あるいは農作物等の生育が阻害されると認められる場合、農用地土壌汚染対策地域として指定し対策を講じる。

廃棄物の処理及び清掃に関する法律

目的：廃棄物の排出を抑制し、及び廃棄物の適正な分別、保管、収集、運搬、再生、処分等の処理をし、並びに生活環境を清潔にすることにより、生活環境の保全及び公衆衛生の向上を図ることを目的とする。

内容：廃棄物（ごみ、粗大ごみ、燃え殻、汚泥、ふん尿、廃油、廃酸、廃アルカリ、動物の死体その他の汚物又は不要物であつて、固形状又は液状のもの）に関して、国内処理の原則、国民の責務、国及び地方公共団体の責務等及び清潔の保持について規定している。

ダイオキシン類対策特別措置法

目的：ダイオキシン類が人の生命及び健康に重大な影響を与えるおそれがある物質であることにかんがみ、ダイオキシン類による環境の汚染の防止及びその除去等をするため、ダイオキシン類に関する施策の基本とすべき基準を定めるとともに、必要な規制、汚染土壌に係る措置等を定めることにより、国民の健康の保護を図ることを目的とする。

内容：ダイオキシン類の耐用一日摂取量、環境基準、排出基準、事故時の措置、廃棄物焼却炉に係るばいじん等の処理、ダイオキシン類による汚染の状況に関する調査、ダイオキシン類により汚染された土壌に係る措置等について規定している。

フロン類の使用の合理化及び管理の適正化に関する法律

目的：人類共通の課題であるオゾン層の保護及び地球温暖化の防止に積極的に取り組むことが重要であることに鑑み、オゾン層を破壊し又は地球温暖化に深刻な影響をもたらすフロン類の大気中への排出を抑制するため、フロン類の使用の合理化及び特定製品に使用されるフロン類の管理の適正化に関する指針並びにフロン類及びフロン類使用製品の製造業者等並びに特定製品の管理者の責務等を定めるとともに、フロン類の使用の合理化及び特定製品に使用されるフロン類の管理の適正化のための措置等を講じ、もって現在及び将来の国民の健康で文化的な生活の確保に寄与するとともに人類の福祉に貢献することを目的とする。

内容：フロン類の回収や破壊を行う事業者の責務、製造業者の責務、国民の責務について規定している。

特定物質等の規制等によるオゾン層の保護に関する法律

目的：国際的に協力して気候に及ぼす潜在的な影響に配慮しつつオゾン層の保護を図るため、

オゾン層の保護のためのウィーン条約及びオゾン層を破壊する物質に関するモントリオール議定書の的確かつ円滑な実施を確保するための特定物質等の製造の規制並びに排出の抑制及び使用の合理化に関する措置等を講じ、もつて人の健康の保護及び生活環境の保全に資することを目的とする。

内容：オゾン層を破壊する物質（特定物質：トリクロロフルオロメタン、ブロモクロロジフルオロメタン、四塩化炭素など）の、製造等の規制、排出抑制及び使用合理化等に関して規定している。

地球温暖化対策の推進に関する法律

目的：地球温暖化が地球全体の環境に深刻な影響を及ぼすものであり、気候系に対して危険な人為的干渉を及ぼすこととならない水準において大気中の温室効果ガスの濃度を安定化させ地球温暖化を防止することが人類共通の課題であり、全ての者が自主的かつ積極的にこの課題に取り組むことが重要であることに鑑み、地球温暖化対策に関し、地球温暖化対策計画を策定するとともに、社会経済活動その他の活動による温室効果ガスの排出の量の削減等を促進するための措置を講ずること等により、地球温暖化対策の推進を図り、もって現在及び将来の国民の健康で文化的な生活の確保に寄与するとともに人類の福祉に貢献することを目的とする。

内容：京都議定書目標達成計画、地球温暖化対策推進本部、温室効果ガスの排出の削減等のための施策、森林等による吸収作用の保全等について規定している。

ポリ塩化ビフェニル廃棄物の適正な処理の推進に関する特別措置法

目的：ポリ塩化ビフェニルが難分解性の性状を有し、かつ、人の健康及び生活環境に係る被害を生ずるおそれがある物質であること並びに我が国においてポリ塩化ビフェニル廃棄物が長期にわたり処分されていない状況にあることにかんがみ、ポリ塩化ビフェニル廃棄物の保管、処分等について必要な規制等を行うとともに、ポリ塩化ビフェニル廃棄物の処理のための必要な体制を速やかに整備することにより、その確実かつ適正な処理を推進し、もって国民の健康の保護及び生活環境の保全を図ることを目的とする。

内容：事業者の責務、製造者の責務、国及び地方公共団体の責務、廃棄物処理計画等について規定している。

特定有害廃棄物等の輸出入等の規制に関する法律

目的：有害廃棄物の国境を越える移動及びその処分の規制に関するバーゼル条約等の的確かつ円滑な実施を確保するため、特定有害廃棄物等の輸出、輸入、運搬及び処分の規制に関する措置を講じ、もって人の健康の保護及び生活環境の保全に資することを目的とする。

内容：経済産業大臣及び環境大臣の基本的事項の公表、輸出および輸入の承認、措置命令、罰則について規定している。具体的には医療系廃棄物、廃農薬など一定経路から排出される有害廃棄物18種類、水銀、カドミウムなど有害な物質を含む有害廃棄物27種類、及び家庭系廃棄物2種類、さらに各種金属スクラップ等有価物などが含まれる。

航空法

目的：国際民間航空条約の規定並びに同条約の附属書として採択された標準、方式及び手続に準拠して、航空機の航行の安全及び航空機の航行に起因する障害の防止を図るための方法を定め、航空機を運航して営む事業の適正かつ合理的な運営を確保して輸送の安全を確保するとともにその利用者の利便の増進を図り、並びに航空の脱炭素化を促進するた

めの措置を講じ、あわせて無人航空機の飛行における遵守事項等を定めてその飛行の安全の確保を図ることにより、航空の発達を図り、もつて公共の福祉を増進することを目的とする。

内容：基本的に爆発物等危険物の航空機内への持ち込み、輸送が禁止されている。

道路法

目的：道路網の整備を図るため、道路に関して、路線の指定及び認定、管理、構造、保全、費用の負担区分等に関する事項を定め、もつて交通の発達に寄与し、公共の福祉を増進することを目的とする。

内容：道路管理者は、水底トンネルの構造を保全し、又は水底トンネルにおける交通の危険を防止するため、政令で定めるところにより、爆発性又は易燃性を有する物件その他の危険物を積載する車両の通行を禁止し、又は制限することができる。

鉄道営業法

目的：（記載なし）

内容：鉄道営業法には、「火薬其ノ他爆発質危険品ハ鉄道カ其ノ運送取扱ノ公告ヲ為シタル場合ノ外其ノ運送ヲ拒絶スルコトヲ得」とあり、また鉄道運輸規程には、「旅客ハ火薬類其ノ他ノ危険品、危害ヲ他ニ及ボスベキ虞アル物品又ハ臭気ヲ発シ若ハ不潔ナル物品ヲ手荷物トシテ託送スルコトヲ得ズ」とある。具体的には、消防法、火薬類取締法、毒物及び劇物取締法、高圧ガス保安法、核原料物質、核燃料物質及び原子炉の規制に関する法律、放射性同位元素等による放射線障害の防止に関する法律等の対象物質が規制を受ける。

危険物船舶運送及び貯蔵規則

目的：船舶による危険物の運送及び貯蔵並びに常用危険物の取扱い並びにこれらに関し施設しなければならない事項及びその標準については、他の命令の規定によるほか、この規則の定めるところによる。

内容：危険物（火薬類、高圧ガス、腐食性物質、毒物類、放射性物質類、引火性液体類、可燃性物質類、有害性物質、酸化性物質類）の運送における要件（防火等の措置、積載方法、標札、容器・包装等）が規定されている。

港則法

目的：港内における船舶交通の安全及び港内の整とんを図ることを目的とする。

内容：爆発物その他の危険物を積載した船舶に関する措置を定めている。

海洋汚染及び海上災害の防止に関する法律

目的：船舶、海洋施設及び航空機から海洋に油、有害液体物質等及び廃棄物を排出すること、船舶から海洋に有害水バラストを排出すること、海底の下に油、有害液体物質等及び廃棄物を廃棄すること、船舶から大気中に排出ガスを放出すること並びに船舶及び海洋施設において油、有害液体物質等及び廃棄物を焼却することを規制し、廃油の適正な処理を確保するとともに、排出された油、有害液体物質等、廃棄物その他の物の防除並びに海上火災の発生及び拡大の防止並びに海上火災等に伴う船舶交通の危険の防止のための措置を講ずることにより、海洋汚染等及び海上災害を防止し、あわせて海洋汚染等及び海上災害の防止に関する国際約束の適確な実施を確保し、もつて海洋環境の保全等並びに人の生命及び身体並びに財産の保護に資することを目的とする。

内容：船舶、海洋施設、航空機等からの油、有害液体物質等又は廃棄物の排出の規制、海洋の汚染及び海上災害の防止措置等について規定している。

郵便法

目的：郵便の役務をなるべく安い料金で、あまねく、公平に提供することによつて、公共の福祉を増進することを目的とする。

内容：爆発性、発火性、引火性、強酸類、毒薬、劇薬、毒物及び劇物、生きた病原体等は郵便物として差し出すことができない。

A2.2　労働安全衛生法

A2.2.1　労働安全衛生法で規定している項目

労働安全衛生法を見ると化学物質管理において考慮しなければならない事項がおおよそ理解できる。その内容は以下の章からなっている。

第一章「総則」（目的、事業者の責務など）

第二章「労働災害防止計画」（厚生労働大臣による労働災害防止計画の策定）

第三章「安全衛生管理体制」（安全／衛生管理者、産業医、安全／衛生委員会など）

第四章「労働者の危険又は健康障害を防止するための措置」（事業者の講ずべき措置、元方事業者の講ずべき措置など）

第五章「機械等並びに危険物及び有害物に関する規則」（製造等の禁止、製造の許可、表示・SDS の交付、有害性の調査など）

第六章「労働者の就業に当たつての措置」（安全衛生教育、就業制限など）

第七章「健康の保持増進のための措置」（作業環境測定／評価、作業の管理、健康診断、健康診断実施後の措置、保健指導、病者の就業禁止、健康教育など）

第七章の二「快適な職場環境の形成のための措置」（事業者の講ずる措置、厚生労働大臣による快適な職場環境の形成のための指針の公表など）

第八章「免許等」

第九章「事業場の安全又は衛生に関する改善措置等」（安全衛生改善計画の作成の指示、労働安全／衛生コンサルタントの業務など）

第十章「監督等」

第十一章「雑則」

第十二章「罰則」

A2.2.2　労働安全衛生法関連法令

労働安全衛生法に関連する法令で化学物質に関係したものとしては以下のようなものがある。括弧内の前段の年号は労働基準法下で制定された年を、後段は労働安全衛生法施行後に制定された年を示している。

労働安全衛生法施行令（1972 年）

労働安全衛生規則（1947 年、1972 年）

有機溶剤中毒予防規則（1960 年、1972 年）

鉛中毒予防規則（1967 年、1972 年）

四アルキル鉛中毒予防規則（1960 年、1972 年）

特定化学物質障害予防規則（1972 年）

電離放射線障害防止規則（1959 年、1972 年）

酸素欠乏症等防止規則（1972 年）

粉じん障害防止規則（1979 年）

石綿障害予防規則（2005 年）

事務所衛生基準規則（1972 年）

さらに粉じんに関しては、その健康障害であるじん肺についての健康診断や健康管理のための措置を定めているじん肺法（1960年）がある。これはじん肺に関する健康管理対策が第一優先であった時代を反映している。その後、予防に重点を置いた粉じん障害防止規則が策定された。また1990年代に石綿による災禍が拡大し、石綿障害予防規則（2005年）が特定化学物質等障害予防規則（1972年）から独立したのは記憶に新しい。この時、特定化学物質等障害予防規則の「等」が削除され、特定化学物質障害予防規則になった。

これらの法令の特徴は、その名称からも明らかなように、有害な物質やそれらを扱う業務を特定（限定）して規定していることである。更にこれらに関連した多くの指針や通達が出されている。

また、労働安全衛生法はその目的にも書かれているとおり、災害の防止を目的としており、そのための方策や措置が規定されているが、実際に業務や通勤で災害にあった場合の保障については「労働者災害補償保険法」があり、休業補償、障害補償、遺族補償、葬祭料、傷病補償、介護補償などの給付が受けられるようになっている。

例えば有機溶剤取扱い職場に関しては、規制対象となる有機溶剤をリストアップして、それらに特異的な対策（危険有害性に関する情報伝達、雇入れ時教育、安全衛生委員会の設置、作業主任者の選任、局所排気装置の設置、区分による色分け、特殊健康診断の実施、作業環境測定の実施、バイオロジカルモニタリングの実施、保護具の備え付け及び装着等）を事業者に課している（有機溶剤中毒予防規則）。そしてこれらの対策はリストアップされた限られた物質だけが対象となっている。一方、リストアップされていないその他の多くの物質については法令上の具体的な義務がほとんど課されておらず、したがってほとんど何ら対策が取られることはなかった。この状況は物質数が急増した現在では資源の適正な分配を妨げているとも言える。

有機溶剤は用途につけられた名称で、そのまま規則名になっているが、すべての有機溶剤がこの規則に包含されているわけではない。例えばエチルベンゼンや1,2-ジクロロプロパンは有機溶剤として使用されるが、生体影響の重篤性（発がん性）から特定化学物質障害予防規則（特化則）に含まれ、この特化則にしたがって管理することになっている（混合物におけるそれぞれの含有率により有機則と同様の管理になる場合もある）。

なお前述の各規則の制定年からわかるように、特化則は他の規則に比べて比較的新しく制定されており、有機溶剤中毒防止規則のように、業務の特定はしていない。

A2.3　特別規則で措置義務の係っている123物質

有機溶剤（44種類）

第1種有機溶剤（2種類）：1,2-ジクロロエチレン（別名：二塩化アセチレン）、二硫化炭素

第2種有機溶剤（35種類）：アセトン、イソブチルアルコール、イソプロピルアルコール、イソペンチルアルコール（別名：イソアミルアルコール）、エチルエーテル、エチレングリコールモノエチルエーテル（別名：セロソルブ）、エチレングリコールモノエチルエーテルアセテート（別名：セロソルブアセテート）、エチレングリコールモノ-ノルマル-ブチルエーテル（別名：ブチルセロソルブ）、エチレングリコールモノメチルエーテル（別名：メチルセロソルブ）、オルト-ジクロロベンゼン、キシレン、クレゾール、クロロベンゼン、酢酸イソブチル、酢酸イソプロピル、酢酸イソペンチル（別名：酢酸イソアミル）、酢酸エチル、酢酸ノルマル-ブチル、酢酸ノルマル-プロピル、酢酸ノルマル-ペンチル（別名：酢酸ノルマル-アミル）、酢酸メチル、シクロヘキサノール、シクロヘキサン、N,N-ジメチルホルムアミド、テトラヒドロフラン、1,1,1-トリクロロエタン、トルエン、ノルマルヘキサン、1-ブタノール、2-ブタノール、メタノール、メチルエチルケトン、メチルシクロヘキサノール、メチルシクロヘキサノン、メチル-ノルマル-ブチルケトン

第3種有機溶剤（7種類）：ガソリン、コールタールナフサ（ソルベントナフサを含む）、石油エーテル、石油ナフサ、石油ベンジン、テレピン油、ミネラルスピリット（ミネラルシンナー、ペトロリウムスピリット、ホワイトスピリット及びミネラルターペンを含む。）

特定化学物質（75種類）

第1類物質（7種類）：ジクロロベンジジン及びその塩、アルファ-ナフチルアミン及びその塩、塩素化ビフェニル（別名PCB）、オルト-トリジン及びその塩、ジアニシジン及びその塩、ベリリウム及びその化合物、ベンゾトリクロリド

第2類物質（60種類）：アクリルアミド、アクリロニトリル、アルキル水銀化合物（アルキル基がメチル基又はエチル基であるものに限る。）、インジウム化合物、エチルベンゼン、エチレンイミン、エチレンオキサイド、塩化ビニル、塩素、オーラミン、オルト-トルイジン、オルト-フタロジニトリル、カドミウム及びその化合物、クロム酸及びその塩、クロロホルム、クロロメチルメチルエーテル、五酸化バナジウム、コバルト及びその無機化合物、コールタール、酸化プロピレン、三酸化二アンチモン、シアン化カリウム、シアン化水素、シアン化ナトリウム、四塩化炭素、1,4-ジオキサン、1,2-ジクロロエタン（別名：二塩化エチレン）、3,3'-ジクロロ-4,4'-ジアミノジフェニルメタン、1,2-ジクロロプロパン、ジクロロメタン（別名：二塩化メチレン）、ジメチル-2,2-ジクロロビニルホスフェイト（別名DDVP）、1,1-ジメチルヒドラジン、臭化メチル、重クロム酸及びその塩、水銀及びその無機化合物（硫化水銀を除く。）、スチレン、1,1,2,2-テトラクロロエタン（別名：四塩化アセチレン）、テトラクロロエチレン（別名：パークロロエチレン）、トリクロロエチレン、トリレンジイソシアネート、ナフタレン、ニッケル化合物（粒状の物に限る。）、ニッケルカルボニル、ニトログリコール、パラ-ジメチルアミノアゾベンゼン、パラ-ニトロクロロベンゼン、砒素及びその化合物（アルシン及び砒素ガリウムを除く。）、弗化水素、ベータ-プロピオラクトン、ベンゼン、ペンタクロロフェノール（別名PCP）及びそのナトリウム塩、ホルムアルデヒド、マゼンタ、マンガン及びその化合物、メチルイソブチルケトン、沃化メチル、溶接ヒューム、リフラク

　トリーセラミックファイバー、硫化水素、硫酸ジメチル

第3類物質（8種類）：アンモニア、一酸化炭素、塩化水素、硝酸、二酸化硫黄、フェノール、

　ホスゲン、硫酸

鉛（3種類）：鉛、鉛合金、鉛化合物

四アルキル鉛

A2.3

A2.4　化学物質の自律的な管理に係る労働安全衛生法

【労働安全衛生法】

（目的）

第一条　この法律は、労働基準法（昭和二十二年法律第四十九号）と相まつて、労働災害の防止のための危害防止基準の確立、責任体制の明確化及び自主的活動の促進の措置を講ずる等その防止に関する総合的計画的な対策を推進することにより職場における労働者の安全と健康を確保するとともに、快適な職場環境の形成を促進することを目的とする。

（定義）

第二条　この法律において、次の各号に掲げる用語の意義は、それぞれ当該各号に定めるところによる。

　一　労働災害　労働者の就業に係る建設物、設備、原材料、ガス、蒸気、粉じん等により、又は作業行動その他業務に起因して、労働者が負傷し、疾病にかかり、又は死亡することをいう。

　二　労働者　労働基準法第九条に規定する労働者（同居の親族のみを使用する事業又は事務所に使用される者及び家事使用人を除く。）をいう。

　三　事業者　事業を行う者で、労働者を使用するものをいう。

　三の二　化学物質　元素及び化合物をいう。

　四　作業環境測定　作業環境の実態をは握するため空気環境その他の作業環境について行うデザイン、サンプリング及び分析（解析を含む。）をいう。

（事業者等の責務）

第三条　事業者は、単にこの法律で定める労働災害の防止のための最低基準を守るだけでなく、快適な職場環境の実現と労働条件の改善を通じて職場における労働者の安全と健康を確保するようにしなければならない。また、事業者は、国が実施する労働災害の防止に関する施策に協力するようにしなければならない。

2　機械、器具その他の設備を設計し、製造し、若しくは輸入する者、原材料を製造し、若しくは輸入する者又は建設物を建設し、若しくは設計する者は、これらの物の設計、製造、輸入又は建設に際して、これらの物が使用されることによる労働災害の発生の防止に資するように努めなければならない。

3　建設工事の注文者等仕事を他人に請け負わせる者は、施工方法、工期等について、安全で衛生的な作業の遂行をそこなうおそれのある条件を附さないように配慮しなければならない。

（事業者の講ずべき措置等）

第二十二条　事業者は、次の健康障害を防止するため必要な措置を講じなければならない。

　一　原材料、ガス、蒸気、粉じん、酸素欠乏空気、病原体等による健康障害

　二　放射線、高温、低温、超音波、騒音、振動、異常気圧等による健康障害

　三　計器監視、精密工作等の作業による健康障害

　四　排気、排液又は残さい物による健康障害

第二十七条　第二十条から第二十五条まで及び第二十五条の二第一項の規定により事業者が講ずべき措置及び前条の規定により労働者が守らなければならない事項は、厚生労働省令で定

める。

（技術上の指針等の公表等）

第二十八条　厚生労働大臣は、第二十条から第二十五条まで及び第二十五条の二第一項の規定により事業者が講ずべき措置の適切かつ有効な実施を図るため必要な業種又は作業ごとの技術上の指針を公表するものとする。

2　厚生労働大臣は、前項の技術上の指針を定めるに当たつては、中高年齢者に関して、特に配慮するものとする。

3　厚生労働大臣は、次の化学物質で厚生労働大臣が定めるものを製造し、又は取り扱う事業者が当該化学物質による労働者の健康障害を防止するための指針を公表するものとする。

　一　第五十七条の四第四項の規定による勧告又は第五十七条の五第一項の規定による指示に係る化学物質

　二　前号に掲げる化学物質以外の化学物質で、がんその他の重度の健康障害を労働者に生ずるおそれのあるもの

4　厚生労働大臣は、第一項又は前項の規定により、技術上の指針又は労働者の健康障害を防止するための指針を公表した場合において必要があると認めるときは、事業者又はその団体に対し、当該技術上の指針又は労働者の健康障害を防止するための指針に関し必要な指導等を行うことができる。

（事業者の行うべき調査等）

第二十八条の二　事業者は、厚生労働省令で定めるところにより、建設物、設備、原材料、ガス、蒸気、粉じん等による、又は作業行動その他業務に起因する危険性又は有害性等（第五十七条第一項の政令で定める物及び第五十七条の二第一項に規定する通知対象物による危険性又は有害性等を除く。）を調査し、その結果に基づいて、この法律又はこれに基づく命令の規定による措置を講ずるほか、労働者の危険又は健康障害を防止するため必要な措置を講ずるように努めなければならない。ただし、当該調査のうち、化学物質、化学物質を含有する製剤その他の物で労働者の危険又は健康障害を生ずるおそれのあるものに係るもの以外のものについては、製造業その他厚生労働省令で定める業種に属する事業者に限る。

2　厚生労働大臣は、前条第一項及び第三項に定めるもののほか、前項の措置に関して、その適切かつ有効な実施を図るため必要な指針を公表するものとする。

3　厚生労働大臣は、前項の指針に従い、事業者又はその団体に対し、必要な指導、援助等を行うことができる。

（表示等）

第五十七条　爆発性の物、発火性の物、引火性の物その他の労働者に危険を生ずるおそれのある物若しくはベンゼン、ベンゼンを含有する製剤その他の労働者に健康障害を生ずるおそれのある物で政令で定めるもの又は前条第一項の物を容器に入れ、又は包装して、譲渡し、又は提供する者は、厚生労働省令で定めるところにより、その容器又は包装（容器に入れ、かつ、包装して、譲渡し、又は提供するときにあつては、その容器）に次に掲げるものを表示しなければならない。ただし、その容器又は包装のうち、主として一般消費者の生活の用に供するためのものについては、この限りでない。

　一　次に掲げる事項

　　イ　名称

　　ロ　人体に及ぼす作用

　　ハ　貯蔵又は取扱い上の注意

　　ニ　イからハまでに掲げるもののほか、厚生労働省令で定める事項

　二　当該物を取り扱う労働者に注意を喚起するための標章で厚生労働大臣が定めるもの

2　前項の政令で定める物又は前条第一項の物を前項に規定する方法以外の方法により譲渡
　し、又は提供する者は、厚生労働省令で定めるところにより、同項各号の事項を記載した文
　書を、譲渡し、又は提供する相手方に交付しなければならない。

（文書の交付等）

第五十七条の二　労働者に危険若しくは健康障害を生ずるおそれのある物で政令で定めるもの
　又は第五十六条第一項の物（以下この条及び次条第一項において「通知対象物」という。）
　を譲渡し、又は提供する者は、文書の交付その他厚生労働省令で定める方法により通知対象
　物に関する次の事項（前条第二項に規定する者にあつては、同項に規定する事項を除く。）を、
　譲渡し、又は提供する相手方に通知しなければならない。ただし、主として一般消費者の生
　活の用に供される製品として通知対象物を譲渡し、又は提供する場合については、この限り
　でない。

　一　名称

　二　成分及びその含有量

　三　物理的及び化学的性質

　四　人体に及ぼす作用

　五　貯蔵又は取扱い上の注意

　六　流出その他の事故が発生した場合において講ずべき応急の措置

　七　前各号に掲げるもののほか、厚生労働省令で定める事項

2　通知対象物を譲渡し、又は提供する者は、前項の規定により通知した事項に変更を行う必
　要が生じたときは、文書の交付その他厚生労働省令で定める方法により、変更後の同項各号
　の事項を、速やかに、譲渡し、又は提供した相手方に通知するよう努めなければならない。

3　前二項に定めるもののほか、前二項の通知に関し必要な事項は、厚生労働省令で定める。

（第五十七条第一項の政令で定める物及び通知対象物について事業者が行うべき調査等）

第五十七条の三　事業者は、厚生労働省令で定めるところにより、第五十七条第一項の政令で
　定める物及び通知対象物による危険性又は有害性等を調査しなければならない。

2　事業者は、前項の調査の結果に基づいて、この法律又はこれに基づく命令の規定による措
　置を講ずるほか、労働者の危険又は健康障害を防止するため必要な措置を講ずるように努め
　なければならない。

3　厚生労働大臣は、第二十八条第一項及び第三項に定めるもののほか、前二項の措置に関し
　て、その適切かつ有効な実施を図るため必要な指針を公表するものとする。

4　厚生労働大臣は、前項の指針に従い、事業者又はその団体に対し、必要な指導、援助等を
　行うことができる。

（罰則）

第百十九条　次の各号のいずれかに該当する者は、六月以下の懲役又は五十万円以下の罰金に
　処する。

　一　第十四条、第二十条から第二十五条まで、第二十五条の二第一項、第三十条の三第一項

若しくは第四項、第三十一条第一項、第三十一条の二、第三十三条第一項若しくは第二項、第三十四条、第三十五条、第三十八条第一項、第四十条第一項、第四十二条、第四十三条、第四十四条第六項、第四十四条の二第七項、第五十六条第三項若しくは第四項、第五十七条の四第五項、第五十七条の五第五項、第五十九条第三項、第六十一条第一項、第六十五条第一項、第六十五条の四、第六十八条、第八十九条第五項（第八十九条の二第二項において準用する場合を含む。）、第九十七条第二項、第百五条又は第百八条の二第四項の規定に違反した者

二　第四十三条の二、第五十六条第五項、第八十八条第六項、第九十八条第一項又は第九十九条第一項の規定による命令に違反した者

三　第五十七条第一項の規定による表示をせず、若しくは虚偽の表示をし、又は同条第二項の規定による文書を交付せず、若しくは虚偽の文書を交付した者

四　第六十一条第四項の規定に基づく厚生労働省令に違反した者

【労働契約法】
（労働者の安全への配慮）
第五条　使用者は、労働契約に伴い、労働者がその生命、身体等の安全を確保しつつ労働することができるよう、必要な配慮をするものとする。

A2.5　自律的な管理のために改正された労働安全衛生規則

【労働安全衛生規則】（下線は改正部分）

（化学物質管理者が管理する事項等）

第十二条の五　事業者は、法第五十七条の三第一項の危険性又は有害性等の調査（主として一般消費者の生活の用に供される製品に係るものを除く。以下「リスクアセスメント」という。）をしなければならない令第十八条各号に掲げる物及び法第五十七条の二第一項に規定する通知対象物（以下「リスクアセスメント対象物」という。）を製造し、又は取り扱う事業場ごとに、化学物質管理者を選任し、その者に当該事業場における次に掲げる化学物質の管理に係る技術的事項を管理させなければならない。ただし、法第五十七条第一項の規定による表示（表示する事項及び標章に関することに限る。）、同条第二項の規定による文書の交付及び法第五十七条の二第一項の規定による通知（通知する事項に関することに限る。）（以下この条において「表示等」という。）並びに第七号に掲げる事項（表示等に係るものに限る。以下この条において「教育管理」という。）を、当該事業場以外の事業場（以下この項において「他の事業場」という。）において行つている場合においては、表示等及び教育管理に係る技術的事項については、他の事業場において選任した化学物質管理者に管理させなければならない。

一　法第五十七条第一項の規定による表示、同条第二項の規定による文書及び法第五十七条の二第一項の規定による通知に関すること。

二　リスクアセスメントの実施に関すること。

三　第五百七十七条の二第一項及び第二項の措置その他法第五十七条の三第二項の措置の内容及びその実施に関すること。

四　リスクアセスメント対象物を原因とする労働災害が発生した場合の対応に関すること。

五　第三十四条の二の八第一項各号の規定によるリスクアセスメントの結果の記録の作成及び保存並びにその周知に関すること。

六　第五百七十七条の二第十一項の規定による記録の作成及び保存並びにその周知に関すること。

七　第一号から第四号までの事項の管理を実施するに当たつての労働者に対する必要な教育に関すること。

2　事業者は、リスクアセスメント対象物の譲渡又は提供を行う事業場（前項のリスクアセスメント対象物を製造し、又は取り扱う事業場を除く。）ごとに、化学物質管理者を選任し、その者に当該事業場における表示等及び教育管理に係る技術的事項を管理させなければならない。ただし、表示等及び教育管理を、当該事業場以外の事業場（以下この項において「他の事業場」という。）において行つている場合においては、表示等及び教育管理に係る技術的事項については、他の事業場において選任した化学物質管理者に管理させなければならない。

3　前二項の規定による化学物質管理者の選任は、次に定めるところにより行わなければならない。

一　化学物質管理者を選任すべき事由が発生した日から十四日以内に選任すること。

二　次に掲げる事業場の区分に応じ、それぞれに掲げる者のうちから選任すること。

　イ　リスクアセスメント対象物を製造している事業場　厚生労働大臣が定める化学物質の管理に関する講習を修了した者又はこれと同等以上の能力を有すると認められる者

　ロ　イに掲げる事業場以外の事業場　イに定める者のほか、第一項各号の事項を担当するために必要な能力を有すると認められる者

4　事業者は、化学物質管理者を選任したときは、当該化学物質管理者に対し、第一項各号に掲げる事項をなし得る権限を与えなければならない。

5　事業者は、化学物質管理者を選任したときは、当該化学物質管理者の氏名を事業場の見やすい箇所に掲示すること等により関係労働者に周知させなければならない。

（保護具着用管理責任者の選任等）

第十二条の六　化学物質管理者を選任した事業者は、リスクアセスメントの結果に基づく措置として、労働者に保護具を使用させるときは、保護具着用管理責任者を選任し、次に掲げる事項を管理させなければならない。

一　保護具の適正な選択に関すること。

二　労働者の保護具の適正な使用に関すること。

三　保護具の保守管理に関すること。

2　前項の規定による保護具着用管理責任者の選任は、次に定めるところにより行わなければならない。

一　保護具着用管理責任者を選任すべき事由が発生した日から十四日以内に選任すること。

二　保護具に関する知識及び経験を有すると認められる者のうちから選任すること。

3　事業者は、保護具着用管理責任者を選任したときは、当該保護具着用管理責任者に対し、第一項に掲げる業務をなし得る権限を与えなければならない。

4　事業者は、保護具着用管理責任者を選任したときは、当該保護具着用管理責任者の氏名を事業場の見やすい箇所に掲示すること等により関係労働者に周知させなければならない。

（衛生委員会の付議事項）

第二十二条　法第十八条第一項第四号の労働者の健康障害の防止及び健康の保持増進に関する重要事項には、次の事項が含まれるものとする。

一　衛生に関する規程の作成に関すること。

二　法第二十八条の二第一項又は第五十七条の三第一項及び第二項の危険性又は有害性等の調査及びその結果に基づき講ずる措置のうち、衛生に係るものに関すること。

三　安全衛生に関する計画（衛生に係る部分に限る。）の作成、実施、評価及び改善に関すること。

四　衛生教育の実施計画の作成に関すること。

五　法第五十七条の四第一項及び第五十七条の五第一項の規定により行われる有害性の調査並びにその結果に対する対策の樹立に関すること。

六　法第六十五条第一項又は第五項の規定により行われる作業環境測定の結果及びその結果の評価に基づく対策の樹立に関すること。

七　定期に行われる健康診断、法第六十六条第四項の規定による指示を受けて行われる臨時の健康診断、法第六十六条の二の自ら受けた健康診断及び法に基づく他の省令の規定に基づいて行われる医師の診断、診察又は処置の結果並びにその結果に対する対策の樹立に関すること。

八　労働者の健康の保持増進を図るため必要な措置の実施計画の作成に関すること。

九　長時間にわたる労働による労働者の健康障害の防止を図るための対策の樹立に関すること。

十　労働者の精神的健康の保持増進を図るための対策の樹立に関すること。

十一　第五百七十七条の二第一項、第二項及び第八項の規定により講ずる措置に関すること並びに同条第三項及び第四項の医師又は歯科医師による健康診断の実施に関すること。

十二　厚生労働大臣、都道府県労働局長、労働基準監督署長、労働基準監督官又は労働衛生専門官から文書により命令、指示、勧告又は指導を受けた事項のうち、労働者の健康障害の防止に関すること。

（危険有害化学物質等に関する危険性又は有害性等の表示等）

A2.5

第二十四条の十四　化学物質、化学物質を含有する製剤その他の労働者に対する危険又は健康障害を生ずるおそれのある物で厚生労働大臣が定めるもの（令第十八条各号及び令別表第三第一号に掲げる物を除く。次項及び第二十四条の十六において「危険有害化学物質等」という。）を容器に入れ、又は包装して、譲渡し、又は提供する者は、その容器又は包装（容器に入れ、かつ、包装して、譲渡し、又は提供するときにあつては、その容器）に次に掲げるものを表示するように努めなければならない。

一　次に掲げる事項

　イ　名称

　ロ　人体に及ぼす作用

　ハ　貯蔵又は取扱い上の注意

　ニ　表示をする者の氏名（法人にあつては、その名称）、住所及び電話番号

　ホ　注意喚起語

　ヘ　安定性及び反応性

二　当該物を取り扱う労働者に注意を喚起するための標章で厚生労働大臣が定めるもの

2　危険有害化学物質等を前項に規定する方法以外の方法により譲渡し、又は提供する者は、同項各号の事項を記載した文書を、譲渡し、又は提供する相手方に交付するよう努めなければならない。

第二十四条の十五　特定危険有害化学物質等（化学物質、化学物質を含有する製剤その他の労働者に対する危険又は健康障害を生ずるおそれのある物で厚生労働大臣が定めるもの（法第五十七条の二第一項に規定する通知対象物を除く。）をいう。以下この条及び次条において同じ。）を譲渡し、又は提供する者は、特定危険有害化学物質等に関する次に掲げる事項（前条第二項に規定する者にあつては、同条第一項に規定する事項を除く。）を、文書若しくは磁気ディスク、光ディスクその他の記録媒体の交付、ファクシミリ装置を用いた送信若しくは電子メールの送信又は当該事項が記載されたホームページのアドレス（二次元コードその他のこれに代わるものを含む。）及び当該アドレスに係るホームページの閲覧を求める旨の伝達により、譲渡し、又は提供する相手方の事業者に通知し、当該相手方が閲覧できるように努めなければならない。

一　名称

二　成分及びその含有量

三　物理的及び化学的性質

四 人体に及ぼす作用

五 貯蔵又は取扱い上の注意

六 流出その他の事故が発生した場合において講ずべき応急の措置

七 通知を行う者の氏名（法人にあつては、その名称）、住所及び電話番号

八 危険性又は有害性の要約

九 安定性及び反応性

十 <u>想定される用途及び当該用途における使用上の注意</u>

十一 適用される法令

十二 その他参考となる事項

<u>2</u> 特定危険有害化学物質等を譲渡し、又は提供する者は、前項第四号の事項について、直近の確認を行つた日から起算して五年以内ごとに一回、最新の科学的知見に基づき、変更を行う必要性の有無を確認し、変更を行う必要があると認めるときは、当該確認をした日から一年以内に、当該事項に変更を行うように努めなければならない。

<u>3</u> 特定危険有害化学物質等を譲渡し、又は提供する者は、<u>第一項の規定により通知した事項に変更を行う必要が生じたときは、文書若しくは磁気ディスク、光ディスクその他の記録媒体の交付、ファクシミリ装置を用いた送信若しくは電子メールの送信又は当該事項が記載されたホームページのアドレス（二次元コードその他のこれに代わるものを含む。）及び当該アドレスに係るホームページの閲覧を求める旨の伝達により、変更後の同項各号の事項を、速やかに、譲渡し、又は提供した相手方の事業者に通知し、当該相手方が閲覧できるように努めなければならない。</u>

（名称等の表示）

第三十二条 法第五十七条第一項の規定による表示は、当該容器又は包装に、同項各号に掲げるもの（以下この条において「表示事項等」という。）を印刷し、又は表示事項等を印刷した票箋を貼り付けて行わなければならない。ただし、当該容器又は包装に表示事項等の全てを印刷し、又は表示事項等の全てを印刷した票箋を貼り付けることが困難なときは、表示事項等のうち同項第一号ロからニまで及び同項第二号に掲げるものについては、これらを印刷した票箋を容器又は包装に結びつけることにより表示することができる。

第三十三条 法第五十七条第一項第一号ニの厚生労働省令で定める事項は、次のとおりとする。

一 法第五十七条第一項の規定による表示をする者の氏名（法人にあつては、その名称）、住所及び電話番号

二 注意喚起語

三 安定性及び反応性

<u>第三十三条の二 事業者は、令第十七条に規定する物又は令第十八条各号に掲げる物を容器に入れ、又は包装して保管するとき（法第五十七条第一項の規定による表示がされた容器又は包装により保管するときを除く。）は、当該物の名称及び人体に及ぼす作用について、当該物の保管に用いる容器又は包装への表示、文書の交付その他の方法により、当該物を取り扱う者に、明示しなければならない。</u>

（名称等の通知）

<u>第三十四条の二の三 法第五十七条の二第一項及び第二項の厚生労働省令で定める方法は、磁気ディスク、光ディスクその他の記録媒体の交付、ファクシミリ装置を用いた送信若しくは</u>

電子メールの送信又は当該事項が記載されたホームページのアドレス（二次元コードその他のこれに代わるものを含む。）及び当該アドレスに係るホームページの閲覧を求める旨の伝達とする。

第三十四条の二の四　法第五十七条の二第一項第七号の厚生労働省令で定める事項は、次のとおりとする。

一　法第五十七条の二第一項の規定による通知を行う者の氏名（法人にあつては、その名称）、住所及び電話番号

二　危険性又は有害性の要約

三　安定性及び反応性

四　想定される用途及び当該用途における使用上の注意

五　適用される法令

六　その他参考となる事項

第三十四条の二の五　法第五十七条の二第一項の規定による通知は、同項の通知対象物を譲渡し、又は提供する時までに行わなければならない。ただし、継続的に又は反復して譲渡し、又は提供する場合において、既に当該通知が行われているときは、この限りでない。

2　法第五十七条の二第一項の通知対象物を譲渡し、又は提供する者は、同項第四号の事項について、直近の確認を行つた日から起算して五年以内ごとに一回、最新の科学的知見に基づき、変更を行う必要性の有無を確認し、変更を行う必要があると認めるときは、当該確認をした日から一年以内に、当該事項に変更を行わなければならない。

3　前項の者は、同項の規定により法第五十七条の二第一項第四号の事項に変更を行つたときは、変更後の同号の事項を、適切な時期に、譲渡し、又は提供した相手方の事業者に通知するものとし、文書若しくは磁気ディスク、光ディスクその他の記録媒体の交付、ファクシミリ装置を用いた送信若しくは電子メールの送信又は当該事項が記載されたホームページのアドレス（二次元コードその他のこれに代わるものを含む。）及び当該アドレスに係るホームページの閲覧を求める旨の伝達により、変更後の当該事項を、当該相手方の事業者が閲覧できるようにしなければならない。

第三十四条の二の六　法第五十七条の二第一項第二号の事項のうち、成分の含有量については、令別表第三第一号1から7までに掲げる物及び令別表第九に掲げる物ごとに重量パーセントを通知しなければならない。

（リスクアセスメントの実施時期等）

第三十四条の二の七　リスクアセスメントは、次に掲げる時期に行うものとする。

一　リスクアセスメント対象物を原材料等として新規に採用し、又は変更するとき。

二　リスクアセスメント対象物を製造し、又は取り扱う業務に係る作業の方法又は手順を新規に採用し、又は変更するとき。

三　前二号に掲げるもののほか、リスクアセスメント対象物による危険性又は有害性等について変化が生じ、又は生ずるおそれがあるとき。

2　リスクアセスメントは、リスクアセスメント対象物を製造し、又は取り扱う業務ごとに、次に掲げるいずれかの方法（リスクアセスメントのうち危険性に係るものにあつては、第一号又は第三号（第一号に係る部分に限る。）に掲げる方法に限る。）により、又はこれらの方法の併用により行わなければならない。

一　当該リスクアセスメント対象物が当該業務に従事する労働者に危険を及ぼし、又は当該リスクアセスメント対象物により当該労働者の健康障害を生ずるおそれの程度及び当該危険又は健康障害の程度を考慮する方法

二　当該業務に従事する労働者が当該リスクアセスメント対象物にさらされる程度及び当該リスクアセスメント対象物の有害性の程度を考慮する方法

三　前二号に掲げる方法に準ずる方法

（リスクアセスメントの結果等の記録及び保存並びに周知）

第三十四条の二の八　事業者は、リスクアセスメントを行つたときは、次に掲げる事項について、記録を作成し、次にリスクアセスメントを行うまでの期間（リスクアセスメントを行つた日から起算して三年以内に当該リスクアセスメント対象物についてリスクアセスメントを行つたときは、三年間）保存するとともに、当該事項を、リスクアセスメント対象物を製造し、又は取り扱う業務に従事する労働者に周知させなければならない。

一　当該リスクアセスメント対象物の名称

二　当該業務の内容

三　当該リスクアセスメントの結果

四　当該リスクアセスメントの結果に基づき事業者が講ずる労働者の危険又は健康障害を防止するため必要な措置の内容

2　前項の規定による周知は、次に掲げるいずれかの方法により行うものとする。

一　当該リスクアセスメント対象物を製造し、又は取り扱う各作業場の見やすい場所に常時掲示し、又は備え付けること。

二　書面を、当該リスクアセスメント対象物を製造し、又は取り扱う業務に従事する労働者に交付すること。

三　磁気ディスク、光ディスクその他の記録媒体に記録し、かつ、当該リスクアセスメント対象物を製造し、又は取り扱う各作業場に、当該リスクアセスメント対象物を製造し、又は取り扱う業務に従事する労働者が当該記録の内容を常時確認できる機器を設置すること。

（改善の指示等）

第三十四条の二の十　労働基準監督署長は、化学物質による労働災害が発生した、又はそのおそれがある事業場の事業者に対し、当該事業場において化学物質の管理が適切に行われていない疑いがあると認めるときは、当該事業場における化学物質の管理の状況について改善すべき旨を指示することができる。

2　前項の指示を受けた事業者は、遅滞なく、事業場における化学物質の管理について必要な知識及び技能を有する者として厚生労働大臣が定めるもの（以下この条において「化学物質管理専門家」という。）から、当該事業場における化学物質の管理の状況についての確認及び当該事業場が実施し得る望ましい改善措置に関する助言を受けなければならない。

3　前項の確認及び助言を求められた化学物質管理専門家は、同項の事業者に対し、当該事業場における化学物質の管理の状況についての確認結果及び当該事業場が実施し得る望ましい改善措置に関する助言について、速やかに、書面により通知しなければならない。

4　事業者は、前項の通知を受けた後、一月以内に、当該通知の内容を踏まえた改善措置を実施するための計画を作成するとともに、当該計画作成後、速やかに、当該計画に従い必要な

改善措置を実施しなければならない。

5　事業者は、前項の計画を作成後、遅滞なく、当該計画の内容について、第三項の通知及び前項の計画の写しを添えて、改善計画報告書（様式第四号）により、所轄労働基準監督署長に報告しなければならない。

6　事業者は、第四項の規定に基づき実施した改善措置の記録を作成し、当該記録について、第三項の通知及び第四項の計画とともに三年間保存しなければならない。

（雇入れ時等の教育）

第三十五条　事業者は、労働者を雇い入れ、又は労働者の作業内容を変更したときは、当該労働者に対し、遅滞なく、次の事項のうち当該労働者が従事する業務に関する安全又は衛生のため必要な事項について、教育を行わなければならない。

　一　機械等、原材料等の危険性又は有害性及びこれらの取扱い方法に関すること。

　二　安全装置、有害物抑制装置又は保護具の性能及びこれらの取扱い方法に関すること。

　三　作業手順に関すること。

　四　作業開始時の点検に関すること。

　五　当該業務に関して発生するおそれのある疾病の原因及び予防に関すること。

　六　整理、整頓及び清潔の保持に関すること。

　七　事故時等における応急措置及び退避に関すること。

　八　前各号に掲げるもののほか、当該業務に関する安全又は衛生のために必要な事項

2　事業者は、前項各号に掲げる事項の全部又は一部に関し十分な知識及び技能を有していると認められる労働者については、当該事項についての教育を省略することができる。

（疾病の報告）

第九十七条の二　事業者は、化学物質又は化学物質を含有する製剤を製造し、又は取り扱う業務を行う事業場において、一年以内に二人以上の労働者が同種のがんに罹患したことを把握したときは、当該罹患が業務に起因するかどうかについて、遅滞なく、医師の意見を聴かなければならない。

2　事業者は、前項の医師が、同項の罹患が業務に起因するものと疑われると判断したときは、遅滞なく、次に掲げる事項について、所轄都道府県労働局長に報告しなければならない。

　一　がんに罹患した労働者が当該事業場で従事した業務において製造し、又は取り扱つた化学物質の名称（化学物質を含有する製剤にあつては、当該製剤が含有する化学物質の名称）

　二　がんに罹患した労働者が当該事業場において従事していた業務の内容及び当該業務に従事していた期間

　三　がんに罹患した労働者の年齢及び性別

（ばく露の程度の低減等）

第五百七十七条の二　事業者は、リスクアセスメント対象物を製造し、又は取り扱う事業場において、リスクアセスメントの結果等に基づき、労働者の健康障害を防止するため、代替物の使用、発散源を密閉する設備、局所排気装置又は全体換気装置の設置及び稼働、作業の方法の改善、有効な呼吸用保護具を使用させること等必要な措置を講ずることにより、リスクアセスメント対象物に労働者がばく露される程度を最小限度にしなければならない。

2　事業者は、リスクアセスメント対象物のうち、一定程度のばく露に抑えることにより、労働者に健康障害を生ずるおそれがない物として厚生労働大臣が定めるものを製造し、又は取

り扱う業務（主として一般消費者の生活の用に供される製品に係るものを除く。）を行う屋内作業場においては、当該業務に従事する労働者がこれらの物にばく露される程度を、厚生労働大臣が定める濃度の基準以下としなければならない。

3　事業者は、リスクアセスメント対象物を製造し、又は取り扱う業務に常時従事する労働者に対し、法第六十六条の規定による健康診断のほか、リスクアセスメント対象物に係るリスクアセスメントの結果に基づき、関係労働者の意見を聴き、必要があると認めるときは、医師又は歯科医師が必要と認める項目について、医師又は歯科医師による健康診断を行わなければならない。

4　事業者は、第二項の業務に従事する労働者が、同項の厚生労働大臣が定める濃度の基準を超えてリスクアセスメント対象物にばく露したおそれがあるときは、速やかに、当該労働者に対し、医師又は歯科医師が必要と認める項目について、医師又は歯科医師による健康診断を行わなければならない。

5　事業者は、前二項の健康診断（以下この条において「リスクアセスメント対象物健康診断」という。）を行つたときは、リスクアセスメント対象物健康診断の結果に基づき、リスクアセスメント対象物健康診断個人票（様式第二十四号の二）を作成し、これを五年間（リスクアセスメント対象物健康診断に係るリスクアセスメント対象物ががん原性がある物として厚生労働大臣が定めるもの（以下「がん原性物質」という。）である場合は、三十年間）保存しなければならない。

6　事業者は、リスクアセスメント対象物健康診断の結果（リスクアセスメント対象物健康診断の項目に異常の所見があると診断された労働者に係るものに限る。）に基づき、当該労働者の健康を保持するために必要な措置について、次に定めるところにより、医師又は歯科医師の意見を聴かなければならない。

一　リスクアセスメント対象物健康診断が行われた日から三月以内に行うこと。

二　聴取した医師又は歯科医師の意見をリスクアセスメント対象物健康診断個人票に記載すること。

7　事業者は、医師又は歯科医師から、前項の意見聴取を行う上で必要となる労働者の業務に関する情報を求められたときは、速やかに、これを提供しなければならない。

8　事業者は、第六項の規定による医師又は歯科医師の意見を勘案し、その必要があると認めるときは、当該労働者の実情を考慮して、就業場所の変更、作業の転換、労働時間の短縮等の措置を講ずるほか、作業環境測定の実施、施設又は設備の設置又は整備、衛生委員会又は安全衛生委員会への当該医師又は歯科医師の意見の報告その他の適切な措置を講じなければならない。

9　事業者は、リスクアセスメント対象物健康診断を受けた労働者に対し、遅滞なく、リスクアセスメント対象物健康診断の結果を通知しなければならない。

10　事業者は、第一項、第二項及び第八項の規定により講じた措置について、関係労働者の意見を聴くための機会を設けなければならない。

11　事業者は、次に掲げる事項（第三号については、がん原性物質を製造し、又は取り扱う業務に従事する労働者に限る。）について、一年を超えない期間ごとに一回、定期に、記録を作成し、当該記録を三年間（第二号（リスクアセスメント対象物ががん原性物質である場合に限る。）及び第三号については、三十年間）保存するとともに、第一号及び第四号の事項

について、リスクアセスメント対象物を製造し、又は取り扱う業務に従事する労働者に周知させなければならない。

一　第一項、第二項及び第八項の規定により講じた措置の状況

二　リスクアセスメント対象物を製造し、又は取り扱う業務に従事する労働者のリスクアセスメント対象物のばく露の状況

三　労働者の氏名、従事した作業の概要及び当該作業に従事した期間並びにがん原性物質により著しく汚染される事態が生じたときはその概要及び事業者が講じた応急の措置の概要

四　前項の規定による関係労働者の意見の聴取状況

12　前項の規定による周知は、次に掲げるいずれかの方法により行うものとする。

一　当該リスクアセスメント対象物を製造し、又は取り扱う各作業場の見やすい場所に常時掲示し、又は備え付けること。

二　書面を、当該リスクアセスメント対象物を製造し、又は取り扱う業務に従事する労働者に交付すること。

三　磁気ディスク、光ディスクその他の記録媒体に記録し、かつ、当該リスクアセスメント対象物を製造し、又は取り扱う各作業場に、当該リスクアセスメント対象物を製造し、又は取り扱う業務に従事する労働者が当該記録の内容を常時確認できる機器を設置すること。

第五百七十七条の三　事業者は、リスクアセスメント対象物以外の化学物質を製造し、又は取り扱う事業場において、リスクアセスメント対象物以外の化学物質に係る危険性又は有害性等の調査の結果等に基づき、労働者の健康障害を防止するため、代替物の使用、発散源を密閉する設備、局所排気装置又は全体換気装置の設置及び稼働、作業の方法の改善、有効な保護具を使用させること等必要な措置を講ずることにより、労働者がリスクアセスメント対象物以外の化学物質にばく露される程度を最小限度にするよう努めなければならない。

（皮膚障害等防止用の保護具）

第五百九十四条　事業者は、皮膚若しくは眼に障害を与える物を取り扱う業務又は有害物が皮膚から吸収され、若しくは侵入して、健康障害若しくは感染をおこすおそれのある業務においては、当該業務に従事する労働者に使用させるために、塗布剤、不浸透性の保護衣、保護手袋、履物又は保護眼鏡等適切な保護具を備えなければならない。

2　事業者は、前項の業務の一部を請負人に請け負わせるときは、当該請負人に対し、塗布剤、不浸透性の保護衣、保護手袋、履物又は保護眼鏡等適切な保護具について、備えておくこと等によりこれらを使用することができるようにする必要がある旨を周知させなければならない。

第五百九十四条の二　事業者は、化学物質又は化学物質を含有する製剤（皮膚若しくは眼に障害を与えるおそれ又は皮膚から吸収され、若しくは皮膚に侵入して、健康障害を生ずるおそれがあることが明らかなものに限る。以下「皮膚等障害化学物質等」という。）を製造し、又は取り扱う業務（法及びこれに基づく命令の規定により労働者に保護具を使用させなければならない業務及び皮膚等障害化学物質等を密閉して製造し、又は取り扱う業務を除く。）に労働者を従事させるときは、不浸透性の保護衣、保護手袋、履物又は保護眼鏡等適切な保護具を使用させなければならない。

2　事業者は、前項の業務の一部を請負人に請け負わせるときは、当該請負人に対し、同項の

保護具を使用する必要がある旨を周知させなければならない。

第五百九十四条の三 事業者は、化学物質又は化学物質を含有する製剤（皮膚等障害化学物質等及び皮膚若しくは眼に障害を与えるおそれ又は皮膚から吸収され、若しくは皮膚に侵入して、健康障害を生ずるおそれがないことが明らかなものを除く。）を製造し、又は取り扱う業務（法及びこれに基づく命令の規定により労働者に保護具を使用させなければならない業務及びこれらの物を密閉して製造し、又は取り扱う業務を除く。）に労働者を従事させるときは、当該労働者に保護衣、保護手袋、履物又は保護眼鏡等適切な保護具を使用させるよう努めなければならない。

2 事業者は、前項の業務の一部を請負人に請け負わせるときは、当該請負人に対し、同項の保護具について、これらを使用する必要がある旨を周知させるよう努めなければならない。

（保護具の数等）

第五百九十六条 事業者は、第五百九十三条第一項、第五百九十四条第一項、第五百九十四条の二第一項及び前条第一項に規定する保護具については、同時に就業する労働者の人数と同数以上を備え、常時有効かつ清潔に保持しなければならない。

（労働者の使用義務）

第五百九十七条 第五百九十三条第一項、第五百九十四条第一項、第五百九十四条の二第一項及び第五百九十五条第一項に規定する業務に従事する労働者は、事業者から当該業務に必要な保護具の使用を命じられたときは、当該保護具を使用しなければならない。

【労働安全衛生法施行令】

（名称等を表示すべき危険物及び有害物）

第十八条 法第五十七条第一項の政令で定める物は、次のとおりとする。

1 別表第九に掲げる物（アルミニウム、イットリウム、インジウム、カドミウム、銀、クロム、コバルト、すず、タリウム、タングステン、タンタル、銅、鉛、ニッケル、白金、ハフニウム、フェロバナジウム、マンガン、モリブデン又はロジウムにあつては、粉状のものに限る。）

2 別表第九に掲げる物を含有する製剤その他の物で、厚生労働省令で定めるもの

3 別表第三第一号1から7までに掲げる物を含有する製剤その他の物（同号8に掲げる物を除く。）で、厚生労働省令で定めるもの

A2.6　改正省令・告示の施行通達

基発 0531 第 9 号
令和 4 年 5 月 31 日

都道府県労働局長　殿

厚生労働省労働基準局長
（公印省略）

　　　　　　労働安全衛生規則等の一部を改正する省令等の施行について

　労働安全衛生規則等の一部を改正する省令（令和 4 年厚生労働省令第 91 号。以下「改正省令」という。）及び化学物質等の危険性又は有害性等の表示又は通知等の促進に関する指針の一部を改正する件（令和 4 年厚生労働省告示第 190 号。以下「改正告示」という。）については、令和 4 年 5 月 31 日に公布され、公布日から施行（一部については、令和 5 年 4 月 1 日又は令和 6 年 4 月 1 日から施行）することとされたところである。その改正の趣旨、内容等については、下記のとおりであるので、関係者への周知徹底を図るとともに、その運用に遺漏なきを期されたい。

　　　　　　　　　　　　　　　　　記

第 1　改正の趣旨及び概要等
　1　改正の趣旨
　　今般、国内で輸入、製造、使用されている化学物質は数万種類にのぼり、その中には、危険性や有害性が不明な物質が多く含まれる。さらに、化学物質による休業 4 日以上の労働災害（がん等の遅発性疾病を除く。）のうち、特定化学物質障害予防規則（昭和 47 年労働省令第 39 号。以下「特化則」という。）等の特別則の規制の対象となっていない物質を起因とするものが約 8 割を占めている。これらを踏まえ、従来、特別則による規制の対象となっていない物質への対策の強化を主眼とし、国によるばく露の上限となる基準等の制定、危険性・有害性に関する情報の伝達の仕組みの整備・拡充を前提として、事業者が、危険性・有害性の情報に基づくリスクアセスメントの結果に基づき、国の定める基準等の範囲内で、ばく露防止のために講ずべき措置を適切に実施する制度を導入することとしたところである。

　　これらを踏まえ、今般、労働安全衛生規則（昭和 47 年労働省令第 32 号。以下「安衛則」という。）、特化則、有機溶剤中毒予防規則（昭和 47 年労働省令第 36 号。以下「有機則」という。）、鉛中毒予防規則（昭和 47 年労働省令第 37 号。以下「鉛則」という。）、四アルキル鉛中毒予防規則（昭和 47 年労働省令第 38 号。以下「四アルキル則」という。）、粉じん障害防止規則（昭和 54 年労働省令第 18 号。以下「粉じん則」という。）（以下特化則、有機則、鉛則及び粉じん則を「特化則等」と総称する。）、石綿障害予防規則（平成 17 年厚生労働省令第 21 号）及び厚生労働省の所管する法令の規定に基づく民間事業者等が行う書面の保存等における情報通信の技術の利用に関する省令（平成 17 年厚生労働省令第 44 号）並びに化学物質等の危険性又は有害性等の表示又は通知等の促進に関する指針（平成 24 年厚生労働省告示第 133 号。以下「告示」という。）について、所要の改正を行った

ものである。

2　改正省令の概要

（1）事業場における化学物質の管理体制の強化

　ア　化学物質管理者の選任（安衛則第12条の5関係）

　　①　事業者は、労働安全衛生法（昭和47年法律第57号。以下「法」という。）第57条の3第1項の危険性又は有害性等の調査（主として一般消費者の生活の用に供される製品に係るものを除く。以下「リスクアセスメント」という。）をしなければならない労働安全衛生法施行令（昭和47年政令第318号。以下「令」という。）第18条各号に掲げる物及び法第57条の2第1項に規定する通知対象物（以下「リスクアセスメント対象物」という。）を製造し、又は取り扱う事業場ごとに、化学物質管理者を選任し、その者に化学物質に係るリスクアセスメントの実施に関すること等の当該事業場における化学物質の管理に係る技術的事項を管理させなければならないこと。

　　②　事業者は、リスクアセスメント対象物の譲渡又は提供を行う事業場（①の事業場を除く。）ごとに、化学物質管理者を選任し、その者に当該事業場におけるラベル表示及び安全データシート（以下「SDS」という。）等による通知等（以下「表示等」という。）並びに教育管理に係る技術的事項を管理させなければならないこと。

　　③　化学物質管理者の選任は、選任すべき事由が発生した日から14日以内に行い、リスクアセスメント対象物を製造する事業場においては、厚生労働大臣が定める化学物質の管理に関する講習を修了した者等のうちから選任しなければならないこと。

　　④　事業者は、化学物質管理者を選任したときは、当該化学物質管理者に対し、必要な権限を与えるとともに、当該化学物質管理者の氏名を事業場の見やすい箇所に掲示すること等により関係労働者に周知させなければならないこと。

　イ　保護具着用管理責任者の選任（安衛則第12条の6関係）

　　①　化学物質管理者を選任した事業者は、リスクアセスメントの結果に基づく措置として、労働者に保護具を使用させるときは、保護具着用管理責任者を選任し、有効な保護具の選択、保護具の保守管理その他保護具に係る業務を担当させなければならないこと。

　　②　保護具着用管理責任者の選任は、選任すべき事由が発生した日から14日以内に行うこととし、保護具に関する知識及び経験を有すると認められる者のうちから選任しなければならないこと。

　　③　事業者は、保護具着用管理責任者を選任したときは、当該保護具着用管理責任者に対し、必要な権限を与えるとともに、当該保護具着用管理責任者の氏名を事業場の見やすい箇所に掲示すること等により関係労働者に周知させなければならないこと。

　ウ　雇入れ時等における化学物質等に係る教育の拡充（安衛則第35条関係）

　　労働者を雇い入れ、又は労働者の作業内容を変更したときに行わなければならない安衛則第35条第1項の教育について、令第2条第3号に掲げる業種の事業場の労働者については、安衛則第35条第1項第1号から第4号までの事項の教育の省略が認められてきたが、改正省令により、この省略規定を削除し、同項第1号から第4号までの事項の教育を事業者に義務付けたこと。

（2）化学物質の危険性・有害性に関する情報の伝達の強化

ア　SDS 等による通知方法の柔軟化（安衛則第 24 条の 15 第 1 項及び第 3 項※、第 34 条の 2 の 3 関係）※公布日時点においては第 24 条の 15 第 2 項

　　法第 57 条の 2 第 1 項及び第 2 項の規定による通知の方法として、相手方の承諾を要件とせず、電子メールの送信や、通知事項が記載されたホームページのアドレス（二次元コードその他のこれに代わるものを含む。）を伝達し閲覧を求めること等による方法を新たに認めたこと。

イ　「人体に及ぼす作用」の定期確認及び「人体に及ぼす作用」についての記載内容の更新（安衛則第 24 条の 15 第 2 項及び第 3 項、第 34 条の 2 の 5 第 2 項及び第 3 項関係）

　　法第 57 条の 2 第 1 項の規定による通知事項の 1 つである「人体に及ぼす作用」について、直近の確認を行った日から起算して 5 年以内ごとに 1 回、記載内容の変更の要否を確認し、変更を行う必要があると認めるときは、当該確認をした日から 1 年以内に変更を行わなければならないこと。また、変更を行ったときは、当該通知を行った相手方に対して、適切な時期に、変更内容を通知するものとしたこと。加えて、安衛則第 24 条の 15 第 2 項及び第 3 項の規定による特定危険有害化学物質等に係る通知における「人体に及ぼす作用」についても、同様の確認及び更新を努力義務としたこと。

ウ　SDS 等における通知事項の追加及び成分含有量表示の適正化（安衛則第 24 条の 15 第 1 項、第 34 条の 2 の 4、第 34 条の 2 の 6 関係）

　　法第 57 条の 2 第 1 項の規定により通知する SDS 等における通知事項に、「想定される用途及び当該用途における使用上の注意」を追加したこと。また、安衛則第 24 条の 15 第 1 項の規定により通知を行うことが努力義務となっている特定危険有害化学物質等に係る通知事項についても、同事項を追加したこと。

　　また、法第 57 条の 2 第 1 項の規定により通知する SDS 等における通知事項のうち、「成分の含有量」について、重量パーセントを通知しなければならないこととしたこと。

エ　化学物質を事業場内において別容器等で保管する際の措置の強化（安衛則第 33 条の 2 関係）

　　事業者は、令第 17 条に規定する物（以下「製造許可物質」という。）又は令第 18 条に規定する物（以下「ラベル表示対象物」という。）をラベル表示のない容器に入れ、又は包装して保管するときは、当該容器又は包装への表示、文書の交付その他の方法により、当該物を取り扱う者に対し、当該物の名称及び人体に及ぼす作用を明示しなければならないこと。

（3）リスクアセスメントに基づく自律的な化学物質管理の強化

ア　リスクアセスメントに係る記録の作成及び保存並びに労働者への周知（安衛則第 34 条の 2 の 8 関係）

　　事業者は、リスクアセスメントを行ったときは、リスクアセスメント対象物の名称等の事項について、記録を作成し、次にリスクアセスメントを行うまでの期間（リスクアセスメントを行った日から起算して 3 年以内に次のリスクアセスメントを行ったときは、3 年間）保存するとともに、当該事項を、リスクアセスメント対象物を製造し、又は取り扱う業務に従事する労働者に周知させなければならないこと。

イ　化学物質による労働災害が発生した事業場等における化学物質管理の改善措置（安衛則第 34 条の 2 の 10 関係）

① 労働基準監督署長は、化学物質による労働災害が発生した、又はそのおそれがある事業場の事業者に対し、当該事業場において化学物質の管理が適切に行われていない疑いがあると認めるときは、当該事業場における化学物質の管理の状況について、改善すべき旨を指示することができること。

② ①の指示を受けた事業者は、遅滞なく、事業場の化学物質の管理の状況について必要な知識及び技能を有する者として厚生労働大臣が定めるもの（以下「化学物質管理専門家」という。）から、当該事業場における化学物質の管理の状況についての確認及び当該事業場が実施し得る望ましい改善措置に関する助言を受けなければならないこと。

③ ②の確認及び助言を求められた化学物質管理専門家は、事業者に対し、確認後速やかに、当該確認した内容及び当該事業場が実施し得る望ましい改善措置に関する助言を、書面により通知しなければならないこと。

④ 事業者は、③の通知を受けた後、1月以内に、当該通知の内容を踏まえた改善措置を実施するための計画を作成するとともに、当該計画作成後、速やかに、当該計画に従い改善措置を実施しなければならないこと。

⑤ 事業者は、④の計画を作成後、遅滞なく、当該計画の内容について、③の通知及び当該計画の写しを添えて、改善計画報告書（安衛則様式第4号）により所轄労働基準監督署長に報告しなければならないこと。

⑥ 事業者は、④の計画に基づき実施した改善措置の記録を作成し、当該記録について、③の通知及び当該計画とともにこれらを3年間保存しなければならないこと。

ウ リスクアセスメント対象物に係るばく露低減措置等の事業者の義務（安衛則第577条の2、第577条の3関係）

① 労働者がリスクアセスメント対象物にばく露される程度の低減措置（安衛則第577条の2第1項関係）

事業者は、リスクアセスメント対象物を製造し、又は取り扱う事業場において、リスクアセスメントの結果等に基づき、労働者の健康障害を防止するため、代替物の使用等の必要な措置を講ずることにより、リスクアセスメント対象物に労働者がばく露される程度を最小限度にしなければならないこと。

② 労働者がばく露される程度を一定の濃度の基準以下としなければならない物質に係るばく露濃度の抑制措置（安衛則第577条の2第2項関係）

事業者は、リスクアセスメント対象物のうち、一定程度のばく露に抑えることにより、労働者に健康障害を生ずるおそれがない物として厚生労働大臣が定めるものを製造し、又は取り扱う業務（主として一般消費者の生活の用に供される製品に係るものを除く。）を行う屋内作業場においては、当該業務に従事する労働者がこれらの物にばく露される程度を、厚生労働大臣が定める濃度の基準（以下「濃度基準値」という。）以下としなければならないこと。

③ リスクアセスメントの結果に基づき事業者が行う健康診断、健康診断の結果に基づく必要な措置の実施等（安衛則第577条の2第3項から第5項まで、第8項及び第9項関係）

事業者は、リスクアセスメント対象物による健康障害の防止のため、リスクアセス

メントの結果に基づき、関係労働者の意見を聴き、必要があると認めるときは、医師又は歯科医師（以下「医師等」という。）が必要と認める項目について、医師等による健康診断を行い、その結果に基づき必要な措置を講じなければならないこと。

また、事業者は、安衛則第577条の2第2項の業務に従事する労働者が、濃度基準値を超えてリスクアセスメント対象物にばく露したおそれがあるときは、速やかに、医師等が必要と認める項目について、医師等による健康診断を行い、その結果に基づき必要な措置を講じなければならないこと。

事業者は、上記の健康診断（以下「リスクアセスメント対象物健康診断」という。）を行ったときは、リスクアセスメント対象物健康診断個人票（安衛則様式第24号の2）を作成し、5年間（がん原性物質（がん原性がある物として厚生労働大臣が定めるものをいう。以下同じ。）に係るものは30年間）保存しなければならないこと。

事業者は、リスクアセスメント対象物健康診断を受けた労働者に対し、遅滞なく、当該健康診断の結果を通知しなければならないこと。

④　ばく露低減措置の内容及び労働者のばく露の状況についての労働者の意見聴取、記録作成・保存（安衛則第577条の2第10から第12項まで※関係）　※令和5年4月1日時点においては第577条の2第2項から第4項まで

事業者は、安衛則第577条の2第1項、第2項及び第8項の規定により講じたばく露低減措置等について、関係労働者の意見を聴くための機会を設けなければならないこと。

また、事業者は、（ⅰ）安衛則第577条の2第1項、第2項及び第8項の規定により講じた措置の状況、（ⅱ）リスクアセスメント対象物を製造し、又は取り扱う業務に従事する労働者のばく露状況、（ⅲ）労働者の氏名、従事した作業の概要及び当該作業に従事した期間並びにがん原性物質により著しく汚染される事態が生じたときはその概要及び事業者が講じた応急の措置の概要（リスクアセスメント対象物ががん原性物質である場合に限る。）、（ⅳ）安衛則第577条の2第10項の規定による関係労働者の意見の聴取状況について、1年を超えない期間ごとに1回、定期に、記録を作成し、当該記録を3年間（（ⅱ）及び（ⅲ）について、がん原性物質に係るものは30年間）保存するとともに、（ⅰ）及び（ⅳ）の事項を労働者に周知させなければならないこと。

⑤　リスクアセスメント対象物以外の物質にばく露される程度を最小限とする努力義務（安衛則第577条の3関係）

事業者は、リスクアセスメント対象物以外の化学物質を製造し、又は取り扱う事業場において、当該化学物質に係る危険性又は有害性等の調査結果等に基づき、労働者の健康障害を防止するため、代替物の使用等の必要な措置を講ずることにより、リスクアセスメント対象物以外の化学物質にばく露される程度を最小限度にするよう努めなければならないこと。

エ　保護具の使用による皮膚等障害化学物質等への直接接触の防止（安衛則第594条の2及び安衛則第594条の3※関係）　※令和5年4月1日時点においては第594条の2

事業者は、化学物質又は化学物質を含有する製剤（皮膚若しくは眼に障害を与えるおそれ又は皮膚から吸収され、若しくは皮膚に浸入して、健康障害を生ずるおそれがある

ことが明らかなものに限る。以下「皮膚等障害化学物質等」という。）を製造し、又は
取り扱う業務（法及びこれに基づく命令の規定により労働者に保護具を使用させなけれ
ばならない業務及びこれらの物を密閉して製造し、又は取り扱う業務を除く。）に労働
者を従事させるときは、不浸透性の保護衣、保護手袋、履物又は保護眼鏡等適切な保護
具を使用させなければならないこと。

　　また、事業者は、化学物質又は化学物質を含有する製剤（皮膚等障害化学物質等及び
皮膚若しくは眼に障害を与えるおそれ又は皮膚から吸収され、若しくは皮膚に浸入して、
健康障害を生ずるおそれがないことが明らかなものを除く。）を製造し、又は取り扱う
業務（法及びこれに基づく命令の規定により労働者に保護具を使用させなければならな
い業務及びこれらの物を密閉して製造し、又は取り扱う業務を除く。）に労働者を従事
させるときは、当該労働者に保護衣、保護手袋、履物又は保護眼鏡等適切な保護具を使
用させることに努めなければならないこと。

（４）衛生委員会の付議事項の追加（安衛則第22条関係）

　　衛生委員会の付議事項に、（３）ウ①及び②により講ずる措置に関すること並びに（３）
ウ③の医師等による健康診断の実施に関することを追加すること。

（５）事業場におけるがんの発生の把握の強化（安衛則第97条の２関係）

　　事業者は、化学物質又は化学物質を含有する製剤を製造し、又は取り扱う業務を行う事
業場において、１年以内に２人以上の労働者が同種のがんに罹患したことを把握したとき
は、当該罹患が業務に起因するかどうかについて、遅滞なく、医師の意見を聴かなければ
ならないこととし、当該医師が、当該がんへの罹患が業務に起因するものと疑われると判
断したときは、遅滞なく、当該がんに罹患した労働者が取り扱った化学物質の名称等の事
項について、所轄都道府県労働局長に報告しなければならないこと。

（６）化学物質管理の水準が一定以上の事業場に対する個別規制の適用除外（特化則第２条
の３、有機則第４条の２、鉛則第３条の２及び粉じん則第３条の２関係）

　ア　特化則等の規定（健康診断及び呼吸用保護具に係る規定を除く。）は、専属の化学物
　　質管理専門家が配置されていること等の一定の要件を満たすことを所轄都道府県労働局
　　長が認定した事業場については、特化則等の規制対象物質を製造し、又は取り扱う業務
　　等について、適用しないこと。

　イ　アの適用除外の認定を受けようとする事業者は、適用除外認定申請書（特化則様式第
　　１号、有機則様式第１号の２、鉛則様式第１号の２、粉じん則様式第１号の２）に、当
　　該事業場がアの要件に該当することを確認できる書面を添えて、所轄都道府県労働局長
　　に提出しなければならないこと。

　ウ　所轄都道府県労働局長は、適用除外認定申請書の提出を受けた場合において、認定を
　　し、又はしないことを決定したときは、遅滞なく、文書でその旨を当該申請書を提出し
　　た事業者に通知すること。

　エ　認定は、３年ごとにその更新を受けなければ、その期間の経過によって、その効力を
　　失うこと。

　オ　上記のアからウまでの規定は、エの認定の更新について準用すること。

　カ　認定を受けた事業者は、当該認定に係る事業場がアの要件を満たさなくなったときは、
　　遅滞なく、文書で、その旨を所轄都道府県労働局長に報告しなければならないこと。

A2.6

キ　所轄都道府県労働局長は、認定を受けた事業者がアの要件を満たさなくなったと認めるとき等の取消要件に該当するに至ったときは、その認定を取り消すことができること。

（7）作業環境測定結果が第三管理区分の作業場所に対する措置の強化

ア　作業環境測定の評価結果が第三管理区分に区分された場合の義務（特化則第36条の3の2第1項から第3項まで、有機則第28条の3の2第1項から第3項まで、鉛則第52条の3の2第1項から第3項まで、粉じん則第26条の3の2第1項から第3項まで関係）

特化則等に基づく作業環境測定結果の評価の結果、第三管理区分に区分された場所について、作業環境の改善を図るため、事業者に対して以下の措置の実施を義務付けたこと。

①　当該場所の作業環境の改善の可否及び改善が可能な場合の改善措置について、事業場における作業環境の管理について必要な能力を有すると認められる者（以下「作業環境管理専門家」という。）であって、当該事業場に属さない者からの意見を聴くこと。

②　①において、作業環境管理専門家が当該場所の作業環境の改善が可能と判断した場合、当該場所の作業環境を改善するために必要な措置を講じ、当該措置の効果を確認するため、当該場所における対象物質の濃度を測定し、その結果の評価を行うこと。

イ　作業環境管理専門家が改善困難と判断した場合等の義務（特化則第36条の3の2第4項、有機則第28条の3の2第4項、鉛則第52条の3の2第4項、粉じん則第26条の3の2第4項関係）

ア①で作業環境管理専門家が当該場所の作業環境の改善は困難と判断した場合及びア②の評価の結果、なお第三管理区分に区分された場合、事業者は、以下の措置を講ずること。

①　労働者の身体に装着する試料採取器等を用いて行う測定その他の方法による測定（以下「個人サンプリング測定等」という。）により対象物質の濃度測定を行い、当該測定結果に応じて、労働者に有効な呼吸用保護具を使用させること。また、当該呼吸用保護具（面体を有するものに限る。）が適切に着用されていることを確認し、その結果を記録し、これを3年間保存すること。なお、当該場所において作業の一部を請負人に請け負わせる場合にあっては、当該請負人に対し、有効な呼吸用保護具を使用する必要がある旨を周知させること。

②　保護具に関する知識及び経験を有すると認められる者のうちから、保護具着用管理責任者を選任し、呼吸用保護具に係る業務を担当させること。

③　ア①の作業環境管理専門家の意見の概要並びにア②の措置及び評価の結果を労働者に周知すること。

④　上記①から③までの措置を講じたときは、第三管理区分措置状況届（特化則様式第1号の4、有機則様式第2号の3、鉛則様式第1号の4、粉じん則様式第5号）を所轄労働基準監督署長に提出すること。

ウ　作業環境測定の評価結果が改善するまでの間の義務（特化則第36条の3の2第5項、有機則第28条の3の2第5項、鉛則第52条の3の2第5項、粉じん則第26条の3の2第5項関係）

特化則等に基づく作業環境測定結果の評価の結果、第三管理区分に区分された場所に

ついて、第一管理区分又は第二管理区分と評価されるまでの間、上記イ①の措置に加え、以下の措置を講ずること。

　　　6月以内ごとに1回、定期に、個人サンプリング測定等により特定化学物質等の濃度を測定し、その結果に応じて、労働者に有効な呼吸用保護具を使用させること。

　エ　記録の保存

　　　イ①又はウの個人サンプリング測定等を行ったときは、その都度、結果及び評価の結果を記録し、3年間（ただし、粉じんについては7年間、クロム酸等については30年間）保存すること。

（8）作業環境管理やばく露防止措置等が適切に実施されている場合における特殊健康診断の実施頻度の緩和（特化則第39条第4項、有機則第29条第6項、鉛則第53条第4項及び四アルキル則第22条第4項関係）

　　　本規定による特殊健康診断の実施について、以下の①から③までの要件のいずれも満たす場合（四アルキル則第22条第4項の規定による健康診断については、以下の②及び③の要件を満たす場合）には、当該特殊健康診断の対象業務に従事する労働者に対する特殊健康診断の実施頻度を6月以内ごとに1回から、1年以内ごとに1回に緩和することができること。ただし、危険有害性が特に高い製造禁止物質及び特別管理物質に係る特殊健康診断の実施については、特化則第39条第4項に規定される実施頻度の緩和の対象とはならないこと。

　①　当該労働者が業務を行う場所における直近3回の作業環境測定の評価結果が第1管理区分に区分されたこと。

　②　直近3回の健康診断の結果、当該労働者に新たな異常所見がないこと。

　③　直近の健康診断実施後に、軽微なものを除き作業方法の変更がないこと。

3　改正告示の概要

　　改正省令による2（2）アのSDS等による通知方法の柔軟化及び2（2）エのラベル表示対象物を事業場内において別容器等で保管する際の措置の強化に伴い、告示においても、同趣旨の改正を行ったこと。

4　施行日及び経過措置

（1）施行日（改正省令附則第1条関係）

　　改正省令及び改正告示は、公布日から施行することとしたこと。ただし、2（2）イ及びエ、（3）ア、ウ①、④、⑤、エ前段（努力義務）、（4）（2（3）ウ①に係るものに限る。）、（5）、（6）、（8）に係る規定及び当該規定に係る経過措置については、令和5年4月1日から、2（1）、2（2）ウ、（3）イ、ウ②、③、エ、（4）（2（3）ウ②及び③に係るものに限る。）、（7）に係る規定及び当該規定に係る経過措置については、令和6年4月1日から施行することとしたこと。

（2）経過措置（改正省令附則第3条から第5条関係）

　ア　改正省令の施行の際現にある、改正省令第4条及び第8条による改正前の様式による用紙は、当分の間、これを取り繕って使用することができることとしたこと。

　イ　改正省令（改正省令第1条を除く。）の施行前にした行為に対する罰則の適用については、なお従前の例によること。

第2　細部事項（公布日施行）

1　SDS等による通知方法の柔軟化関係

（1）安衛則第24条の15第1項及び第2項※、第34条の2の3関係　※令和5年4月1日
時点においては第24条の15第3項

　　　化学物質の危険性・有害性に係る情報伝達がより円滑に行われるようにするため、譲渡
提供を受ける相手方が容易に確認可能な方法であれば、相手方の承諾を要件とせずに通知
できるよう、SDS等による通知方法を柔軟化したこと。なお、電子メールの送信により
通知する場合は、送信先の電子メールアドレスを事前に確認する等により確実に相手方に
通知できるよう配慮すべきであること。

（2）告示第3条第1項、第4条第3項関係

　　　改正省令によるSDS等による通知方法の柔軟化に伴い、告示においても、通知方法の
選択に当たって相手方の承諾を要件としないこと等、同趣旨の改正を行ったこと。

第3　細部事項（令和5年4月1日施行）

1　SDS等における通知事項である「人体に及ぼす作用」の定期確認及び更新関係

（1）安衛則第24条の15第2項及び第3項、第34条の2の5第2項及び第3項関係

　　ア　SDS等における通知事項である「人体に及ぼす作用」については、当該物質の有害
性情報であり、リスクアセスメントの実施に当たって最も重要な情報であることから、
定期的な確認及び更新を新たに義務付けたこと。定期確認及び更新の対象となるSDS
等は、現に譲渡又は提供を行っている通知対象物又は特定危険有害化学物質等に係るも
のに限られ、既に譲渡提供を中止したものに係るSDS等まで含む趣旨ではないこと。

　　イ　確認の結果、SDS等の更新を行った場合、変更後の当該事項を再通知する対象となる、
過去に当該物を譲渡提供した相手方の範囲については、各事業者における譲渡提供先に
関する情報の保存期間、当該物の使用期限等を踏まえて合理的な期間とすれば足りるこ
と。また、確認の結果、SDS等の更新の必要がない場合には、更新及び相手方への再
通知の必要はないが、各事業者においてSDS等の改訂情報を管理する上で、更新の必
要がないことを確認した日を記録しておくことが望ましいこと。

　　ウ　SDS等を更新した場合の再通知の方法としては、各事業者で譲渡提供先に関する情
報を保存している場合に当該情報を元に譲渡提供先に再通知する方法のほか、譲渡提供
者のホームページにおいてSDS等を更新した旨を分かりやすく周知し、当該ホームペー
ジにおいて該当物質のSDS等を容易に閲覧できるようにする方法等があること。

　　エ　本規定の施行日において現に存するSDS等については、施行日から起算して5年以
内（令和10年3月31日まで）に初回の確認を行う必要があること。また、確認の頻度
である「5年以内ごとに1回」には、5年より短い期間で確認することも含まれること。

2　製造許可物質又はラベル表示対象物を事業場内において別容器等で保管する際の措置の
強化関係

（1）安衛則第33条の2関係

　　ア　製造許可物質及びラベル表示対象物を事業場内で取り扱うに当たって、他の容器に移
し替えたり、小分けしたりして保管する際の容器等にも対象物の名称及び人体に及ぼす
作用の明示を義務付けたこと。なお、本規定は、対象物を保管することを目的として容
器に入れ、又は包装し、保管する場合に適用されるものであり、保管を行う者と保管さ
れた対象物を取り扱う者が異なる場合の危険有害性の情報伝達が主たる目的であるた

め、対象物の取扱い作業中に一時的に小分けした際の容器や、作業場所に運ぶために移し替えた容器にまで適用されるものではないこと。また、譲渡提供者がラベル表示を行っている物について、既にラベル表示がされた容器等で保管する場合には、改めて表示を求める趣旨ではないこと。

イ　明示の際の「その他の方法」としては、使用場所への掲示、必要事項を記載した一覧表の備え付け、磁気ディスク、光ディスク等の記録媒体に記録しその内容を常時確認できる機器を設置すること等のほか、日本産業規格 Z 7253（GHS に基づく化学品の危険有害性情報の伝達方法―ラベル、作業場内の表示及び安全データシート（SDS））（以下「JIS Z 7253」という。）の「5.3.3 作業場内の表示の代替手段」に示された方法として、作業手順書又は作業指示書によって伝達する方法等によることも可能であること。

（2）告示第 4 条第 3 項関係

改正省令による（1）のラベル表示対象物を事業場内において別容器等で保管する際の措置の強化に伴い、告示においても、化学物質等の譲渡提供を受けた事業者が対象物を労働者に取り扱わせる場合の容器等への表示事項として「人体に及ぼす作用」を追加したこと。

3　リスクアセスメントの結果等の記録の作成及び保存並びに労働者への周知（安衛則第 34 条の 2 の 8 関係）

事業場における化学物質管理の実施状況について事後に検証できるようにするため、従前より規定されていたリスクアセスメントの結果等の労働者への周知に加え、リスクアセスメントの結果等の記録の作成及び保存を新たに義務付けたこと。

4　事業場におけるがんの発生の把握の強化関係

（1）安衛則第 97 条の 2 第 1 項関係

ア　本規定は、化学物質のばく露に起因するがんを早期に把握した事業場におけるがんの再発防止のみならず、国内の同様の作業を行う事業場における化学物質によるがんの予防を行うことを目的として規定したものであること。

イ　本規定の「1 年以内に 2 人以上の労働者」の労働者は、現に雇用する同一の事業場の労働者であること。

ウ　本規定の「同種のがん」については、発生部位等医学的に同じものと考えられるがんをいうこと。

エ　本規定の「同種のがんに罹患したことを把握したとき」の「把握」とは、労働者の自発的な申告や休職手続等で職務上、事業者が知り得る場合に限るものであり、本規定を根拠として、労働者本人の同意なく、本規定に関係する労働者の個人情報を収集することを求める趣旨ではないこと。なお、アの趣旨から、広くがん罹患の情報について事業者が把握できることが望ましく、衛生委員会等においてこれらの把握の方法をあらかじめ定めておくことが望ましいこと。

オ　アの趣旨を踏まえ、例えば、退職者も含め 10 年以内に複数の者が同種のがんに罹患したことを把握した場合等、本規定の要件に該当しない場合であっても、それが化学物質を取り扱う業務に起因することが疑われると医師から意見があった場合は、本規定に準じ、都道府県労働局に報告することが望ましいこと。

カ　本規定の「医師」には、産業医のみならず、定期健康診断を委託している機関に所属

する医師や労働者の主治医等も含まれること。また、これらの適当な医師がいない場合
は、各都道府県の産業保健総合支援センター等に相談することも考えられること。

（2）安衛則第97条の2第2項関係

　ア　本規定の「罹患が業務に起因するものと疑われると判断」については、（1）アの趣
　　　旨から、その時点では明確な因果関係が解明されていないため確実なエビデンスがなく
　　　とも、同種の作業を行っていた場合や、別の作業であっても同一の化学物質にばく露し
　　　た可能性がある場合等、化学物質に起因することが否定できないと判断されれば対象と
　　　すべきであること。

　イ　本項第1号の「がんに罹患した労働者が当該事業場で従事した業務において製造し、
　　　又は取り扱った化学物質の名称」及び本項第2号の「がんに罹患した労働者が当該事業
　　　場で従事していた業務の内容及び当該業務に従事していた期間」については、（1）ア
　　　の趣旨から、その時点ではがんの発症に係る明確な因果関係が解明されていないため、
　　　当該労働者が当該事業場において在職中ばく露した可能性がある全ての化学物質、業務
　　　及びその期間が対象となること。また、記録等がなく、製剤中の化学物質の名称や作業
　　　歴が不明な場合であっても、その後の都道府県労働局等が行う調査に資するよう、製剤
　　　の製品名や関係者の記憶する関連情報をできる限り記載し、報告することが望ましいこ
　　　と。

5　リスクアセスメントに基づく自律的な化学物質管理の強化

（1）安衛則第577条の2第1項及び第577条の3関係

　　　本規定における「リスクアセスメント」とは、法第57条の3第1項の規定により行わ
　　れるリスクアセスメントをいうものであり、安衛則第34条の2の7第1項に定める時期
　　において、化学物質等による危険性又は有害性等の調査等に関する指針（平成27年9月
　　18日付け危険性又は有害性等の調査等に関する指針公示第3号）に従って実施すること。

　　　ただし、事業者は、化学物質のばく露を最低限に抑制する必要があることから、同項の
　　リスクアセスメント実施時期に該当しない場合であっても、ばく露状況に変化がないこと
　　を確認するため、過去の化学物質の測定結果に応じた適当な頻度で、測定等を実施するこ
　　とが望ましいこと。

（2）安衛則第577条の2第2項※関係　※令和6年4月1日時点においては第577条の2
　　第10項

　　　本規定における「関係労働者の意見を聞くための機会を設けなければならない」につい
　　ては、関係労働者又はその代表が衛生委員会に参加している場合等は、安衛則第22条第
　　11号の衛生委員会における調査審議又は安衛則第23条の2に基づき行われる意見聴取と
　　兼ねて行っても差し支えないこと。

（3）安衛則第577条の2第3項※関係　※令和6年4月1日時点においては第577条の2
　　第11項

　ア　本規定におけるがん原性物質を製造し、又は取り扱う労働者に関する記録については、
　　　晩発性の健康障害であるがんに対する対応を適切に行うため、当該労働者が離職した後
　　　であっても、当該記録を作成した時点から30年間保存する必要があること。

　イ　「第1項の規定により講じた措置の状況」の記録については、法第57条の3に基づく
　　　リスクアセスメントの結果に基づいて措置を講じた場合は、安衛則第34条の2の8の

記録と兼ねても差し支えないこと。また、リスクアセスメントに基づく措置を検討し、これらの措置をまとめたマニュアルや作業規程（以下「マニュアル等」という。）を別途定めた場合は、当該マニュアル等を引用しつつ、マニュアル等のとおり措置を講じた旨の記録でも差し支えないこと。

ウ　「労働者のリスクアセスメント対象物のばく露の状況」については、実際にばく露の程度を測定した結果の記録等の他、マニュアル等を作成した場合であって、その作成過程において、実際に当該マニュアル等のとおり措置を講じた場合の労働者のばく露の程度をあらかじめ作業環境測定等により確認している場合は、当該マニュアル等に従い作業を行っている限りにおいては、当該マニュアル等の作成時に確認されたばく露の程度を記録することでも差し支えないこと。

エ　「労働者の氏名、従事した作業の概要及び当該作業に従事した期間並びにがん原性物質により著しく汚染される事態が生じたときはその概要及び事業者が講じた応急の措置の概要」の記録に関し、従事した作業の概要については、取り扱う化学物質の種類を記載する、又はSDS等を添付して、取り扱う化学物質の種類が分かるように記録すること。また、出張等作業で作業場所が毎回変わるものの、いくつかの決まった製剤を使い分け、同じ作業に従事しているのであれば、出張等の都度の作業記録を求めるものではなく、当該関連する作業を一つの作業とみなし、作業の概要と期間をまとめて記載することで差し支えないこと。

オ　「関係労働者の意見の聴取状況」の記録に関し、労働者に意見を聴取した都度、その内容と労働者の意見の概要を記録すること。なお、衛生委員会における調査審議と兼ねて行う場合は、これらの記録と兼ねて記録することで差し支えないこと。

6　保護具の使用による皮膚等障害化学物質等への直接接触の防止（安衛則第594条の2第1項※関係）　※令和6年4月1日時点においては第594条の3第1項

本規定の「皮膚若しくは眼に障害を与えるおそれ又は皮膚から吸収され、若しくは皮膚に侵入して、健康障害を生ずるおそれがないことが明らかなもの」とは、国が公表するGHS（化学品の分類および表示に関する世界調和システム）に基づく危険有害性の分類の結果及び譲渡提供者より提供されたSDS等に記載された有害性情報のうち「皮膚腐食性・刺激性」、「眼に対する重篤な損傷性・眼刺激性」及び「呼吸器感作性又は皮膚感作性」のいずれも「区分に該当しない」と記載され、かつ、「皮膚腐食性・刺激性」、「眼に対する重篤な損傷性・眼刺激性」及び「呼吸器感作性又は皮膚感作性」を除くいずれにおいても、経皮による健康有害性のおそれに関する記載がないものが含まれること。

7　化学物質管理の水準が一定以上の事業場の個別規制の適用除外

（1）特化則第2条の3第1項、有機則第4条の2第1項、鉛則第3条の2第1項及び粉じん則第3条の2第1項関係

ア　本規定は、事業者による化学物質の自律的な管理を促進するという考え方に基づき、作業環境測定の対象となる化学物質を取り扱う業務等について、化学物質管理の水準が一定以上であると所轄都道府県労働局長が認める事業場に対して、当該化学物質に適用される特化則等の特別則の規定の一部の適用を除外することを定めたものであること。適用除外の対象とならない規定は、特殊健康診断に係る規定及び保護具の使用に係る規定である。なお、作業環境測定の対象となる化学物質以外の化学物質に係る業務等につ

いては、本規定による適用除外の対象とならないこと。

　また、所轄都道府県労働局長が特化則等で示す適用除外の要件のいずれかを満たさないと認めるときには、適用除外の認定は取消しの対象となること。適用除外が取り消された場合、適用除外となっていた当該化学物質に係る業務等に対する特化則等の規定が再び適用されること。

イ　特化則第2条の3第1項第1号、有機則第4条の2第1項第1号、鉛則第3条の2第1項第1号及び粉じん則第3条の2第1項第1号の化学物質管理専門家については、作業場の規模や取り扱う化学物質の種類、量に応じた必要な人数が事業場に専属の者として配置されている必要があること。

ウ　特化則第2条の3第1項第2号、有機則第4条の2第1項第2号、鉛則第3条の2第1項第2号及び粉じん則第3条の2第1項第2号については、過去3年間、申請に係る当該物質による死亡災害又は休業4日以上の労働災害を発生させていないものであること。「過去3年間」とは、申請時を起点として遡った3年間をいうこと。

エ　特化則第2条の3第1項第3号、有機則第4条の2第1項第3号、鉛則第3条の2第1項第3号及び粉じん則第3条の2第1項第3号については、申請に係る事業場において、申請に係る特化則等において作業環境測定が義務付けられている全ての化学物質等（例えば、特化則であれば、申請に係る全ての特定化学物質）について特化則等の規定に基づき作業環境測定を実施し、作業環境の測定結果に基づく評価が第一管理区分であることを過去3年間維持している必要があること。

オ　特化則第2条の3第1項第4号、有機則第4条の2第1項第4号、鉛則第3条の2第1項第4号及び粉じん則第3条の2第1項第4号については、申請に係る事業場において、申請に係る特化則等において健康診断の実施が義務付けられている全ての化学物質等（例えば、特化則であれば、申請に係る全ての特定化学物質）について、過去3年間の健康診断で異常所見がある労働者が一人も発見されないことが求められること。また、粉じん則については、じん肺法（昭和35年法律第30号）の規定に基づくじん肺健康診断の結果、新たにじん肺管理区分が管理2以上に決定された労働者、又はじん肺管理区分が決定されていた者でより上位の区分に決定された労働者が一人もいないことが求められること。

　なお、安衛則に基づく定期健康診断の項目だけでは、特定化学物質等による異常所見かどうかの判断が困難であるため、安衛則の定期健康診断における異常所見については、適用除外の要件とはしないこと。

カ　特化則第2条の3第1項第5号、有機則第4条の2第1項第5号、鉛則第3条の2第1項第5号及び粉じん則第3条の2第1項第5号については、客観性を担保する観点から、認定を申請する事業場に属さない化学物質管理専門家から、安衛則第34条の2の8第1項第3号及び第4号に掲げるリスクアセスメントの結果やその結果に基づき事業者が講ずる労働者の危険又は健康障害を防止するため必要な措置の内容に対する評価を受けた結果、当該事業場における化学物質による健康障害防止措置が適切に講じられていると認められることを求めるものであること。なお、本規定の評価については、ISO（JIS Q）45001の認証等の取得を求める趣旨ではないこと。

キ　特化則第2条の3第1項第6号、有機則第4条の2第1項第6号、鉛則第3条の2第

　　1項第6号及び粉じん則第3条の2第1項第6号については、過去3年間に事業者が当
　該事業場について法及びこれに基づく命令に違反していないことを要件とするが、軽微
　な違反まで含む趣旨ではないこと。なお、法及びそれに基づく命令の違反により送検さ
　れている場合、労働基準監督機関から使用停止等命令を受けた場合、又は労働基準監督
　機関から違反の是正の勧告を受けたにもかかわらず期限までに是正措置を行わなかった
　場合は、軽微な違反には含まれないこと。

（2）特化則第2条の3第2項、有機則第4条の2第2項、鉛則第3条の2第2項及び粉じ
　ん則第3条の2第2項関係

　　本規定に係る申請を行う事業者は、適用除外認定申請書に、様式ごとにそれぞれ、（1）
　イ、エからカまでに規定する要件に適合することを証する書面に加え、適用除外認定申請
　書の備考欄で定める書面を添付して所轄都道府県労働局長に提出する必要があること。

（3）特化則第2条の3第4項及び第5項、有機則第4条の2第4項及び第5項、鉛則第3
　条の2第4項及び第5項並びに粉じん則第3条の2第4項及び第5項関係

　ア　特化則第2条の3第4項、有機則第4条の2第4項、鉛則第3条の2第4項及び粉じ
　　ん則第3条の2第4項について、適用除外の認定は、3年以内ごとにその更新を受けな
　　ければ、その期間の経過によって、その効果を失うものであることから、認定の更新の
　　申請は、認定の期限前に十分な時間的な余裕をもって行う必要があること。

　イ　特化則第2条の3第5項、有機則第4条の2第5項、鉛則第3条の2第5項及び粉じ
　　ん則第3条の2第5項については、認定の更新に当たり、それぞれ、特化則第2条の3
　　第1項から第3項まで、有機則第4条の2第1項から第3項まで、鉛則第3条の2第1
　　項から第3項まで、粉じん則第3条の2第1項から第3項までの規定が準用されるもの
　　であること。

（4）特化則第2条の3第6項、有機則第4条の2第6項、鉛則第3条の2第6項及び粉じ
　ん則第3条の2第6項関係

　　本規定は、所轄都道府県労働局長が遅滞なく事実を把握するため、当該認定に係る事業
　場がそれぞれ（1）イからカまでに掲げる事項のいずれかに該当しなくなったときは、遅
　滞なく報告することを事業者に求める趣旨であること。

（5）特化則第2条の3第7項、有機則第4条の2第7項、鉛則第3条の2第7項及び粉じ
　ん則第3条の2第7項関係

　　本規定は、認定を受けた事業者がそれぞれ特化則第2条の3第7項、有機則第4条の2
　第7項、鉛則第3条の2第7項及び粉じん則第3条の2第7項に掲げる認定の取消し要件
　のいずれかに該当するに至ったときは、所轄都道府県労働局長は、その認定を取り消すこ
　とができることを規定したものであること。この場合、認定を取り消された事業場は、適
　用を除外されていた全ての特化則等の規定を速やかに遵守する必要があること。

（6）特化則第2条の3第8項、有機則第4条の2第8項、鉛則第3条の2第8項及び粉じ
　ん則第3条の2第8項関係

　　特化則第2条の3第5項から第7項まで、有機則第4条の2第5項から第7項まで、鉛
　則第3条の2第5項から第7項まで、粉じん則第3条の2第5項から第7項までの場合に
　おける特化則第2条の3第1項第3号、有機則第4条の2第1項第3号、鉛則第3条の2
　第1項第3号、粉じん則第3条の2第1項第3号の規定の適用については、過去3年の期

間、申請に係る当該物質に係る作業環境測定の結果に基づく評価が、第一管理区分に相当
する水準を維持していることを何らかの手段で評価し、その評価結果について、当該事業
場に属さない化学物質管理専門家の評価を受ける必要があること。なお、第一管理区分に
相当する水準を維持していることを評価する方法には、個人ばく露測定の結果による評価、
作業環境測定の結果による評価又は数理モデルによる評価が含まれること。これらの評価
の方法については、別途示すところに留意する必要があること。

（7）特化則様式第1号、有機則様式第1号の2、鉛則様式第1号の2、粉じん則様式第1
　　号の2関係

　　　適用除外の認定の申請は、特化則及び有機則においては、対象となる製造又は取り扱う
　　化学物質を、鉛則においては、対象となる鉛業務を、粉じん則においては、対象となる特
　　定粉じん作業を、それぞれ列挙する必要があること。

8　作業環境管理やばく露防止措置等が適切に実施されている場合における特殊健康診断の
　　実施頻度の緩和（特化則第39条第4項、有機則第29条第6項、鉛則第53条第4項及び
　　四アルキル則第22条第4項関係）

　ア　本規定は、労働者の化学物質のばく露の程度が低い場合は健康障害のリスクが低いと
　　　考えられることから、作業環境測定の評価結果等について一定の要件を満たす場合に健
　　　康診断の実施頻度を緩和できることとしたものであること。

　イ　本規定による健康診断の実施頻度の緩和は、事業者が労働者ごとに行う必要があるこ
　　　と。

　ウ　本規定の「健康診断の実施後に作業方法を変更（軽微なものを除く。）していないこと」
　　　とは、ばく露量に大きな影響を与えるような作業方法の変更がないことであり、例えば、
　　　リスクアセスメント対象物の使用量又は使用頻度に大きな変更がない場合等をいうこ
　　　と。

　エ　事業者が健康診断の実施頻度を緩和するに当たっては、労働衛生に係る知識又は経験
　　　のある医師等の専門家の助言を踏まえて判断することが望ましいこと。

　オ　本規定による健康診断の実施頻度の緩和は、本規定施行後の直近の健康診断実施日以
　　　降に、本規定に規定する要件を全て満たした時点で、事業者が労働者ごとに判断して実
　　　施すること。なお、特殊健康診断の実施頻度の緩和に当たって、所轄労働基準監督署や
　　　所轄都道府県労働局に対して届出等を行う必要はないこと。

第4　細部事項（令和6年4月1日施行）

1　化学物質管理者の選任、管理すべき事項等

（1）安衛則第12条の5第1項関係

　ア　化学物質管理者は、ラベル・SDS等の作成の管理、リスクアセスメント実施等、化
　　　学物質の管理に関わるもので、リスクアセスメント対象物に対する対策を適切に進める
　　　上で不可欠な職務を管理する者であることから、事業場の労働者数によらず、リスクア
　　　セスメント対象物を製造し、又は取り扱う全ての事業場において選任することを義務付
　　　けたこと。

　　　なお、衛生管理者の職務は、事業場の衛生全般に関する技術的事項を管理することで
　　　あり、また有機溶剤作業主任者といった作業主任者の職務は、個別の化学物質に関わる
　　　作業に従事する労働者の指揮等を行うことであり、それぞれ選任の趣旨が異なるが、化

　学物質管理者が、化学物質管理者の職務の遂行に影響のない範囲で、これらの他の法令等に基づく職務等と兼務することは差し支えないこと。

イ　化学物質管理者は、工場、店社等の事業場単位で選任することを義務付けたこと。したがって、例えば、建設工事現場における塗装等の作業を行う請負人の場合、一般的に、建設現場での作業は出張先での作業に位置付けられるが、そのような出張作業先の建設現場にまで化学物質管理者の選任を求める趣旨ではないこと。

ウ　化学物質管理者については、その職務を適切に遂行するために必要な権限が付与される必要があるため、事業場内の労働者から選任されるべきであること。また、同じ事業場で化学物質管理者を複数人選任し、業務を分担することも差し支えないが、その場合、業務に抜け落ちが発生しないよう、業務を分担する化学物質管理者や実務を担う者との間で十分な連携を図る必要があること。なお、化学物質管理者の管理の下、具体的な実務の一部を化学物質管理に詳しい専門家等に請け負わせることは可能であること。

エ　本規定の「リスクアセスメント対象物」は、改正省令による改正前の安衛則第34条の2の7第1項第1号の「通知対象物」と同じものであり、例えば、原材料を混合して新たな製品を製造する場合であって、その製品がリスクアセスメント対象物に該当する場合は、当該製品は本規定のリスクアセスメント対象物に含まれること。

オ　本規定の「リスクアセスメント対象物を製造し、又は取り扱う」には、例えば、リスクアセスメント対象物を取り扱う作業工程が密閉化、自動化等されていることにより、労働者が当該物にばく露するおそれがない場合であっても、リスクアセスメント対象物を取り扱う作業が存在する以上、含まれること。ただし、一般消費者の生活の用に供される製品はリスクアセスメントの対象から除かれているため、それらの製品のみを取り扱う事業場は含まれないこと。

　また、密閉された状態の製品を保管するだけで容器の開閉等を行わない場合や、火災や震災後の復旧、事故等が生じた場合の対応等、応急対策のためにのみ臨時的にリスクアセスメント対象物を取り扱うような場合は、「リスクアセスメント対象物を製造し、又は取り扱う」には含まれないこと。

カ　本規定の表示等及び教育管理に係る技術的事項を「他の事業場において行っている場合」とは、例えば、ある工場でリスクアセスメント対象物を製造し、当該工場とは別の事業場でラベル表示の作成を行う場合等のことをいい、その場合、当該工場と当該事業場それぞれで化学物質管理者の選任が必要となること。安衛則第12条の5第2項についてもこれと同様であること。

キ　本項第4号については、実際に労働災害が発生した場合の対応のみならず、労働災害が発生した場合を想定した応急措置等の訓練の内容やその計画を定めること等も含まれること。

ク　本項第7号については、必要な教育の実施における計画の策定等の管理を求めるもので、必ずしも化学物質管理者自らが教育を実施することを求めるものではなく、労働者に対して外部の教育機関等で実施している必要な教育を受けさせること等を妨げるものではないこと。また、本規定の施行の前に既に雇い入れ教育等で労働者に対する必要な教育を実施している場合には、施行後に改めて教育の実施を求める趣旨ではないこと。

（2）安衛則第12条の5第3項関係

　ア　本項第2号イの「厚生労働大臣が定める化学物質の管理に関する講習」は、厚生労働大臣が定める科目について、自ら講習を行えば足りるが、他の事業者の実施する講習を受講させることも差し支えないこと。また、「これと同等以上の能力を有すると認められる者」については、本項第2号イの厚生労働大臣が定める化学物質の管理に関する講習に係る告示と併せて、おって示すこととすること。

　イ　本項第2号ロの「必要な能力を有すると認められる者」とは、安衛則第12条の5第1項各号の事項に定める業務の経験がある者が含まれること。また、適切に業務を行うために、別途示す講習等を受講することが望ましいこと。

（3）安衛則第12条の5第4項関係

　　化学物質管理者の選任に当たっては、当該管理者が実施すべき業務をなし得る権限を付与する必要があり、事業場において相応するそれらの権限を有する役職に就いている者を選任すること。

（4）安衛則第12条の5第5項関係

　　本規定の「事業場の見やすい箇所に掲示すること等」の「等」には、化学物質管理者に腕章を付けさせる、特別の帽子を着用させる、事業場内部のイントラネットワーク環境を通じて関係労働者に周知する方法等が含まれること。

2　保護具着用管理責任者の選任、管理すべき事項等

（1）安衛則第12条の6第1項関係

　　本規定は、保護具着用管理責任者を選任した事業者について、当該責任者に本項各号に掲げる事項を管理させなければならないこととしたものであり、保護具着用管理責任者の職務内容を規定したものであること。

　　保護具着用管理責任者の職務は、次に掲げるとおりであること。

　ア　保護具の適正な選択に関すること。

　イ　労働者の保護具の適正な使用に関すること。

　ウ　保護具の保守管理に関すること。

　　これらの職務を行うに当たっては、平成17年2月7日付け基発第0207006号「防じんマスクの選択、使用等について」、平成17年2月7日付け基発第0207007号「防毒マスクの選択、使用等について」及び平成29年1月12日付け基発0112第6号「化学防護手袋の選択、使用等について」に基づき対応する必要があることに留意すること。

（2）安衛則第12条の6第2項関係

　　本項第2号中の「保護具に関する知識及び経験を有すると認められる者」には、次に掲げる者が含まれること。なお、次に掲げる者に該当する場合であっても、別途示す保護具の管理に関する教育を受講することが望ましいこと。また、次に掲げる者に該当する者を選任することができない場合は、上記の保護具の管理に関する教育を受講した者を選任すること。

①別に定める化学物質管理専門家の要件に該当する者

②9（1）ウに定める作業環境管理専門家の要件に該当する者

③法第83条第1項の労働衛生コンサルタント試験に合格した者

④安衛則別表第4に規定する第1種衛生管理者免許又は衛生工学衛生管理者免許を受けた者

⑤安衛則別表第1の上欄に掲げる、令第6条第18号から第20号までの作業及び令第6条第22号の作業に応じ、同表の中欄に掲げる資格を有する者（作業主任者）

⑥安衛則第12条の3第1項の都道府県労働局長の登録を受けた者が行う講習を終了した者その他安全衛生推進者等の選任に関する基準（昭和63年労働省告示第80号）の各号に示す者（安全衛生推進者に係るものに限る。）

（3）安衛則第12条の6第3項関係

　保護具着用管理責任者の選任に当たっては、その業務をなし得る権限を付与する必要があり、事業場において相応するそれらの権限を有する役職に就いている者を選任することが望ましいこと。なお、選任に当たっては、事業場ごとに選任することが求められるが、大規模な事業場の場合、保護具着用管理責任者の職務が適切に実施できるよう、複数人を選任することも差し支えないこと。また、職務の実施に支障がない範囲内で、作業主任者が保護具着用管理責任者を兼任しても差し支えないこと（9（4）に係る職務を除く。）。

（4）安衛則第12条の6第4項関係

　本規定の「事業場の見やすい箇所に掲示すること等」の「等」には、保護具着用管理責任者に腕章を付けさせる、特別の帽子を着用させる、事業場内部のイントラネットワーク環境を通じて関係労働者に周知する方法等が含まれること。

3　衛生委員会の付議事項の追加（安衛則第22条関係）

　ア　本条第11号の安衛則第577条の2第1項、第2項及び第8項に係る措置並びに本条第3項及び第4項の健康診断の実施に関する事項は、既に付議事項として義務付けられている本条第2号の「法第28条の2第1項又は第57条の3第1項及び第2項の危険性又は有害性等の調査及びその結果に基づき講ずる措置のうち、衛生に係るものに関すること」と相互に密接に関係することから、本条第2号と第11号の事項を併せて調査審議して差し支えないこと。

　イ　衛生委員会の設置を要しない常時労働者数50人未満の事業場においても、安衛則第23条の2に基づき、本条第11号の事項について、関係労働者の意見を聴く機会を設けなければならないことに留意すること。

4　SDS等における通知事項の追加及び含有量の重量パーセント表示

（1）安衛則第24条の15第1項、第34条の2の4関係

　ア　SDS等における通知事項に追加する「想定される用途及び当該用途における使用上の注意」は、譲渡提供者が譲渡又は提供を行う時点で想定される内容を記載すること。

　イ　譲渡提供を受けた相手方は、当該譲渡提供を受けた物を想定される用途で使用する場合には、当該用途における使用上の注意を踏まえてリスクアセスメントを実施することとなるが、想定される用途以外の用途で使用する場合には、使用上の注意に関する情報がないことを踏まえ、当該物の有害性等をより慎重に検討した上でリスクアセスメントを実施し、その結果に基づく措置を講ずる必要があること。

（2）安衛則第34条の2の6関係

　ア　SDS等における通知事項のうち「成分の含有量」について、GHS及びJIS Z 7253の原則に従って、従前の10パーセント刻みでの記載方法を改めるものであること。重量パーセントによる濃度の通知が原則であるが、通知対象物であって製品の特性上含有量に幅が生じるもの等については、濃度範囲による記載も可能であること。なお、重量パー

セント以外の表記による含有量の表記がなされているものについては、平成12年3月24日付け基発第162号「労働安全衛生法及び作業環境測定法の一部を改正する法律の施行について」の記のⅢ第8の2（2）に示したとおり、重量パーセントへの換算方法を明記していれば、重量パーセントによる表記を行ったものと見なすこと。

イ　「成分及びその含有量」が営業上の秘密に該当する場合については、SDS等にはその旨を記載の上、成分及びその含有量の記載を省略し、秘密保持契約その他事業者間で合意した情報伝達の方法により別途通知することも可能であること。

5　雇入れ時等の教育の拡充（安衛則第35条関係）

　　本規定の改正は、雇入れ時等の教育のうち本条第1項第1号から第4号までの事項の教育に係る適用業種を全業種に拡大したもので、当該事項に係る教育の内容は従前と同様であるが、新たな対象となった業種においては、各事業場の作業内容に応じて安衛則第35条第1項各号に定められる必要な教育を実施する必要があること。

6　化学物質による労働災害が発生した事業場等における化学物質管理の改善措置

（1）安衛則第34条の2の10第1項関係

ア　本規定は、化学物質による労働災害が発生した又はそのおそれがある事業場で、管理が適切に行われていない可能性があるものとして労働基準監督署長が認めるものについて、自主的な改善を促すため、化学物質管理専門家による当該事業場における化学物質の管理の状況についての確認・助言を受け、その内容を踏まえた改善計画の作成を指示することができるようにする趣旨であること。

イ　「化学物質による労働災害発生が発生した、又はそのおそれがある事業場」とは、過去1年間程度で、①化学物質等による重篤な労働災害が発生、又は休業4日以上の労働災害が複数発生していること、②作業環境測定の結果、第三管理区分が継続しており、改善が見込まれないこと、③特殊健康診断の結果、同業種の平均と比較して有所見率の割合が相当程度高いこと、④化学物質等に係る法令違反があり、改善が見込まれないこと等の状況について、労働基準監督署長が総合的に判断して決定するものであること。

ウ　「化学物質による労働災害」には、一酸化炭素、硫化水素等による酸素欠乏症、化学物質（石綿を含む。）による急性又は慢性中毒、がん等の疾病を含むが、物質による切創等のけがは含まないこと。また、粉じん状の化学物質による中毒等は化学物質による労働災害を含むが、粉じんの物理的性質による疾病であるじん肺は含まないこと。

（2）安衛則第34条の2の10第2項関係

ア　化学物質管理専門家に確認を受けるべき事項には、以下のものが含まれること。

　①リスクアセスメントの実施状況

　②リスクアセスメントの結果に基づく必要な措置の実施状況

　③作業環境測定又は個人ばく露測定の実施状況

　④特別則に規定するばく露防止措置の実施状況

　⑤事業場内の化学物質の管理、容器への表示、労働者への周知の状況

　⑥化学物質等に係る教育の実施状況

イ　化学物質管理専門家は客観的な判断を行う必要があるため、当該事業場に属さない者であることが望ましいが、同一法人の別事業場に属する者であっても差し支えないこと。

ウ　事業者が複数の化学物質管理専門家からの助言を求めることを妨げるものではない

が、それぞれの専門家から異なる助言が示された場合、自らに都合良い助言のみを選択することのないよう、全ての専門家からの助言等を踏まえた上で必要な措置を実施するとともに、労働基準監督署への改善計画の報告に当たっては、全ての専門家からの助言等を添付する必要があること。

（3）安衛則第 34 条の 2 の 10 第 3 項関係

　化学物質管理専門家は、本条第 2 項の確認を踏まえて、事業場の状況に応じた実施可能で具体的な改善の助言を行う必要があること。

（4）安衛則第 34 条の 2 の 10 第 4 項関係

　ア　本規定の改善計画には、改善措置の趣旨、実施時期、実施事項（化学物質管理専門家が立ち会って実施するものを含む。）を記載するとともに、改善措置の実施に当たっての事業場内の体制、責任者も記載すること。

　イ　本規定の改善措置を実施するための計画の作成にあたり、化学物質管理専門家の支援を受けることが望ましいこと。また、当該計画作成後、労働基準監督署長への報告を待たず、速やかに、当該計画に従い必要な措置を実施しなければならないこと。

（5）安衛則第 34 条の 2 の 10 第 5 項関係

　本規定の所轄労働基準監督署長への報告にあたっては、化学物質管理専門家の助言内容及び改善計画に加え、改善計画報告書（安衛則様式第 4 号等）の備考欄に定める書面を添付すること。

（6）安衛則第 34 条の 2 の 10 第 6 項関係

　本規定は、改善措置の実施状況を事後的に確認できるようにするため、改善計画に基づき実施した改善措置の記録を作成し、化学物質管理専門家の助言の通知及び改善計画とともに 3 年間保存することを義務付けた趣旨であること。

7　リスクアセスメント対象物に係る事業者の義務関係

（1）安衛則第 577 条の 2 第 2 項関係

　本規定の「厚生労働大臣が定める濃度の基準」については、順次、厚生労働大臣告示で定めていく予定であること。なお、濃度基準値が定められるまでの間は、日本産業衛生学会の許容濃度、米国政府労働衛生専門家会議（ACGIH）のばく露限界値（TLV-TWA）等が設定されている物質については、これらの値を参考にし、これらの物質に対する労働者のばく露を当該許容濃度等以下とすることが望ましいこと。

　本規定の労働者のばく露の程度が濃度基準値以下であることを確認する方法には、次に掲げる方法が含まれること。この場合、これら確認の実施に当たっては、別途定める事項に留意する必要があること。

①個人ばく露測定の測定値と濃度基準値を比較する方法、作業環境測定（C・D 測定）の測定値と濃度基準値を比較する方法

②作業環境測定（A・B 測定）の第一評価値と第二評価値を濃度基準値と比較する方法

③厚生労働省が作成した CREATE-SIMPLE 等の数理モデルによる推定ばく露濃度と濃度基準値と比較する等の方法

（2）安衛則第 577 条の 2 第 3 項関係

　ア　本規定は、リスクアセスメント対象物について、一律に健康診断の実施を求めるのではなく、リスクアセスメントの結果に基づき、関係労働者の意見を聴き、リスクの程度

に応じて健康診断の実施を事業者が判断する仕組みとしたものであること。

イ　本規定の「必要があると認めるとき」に係る判断方法及び「医師又は歯科医師が必要と認める項目」は、別途示すところに留意する必要があること。

（3）安衛則第577条の2第4項関係

ア　本規定は、事業者によるばく露防止措置が適切に講じられなかったこと等により、結果として労働者が濃度基準値を超えてリスクアセスメント対象物にばく露したおそれがあるときに、健康障害を防止する観点から、速やかに健康診断の実施を求める趣旨であること。

イ　本規定の「リスクアセスメント対象物にばく露したおそれがあるとき」には、リスクアセスメント対象物が漏えいし、労働者が当該物質を大量に吸引したとき等明らかに濃度の基準を超えてばく露したと考えられるとき、リスクアセスメントの結果に基づき講じたばく露防止措置（呼吸用保護具の使用等）に不備があり、濃度の基準を超えてばく露した可能性があるとき及び事業場における定期的な濃度測定の結果、濃度の基準を超えていることが明らかになったときが含まれること。

ウ　本規定の「医師又は歯科医師が必要と認める項目」は、別途示すところに留意する必要があること。

（4）安衛則第577条の2第5項関係

本規定の「がん原性物質」は、別途厚生労働大臣告示で定める予定であること。

8　保護具の使用による皮膚等障害化学物質等への直接接触の防止（安衛則第594条の2第1項関係）

（1）本規定は、皮膚等障害化学物質等を製造し、又は取り扱う業務において、労働者に適切な不浸透性の保護衣等を使用させなければならないことを規定する趣旨であること。

（2）本規定の「皮膚等障害化学物質等」には、国が公表するGHS分類の結果及び譲渡提供者より提供されたSDS等に記載された有害性情報のうち「皮膚腐食性・刺激性」、「眼に対する重篤な損傷性・眼刺激性」及び「呼吸器感作性又は皮膚感作性」のいずれかで区分1に分類されているもの及び別途示すものが含まれること。

9　作業環境測定結果が第三管理区分の事業場に対する措置の強化

（1）作業環境測定の評価結果が第三管理区分に区分された場合に講ずべき措置（特化則第36条の3の2第1項、有機則第28条の3の2第1項、鉛則第52条の3の2第1項、粉じん則第26条の3の2第1項関係）

ア　本規定は、第三管理区分となる作業場所には、局所排気装置の設置等が技術的に困難な場合があることから、作業環境を改善するための措置について高度な知見を有する専門家の視点により改善の可否、改善措置の内容について意見を求め、改善の取組等を図る趣旨であること。このため、客観的で幅広い知見に基づく専門的意見が得られるよう、作業環境管理専門家は、当該事業場に属さない者に限定していること。

イ　本規定の作業環境管理専門家の意見は、必要な措置を講ずることにより、第一管理区分又は第二管理区分とすることの可能性の有無についての意見を聴く趣旨であり、当該改善結果を保証することまで求める趣旨ではないこと。また、本規定の作業環境管理専門家の意見聴取にあたり、事業者は、作業環境管理専門家から意見聴取を行う上で必要となる業務に関する情報を求められたときは、速やかに、これを提供する必要があるこ

と。

ウ 本規定の「作業環境管理専門家」には、次に掲げる者が含まれること。

①別に定める化学物質管理専門家の要件に該当する者

②3年以上、労働衛生コンサルタント（試験の区分が労働衛生工学又は化学であるものに合格した者に限る。）としてその業務に従事した経験を有する者

③6年以上、衛生工学衛生管理者としてその業務に従事した経験を有する者

④衛生管理士（法第83条第1項の労働衛生コンサルタント試験（試験の区分が労働衛生工学であるものに限る。）に合格した者に限る。）に選任された者で、その後3年以上労働災害防止団体法第11条第1項の業務を行った経験を有する者

⑤6年以上、作業環境測定士としてその業務に従事した経験を有する者

⑥4年以上、作業環境測定士としてその業務に従事した経験を有する者であって、公益社団法人日本作業環境測定協会が実施する研修又は講習のうち、同協会が化学物質管理専門家の業務実施に当たり、受講することが適当と定めたものを全て修了した者

⑦オキュペイショナル・ハイジニスト資格又はそれと同等の外国の資格を有する者

（2）第三管理区分に対する必要な改善措置の実施（特化則第36条の3の2第2項、有機則第28条の3の2第2項、鉛則第52条の3の2第2項、粉じん則第26条の3の2第2項関係）

　本規定の「直ちに」については、作業環境管理専門家の意見を踏まえた改善措置の実施準備に直ちに着手するという趣旨であり、措置そのものの実施を直ちに求める趣旨ではなく、準備に要する合理的な時間の範囲内で実施すれば足りるものであること。

（3）改善措置を講じた場合の測定及びその結果の評価（特化則第36条の3の2第3項、有機則第28条の3の2第3項、鉛則第52条の3の2第3項、粉じん則第26条の3の2第3項関係）

　本規定の測定及びその結果の評価は、作業環境管理専門家の意見を踏まえて講じた改善措置の効果を確認するために行うものであるから、改善措置を講ずる前に行った方法と同じ方法で行うこと。なお、作業場所全体の作業環境を評価する場合は、作業環境測定基準及び作業環境評価基準に従って行うこと。

　また、本規定の測定及びその結果の評価は、作業環境管理専門家が作業場所の作業環境を改善することが困難と判断した場合であっても、事業者が必要と認める場合は実施して差し支えないこと。

（4）作業環境管理専門家が改善困難と判断した場合等に講ずべき措置（特化則第36条の3の2第4項、有機則第28条の3の2第4項、鉛則第52条の3の2第4項、粉じん則第26条の3の2第4項関係）

ア 本規定は、有効な呼吸用保護具の選定にあたっての対象物質の濃度の測定において、個人サンプリング測定等により行い、その結果に応じて、労働者に有効な呼吸用保護具を選定する趣旨であること。

イ 本規定の呼吸用保護具の装着の確認は、面体と顔面の密着性等について確認する趣旨であることから、フード形、フェイスシールド形等の面体を有しない呼吸用保護具を確認の対象から除く趣旨であること。

（5）作業環境測定の評価結果が改善するまでの間に講ずべき措置（特化則第36条の3の2

第5項、有機則第28条の3の2第5項、鉛則第52条の3の2第5項、粉じん則第26条の3の2第5項関係）

　本規定は、作業環境管理専門家の意見に基づく改善措置等を実施してもなお、第三管理区分に区分された場所について、化学物質等へのばく露による健康障害から労働者を守るため、定期的な測定を行い、その結果に基づき労働者に有効な呼吸用保護具を使用させる等の必要な措置の実施を義務付ける趣旨であること。

（6）所轄労働基準監督署長への報告（特化則第36条の3の3、有機則第28条の3の3、鉛則第52条の3の3、粉じん則第26条の3の3関係）

　本規定は、第三管理区分となった作業場所について（4）の措置を講じた場合、その措置内容等を第三管理区分措置状況届により所轄労働基準監督署長に提出することを求める趣旨であり、この様式の提出後、当該作業場所が第二管理区分又は第一管理区分になった場合に、所轄労働基準監督署長へ改めて報告を求める趣旨ではないこと。

A2.6

出典：「基発 0531 第9号　厚生労働省労働基準局長　労働安全衛生規則等の一部を改正する省令等の施行について」（厚生労働省）（https://www.mhlw.go.jp/content/11303000/000945516.pdf）

A2.7　化学物質管理者講習　告示

〇厚生労働省告示第二百七十六号

　労働安全衛生規則（昭和四十七年労働省令第三十二号）第十二条の五第三項第二号イの規定に基づき、労働安全衛生規則第十二条の五第三項第二号イの規定に基づき厚生労働大臣が定める化学物質の管理に関する講習を次のように定め、令和六年四月一日から適用する。

　令和四年九月七日

　厚生労働大臣　加藤　勝信

　労働安全衛生規則第十二条の五第三項第二号イの規定に基づき厚生労働大臣が定める化学物質の管理に関する講習

　労働安全衛生規則（昭和四十七年労働省令第三十二号）第十二条の五第三項第二号イの厚生労働大臣が定める化学物質の管理に関する講習は、次の各号に定めるところにより行われる講習とする。

　一　次に定める講義及び実習により行われるものであること。

　　イ　講義は、次の表の上欄に掲げる科目に応じ、それぞれ、同表の中欄に掲げる範囲について同表の下欄に掲げる時間以上行われるものであること。

科目	化学物質の危険性及び有害性並びに表示等	化学物質の危険性又は有害性等の調査	化学物質の危険性又は有害性等の調査の結果に基づく措置等その他必要な記録等	化学物質を原因とする災害発生時の対応	関係法令
範囲	化学物質の危険性及び有害性 化学物質による健康障害の病理及び症状 化学物質の危険性又は有害性等の表示、文書及び通知	化学物質の危険性又は有害性等の調査の時期及び方法並びにその結果の記録	化学物質のばく露の濃度の基準 化学物質の濃度の測定方法 化学物質の危険性又は有害性等の調査の結果に基づく労働者の危険又は健康障害を防止するための措置等及び当該措置等の記録 がん原性物質等の製造等業務従事者の記録 保護具の種類、性能、使用方法及び管理 労働者に対する化学物質管理に必要な教育の方法	災害発生時の措置	労働安全衛生法（昭和四十七年法律第五十七号）、労働安全衛生法施行令（昭和四十七年政令第三百十八号）及び労働安全衛生規則中の関係条項
時間	二時間三十分	三時間	二時間	三十分	一時間

ロ　実習は、次の表の上欄に掲げる科目について、同表の中欄に掲げる範囲につき同表の下欄に掲げる時間以上行われるものであること。

科　　　目	化学物質の危険性又は有害性等の調査及びその結果に基づく措置等
範　　　囲	化学物質の危険性又は有害性等の調査及びその結果に基づく労働者の危険又は健康障害を防止するための措置並びに当該調査の結果及び措置の記録 保護具の選択及び使用
時　　　間	三時間

ハ　次の表の上欄に掲げる者は、それぞれ同表の下欄に掲げる科目について当該科目の受講の免除を受けることができるものであること。

免除を受けることができる者	有機溶剤作業主任者技能講習、鉛作業主任者技能講習及び特定化学物質及び四アルキル鉛等作業主任者技能講習を全て修了した者	第一種衛生管理者の免許を有する者	衛生工学衛生管理者の免許を有する者
科　　　目	化学物質の危険性及び有害性並びに表示等	化学物質の危険性又は有害性等の調査	化学物質の危険性又は有害性等の調査 化学物質の危険性又は有害性等の調査の結果に基づく措置等その他必要な記録等

二　前号の講義及び実習を適切に行うために必要な能力を有する講師により行われるものであること。

出典：「厚生労働省告示第二百七十六号　労働安全衛生規則等の一部を改正する省令等の施行について」（厚生労働省）
（https://www.mhlw.go.jp/content/11300000/000987097.pdf）

A2.8　化学物質管理者講習に準ずる講習に関する施行通達

基発 0907 第 1 号

令和 4 年 9 月 7 日

都道府県労働局長　殿

厚生労働省労働基準局長

（公　印　省　略）

労働安全衛生規則第 12 条の 5 第 3 項第 2 号イの規定に基づき

厚生労働大臣が定める化学物質の管理に関する講習等の適用等について

　労働安全衛生規則第 12 条の 5 第 3 項第 2 号イの規定に基づき厚生労働大臣が定める化学物質の管理に関する講習（令和 4 年厚生労働省告示第 276 号。以下「講習告示」という。）、労働安全衛生規則第 34 条の 2 の 10 第 2 項、有機溶剤中毒予防規則第 4 条の 2 第 1 項第 1 号、鉛中毒予防規則第 3 条の 2 第 1 項第 1 号及び特定化学物質障害予防規則第 2 条の 3 第 1 項第 1 号の規定に基づき厚生労働大臣が定める者（令和 4 年厚生労働省告示第 274 号。以下「専門家告示（安衛則等）」という。）及び粉じん障害防止規則第 3 条の 2 第 1 項第 1 号の規定に基づき厚生労働大臣が定める者（令和 4 年厚生労働省告示第 275 号。以下「専門家告示（粉じん則）」という。）については、令和 4 年 9 月 7 日に告示され、令和 5 年 4 月 1 日から適用（一部令和 6 年 4 月 1 日から適用）することとされたところである。

　これらの告示の制定の趣旨、内容等については、下記のとおりであるので、関係者への周知徹底を図るとともに、その運用に遺漏なきを期されたい。

記

第 1　制定の趣旨及び概要等について

　1　制定の趣旨

　　　今般、特定化学物質障害予防規則（昭和 47 年労働省令第 39 号。以下「特化則」という。）等の特別則の規制の対象となっていない物質への対策の強化を主眼とし、国によるばく露の上限となる基準等の制定、危険性・有害性に関する情報の伝達の仕組みの整備・拡充等を前提として、事業者が、危険性・有害性の情報に基づくリスクアセスメントの結果に基づき、国の定める基準等の範囲内で、ばく露防止のために講ずべき措置を適切に実施する制度を導入することとし、労働安全衛生規則等の一部を改正する省令（令和 4 年厚生労働省令第 91 号）等を公布したところである。

　　　本告示は、これら事業者による化学物質管理を円滑に実施するために、事業場において化学物質の管理を行う化学物質管理者を養成するための講習の内容を定めるとともに、事業場内において化学物質管理を行い、事業場外において化学物質管理に関する助言や評価を行う専門家である化学物質管理専門家の要件を定めるものである。

　2　告示の概要等

（1）講習告示関係

　　　労働安全衛生規則（昭和 47 年労働省令第 32 号。以下「安衛則」という。）第 12 条の 5 第 3 項第 2 号イにおいて、労働安全衛生法（昭和 47 年法律第 57 号。以下「法」とい

う。）第 57 条の 3 第 1 項の危険性又は有害性等の調査（主として一般消費者の生活の用
に供されるものを除く。以下「リスクアセスメント」という。）をしなければならない
労働安全衛生法施行令（昭和 47 年政令第 318 号。以下「令」という。）第 18 条各号に
掲げる物及び法第 57 条の 2 第 1 項に規定する通知対象物（以下「リスクアセスメント
対象物」という。）を製造している事業場においては、講習告示に基づく講習（以下「化
学物質管理者講習」という。）を修了した者又はこれと同等以上の能力を有すると認め
られる者のうちから化学物質管理者を選任しなければならないと規定しているところ、
講習告示は、化学物質管理者講習の科目、内容、時間のほか、科目の免除等について定
めたものであること。

（2）専門家告示（安衛則等）及び専門家告示（粉じん則）関係

　　有機溶剤中毒予防規則（昭和 47 年労働省令第 36 号）第 4 条の 2 第 1 項、鉛中毒予防
規則（昭和 47 年労働省令第 37 号）第 3 条の 2 第 1 項、特化則第 2 条の 3 第 1 項第 1 号
及び粉じん障害防止規則（昭和 54 年労働省令第 18 号。以下「粉じん則」という。）第
3 条の 2 第 1 項において、新たに設けた適用除外の要件の 1 つとして、当該事業場にお
いて、化学物質管理専門家が専属で配置されており、化学物質管理専門家がリスクアセ
スメント（粉じん則にあっては、法第 28 条の 2 第 1 項に規定する危険性又は有害性等
の調査）の実施並びに当該リスクアセスメント等の結果に基づく措置等の内容及びその
実施に関する事項の管理を行うこと等を規定しており、また、安衛則第 34 条の 2 の 10
第 1 項に規定する労働基準監督署長による改善指示を受けた事業場等は、同条第 2 項に
おいて、化学物質管理専門家から、当該事業場における化学物質の管理の状況について
の確認及び当該事業場が実施し得る望ましい改善措置に関する助言を受けなければなら
ないと規定しているところ、専門家告示（安衛則等）及び専門家告示（粉じん則）は、
当該化学物質管理専門家について要件を定めたものであること。

（3）施行日

　　講習告示は、令和 6 年 4 月 1 日から、専門家告示（安衛則等）及び専門家告示（粉じ
ん則）は、令和 5 年 4 月 1 日から適用することとしたこと。ただし、専門家告示（安衛
則等）第 2 号の規定については、令和 6 年 4 月 1 日から適用することとしたこと。

第 2　細部事項

1　講習告示関係

（1）講義及び実習の内容（第 1 号イ及び同号ロ関係）

　ア　化学物質管理者講習の講義の各科目及び実習については、必ずしも連続して行う必要
　　はなく、一定の間を開けて実施しても差し支えないこと。また、受講者の理解度の評価
　　方法については特に定めていないが、何らかの方法により受講者の理解度を評価するこ
　　とが望ましいこと。

　イ　講義及び実習は、事業者自らが行うことのほか、他の事業者の実施する講習を受講さ
　　せることも差し支えないこと。

　ウ　実習については、受講者それぞれが、化学物質の危険性又は有害性等の調査等の一連
　　の流れや保護具の選択及び使用を実習することを想定しているため、それらが可能とな
　　る実習体制の確保が必要であること。化学物質の危険性又は有害性等の調査等の実習に
　　ついては、実際に各々の事業場で取り扱っている化学物質に関するものとする等、実務

に近い内容とすることが望ましいこと。

　　保護具の選択及び使用の実習については、必ずしもフィットテストについて機器を用いて実習する必要はないが、「保護具の選択及び使用」の管理に必要な能力を身につけられる実習内容とする必要があること。

　エ　講義については、オンラインで実施しても差し支えないが、実習については、化学物質の危険性又は有害性等の調査等のためのツール使用や保護具の使用についての実習を含むため、オンラインでの実施は認められないこと。

（2）講義科目の受講の免除（第1号ハ関係）

　ア　講義科目の受講の免除ができる者については、それぞれの資格を取得する際に必要な技能講習や試験の科目の内容を踏まえて定めており、当該資格に係る実務経験を求めてはいないこと。

　イ　「化学物質の危険性及び有害性並びに表示等」の科目については、「有機溶剤作業主任者技能講習」、「鉛作業主任者技能講習」、「特定化学物質及び四アルキル鉛等作業主任者技能講習」の全ての技能講習を修了した者のみが、受講の免除を受けることができること。この場合において、平成18年3月31日以前に「特定化学物質等作業主任者技能講習」を修了した者については、「特定化学物質及び四アルキル鉛等作業主任者技能講習」を修了した者と同等の者として取り扱って差し支えないこと。

　ウ　「第一種衛生管理者の免許を有する者」について、安衛則第10条各号に掲げる衛生管理者の資格を有する者は該当しないため、「化学物質の危険性又は有害性等の調査」の科目については、受講の免除の対象とはならないこと。

（3）講師（第2号関係）

　　講習の講師については、講義及び実習の各科目に定める内容について必要な知識や実務経験等を有する者を想定していること。

（4）その他

　ア　化学物質管理者講習を修了した者と同等以上の能力を有すると認められる者

　　　安衛則第12条の5第3項第2号イの「化学物質管理者講習を修了した者と同等以上の能力を有すると認められる者」には、以下の①から③までのいずれかに該当する者が含まれること。

　　　①本告示の適用前に本告示の規定により実施された講習を受講した者

　　　②法第83条第1項の労働衛生コンサルタント試験（試験の区分が労働衛生工学であるものに限る。）に合格し、法第84条第1項の登録を受けた者

　　　③専門家告示（安衛則等）及び専門家告示（粉じん則）で規定する化学物質管理専門家の要件に該当する者

　イ　受講記録の保存

　　　選任した化学物質管理者が要件を満たしていることを第三者が確認できるよう、当該化学物質管理者が受講した講習の日時、実施者、科目、内容、時間数等について記録し、保存しておく必要があること。

　ウ　安衛則第12条の5第3項第2号ロの規定に基づき、リスクアセスメント対象物の製造事業場以外の事業場においては、化学物質の管理に係る技術的事項を担当するために必要な能力を有する者と認められるものから化学物質管理者を選任することとされてい

るが、化学物質管理者講習の受講者及びこれと同等以上の能力を有すると認められる者のほか、化学物質管理者講習に準ずる講習を受講している者から選任することが望ましいこと。この化学物質管理者講習に準ずる講習は、別表に定める科目、内容、時間を目安とし、講義により、又は講義と実習の組み合わせにより行うこと。

2　専門家告示（安衛則等）及び専門家告示（粉じん則）関係

（1）化学物質管理専門家の要件（専門家告示（安衛則）第1号イからハ関係、専門家告示（粉じん則）第1号から第3号関係）

ア　化学物質管理専門家に必要な要件について、労働衛生コンサルタント（試験の区分が労働衛生工学であるものに限る。）に係る「5年以上化学物質の管理に係る業務に従事した経験」又は「5年以上粉じんの管理に係る業務に従事した経験」については、当該資格取得の前後を問わないこと。

イ　「化学物質の管理に係る業務」には、化学物質管理専門家、作業環境管理専門家、労働衛生コンサルタント（労働衛生工学に関する業務に限る。）、労働安全コンサルタント（化学安全に関する業務に限る。）、化学物質管理者、化学物質関係作業主任者、作業環境測定士、第一種衛生管理者、衛生工学衛生管理者、保護具着用管理責任者の業務が含まれること。

ウ　「粉じんの管理に係る業務」には、粉じん則で規定する粉じん作業に係る管理に係る業務のほか、粉状の化学物質の管理に係る業務が含まれること。

エ　専門家告示（安衛則等）第1号ハ及び専門家告示（粉じん則）第3号で規定する厚生労働省労働基準局長が定める講習については、別途示すところによること。

（2）同等以上の能力を有すると認められる者（専門家告示（安衛則等）第1号ニ関係、専門家告示（粉じん則）第4号関係）

専門家告示（安衛則等）第1号ニ及び専門家告示（粉じん則）第4号で規定する「同等以上の能力を有すると認められる者」については、以下のアからオまでのいずれかに該当する者が含まれること。

ア　法第82条第1項の労働安全コンサルタント試験（試験の区分が化学であるものに限る。）に合格し、法第84条第1項の登録を受けた者であって、その後5年以上化学物質に係る法第81条第1項に定める業務（専門家告示（粉じん則）第4号においては、粉じんに係る法第81条第1項に定める業務）に従事した経験を有するもの

イ　一般社団法人日本労働安全衛生コンサルタント会が運用している「生涯研修制度」によるCIH（Certified Industrial Hygiene Consultant）労働衛生コンサルタントの称号の使用を許可されているもの

ウ　公益社団法人日本作業環境測定協会の認定オキュペイショナルハイジニスト又は国際オキュペイショナルハイジニスト協会（IOHA）の国別認証を受けている海外のオキュペイショナルハイジニスト若しくはインダストリアルハイジニストの資格を有する者

エ　公益社団法人日本作業環境測定協会の作業環境測定インストラクターに認定されている者

オ　労働災害防止団体法（昭和39年法律第118号）第12条の衛生管理士（法第83条第1項の労働衛生コンサルタント試験（試験の区分が労働衛生工学であるものに限る。）に合格した者に限る。）に選任された者であって、5年以上労働災害防止団体法第11条

第1項の業務又は化学物質の管理に係る業務を行った経験を有する者

第3 「労働安全衛生規則等の一部を改正する省令等の施行について」（令和4年5月31日付け基発0531第9号）の改正について

1 「労働安全衛生規則等の一部を改正する省令等の施行について」（令和4年5月31日付け基発0531第9号。以下「施行通達」という。）第1中改正の趣旨及び概要等の4（1）について、次表のとおり改正する。

	改正前	改正後
4（1）	（前略）ただし、2（2）イ及びエ、（3）ア、ウ①、④、⑤、エ前段（努力義務）、（4）（2（3）ウ①に係るものに限る。）、（5）、（6）、（8）に係る規定及び当該規定に係る経過措置については、令和5年4月1日から、2（1）、2（2）ウ、（3）イ、ウ②、③、エ、（後略）	（前略）ただし、2（2）イ及びエ、（3）ア、ウ①、④、⑤、エ前段（努力義務）、エ後段、（4）（2（3）ウ①に係るものに限る。）、（5）、（6）、（8）に係る規定及び当該規定に係る経過措置については、令和5年4月1日から、2（1）、2（2）ウ、（3）イ、ウ②、③、エ前段（義務）、（後略）

2 施行通達第4中細部事項9（1）ウについて、次表のとおり改正する。

A2.8

	改正前	改正後
9（1）ウ②	3年以上労働衛生コンサルタント（試験の区分が労働衛生工学又は化学であるものに合格した者に限る。）としてその業務に従事した経験を有する者	労働衛生コンサルタント（試験の区分が労働衛生工学であるものに合格した者に限る。）又は労働安全コンサルタント（試験の区分が化学であるものに合格した者に限る。）であって、3年以上化学物質又は粉じんの管理に係る業務に従事した経験を有する者
9（1）ウ④	衛生管理士（法第83条第1項の労働衛生コンサルタント試験（試験の区分が労働衛生工学であるものに限る。）に合格した者に限る。）に選任された者で、その後3年以上労働災害防止団体法第11条第1項の業務を行った経験を有する者	衛生管理士（法第83条第1項の労働衛生コンサルタント試験（試験の区分が労働衛生工学であるものに限る。）に合格した者に限る。）に選任された者であって、3年以上労働災害防止団体法第11条第1項の業務又は化学物質の管理に係る業務を行った経験を有する者

リスクアセスメント対象物の製造事業場以外の事業場における
化学物質管理者講習に準ずる講習

科目	範囲	時間
化学物質の危険性及び有害性並びに表示等	化学物質の危険性及び有害性 化学物質による健康障害の病理及び症状 化学物質の危険性又は有害性等の表示、文書及び通知	1時間30分
化学物質の危険性又は有害性等の調査	化学物質の危険性又は有害性等の調査の時期及び方法並びにその結果の記録	2時間
化学物質の危険性又は有害性等の調査の結果に基づく措置等その他必要な記録等	化学物質のばく露の濃度の基準 化学物質の濃度の測定方法 化学物質の危険性又は有害性等の調査の結果に基づく労働者の危険又は健康障害を防止するための措置等及び当該措置等の記録 がん原性物質等の製造等業務従事者の記録 保護具の種類、性能、使用方法及び管理 労働者に対する化学物質管理に必要な教育の方法	1時間30分
化学物質を原因とする災害発生時の対応	災害発生時の措置	30分
関係法令	労働安全衛生法（昭和47年法律第57号）、労働安全衛生法施行令（昭和47年政令第318号）及び労働安全衛生規則（昭和47年労働省令第32号）中の関係条項	30分

A2.8

出典：「基発0907 第1号　厚生労働省労働基準局長　労働安全衛生規則第12条の5第3項第2号イの規定に基づき厚生労働大臣が定める化学物質の管理に関する講習等の適用等について」（厚生労働省）
　　　（https://www.mhlw.go.jp/content/11300000/000987122.pdf）

A2.9 化学物質管理専門家要件 告示

○厚生労働省告示第二百七十四号

労働安全衛生規則（昭和四十七年労働省令第三十二号）第三十四条の二の十第二項、有機溶剤中毒予防規則（昭和四十七年労働省令第三十六号）第四条の二第一項第一号、鉛中毒予防規則（昭和四十七年労働省令第三十七号）第三条の二第一項第一号及び特定化学物質障害予防規則（昭和四十七年労働省令第三十九号）第二条の三第一項第一号の規定に基づき、労働安全衛生規則第三十四条の二の十第二項、有機溶剤中毒予防規則第四条の二第一項第一号、鉛中毒予防規則第三条の二第一項第一号及び特定化学物質障害予防規則第二条の三第一項第一号の規定に基づき厚生労働大臣が定める者を次のように定め、令和五年四月一日から適用する。ただし、第二号の規定は、令和六年四月一日から適用する。

令和四年九月七日

厚生労働大臣　加藤　勝信

労働安全衛生規則第三十四条の二の十第二項、有機溶剤中毒予防規則第四条の二第一項第一号、鉛中毒予防規則第三条の二第一項第一号及び特定化学物質障害予防規則第二条の三第一項第一号の規定に基づき厚生労働大臣が定める者

一　有機溶剤中毒予防規則（昭和四十七年労働省令第三十六号）第四条の二第一項第一号、鉛中毒予防規則（昭和四十七年労働省令第三十七号）第三条の二第一項第一号及び特定化学物質障害予防規則（昭和四十七年労働省令第三十九号）第二条の三第一項第一号の厚生労働大臣が定める者は、次のイからニまでのいずれかに該当する者とする。

　イ　労働安全衛生法（昭和四十七年法律第五十七号。以下「安衛法」という。）第八十三条第一項の労働衛生コンサルタント試験（その試験の区分が労働衛生工学であるものに限る。）に合格し、安衛法第八十四条第一項の登録を受けた者で、五年以上化学物質の管理に係る業務に従事した経験を有するもの

　ロ　安衛法第十二条第一項の規定による衛生管理者のうち、衛生工学衛生管理者免許を受けた者で、その後八年以上安衛法第十条第一項各号の業務のうち衛生に係る技術的事項で衛生工学に関するものの管理の業務に従事した経験を有するもの

　ハ　作業環境測定法（昭和五十年法律第二十八号）第七条の登録を受けた者（以下「作業環境測定士」という。）で、その後六年以上作業環境測定士としてその業務に従事した経験を有し、かつ、厚生労働省労働基準局長が定める講習を修了したもの

　ニ　イからハまでに掲げる者と同等以上の能力を有すると認められる者

二　労働安全衛生規則（昭和四十七年労働省令第三十二号）第三十四条の二の十第二項の厚生労働大臣が定める者は、前号イからニまでのいずれかに該当する者とする。

出典：「厚生労働省告示第二百七十四号」（厚生労働省）
　　　（https://www.mhlw.go.jp/content/11300000/000987093.pdf）

A2.9

○厚生労働省告示第二百七十五号

　粉じん障害防止規則（昭和五十四年労働省令第十八号）第三条の二第一項第一号の規定に基づき、粉じん障害防止規則第三条の二第一項第一号の規定に基づき厚生労働大臣が定める者を次のように定め、令和五年四月一日から適用する。

　令和四年九月七日

　厚生労働大臣　加藤　勝信

粉じん障害防止規則第三条の二第一項第一号の規定に基づき厚生労働大臣が定める者

　粉じん障害防止規則（昭和五十四年労働省令第十八号）第三条の二第一項第一号の厚生労働大臣が定める者は、次の各号のいずれかに該当する者とする。

一　労働安全衛生法（昭和四十七年法律第五十七号。以下「安衛法」という。）第八十三条第一項の労働衛生コンサルタント試験（その試験の区分が労働衛生工学であるものに限る。）に合格し、安衛法第八十四条第一項の登録を受けた者で、五年以上粉じんの管理に係る業務に従事した経験を有するもの

二　安衛法第十二条第一項の規定による衛生管理者のうち、衛生工学衛生管理者免許を受けた者で、その後八年以上安衛法第十条第一項各号の業務のうち衛生に係る技術的事項で衛生工学に関するものの管理の業務に従事した経験を有するもの

三　作業環境測定法（昭和五十年法律第二十八号）第七条の登録を受けた者（以下「作業環境測定士」という。）で、その後六年以上作業環境測定士としてその業務に従事した経験を有し、かつ、厚生労働省労働基準局長が定める講習を修了したもの

四　前各号に掲げる者と同等以上の能力を有すると認められる者

出典：「厚生労働省告示第二百七十五号」（厚生労働省）
　　　（https://www.mhlw.go.jp/content/11300000/000987095.pdf）

A2.10　化学物質管理に関する法令改正の背景

　我々人類は化学の発展によって多くの化学物質を利用し、また次々と新たな化学物質や製品を創り出してきた。これら化学物質の管理には先人たちの多くの犠牲を伴った長い歴史があり、現在の化学物質管理のシステムは人類の英知の賜物ともいえる。ここでは、化学物質管理に関する世界と我が国における法整備の歴史を概観する。この歴史をたどることは、法令順守型の管理から「自律的な管理」への転換の必要性、必然性を理解することでもあると信じる。

A2.10.1　化学物質管理の国際的な潮流

（1）ハザード管理からリスク管理へ

　現在、化学物質はありとあらゆる製品に使用され、我々の生活を便利で豊かなものにしている。一方、化学製品の製造過程あるいは化学製品自体による事故・災害や疾病等の健康障害は枚挙にいとまがない。

　化学物質による事故や疾病が社会の重大問題として取り上げられるようになったのは、その使用量が増大し使用形態も多様化した産業革命以降である。その後、科学技術の進歩とともに化学物質の精製及び合成法も飛躍的に発展し、様々な種類の化学物質が産業現場あるいは家庭で使用され、労働者や一般消費者が多くの化学物質にばく露される場面が増大した。

　化学物質による多くの事故・災害を経験して、危険有害な物質の製造・使用の禁止、危険性・有害性の少ない代替物質への転換、工程の密閉化、局所排気装置等による有害物質の除去、ばく露限界等の設定による気中濃度の管理、保護具の使用、これらの措置を含む法規制の制定などが、化学物質管理の方法として考案され実践され、過去100年以上にわたって後追い的に実

A2.10

表 A2.10.1　ILO 条約及び勧告等から見る化学物質管理の変遷

年	ILO 条約及び勧告
1919	鉛中毒に対する婦人及び児童の保護に関する勧告（ILO 第4号）
1919	燐寸製造に於ける黄燐使用の禁止に関する 1906 年のベルヌ国際条約の適用に関する勧告（ILO 第6号）
1921	ペイント塗における白鉛の使用に関する条約（ILO 第13号）
1925	労働者職業病補償に関する条約（ILO 第18号）
1929	産業災害の予防に関する勧告（ILO 第31号）
1960	電離放射線からの労働者の保護に関する条約（ILO 第115号）及び勧告（ILO 第114号）
1971	ベンゼンから生じる中毒の危害に対する保護に関する条約（ILO 第136号）及び勧告（ILO 第144号）
1974	がん原性物質及びがん原性因子による職業性障害の防止及び管理に関する条約（ILO 第139号）及び勧告（ILO 第147号）
1981	職業上の安全及び健康に関する条約（ILO 第155号及び第164号）
1986	石綿の使用における安全に関する条約（ILO 第162号）及び勧告（ILO 第172号）
1990	職場における化学物質の使用の安全に関する条約（ILO 第170号）及び勧告（ILO 第177号）
1993	大規模産業災害の防止に関する条約（ILO 第174号）
2001	労働安全衛生マネジメントシステム（ILO ガイドライン）
2006	職業上の安全及び健康を促進するための枠組みに関する条約（ILO 第187号）及び勧告（ILO 第197号）

行されてきた。

　表 A2.10.1 に化学物質に関する ILO 条約及び勧告［国際労働機関（International Labour Organization：ILO）が策定する国際労働基準］を示した。これらから化学物質管理は 20 世紀初頭には比較的に急性かつ重篤な中毒作用への対策や補償が、20 世紀中期にはがんなどの慢性的な疾病が問題となり、20 世紀末には予防的対策が、そして 21 世紀には自律的な取り組みが主流になってきたことが分かる。

　つまり大きな災害が起こるたびに、新しい法律が作られあるいは既存の法律に新たな物質が加えられるなどして、管理がなされてきた。こうした経験を経て、化学物質の危険性・有害性について前もって調査を行い、それによって起こる災害リスクを推定し、優先的に行うべき対策を決定するというようなリスク評価の手法が導入され、化学物質管理の基本とされるようになったのはつい最近のことである。

　さて、リスクとは「人間の生命や経済活動にとって、望ましくない事象の発生と不確実さの程度及びその結果の大きさの程度」（リスク学事典、2000 年、TBS ブリタニカ）と定義される。化学物質によるリスクは、化学物質の製造、運搬、使用、廃棄等の過程で、化学物質がもつ危険性・有害性により労働者や消費者が受ける危害（事故災害や疾病）の可能性の大きさ及びその結果の大きさの程度、ということができる。

　リスク評価の概念及びその方法は 1980 年代初めに芽生え、1990 年～ 2000 年にかけて発達してきたが、そこに達するまでには紆余曲折があった。

　欧州では過去 30 年間に化学工業で発生した重大災害を教訓に、様々な法規制が施行されてきた。特に 1976 年にセベソ（イタリア北部の都市）の農薬工場が爆発し大量のダイオキシンが周辺地域に飛散した災害を契機に、様々な国の重大危害要因法令がまとめられ、EC 指令（Council of the European Communities 1982、1987、「セベソ指令」と呼ばれる）となった。

A2.10

表 A2.10.2　大規模危険施設についての EC 指令による判定基準

有毒物質（非常に有毒なものと、有毒なもの）		
以下の値の急性毒性を示し、重大災害危害要因を引き起こしうる物理的、化学的性質をもつ物質		
	LD_{50}（ラットに経口投与）、mg/kg	LD_{50}（ラット又はウサギに経皮投与）、mg/kg	LD_{50}（ラットに 4 時間吸入）、mg/kg
1	$LD_{50}<5$	$LD_{50}<1$	$LD_{50}<0.10$
2	$5<LD_{50}<25$	$10<LD_{50}<50$	$0.1<LC_{50}<0.5$
3	$25<LD_{50}<200$	$50<LD_{50}<400$	$0.5<LC_{50}<2$
引火性物質		
1	引火性ガス：常圧で気体であり、空気と混合すると引火性になり、その常圧での沸点が 20℃ 以下の物質		
2	高度に引火性の液体：21℃ より引火点が低く、常圧での沸点が 20℃ を超える物質		
3	引火性液体：55℃ より引火点が低く、加圧しても液体状態にある物質で、高圧高温など特殊な処理条件によって重大災害危害要因となることのある物質		
爆発物		
火炎の作用で爆発することのある物質、あるいは、衝撃や摩擦に対してジニトロベンゼン以上に敏感な物質		

表 A2.10.3　重大危害要因施設の確認に用いられる優先化学物質

物質名	量（これを超える量）	物質名	量（これを超える量）
一般引火性物：		特定有害物質：	
引火性ガス	200 t	アクリロニトリル	200 t
高度に引火性の液体	50,000 t	アンモニア	500 t
特定可燃物：		塩素	25 t
水素	50 t	二酸化硫黄	250 t
酸化エチレン	50 t	硫化水素	50 t
特定爆薬類：		シアン化水素	20 t
硝酸アンモニウム	2,500 t	二硫化炭素	200 t
ニトログリセリン	10 t	フッ化水素	50 t
トリニトロトルエン	50 t	塩化水素	250 t
		三酸化硫黄	75 t
		特定の非常に有害な物質：	
		イソシアン酸メチル	150 kg
		ホスゲン	750 kg

この指令では、大規模な危険施設に対して、化学物質の毒性、引火性、爆発性に基づいてリスクの判定を行うよう求めている（表 A2.10.2）。また、施設に存在する危険有害物質量がある限界量を超えている場合には、その施設は大規模危険施設であるとみなされている。この物質リストは 180 種の化学物質からなっており、その限界量は、極度に有毒な物質 1 kg から、高度に引火性の液体 5 万トンまでと広範かつ多様であり、これらの化学物質を管理するための優先順位も示されている（表 A2.10.3）。この指令によって化学物質の危険性・有害性を分類し、その災害の重大（重篤）性を考慮して優先順位をつけ、管理を行うという概念が確立されたのである。

（2）ゼロリスクから受容しうるリスクへ

　慢性影響のリスクに対する考え方の変遷は、米国における発がん性物質への対応で見ることができる。米国では 1958 年に食品衛生に関する法律であるデラニー条項（いかなる量であっても発がん物質を含む物質を食品に添加してはならない）が制定され、ゼロリスクが目標とされてきた。さらに米国では発がん性物質には閾値（ある反応があらわれる限界値）は存在しないという考え方を取っていたために、発がん性が証明されれば禁止せざるを得ないということになっていた。

　しかし、自然の食品も含めた全ての発がん性を有する物質を禁止することが不合理であることが徐々に認識され、1977 年には米国食品医薬品庁の担当者が「無視しうる発がんリスクレベル」という考え方を示し、発がんの生涯リスクが 100 万人に 1 人だけ増加するレベルは無視しうるリスクレベルと考えるべきであると主張した。また、1983 年には米国科学アカデミー（National Academy of Science: NAS）が化学物質のリスク評価の枠組みを提示した。これは、(1)有害性の特定、(2)量-反応評価、(3)ばく露評価、(4)リスクの総合判定、の四つのステッ

プからなり、現在行われている化学物質の健康リスク評価の基礎となった。1990年の連邦清浄大気法改正では、「安全とはゼロリスクを意味するものではなく、リスク評価に基づいて受容しうるレベルが検討されなければならない」とされ、1996年にデラニー条項は廃止された。

　1999年には世界保健機構（World Health Organization：WHO）から「化学物質の健康リスク評価」（国際化学物質安全性計画（International Program on Chemical Safety: IPCS）、環境保健クライテリア210）が出された。ここで示されているリスク評価方法はNASの四つのステップを踏襲したものであり、現在の化学物質に対するリスク評価の概念及び方法の基本となっている。以下にその概要を引用する。

　　有害性の特定の目的は、毒性及び作用機序に関して入手された全てのデータを評価し、これをもとに人への有害作用の証拠としての重要性を評価することである。有害性の特定には主に次の二つの課題がある。①ある物質が人の健康に被害をもたらす可能性があるかどうか、②特定の有害性がどのような状況で発現する可能性があるか。有害性の特定は、ヒトでの所見から構造活性相関の分析に至るまで、様々なデータに基づいて行われる。……（略）……一般的に、毒性が認められる標的臓器は一つ又は複数存在する。……（略）……通常は、用量を増加させたときに最初に認められる問題となる重要な影響が特定される。

　　量−反応関係評価とは、投与された、又はばく露された物質の量と、健康への有害影響の発生の関係を判定するプロセスである。ほとんどの種類の毒性作用（すなわち、臓器特異的作用、神経学的・行動学的毒性、免疫学的毒性、非遺伝子毒性の発がん性、生殖毒性又は発達毒性）については、一般にそれ以下では有害作用が生じない用量又は濃度（すなわち閾値）が存在すると考えられている。その他の種類の毒性作用については、どのようなばく露レベルでも何らかの有害性があると想定されている（すなわち、閾値は存在しない）。現時点では、後者の仮定は主に変異原性及び遺伝子毒性発がんに適用されている。

　　閾値が存在している場合（例　非発がん性作用及び非遺伝子毒性発がん物質）、従来は、無毒性量（NOAEL）（閾値の近似値）と不確実性係数に基づいて、それより低い濃度では人に有害作用は認められないとするばく露レベルが求められる。又は、様々な不確実性要因を考慮したうえで、無毒性量（最小毒性発現量）（N(L)OAEL）が推定ばく露量を超過する程度（すなわち、安全余地）を検討する。これまでこのアプローチはしばしば「安全性評価」とされてきた。したがって、閾値の初期的な近似値として考えられる用量、すなわちNOAELは重要である。一方、その問題となる重要な作用の特定（又はその推定値の低い方の信頼限界）の発生確率（例　5％）をモデル計算から推定する「ベンチマーク量」を、有害作用の量−反応の定量的評価に用いることの提案が多くなっている。

　　問題となる重要な作用に閾値が存在しないような化学物質（例　遺伝子毒性発がん物質及び生殖細胞変異原性物質）のリスク評価に適した方法論については、明確なコンセンサスは得られていない。……（略）……リスク評価の第三段階はばく露評価であり、これは様々な条件下で経験又は予測される化学物質へのばく露の性質及び程度を評価することを目的としている。……（略）……一般的には、環境濃度及び個人ばく露量の測定を対象とした間接及び直接的手法、更に、バイオマーカーなども含まれる。アンケート調査やモデルもよく利用される。……（略）……

A2.10

　ばく露評価の目的にもよるが、その結果得られる数値は、ばく露の最高及び平均濃度、期間又は回数の推定値であることもあれば、用量（実際に体内に入った量）の推定値となる場合もある。……（略）……あるばく露の毒性学的な結果は、体外ばく露レベルではなく体内用量によって決定される点に注目することが重要である。

　リスクの総合判定は、リスク評価の最終段階である。……（略）……このため、リスクの総合判定とは、それに伴う不確実性も含めて、ある条件下での特定の環境物質へのばく露により生じる合理的に推定できる人や環境へのリスクの性質、重要性、及びその程度を評価し統合することである。

　このIPCSの「化学物質の健康リスク評価」では、危険性・有害性の評価、量-反応関係、ばく露評価等におけるデータ解釈については詳細に論じているが、各分野（特に労働衛生分野）における具体的なリスク評価の手順については明記していない。

（3）法令順守型から自律的な管理へ

　欧米においても化学物質の管理は長きにわたって法令を順守することで行われてきたが、1972年に英国で労働安全衛生に関する委員会の報告書（いわゆるローベンスレポート）が議会に提出され、その後の化学物質管理の方向を大きく変えることになった。ローベンスレポートは、当時の労働安全衛生における行政組織（八つ）と関係法令（八つの法律及び500以上の規則類）の弊害、すなわち法令の依拠による事業者の責任や自主性/自発的な取組みの軽視、技術革新への対応の遅れを指摘し、独立した行政組織の設立、自主的対応への転換、法律の簡素化（原則のみの記述）等の改革案を提示した。これを受けて英国政府は1974年に「職場における保健安全法」[*2]を制定し、改革案に従って、法律は原則のみとして規則、指針、承認実施準則などで補完する体系を作った。事業者が安全衛生に取り組むべき態度として、「合理的に実行可能な限りにおいて」を基本としたが、それは「訴訟等が起きたときには、事業者は十分な防止対策を講じていたことを証明できなければ罰則が適用される」ということでもあった。これは事業者が法令に従っていればよいとする「法令順守型」から、自らが選択し対応しなければならない「自律的な管理」（自主対応型ともいわれる）への転換を意味していた。この施策はその後の危険性・有害性情報の労働者への伝達を前提とした、リスクアセスメントに基づいた労働災害防止施策に結びついていった。

A2.10.2　化学物質を原因とする災害の現状と特徴

　化学物質が原因となる火災などの事故やがんなどの疾病について、世界中での年間発生数についての正確な統計はない。国際労働機関（ILO）では、年間110万人が職業関連で死亡し、そのうちの3分の1は化学物質による疾病（がん、呼吸器系疾患、循環器系疾患、神経系疾患、腎臓疾患、アスベスト肺、じん肺など）であろうと推計（2000年）している。世界保健機構（WHO）では、化学物質によって毎年200万人が死亡（約半数は鉛が原因の心血管系疾患、次に多いのが職業性ばく露による慢性閉塞性肺疾患、次いで職業がん）していると、また国際労働機関

---

*2　Health and Safety at Work etc. Act 1974: https://www.legislation.gov.uk/ukpga/1974/37/contents/enacted

（ILO）は毎年 10 億人の労働者が危険有害な化学物質にばく露されていると発表（2021 年）している。職業関連の疾病のみならず、また死亡に至らない重症者及び軽症者も考慮すると、化学物質によって健康を害している人の数がこれの数百倍を下らないであろうことは容易に想像できる。

　日本の労働災害及び業務上疾病の統計によると、過去 5 年の休業 4 日以上の死傷病者数は年間約 12 万人、休業 4 日以上の業務上疾病者数は約 8 千人であり、業務上疾病者数のうち化学物質に起因するものが毎年 200 ～ 300 人、酸素欠乏症及び硫化水素中毒が 10 人前後、じん肺が 600 ～ 800 人、がんは 1 ～ 2 人である。表 A2.10.4 に平成 15 年以降の休業 4 日以上の化学物質（危険物、有害物）に起因する労働災害件数を示す。また、この統計には含まれていないが、過去のアスベストばく露による肺がんや悪性中皮腫の認定者数が急増し平成 9 年には 22 名であったものが、平成 18 年には 1784 人、平成 27 年には 982 人に達した。さらに、化学物質による爆発・火災による休業 4 日以上の死傷者数は過去 10 年間では 80 ～ 150 人くらいを推移している。一時に 3 人以上の死傷者を伴う重大災害は過去 5 年間に 200 ～ 300 件くらい発生している。（休業 4 日以上の数字は労働基準監督署で集計される労働者死傷病報告から、また職業がんについては労災保険給付からのものであり、必ずしも整合性がとれていないことに注意。）

　このほかに、統計には表れないじん肺症やがんなどの慢性疾患、軽症の体調不良、皮膚炎、眼に対する刺激作用等々も勘案すると、化学物質に起因する健康障害の件数は膨大なものになるであろう。

A2.10

表 A2.10.4　化学物質（危険物、有害物）に起因する休業 4 日以上の労働災害
（爆発性の物等、引火性の物、可燃性のガス、有害物による災害）

	平成 15 年	平成 20 年	平成 25 年	平成 30 年	令和 3 年
化学物質関係	653	563	474	449	341

（出典：労働者死傷病報告）

A2.10.3　日本の法令の特徴と自律的な管理への流れ

（1）日本の法令の特徴

　労働災害統計の数字からも明らかなように、化学物質による事故や疾病は過去 20 年くらい減少しておらず、しかも化学物質の種類や用途は増加し続けている。更に近年はビジネスのグローバル化や地球環境対策に対応した化学物質管理の世界調和が潮流となっている。これらのことから日本の化学物質管理における施策の見直しや転換の検討、事業者の自主的な対応の推進がさらに求められている。

　我が国の化学物質管理に関する法令は比較的整備されてきたといえる。これには 1950 年代に始まった高度経済成長期に経験した多くの職業病や公害が生かされている。PCB の災禍（カネミ油症事件）により「化学物質審査規制法」が、塩化ビニルモノマー等の災禍により労働安全衛生法関連の「特定化学物質等障害予防規則」が制定された例などはその典型であろう。このように多くの日本の化学物質管理に関する法令は大きな事故や疾病の発生を契機として作ら

れてきたといってもよい。これらの法規は使用する際の災害リスクを少なくするあるいは病気の早期発見を目的として制定されており、化学物質管理体制の構築、危険性・有害性の評価、施設要件、取扱方法、貯蔵法、局所排気装置の設置、個人用保護具の使用、健康診断等について規定しており、事業者はこれらの法令を順守することで化学物質による事故や病気の予防に取り組んできた。各分野の目的に応じて多くの化学物質管理に関わる法律が制定されてきた。

　ここでは、化学物質管理に関して総合的に、すなわち管理体制の構築から危険性・有害性の把握、情報の伝達、取扱方法、貯蔵方法、工学的対策、個人用保護具、健康診断に至るまで、規定している法律として労働安全衛生法を少し詳しく紹介する。

【労働安全衛生法の概観】

　労働安全衛生法を見ると化学物質管理において考慮しなければならない事項がおおよそ理解できる。労働安全衛生法は1972年（昭和47年）に労働基準法第5章（安全及び衛生）、労働災害防止団体等に関する法律第2章（労働災害防止計画）及び第4章（特別規制）を母体として新規事項を加え制定された。労働安全衛生法の目的は第一条に「この法律は、労働基準法と相まって、労働災害の防止のための危害防止基準の確立、責任体制の明確化及び自主的活動の促進の措置を講ずる等その防止に関する総合的計画的な対策を推進することにより職場における労働者の安全と健康を確保するとともに、快適な職場環境の形成を促進することを目的とする。」とあり、以下の構成からなる。

　第一章「総則」（目的、事業者の責務など）

　第二章「労働災害防止計画」（厚生労働大臣による労働災害防止計画の策定）

　第三章「安全衛生管理体制」（安全／衛生管理者、産業医、安全／衛生委員会など）

　第四章「労働者の危険又は健康障害を防止するための措置」（事業者の講ずべき措置、元方事業者の講ずべき措置など）

　第五章「機械等並びに危険物及び有害物に関する規則」（製造等の禁止、製造の許可、表示・SDSの交付、有害性の調査など）

　第六章「労働者の就業に当たっての措置」（安全衛生教育、就業制限など）

　第七章「健康の保持増進のための措置」（作業環境測定／評価、作業の管理、健康診断、健康診断実施後の措置、保健指導、病者の就業禁止、健康教育など）

　第七章の二「快適な職場環境の形成のための措置」（事業者の講ずる措置、厚生労働大臣による快適な職場環境の形成のための指針の公表など）

　第八章「免許等」

　第九章「事業場の安全又は衛生に関する改善措置等」（安全衛生改善計画の作成の指示、労働安全／衛生コンサルタントの業務など）

　第十章「監督等」

　第十一章「雑則」

　第十二章「罰則」

【労働安全衛生関連法令】

　労働安全衛生法に関連する法令で化学物質に関係するものに以下のようなものがあり、更にこれらに関連した多くの指針や通達が出されている。

　―労働安全衛生法施行令

　―労働安全衛生規則

A2.10

　　―有機溶剤中毒予防規則

　　―鉛中毒予防規則

　　―四アルキル鉛中毒予防規則

　　―特定化学物質障害予防規則

　　―電離放射線障害防止規則

　　―酸素欠乏症等防止規則

　　―粉じん障害防止規則

　　―石綿障害防止規則

　　―事務所衛生基準規則等

　これらの規則のうち、例として有機溶剤中毒予防規則を見ると、その内容は以下の構成からなっており、有機溶剤の取扱いに関する措置が詳細に規定されていることが分かる。

　　第一章「総則」（有機溶剤の種類、有機溶剤業務、適用の除外など）

　　第二章「設備」（第一種有機溶剤又は第二種有機溶剤等に係る設備、短時間有機溶剤業務を
　　　　　行う場合の設備の特例など）

　　第三章「換気装置の性能等」（局所排気装置のフード等、局所排気装置の性能、全体換気装
　　　　　置の性能など）

　　第四章「管理」（有機溶剤作業主任者の選任／職務、局所排気装置の定期自主検査、有機溶
　　　　　剤等の区分の表示、タンク内作業、事故の場合の退避等など）

　　第五章「測定」（作業環境測定、評価の結果に基づく措置など）

　　第六章「健康診断」（健康診断、健康診断の結果など）

A2.10

　　第七章「保護具」（送気マスク又は有機ガス用防毒マスク等の使用、保護具の数等、労働者
　　　　　の使用義務など）

　　第八章「有機溶剤の貯蔵及び空容器の処理」（有機溶剤の貯蔵、空容器の処理）

　　第九章「有機溶剤作業主任者技能講習」

　これらの法令の特徴は、その名称からも明らかなように、化学物質やそれらを扱う業務を特定（限定）して規定していることであり、有機溶剤中毒予防規則を例にとれば、労働安全衛生施行令において作業環境測定を行うべき作業場及び有機溶剤の種類、また健康診断を行うべき有害な業務とされる場所及び有機溶剤を定めている。

　また、労働安全衛生法は第一条に書かれているとおり、災害の防止を目的としており、そのための方策や措置が規定されているが、実際に業務や通勤で災害にあった場合の補償については「労働者災害補償保険法」があり、休業補償、障害補償、遺族補償、葬祭料、傷病補償、介護補償などの給付が受けられるようになっている。

　このように、我が国においても化学物質管理に関して様々な角度から規制がなされてきたが、化学物質管理において非常に重要であり欧米各国の法令では規定されているものの、日本では十分に規定されていないものがあった。それは"製品の持つ危険性・有害性のラベルへの記載"である。危険性・有害性が分からなければ予防や緊急時への対応ができないのであり、製品の危険性・有害性についてまず使用者に知らせることが、化学物質管理の第一歩であるにもかかわらず、日本では危険性・有害性を包括的に分かりやすく知らせるシステムが存在しなかった。これには大きく二つの問題がある。一つは全ての危険有害な化学物質を対象とする法規制がないこと、もう一つは危険性・有害性を分かりやすく伝えるシステムが十分でないことである。

前者については、我が国の災害対策の措置に重きをおき物質を限定した規制の成り立ちに原因があることはすでに述べた。前述の労働安全衛生法を例にとると、ラベルに危険性・有害性に関する情報の記載を義務付けられている物質数は数十年間約100のみであった。しかもこれには違反した場合の罰則規定があり、6か月以下の懲役又は50万円以下の罰金が科せられる。罰則規定は法の順守という点では効果があるが、できるだけ多くの化学物質について危険性・有害性情報を伝えるという点では足かせになっているともいえる。更に、ほかに危険性・有害性情報の提供を規定している法律は稀有である。後者の問題は、少なくとも規制対象物質についてはある程度の表示制度があり、例えば毒物及び劇物取締法では、毒物に対しては「医薬用外毒物」の文字が赤地に白抜きの文字で、劇物に対しては「医薬用外劇物」の文字が白地に赤文字で示され、消防法では引火性液体に対して「火気厳禁」と記載され、「危険物第四類引火性液体」のように分類が記載される場合もある。しかしながらこれらの用語は全ての化学物質を取り扱う者を対象とした内容ではなく、当該法律に関する有資格者などの専門家でなければ理解できないという点に問題がある。また、日本で見られるほとんどのラベルでは「注意書き」（例　火花のような着火源から遠ざけること、禁煙、保護眼鏡を着用すること）は記載されているが、それら注意書きの源である「危険性・有害性情報」（例　引火性の高い液体、強い眼刺激）は記載されていない。また安全データシート（Safety Data Sheet：SDS）は数百の物質についてその交付が義務付けられていたが、多くの調査結果が実際の労働者教育にSDSを活用していた事業者数は多くはないことを示している。

　現在では「化学物質の危険性・有害性」に関して、供給する側の「知らせる義務」や使用する側の「知る権利」については当然のことのように言われているが、その実行は簡単ではない。日本ではアスベストによる肺がんや悪性中皮腫の災禍が大きくなっているが、この背景には「知らせる義務」も「知る権利」のどちらも社会的な通念として発達してこなかったことがあるように思えてならない。1980年代にはアスベストの有害性は知られていたが、行政も、会社も、労働組合も、消費者団体も、マスコミも、学会も、アスベストの健康被害に関する予防対策を一大キャンペーンとすることはなかったように思う。例えば日本産業衛生学会では2006年に「石綿問題に関する本学会の見解について」をホームページに掲載し、この中で「科学的な意見の集積はかなり行われたが、社会医学的に行政や産業界に対し、予防対策を働きかけるところまでは機能しなかった本学会活動については、反省すべきであると考える。」という声明を発表している。1970年代まで我が国では様々な職業病が発生し、行政、企業、研究者はその対応に追われたが、それらの多くは比較的短期に生じる疾病やじん肺など既に知られている慢性疾患がほとんどであった。当時大量使用が始まったアスベストが30年後に大きな災禍につながるという認識は、多くの研究者に共通したものではなかったように思われる。

　なぜ、我が国ではGHS（化学品の分類および表示に関する世界調和システム）導入に至るまで化学物質の危険性・有害性をラベル等であまねく知らせるための法規制ができなかったのであろうか。確かに1980年代までは、作業場での「がん原性物質」などの使用はできれば公にしたくないものであったように思われる。これは当時「がん」は不治の病であり患者本人に告知すべきものではないと考えられていたことと通じるが、それから30年以上も経た時点でがんの告知についてはだいぶ状況が変化してきているにもかかわらず、化学物質の危険性・有害性を知らせることに関しては何も変わらなかったのはなぜか。リスク管理、リスクコミュニケーションの重要性がいわれて久しいが、その根幹である危険性・有害性の情報伝達（ハザー

A2.10

ドコミュニケーション）がなおざりにされてきたのは不思議なことである。

（2）日本のリスクアセスメントの先駆け

我が国の労働省（現在の厚生労働省）は、昭和40年代後半に石油コンビナートにおいて相次いで爆発・火災が発生したことから、安全性の事前評価を行うための手法として、1976年に「化学プラントにかかるセーフティ・アセスメントに関する指針」を策定した。ここでのリスク評価の対象は工場の立地条件、設備、プロセス、教育訓練等広範囲にわたっている。化学物質の危険性・有害性についていえば、物理化学的危険性（爆発性、発火性、引火性、酸化性など）、取扱量、操作温度・圧力等の条件を点数化して危険度のランク付けを行うようになっている。ただし毒性については、点数化は行わず定性的な判定のみである。

また健康障害については、2000年（平成12年）3月31日に労働安全衛生法第58条第2項に基づく「化学物質等による労働者の健康障害を防止するために必要な措置に関する指針」が公表され、この中にリスク評価が含まれた。

特別規則の対象となっていない物質でも災害を起こしうる物質が多く存在することから、2006年には労働安全衛生法第28条の2が新設・施行され、労働安全衛生マネジメントシステムの考え方（リスクアセスメントに基づいた化学物質管理）が取り入れられ、更に危険性・有害性に関する情報はGHSに基づくこととなった。しかし2006年当時リスクアセスメントの前提となる危険性・有害性に関する情報の収集及びその伝達を規定する法第57条及び第57条の2は十分に機能していなかった。

（3）GHSの導入

（1）で述べたように、化学物質管理において日本が欧米と大きく異なる点として、労働者に化学物質の危険性・有害性を伝えるシステムが未整備であったことが挙げられる。欧州では1970年代に既に製品の危険性・有害性を表示しなければ市場に出してはならないという規定（理事会指令）[3]があり、米国では1980年代初めには労働者に危険性・有害性を知らせるため「危険有害性周知基準」[4]が制定されていた。これらの規制の源になっているのは危険性・有害性情報に関する、供給する側の「知らせる義務」であり、使用する側の「知る権利」であり、それは法によらなければ達成できないという認識である。

日本では高度経済成長期に多くの公害や労働災害を経験したにもかかわらず、それらを防止するために最も基本的な危険性・有害性情報の収集や伝達に関する法令が整備されなかったのは不思議である。危険性・有害性が分からなければ予防や緊急時への対応ができないのであり、製品の危険性・有害性についてまず使用者（労働者や消費者）に知らせることが、化学物質管理の第一歩であるにもかかわらず、日本ではこれを包括的（物理化学的危険性、健康有害性、環境有害性などをまとめて）に、わかりやすく知らせるシステムが整備されていなかった。

国連文書GHS（The Globally Harmonized System of Classification and Labelling of Chemicals：化学品の分類および表示に関する世界調和システム）が出された2003年当時、日

＊3　EEC Council Directive: https://eur-lex.europa.eu/legal-content/EN/TXT/PDF/?uri=CELEX:31967L0548&from=en

＊4　Hazard Communication Standard: https://www.osha.gov/dsg/hazcom/

本における多くの化学物質管理に関する法令のなかで、健康有害性を包括的に分かりやすく表示することを求めていたのは労働安全衛生法（第57条）[*5]だけであった。厚生労働省は2006年4月に改正労働安全衛生法を施行し、第57条による99物質の表示を、更に第57条の2による640物質のSDSをGHSに従って作成してもよいとした（実際には、GHSに基づいて策定された日本工業規格JIS Z 7251：2005及びJIS Z 7250：2006に従って、それぞれ分類、表示及びSDS交付を行えばよいとされている）。

ILO第170号化学物質条約[*6]を批准していない日本において、国連文書GHSを労働安全衛生法に導入したことは労働安全衛生行政にとって画期的なことであった。この労働安全衛生法の改正によってGHSが化学物質の危険性・有害性に関する情報伝達の基礎と位置付けられたことは、情報伝達システムの構築のみならず化学物質の自律的な管理への道を拓くものであった。

一方、日本はGHSを最も早く国内法及び規格に導入した国の一つであったが、対象物質が限定されていたという点において、あまりにも不完全な導入であった。

2012年4月1日には、法57条で規定する化学物質等を除いた、全ての危険有害な化学物質等に対する表示とSDS交付を努力義務とする、改正労働安全衛生規則［第24条の14（表示）、15（SDS）］[*7]が施行された。労働安全衛生法第57条における表示及びSDS交付は義務であるのに対して、改正労働安全衛生規則のそれは努力義務であるために、改正労働安全衛生規則では法第57条で規定する化学物質等を除いている。つまり労働安全衛生法関連では、重複を避け、全ての危険有害な化学物質に対して、表示あるいはSDSで情報伝達をするということが規定された。

日本で2022年1月現在GHSの導入に対して何らかの対応が示された法令は、労働安全衛生法、労働安全衛生規則、特定化学物質の環境への排出量及び管理の改善の促進に関する法律（化管法）、毒物及び劇物取締法である。これらのGHSへの対応（ラベル、SDS）について表A2.10.5にまとめた。実は、日本では欧米のようにGHSがそのまま法令に導入されてはいない。GHSは日本工業規格（現在は「日本産業規格」）（JIS）となり、これを法令が引用している。危険性・有害性の分類に関してはJIS Z 7252：2019「GHSに基づく化学品の分類方法」、情報伝達に関してはJIS Z 7253：2019「GHSに基づく化学品の危険有害性情報の伝達方法—ラベル、作業場内の表示及び安全データシート（SDS）」が制定されている。

A2.10

＊5　労働安全衛生法：https://elaws.e-gov.go.jp/document?lawid=347AC0000000057
＊6　Labour standards: https://www.ilo.org/global/standards/lang--en/index.htm
＊7　労働安全衛生規則：https://elaws.e-gov.go.jp/document?lawid=347M50002000032

表 A2.10.5　ラベルと SDS を規定している関連法令とその対象物質数（2023 年 1 月現在）

	ラベル 【根拠条文等】（改正日）	SDS 【根拠条文等】（改正日）
労働安全 衛生法	674 物質―義務 【法第 57 条の 1】（2006.12.1）（109 物質） （2016.6.1）改正	674 物質―義務 【法第 57 条の 2】（2006.12.1）（640 物質） （2016.6.1）改正
労働安全 衛生規則	危険有害化学物質等―努力義務 【労働安全衛生規則第 24 条の 14】 （2012.1.27）	特定危険有害化学物質等―努力義務 【労働安全衛生規則第 24 条の 15】 （2012.4.1.27）
化管法	指定化学物質（第 1 種 462、第 2 種 100） ―努力義務 【指定化学物質等の性状及び取扱いに関す る情報の提供の方法等を定める省令】 （2012.4.20）	指定化学物質（第 1 種 462、第 2 種 100） ―義務 【指定化学物質等の性状及び取扱いに関す る情報の提供の方法等を定める省令】 （2012.4.20）
毒劇法	583 物質（毒物 230、劇物 353）【法第 12 条】 【施行規則第 11 条の 5 及び 6】	583 物質（毒物 230、劇物 353）【施行令第 40 条の 9】【規則第 13 条の 12】

注）労働安全衛生法関連及び化管法関連では、ラベル及び SDS の作成は JIS Z 7253 に従って行えば、法令で定める記載要件を概ね満たすとしている。毒物及び劇物取締法関連では、2012 年 3 月 26 日に「毒物及び劇物取締法における毒物又は劇物の容器及び被包への表示等に係る留意事項について」（薬食化発 0326 第 1 号）が通知されており、この中で JIZ Z 7253 によるラベル及び SDS の項目と法で定められた記載項目についての相違を分かりやすく解説している。

A2.10

（4）リスクアセスメントの義務化

　2016 年 6 月には労働安全衛生法第 57 条の 3（第 57 条の政令で定める物質及び通知対象物質について事業者が行うべき調査等）を改正し、表示及び SDS 交付が義務となっている物質について、リスクアセスメントが義務化された。この背景には印刷工場において労働者が集団で胆管がんを発症するという事案があった。この改正は、日本の化学物質管理を、リスクアセスメントを基盤とした「自律的な管理」へ向かわせる引き金になったと言えよう。

　法第 57 条の 3 で義務がかからない物質は、法第 28 条の 2 においてリスクアセスメントが努力義務になっている。2016 年の法第 57 条の 3 が制定される前後の労働安全衛生法の化学物質管理の体系を図 A2.10.1 にまとめた。2016 年（平成 28 年）6 月 1 日以降は、表示、SDS 及びリスクアセスメントに義務のかかる物質の数が一致している。

　労働安全衛生法関連で表示、SDS 及びリスクアセスメントに関する法令の施行年を表 A2.10.6 にまとめた。表示に関しては労働安全衛生法が制定された当初（1972 年）から規定されていたが、数十年間その対象物質数が増大することは無かった。

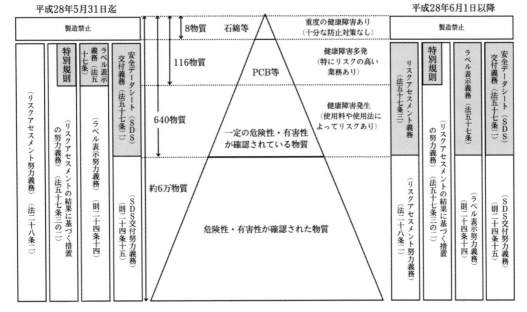

図 A2.10.1　表示・SDS 及びリスクアセスメント関連法令の改正

表 A2.10.6　表示・SDS 及びリスクアセスメントに関する労働安全衛生法令の施行年

項目	義務又は努力義務	法令及び施行年		
表示	義務	1972 年　労働安全衛生法第 57 条 ➡ 　2006 年 GHS 対応		
	努力義務	2012 年　労働安全衛生規則第 24 条の 14（GHS 対応）		
SDS 交付	義務	2000 年　労働安全衛生法第 57 条の 2 ➡ 　2006 年 GHS 対応		
	努力義務	2012 年　労働安全衛生規則第 24 条の 15（GHS 対応）		
リスクアセスメント	義務	2016 年　労働安全衛生法第 57 条の 3		
	努力義務	2006 年　労働安全衛生法第 28 条の 2		

A2.11　塩素系有機溶剤の規制に関する変遷

　化学物質を安全に使用するための管理方法は、危険性・有害性の把握、分析技術の進歩、工学的対策の開発等により時代と共に進化してきたが、近年はさらに地球環境問題も考慮すべき要因に加えられている。ここでは塩素系有機溶剤を例に人の健康問題と地球環境問題に揺れた管理の変遷を顧みる。

　塩素系有機溶剤は溶剤としてすぐれた性質をもっており広範、大量に使用されてきたが、その生体影響あるいは環境影響の懸念から使用の中止や代替等の対策が取られてきた。この塩素系有機溶剤の変遷は、化学物質によるリスクが社会的な要請とどのように係っているかを考える上で非常に興味深い。

　最初に登場した塩素系有機溶剤は四塩化炭素（CCl_4）である。しかしこれは慢性的なばく露により強い肝毒性を示すことがわかり、テトラクロロエチレン（$CCl_2=CCl_2$）やトリクロロエチレン（$CHCl=CCl_2$）が代替物質として登場した。

　しかし塩化ビニル（$CH_2=CHCl$）の発がん性が知られるようになり、これに分子構造が似ているテトラクロロエチレンやトリクロロエチレンも疑われ、実験が行われた。この結果マウスで肝臓がんが発生し、さらに毒性の弱い1,1,1-トリクロロエタン（CH_3CCl_3）やフロン類[*1]への代替が行われた。

　一方、1987年にオゾン層破壊物質の製造禁止等について定めたモントリオール議定書が承認され、1996年1月から特定フロン（クロロフルオロカーボン CFC）や1,1,1-トリクロロエタンの生産および使用の全廃が決定した。この後、トリクロロエチレンなどの生体影響が懸念される物質が再登場した。そして因果関係が定かではないものの、10年ぐらい前からトリクロロエチレン作業者にスティーヴンス・ジョンソン症候群（皮膚粘膜眼症候群）の患者が多数発生していることが報告されている。

　表A2.11.1に各物質のばく露限界値、主な毒性、オゾン層破壊係数を示す。米国産業衛生専門家会議（ACGIH）のばく露限界値が低い（小さい）物質ほど毒性が強いといえる。またオゾン層破壊係数の値が大きいほどオゾン層破壊能力が大きいことを意味している。表A2.11.1においてトリクロロエチレン及びテトラクロロエチレンはモントリオール議定書の規制対象物質には含まれていない。

---

*1　ここではCFC、HCFC、HFCなどをさす。化学的に極めて安定した性質で扱いやすく、人体への毒性が小さいといった性質を有していることから、エアコンディショナーや冷蔵庫等の冷媒用途をはじめ、断熱材等の発泡用途、半導体や精密部品の洗浄剤、エアゾール等、様々な用途に活用されてきた。

表 A2.11.1　塩素系有機溶剤のばく露限界値とオゾン層破壊係数の比較

有機溶剤	ACGIH 許容限界値	主な毒性			オゾン層破壊 係数
		神経	肝臓	発がん	
四塩化炭素	5 ppm	+	++	+	1.08
トリクロロエチレン	50 ppm	+	+	±	0.005
テトラクロロエチレン	25 ppm	+	+	±	0.005
1,1,1-トリクロロエタン	350 ppm	+			0.12
CFC-113	1 000 ppm	+			0.9

オゾン層破壊係数：トリクロロフルオロメタン（CFC-11）を 1 とする。
＋の数が多いほどヒトの臓器に対する毒性が強い。

【GHS におけるオゾン層への有害性】

　GHS における環境有害性の一つとしてオゾン層への有害性があり、この管理対象としてモントリオール議定書規制対象物質があげられている。オゾン層破壊係数が大きい CFC やハイドロクロロフルオロカーボン（HCFC）は規制対象物質になっている。

　CFC や HCFC の代替物質として開発された、ハイドロフルオロカーボン（HFC）（温室効果ガスの一つである）も議定書の中に含めるべきであるという議論・検討がなされ、2018 年ルワンダのキガリで開催された第 28 回締約国会議（MOP28）で、議定書に HFC を追加するという改正が採択された（キガリ改正）。

　GHS では地球温暖化に関する作用に対しては分類および表示の対象となっていなかったが、今後キガリ改正を受けて、GHS モントリオール議定書に含まれる HFC の分類・表示を通して地球温暖化対策に寄与することになった。最近 SDGs（持続可能な開発目標）に対する GHS の貢献文書において、地球温暖化対策が追加された（https://unece.org/sites/default/files/2022-06/UN-SCEGHS-42-INF14e.pdf）。

A2.11

A2.12　保護具着用管理責任者に対する教育実施要領

保護具着用管理責任者に対する教育実施要領

1　目的

本要領は、保護具着用管理責任者教育のカリキュラム及び具体的実施方法等を示すとともに、この教育の実施により、十分な知識及び技能を有する保護具着用管理責任者の確保を促進し、もって保護具等の正しい選択・使用・保守管理についての普及を図ることを目的とする。

2　教育の対象者

本教育の対象者は、次のとおりとする。

・施行通達の記の第4の2（2）①から⑥までに定める保護具着用管理責任者の資格を有しない者で、保護具着用管理責任者になろうとする者

・上記資格を有する者

3　教育の実施者

上記2の対象者を使用する事業者、安全衛生団体等があること。

4　実施方法

実施方法は、次に掲げるところによること。

（1）別表「保護具着用管理責任者教育カリキュラム」に掲げるそれぞれの科目に応じ、範囲の欄に掲げる事項について、学科教育又は実技教育により、時間の欄に掲げる時間数以上を行うものとすること。

なお、

①学科教育は、集合形式のほか、オンライン形式でも差し支えないこと。

②学科教育と実技教育を分割して行うこととしても差し支えないこと。この場合、以下のア及びイのいずれも満たすこと。

ア　実技教育は、学科教育の全ての科目を修了した者を対象とすること。

イ　学科教育を修了した者と実技教育を受講する者が同一者であることが確認できること。

（2）講師は、対象となる保護具等に関する十分な知識を有し、指導経験がある者等、別表のカリキュラムの科目について十分な知識と経験を有する者を、科目ごとに1名ないし複数名充てること

（3）教育の実施に当たっては、教育効果を高めるため、既存のテキストの活用を行うことが望ましいこと。特に、呼吸用保護具については、日本産業規格 T8150（呼吸用保護具の選択、使用及び保守管理方法）の内容を含む等、別表のカリキュラムの科目について内容を十分満足した教材を使用すること。

（4）安全衛生団体等が行う場合の受講人数にあっては、学科教育（集合形式の場合）は概ね100人以下、実技教育は概ね30人以下を一単位として行うこと。

5　実施結果の保存等

（1）事業者が教育を実施した場合は、受講者、科目等の記録を作成し、保存すること。

（2）安全衛生団体等が教育を実施した場合は、全ての科目を修了した者に対して修了を証する書面を交付する等の方法により、当該教育を修了したことを証明するとともに、教育

の修了者名簿を作成し、保存すること。

6　実践的な教育・訓練等の実施

保護具等や機器等に習熟する観点から、教育を修了した者は、保護具メーカーや測定機器メーカーが実施する研修や、これらメーカーの協力を得て行う教育・訓練等、実践的な教育・訓練等を定期的に受けることが望ましいこと。

【別表】

保護具着用管理責任者教育カリキュラム

学科科目	範囲	時間
Ⅰ　保護具着用管理	①保護具着用管理責任者の役割と職務 ②保護具に関する教育の方法	0.5時間
Ⅱ　保護具に関する知識	①保護具の適正な選択に関すること。 ②労働者の保護具の適正な使用に関すること。 ③保護具の保守管理に関すること。	3時間
Ⅲ　労働災害の防止に関する知識	保護具使用に当たって留意すべき労働災害の事例及び防止方法	1時間
Ⅳ　関係法令	安衛法、安衛令及び安衛則中の関係条項	0.5時間
実技科目	範囲	時間
Ⅴ　保護具の使用方法等	①保護具の適正な選択に関すること。 ②労働者の保護具の適正な使用に関すること。 ③保護具の保守管理に関すること。	1時間

（計　6時間）

出典：「基安化発 1226 第 1 号　厚生労働省労働基準局安全衛生部化学物質対策課長　保護具着用管理責任者に対する教育の実施について　別紙　保護具着用管理責任者に対する教育実施要領」（厚生労働省）（https://www.mhlw.go.jp/content/11300000/001031069.pdf）

A2.12

A2.13　化学物質による労働災害防止のための新たな規制［労働安全衛生規則等の一部を改正する省令（令和4年厚生労働省令第91号（令和4年5月31日公布））等の内容］に関するQ&A

令和5年3月31日掲載

No	ジャンル	質問	回答
1-1-1	1-1. 名称等の表示・通知をしなければならない化学物質の追加	国によるGHS分類結果はどこで確認できるか？　また、ラベル・SDSの作成にあたり、国によるGHS分類結果を採用しなければならないか？	国（政府）によるGHS分類結果は、（独）製品評価技術基盤機構（NITE）のホームページで公開されています。なお、各事業者がラベルやSDSを作成する際に、事業者が持つ危険有害性情報に基づき、国によるGHS分類と異なる分類を行うことを妨げるものではありません。 〈（独）製品評価技術基盤機構（NITE）　NITE統合版GHS分類結果一覧〉 https://www.nite.go.jp/chem/ghs/ghs_nite_all_fy.html
1-1-2	1-1. 名称等の表示・通知をしなければならない化学物質の追加	天然物の抽出物等、天然由来のもののみからなる製品においても、表示・通知対象物質が裾切り値以上含まれる場合には、表示・通知の義務対象か？	天然物由来であるか否かに関わらず、ラベル表示・SDS交付の義務対象物質（表示・通知対象物質）を裾切り値以上含有する製品を譲渡・提供する場合は、ラベル表示・通知の義務対象となります。ただし、次のような製品は「主として一般消費者の生活の用に供するための製品」に該当し、表示・通知義務の適用が除外されます。 ・医薬品医療機器等法に定められている医薬品、医薬部外品及び化粧品 ・農薬取締法に定められている農薬 ・労働者による取扱いの過程において固体以外の状態にならず、かつ、粉状又は粒状にならない製品 ・表示対象物又は通知対象物が密閉された状態で取り扱われる製品 ・一般消費者のもとに提供される段階の食品 ・家庭用品品質表示法に基づく表示がなされている製品　など
1-1-3	1-1. 名称等の表示・通知をしなければならない化学物質の追加	追加された、または追加予定の物質やCAS番号はどこで確認できるか？	ラベル表示・SDS交付の義務対象物質（表示・通知対象物質）に追加する予定の候補物質については、（独）労働者健康安全機構労働安全衛生総合研究所のホームページにおいて、CAS登録番号を併記した物質リストを公開しています。 〈（独）労働者健康安全機構労働安全衛生総合研究所　労働安全衛生法に基づくラベル表示・SDS交付の義務化対象物質リスト〉 https://www.jniosh.johas.go.jp/groups/ghs/arikataken_report.html
1-1-4	1-1. 名称等の表示・通知をしなければならない化学物質の追加	表示・通知対象物質に追加される物質について、ラベル・SDS・リスクアセスメントをいつまでに実施しなければならないか？	令和4年2月の政令改正により表示・通知対象物質に追加した物質については、改正政令の施行日（令和6年4月1日）から表示、通知及びリスクアセスメントの実施が義務付けられます。 ただし、ラベルの貼替え等に係る事業者の負担を考慮し、施行日において「現に存するもの」については、名称等のラベル表示をさらに1年間猶予する経過措置が設けられています。 また、該当物質の譲渡・提供を受けた事業者がリスクアセスメント等の必要な対応を行うためには、施行日までに譲渡・提供を受ける全ての者に該当物質の危険有害性情報が伝達される必要があるため、安衛則第24条の15に基づき優先的にSDSの提供に努めてください。 なお、リスクアセスメントの実施時期については、今回の改正では変更されておらず次に該当する場合に実施してください。

A2.13

No	ジャンル	質問	回答
			〈法律上の実施義務〉 ・対象物を原材料などとして新規に採用したり、変更したりするとき ・対象物を製造し、または取り扱う業務の作業方法や作業手順を新規に採用したり変更したりするとき ・上記のほか、対象物による危険性または有害性などについて変化が生じたり、生じるおそれがあったりするとき（新たな危険有害性の情報が SDS などにより提供された場合など） 〈指針による努力義務〉 ・労働災害発生時（過去のリスクアセスメントに問題があるとき） ・過去のリスクアセスメント実施以降、機械設備などの経年劣化、労働者の知識経験などリスクの状況に変化があったとき ・過去にリスクアセスメントを実施したことがないとき（施行日前から取り扱っている物質を、施行日前と同様の作業方法で取り扱う場合で、過去に RA を実施したことがない、または実施結果が確認できない場合）
1-2-1	1-2. リスクアセスメント対象物に係る事業者の義務	「労働者がリスクアセスメント対象物にばく露される程度を最小限度にすること」の最小限度の目安は？	ばく露濃度の最小限度の基準はありませんが、各事業場でリスクアセスメントを実施した結果を踏まえて、ばく露濃度を最小限に抑えていただくことが必要となります。 なお、日本産業衛生学会の許容濃度、ACGIH の TLV-TWA 等が設定されている物質については、これらの値を参考にリスクアセスメントを実施し、ばく露濃度を最小限に抑えるなどの方法もあり、各事業場に応じた自律的な管理をお願いします。
1-2-2	1-2. リスクアセスメント対象物に係る事業者の義務	労働者がばく露される程度について「厚生労働大臣が定める濃度基準（濃度基準値）」は、SDS 等により通知すべき項目となるか。	「厚生労働大臣が定める濃度基準（濃度基準値）」については、「労働安全衛生法等の一部を改正する法律等の施行等（化学物質等に係る表示及び文書交付制度の改善関係）に係る留意事項について」の改正について（令和4年5月31日付け基安化発0531第1号）」により、「貯蔵又は取扱い上の注意」の1つとして、管理濃度等に加え記載することとされました。そのため、JIS Z 7253 に従って、SDS の「項目8－ばく露防止及び保護措置」の欄に記載するようにしてください。
1-2-3	1-2. リスクアセスメント対象物に係る事業者の義務	濃度基準値設定物質に関しては、濃度基準値以下とすることが義務化されるが、濃度基準値以下であることを事業者はどのように確認すればよいか？	濃度基準値以下と判断する基本的な考え方として、「化学物質による健康障害防止のための濃度の基準の適用等に関する技術上の指針（案）」においては、 ①事業場で使用する全てのリスクアセスメント対象物について、危険性又は有害性を特定し、労働者が当該物にばく露される程度を把握した上で、リスクを見積もること。 ②濃度基準値が設定されている物質について、リスクの見積りの過程において、労働者が当該物質にばく露される程度が濃度基準値を超えるおそれがある屋内作業を把握した場合は、ばく露される程度が濃度基準値以下であることを確認するための測定（以下「確認測定」という。）を実施すること。 とされています。確認測定の具体的な実施方法は、技術上の指針に記載されておりますので、そちらをご覧下さい。
1-2-4	1-2. リスクアセスメント対象物に係る事業者の義務	濃度基準値設定物質に関しては、濃度基準値以下とすることが義務化されるが、屋外作業場も同様の対応が求められるのか？	濃度基準値設定物質を濃度基準値以下とする義務は、屋内作業場を対象としているため、屋外作業場は対象外となります。ただし、屋外作業場であってもリスクアセスメントを実施し、ばく露を最小限とすることが必要となります。

A2.13

No	ジャンル	質問	回答
1-2-5	1-2. リスクアセスメント対象物に係る事業者の義務	ばく露される程度の低減のために実施した措置の内容及び労働者のばく露状況について、労働者の意見を聴く機会を設けるとともに、記録を作成しなければならないが、どのような項目を記録すべきか？　また決まった様式はあるか？	ばく露される程度の低減のために実施した措置の内容及び労働者のばく露状況の記録は次の項目について作成することが求められます。 ・リスクアセスメント対象物にばく露される程度を低減させるために講じた措置の内容 ・労働者のばく露状況 ・労働者の作業の記録（がん原性物質に限る。） ・関係労働者の意見の聴取状況 このうち、関係労働者の意見は、衛生委員会（労働者数 50 人未満の事業場は、労働安全衛生規則第 23 条の 2 に基づく意見聴取の機会）において聴くこととなり、当該衛生委員会又は意見聴取の機会ごとの記録を保存すれば足り、化学物質 1 つずつに対して意見聴取を行う必要はありません。 その他の事項については、取り扱った各物質に関する情報が判別できる形で記録を作成する必要があります。 なお、法令で決まった様式は定められていませんので、上記項目を満たした上で、各事業者で作成・保存しやすい形式で管理してください。
1-2-6	1-2. リスクアセスメント対象物に係る事業者の義務	ばく露される程度の低減のために実施した措置の内容及び労働者のばく露状況に関する記録作成は、作業の変更等、ばく露に影響を及ぼす変化が生じた場合に実施すればよいか？	ばく露される程度の低減のために実施した措置の内容及び労働者のばく露状況に関する労働者からの意見聴取や記録作成は、ばく露に影響を及ぼす変化の有無に関わらず、1 年を超えない期間ごとに 1 回、定期的に作成し、3 年間（がん原性物質の場合は 30 年間）保存する必要があります。
1-2-7	1-2. リスクアセスメント対象物に係る事業者の義務	ばく露される程度の低減のために実施した措置の内容及び労働者のばく露状況に関する労働者からの意見聴取は当該作業に係るすべての労働者に意見聴取する必要があるか？	意見聴取は、関係する労働者の代表者に実施すればよく、すべての労働者に対して求められるものではありません。また、衛生委員会（労働者数 50 人未満の事業場は、労働安全衛生規則第 23 条の 2 に基づく意見聴取の機会）に関係労働者やその代表者が参加している場合には、調査審議（意見聴取）と兼ねて行うことも可能です。
1-2-8	1-2. リスクアセスメント対象物に係る事業者の義務	リスクアセスメント対象物のうち、作業記録等の 30 年間保管が求められる「がん原性物質」とは何か？	作業記録やリスクアセスメント対象物健康診断の結果の 30 年間保存が必要ながん原性物質は、「労働安全衛生規則第 577 条の 2 第 3 項の規定に基づきがん原性がある物として厚生労働大臣が定めるもの（令和 4 年厚生労働省告示第 371 号）」で、リスクアセスメント対象物のうち、令和 3 年 3 月 31 日までに国による GHS 分類結果で発がん性区分 1 に該当すると分類された物質と示されています。ただし、次の物質および事業者ががん原性物質を臨時に取り扱う場合は除外されています。 ・エタノール ・特定化学物質障害予防規則の特別管理物質 なお、具体的な物質リストも厚生労働省のホームページで公開されています。 〈厚生労働省 労働安全衛生規則第 577 条の 2 の規定に基づき作業記録等の 30 年間保存の対象となる化学物質の一覧（令和 5 年 4 月 1 日及び令和 6 年 4 月 1 日適用分）〉 以下のページの「対象物質の一覧」参照 https://www.mhlw.go.jp/stf/seisakunitsuite/bunya/0000099121_00005.html

A2.13

No	ジャンル	質問	回答
1-2-9	1-2. リスクアセスメント対象物に係る事業者の義務	がん原性物質について30年間保管が求められる作業記録とはどのような項目を記載するのか？ また決まった様式はあるか？	がん原性物質の作業記録として30年間の保管が義務付けられるのは次の項目です。 ・がん原性物質を製造又は取り扱う業務に従事する労働者のがん原性物質のばく露状況 ・労働者の氏名 ・従事した作業の概要 ・当該作業に従事した期間 ・がん原性物質により著しく汚染される事態が生じたときはその概要及び事業者が講じた応急の措置の概要 なお、法令で決まった様式は定められていませんので、上記項目を満たした上で、各事業者で作成・保存しやすい形式で管理してください。
1-2-10	1-2. リスクアセスメント対象物に係る事業者の義務	ばく露される程度の低減のために実施した措置の内容及び労働者のばく露状況に関する記録作成において、リスクアセスメント対象物のうち、安衛法第28条第3項に基づくがん原性指針の対象物質に基づき従来から対応している場合には追加的な対応は不要か？	ばく露される程度の低減のために実施した措置の内容及び労働者のばく露状況に関する記録作成では、がん原性指針の項目に追加して、リスクアセスメントの結果等に基づき講じた措置の状況や、ばく露の状況などの記録が求められているため、追加的な対応が必要になります。
1-3-1	1-3. 皮膚等障害化学物質への直接接触の防止	皮膚等障害化学物質への直接接触の防止において、保護具着用が義務化される「皮膚等障害化学物質等」とは何か？	皮膚等障害化学物質等とは、安衛則上「化学物質または化学物質を含有する製剤で、皮膚若しくは眼に障害を与えるおそれ又は皮膚から吸収され、若しくは皮膚に浸入して、健康障害を生ずるおそれがあることが明らかなもの」と規定したところです。今回の改正では保護具着用義務の対象を次の3つに区分しています。 ・おそれのあることが明らかなもの：義務の対象 　国が公表するGHS分類結果及び譲渡提供者より提供されたSDS等に記載された有害性情報のうち、「皮膚腐食性・刺激性」、「眼に対する重篤な損傷性・眼刺激性」及び「呼吸器感作性又は皮膚感作性」のいずれかで区分1に分類されているもの及び別途示すもの ・おそれがないことが明らかなもの：義務の対象外 　国が公表するGHS分類結果及び譲渡提供者より提供されたSDS等に記載された有害性情報のうち、「皮膚腐食性・刺激性」、「眼に対する重篤な損傷性・眼刺激性」及び「呼吸器感作性又は皮膚感作性」のいずれも「区分に該当しない」と記載され、かつ、「皮膚腐食性・刺激性」、「眼に対する重篤な損傷性・眼刺激性」及び「呼吸器感作性又は皮膚感作性」を除くいずれにおいても、経皮による健康有害性のおそれに関する記載がないもの ・おそれがないことが明らかではないもの：努力義務の対象 　上記以外のもの なお、これら3つの区分の対象物質については、今後通達等で示される予定です。
1-3-2	1-3. 皮膚等障害化学物質への直接接触の防止	皮膚等障害化学物質への直接接触の防止において、義務および努力義務の対象となるのは、要件に該当するリスクアセスメント対象物に限定されるか？	皮膚等障害化学物質への直接接触の防止における保護具着用の義務および努力義務は、リスクアセスメント対象物に限定しているものではありません。国が公表するGHS分類結果及び譲渡提供者より提供されたSDS等の情報から要件に該当する場合には、義務および努力義務の対象となります。

A2.13

No	ジャンル	質問	回答
1-3-3	1-3. 皮膚等障害化学物質への直接接触の防止	SDS の提供が努力義務の化学品の場合、化学品の使用者に SDS が提供されない場合も想定される。SDS で「皮膚等障害化学物質等」が確認できない場合は、どのように対応すべきか？	SDS 等によって「おそれがあることが明らかなもの」、「おそれがないことが明らかなもの」の確認ができない場合は、「おそれがないことが明らかではないもの」に該当し、保護具着用の努力義務の対象となります。 しかしながら、危険有害性を有する化学品であれば、通知対象物以外であっても SDS 提供の努力義務の対象であるため、化学品の提供元に確認する等の対応を図ることが推奨されます。
1-3-4	1-3. 皮膚等障害化学物質への直接接触の防止	皮膚等障害化学物質への直接接触を防止するための、保護具の選定にあたって参考となる基準等はあるか？	平成 29 年 1 月 12 日付で通達「基発 0112 第 6 号 化学防護手袋の選択、使用等について」が発出されており、この通達に不浸透性の定義や化学防護手袋の選択基準などが示されています。また、参考となる JIS 規格は、JIS T 8116（化学防護手袋）、JIS T 8005（防護服の一般要求事項）が制定されています。
1-4-1	1-4. 衛生委員会付議事項の追加	衛生委員会において、自律的な管理の実施状況を労使で共有し調査審議を行うこととあるが、頻度は調査審議発生の都度実施の理解で良いか。例えば、半期毎などある程度集約し調査審議するなど事業者側でその頻度を決めてよいか。	安衛則第 23 条第 1 項において、安全衛生委員会又は衛生委員会を毎月 1 回以上開催するようにしなければならないとしていますが、同条第 2 項において、調査審議事項等については、委員会で定めるところによるとされていることから、化学物質の自律的な管理の状況をどの程度の頻度で調査審議事項とするかについては、各事業場の実態に応じてご判断いただくことになります。
1-4-2	1-4. 衛生委員会付議事項の追加	ばく露される程度の低減のために実施した措置の内容及び労働者のばく露状況について、労働者の意見聴取が求められているが、追加された衛生委員会付議事項と重複する部分もあるため、衛生委員会であわせて実施し、記録は議事録に記載することでよいか？	関係労働者又はその代表が衛生委員会に参加している場合等は、安衛則第 22 条第 11 号の衛生委員会における調査審議と兼ねて行っても差し支えありません。また、その記録については、衛生委員会の議事録への記載で結構です。
1-5-1	1-5. 化学物質によるがんの把握強化	労働者のがん等の罹患情報は個人情報であるが、事業者は労働者のがん等の罹患情報をどのように把握すべきか？	がん罹患労働者の把握については、労働者の自発的な申告や衛生委員会等で定めた社内の規定、休職手続等で職務上事業者が把握した場合に限るものです。そのため、労働安全関連法令を根拠として、労働者の個人情報の提供を強要することは避け、事前に労使で協議を行った上で、情報の取り扱い方法や取り扱い範囲を決めて、産業医などと相談しながら、本人の同意のもとに情報を収集することが望ましいと考えます。
1-6-1	1-6. リスクアセスメント結果等に係る記録の作成保存	リスクアセスメント結果としてどのような内容を記録する必要があるか？ また決められた様式はあるか？	従来、労働者への周知項目として定められていた次の項目がリスクアセスメント結果の記録となります。 ・リスクアセスメント対象物の名称 ・業務内容 ・リスクアセスメント結果 ・リスクアセスメント結果に基づき事業者が講じる労働者の危険又は健康障害を防止するため必要な措置の内容 なお、業種や事業場、作業方法によって使い易い様式は異なるものと考えられるため、法令で決まった様式は定められていません。事業場の実態に即した様式で記録保管してください。

A2.13

No	ジャンル	質問	回答
1-6-2	1-6. リスクアセスメント結果等に係る記録の作成保存	リスクアセスメントの記録はリスクアセスメントを実施した場合に作成することが必要となるが、リスクアセスメントの実施頻度は定められているか？	リスクアセスメントの実施時期は今回の改正では変更されておらず、「対象物を原材料などとして新規に採用したり、変更したりするとき」などに該当する場合に実施が義務づけられていますが、実施頻度は定められていません。そのため、記録保管期間は、次にリスクアセスメントを行うまでの期間（ただし 3 年以内に次のリスクアセスメントを行ったときは 3 年間）となります。
1-7-1	1-7. 化学物質労災発生事業場等への監督署長による指示	新たに設けられた「化学物質管理専門家」の要件は？	化学物質管理専門家の要件は「労働安全衛生規則第三十四条の二の十第二項等の規定に基づき厚生労働大臣が定める者（令和 4 年厚生労働省告示第 274 号）」によって次の要件が定められています。 ・労働衛生コンサルタント試験（労働衛生工学に限る）に合格し、安衛法第八十四条第一項の登録を受けた者で、5 年以上化学物質の管理に係る業務に従事した経験を有するもの ・安衛法第十二条第一項の規定による衛生管理者のうち、衛生工学衛生管理者免許を受けた者で、その後 8 年以上安衛法第十条第一項各号の業務のうち衛生に係る技術的事項で衛生工学に関するものの管理の業務に従事した経験を有するもの ・作業環境測定士で、その後 6 年以上作業環境測定士としてその業務に従事した経験を有し、かつ、厚生労働省労働基準局長が定める講習を修了したもの ・上記と同等以上の能力を有すると認められる者として通達に定められた次のもの 　- 安衛法第 82 条第 1 項の労働安全コンサルタント試験（化学に限る）に合格し、法第 84 条第 1 項の登録を受けた者であって、その後 5 年以上化学物質に係る法第 81 条第 1 項に定める業務（専門家告示（粉じん則）第 4 号においては、粉じんに係る法第 81 条第 1 項に定める業務）に従事した経験を有するもの 　- 一般社団法人日本労働安全衛生コンサルタント会が運用している「生涯研修制度」による CIH（Certified Industrial Hygiene Consultant）労働衛生コンサルタントの称号の使用を許可されているもの 　- 公益社団法人日本作業環境測定協会の認定オキュペイショナル・ハイジニスト又は国際オキュペイショナル・ハイジニスト協会（IOHA）の国別認証を受けている海外のオキュペイショナル・ハイジニスト若しくはインダストリアル・ハイジニストの資格を有する者 　- 公益社団法人日本作業環境測定協会の作業環境測定インストラクターに認定されている者 　- 労働災害防止団体法第 12 条の衛生管理士（法第 83 条第 1 項の労働衛生コンサルタント試験（労働衛生工学に限る）に合格した者に限る）に選任された者であって、5 年以上労働災害防止団体法第 11 条第 1 項の業務又は化学物質の管理に係る業務を行った経験を有する者
1-7-2	1-7. 化学物質労災発生事業場等への監督署長による指示	監督署長からの指示を受けた場合に相談・助言・指導を受けることが義務付けられた「化学物質管理専門家」は、指示を受けた事業者が任命するのか？	事業者が自ら化学物質管理専門家に助言等を依頼することになります。
1-7-3	1-7. 化学物質労災発生事業場等への監督署長による指示	監督署長からの指示を受けた場合に相談・助言・指導を受けることが義務付けられた「化学物質管理専門家」は、要件を満たせば事業場内の人でよいか？	化学物質による労働災害が発生した事業場等に対し、労働基準監督署長が改善の指示を行ったときは、事業者は、化学物質管理専門家からの助言等を受けなければなりません。この場合の化学物質管理専門家において、所属は問いませんが、客観的な判断を行う必要があるため、事業場に属さない者（同一法人の別事業場に所属する化学物質管理専門家を含む）であることが望ましいです。

A2.13

No	ジャンル	質問	回答
1-7-4	1-7. 化学物質労災発生事業場等への監督署長による指示	「化学物質による労働災害が発生した、又はそのおそれのある事業場」の対象は、化学物質による健康障害のことであって、物質による切創や、不活性ガスによる酸欠労働災害は含まないと考えてよいか。また、過去労働者における石綿やじん肺等の労災認定も含まれるか？	「化学物質による労働災害」には、物質による切創等のけがは含まれませんが、一酸化炭素や硫化水素等による酸欠、化学物質（石綿を含む。）による急性又は慢性中毒、がん等の疾病は含みます。また、粉じん状の化学物質による中毒等は化学物質による労働災害に含まれますが、粉じんの物理的性質による疾病であるじん肺は含まれません。
1-8-1	1-8. リスクアセスメント等に基づく健康診断の実施・記録作成等	「労働者が厚生労働大臣が定める濃度基準を超えてばく露したおそれがあるときは、速やかに医師等による健康診断を行うこと」とあるが、濃度基準を超過したことを常時測定することは困難であるが、どのように判断すべきか？	「厚生労働大臣が定める濃度の基準を超えてリスクアセスメント対象物にばく露したおそれがあるとき」とは、ばく露濃度の常時測定を求めるという趣旨ではなく、例えば、リスクアセスメント対象物が漏えいし、労働者が当該物質を大量に吸引したとき等明らかに濃度の基準を超えるようなばく露があったと考えられるとき、リスクアセスメントの結果に基づき講じたばく露防止措置（呼吸用保護具の使用等）に不備があり、濃度の基準を超えてばく露した可能性があるとき及び事業場における定期的な濃度測定の結果、濃度の基準を超えていることが明らかになったときが含まれます。
1-8-2	1-8. リスクアセスメント等に基づく健康診断の実施・記録作成等	リスクアセスメント対象物の健康診断の実施は事業者の判断で実施要否を決めればよいか？	リスクアセスメント対象物の健康診断は、リスクアセスメントの結果に基づき、衛生委員会等において関係労働者の意見を聴き、リスクの程度に応じて健康診断の実施を事業者が判断することとしています。
1-8-3	1-8. リスクアセスメント等に基づく健康診断の実施・記録作成等	リスクアセスメント対象物の健康診断結果の記録保存は、電子データによる保存も可能か？	厚生労働省の所管する法令の規定に基づく民間事業者等が行う書面の保存等における情報通信の技術の利用に関する省令の改正により、リスクアセスメント対象物の健康診断をはじめとする各種の記録は、電子データによる保存も可能です。
2-1-1	2-1. 化学物質管理者の選任義務化	新たに選任が求められた化学物質管理者はどのような職務を遂行することが求められるのか？	化学物質管理者は、リスクアセスメントの実施に関すること等の化学物質の管理に係る技術的事項を管理する者であり、事業者の責任において選任するものです。具体的な業務範囲は改正安衛則第12条の5において、以下の事項と規定しております。 1．ラベル表示及びSDS交付に関すること。 2．リスクアセスメントの実施に関すること。 3．リスクアセスメントの結果等に基づき事業者が講ずる措置の内容及びその実施に関すること。 4．リスクアセスメント対象物を原因とする労働災害が発生した場合の対応に関すること。 5．リスクアセスメントの結果の記録の作成及び保存並びにその周知に関すること。 6．リスクアセスメントの結果等に基づき事業者が講じた措置の状況等の記録の作成及び保存並びにその周知に関すること。 7．1から4までの事項の管理を実施するに当たっての労働者に対する必要な教育に関すること。 なお、化学物質管理者に求められる業務は、上記業務を「管理」することであって、実際の業務を必ずしも自らが行う必要はありません。これらの業務は、従前の担当者が引き続き行い、化学物質管理者はその業務を管理する役割として位置づけられます。

A2.13

No	ジャンル	質問	回答
2-1-2	2-1. 化学物質管理者の選任義務化	化学物質管理者は、業務の「管理」が求められることから、役職者から選任する必要があるか？ また他の職務との兼任や外部委託は認められるか？	化学物質管理者の選任に当たっては、当該管理者が実施すべき業務をなし得る権限を付与する必要があり、事業場において相応するそれらの権限を有する役職に就いている者を選任することが望ましいと考えます。 また、化学物質管理者の職務を適切に行える範囲であれば、その他の職務と兼務することは差し支えありません。一方、化学物質管理者が実施すべき業務に必要な権限を付与する必要があることから、事業場内の労働者から選任することが原則となります。
2-1-3	2-1. 化学物質管理者の選任義務化	工場でリスクアセスメント対象物を製造し、別事業場でラベル・SDS を作成している場合や、海外からリスクアセスメント対象物を輸入し、ラベル・SDS を作成している場合等、ラベル・SDS の作成のみを行う事業場も、化学物質管理者の選任が必要か？	リスクアセスメント対象物の製造又は取り扱いを行っていない場合でも、リスクアセスメント対象物の譲渡又は提供を行っている事業場や、リスクアセスメント対象物を製造する事業場とは別の事業場でラベル・SDS を作成している場合は、当該ラベル・SDS 作成を行う事業場においても化学物質管理者の選任が必要となります。 ただし、リスクアセスメント対象物を製造する事業場には該当しませんので、化学物質管理者の選任に当たって、特段の資格要件は設けませんが、厚生労働大臣が定める化学物質の管理に関する講習を受講することを推奨しています。 また、事業場内で混合・調合して（化学変化を伴うものを含む）そのまま消費する場合も、物を製造して出荷しているわけではないので、「リスクアセスメント対象物の製造事業場」に該当しません。
2-1-4	2-1. 化学物質管理者の選任義務化	化学物質管理者の選任において、リスクアセスメント対象物の製造事業場では専門的講習の受講が必要だが、リスクアセスメント対象物の小分けや破砕を行う事業場は製造事業場に該当するか？	譲渡提供を目的として、混合や精製など、化学品の組成の変更を伴う作業を行う事業場は製造事業場に該当するため、化学物質管理者の選任にあたっては、専門的講習の受講が必要になります。一方、小分け・破砕は「取扱い」に該当し、化学物質管理者の資格要件はありません。
2-1-5	2-1. 化学物質管理者の選任義務化	化学物質の取扱いがなく、またラベル・SDS に関する業務にもかかわりがないもののリスクアセスメント対象物を販売している営業所等の事業場も「譲渡・提供を行う事業場」に該当し化学物質管理者の選任が必要か？	化学物質管理者の選任が必要な「リスクアセスメント対象物の譲渡・提供を行う事業場（製造又は取り扱う事業場を除く。）」とは、製造・取扱いは行わないが、ラベル・SDS の作成やその管理等を行っている事業場のことを指します。 「支店・営業所」等の名称で判断するものではなく、実態による判断となりますが、いわゆる営業窓口のみで実態として化学物質管理を行っていない事業場については、選任義務はありません。
2-1-6	2-1. 化学物質管理者の選任義務化	リスクアセスメント対象物を譲渡提供する事業場（業種・規模要件なし）において、化学物質管理者の選任が必要となりましたが、リスクアセスメント対象物を直接取り扱っていない場合においても化学物質管理者の選任は必要か。	リスクアセスメント対象物を直接取り扱っていなくても、リスクアセスメント対象物の譲渡提供を行っている事業場では化学物質管理者の選任が必要となります。 ただし、例えば、本社にてラベル・SDS の作成等をまとめて行っており、支社等においてラベル・SDS の作成等を行っていない場合は、支社等において化学物質管理者の職務を行うことができないため、支社等で化学物質管理者の選任は不要となります。ただし、本社において選任した化学物質管理者が、支社等も含めた化学物質の管理を行う必要があります。

A2.13

No	ジャンル	質問	回答
2-1-7	2-1. 化学物質管理者の選任義務化	化学物質管理者の専門的講習は、どのような組織がどのような内容で実施するのでしょうか？	講習機関に対する登録等の規定はありませんので、どのような機関が講習を実施するかを国が把握する制度にはなっていません。これまで労働安全衛生法関連の講習を実施してきた機関等で講習が開催されています。 また、化学物質管理者の専門的講習の内容については、「労働安全衛生規則第十二条の五第三項第二号イの規定に基づき厚生労働大臣が定める化学物質の管理に関する講習（令和4年厚生労働省告示第276号）」で次のように定めています。 ・化学物質の危険性及び有害性並びに表示等：2.5 時間 ・化学物質の危険性又は有害性等の調査：3.0 時間 ・化学物質の危険性又は有害性等の調査の結果に基づく措置等その他必要な記録等：2.0 時間 ・化学物質を原因とする災害発生の対応：0.5 時間 ・関係法令：1.0 時間 ・化学物質の危険性又は有害性等の調査の結果に基づく措置等に関する実習：3.0 時間
2-1-8	2-1. 化学物質管理者の選任義務化	化学物質管理者の専門的講習を自社で行うことは可能か？　その場合の要件は？	自社で講習を実施していただいてもかまいません。ただし、自社で実施する場合も、「労働安全衛生規則第十二条の五第三項第二号イの規定に基づき厚生労働大臣が定める化学物質の管理に関する講習（令和4年厚生労働省告示第276号）」で定める講義、実習、講師の規定を遵守する必要があります。
2-1-9	2-1. 化学物質管理者の選任義務化	化学物質管理者や保護具着用管理責任者の選任について、労働基準監督署への届出が必要か？	化学物質管理者や保護具着用管理責任者の選任にあたり、労働基準監督署への届出は不要です。ただし、選任した時には氏名の掲示や腕章、イントラネット等によって関係する労働者に周知することが必要です。
2-2-1	2-2. 保護具着用責任者の選任義務化	保護具着用管理責任者はすべての事業場で選任する必要があるか？	保護具着用管理責任者は、 ・リスクアセスメント対象物を製造し、又は取り扱う事業場であって、リスクアセスメントの結果に基づく措置として労働者に保護具を使用させる場合 ・特化則や有機則等の特別則における、第三管理区分作業場について、作業環境の改善が困難と判断された等の場合 には、選任が必要です。 保護具着用管理責任者は、業種や規模にかかわらず、上記に該当する全ての事業場で選任しなければならないものであり、適切に職務が行える範囲で選任・配置する必要があります。
2-2-2	2-2. 保護具着用責任者の選任義務化	保護具着用管理責任者の選任に必要な要件は？	保護具着用管理責任者は「保護具に関する知識及び経験を有すると認められる者」から選任する必要があります。具体的には「労働安全衛生規則等の一部を改正する省令等の施行について（令和4年5月31日付け基発0531第9号）（令和4年9月7日一部改正）」において、化学物質管理専門家、作業環境管理専門家、労働衛生コンサルタント、第一種衛生管理者、作業主任者等の資格者に加え、安全衛生推進者の講習を修了した者が挙げられています。 また、上記該当者を選任することができない場合には、「保護具の管理に関する教育を受講した者」からの選任も可能となっています。 なお、「保護具の管理に関する教育」については、「保護具着用管理責任者に対する教育の実施について（令和4年12月26日付け基安化発1226第1号）」によって、次のカリキュラムが示されています。 ・保護具着用管理：0.5 時間 ・保護具に関する知識：3.0 時間 ・労働災害に関する知識：1.0 時間 ・関係法令：0.5 時間 ・保護具の使用方法等（実技）：1.0 時間

A2.13

No	ジャンル	質問	回答
2-2-3	2-2. 保護具着用責任者の選任義務化	保護具着用管理責任者は化学物質管理者等との兼務は可能か？	保護具着用管理責任者は、適切に職務が行える範囲であれば、化学物質管理者や作業主任者等と兼務することは差し支えありません。また、適切に職務が行える範囲で、それぞれの作業場所等で複数の保護具着用管理責任者を選任・配置することも差し支えありません。 ただし、特化則や有機則等の特別規則における第三管理区分作業場において、作業環境の改善が困難と判断された場合等の措置として保護具着用管理責任者を選任する場合は、作業主任者が保護具着用管理責任者と兼務することはできません。
2-3-1	2-3. 雇入れ時等教育の拡充	雇い入れ時等教育の拡充に関して、事務職等化学物質を取り扱うことがない労働者も教育対象か？	雇入れ時教育につきましては、次の1〜4の事項について、これまで特定の業種においては、省略することが認められておりましたが、令和6年4月以降は実施することが義務付けられます。 1．機械等、原材料等の危険性又は有害性及びこれらの取り扱い方法に関すること 2．安全装置、有害物抑制装置又は保護具の性能及びこれらの取り扱い方法に関すること 3．作業手順に関すること 4．作業開始時の点検に関すること 労働者が従事する業務に応じて、必要な教育を実施していただくことになります。従いまして、事務職などで全く化学物質を取扱うことがない労働者については、化学物質に関係する教育の内容は、省略されても構いません。
2-4-1	2-4. 職長等に対する安全衛生教育が必要となる業種の拡大	新たに「食品製造業」および「新聞業、出版業、製本業及び印刷物加工業」が職長教育の対象となったが、従来対象となっていた他製造業等と同様の教育が必要か？	新たに指定された「食品製造業」および「新聞業、出版業、製本業及び印刷物加工業」の職長についても、労働災害防止のため最低限必要な教育として、労働安全衛生規則第40条第2項に規定された次の教育を受けることが必要です。ただし、実際の教育内容は各事業場の作業に応じた内容を実施する必要があります。 ・作業方法の決定及び労働者の配置に関する事項：2.0 時間 ・指導及び教育の方法、労働者に対する指導又は作業中における監督の方法に関する事項：2.5 時間 ・危険性又は有害性等の調査及びその結果に基づき講ずる措置に関する事項：4.0 時間 ・異常時等における措置に関する事項：1.5 時間 ・その他現場監督者として行うべき労働災害防止活動に関する事項：2.0 時間
3-1-1	3-1. SDS 等による通知方法の柔軟化	SDS をホームページに掲載することで提供する場合、ホームページに掲載すれば通知したとみなされるか？　それともホームページへの掲載に加えメール等でホームページのリンク等を譲渡・提供先に通知することは必要か？	ホームページに SDS を掲載する場合、リンク先をメールや二次元コード等で相手側に通知し閲覧を求めることが必要です。
3-1-2	3-1. SDS 等による通知方法の柔軟化	流通事業者が SDS を交付する際、製造元、輸入元、販売元の SDS を閲覧できるホームページのアドレスをメール等で伝達することにより通知する方法は可能か？	可能です。例えば、流通事業者においては、製造・輸入元のホームページのアドレスの伝達とあわせて自社の名称、住所及び電話番号をメール等で伝達する方法や、製造・輸入元の SDS に自社の名称、住所及び電話番号を併記したものを自社のホームページに掲載し、そのアドレスを伝達し、閲覧を求める方法などが考えられます。

A2.13

No	ジャンル	質問	回答
3-1-3	3-1. SDS 等による通知方法の柔軟化	SDS をホームページに掲載する場合や電子メールで提供する場合、交付したことを示す記録保管は必要か？	法令上、SDS の提供元においてホームページからのダウンロードや電子メールの送信記録に関する保管義務はありません。各事業者で管理上の必要に応じて保存の要否を判断してください。
3-2-1	3-2.「人体に及ぼす作用」の定期確認及び更新	人体に及ぼす作用とは具体的に SDS のどの項目を指すのか？	人体に及ぼす作用とは、JIS Z 7253 に沿った SDS の項目では「11. 有害性情報」が該当します。また、「11. 有害性情報」の更新に伴って、必要に応じて「2. 危険有害性の要約」や「8. ばく露防止及び保護措置」の更新が必要となる場合があります。
3-2-2	3-2.「人体に及ぼす作用」の定期確認及び更新	SDS の 5 年以内ごとの記載内容の変更の要否の確認において、変更が必要な場合には 1 年以内に更新することが義務付けられるが、ラベル表示についても 1 年以内に更新することが必要か？	ラベル表示については、在庫について一定期間内に全て貼り替えることが困難と考えられることから、法令で一律に更新の義務は定めていませんが、在庫が切り替わるタイミングで新たなラベル表示をお願いします。
3-2-3	3-2.「人体に及ぼす作用」の定期確認及び更新	SDS の 5 年以内ごとの記載内容の変更の要否の確認において、変更の必要がないことを確認した場合は、SDS を更新しなくてよいか？その場合、確認結果を譲渡提供先に通知することなく従来の SDS を使用し続けてよいか？	SDS の記載内容の変更の要否を確認した結果、変更の必要がない場合には SDS を更新する義務はありません。また、SDS の記載内容に変更の必要がない場合は、相手方に通知を行う必要もありません。ただし、各事業者において SDS の改訂情報を管理する上で、変更の必要がないことを確認した日を記録しておくことが望ましいと考えます。
3-2-4	3-2.「人体に及ぼす作用」の定期確認及び更新	「人体に及ぼす作用」の定期的な確認について、施行後に発行する SDS から義務が適用されるのか？	SDS の「人体に及ぼす作用」の 5 年以内ごとの定期的な確認については、施行日前に作成された SDS も対象となります。施行日（令和 5 年 4 月 1 日）時点において現に存する SDS については、施行日から 5 年以内（令和 10 年 3 月 31 日まで）に 1 回目の確認を行う必要があります。
3-2-5	3-2.「人体に及ぼす作用」の定期確認及び更新	SDS 交付対象物以外の化学品で SDS を提供している場合、「人体に及ぼす作用」の定期確認及び更新は義務か？	SDS 交付が努力義務となっている化学品については、「人体に及ぼす作用」の定期確認及び更新も努力義務として位置づけられます。また、主として一般消費者の生活の用に供される製品については、SDS 交付の義務対象から除外されているものであるため、SDS の 5 年に 1 回の確認等の義務はありません。
3-2-6	3-2.「人体に及ぼす作用」の定期確認及び更新	SDS の定期確認および更新の義務は SDS を受領する側の事業者も対象か？	SDS の定期確認および更新の義務は、SDS を提供する側の義務であり、SDS を受領する側の義務ではありません。ただし、SDS を受領する事業者においても、SDS の更新の有無について適宜確認することが望まれます。
3-3-1	3-3. 通知事項の追加及び含有量表示の適正化	SDS の成分及び含有量の記載について、化管法では有効数値 2 桁と定められているが、安衛法では有効数値何桁で記載すべきか？	安衛法関係法令では、SDS に記載する含有量の有効数字の桁数を定めていませんので、各製品の仕様上合理的な桁数で記載してください。ただし、裾切り値がある場合には、裾切り値以下か以上かが分かる形で記載してください。
3-3-2	3-3. 通知事項の追加及び含有量表示の適正化	製品の特性上、含有量に幅が生じる場合でも濃度範囲ではなく、重量パーセントでの数値記載が必須か？	SDS の含有量記載方法については、重量パーセントの数値記載が原則となりますが、製品の特性上、含有量に幅が生じるもの等については、濃度範囲による記載も可能です。濃度範囲で記載する場合は、実際の製品の仕様上合理的な濃度範囲を記載することとなります。

A2.13

No	ジャンル	質問	回答
3-3-3	3-3. 通知事項の追加及び含有量表示の適正化	類似製品の SDS を濃度範囲で表記することでまとめて作成することは可能か？	1 製品に対して 1 つの SDS を作成することが原則ですが、含有量が多少異なるものの、危険有害性等 SDS の各項目の内容に変更がないような場合には、合理的な範囲内で 1 つの SDS にまとめ、含有量を濃度範囲で示す方法も考えられます。
3-3-4	3-3. 通知事項の追加及び含有量表示の適正化	SDS の通知事項に追加される「想定される用途及び当該用途における使用上の注意」とは、JIS Z 7253：2019 のどの項目に該当するのか？	「JIS Z 7253：2019 附属書 D　D.2　項目 1─化学品及び会社情報」には、「必要な場合には、化学品の推奨用途を記載することが望ましい。また、使用上の制限について、安全の観点から可能な限り記載するのが望ましい。」との記載があり、「想定される用途及び当該用途における使用上の注意」は、JIS Z 7253 における化学品の推奨用途と使用上の制限に相当するものです。
3-3-5	3-3. 通知事項の追加及び含有量表示の適正化	SDS に記載する「保護具の種類」はどの程度具体的に記載するのが良いのでしょうか。	「保護具の種類」に記載するのは、推奨用途での使用を想定した場合に、吸入や皮膚接触を防止するための保護具の種類になります。本改正内容に沿った具体的な SDS 記載例を（一社）日本化学工業協会がホームページで公開していますので、その記載例を参考にしてください。 〈（一社）日本化学工業協会 令和 4 年労働安全衛生法政省令改正に対応した SDS 記載例〉 https://www.nikkakyo.org/news/page/9617
3-4-1	3-4. 事業場内別容器保管時の措置の強化	事業場内で別容器等で保管する場合の名称及び人体に及ぼす作用の明示について、容器へのラベル貼付以外にも方法があるか？	事業場内で別容器等で保管する場合の名称及び人体に及ぼす作用の明示については、ラベル表示、SDS の閲覧、使用場所への掲示、必要事項を記載した一覧表の備え付け、記録媒体に記録しその内容を常時確認できる機器を設置すること等、各事業場での取扱い方法に応じて労働者に確実に伝達できる方法で実施してください。例えば、各容器にサンプル番号を付し、番号と名称及び人体に及ぼす作用を別途掲示等する方法も考えられます。
3-4-2	3-4. 事業場内別容器保管時の措置の強化	計量し他容器に移し替えるが、すぐに作業を行い、保管しないような場合にも明示は必要か？	本規定は、対象物を保管することを目的として容器に入れ、又は包装し、保管する場合に適用されます。保管を行う人と保管された物を取り扱う人が異なる場合の危険有害性の情報伝達が主な目的であるため、他容器に一時的に移し替えるだけで保管せず、その場で使い切る場合等は、保管する場合には該当しないため、対象とはなりません。
3-4-3	3-4. 事業場内別容器保管時の措置の強化	別容器保管時に明示が求められる「人体に及ぼす作用」とはラベル記載項目のどれに該当するか？	「人体に及ぼす作用」は、ラベル記載項目のうち「有害性情報」が該当します。
3-5-1	3-5. 注文者が必要な措置を講じなければならない設備範囲の拡大	通知対象物を製造または取扱う設備であれば、設備の種類に関係なく、安全衛生確保措置等を記載した文書を請負者に交付しなければならないか？	設備で製造し、又は使用されている物質に通知対象物が含まれている場合は設備の種類に関係なく、注文者は、設備の改造や修理・清掃等の請負人に対して、SDS など次の事項を記載した文書を交付する必要があります。 ・化学物質の危険性及び有害性 ・作業において注意すべき事項 ・安全衛生確保措置 ・流出その他事故発生時の応急措置
3-5-2	3-5. 注文者が必要な措置を講じなければならない設備範囲の拡大	設備の修理にあたり、請負人が自ら調達した通知対象物についても、注文者としての措置が必要か？	請負人が自ら調達した通知対象物については、請負人が SDS 等を受領し、必要な対応を図ることが可能であるため、注文者の措置義務には該当しません。
3-5-3	3-5. 注文者が必要な措置を講じなければならない設備範囲の拡大	通知対象物を取り扱っていない稼働時間外に、改造や修理・清掃等を行う場合でも、注文者としての措置が必要か？	改造や修理等の作業は一般的に稼働時間外に実施されることと想定されますが、その場合であっても通知対象物等による請負人へのばく露が想定されることから、稼働の有無に関わらず、注文者は、請負人に対して法令で定めている事項を記載した文書を交付する必要があります。

A2.13

No	ジャンル	質問	回答
4-1-1	4-1. 管理水準良好事業場の特別規則適用除外	特別規則の適用除外の認定要件の1つである「異常所見があると認められる労働者がいなかったこと」というのは、全ての特別則に基づく特殊健康診断結果が対象か？	適用除外の申請を行う対象の特別規則で規定する特殊健康診断結果において、新たに異常所見があると認められる労働者がいないことが要件の1つです。 そのため、適用除外を申請しない特別規則で規定する特殊健康診断結果が認定要件となっているわけではありません。
4-1-2	4-1. 管理水準良好事業場の特別規則適用除外	特別規則の適用除外の認定要件の1つである「化学物質管理専門家の配置」は事業場に専属させる必要があるか？	各事業場に配置する化学物質管理専門家は、当該事業場に専属の者を配置していただく必要があります。
4-1-3	4-1. 管理水準良好事業場の特別規則適用除外	特別規則の適用除外に認定されれば、特別規則のすべての規定から除外されるのか？	認定によって適用が除外される規定は、健康診断、保護具、清掃に関する規定以外の規定が適用除外となります。
4-1-4	4-1. 管理水準良好事業場の特別規則適用除外	適用除外の認定を受ければ作業環境測定の義務も除外されるが、更新時にも認定時と同様に作業環境測定の結果が求められており、結果として認定後も作業環境測定が必要なのか？	認定時と更新時の作業環境測定に関する要件は次のようになっています。 ・認定時：過去3年間に当該事業場の作業場所について行われた作業環境測定の結果が全て第一管理区分に区分された ・更新時：過去3年間に当該事業場の作業場所に係る作業環境が第一管理区分に相当する水準である このように、更新時には必ずしも作業環境測定の実施が求められているわけではありません。ただし、第一管理区分に相当する水準を維持していることを個人ばく露測定の結果による評価、作業環境測定の結果による評価又は数理モデルによる評価など、何らかの手段で評価し、その評価結果について、当該事業場に属さない化学物質管理専門家の評価を受けることが必要です。
4-2-1	4-2. 特殊健康診断の実施頻度の緩和	特殊健康診断の実施頻度緩和について、条件が満たされれば、事業者において実施頻度緩和のタイミングを決めてよいか。また、労働基準監督署等への届出等は必要か？	特殊健康診断の実施頻度の緩和は一定の要件に該当する旨の情報が揃ったタイミングで、各事業者が労働者ごとに判断して行うこととしています。このため、特殊健康診断の実施頻度の緩和にあたり、所管の労働基準監督署や都道府県労働局に対する届出等を行う必要はありません。
4-2-2	4-2. 特殊健康診断の実施頻度の緩和	屋外作業場の作業に従事する労働者で特殊健康診断の実施対象者の場合も、実施頻度の緩和の規定は適用可能か？	特殊健康診断の実施頻度緩和の規定の適用については、当該業務を行う場所について作業環境測定の実施及びその結果の評価が法令で規定されるもののみを対象としています。したがって、法令で作業環境測定の実施及びその結果の評価が義務付けられていない屋外作業場については、今回の特殊健康診断の実施頻度緩和の対象とはなりません。
4-2-3	4-2. 特殊健康診断の実施頻度の緩和	特殊健康診断の実施頻度緩和の条件の1つに、「直近の健康診断実施日からばく露量に大きな影響を与えるような作業内容の変更がないこと」があるが、大きな影響の有無についての判断基準はあるか？	「ばく露量に大きな影響を与えるような作業内容の変更がないこと」とは、特殊健康診断の実施対象業務に従事する労働者への当該物質のばく露リスクに変更がないということであり、例えばリスクアセスメント対象物の使用量や使用頻度に大きな変更がないこと等が挙げられます。この判断は各事業者が実施することになりますが、判断にあたっては、労働衛生に係る知識又は経験のある医師等の専門家の助言を踏まえて判断することが望ましいものと考えます。

A2.13

No	ジャンル	質問	回答
4-2-4	4-2. 特殊健康診断の実施頻度の緩和	特殊健康診断の実施頻度緩和の条件として、直近3回分の作業環境測定および特殊健康診断結果があるが、直近3回分には施行日以前の結果も含めてよいか？	特殊健康診断の実施頻度緩和に係る要件については、施行日前に実施された作業環境測定の評価結果及び特殊健康診断の結果を含んで判断していただいて差し支えありません。
4-3-1	4-3. 第3管理区分事業場の措置強化	作業環境管理専門家が改善困難と判断した場合や、改善に必要な措置を講じても第3管理区分となった場合に、所轄労働基準監督署長への届出はいつまでに実施しなければならないか？	作業環境管理専門家が改善困難と判断した場合や、改善に必要な措置を講じても第三管理区分となった場合においては、さらに測定結果に応じた有効な呼吸用保護具の使用、呼吸用保護具が適切に装着されているかの確認、保護具着用管理責任者の選任等の改善措置を講ずることとしており、当該改善措置を講じたときは、第三管理区分措置状況届を遅滞なく所轄労働基準監督署長に提出する必要があります。
4-3-2	4-3. 第3管理区分事業場の措置強化	作業環境測定結果が第3管理区分となり、対策実施後第2管理区分となったが、その半年後に再度第3管理区分となった場合も、外部の作業環境管理専門家の意見聴取が必要か？	今回の第3管理区分事業場の措置強化は、作業環境測定結果が2回連続で第3管理区分となった場合に、遅滞なく外部の作業環境管理専門家から意見を聴取することを義務づけたものです。そのため、第3管理区分⇒第2管理区分⇒第3管理区分となった場合は外部専門家の意見聴取は不要です。
4-3-3	4-3. 第3管理区分事業場の措置強化	作業環境測定結果が第3管理区分の作業場所に対する措置について、作業環境管理専門家が改善困難と判断した場合の個人サンプリング法等による濃度測定や呼吸用保護具の選定について基準はあるか？	作業環境管理専門家が改善困難と判断した場合や、改善に必要な措置を講じても第3管理区分となった場合に義務付けられる濃度測定に基づく呼吸用保護具の使用および装着の確認に関しては「第三管理区分に区分された場所に係る有機溶剤等の濃度の測定の方法等」(令和4年厚生労働省告示第341号)」および「第三管理区分に区分された場所に係る有機溶剤等の濃度の測定の方法等に関する告示の施行等について(令和4年11月30日付け基発1130第1号)」によって次のような事項が示されています。 ・濃度測定：濃度測定の方法は「作業環境測定基準に基づく方法」又は「個人ばく露測定における測定方法」とし、その試料採取方法及び分析方法を規定 ・呼吸用保護具の使用：有効な呼吸用保護具は、当該呼吸用保護具に係る要求防護係数を上回る指定防護係数を有するものでなければならないことを規定するとともに、要求防護係数の計算方法及び呼吸用保護具の種類に応じた指定防護係数の値を規定 ・呼吸用保護具の装着の確認：呼吸用保護具を使用する労働者の顔面と当該呼吸用保護具の面体との密着の程度を示す係数(フィットファクタ)が呼吸用保護具の種類に応じた要求フィットファクタを上回っていることを確認することを規定するとともに、フィットファクタの計算方法及び呼吸用保護具の種類に応じた要求フィットファクタの値を規定

A2.13

No	ジャンル	質問	回答
4-3-4	4-3. 第3管理区分事業場の措置強化	新たに設けられた「作業環境管理専門家」の要件は？	作業環境管理専門家の要件は「労働安全衛生規則等の一部を改正する省令等の施行について（令和4年5月31日付け基発0531第9号）（令和4年9月7日一部改正）」において、次の要件が示されています。 ・化学物質管理専門家の要件に該当する者 ・労働衛生コンサルタント（労働衛生工学に限る）又は労働安全コンサルタント（化学に限る）であって、3年以上化学物質又は粉じんの管理に係る業務に従事した経験を有する者 ・6年以上、衛生工学衛生管理者としてその業務に従事した経験を有する者 ・衛生管理士（法第83条第1項の労働衛生コンサルタント試験（労働衛生工学に限る）に合格した者に限る）に選任された者であって、3年以上労働災害防止団体法第11条第1項の業務又は化学物質の管理に係る業務を行った経験を有する者 ・6年以上、作業環境測定士としてその業務に従事した経験を有する者 ・4年以上、作業環境測定士としてその業務に従事した経験を有する者であって、公益社団法人日本作業環境測定協会が実施する研修又は講習のうち、同協会が化学物質管理専門家の業務実施に当たり、受講することが適当と定めたものを全て修了した者・オキュペイショナル・ハイジニストの資格又はそれと同等の外国の資格を有する者
4-3-5	4-3. 第3管理区分事業場の措置強化	作業環境管理専門家への意見聴取に関して、事業場内に作業環境管理専門家が在籍する場合でも、外部の作業環境管理専門家からの意見聴取が必要か？	作業環境管理専門家からの意見聴取においては、第三管理区分となる作業場所には局所排気装置の設置等が技術的に困難な場合があり、作業環境を改善するための措置について高度な知見を有する専門家の視点により改善の可否、改善措置の内容について意見を求め、改善の取組等を図ることが趣旨であるため、客観的で幅広い知見に基づく専門的意見が得られるよう、当該事業場に属さない外部の作業環境管理専門家から意見を聴取することが必要です。

出典：「化学物質による労働災害防止のための新たな規制（労働安全衛生規則等の一部を改正する省令（令和4年厚生労働省令第91号（令和4年5月31日公布））等の内容）に関するQ&A」（厚生労働省）（https://www.mhlw.go.jp/content/11300000/001092416.pdf）

A2.13

A4.1　GHS の概要

A4.1.1　GHS の概要

　GHS は、化学品が本来持つ危険性・有害性（ハザード）をいくつかの項目に分け、それぞれに設定された判定基準に則って分類を行い、この結果をラベル及び SDS で伝達するシステムである。その概要を以下に示す。

策定母体	国際連合　経済社会理事会
名称	Globally Harmonized System of Classification and Labelling of Chemicals
名称（和訳）	化学品の分類および表示に関する世界調和システム
目的	・ひとの健康の維持と環境の保護を促進する ・貿易を容易にする
範囲	・危険有害な全ての化学品。（物品は除く） ・医薬品、食品添加物、化粧品、食物中の残留農薬は、ラベルの対象外。 　（ただし、労働者のばく露の可能性がある作業現場等は、適用範囲内）
分類対象	物理化学的危険性、健康有害性、環境有害性
情報伝達対象	労働者、消費者、輸送関係者、緊急時対応者など
GHS 文書	・国連の GHS 小委員会にて、2 年に一度見直し。2022 年現在、GHS 改訂 9 版が最新版 ・紫色の表紙から「パープルブック」と呼ばれる
GHS 文書の入手	・原文（英語、フランス語、スペイン語、中国語、ロシア語、アラビア語）は UNECE にて無料公開[1] ・和訳の PDF 版は公的機関のウェブサイトで無料公開[2] ・原文と和訳を併記した冊子版も出版されている（有料）
情報伝達手段	ラベル及び SDS など
ビルディングブロックアプローチ	・国および関連省庁が、採用する危険性・有害性及び分類区分を選択できるしくみ（選択可能方式） 　（例：急性毒性区分 5 については、日本は非採用）

---

[1]　GHS 改訂 9 版原文：https://unece.org/transport/standards/transport/dangerous-goods/ghs-rev9-2021
[2]　厚生労働省、経済産業省、環境省及び NITE、労働安全衛生総合研究所などの公的機関。インターネットの検索エンジンで「GHS 文書　○版」と検索すると該当ページが表示される。

A4.1

　化学物質の危険性・有害性に関する分類及び表示（ラベル[*3]及びSDS）は、それらを安全に管理し、健康障害を防ぐための基礎であるにもかかわらず、世界中で統一されてこなかった。このような状況は、人の健康と環境を守るためにも、また化学物質の貿易という点からも好ましくなかった。そこで化学物質の分類と表示を世界統一のルールで行うためのシステムが開発され、2003年に国連文書「化学品の分類および表示に関する世界調和システム（Globally Harmonized System of Classification and Labelling of Chemicals: GHS）」として発行された。

　化学物質管理において、化学物質がもともともっている性質である危険性及び有害性をまとめて「危険有害性（hazard）」といっている。この中には爆発や可燃性などの物理化学的危険性、急性毒性や発がん性などの健康有害性、さらに環境有害性などが含まれる。
　GHSは、化学物質の物理化学的危険性及び健康や環境に対する有害性の判定基準と、製品のラベル等やSDS（安全データシート）に記載すべき内容について規定している。このGHSの導入により、従来から使用されてきた容器や包装の危険性・有害性情報に関するラベル内容やSDSの内容が変わった。たとえば、日本の従来のラベルでは、法規制対象物質の限られた危険性・有害性情報が文言（漢字）により表されているが、GHSでは基本的にすべての危険性・有害性について記述することが求められ、また絵表示等を用いて危険性・有害性の種類や程度を表すことが求められる。
　さらにGHSは化学物質のリスク管理に必要不可欠な危険性・有害性情報を提供するシステムでもあることから、GHSの理解は化学物質管理に携わるものにとって重要である。危険性や有害性の判定基準の詳細はGHS文書に記載されている。またその判定は試験結果に基づくが、試験方法の詳細は国際連合「試験方法及び判定基準のマニュアル」やOECD（経済協力開発機構）「毒性試験ガイドライン」等に定められている。
　基本的に化学物質（製品）の危険性・有害性情報の提供は供給者（製造者や輸入業者）によって行われるべきものであり、したがってGHSに基づいた分類やラベル及びSDSの作成は供給者が行う。
　以下、GHSの概要について紹介するが、紙面の制限により詳細は記載できないので、GHSに携わる場合には、GHS文書を参照のこと。GHS文書（日本語）は以下のサイトで閲覧およびダウンロードが可能である。〈https://www.jniosh.johas.go.jp/groups/info_center.html〉

A4.1

A4.1.2　GHSの目的、範囲、適用

　GHSの最終的な目標は、製品の危険性・有害性に関する情報を、それを取り扱う人に正確に伝えることにより、人の安全と健康を確保し、環境を保護することにある。
　このGHSの実施により以下の点が期待されている。
（a）危険性・有害性の情報伝達に関して国際的に理解されやすいシステムの導入によって、人の健康と環境の保護が強化される。
（b）既存のシステムをもたない国々に対し国際的に承認された枠組みが提供される。
（c）データの共有により化学品の試験及び評価の必要性が減少する。

[*3]　GHSでは表示（labelling）はラベル及びSDSを包括的に示す場合があるが、労働安全衛生法関連では表示はラベルのことをさす。

(d) 危険性・有害性が国際的に適正に評価され、確認された化学品の国際取引が促進される。

GHS には、化学品を物理化学的危険性及び健康や環境に対する有害性に応じて分類するために調和された判定基準、及びラベルや SDS に関する要件とそれらの情報の伝達に関する事項を含む。現在その分類対象となっている危険性・有害性は以下のとおりである。

- ・物理化学的危険性：爆発物、可燃性ガス、エアゾール及び加圧下化学品、酸化性ガス、高圧ガス、引火性液体、可燃性固体、自己反応性物質及び混合物、自然発火性液体、自然発火性固体、自己発熱性物質及び混合物、水反応可燃性物質及び混合物、酸化性液体、酸化性固体、有機過酸化物、金属腐食性物質及び混合物、鈍性化爆発物
- ・健康有害性：急性毒性、皮膚腐食性／刺激性、眼に対する重篤な損傷性／眼刺激性、呼吸器感作性又は皮膚感作性、生殖細胞変異原性、発がん性、生殖毒性、特定標的臓器毒性[*4]（単回暴露）、特定標的臓器毒性（反復暴露）、誤えん性有害性
- ・環境有害性：水生環境有害性、オゾン層への有害性

GHS はすべての危険有害な化学品（純粋な化学物質、その希釈溶液、化学物質の混合物）に適用される。ただし、「物品」（例：有害物質が使用されていたとしても、ばく露の原因とならないように封入されているような製品）は除かれる。また、医薬品、食品添加物、化粧品、あるいは食物中の残留農薬は、意図して体内に取り込む行為によるものであることからラベルの対象とはしない。危険性・有害性に関する情報提供の対象者としては消費者、労働者、輸送担当者、緊急時対応者などが含まれる。

A4.1.3　危険性・有害性に関する分類

GHS では危険性・有害性の種類（前項に示された危険性及び有害性）ごとに、その重大性を判定する基準を設定している。表 A4.1.1 に引火性液体、表 A4.1.2 に急性毒性に関する判定基準の例を示す。引火性液体では区分の数値が小さいほど低い温度でも引火し、急性毒性では区分の数値が小さいほどより少ない量で動物が死ぬことを意味している。すなわちこれらの例では、区分の数値が小さいほど危険性・有害性は大きいと言える。また GHS 分類により化学品がある特定の危険性・有害性のどの区分にも該当しない場合、当該危険性・有害性がまったくないということではないことに注意が必要である。引火性液体を例にすると、引火点が93℃を超える化学品は引火性液体とはしない（呼ばない）ということである。

実際、化学品を GHS の判定基準に従って分類する場合には、物質又は混合物についての関連するデータを収集・検討し、判定基準に従って分類する。

GHS では物理化学的な危険性については、基本的に、試験による評価が推奨されている。一方、有害性については分類するための新たな試験データを求めていない。既存のデータを用いて分類を行うことを原則にしている。混合物においても、混合物そのもののデータがない場合には、類似の混合物あるいは混合物の成分のデータを利用して分類を行う。

付録 A4.4 に GHS の各危険性・有害性に関する定義、分類の判定基準及びラベル要素を示した。

A4.1

[*4]　特定標的臓器毒性：肝毒性、神経毒性など、ここで特記されていない他の臓器やシステムに対する有害性を含む。

表 A4.1.1　引火性液体の判定基準[*5]

区分	判定基準
1	引火点 < 23℃及び初留点 ≦ 35℃
2	引火点 < 23℃及び初留点 > 35℃
3	23℃ ≦ 引火点 ≦ 60℃
4	60℃ ≦ 引火点 ≦ 93℃

表 A4.1.2　急性毒性区分に関する急性毒性推定値（ATE）※及び判定基準[*6]

ばく露経路	区分1	区分2	区分3	区分4	区分5
経口（mg/kg 体重）	ATE ≦ 5	5 < ATE ≦ 50	50 < ATE ≦ 300	300 < ATE ≦ 2 000	2 000 < ATE ≦ 5 000
経皮（mg/kg 体重）	ATE ≦ 50	50 < ATE ≦ 200	200 < ATE ≦ 1 000	1 000 < ATE ≦ 2 000	
気体（ppmV）	ATE ≦ 100	100 < ATE ≦ 500	500 < ATE ≦ 2 500	2 500 < ATE ≦ 20 000	
蒸気（mg/L）	ATE ≦ 0.5	0.5 < ATE ≦ 2.0	2.0 < ATE ≦ 10.0	10.0 < ATE ≦ 20.0	
粉塵およびミスト（mg/L）	ATE ≦ 0.05	0.05 < ATE ≦ 0.5	0.5 < ATE ≦ 1.0	1.0 < ATE ≦ 5.0	

※急性毒性推定値（ATE）：半数致死量（LD_{50}）、半数致死濃度（LC_{50}）等の値

A4.1.4　ラベル

　ラベルは製品（化学品）を扱う全ての人が、その製品のもつ危険性・有害性を即座に理解して、安全行動をとることを可能にするために開発された。ラベルでは、GHS での各危険性・有害性の種類及び区分に関する情報を伝達するために、注意喚起語、危険有害性情報、絵表示、注意書き、製品の化学的特定名及び供給者の情報を含む。

　以下にラベルに必要な項目について説明する。

（a）注意喚起語

　注意喚起語には、「危険」と「警告」がある。「危険」はより重大な、「警告」は重大性の低い危険性・有害性および区分に用いられる。両方が該当する場合には「危険」のみ記載する。

（b）危険有害性情報

　製品の危険性・有害性の性質とその程度を示すものである（例、飲み込むと生命に危険）。使用すべき危険有害性情報は GHS 文書に危険性・有害性の種類、区分ごとに記載されている。

（c）絵表示（ピクトグラム）

　図 A4.1.1 に GHS で使用される絵表示と該当する危険性・有害性の種類を示す。

A4.1

---

*5　出典：GHS 改訂 9 版　表 2.6.1 をもとに作成。
*6　出典：GHS 改訂 9 版　表 3.1.1 をもとに作成。

(d) 注意書き及び絵表示

「注意書き」は、被害を防止するために取るべき措置について記述した文言及び絵表示（保護具着用の絵など）をいい、「安全対策」、「応急措置」、「貯蔵」、「廃棄」に分かれている。「注意書き」の文言は GHS 文書の附属書に危険性・有害性の種類、区分ごとに記載されている。注意書きの例として、表 A4.1.1 の引火性液体の区分 1〜3、表 A4.1.2 の急性毒性の区分 1〜3 について、それぞれに対応する絵表示のシンボル、注意喚起語、危険有害性情報とともに、GHS 文書から抜粋した。

注意書きは物質がもつ危険性・有害性の種類によっては、特に混合物において、多く該当する場合があるので、ラベル作成者はこれらの文言から、製品の使用者を想定して、必要なものを選択する必要がある。また、保護具等の絵表示は GHS では統一しておらず、各国独自のものを使用することができる。

(e) 製品の特定名

化学品の化学的特定名を記載しなければならない。

成分が営業秘密情報に関する所管官庁の判断基準を満たす場合は、その特定名をラベルに記載しなくてもよい（これらの成分が示す危険性・有害性に関する情報は記載しなければならない）。

(f) 供給者の特定

物質又は混合物の製造業者又は供給者の名前、住所及び電話番号を記載しなければならない。

危険性・有害性を表す絵表示については、「どくろ」がある場合には「感嘆符」は使用しないというように優先順位が定められている。これはできるだけ記載の重複をなくし、わかりやすくするための工夫である。

GHS の特徴は表 A4.1.3 及び A4.1.4 で示したように、危険性・有害性の区分が決定されれば「絵表示」、「注意喚起語」、「危険有害性情報」、「注意書き」等のラベル要素が自動的に決定されることである。

GHS に基づいて作成したラベル例は図 A4.1.2 に示した。GHS は危険性・有害性に関係する情報の調和（統一）であり、これ以外の情報については規定していない。GHS に規定される情報の邪魔にならないように他の情報（補足情報）もラベルに記載することができる。この例では、関連法規に関する記述がこれに当たる。

A4.1

【爆弾の爆発】
爆発物
自己反応性
有機過酸化物

【炎】
可燃性 / 引火性
自然発火性
自己反応性
自然発熱性
有機過酸化物

【円上の炎】
酸化性

【感嘆符】
急性毒性（低毒性）
皮膚刺激性
眼刺激性
皮膚感作性
特定標的臓器毒性
オゾン層有害性

【どくろ】
急性毒性（高毒性）

【ガスボンベ】
高圧ガス
加圧下化学品

【腐食性】
金属腐食性
皮膚腐食性
眼に対する重篤な損傷性

【健康有害性】
呼吸器感作性
生殖細胞変異原性
発がん性
生殖毒性
特定標的臓器毒性
誤えん有害性

【環境】
水性環境有害性

図 A4.1.1　危険性・有害性を表す絵表示[*7]

[*7]　菱形枠は赤色、中のシンボルは黒色が用いられる。危険性・有害性の種類、区分によって使用される絵表示が多少異なるので詳細は GHS 改訂 9 版を参照のこと。

ニセケミカル　Pseudo chemical CAS RN.00-00-0		製品の特定名
日本 GHS 株式会社 東京都〇〇区〇〇〇〇 電話：03-3259-0000	成分：ニセケミカル　99％以上	供給者名
	内容量　2kg	

危険　 　注意喚起語絵表示

引火性の高い液体及び蒸気
吸入すると有毒
強い眼刺激
生殖能又は胎児への悪影響のおそれ
飲み込んで気道に侵入すると有害のおそれ
長期的影響により水生生物に毒性

　　　　　　　　　　　　　　　　　　　　　　危険有害性情報

使用前にすべての安全説明書を入手し、読み、従うこと
熱、高温のもの、火花、裸火および他の着火源から遠ざけること－禁煙
保護手袋、保護眼鏡を着用すること
蒸気を吸入しないこと
屋外又は換気の良い場所でのみ使用すること
取扱い後はよく手を洗うこと
吸入した場合、空気の新鮮な場所に移し、呼吸しやすい姿勢で休息させること
眼に入った場合、水で数分間注意深く洗うこと
飲み込んだ場合、医療処置を受けること
換気の良い場所で保管すること
環境への放出を避けること
内容物を、都道府県の規則に従って廃棄すること

　　　　　　　　　　　　　　　　　　　　　　注意書き

医薬用外劇物
火気厳禁　危険物第四類引火性液体　特殊引火物　非水溶性液体

　　　　　　　　　　　　　　　　　　　　　　国内関連法規

図 A4.1.2　GHS ラベルの例

表 A4.1.3　引火性液体の分類区分 1、2、3 ラベル要素*8

危険有害性区分	シンボル	注意喚起語	危険有害性情報	
1	炎	危険	H224	極めて引火性の高い液体および蒸気
2	炎	危険	H225	引火性の高い液体および蒸気
3	炎	警告	H226	引火性液体および蒸気

注意書き			
安全対策	応急措置	保管	廃棄
P210 熱、高温のもの、火花、裸火および他の着火源から遠ざけること。禁煙。 P233 容器を密閉しておくこと。 −液体が揮発性で爆発する環境をつくる可能性があるとき P240 容器を接地しアースを取ること。 −液体が揮発性で爆発する環境を作る可能性があるとき P241 防爆型の【電気／換気／照明／…】機器を使用すること。 −液体が揮発性で爆発する環境をつくる可能性があるとき −【】内の文章は、電気機器、換気装置、照明機器あるいは他の機器を特定するために、必要性がある場合に適切に使用される −国内規制でより詳細な規定がある場合にはこの注意書きは省略してもよい P242 火花を発生させない工具を使用すること。 −液体が揮発性で爆発する環境をつくる可能性があるときおよび最少引火エネルギーが非常に低い場合（これは例えば二硫化炭素のように、最少引火エネルギーが0.1mJ未満の物質や混合物に適用される。） P243 静電気放電に対する予防措置を講ずること。 −液体が揮発性で爆発する環境をつくる可能性があるとき −国内規制でより詳細な規定がある場合にはこの注意書きは省略してもよい P280 保護手袋／保護衣／保護眼鏡／保護面／聴覚保護具／…を着用すること。 製造者／供給者または所管官庁が指定する適切な個人用保護具の種類	P303＋P361＋P353 皮膚（または髪）に付着した場合：直ちに汚染された衣類をすべて脱ぐこと。接触部位を流水【またはシャワー】で洗うこと。 −製造者／供給者または所管官庁が特定の化学品に対してそれが適切だとした場合には【】内の文章を含める P370＋P378 火災の場合：消火するために…を使用すること。 −水がリスクを増大させる場合…製造者／供給者または所管官庁が指定する適切な手段	P403＋P235 換気の良い場所で保管すること。涼しいところに置くこと。 −引火性液体区分1および揮発性があり爆発する環境をつくる可能性がある他の液体	P501 内容物／容器を…に廃棄すること。 …国際／国／都道府県／市町村の規則（明示する）に従って製造者／供給者または所管官庁が指定する内容物、容器またはその両者に適用する廃棄物要件

A4.1

---

*8　出典：GHS 改訂 9 版 附属書 3 第 3 節 引火性液体の表をもとに作成。

表 A4.1.4　急性毒性─経口の区分１、２とラベル要素*9

危険有害性区分	シンボル	注意喚起語	危険有害性情報	
1	どくろ		危険	H300　飲み込むと生命に危険
2	どくろ		危険	H300　飲み込むと生命に危険
3	どくろ		危険	H301　飲み込むと有毒

注意書き			
安全対策	応急措置	保管	廃棄
P264 取扱後は手【および…】をよく洗うこと。 －製造者／供給者または所管官庁が、取扱後に洗浄する体の他の部分を指定した場合には【】内の文章を用いる P270 この製品を使用する時に、飲食または喫煙をしないこと。	P301+P316 飲み込んだ場合：すぐに救急の医療処置を受けること。 所管官庁または製造者／供給者は、「電話」に続けて、適当な救急時電話番号すなわち適当な救急時医療提供者、例えば中毒センター、救急センターまたは医師などを追加してもよい。 P321 特別な処置が必要である。（このラベルの…を参照) －緊急の解毒剤の投与が必要な場合 …補足的な応急措置の説明 P330 口をすすぐこと	P405 施錠して保管すること。	P501 内容物／容器を…に廃棄すること。 …国際／国／都道府県／市町村の規則（明示する）に従って 製造者／供給者または所管官庁が指定する内容物、容器またはその両者に適用する廃棄物要件

A4.1

---

*9　出典：GHS 改訂 9 版 附属書 3 第 3 節 急性毒性（経口）の表をもとに作成。

A4.1.5　SDS

　SDS は労働者の健康を守るために、基本的に製品の供給者（事業者）からその受領者（事業者）への提供を前提として開発されたのものであり、危険性・有害性についての詳細な記述が要求される。SDS は、GHS に基づく物理化学的な危険性や、人の健康又は環境に対する有害性に関する統一された判定基準を満たす全ての物質及び混合物について作成する。混合物のSDS を作成する目安として各有害性に対してカットオフ値が与えられている（表 A4.1.5）。感作性、生殖細胞変異原性（区分1）、発がん性、生殖毒性、については、これらの有害性をもつ成分が 0.1％を超える成分を含む全ての混合物、その他の有害性については 1％を目安にして SDS を作成する。

表 A4.1.5　健康および環境の各危険有害性クラスに対するカットオフ値／濃度限界[10]

危険有害性クラス	カットオフ値／濃度限界
急性毒性	1.0％以上
皮膚腐食性／刺激性	1.0％以上
眼に対する重篤な損傷性／眼刺激性	1.0％以上
呼吸器感作性または皮膚感作性	0.1％以上
生殖細胞変異原性（区分1）	0.1％以上
生殖細胞変異原性（区分2）	1.0％以上
発がん性	0.1％以上
生殖毒性	0.1％以上
特定標的臓器毒性（単回ばく露）	1.0％以上
特定標的臓器毒性（反復ばく露）	1.0％以上
誤えん有害性（区分1）	1.0％以上
誤えん有害性（区分2）	1.0％以上
水生環境有害性	1.0％以上

A4.1

　表 A4.1.6 に SDS に記載しなければならない大項目とそれに関連した小項目を示した。

---

[10]　出典：GHS 改訂 9 版　表 1.5.1 をもとに作成。

表 A4.1.6　SDS の必要最少情報[*11]

1.	物質または混合物および会社情報	（a）GHS の製品特定手段 （b）他の特定手段 （c）化学品の推奨用途と使用上の制限 （d）供給者の詳細（社名、住所、電話番号など） （e）緊急時の電話番号
2.	危険有害性の要約	（a）物質 / 混合物の GHS 分類と国 / 地域情報 （b）注意書きも含む GHS ラベル要素。（危険有害性シンボルは、黒と白を用いたシンボルの図による記載またはシンボルの名前、例えば、「炎」、「どくろ」などとして示される場合がある） （c）分類に関係しない（例「粉じん爆発危険性」）または GHS で扱われない他の危険有害性
3.	組成および成分情報	**物質** （a）化学的特定名 （b）慣用名、別名など （c）CAS 番号およびその他の特定名 （d）それ自体が分類され、物質の分類に寄与する不純物および安定化添加物 **混合物** GHS 対象の危険有害性があり、カットオフ値以上で存在するすべての成分の化学名と濃度または濃度範囲 *注記：成分に関する情報については、製品の特定規則より営業秘密情報に関する所管官庁の規則が優先される。*
4.	応急措置	（a）異なるばく露経路、すなわち吸入、皮膚や眼との接触、および経口摂取に従って細分された必要な措置の記述 （b）急性および遅延性の最も重要な症状 / 影響 （c）必要な場合、応急処置および必要とされる特別な処置の指示
5.	火災時の措置	（a）適切な（および不適切な）消火剤 （b）化学品から生じる特定の危険有害性（例えば、「有害燃焼生成物の性質」） （c）消火作業者用の特別な保護具と予防措置
6.	漏出時の措置	（a）人体に対する予防措置、保護具および緊急時措置 （b）環境に対する予防措置 （c）封じ込めおよび浄化方法と機材
7.	取扱いおよび保管上の注意	（a）安全な取扱いのための予防措置 （b）混触危険性等、安全な保管条件
8.	ばく露防止および保護措置	（a）職業ばく露限界値、生物学的限界値等の管理指標 （b）適切な工学的管理 （c）個人用保護具などの個人保護措置
9.	物理的および化学的性質	物理状態； 色； 臭い； 融点 / 凝固点； 沸点または初留点および沸点範囲；

A4.1

[*11]　出典：GHS 改訂 9 版　表 1.5.2 をもとに作成。

表 A4.1.6　SDS の必要最少情報（続き）

		燃焼性； 爆発下限および上限 / 引火限界； 引火点； 自然発火温度； 分解温度； pH； 動粘性率； 溶解度； 分配係数：n-オクタノール / 水（log 値）； 蒸気圧； 密度および / または比重； 蒸気比重； 粒子特性；
10.	安定性および反応性	（a）反応性 （b）化学的安定性 （c）危険有害反応性の可能性 （d）避けるべき条件（静電放電、衝撃、振動等） （e）混触危険物質 （f）危険有害性のある分解生成物
11.	有害性情報	種々の毒性学的（健康）影響の簡潔だが完全かつ包括的な記述および次のような影響の特定に使用される利用可能なデータ： （a）可能性の高いばく露経路（吸入、経口摂取、皮膚および眼接触）に関する情報 （b）物理的、化学的および毒性学的特性に関係した症状 （c）短期および長期ばく露による遅発および即時影響、ならびに慢性影響 （d）毒性の数値的尺度（急性毒性推定値など）
12.	環境影響情報	（a）生態毒性（利用可能な場合、水生および陸生） （b）残留性と分解性 （c）生物蓄積性 （d）土壌中の移動度 （e）他の有害影響
13.	廃棄上の注意	廃棄残留物の記述とその安全な取扱いに関する情報、汚染容器包装の廃棄方法を含む
14.	輸送上の注意	（a）国連番号 （b）国連品名 （c）輸送における危険有害性クラス （d）容器等級（該当する場合） （e）環境有害性（例：海洋汚染物質（該当 / 非該当）） （f）IMO 文書に基づいたばら積み輸送 （g）使用者が構内もしくは構外の輸送または輸送手段に関連して知る必要がある、または従う必要がある特別の安全対策
15.	適用法令	当該製品に特有の安全、健康および環境に関する規則
16.	SDS の作成と改訂に関する情報を含むその他の情報	

A4.1

A4.1.6　危険物輸送に関する勧告（UNRTDG）

　化学物質の物理化学的危険性については、国際連合から「危険物輸送に関する勧告（United Nations Recommendations on the Transport of Dangerous Goods：UNRTDG）」が1950年代にすでに出されており、危険性の分類と表示に関して統一的な基準が世界的に導入されてきた。この UNRTDG は改訂が重ねられ2022年現在第22版を数える。この文書中には約3 000物質について危険性及び急性毒性に関する分類結果が記載されており、GHS の分類作業においても参照できる。UNRTDG は GHS のモデルになり、また危険性についての判定基準は GHS とほぼ一致（爆発物等異なるものもある）しているが、ラベル表示は絵表示のみであるなど輸送関係者に特化したシステムである。図 A4.1.3 に UNRTDG で用いられる絵表示の例を示す。多くの GHS で使用している黒いシンボルは UNRTDG 由来であることがわかる。日本でも船舶あるいは航空輸送では UNRTDG が導入されているが、陸上輸送では導入されていないので、これらの絵表示は一般にはなじみが薄い。なお、GHS では、UNRTDG も輸送分野における GHS の一つであると位置付けている。

　危険物輸送に関する勧告（日本語）は以下のウェブサイトで閲覧及びダウンロードが可能である。〈https://www.jniosh.johas.go.jp/groups/info_center.html〉

図 A4.1.3　危険物輸送に関する勧告で用いられる絵表示例

A4.1.7　日本産業規格（JIS）及び GHS 等の邦訳出版

　2001年に GHS 省庁連絡会議が開催され、GHS と日本の法令との違いが検討された。日本には GHS をそのまま導入できる制度、すなわち危険性・有害性情報の伝達を目的とした法令がなかったこと、また GHS は膨大な文書からなっていること、2年毎に改訂されること等から、これを法令ではなく JIS（日本産業規格、当時は日本工業規格）にして活用することが発案された。一般社団法人日本化学工業協会が事務局となり下記のように JIS を順次制定・改正して

A4.1

いった。国内法令との整合性、制定に要する時間的な制約、業界等からの意見等もふまえ
GHS の内容を、SDS、表示、分類にわけて JIS にすることが合意された。

規格番号	規格名称	公示履歴
JIS Z 7250：2000	化学物質等安全データシート（MSDS）—第1部：内容及び項目の順序	制定（2000 年 2 月 20 日）
JIS Z 7250：2005		改正（2005 年 12 月 20 日）
JIS Z 7250：2010	化学物質等安全データシート（MSDS）—内容及び項目の順序	改正（2010 年 10 月 20 日）→廃止（2012 年 3 月 25 日）JIS Z 7253：2012 へ移行
JIS Z 7251：2006	GHS に基づく化学物質等の表示	制定（2006 年 3 月 25 日）
JIS Z 7251：2010		改正（2010 年 10 月 20 日）→廃止（2012 年 3 月 25 日）JIS Z 7253：2012 へ移行
JIS Z 7252：2009	GHS に基づく化学物質等の分類方法	制定（2009 年 10 月 20 日）
JIS Z 7252：2014	GHS に基づく化学品の分類方法	改正（2014 年 3 月 25 日）
JIS Z 7252：2019		改正（2019 年 5 月 25 日）
JIS Z 7253：2012	GHS に基づく化学品の危険有害性情報の伝達方法—ラベル，作業場内の表示及び安全データシート（SDS）	制定（2012 年 3 月 25 日）
JIS Z 7253：2019		改正（2019 年 5 月 25 日）

　化学物質安全データシート（MSDS）は、1992 年から 1993 年にかけて通商産業省、厚生省、
労働省がこれに関する告示を策定・公表し、2000 年には「労働安全衛生法」により、また
2001 年には「化学物質排出把握管理促進法」及び「毒物及び劇物取締法」により交付が義務
となった。労働安全衛生法、化学物質排出把握管理促進法及び毒物及び劇物取締法の 3 法によ
る MSDS 交付義務対象物質は合計で約 1 400 であった。

　2005 年当時、SDS は MSDS と呼ばれ、その形式は国際標準化機構（ISO 11014：1994）に
基づくものであった。そのような状況で JIS Z 7250：2005 が制定されたが、基本的には ISO
に基づいた形式を踏襲することになった。その後 2009 年には ISO 11014 が GHS に合わせて
改訂された。

A4.1

　JIS Z 7250：2005 及び JIS Z 7251：2006 は、MSDS 及びラベルの記載項目についてのみ規
定したものであった。つまり情報の伝達については規定していなかった。これは前述したよう
に、法令での情報伝達に関する規定の不備を反映しているともいえる。

　その後、労働安全衛生法及び化学物質排出把握管理促進法で「GHS 分類により危険性・有
害性を有する化学物質について譲渡・提供時の SDS の提供及び表示（事業場内表示含む）に
ついて努力義務化する」という考え方が示され、情報伝達に関する手順も追加したうえで、こ
の JIS を関連法令の共通プラットホームにするという方向が定まった。そして情報伝達の基本
的考え方、SDS、ラベルを含めた JIS Z 7253：2012 が制定された。この制定により JIS Z 7250
及び JIS Z 7251 は 2012 年 3 月 25 日に廃止された。暫定措置として、2015 年 12 月 31 日までは、
JIS Z 7250：2005 又は JIS Z 7250：2010 に従って化管法 SDS を作成してもよく、それ以降、
2016 年 12 月 31 日までは、JIS Z 7250：2010 に従って SDS を作成してもよいとした。また、
ラベルについては、2015 年 12 月 31 日までは、JIS Z 7251：2006 又は JIS Z 7251：2010 に従っ

てラベルを作成してもよく、それ以降、2016 年 12 月 31 日までは、JIS Z 7251：2010 に従ってラベルを作成してもよいとした。現在これらの暫定期間はすでに終了している。

　JIS Z 7252：2009（分類）の制定は少し遅れた。この理由として日本には危険性・有害性を包括的に分類するシステムが存在していなかったことがあげられる。また本 JIS には物理化学的危険性は含まれていなかった。これは工業界からの消防法等とのダブルスタンダードになる懸念が強く示されたことが理由としてあげられる。その後 2014 年にこれが改正され（JIS Z 7252：2014）物理化学的危険性も入ることになった。GHS の導入以降労働安全衛生法等の改正も行われ、GHS による危険性・有害性情報の伝達が重要性を増してきたこと、諸外国との整合性をはかる必要性があること、さらに情報の伝達は施設要件等とはかかわりなく可能であることが理解されたためである。

　これまで GHS が一部の法令及び JIS に導入されてきた経緯について述べたが、これらが実行されるためには準備が必要であった。2001 年には GHS 関係省庁連絡会議が開催され、厚生労働省、経済産業省、環境省、総務省消防庁、内閣府消費者庁、農林水産省、国土交通省、外務省、一般社団法人日本化学工業協会、独立行政法人製品評価技術基盤機構、GHS 関連の専門家が参加した。そこではまず GHS に関する情報共有、GHS 専門家小委員会に対する対処方針の作成及び化学物質に関する各省の法令と GHS との相違を明確にする作業が行われた。また、2003 年に発行された国連勧告 GHS 初版（英語版）の邦訳は GHS 関係省庁連絡会議仮訳とすることにした。これは、GHS は法令との係わりが避けてとおれないとの認識から、その邦訳には行政がかかわるべきであり、法令用語も勘案するべきであると考えたからである。この省庁連絡会議はその後継続され、年間 2 ～ 4 回開催されている。また GHS が改訂されるたびに邦訳版が GHS 関係省庁連絡会議訳として出版されている。その他 GHS に関連した勧告等図書の邦訳も行われ、GHS が法令に導入される際に情報不足とならないような準備がなされた。以下の書籍の一部邦訳及び編集を筆者が担当している。これらすべてにおいて英語と日本語が併記されているが、よりよい邦訳とするために読者からの意見を反映させるための方策でもある。

> 化学品の分類および表示に関する世界調和システム（GHS）初版（2005 年）～改訂第 9 版（2021 年）
> OECD 毒性試験ガイドライン（2010 年）、同追録版（2011 年）
> 危険物輸送に関する勧告・モデル規則　第 15 版（2007 年）、第 17 版、第 19 版、第 21 版、第 22 版（2021 年）
> 危険物輸送に関する勧告　試験方法及び判定基準のマニュアル　第 5 版（2012 年）
> 試験方法及び判定基準のマニュアル　第 7 版（2019 年）（タイトル「危険物輸送に関する勧告」は削除された）

これらは GHS とは深いかかわりをもつが、邦訳された書籍として出版されていなかった。OECD 毒性試験ガイドラインは GHS の健康有害性及び環境有害性に関する分類判定に必要なデータを取るための試験方法を記載している。危険物輸送に関する勧告・モデル規則は GHS の物理化学的危険性の大本であり、試験方法及び判定基準のマニュアルではその試験方法及び判定基準を定めている。

　日本には GHS をそのまま導入できる法令がなかったと述べたが、GHS のモデルともなった国連危険物輸送に関する勧告（UNRTDG）は航空法施行規則、危険物船舶運送及び貯蔵規則

A4.1

関連に導入されている。しかしこの危険物輸送に関する勧告は陸上輸送関連法令（例えば道路法など）には導入されていない。このことは GHS を我が国に導入する際に絵表示の理解度等が問題視されることにもつながった。欧米では危険物輸送に関する勧告は陸上輸送にも導入されており、絵表示に使用されているシンボル（どくろ、炎など）は広く理解されている。

危険性・有害性の情報伝達に関する罰則について

　各国で化学物質の危険性・有害性に関する情報伝達（ラベル及び SDS）は供給者の義務として定められているが、情報伝達内容そのものの不備に対して罰則が科せられることは希有のようである。欧米においては情報伝達の不備が問われるのは、実際労働災害等が起きた場合であり、情報伝達の不備がその災害にどれだけ貢献したかが問われるとのことである（筆者が GHS 専門家小委員会のメンバーから得た情報）。一方、日本では労働安全衛生法第 119 条の 3 で、「第 57 条第 1 項の規定による表示をせず、若しくは虚偽の表示をし、又は同条第 2 項の規定による文書を交付せず、若しくは虚偽の文書を交付した者」は 6 月以下の懲役又は 50 万円以下の罰金に処する、とある。筆者が調べた範囲では、この罰則が適用された例はなかった。しかしながら労働安全衛生法第 57 条にGHS を導入できない理由として真っ先にあげられたのは、この罰則であった。

A4.1

A4.2　混合物 SDS の例

作成日　○○○○年○○月○○日
改訂日　○○○○年○○月○○日

1．化学品及び会社情報

化学品の名称	溶剤 A
製品コード	TEST-A1
会社情報	
会社名	####### 株式会社
住所	〒 123####　東京都 ###########
電話番号	03-####-####
FAX 番号	03-####-####
電子メール	ABC@######
緊急連絡電話番号	080-####-####
推奨用途	一般工業用途
使用上の制限	推奨用途以外の用途へ使用する場合は専門家の判断を仰ぐこと
国内製造事業者の情報	
会社名	株式会社△△
担当部署	△△部
電話番号	03-△△△△ -△△△△

2．危険有害性の要約

GHS 分類

物理化学的危険性	引火性液体	区分 2
健康に対する有害性	急性毒性（吸入：蒸気）	区分 4
	皮膚腐食性及び皮膚刺激性	区分 2
	眼に対する重篤な損傷性又は眼刺激性	区分 2B
	発がん性	区分 2
	生殖毒性	区分 1A
	生殖毒性・授乳に対する又は授乳を介した影響	追加区分
	特定標的臓器毒性（単回ばく露）	区分 1（中枢神経系）
		区分 3（気道刺激性）
		区分 3（麻酔作用）
	特定標的臓器毒性（反復ばく露）	区分 1（中枢神経系、腎臓）
環境に対する有害性	水生環境有害性　短期（急性）	区分 1
	水生環境有害性　長期（慢性）	区分 3

A4.2

GHS ラベル要素	
絵表示	

<table>
<tr><td>注意喚起語</td><td>危険</td></tr>
<tr><td>危険有害性情報</td><td>引火性の高い液体及び蒸気</td></tr>
<tr><td></td><td>皮膚刺激</td></tr>
<tr><td></td><td>眼刺激</td></tr>
<tr><td></td><td>発がんのおそれの疑い</td></tr>
<tr><td></td><td>生殖能又は胎児への悪影響のおそれ</td></tr>
<tr><td></td><td>授乳中の子に害を及ぼすおそれ</td></tr>
<tr><td></td><td>中枢神経系の障害</td></tr>
<tr><td></td><td>呼吸器への刺激のおそれ</td></tr>
<tr><td></td><td>眠気又はめまいのおそれ</td></tr>
<tr><td></td><td>長期にわたる、又は反復ばく露による中枢神経系、腎臓の障害</td></tr>
<tr><td></td><td>水生生物に非常に強い毒性</td></tr>
<tr><td></td><td>長期継続的影響によって水生生物に有害</td></tr>
</table>

注意書き

安全対策	使用前に取扱説明書を入手すること。
	全ての安全注意を読み理解するまで取り扱わないこと。
	熱／火花／裸火／高温のもののような着火源から遠ざけること。禁煙。
	容器を密閉しておくこと。
	容器を接地すること／アースをとること。
	防爆型の電気機器／換気装置／照明機器を使用すること。
	火花を発生させない工具を使用すること。
	静電気放電に対する予防措置を講ずること。
	粉じん／煙／ガス／ミスト／蒸気／スプレーを吸入しないこと。
	保護手袋／保護衣／保護眼鏡／保護面を着用すること。
	妊娠中／授乳期中は接触を避けること。
	取扱後はよく手を洗うこと。
	この製品を使用するときに、飲食又は喫煙をしないこと。
	屋外又は換気の良い場所でのみ使用すること。
	環境への放出を避けること。
応急措置	飲み込んだ場合：直ちに医師に連絡すること。
	皮膚に付着した場合：多量の水と石けん（鹸）で洗うこと。
	皮膚（又は髪）に付着した場合：直ちに汚染された衣類を全て脱ぐこと。皮膚を流水／シャワーで洗うこと。

A4.2

吸入した場合：空気の新鮮な場所に移し、呼吸しやすい姿勢で休息させること。

眼に入った場合：水で数分間注意深く洗うこと。次にコンタクトレンズを着用していて容易に外せる場合は外すこと。その後も洗浄を続けること。

ばく露又はばく露の懸念がある場合：医師の診断／手当てを受けること。

気分が悪い時は医師に連絡すること。

無理に吐かせないこと。

皮膚刺激が生じた場合：医師の診断、手当てを受けること。

眼の刺激が続く場合：医師の診断／手当てを受けること。

汚染された衣類を脱ぎ、再使用する場合には洗濯をすること。

火災の場合：消火するために適切な消火剤を使用すること。

漏出物を回収すること。

保管	換気の良い場所で保管すること。容器を密閉しておくこと。涼しいところに置くこと。 施錠して保管すること。
廃棄	内容物／容器を都道府県知事の許可を受けた専門の廃棄物処理業者に依頼して廃棄すること。

GHS で扱われない他の危険有害性

情報なし

3．組成及び成分情報

化学物質・混合物の区別　　　混合物

化学名又は一般名　　　　　　溶剤 A

成分及び濃度

化学名	CAS RN	濃度 (wt%)	化審法 官報公示番号	安衛法 官報公示番号
トルエン	108-88-3	50	3-2	—
エチルベンゼン	100-41-4	50	3-28	—

GHS 分類に寄与する不純物及び安定化添加物：情報なし

A4.2

4．応急措置

吸入した場合	気分が悪い時は、医師の診断、手当てを受けること。 症状が続く場合には、医師に連絡すること。
皮膚に付着した場合	大量の水で洗うこと。症状が続く場合には、医師に連絡すること。
眼に入った場合	水で 15 ～ 20 分間注意深く洗うこと。次に、コンタクトレンズを着用していて容易に外せる場合は外すこと。その後も洗浄を続けること。 症状が続く場合には、医師に連絡すること。
飲み込んだ場合	水で口をすすぎ、直ちに医師の診断を受けること。

急性症状及び遅発性症状の最も重要な徴候症状：情報なし

応急措置をする者の保護：救助者は、状況に応じて適切な眼、皮膚の保護具を着用する

医師に対する特別な注意事項：情報なし

5．火災時の措置

適切な消火剤	水噴霧、粉末消火剤、泡消火剤、二酸化炭素を使用する。
使ってはならない消火剤	火災が周辺に広がる恐れがあるため、直接の棒状注水を避ける。
火災時の特有の危険有害性	火災等の場合は、毒性の強い分解生成物が発生する可能性がある。
特有の消火方法	火元への燃焼源を断ち、消火剤を使用して消火する。
	延焼防止のため水スプレーで周囲のタンク、建物等の冷却をする。
	消火活動は風上から行う。
	火災場所の周辺には関係者以外の立ち入りを規制する。
	危険でなければ火災区域から容器を移動する。
消火活動を行う者の特別な保護具及び予防措置	消火作業の際は、適切な自給式の呼吸器用保護具、眼や皮膚を保護する防護服（耐熱性）を着用する。

6．漏洩時の措置

人体に対する注意事項、保護具及び緊急時措置	関係者以外の立ち入りを禁止する。
	作業者は適切な保護具（「8．ばく露防止及び保護措置」の項を参照）を着用し、眼、皮膚への接触や吸入を避ける。
環境に対する注意事項	周辺環境に影響がある可能性があるため、製品の環境中への流出を避ける。
封じ込め及び浄化の方法及び機材	危険でなければ漏れを止める。
	少量の場合、ウエス、雑巾等でよく拭き取り適切な廃棄容器に回収する。
	大量の場合、盛土等で囲って流出を防止する。
	取扱いや保管場所の近傍での飲食の禁止。
	すべての発火源を速やかに取除く（近傍での喫煙、火花や火炎の禁止）。
	排水溝、下水溝、地下室あるいは閉鎖場所への流入を防ぐ。
二次災害の防止策	火花を発生させない安全な用具を使用する。

A4.2

7．取扱い及び保管上の注意

取扱い

技術的対策	「8．ばく露防止及び保護措置」に記載の措置を行い、必要に応じて保護具を着用する。
安全取扱注意事項	熱、火花、裸火、高温のもののような着火源から遠ざけること。禁煙。
	容器を接地すること、アースをとること。
	防爆型の電気機器、換気装置、照明機器を使用すること。
	火花を発生させない工具を使用すること。
	静電気放電に対する予防措置を講ずること。

	この製品を使用する時に、飲食又は喫煙しないこと。
	汚染された衣類を再使用する場合には洗濯すること。
接触回避	混触禁止物質。
	熱、高温のもの、火花、裸火及び他の着火源から遠ざけること。禁煙。
衛生対策	取扱い後はよく手や眼を洗うこと。
保管	換気のよい冷暗所に保管する。

８．ばく露防止及び保護措置

管理濃度	トルエン：20ppm
	エチルベンゼン：20ppm
許容濃度	
ACGIH TLV-TWA	トルエン：20ppm（2015）
	エチルベンゼン：20ppm（2015）
日本産業衛生学会	トルエン：50ppm、188mg/m^3（2015）
	エチルベンゼン：50ppm、217mg/m^3（2015）
設備対策	取り扱いの場所の近くに、洗眼及び身体洗浄剤のための設備を設ける。
	高温下や、ミストが発生する場合は換気装置を使用する。
保護具	
呼吸用保護具	必要に応じて保護マスクや呼吸用保護具を着用する。
手の保護具	手に接触する恐れがある場合、保護手袋を着用する。
眼の保護具	眼に入る恐れがある場合、保護眼鏡やゴーグルを着用する。
皮膚及び身体の保護具	必要に応じて保護衣、保護エプロン等を着用する。

９．物理的及び化学的性質

物理状態、色	無色透明液体
臭い	特異臭
融点・凝固点	情報なし
沸点、初留点及び沸騰範囲	124℃
可燃性	あり
燃焼下限及び爆発上限	情報なし
引火点	11.2℃（密閉式）
自然発火温度	情報なし
分解温度	情報なし
pH	情報なし
動粘性率	情報なし
溶解度	水に不溶
n-オクタノール／水 　分配係数	情報なし

A4.2

蒸気圧	情報なし
密度及び／又は相対密度	情報なし
相対ガス密度	情報なし
粒子特性	本物質は液体である
その他のデータ	情報なし

10. 安定性及び反応性

反応性	通常の取扱い条件下では安定である。
化学的安定性	通常の取扱い条件下では安定である。
危険有害反応可能性	通常の取扱い条件下では危険有害反応を起こさない。
避けるべき条件	直射日光を避け、冷暗所に保管する。
混触危険物質	酸化剤、還元剤等。
危険有害な分解生成物	火災等の場合は、毒性の強い分解生成物が発生する可能性がある。

11. 有害性情報

製品の有害性情報	情報なし
成分の有害性情報	

トルエン

急性毒性（経口）	ラット LD_{50} = 5,000 mg/kg
急性毒性（経皮）	ラット LD_{50} = 5,000 mg/kg
急性毒性（吸入：蒸気）	ラット LC_{50} = 3,319 ～ 7,646 ppm
皮膚腐食性及び皮膚刺激性	ウサギ7匹に試験物質 0.5 mL を4時間の半閉塞適用した試験において、中等度の刺激性を示した。
眼に対する重篤な損傷性又は眼刺激性	ウサギ6匹に試験物質 0.1 mL を適用した試験において、軽度の刺激性を示した。
生殖毒性	ヒトにおいて、トルエンを高濃度または長期吸引した妊婦に早産、児に小頭、耳介低位、小鼻、小顎、眼瞼裂など胎児性アルコール症候群類似の顔貌、成長阻害や多動など報告される。また、「トルエンは容易に胎盤を通過し、また母乳に分泌される」との報告がある。
特定標的臓器毒性（単回ばく露）	ヒトで 750 mg/m^3 を8時間の吸入ばく露で筋脱力、錯乱、協調障害、散瞳、3,000 ppm では重度の疲労、著しい嘔気、精神錯乱など、さらに重度の事故によるばく露では昏睡に至っている。ヒトで本物質は高濃度の急性ばく露で容易に麻酔作用を起こし、さらに、低濃度（200 ppm）のばく露されたボランティアが一過性の軽度の上気道刺激を示した。
特定標的臓器毒性（反復ばく露）	トルエンに平均29年間ばく露されていた印刷労働者30名と対照者72名の疫学調査研究で、疲労、記憶力障害、集中困難、情緒不安定、その他に神経衰弱性症状が対照群に比して印刷労働者に有意に多く、神経心理学的テストでも印刷労働者の方が有意に成績が劣った。また、嗜癖でトルエンを含有した溶剤を吸入していた19歳男性で、悪心嘔吐が続き入院し、腎生検で間質性腎炎が認められ腎障害を示した。

A4.2

| 誤えん有害性 | 炭化水素であり、動粘性率は $0.86\,\mathrm{mm^2/s}$（40℃）である。 |

エチルベンゼン

急性毒性（経口）	ラット LD_{50} ＝ 3,500 mg/kg
急性毒性（経皮）	ウサギ LD_{50} ＝ 15,400 mg/kg
急性毒性（吸入：蒸気）	ラット LC_{50} ＝ 17.2 mg/L
眼に対する重篤な損傷性又は眼刺激性	ウサギを用いた眼刺激性試験の結果、軽微から軽度な眼刺激性を有する。
発がん性	IARC（2000）で 2B、ACGIH（2001）で A3 に分類されている。
生殖毒性	マウス及びラットを用いた催奇形性試験において、母体毒性を示さない用量で胎児毒性（泌尿器の奇形）がみられている。
特定標的臓器毒性（単回ばく露）	実験動物に対する中枢神経系への影響が見られ、また気道刺激性も見られる。
誤えん有害性	炭化水素であり、動粘性率が $0.74\,\mathrm{mm^2/s}$（25℃）である。

12. 環境影響情報

製品の環境影響情報

生態毒性	情報なし
残留性・分解性	情報なし
生体蓄積性	情報なし
土壌中の移動性	情報なし
オゾン層への有害性	該当しない

成分の環境有害情報

トルエン

水生環境有害性 短期（急性）	甲殻類（Ceriodaphnia dubia）48 時間 EC_{50} ＝ 3.78 mg/L
水生環境有害性 長期（慢性）	甲殻類（Ceriodaphnia dubia）7 日間 NOEC ＝ 0.74 mg/L
残留性・分解性	2 週間での BOD による分解度：123%
生体蓄積性	$\log K_{ow}$ ＝ 2.73
土壌中の移動性	情報なし
オゾン層への有害性	該当しない

エチルベンゼン

水生環境急性有害性	甲殻類（ブラウンシュリンプ）96 時間 LC_{50} ＝ 0.4 mg/L
水生環境慢性有害性	情報なし
残留性・分解性	本質的に易分解性
生体蓄積性	$\log K_{ow}$ ＝ 3.15
土壌中の移動性	情報なし
オゾン層への有害性	該当しない

A4.2

13.　廃棄上の注意

環境上望ましい廃棄、又はリサイクルに関する情報

	廃棄においては、関連法規制ならびに地方自治体の基準に従うこと。都道府県知事などの許可を受けた産業廃棄物処理業者、または地方公共団体が廃棄物処理を行っている場合はそこに委託して処理する。
残余廃棄物	廃棄の前に、可能な限り無害化、安定化及び中和等の処理を行って危険有害性のレベルを低い状態にする。
汚染容器及び包装	容器は洗浄してリサイクルするか、関連法規制ならびに地方自治体の基準に従って適切な処分を行う。 空容器を廃棄する場合は、内容物を完全に除去すること。

14.　輸送上の注意

国際規制

陸上輸送	ADR/RID の規定に従う
国連番号	1993
品名	その他の引火性液体、他に品名が明示されていないもの
国連分類	3
副次危険性	該当しない
容器等級	Ⅱ
海上輸送	ICAO/IATA の規定に従う
国連番号	1993
品名	その他の引火性液体、他に品名が明示されていないもの
国連分類	3
副次危険性	該当しない
容器等級	Ⅱ
海洋汚染物質	該当する

MARPOL73/78 附属書Ⅱ及び IBC コードによるばら積み輸送される液体物質

エチルベンゼン 78、トルエン 260

国内規制

陸上規制	消防法、道路法に従う
海上規制	船舶安全法に従う
海洋汚染物質	該当しない
航空規制情報	航空法に従う
緊急時応急措置指針	128
特別の安全対策	輸送に際しては、容器の破損、腐食、漏れのないように積み込み、荷崩れの防止を確実に行う。

15.　適用法令

労働安全衛生法	表示対象：トルエン（> 0.3%）、エチルベンゼン（> 0.1%）

A4.2

	通知対象：トルエン、エチルベンゼン（＞0.1%）
	作業評価基準：トルエン、エチルベンゼン
	第2種有機溶剤等：トルエン（＞5%）
	特定化学物質第2類、特別有機溶剤等、特別管理物質：エチルベンゼン（＞1%）
化学物質排出把握管理促進法	第1種指定化学物質：トルエン、エチルベンゼン（＞1%）
化審法	優先評価化学物質：トルエン、エチルベンゼン
消防法	第4類引火性液体、第一石油類非水溶性液体
大気汚染防止法	有害大気汚染物質、優先取組物質：トルエン（排気）
水質汚濁防止法	指定物質：トルエン
悪臭防止法	特定悪臭物質：トルエン（排気）
海洋汚染防止法	有害液体物質（Y類物質）：トルエン、エチルベンゼン

16. その他の情報

参考文献	#### 株式会社提供資料
	NITE GHS 分類結果一覧（2015）
	日本産業衛生学会（2015）許容濃度等の勧告
	ACGIH, American Conference of Governmental Industrial Hygienists (2015) TLVs and BEIs

本 SDS は、経済産業省が「化管法に基づく SDS 作成例（溶剤 A｜トルエン / エチルベンゼンの混合物）：改訂日 2016 年 1 月 12 日：JIS Z 7253：2012 に準拠」として公開していたものを、JIS Z 7253：2019 に準拠して作成したものです。有害性情報、管理濃度、許容濃度、法規制情報は 2015 年のものであり、必ずしも十分ではない可能性がありますので、取扱いにはご注意下さい。注意事項等は通常の取扱いを対象としたものですので、特別な取扱いをする場合には用途・条件に適した安全対策を実施の上、お取扱い願います。

A4.2

A4.3　表示及び文書交付制度　改正通達

　「労働安全衛生法等の一部を改正する法律等の施行等（化学物質等に係る表示及び文書交付制度の改善関係）に係る留意事項について」の改正通達を以下に示す。なお、別紙1については、本書では省略する。別紙2については、本書においては改正部分に下線を付しており、削除部分については非表示としている。

基安化発 0531 第 1 号
令和 4 年 5 月 31 日

都道府県労働局労働基準部長 殿

厚生労働省労働基準局
安全衛生部化学物質対策課長

　「労働安全衛生法等の一部を改正する法律等の施行等（化学物質等に係る表示及び文書交付制度の改善関係）に係る留意事項について」の改正について

　化学物質（純物質）及び化学物質を含有する製剤その他の物（混合物）に係る表示及び文書交付制度の改善については、平成 18 年 10 月 20 日付け基安化発第 1020001 号「労働安全衛生法等の一部を改正する法律等の施行等（化学物質等に係る表示及び文書交付制度の改善関係）に係る留意事項について」（令和元年 7 月 25 日最終改正。以下「1 号通達」という。）により示しているところであるが、令和 4 年 5 月 31 日付けで労働安全衛生規則等の一部を改正する省令（令和 4 年厚生労働省令第 91 号。以下「改正省令」という。）が公布されたこと等に伴い、下記のとおり改正したので、了知の上、化学物質の譲渡又は提供を行う管内の事業者に対して周知されたい。

記

第1　1号通達の一部改正
　別紙1の新旧対照表のとおり改正する。なお、改正後の1号通達は別紙2のとおりである。

第2　改正の概要
　1　改正省令で新たに労働安全衛生法（昭和 47 年法律第 57 号。以下「法」という。）第 57 条の 2 第 1 項の規定による通知事項に追加された「想定される用途及び当該用途における使用上の注意」について、留意事項を示したこと。

　2　通知事項のうち以下の事項について、留意事項を示したこと。
　（1）「成分及びその含有量」について、営業上の秘密に該当する場合の通知の留意事項を示したこと。
　（2）「貯蔵又は取扱い上の注意」について、保護具の種類を必ず記載するよう示したこと。
　（3）成分の含有量の表記の方法について、含有量に幅が生じる場合の記載の留意事項を示

したこと。

3　表示事項のうち「成分」について、平成 26 年の法改正で法第 57 条第 1 項の規定による表示義務がなくなった後も表示することが望ましいとしていたが、表示対象物の増加に伴い表示が困難となっているため、削除したこと。なお、引き続き「成分」を表示することは差し支えないこと。

4　その他所要の改正を行ったこと。

（別紙 1：省略）

（別紙 2）

基安化発第 1020001 号

平成 18 年 10 月 20 日

基安化発 1216 第 1 号

平成 22 年 12 月 16 日

基安化発 0725 第 1 号

令和元年 7 月 25 日

基安化発 0531 第 1 号

令和 4 年 5 月 31 日

都道府県労働局労働基準部長 殿

厚生労働省労働基準局

安全衛生部化学物質対策課長

労働安全衛生法等の一部を改正する法律等の施行等（化学物質等に係る表示及び文書交付制度の改善関係）に係る留意事項について

　化学物質（純物質）及び化学物質を含有する製剤その他の物（混合物）（以下「化学物質等」という。）に係る表示及び文書交付制度の改善については、平成 18 年 10 月 20 日付け基発第 1020003 号「労働安全衛生法等の一部を改正する法律等の施行について（化学物質等に係る表示及び文書交付制度の改善関係）」及び令和 4 年 5 月 31 日付け基発 0531 第 9 号「労働安全衛生規則等の一部を改正する省令等の施行について」等をもって通達されたところであるが、労働安全衛生法（昭和 47 年法律第 57 号。以下「法」という。）第 57 条の規定に基づく表示及び法第 57 条の 2 の規定に基づく文書交付等（安全データシート（SDS）等による通知をいう。以下同じ。）の運用に当たっての留意事項は、下記のとおりであるので、円滑な施行に遺漏なきを期されたい。

記

I　化学物質等に係る表示制度の改善関係

A4.3

第1　容器・包装等に表示しなければならない事項

1　名称（法第57条第1項第1号イ関係）

(1) 化学物質等の名称を記載すること。ただし、製品名により含有する化学物質等が特定できる場合においては、当該製品名を記載することで足りること。

(2) 化学物質等について、表示される名称と文書交付により通知される名称を一致させること。

2　人体に及ぼす作用（法第57条第1項第1号ロ関係）

(1)「人体に及ぼす作用」は、化学物質等の有害性を示すこと。

(2) 化学品の分類および表示に関する世界調和システム（以下「GHS」という。）に従った分類に基づき決定された危険有害性クラス（可燃性固体等の物理化学的危険性、発がん性、急性毒性等の健康有害性及び水生環境有害性等の環境有害性の種類）及び危険有害性区分（危険有害性の強度）に対して GHS 附属書3又は日本産業規格 Z 7253（GHSに基づく化学品の危険有害性情報の伝達方法―ラベル，作業場内の表示及び安全データシート（SDS））（以下「JIS Z 7253」という。）附属書Aにより割り当てられた「危険有害性情報」の欄に示されている文言を記載すること。

　　なお、GHS に従った分類については、日本産業規格 Z 7252（GHS に基づく化学品の分類方法）（以下「JIS Z 7252」という。）及び事業者向け GHS 分類ガイダンスを参考にすること。また、GHS に従った分類結果については、独立行政法人製品評価技術基盤機構が公開している。

「NITE 化学物質総合情報提供システム（NITE-CHRIP）」

(https://www.nite.go.jp/chem/chrip/chrip_search/systemTop)、

厚生労働省が作成し「職場のあんぜんサイト」で公開している「GHS 対応モデルラベル・モデル SDS 情報」

(http://anzeninfo.mhlw.go.jp/anzen_pg/GHS_MSD_FND.aspx) 等を参考にすること。

(3) 混合物において、混合物全体として有害性の分類がなされていない場合には、含有する表示対象物質の純物質としての有害性を、物質ごとに記載することで差し支えないこと。

(4) GHS に従い分類した結果、危険有害性クラス及び危険有害性区分が決定されない場合は、記載を要しないこと。

3　貯蔵又は取扱い上の注意（法第57条第1項第1号ハ関係）

　　化学物質等のばく露又はその不適切な貯蔵若しくは取扱いから生じる被害を防止するために取るべき措置を記載すること。

4　標章（法第57条第1項第2号関係）

(1) 混合物において、混合物全体として危険性又は有害性の分類がなされていない場合には、含有する表示対象物質の純物質としての危険性又は有害性を表す標章を、物質ごとに記載することで差し支えないこと。

(2) GHS に従い分類した結果、危険有害性クラス及び危険有害性区分が決定されない場合は、記載を要しないこと。

5　表示をする者の氏名（法人にあつては、その名称）、住所及び電話番号（労働安全衛生規則（以下「則」という。）第33条第1号関係）

A4.3

(1) 化学物質等を譲渡し又は提供する者の情報を記載すること。また、当該化学品の国内製造・輸入業者の情報を、当該事業者の了解を得た上で追記しても良いこと。

(2) 緊急連絡電話番号等についても記載することが望ましいこと。

6 注意喚起語（則第33条第2号関係）

(1) GHSに従った分類に基づき、決定された危険有害性クラス及び危険有害性区分に対してGHS附属書3又はJIS Z 7253附属書Aに割り当てられた「注意喚起語」の欄に示されている文言を記載すること。

なお、GHSに従った分類については、JIS Z 7252及び事業者向け分類ガイダンスを参考にすること。また、GHSに従った分類結果については、独立行政法人製品評価技術基盤機構が公開している「NITE化学物質総合情報提供システム（NITE-CHRIP）」や厚生労働省が作成し「職場のあんぜんサイト」で公開している「GHS対応モデルラベル・モデルSDS情報」等を参考にすること。

(2) 混合物において、混合物全体として危険性又は有害性の分類がなされていない場合には、含有する表示対象物質の純物質としての危険性又は有害性を表す注意喚起語を、物質ごとに記載することで差し支えないこと。

(3) GHSに基づき分類した結果、危険有害性クラス及び危険有害性区分が決定されない場合、記載を要しないこと。

7 安定性及び反応性（則第33条第3号関係）

(1) 「安定性及び反応性」は、化学物質等の危険性を示すこと。

(2) GHSに従った分類に基づき、決定された危険有害性クラス及び危険有害性区分に対してGHS附属書3又はJIS Z 7253附属書Aに割り当てられた「危険有害性情報」の欄に示されている文言を記載すること。

なお、「GHSに従った分類結果」については、独立行政法人製品評価技術基盤機構が公開している「NITE化学物質総合情報提供システム（NITE-CHRIP）」、厚生労働省が作成し「職場のあんぜんサイト」で公開している「GHS対応モデルラベル・モデルSDS情報」等を参考にすること。

(3) 混合物において、混合物全体として危険性の分類がなされていない場合には、含有する全ての表示対象物質の純物質としての危険性を、物質ごとに記載することで差し支えないこと。

(4) GHSに従い分類した結果、危険有害性クラス及び危険有害性区分が決定されない場合、記載を要しないこと。

第2 その他

1 GHSに従った分類を行う際に参考とするべきJIS Z 7252については、JIS Z 7252：2019（GHSに基づく化学品の分類方法）（以下「JIS Z 7252：2019」という。）を用いること。なお、JIS Z 7252：2019については日本産業標準調査会のホームページ（http://www.jisc.go.jp/）において検索及び閲覧が可能であること。

2 JIS Z 7253：2019（GHSに基づく化学品の危険有害性情報の伝達方法—ラベル，作業場内の表示及び安全データシート（SDS））（以下「JIS Z 7253：2019」という。）に準拠した記載を行えば、労働安全衛生法関係法令において規定する容器・包装等に表示しなければ

A4.3

ならない事項を満たすこと。なお、JIS Z 7253：2019 については日本産業標準調査会ホームページにおいて検索及び閲覧が可能であること。

Ⅱ　化学物質等に係る文書交付制度の改善関係等
第1　文書交付等により通知しなければならない事項
　1　名称（法第57条の2第1項第1号関係）
　　　化学物質等の名称を記載すること。ただし、製品名により含有する化学物質等が特定できる場合においては、当該製品名を記載することで足りること。
　2　成分及びその含有量（法第57条の2第1項第2号関係）
　　(1) 法及び政令で通知対象としている物質（以下「通知対象物質」という。）が裾切値以上含有される場合、当該通知対象物質の名称を列記するとともに、その含有量についても記載すること。
　　(2) ケミカルアブストラクトサービス登録番号（CAS番号）及び別名についても記載することが望ましいこと。
　　(3) (1)以外の化学物質の成分の名称及びその含有量についても、本項目に記載することが望ましいこと。
　　(4) ア　労働安全衛生法施行令（昭和47年政令第318号）第17条の製造許可物質並びに有機溶剤中毒予防規則（昭和47年労働省令第36号）、鉛中毒予防規則（昭和47年労働省令第37号）、四アルキル鉛中毒予防規則（昭和47年労働省令第38号）及び特定化学物質障害予防規則（昭和47年労働省令第39号）の対象物質は、SDSの成分及びその含有量の記載は省略できないこと。また、厚生労働大臣がばく露の濃度基準を定める物質については、SDSの成分の記載は省略できないこと。
　　　　イ　アの物質以外の物質であって成分及びその含有量が営業上の秘密に該当する場合は、SDSにはその旨を記載の上、成分及びその含有量の記載を省略し、秘密保持契約その他事業者間で合意した方法により、SDSとは別途通知することも可能であること。
　3　物理的及び化学的性質（法第57条の2第1項第3号関係）
　　(1) JIS Z 7253 の附属書Eを参考として、次の項目に係る情報について記載すること。
　　　ア　物理状態
　　　イ　色
　　　ウ　臭い
　　　エ　融点・凝固点
　　　オ　沸点又は初留点及び沸点範囲
　　　カ　可燃性
　　　キ　爆発下限界及び上限界／可燃限界
　　　ク　引火点
　　　ケ　自然発火点
　　　コ　分解温度
　　　サ　pH
　　　シ　動粘性率

A4.3

　　ス　溶解度

　　セ　n-オクタノール／水分配係数（log 値）

　　ソ　蒸気圧

　　タ　密度及び／又は相対密度

　　チ　相対ガス密度

　　ツ　粒子特性

（2）次の項目に係る情報について記載することが望ましいこと。

　　ア　放射性

　　イ　かさ密度

　　ウ　燃焼継続性

（3）上記以外の項目についても、当該化学物質等の安全な使用に関係するその他のデータを示すことが望ましいこと。

（4）測定方法についても記載することが望ましいこと。

（5）混合物において、混合物全体として危険性の試験がなされていない場合には、含有する通知対象物質の純物質としての情報を、物質ごとに記載することで差し支えないこと。

4　人体に及ぼす作用（法第57条の2第1項第4号関係）

（1）「人体に及ぼす作用」は、化学物質等の有害性を示すこと。

（2）取扱者が化学物質等に接触した場合に生じる健康への影響について、簡明かつ包括的な説明を記載すること。なお、以下の項目に係る情報を記載すること。

　　ア　急性毒性

　　イ　皮膚腐食性・刺激性

　　ウ　眼に対する重篤な損傷性・眼刺激性

　　エ　呼吸器感作性又は皮膚感作性

　　オ　生殖細胞変異原性

　　カ　発がん性

　　キ　生殖毒性

　　ク　特定標的臓器毒性—単回ばく露

　　ケ　特定標的臓器毒性—反復ばく露

　　コ　誤えん有害性

（3）ばく露直後の影響と遅発性の影響とをばく露経路ごとに区別し、毒性の数値的尺度を含めることが望ましいこと。

（4）混合物において、混合物全体として有害性の試験がなされていない場合には、含有する通知対象物質の純物質としての有害性を、物質ごとに記載することで差し支えないこと。

（5）GHSに従い分類した結果、分類の判断を行うのに十分な情報が得られなかった場合（以下「分類できない」という。）又は、常態が液体や気体のものについては固体に関する危険有害性クラスの区分が付かないなど分類の対象とならない場合及び分類を行うのに十分な情報が得られているものの、分類を行った結果、GHSで規定する危険有害性クラスにおいていずれの危険有害性区分にも該当しない場合（発がん性など証拠の確からしさで分類する危険有害性クラスにおいて、専門家による総合的な判断から当該毒性を

A4.3

持たないと判断される場合、又は得られた証拠が区分するには不十分な場合を含む。以下「区分に該当しない」という。）のいずれかに該当することにより、危険有害性クラス及び危険有害性区分が決定されない場合は、GHS では当該危険有害性クラスの情報は、必ずしも記載は要しないとされているが、「分類できない」、「区分に該当しない」の旨を記載することが望ましい。

　　なお、記載にあたっては、事業者向け GHS 分類ガイダンスを参考にすること。

5　貯蔵又は取扱い上の注意（法第 57 条の 2 第 1 項第 5 号関係）

　　次の事項を記載すること。このうち、(5)については、想定される用途での使用において吸入又は皮膚や眼との接触を保護具で防止することを想定した場合に必要とされる保護具の種類を必ず記載すること。

(1)　適切な保管条件、避けるべき保管条件等

(2)　混合接触させてはならない化学物質等（混触禁止物質）との分離を含めた取扱い上の注意

(3)　管理濃度、厚生労働大臣が定める濃度の基準、許容濃度等

(4)　密閉装置、局所排気装置等の設備対策

(5)　保護具の使用

(6)　廃棄上の注意及び輸送上の注意

6　流出その他の事故が発生した場合において講ずべき応急の措置（法第 57 条の 2 第 1 項第 6 号関係）

　　次の事項を記載すること。

(1)　吸入した場合、皮膚に付着した場合、眼に入った場合又は飲み込んだ場合に取るべき措置等

(2)　火災の際に使用するのに適切な消火剤又は使用してはならない消火剤

(3)　事故が発生した際の退避措置、立ち入り禁止措置、保護具の使用等

(4)　漏出した化学物質等に係る回収、中和、封じ込め及び浄化の方法並びに使用する機材

7　通知を行う者の氏名（法人にあつては、その名称）、住所及び電話番号（則第 34 条の 2 の 4 第 1 号関係）

(1)　化学物質等を譲渡し又は提供する者の情報を記載すること。なお、当該化学品の国内製造・輸入業者の情報を、当該事業者の了解を得た上で追記しても良いこと。

(2)　緊急連絡電話番号、ファックス番号及び電子メールアドレスも記載することが望ましいこと。

8　危険性又は有害性の要約（則第 34 条の 2 の 4 第 2 号関係）

A4.3

(1)　GHS に従った分類に基づき決定された危険有害性クラス、危険有害性区分、絵表示、注意喚起語、危険有害性情報及び注意書きに対して GHS 附属書 3 又は JIS Z 7253 附属書 A により割り当てられた絵表示と文言を記載すること。

　　なお、GHS に従った分類については、JIS Z 7252 及び事業者向け GHS 分類ガイダンスを参考にすること。また、GHS に従った分類結果については、独立行政法人製品評価技術基盤機構が公開している「NITE 化学物質総合情報提供システム（NITE-CHRIP)」、厚生労働省が作成し「職場のあんぜんサイト」で公開している「GHS 対応モデルラベル・モデル SDS 情報」等を参考にすること。

(2) 混合物において、混合物全体として危険性又は有害性の分類がなされていない場合には、含有する通知対象物質の純物質としての危険性又は有害性を、物質ごとに記載することで差し支えないこと。

(3) GHS に従い分類した結果、「分類できない」又は「区分に該当しない」のいずれかに該当することにより、危険有害性クラス及び危険有害性区分が決定されない場合は、GHS では当該危険有害性クラスの情報は、必ずしも記載を要しないとされているが、「分類できない」、「区分に該当しない」の旨を記載することが望ましい。

なお、記載にあたっては、事業者向け GHS 分類ガイダンスを参考にすること。

(4) 標章は白黒の図で記載しても差し支えないこと。また、標章を構成する画像要素（シンボル）の名称（「炎」、「どくろ」等）をもって当該標章に代えても差し支えないこと。

(5) 粉じん爆発危険性等の危険性又は有害性についても記載することが望ましいこと。

9　安定性及び反応性（則第 34 条の 2 の 4 第 3 号関係）

次の事項を記載すること。

(1) 避けるべき条件（静電放電、衝撃、振動等）

(2) 混触危険物質

(3) 通常発生する一酸化炭素、二酸化炭素及び水以外の予想される危険有害な分解生成物

10　想定される用途及び当該用途における使用上の注意（則第 34 条の 2 の 4 第 4 号関係）

JIS Z 7253：2019 附属書D「D．2 項目 1―化学品及び会社情報」の項目において記載が望ましいとされている化学品の推奨用途及び使用上の制限に相当する内容を記載すること。

11　適用される法令（則第 34 条の 2 の 4 第 4 号（令和 6 年 4 月 1 日以降は第 5 号）関係）

化学物質等に適用される法令の名称を記載するとともに、当該法令に基づく規制に関する情報を記載すること。

12　その他参考となる事項（則第 34 条の 2 の 4 第 5 号（令和 6 年 4 月 1 日以降は第 6 号）関係）

(1) SDS 等を作成する際に参考とした出典を記載することが望ましいこと。

(2) 環境影響情報については、本項目に記載することが望ましいこと。

第 2　成分の含有量の表記の方法（則第 34 条の 2 の 6 関係）

通知対象物であって製品の特性上含有量に幅が生じるもの等については、濃度範囲による記載も可能であること。なお、含有量を秘匿する目的での濃度範囲による記載を認める趣旨ではなく、営業上の秘密に該当する場合は、第 1 の 2(4)のとおり SDS には記載せず別途通知することが可能であること。また、重量パーセント以外の表記による含有量の表記がなされているものについては、重量パーセントへの換算方法を明記していれば重量パーセントによる表記を行ったものと見なすこと。

第 3　その他

1　JIS Z 7253：2019 に準拠した記載を行えば、労働安全衛生法関係法令に規定する文書交付等により通知しなければならない事項を満たすこと。

なお、JIS Z 7253：2019 については、日本産業標準調査会のホームページにおいて検索

A4.3

及び閲覧が可能であること。

2　事業者向け GHS 分類ガイダンスは経済産業省のホームページ
（https://www.meti.go.jp/policy/chemical_management/int/ghs_tool_01GHSmanual.
html）で閲覧が可能であること。

3　表示及び SDS の記載にあたっては、邦文で記載するものとする。また、事業場内にお
いては、当該物質を取り扱う労働者に記載内容について周知するものとする。なお、取り
扱う労働者が理解できる言語で表示及び SDS を記載することが望ましいこと。

4　SDS の記載に当たっては、事業者団体が記載例を公表している場合には、当該記載例
も参考にすることが望ましいこと。

出典：「基安化発 0531 第 1 号厚生労働省労働基準局「労働安全衛生法等の一部を改正する法律等の施
行等（化学物質等に係る表示及び文書交付制度の改善関係）に係る留意事項について」の改正
について」（厚生労働省）

A4.3

A4.4　GHS（改訂9版）分類判定基準及び情報伝達要素

用語の定義
危険性・有害性の分類判定基準
危険性・有害性の情報伝達要素

第1部　序

第1.2章　定義および略語（抜粋）

GHSの目的において：

合金（Alloy）とは、機械的手段で容易に分離できないように結合した2つ以上の元素から成る巨視的にみて均質な金属体をいう。合金は、GHSによる分類では混合物とみなされる。

誤えん（aspiration）とは、液体または固体の化学品が口または鼻腔から直接、または嘔吐によって間接的に、気管および下気道へ侵入することをいう。

BCFとは、「生物濃縮係数」（bioconcentration factor）をいう。

BOD/CODとは、「生物化学的酸素要求量／化学的酸素要求量」（biochemical oxygen demand/chemical oxygen demand）をいう。

発がん性物質（Carcinogen）とは、がんを誘発し、またはその発生頻度を増大させる物質または混合物をいう。

CASとは、「ケミカル・アブストラクツ・サービス」（Chemical Abstract Service）をいう。

化学的特定名（Chemical identity）とは、化学品を一義的に識別する名称をいう。これは、国際純正応用化学連合（IUPAC）またはケミカル・アブストラクツ・サービス（CAS）の命名法に従う名称、あるいは専門名を用いることができる。

所管官庁（Competent authority）とは、化学品の分類および表示に関する世界調和システム（GHS）に関連して、所管機関として指定または認定された国家機関、またはその他の機関をいう。

臨界温度（Critical temperature）とは、その温度を超えると圧縮の程度に関係なく、純粋なガスを液化できない温度をいう。

粉塵（Dust）とは、ガス（通常空気）の中に浮遊する物質または混合物の固体の粒子をいう。

EC_{50}とは、ある反応を最大時の50％に減少させる物質の濃度をいう。

EC_xとは、x%の反応を示す濃度をいう。

ErC_{50}とは、生長阻害の観点から見たEC_{50}をいう。

EUとは、「欧州連合」（European Union）をいう。

引火点（Flash point）とは、一定の試験条件の下で任意の液体の蒸気が発火源により発火する最低温度をいう（標準気圧101.3kPaでの温度に換算）。

ガス（Gas）とは、（ⅰ）50℃で300kPa（絶対圧）を超える蒸気圧を有する物質、または（ⅱ）101.3kPaの標準気圧、20℃において完全にガス状である物質をいう。

GHS とは、「化学品の分類および表示に関する世界調和システム」(Globally Harmonized System of Classification and Labelling of Chemicals) をいう。

危険有害性区分 (Hazard category) とは、各危険有害性クラス内の判定基準の区分をいう。例えば、経口急性毒性には5つの有害性区分があり、引火性液体には4つの危険性区分がある。これらの区分は危険有害性クラス内で危険有害性の強度により相対的に区分されるもので、より一般的な危険有害性区分の比較とみなすべきでない。

危険有害性クラス (Hazard class) とは、可燃性固体、発がん性物質、経口急性毒性のような、物理化学的危険性、健康または環境有害性の種類をいう。

危険有害性情報 (Hazard statement) とは、危険有害性クラスおよび危険有害性区分に割り当てられた文言であって、危険有害な製品の危険有害性の性質を、該当する程度も含めて記述する文言をいう。

初留点 (Initial boiling point) とは、ある液体の蒸気圧が標準気圧 (101.3 kPa) に等しくなる、すなわち最初にガスの泡が発生する時点での液体の温度をいう。

ラベル (Label) とは、危険有害な製品に関する書面、印刷またはグラフィックによる情報要素のまとまりであって、目的とする部門に対して関連するものが選択されており、危険有害性のある物質の容器に直接、あるいはその外部梱包に貼付、印刷または添付されるものをいう。

ラベル要素 (Label element) とは、ラベル中で使用するために国際的に調和されている情報、例えば、絵表示や注意喚起語をいう。

LC_{50}（50%致死濃度） とは、試験動物の50%を死亡させる大気中または水中における試験物質濃度をいう。

LD_{50} とは、一度に投与した場合、試験動物の50%を死亡させる化学品の量をいう。

$L(E)C_{50}$ とは、LC_{50} または EC_{50} をいう。

液体 (Liquid) とは、50℃において 300 kPa (3 bar) 以下の蒸気圧を有し、20℃、標準気圧 101.3 kPa では完全にガス状ではなく、かつ、標準気圧 101.3 kPa において融点または融解が始まる温度が20℃以下の物質をいう。固有の融点が特定できない粘性の大きい物質または混合物は、ASTM の D4359-90 試験を行うか、または危険物の国際道路輸送に関する欧州協定 (ADR) の附属文書 A の 2.3.4 節に定められている流動性特定のための（針入度計）試験を行わなければならない。

試験方法および判定基準のマニュアル (Manual of Tests and Criteria) とは、このタイトルを持つ国際連合の出版物の最新改訂版および公表されたこれへの修正をいう。

ミスト (Mist) とは、ガス（通常空気）の中に浮遊する物質または混合物の液滴をいう。

混合物 (Mixture) とは、2つ以上の物質で構成される反応を起こさない混合物または溶液をいう。

モントリオール議定書 (Montreal Protocol) とは、議定書の締約国によって調整または修正された、オゾン層破壊物質に関するモントリオール議定書をいう。

変異原性物質 (Mutagen) とは、細胞の集団または生物体に突然変異を発生する頻度を増大させる物質をいう。

突然変異 (Mutation) とは、細胞内の遺伝物質の量または構造における恒久的な変化をいう。

NOEC「無影響濃度」 (no observed effect concentration) とは、統計的に有意な悪影響を示す最低の試験濃度直下の試験濃度をいう。NOEC ではコントロール群と比べて有意な悪影

A4.4

響は見られない。

OECD とは、「経済協力開発機構」（Organization for Economic Cooperation and Development）をいう。

オゾン層破壊係数（ODP） とは、ハロカーボンによって見込まれる成層圏オゾンの破壊の程度を、CFC-11 に対して質量ベースで相対的に表した積算量であり、ハロカーボンの種類ごとに異なるものである。ODP の正式な定義は、等量の CFC-11 排出量を基準にした、特定の化合物の排出に伴う総オゾンの撹乱量の積算値の比の値である。

絵表示（Pictogram） とは、特定の情報を伝達することを意図したシンボルと境界線、背景のパターンまたは色のような図的要素から構成されるものをいう。

注意書き（Precautionary statement） とは、危険有害性のある製品へのばく露あるいは危険有害性のある製品の不適切な貯蔵または取扱いから生じる有害影響を最小にするため、または予防するために取るべき推奨措置を記述した文言（または絵表示）をいう。

製品特定名（Product identifier） とは、ラベルまたは SDS において危険有害性のある製品に使用される名称または番号をいう。これは、製品使用者が特定の使用状況、例えば輸送、消費者、あるいは作業場の中で物質または混合物を確認することができる一義的な手段となる。

UN モデル規則（UN Model Regulations） とは、国際連合（UN）から出版されている「危険物輸送に関する勧告」（Recommendations on the Transport of Dangerous Goods）の最新改訂版に付随しているモデル規則をいう。

QSAR とは、「定量的構造活性相関」（quantitative structure-activity relationship）を意味する。

呼吸器感作性物質（Respiratory sensitizer） とは、物質または混合物の吸入後に起きる気道の過敏反応を誘発する物質または混合物をいう。

ロッテルダム条約 とは、「国際貿易の対象となる特定の有害な物質および駆除剤についての事前のかつ情報に基づく同意の手続きに関するロッテルダム条約」（Rotterdam Convention on the Prior Informed Consent Procedure for Certain Hazardous Chemicals and Pesticides in International Trade）をいう。

SAR とは、「構造活性相関」（Structure Activity Relationship）をいう。

SDS とは、「安全データシート」（Safety Data Sheet）をいう。

自己加速分解温度（SADT：Self-Accelerating Decomposition Temperature） とは、密封状態において物質に自己加速分解が起こる最低温度をいう。

注意喚起語（Signal Word） とは、ラベル上で危険有害性の重大さの相対レベルを示し、利用者に潜在的な危険有害性を警告するために用いられる言葉をいう。GHS では、「危険（Danger）」や「警告（Warning）」を注意喚起語として用いている。

皮膚感作性物質（Skin sensitizer） とは、皮膚への接触によりアレルギー反応を誘発する物質をいう。

固体（Solid） とは、液体または気体の定義に当てはまらない物質または混合物をいう。

ストックホルム条約 とは、「残留性有機汚染物質に関するストックホルム条約」（Stockholm Convention on Persistent Organic Pollutants）をいう。

物質（Substance） とは、自然状態にあるか、または任意の製造過程において得られる化学元素およびその化合物をいう。製品の安定性を保つ上で必要な添加物や用いられる工程に由来

A4.4

する不純物も含むが、当該物質の安定性に影響せず、またその組成を変化させることなく分離することが可能な溶媒は除く。

シンボル（Symbol）とは、情報を簡潔に伝達するように意図された画像要素をいう。

蒸気（Vapour）とは、液体または固体の状態から放出されたガス状の物質または混合物をいう。

第 2 部　　物理化学的危険性

第 2.1 章　　爆発物

2.1.1.1　　定義

*爆発性物質または混合物*は、それ自体の化学反応により、周囲環境に損害を及ぼすような温度および圧力ならびに速度でガスを発生する能力のある固体または液体物質または混合物である。火工品に使用される物質はたとえガスを発生しない場合でも含まれる。

*火工品に使用される物質または混合物*は、非爆轟性で持続性の発熱化学反応により、熱、光、音、ガスまたは煙若しくはこれらの組み合わせの効果を生じるよう作られた物質または混合物である。

*爆発性物品*は、爆発性物質または混合物を一種類以上含む物品である。

2.1.2　　分類基準

2.1.2.1　　下表にしたがい、このクラスに分類される物質、混合物および物品は、2 つの区分のうちの 1 つに、さらに区分 2 では 3 つの細区分のうちの一つに分類される：

表 2.1.1　　爆発物判定基準

区分	細区分	判定基準
1		爆発性物質、混合物および物品で： （a）以下の区分に割り当てられないもの 　（i）爆発または火工品効果を目的として製造されたもの；または 　（ii）*試験方法及び評価基準のマニュアル*の試験シリーズ 2 で試験されたとき陽性結果を示す物質または混合物 または （b）区分が割り当てられた構成の一次包装の外にあるもの、ただし区分が割り当てられた爆発性物品ではない： 　（i）一次包装がないもの；または 　（ii）爆発の影響を減じさせない一次包装の中にあるもの、介在する包装材料、間隔または大切な方向性も考慮する。

	2A	爆発性物質、混合物および物品で以下が割り当てられているもの： (a) 区分 1.1、1.2、1.3、1.5 または 1.6；または (b) 区分 1.4 および細区分 2B または 2C の判定基準に合致しないもの。
2	2B	爆発性物質、混合物および物品で区分 1.4 および S 以外の隔離区分が割り当てられている、以下のもの： (a) 意図したとおりに作動したときに爆轟および崩壊しないもの：および (b) *試験方法及び評価基準のマニュアル*の試験 6(a) または 6(b) で危険性の高い事象を示さないもの；および (c) 危険性の高い事象を減衰させるために、一次包装により提供されるであろうもの以外に軽減特性を必要としないもの。
	2C	爆発性物質、混合物および物品で区分 1.4 隔離区分 S 分が割り当てられている、以下のもの： (a) 意図したとおりに作動したときに爆轟および崩壊しないもの：および (b) *試験方法及び評価基準のマニュアル*の試験 6(a) または 6(b) で危険性の高い事象を示さないもの；および (c) 危険性の高い事象を減衰させるために、一次包装により提供されるであろうもの以外に軽減特性を必要としないもの。

2.1.2.2　輸送区分は以下の通りである。

(a) 区分 1.1：大量爆発の危険性を持つ物質、混合物および物品（大量爆発とは、ほとんど全量にほぼ瞬時に影響が及ぶような爆発をいう）；

(b) 区分 1.2：大量爆発の危険性はないが、飛散の危険性を有する物質、混合物および物品；

(c) 区分 1.3：大量爆発の危険性はないが、火災の危険性を有し、かつ弱い爆風の危険性または僅かな飛散の危険性のいずれか、若しくは両方を持っている物質、混合物および物品：

　(i)　その燃焼により大量の輻射熱を放出するもの；または

　(ii)　弱い爆風または飛散のいずれか若しくは両方の効果を発生しながら次々に燃焼するもの；

(d) 区分 1.4：重大な危険性の認められない物質、混合物および物品：発火または起爆した場合にも僅かな危険性しか示さない物質、混合物および物品。その影響はほとんどが包装内に限られ、ある程度以上の大きさと飛散距離を持つ破片の飛散は想定されない。外部火災が原因となり包装物のほとんどすべての内容物がほぼ瞬時に爆発を起こしてはならない；

(e) 区分 1.4 隔離区分 S：包装が火災で劣化した場合を除き、偶発的な作用から生じる危険な影響が包装内に限定されるように梱包または設計された物質、混合物および物品。火災の場合、全ての爆風または飛散効果は、包装のすぐ近くでの消火活動またはその他の緊急対応の取組を著しく妨げない範囲に限られる；

(f) 区分 1.5：大量爆発の危険性を有するが、非常に鈍感な物質：大量爆発の危険性を持っているが、非常に鈍感で、通常の条件では、起爆の確率あるいは燃焼から爆轟に転移する確率が極めて小さい物質および混合物。燃焼から爆轟に転移する確率は、大量に存在する場合には大きくなる；

A4.4

（g）　区分 1.6：大量爆発の危険性を有しない極めて鈍感な物品：主としてきわめて鈍感な物質または混合物を含む物品で、偶発的な起爆または伝播の確率をほとんど無視できるようなものである。区分 1.6 の物品による危険性は単一の物品の爆発に限られる。

2.1.3　危険有害性情報の伝達

表 2.1.2　爆発物に関するラベル要素

区分	1	2		
細区分	適用無し	2A	2B	2C
絵表示				
注意喚起語	危険	危険	警告	警告
危険有害性情報	爆発物	爆発物	火災または飛散危険性	火災または飛散危険性
追加的危険有害性情報	非常に敏感 または 敏感である可能性	適用無し	適用無し	適用無し

第 2.2 章　可燃性ガス

2.2.1　定義

2.2.1.1　*可燃性ガスとは、標準気圧 101.3 kPa で 20℃ において、空気との混合気が燃焼範囲を有するガスをいう。*

2.2.1.2　*自然発火性ガスとは、54℃ 以下の空気中で自然発火しやすいような可燃性ガスをいう。*

2.2.1.3　*化学的に不安定なガスとは、空気や酸素が無い状態でも爆発的に反応しうる可燃性ガスをいう。*

2.2.2　分類基準

2.2.2.1　可燃性ガスは、次表にしたがって区分 1A、1B または 2 のいずれかに分類される。自然発火性および／または化学的に不安定な可燃性ガスは、つねに区分 1A に分類される。

A4.4

表 2.2.1　可燃性ガスの判定基準

区分			判定基準
1A	可燃性ガス		標準気圧 101.3kPa で 20℃ において以下の性状を有するガス： (a) 空気中の容積で 13% 以下の混合気が可燃性であるもの；または (b) 燃焼（爆発）下限界に関係なく空気との混合気の燃焼範囲（爆発範囲）が 12% 以上のもの 区分 1B の判定基準に合致した場合を除く
	自然発火性ガス		54℃ 以下の空気中で自然発火する可燃性ガス
	化学的に不安定なガス	A	標準気圧 101.3kPa で 20℃ において化学的に不安定である可燃性ガス
		B	気圧 101.3kPa 超および／または 20℃ 超において化学的に不安定である可燃性ガス
1B	可燃性ガス		区分 1A の可燃性ガスの判定基準を満たし、自然発火性ガスでも化学的に不安定なガスでもなく、少なくとも以下のどちらかの条件を満たすもの： (a) 燃焼下限が空気中の容積で 6% を超える；または (b) 基本的な燃焼速度が 10cm/s 未満；
2	可燃性ガス		区分 1A または 1B 以外のガスで、標準気圧 101.3kPa、20℃ においてガスであり、空気との混合気が燃焼範囲を有するもの

2.2.3　危険有害性情報の伝達

表 2.2.4　可燃性ガスのラベル要素

	区分 1A	自然発火性ガスまたは化学的に不安定なガス A/B の判定基準を満たす、1A ガスの区分			区分 1B	区分 2
		自然発火性ガス	化学的に不安定なガス			
			区分 A	区分 B		
絵表示	⬥	⬥	⬥	⬥	⬥	絵表示なし
注意喚起語	危険	危険	危険	危険	危険	警告
危険有害性情報	極めて可燃性の高いガス	極めて可燃性の高いガス 空気に触れると自然発火するおそれ	極めて可燃性の高いガス 空気が無くても爆発的に反応するおそれ	極めて可燃性の高いガス 圧力および／または温度が上昇した場合、空気が無くても爆発的に反応するおそれ	可燃性ガス	可燃性ガス

A4.4

第2.3章　エアゾールおよび加圧下化学品

2.3.1　エアゾール

2.3.1.1　定義

エアゾール、すなわちエアゾール噴霧器とは、圧縮ガス、液化ガスまたは溶解ガス（液状、ペースト状または粉末を含む場合もある）を内蔵する金属製、ガラス製またはプラスチック製の再充填不能な容器に、内容物をガス中に浮遊する固体もしくは液体の粒子として、または液体中またはガス中に泡状、ペースト状もしくは粉状として噴霧する噴射装置を取り付けたものをいう。

2.3.1.2　分類基準

表 2.3.1　エアゾールの判定基準

区分	判定基準
1	(a) 85％以上（質量）の可燃性／引火性成分を含有し、かつ 30 kJ/g 以上の燃焼熱を有するすべてのエアゾール； (b) 着火距離試験で着火距離が 75 cm 以上のスプレーを出すすべてのエアゾール；または (c) 泡の可燃性試験の結果が以下のような、泡を出すすべてのエアゾール： 　（ⅰ）炎の高さが 20 cm 以上かつ炎持続時間が 2 秒以上；または 　（ⅱ）炎の高さが 4 cm 以上かつ炎持続時間が 7 秒以上。
2	(a) 着火距離試験の結果が区分 1 の判定基準には該当せず、以下の条件を満たすスプレーを出すすべてのエアゾール： 　（ⅰ）燃焼熱が 20 kJ/g 以上； 　（ⅱ）燃焼熱が 20 kJ/g 未満で着火距離が 15 cm 以上；または 　（ⅲ）燃焼熱が 20 kJ/g 未満で着火距離が 15 cm 未満かつ以下の密閉空間発火試験結果： 　　－　時間等量が 300 s/m³ 以下；または 　　－　爆燃密度が 300 g/m³ 以下；または (b) 泡状エアゾール可燃性試験の結果が区分 1 の判定基準には該当せず、炎の高さが 4 cm 以上かつ炎持続時間が 2 秒以上のすべてのエアゾール。
3	(a) 1％以下（質量）の可燃性成分を有し、かつ燃焼熱が 20 kJ/g 未満のすべてのエアゾール；または (b) 1％超（質量）の可燃性成分を有するかまたは燃焼熱が 20 kJ/g 以上であるが、着火距離試験、密閉空間発火試験または泡状エアゾール可燃性試験の結果が区分 1 または区分 2 の判定基準に該当しないすべてのエアゾール。

注記1　可燃性／引火性成分には自然発火性物質、自己発熱性物質または水反応性物質は含まない。なぜならば、これらの物質はエアゾール内容物として用いられることはないためである。

注記2　本章で可燃性／引火性の分類の手順を踏まない、1％超の可燃性／引火性成分を含むまたは燃焼熱が少なくとも 20 kJ/g のエアゾールは、区分1に分類するべきである。

注記3　エアゾールが追加的に第2.2章（可燃性ガス）、2.3.2（加圧下化学品）、第2.5章（高圧ガス）、第2.6章（引火性液体）および第2.7章（可燃性固体）の範疇で分類されることはない。しかし成分により、ラベル要素も含め、エアゾールが他の危険有害性クラスの範疇に分類されることはありうる。

A4.4

2.3.1.3　危険有害性情報の伝達

表2.3.2　エアゾールのラベル要素

	区分1	区分2	区分3
絵表示			絵表示なし
注意喚起語	危険	警告	警告
危険有害性情報	極めて可燃性／引火性の高いエアゾール 高圧容器： 熱すると破裂のおそれ	可燃性／引火性の高いエアゾール 高圧容器： 熱すると破裂のおそれ	高圧容器： 熱すると破裂のおそれ

2.3.2　加圧下化学品

2.3.2.1　定義

　加圧下化学品とは、エアゾール噴霧器ではなく、かつ高圧ガスとは分類されない、圧力容器中で20℃において200kPa以上（ゲージ圧）の圧力でガスにより加圧された液体または固体（例えばペーストまたは粉体）をいう。

注記　加圧下化学品は一般に質量で50%以上の液体または固体を含むが、50%以上のガスを含む混合物は一般に高圧ガスと考えられる。

2.3.2.2　分類基準

表2.3.3　加圧下化学品の判定基準

区分	判定基準
1	以下のようなすべての加圧下化学品： （a）85%以上（質量）の可燃性／引火性成分を含み；かつ （b）燃焼熱が20kJ/g以上。
2	以下のようなすべての加圧下化学品： （a）1%超（質量）の可燃性／引火性成分を含み；かつ （b）燃焼熱が20kJ/g未満； または： （a）85%未満（質量）の可燃性／引火性成分を含み；かつ （b）燃焼熱が20kJ/g以上。
3	以下のようなすべての加圧下化学品： （a）1%以下（質量）の可燃性／引火性成分を含み；かつ （b）燃焼熱が20kJ/g未満。

　注記1　加圧下化学品の可燃性／引火性成分には、自然発火性、自己発熱性または水反応性の物質や混合物は含まれない。それらの成分はUNモデル規則により加圧下化学品として認められていないからである。

　注記2　加圧下化学品が追加的に2.3.1（エアゾール）、第2.2章（可燃性ガス）、第2.5章（高圧ガス）、第2.6章（引火性液体）および第2.7章（可燃性固体）の範疇で分類されることはない。しかし成分により、ラベル要素も含め、加圧下化学品が他の危険有害性クラスの範疇に分類されることはありうる。

A4.4

2.3.2.3　危険有害性情報の伝達

表 2.3.4　加圧下化学品のラベル要素

	区分 1	区分 2	区分 3
絵表示			
注意喚起語	危険	警告	警告
危険有害性情報	極めて可燃性の高い加圧下化学品：熱すると爆発のおそれ	可燃性の加圧下化学品：熱すると爆発のおそれ	加圧下化学品：熱すると爆発のおそれ

第 2.4 章　酸化性ガス

2.4.1　定義

　*酸化性ガス*とは、一般的には酸素を供給することにより、空気以上に他の物質の燃焼を引き起こす、または燃焼を助けるガスをいう。

2.4.2　分類基準

　酸化性ガスは、次表に従ってこのクラスにおける単一の区分に分類される。

表 2.4.1　酸化性ガスの判定基準

区分	判定基準
1	一般的には酸素を供給することにより、空気以上に他の物質の燃焼を引き起こす、または燃焼を助けるガス

2.4.3　危険有害性情報の伝達

表 2.4.2　酸化性ガスのラベル要素

	区分 1
絵表示	
注意喚起語	危険
危険有害性情報	発火または火災助長のおそれ；酸化性物質

第 2.5 章　高圧ガス

2.5.1　定義

　*高圧ガス*とは、20℃、200kPa（ゲージ圧）以上の圧力の下で容器に充填されているガスまたは液化または深冷液化されているガスをいう。

　高圧ガスには、圧縮ガス、液化ガス、溶解ガスおよび深冷液化ガスが含まれる。

2.5.2　分類基準

　2.5.2.1　高圧ガスは、充填された時の物理的状態によって、次表の 4 つのグループのいずれかに分類される。

表 2.5.1　高圧ガスの判定基準

グループ	判定基準
圧縮ガス	加圧して容器に充填した時に、-50℃で完全にガス状であるガス；臨界温度 -50℃以下のすべてのガスを含む。
液化ガス	加圧して容器に充填した時に -50℃を超える温度において部分的に液体であるガス。次の 2 つに分けられる。 （a）高圧液化ガス：臨界温度が -50℃と +65℃の間にあるガス； および （b）低圧液化ガス：臨界温度が +65℃を超えるガス
深冷液化ガス	容器に充填したガスが低温のために部分的に液体であるガス。
溶解ガス	加圧して容器に充填したガスが液相溶媒に溶解しているガス。

注記　エアゾールおよび加圧下化学品は高圧ガスとして分類するべきではない。第 2.3 章参照。

2.5.3　危険有害性情報の伝達

表 2.5.2　高圧ガスのラベル要素

	圧縮ガス	液化ガス	深冷液化ガス	溶解ガス
絵表示				
注意喚起語	警告	警告	警告	警告
危険有害性情報	高圧ガス；熱すると爆発するおそれ	高圧ガス；熱すると爆発するおそれ	深冷液化ガス；凍傷または傷害のおそれ	高圧ガス；熱すると爆発するおそれ

第 2.6 章　引火性液体

2.6.1　定義

　*引火性液体*とは、引火点が 93℃以下の液体をいう。

A4.4

2.6.2　分類基準

引火性液体は、次表に従ってこのクラスにおける 4 つの区分のいずれかに分類される。

表 2.6.1　引火性液体の判定基準

区分	判定基準
1	引火点＜ 23℃ および初留点 ≦35℃
2	引火点＜ 23℃ および初留点＞ 35℃
3	引火点 ≧23℃ および ≦60℃
4	引火点＞ 60℃ および ≦93℃

2.6.3　危険有害性情報の伝達

表 2.6.2　引火性液体のラベル要素

	区分 1	区分 2	区分 3	区分 4
絵表示	🔥	🔥	🔥	絵表示なし
注意喚起語	危険	危険	警告	警告
危険有害性情報	極めて引火性の高い液体および蒸気	引火性の高い液体および蒸気	引火性液体および蒸気	可燃性液体

第 2.7 章　可燃性固体

2.7.1　定義

*可燃性固体*とは、易燃性を有する、または摩擦により発火あるいは発火を助長する恐れのある固体をいう。

2.7.2　分類基準

表 2.7.1　可燃性固体の判定基準

区分	判定基準
1	燃焼速度試験： 金属粉末以外の物質または混合物 　(a) 火が湿潤部分を越える、および 　(b) 燃焼時間＜ 45 秒、または燃焼速度＞ 2.2mm/秒 金属粉末：燃焼時間 ≦5 分
2	燃焼速度試験： 金属粉末以外の物質または混合物 　(a) 火が湿潤部分で少なくとも 4 分間以上止まる、および 　(b) 燃焼時間＜ 45 秒、または燃焼速度＞ 2.2mm/秒 金属粉末：燃焼時間＞ 5 分および燃焼時間 ≦10 分

A4.4

2.7.3 危険有害性情報の伝達

表 2.7.2 可燃性固体のラベル表示要素

	区分1	区分2
絵表示		
注意喚起語	危険	警告
危険有害性情報	可燃性固体	可燃性固体

第2.8章　自己反応性物質および混合物

2.8.1　定義

2.8.1.1　*自己反応性物質または混合物*は、熱的に不安定で、酸素（空気）がなくとも強い発熱分解を起し易い液体または固体の物質あるいは混合物である。GHSのもとで、爆発物、有機過酸化物または酸化性物質として分類されている物質および混合物は、この定義から除外される。

2.8.2　分類基準

2.8.2.2　自己反応性物質および混合物は、下記の原則に従って、このクラスにおける「タイプAからG」の7種類の区分のいずれかに分類される。

(a) 包装された状態で爆轟しまたは急速に爆燃し得る自己反応性物質または混合物は**自己反応性物質タイプA**と定義される。

(b) 爆発性を有するが、包装された状態で、爆轟も急速な爆燃もしないが、その包装物内で熱爆発を起こす傾向を有する自己反応性物質または混合物は**自己反応性物質タイプB**として定義される。

(c) 爆発性を有するが、包装された状態で、爆轟も急速な爆燃も熱爆発も起こすことのない自己反応性物質または混合物は**自己反応性物質タイプC**として定義される。

(d) 実験室の試験で以下のような性状の自己反応性物質または混合物は**自己反応性物質タイプD**として定義される。

　(i) 爆轟は部分的であり、急速に爆燃することなく、密封下の加熱で激しい反応を起こさない。

　(ii) 全く爆轟せず、緩やかに爆燃し、密封下の加熱で激しい反応を起こさない。または

　(iii) 全く爆轟も爆燃もせず、密封下の加熱では中程度の反応を起こす。

(e) 実験室の試験で、全く爆轟も爆燃もせず、かつ密封下の加熱で反応が弱いかまたは無いと判断される自己反応性物質または混合物は、**自己反応性物質タイプE**として定義される。

(f) 実験室の試験で、空気泡の存在下で全く爆轟せず、また全く爆燃もすることなくかつ、

A4.4

密封下の加熱でも爆発力の試験でも、反応が弱いかまたは無いと判断される自己反応性物質または混合物は、**自己反応性物質タイプ F** として定義される。

(g) 実験室の試験で、空気泡の存在下で全く爆轟せず、また全く爆燃もすることなく、かつ、密封下の加熱でも爆発力の試験でも反応を起こさない自己反応性物質または混合物は、**自己反応性物質タイプ G** として定義される。ただし、熱的に安定である（SADT が 50kg の輸送物では 60℃ から 75℃）、および液体混合物の場合には沸点が 150℃ 以上の希釈剤で鈍感化されていることを前提とする。混合物が熱的に安定でない、または沸点が 150℃ 未満の希釈剤で鈍感化されている場合、その混合物は自己反応性物質タイプ F として定義すること。

2.8.3　危険有害性情報の伝達

表 2.8.1　自己反応性物質および混合物のラベル表示要素

	タイプ A	タイプ B	タイプ C&D	タイプ E&F	タイプ G
絵表示					この危険性区分にはラベル表示要素の指定はない
注意喚起語	危険	危険	危険	警告	
危険有害性情報	熱すると爆発のおそれ	熱すると火災または爆発のおそれ	熱すると火災のおそれ	熱すると火災のおそれ	

第 2.9 章　自然発火性液体

2.9.1　定義

*自然発火性液体*とは、たとえ少量であっても、空気と接触すると 5 分以内に発火しやすい液体をいう。

2.9.2　分類基準

表 2.9.1　自然発火性液体の判定基準

区分	判定基準
1	液体を不活性担体に漬けて空気に接触させると 5 分以内に発火する、または液体を空気に接触させると 5 分以内にろ紙を発火させるか、ろ紙を焦がす。

A4.4

2.9.3　危険有害性情報の伝達

表 2.9.2　自然発火性液体のラベル表示要素

	区分 1
絵表示	
注意喚起語	危険
危険有害性情報	空気に触れると自然発火

第 2.10 章　自然発火性固体

2.10.1　定義

　*自然発火性固体*とは、たとえ少量であっても、空気と接触すると 5 分以内に発火しやすい固体をいう。

2.10.2　分類基準

表 2.10.1　自然発火性固体の判定基準

区分	判定基準
1	固体が空気と接触すると 5 分以内に発火する。

2.10.3　危険有害性情報の伝達

表 2.10.2　自然発火性固体のラベル表示要素

	区分 1
絵表示	
注意喚起語	危険
危険有害性情報	空気に触れると自然発火

A4.4

第2.11章　自己発熱性物質および混合物

2.11.1　定義

　自己発熱性物質または混合物とは、自然発火性液体または自然発火性固体以外の固体物質または混合物で、空気との接触によりエネルギー供給がなくとも、自己発熱しやすいものをいう。 この物質または混合物が自然発火性液体または自然発火性固体と異なるのは、それが大量（キログラム単位）にあり、かつ長期間（数時間または数日間）経過後に限って発火する点にある。

2.11.2　分類基準

表 2.11.1　自己発熱性物質および混合物の判定基準

区分	判定基準
1	25mm 立方体サンプルを用いて 140℃における試験で肯定的結果が得られる
2	(a) 100mm 立方体のサンプルを用いて 140℃で肯定的結果が得られ、および 25mm 立方体サンプルを用いて 140℃で否定的結果が得られ、<u>かつ</u>、当該物質または混合物が 3m³ より大きい容積パッケージとして包装される、または (b) 100mm 立方体のサンプルを用いて 140℃で肯定的結果が得られ、および 25mm 立方体サンプルを用いて 140℃で否定的結果が得られ、100mm 立方体のサンプルを用いて 120℃で肯定的結果が得られ、<u>かつ</u>、当該物質または混合物が 450 リットルより大きい容積のパッケージとして包装される、または (c) 100mm 立方体のサンプルを用いて 140℃で肯定的結果が得られ、および 25mm 立方体サンプルを用いて 140℃で否定的結果が得られ、<u>かつ</u> 100mm 立方体のサンプルを用いて 100℃で肯定的結果が得られる。

2.11.3　危険有害性情報の伝達

表 2.11.2　自己発熱性物質および混合物のラベル表示要素

	区分 1	区分 2
絵表示		
注意喚起語	危険	警告
危険有害性情報	自己発熱：火災のおそれ	大量の場合自己発熱：火災のおそれ

第2.12章　水反応可燃性物質および混合物

2.12.1　定義

水と接触して可燃性ガスを発生する物質または混合物とは、水との相互作用により、自然発火性となるか、または可燃性ガスを危険となる量発生する固体または液体の物質あるいは混合物をいう。

2.12.2　分類基準

表2.12.1　水と接触して可燃性／引火性ガスを発生する物質または混合物の判定基準

区分	判定基準
1	大気温度で水と激しく反応し、自然発火性のガスを生じる傾向が全般的に認められる物質または混合物、または大気温度で水と激しく反応し、その際の可燃性／引火性ガスの発生速度は、どの1分間をとっても物質1kgにつき10リットル以上であるような物質または混合物。
2	大気温度で水と急速に反応し、可燃性／引火性ガスの最大発生速度が1時間あたり物質1kgにつき20リットル以上であり、かつ区分1に適合しない物質または混合物。
3	大気温度では水と穏やかに反応し、可燃性／引火性ガスの最大発生速度が1時間あたり物質1kgにつき1リットルを超えて、かつ区分1や区分2に適合しない物質または混合物。

2.12.3　危険有害性情報の伝達

表2.12.2　水反応可燃性物質および混合物のラベル表示要素

	区分1	区分2	区分3
絵表示			
注意喚起語	危険	危険	警告
危険有害性情報	水に触れると自然発火するおそれのある可燃性／引火性ガスを発生	水に触れると可燃性／引火性ガスを発生	水に触れると可燃性／引火性ガスを発生

第2.13章　酸化性液体

2.13.1　定義

酸化性液体とは、それ自体は必ずしも可燃性を有しないが、一般的には酸素の発生により、他の物質を燃焼させまたは助長する恐れのある液体をいう。

A4.4

2.13.2　分類基準

表2.13.1　酸化性液体の判定基準

区分	判定基準
1	物質（または混合物）をセルロースとの重量比1：1の混合物として試験した場合に自然発火する、または物質とセルロースの重量比1：1の混合物の平均昇圧時間が、50%過塩素酸とセルロースの重量比1：1の混合物より短い物質または混合物。
2	物質（または混合物）をセルロースとの重量比1：1の混合物として試験した場合の平均昇圧時間が、塩素酸ナトリウム40%水溶液とセルロースの重量比1：1の混合物の平均昇圧時間以下である、および区分1の判定基準が適合しない物質または混合物。
3	物質（または混合物）をセルロースとの重量比1：1の混合物として試験した場合の平均昇圧時間が、硝酸65%水溶液とセルロースの重量比1：1の混合物の平均昇圧時間以下である、および区分1および2の判定基準が適合しない物質または混合物。

2.13.3　危険有害性情報の伝達

表2.13.2　酸化性液体のラベル表示要素

	区分1	区分2	区分3
絵表示			
注意喚起語	危険	危険	警告
危険有害性情報	火災または爆発のおそれ；強酸化性物質	火災助長のおそれ；酸化性物質	火災助長のおそれ；酸化性物質

第2.14章　酸化性固体

2.14.1　定義

　*酸化性固体*とは、それ自体は必ずしも可燃性を有しないが、一般的には酸素の発生により、他の物質を燃焼させまたは助長する恐れのある固体をいう。

2.14.2　分類基準

表2.14.1　酸化性固体の判定基準

区分	O.1による判定基準	O.3による判定基準
1	サンプルとセルロースの重量比4：1または1：1の混合物として試験した場合、その平均燃焼時間が臭素酸カリウムとセルロースの重量比3：2の混合物の平均燃焼時間より短い物質または混合物。	サンプルとセルロースの重量比4：1または1：1の混合物として試験した場合、その平均燃焼速度が過酸化カルシウムとセルロースの重量比3：1の混合物の平均燃焼速度より大きい物質または混合物。

A4.4

| 2 | サンプルとセルロースの重量比4:1または1:1の混合物として試験した場合、その平均燃焼時間が臭素酸カリウムとセルロースの重量比2:3の混合物の平均燃焼時間以下であり、かつ区分1の判断基準が適合しない物質または混合物。 | サンプルとセルロースの重量比4:1または1:1の混合物として試験した場合、その平均燃焼速度が過酸化カルシウムとセルロースの重量比1:1の混合物の平均燃焼速度以上であり、かつ区分1の判定基準に適合しない物質または混合物。 |
| 3 | サンプルとセルロースの重量比4:1または1:1の混合物として試験した場合、その平均燃焼時間が臭素酸カリウムとセルロースの重量比3:7の混合物の平均燃焼時間以下であり、かつ区分1および2の判断基準に適合しない物質または混合物。 | サンプルとセルロースの重量比4:1または1:1の混合物として試験した場合、その平均燃焼速度が過酸化カルシウムとセルロースの重量比1:2の混合物の平均燃焼速度以上であり、かつ区分1および2の判定基準に適合しない物質または混合物。 |

2.14.3　危険有害性情報の伝達

表2.14.2　酸化性固体のラベル表示要素

	区分1	区分2	区分3
絵表示			
注意喚起語	危険	危険	警告
危険有害性情報	火災または爆発のおそれ；強酸化性物質	火災助長のおそれ；酸化性物質	火災助長のおそれ；酸化性物質

第2.15章　有機過酸化物

2.15.1　定義

2.15.1.1 *有機過酸化物*とは、2価の –O-O– 構造を有し、1あるいは2個の水素原子が有機ラジカルによって置換されている過酸化水素の誘導体と考えられる、液体または固体有機物質をいう。この用語はまた、有機過酸化物組成物（混合物）も含む。有機過酸化物は熱的に不安定な物質または混合物であり、自己発熱分解を起こす恐れがある。さらに、以下のような特性を1つ以上有する：

　(a) 爆発的な分解をしやすい；
　(b) 急速に燃焼する；
　(c) 衝撃または摩擦に敏感である；
　(d) 他の物質と危険な反応をする。

2.15.2　分類基準

2.15.2.2　有機過酸化物は、下記の原則に従ってこのクラスにおける7つの区分「タイプA〜

A4.4

タイプ G」のいずれかに分類される。

(a) 包装された状態で、爆轟または急速に爆燃し得る有機化酸化物は、**有機過酸化物タイプ A** として定義される。

(b) 爆発性を有するが、包装された状態で爆轟も急速な爆燃もしないが、その包装物内で熱爆発を起こす傾向を有する有機過酸化物は、**有機過酸化物タイプ B** として定義される。

(c) 爆発性を有するが、包装された状態で爆轟も急速な爆燃も熱爆発も起こすことのない有機過酸化物は、**有機過酸化物タイプ C** として定義される。

(d) 実験室の試験で以下のような性状の有機過酸化物は**有機過酸化物タイプ D** として定義される。

　　（ⅰ）爆轟は部分的であり、急速に爆燃することなく、密閉下の加熱で激しい反応を起こさない。

　　（ⅱ）全く爆轟せず、緩やかに爆燃し、密閉下の加熱で激しい反応を起こさない。

　　（ⅲ）全く爆轟も爆燃もせず、密閉下の加熱で中程度の反応を起こす。

(e) 実験室の試験で、全く爆轟も爆燃もせず、かつ密閉下の加熱で反応が弱いか、または無いと判断される有機過酸化物は、**有機過酸化物タイプ E** として定義される。

(f) 実験室の試験で、空気泡の存在下で全く爆轟せず、また全く爆燃もすることなく、また、密閉下の加熱でも、爆発力の試験でも、反応が弱いかまたは無いと判断される有機過酸化物は、**有機過酸化物タイプ F** として定義される。

(g) 実験室の試験で、空気泡の存在下で全く爆轟せず、また全く爆燃することなく、密閉下の加熱でも、爆発力の試験でも、反応を起こさない有機過酸化物は、**有機過酸化物タイプ G** として定義される。ただし熱的に安定である（自己促進分解温度（SADT）が 50 kg のパッケージでは 60℃以上）、また液体混合物の場合には沸点が 150℃以上の希釈剤で鈍感化されていることを前提とする。有機過酸化物が熱的に安定でない、または沸点が 150℃未満の希釈剤で鈍感化されている場合、その有機過酸化物は有機過酸化物タイプ F として定義される。

2.15.3　危険有害性情報の伝達

表示要件に関する通則および細則は、*危険有害性に関する情報の伝達：表示*（第 1.4 章）に定める。附属書 1 に分類と表示に関する概要表を示す。附属書 3 には、注意書きおよび所管官庁が許可した場合に使用可能な注意絵表示の例を示す。

A4.4

表 2.15.1　有機過酸化物のラベル表示要素

	タイプ A	タイプ B	タイプ C&D	タイプ E&F	タイプ G[※1]
絵表示					この危険性区分にはラベル表示要素の指定はない
注意喚起語	危険	危険	危険	警告	
危険有害性情報	熱すると爆発のおそれ	熱すると火災または爆発のおそれ	熱すると火災のおそれ	熱すると火災のおそれ	

※1　TYPE G には危険有害性情報の伝達要素は指定されていないが、他の危険性クラスに該当する特性があるかどうか考慮する必要がある。

第 2.16 章　金属腐食性

2.16.1　定義

　*金属に対して腐食性である物質または混合物*とは、化学反応によって金属を著しく損傷し、または破壊する物質または混合物をいう。

2.16.2　分類基準

表 2.16.1　金属に対して腐食性である物質または混合物の判定基準

区分	判定基準
1	55℃の試験温度で、鋼片およびアルミニウム片の両方で試験されたとき、侵食度がいずれかの金属において年間 6.25 mm を超える。

2.16.3　危険有害性情報の伝達

表 2.16.2　金属に対して腐食性である物質または混合物のラベル表示要素

	区分 1
絵表示	
注意喚起語	警告
危険有害性情報	金属腐食のおそれ

A4.4

第2.17章　鈍性化爆発物

2.17.1　定義および一般事項

2.17.1.1　*鈍性化爆発物*とは、大量爆発や非常に急速な燃焼をしないように、爆発性を抑制するために鈍性化され、したがって危険性クラス「爆発物」から除外されている、固体または液体の爆発性物質または混合物をいう。

2.17.2　分類基準

表2.17.1　鈍性化爆発物の判定基準

区分	判定基準
1	補正燃焼速度（A_c）が300kg/min以上、1200kg/minを超えない鈍性化爆発物
2	補正燃焼速度（A_c）が140kg/min以上、300kg/min未満の鈍性化爆発物
3	補正燃焼速度（A_c）が60kg/min以上、140kg/min未満の鈍性化爆発物
4	補正燃焼速度（A_c）が60kg/min未満の鈍性化爆発物

2.17.3　危険有害性情報の伝達

表2.17.2　鈍性化爆発物のラベル要素

	区分1	区分2	区分3	区分4
絵表示				
注意喚起語	危険	危険	警告	警告
危険有害性情報	火災、爆風または飛散危険性；鈍性化剤が減少した場合には爆発の危険性の増加	火災または飛散危険性；鈍性化剤が減少した場合には爆発の危険性の増加	火災または飛散危険性；鈍性化剤が減少した場合には爆発の危険性の増加	火災危険性；鈍性化剤が減少した場合には爆発の危険性の増加

第3部　健康に対する有害性

第3.1章　急性毒性

3.1.1　定義

　*急性毒性*とは、物質または混合物への単回または短時間の経口、経皮または吸入ばく露後に生じる健康への重篤な有害影響（すなわち致死作用）をさす。

3.1.2　物質の分類基準

3.1.2.1　物質は、経口、経皮および吸入経路による急性毒性に基づいて表に示されるようなカッ

トオフ値の判定基準によって5つの有害性区分の1つに割当てることができる。急性毒性の値はLD$_{50}$（経口、経皮）またはLC$_{50}$（吸入）値または、急性毒性推定値（ATE）で表わされる。

表3.1.1　急性毒性区分に関する急性毒性推定値（ATE）および判定基準

ばく露経路	区分1	区分2	区分3	区分4	区分5
経口（mg/kg体重）	ATE ≦ 5	5 < ATE ≦ 50	50 < ATE ≦ 300	300 < ATE ≦ 2 000	2 000 < ATE ≦ 5 000
経皮（mg/kg体重）	ATE ≦ 50	50 < ATE ≦ 200	200 < ATE ≦ 1 000	1 000 < ATE ≦ 2 000	
気体（ppmV）	ATE ≦ 100	100 < ATE ≦ 500	500 < ATE ≦ 2 500	2 500 < ATE ≦ 20 000	
蒸気（mg/L）	ATE ≦ 0.5	0.5 < ATE ≦ 2.0	2.0 < ATE ≦ 10.0	10.0 < ATE ≦ 20.0	
粉塵およびミスト（mg/L）	ATE ≦ 0.05	0.05 < ATE ≦ 0.5	0.5 < ATE ≦ 1.0	1.0 < ATE ≦ 5.0	

3.1.4　危険有害性情報の伝達

表3.1.3　急性毒性のラベル要素

	区分1	区分2	区分3	区分4	区分5
絵表示					絵表示なし
注意喚起語	危険	危険	危険	警告	警告
危険有害性情報 —経口	飲み込むと生命に危険	飲み込むと生命に危険	飲み込むと有毒	飲み込むと有害	飲み込むと有害のおそれ
—経皮	皮膚に接触すると生命に危険	皮膚に接触すると生命に危険	皮膚に接触すると有毒	皮膚に接触すると有害	皮膚に接触すると有害のおそれ
—吸入	吸入すると生命に危険	吸入すると生命に危険	吸入すると有毒	吸入すると有害	吸入すると有害のおそれ

第3.2章　皮膚腐食性／刺激性

3.2.1　定義および一般事項

3.2.1.1　*皮膚腐食性*とは皮膚に対する不可逆的な損傷を生じさせることをさす；すなわち物質または混合物へのばく露後に起こる、表皮を貫通して真皮に至る明らかに認められる壊死。

　*皮膚刺激性*とは、物質または混合物へのばく露後に起こる、皮膚に対する可逆的な損傷を生じさせることをさす。

A4.4

3.2.2　物質の分類基準

表 3.2.1　皮膚腐食性の区分および細区分

	判定基準
区分 1	4 時間以内のばく露で、少なくとも 1 匹の試験動物で、皮膚の組織を破壊、すなわち表皮を通して真皮に達する目に見える壊死
細区分 1A	3 分以下のばく露の後で、少なくとも 1 匹の動物で、1 時間以内の観察により腐食反応
細区分 1B	3 分を超え 1 時間以内のばく露で、少なくとも 1 匹の動物で、14 日以内の観察により腐食反応
細区分 1C	1 時間を超え 4 時間以内のばく露で、少なくとも 1 匹の動物で、14 日以内の観察により腐食反応

表 3.2.2　皮膚刺激性の区分

区分	判定基準
刺激性 （区分 2） （すべての所管官庁に適用）	(a) 試験動物 3 匹のうち少なくとも 2 匹で、パッチ除去後 24、48 および 72 時間における評価または反応が遅発性の場合には皮膚反応発生後 3 日間連続しての評価で、紅斑／痂皮または浮腫の平均スコアが≧2.3 かつ≦4.0 である、または (b) 少なくとも 2 匹の動物で、通常 14 日間の観察期間終了時まで炎症が残る、特に脱毛（限定領域内）、過角化症、過形成および落屑を考慮する、または (c) 動物間にかなりの反応の差があり、動物 1 匹で化学品ばく露に関してきわめて決定的な陽性作用が見られるが、上述の判定基準ほどではないような例もある。
軽度刺激性 （区分 3） （限られた所管官庁のみに適用）	試験動物 3 匹のうち少なくとも 2 匹で、パッチ除去後 24、48 および 72 時間における評価または反応が遅発性の場合には皮膚反応発生後 3 日間連続しての評価で、紅斑／痂皮または浮腫の平均スコアが≧1.5 かつく 2.3 である（上述の刺激性区分には分類されない場合）

3.2.4　危険有害性情報の伝達

表 3.2.5　皮膚腐食性／刺激性のラベル要素

	区分 1			区分 2	区分 3
	1A	1B	1C		
絵表示					絵表示なし
注意喚起語	危険	危険	危険	警告	警告
危険有害性情報	重篤な皮膚の薬傷・眼の損傷	重篤な皮膚の薬傷・眼の損傷	重篤な皮膚の薬傷・眼の損傷	皮膚刺激	軽度の皮膚刺激

A4.4

第3.3章　眼に対する重篤な損傷性／眼刺激性

3.3.1　定義および一般事項

3.3.1.1　*眼に対する重篤な損傷性*とは、物質または混合物へのばく露後に起こる、眼の組織損傷を生じさせること、すなわち視力の重篤な機能低下で、完全には治癒しないものをさす。

　*眼刺激性*とは、物質または混合物へのばく露後に起こる、眼に変化を生じさせることで、完全に治癒するものをさす。

3.3.2　物質の分類基準

表3.3.1　眼に対する重篤な損傷性／眼への不可逆的作用区分

	判定基準
区分1： 眼に対する重篤な損傷性／眼に対する不可逆的作用	以下の作用を示す物質： (a) 少なくとも1匹の動物で、角膜、虹彩または結膜に対する、可逆的であると予測されない作用が認められる、または通常21日間の観察期間中に完全には回復しない作用が認められる、および／または (b) 試験動物3匹中少なくとも2匹で、試験物質滴下後24、48および72時間における評価の平均スコア計算値が （i）角膜混濁 ≧3；および／または （ii）虹彩＞1.5； で陽性反応が得られる。

表3.3.2　可逆的な眼への作用に関する区分

	判定基準
	可逆的な眼刺激作用の可能性を持つ物質
区分2/2A	試験動物3匹中少なくとも2匹で以下の陽性反応がえられる。 試験物質滴下後24、48および72時間における評価の平均スコア計算値が： (a) 角膜混濁 ≧1；および／または (b) 虹彩 ≧1；および／または (c) 結膜発赤 ≧2；および／または (d) 結膜浮腫 ≧2 かつ通常21日間の観察期間内で完全に回復する。
区分2B	区分2Aにおいて、上述の作用が7日間の観察期間内に完全に可逆的である場合には、眼刺激性は軽度の眼刺激（区分2B）であるとみなされる。

A4.4

3.3.4　危険有害性情報の伝達

表 3.3.5　眼に対する重篤な損傷性／眼刺激性のラベル要素

	区分 1	区分 2A	区分 2B
絵表示			絵表示なし
注意喚起語	危険	警告	警告
危険有害性情報	重篤な眼の損傷	強い眼刺激	眼刺激

第 3.4 章　呼吸器感作性または皮膚感作性

3.4.1　定義および一般事項

3.4.1.1　*呼吸器感作性*とは、物質または混合物の吸入後に起こる、気道の過敏症をさす。

*皮膚感作性*とは、物質または混合物に皮膚接触した後に起こる、アレルギー性反応をさす。

3.4.1.2　本章では感作性に 2 つの段階を含んでいる。最初の段階はアレルゲンへのばく露による個人の特異的な免疫学的記憶の誘導（induction）である。次の段階は惹起（elicitation）、すなわち、感作された個人がアレルゲンにばく露することにより起こる細胞性あるいは抗体性のアレルギー反応である。

3.4.2　物質の分類基準

3.4.2.1　呼吸器感作性物質

表 3.4.1　呼吸器感作性物質の有害性区分および細区分

区分 1：	呼吸器感作性物質
	物質は呼吸器感作性物質として分類される （a）ヒトに対し当該物質が特異的な呼吸器過敏症を引き起こす証拠がある場合、または （b）適切な動物試験により陽性結果が得られている場合。
細区分 1A：	ヒトで高頻度に症例が見られる；または動物や他の試験に基づいたヒトでの高い感作率の可能性がある。反応の重篤性についても考慮する。
細区分 1B：	ヒトで低〜中頻度に症例が見られる；または動物や他の試験に基づいたヒトでの低〜中の感作率の可能性がある。反応の重篤性についても考慮する。

A4.4

3.4.2.2　皮膚感作性物質

表 3.4.2　皮膚感作性物質の有害性区分および細区分

区分 1：	皮膚感作性物質
	物質は皮膚感作性物質として分類される （a）物質が相当な数のヒトに皮膚接触により過敏症を引き起こす証拠がある場合、または （b）適切な動物試験により陽性結果が得られている場合。
細区分 1A：	ヒトで高頻度に症例が見られるおよび／または動物での高い感作能力からヒトに重大な感作を起こす可能性が考えられる。反応の重篤性についても考慮する。
細区分 1B：	ヒトで低～中頻度に症例が見られるおよび／または動物での低～中の感作能力からヒトに感作を起こす可能性が考えられる。反応の重篤性についても考慮する。

3.4.4　危険有害性情報の伝達

表 3.4.6　呼吸器感作性および皮膚感作性のラベル要素

	呼吸器感作性 区分 1 細区分 1A および 1B	皮膚感作性 区分 1 細区分 1A および 1B
絵表示		
注意喚起語	危険	警告
危険有害性情報	吸入するとアレルギー、喘息または、呼吸困難を起こすおそれ	アレルギー性皮膚反応を起こすおそれ

第 3.5 章　生殖細胞変異原性

3.5.1　定義および一般事項

3.5.1.1　*生殖細胞変異原性*とは、物質または混合物へのばく露後に起こる、生殖細胞における構造的および数的な染色体の異常を含む、遺伝性の遺伝子変異をさす。

3.5.1.2　この有害性クラスは主として、ヒトにおいて次世代に受継がれる可能性のある突然変異を誘発すると思われる化学品に関するものである。一方、in vitro での変異原性／遺伝毒性試験、および in vivo での哺乳類体細胞を用いた試験も、この有害性クラスの中で分類する際に考慮される。

A4.4

3.5.2　物質の分類基準

<u>区分1</u>：ヒト生殖細胞に経世代突然変異を誘発することが知られているかまたは経世代突然変異を誘発すると見なされている物質

区分1A：ヒト生殖細胞に経世代突然変異を誘発することが知られている物質
ヒトの疫学的調査による陽性の証拠。

区分1B：ヒト生殖細胞に経世代突然変異を誘発すると見なされるべき物質
　(a) 哺乳類における *in vivo* 経世代生殖細胞変異原性試験による陽性結果、または
　(b) 哺乳類における *in vivo* 体細胞変異原性試験による陽性結果に加えて、当該物質が生殖細胞に突然変異を誘発する可能性についての何らかの証拠。この裏付け証拠は、例えば生殖細胞を用いる *in vivo* 変異原性／遺伝毒性試験より、あるいは、当該物質またはその代謝物が生殖細胞の遺伝物質と相互作用する機能があることの実証により導かれる。または
　(c) 次世代に受継がれる証拠はないがヒト生殖細胞に変異原性を示す陽性結果；例えば、ばく露されたヒトの精子中の異数性発生頻度の増加など。

<u>区分2</u>：ヒト生殖細胞に経世代突然変異を誘発する可能性がある物質
哺乳類を用いる試験、または場合によっては下記に示す *in vitro* 試験による陽性結果
　(a) 哺乳類を用いる *in vivo* 体細胞変異原性試験、または
　(b) *in vitro* 変異原性試験の陽性結果により裏付けられたその他の *in vivo* 体細胞遺伝毒性試験
　注記：哺乳類を用いる in vitro 変異原性試験で陽性となり、さらに既知の生殖細胞変異原性物質と化学的構造活性相関を示す物質は、区分2変異原性物質として分類されるとみなすべきである。

図 3.5.1　生殖細胞変異原性物質の有害性区分

3.5.4　危険有害性情報の伝達

表 3.5.2　生殖細胞変異原性のラベル要素

	区分1 （区分1A、1B）	区分2
絵表示		
注意喚起語	危険	警告
危険有害性情報	遺伝性疾患のおそれ （他の経路からのばく露が有害でないことが決定的に証明されている場合、有害なばく露経路を記載）	遺伝性疾患のおそれの疑い （他の経路からのばく露が有害でないことが決定的に証明されている場合、有害なばく露経路を記載）

A4.4

第3.6章　発がん性

3.6.1　定義

　発がん性とは、物質または混合物へのばく露後に起こる、がんの誘発またはその発生率の増加をさす。動物を用いて適切に実施された実験研究で良性および悪性腫瘍を誘発した物質および混合物もまた、腫瘍形成のメカニズムがヒトには関係しないとする強力な証拠がない限りは、ヒトに対する発がん性物質として推定されるかまたはその疑いがあると考えられる。

3.6.2　物質の分類基準

<u>区分1</u>：ヒトに対する発がん性が知られているあるいはおそらく発がん性がある
　　　　物質の区分1への分類は、疫学的データまたは動物データをもとに行う。個々の物質はさらに次のように区別されることもある：

<u>区分1A</u>：ヒトに対する発がん性が知られている：主としてヒトでの証拠により物質をここに分類する

<u>区分1B</u>：ヒトに対しておそらく発がん性がある：主として動物での証拠により物質をここに分類する
　　　　証拠の強さとその他の事項も考慮した上で、ヒトでの調査により物質に対するヒトのばく露と、がん発生の因果関係が確立された場合を、その証拠とする（ヒトに対する発がん性が知られている物質）。あるいは、動物に対する発がん性を実証する十分な証拠がある動物試験を、その証拠とすることもある（ヒトに対する発がん性があると考えられる物質）。さらに、試験からはヒトにおける発がん性の証拠が限られており、また実験動物での発がん性の証拠も限られている場合には、ヒトに対する発がん性があると考えられるかどうかは、ケースバイケースで科学的判定によって決定することもある。
　　　　分類：区分1（AおよびB）発がん性物質

<u>区分2</u>：ヒトに対する発がん性が疑われる
　　　　物質の区分2への分類は、物質を確実に区分1に分類するには不十分な場合ではあるが、ヒトまたは動物での調査より得られた証拠をもとに行う。証拠の強さとその他の事項も考慮した上で、ヒトでの調査で発がん性の限られた証拠や、または動物試験で発がん性の限られた証拠が証拠とされる場合もある。
　　　　分類：区分2発がん性物質

図3.6.1　発がん性物質の有害性区分

A4.4

3.6.4　危険有害性情報の伝達

表 3.6.2　発がん性のラベル要素

	区分1 （区分1A、1B）	区分2
絵表示		
注意喚起語	危険	警告
危険有害性情報	発がんのおそれ （他の経路からのばく露が有害でないことが決定的に証明されている場合、有害なばく露経路を記載）	発がんのおそれの疑い （他の経路からのばく露が有害でないことが決定的に証明されている場合、有害なばく露経路を記載）

第3.7章　生殖毒性

3.7.1　定義および一般事項

3.7.1.1　生殖毒性

　*生殖毒性*とは、物質または混合物へのばく露後におこる、雌雄の成体の性機能および生殖能に対する悪影響に加えて、子世代における発生毒性をさす。

3.7.2　物質の分類基準

3.7.2.1　有害性区分

　生殖毒性の分類目的に照らし、物質は2つの区分のうち1つに割り当てられる。性機能および生殖能に対する作用に加えて、発生に対する作用も考慮の対象となる。更に、授乳に対する影響については、別の有害性区分が割り当てられている。

区分1：ヒトに対して生殖毒性があることが知られている、あるいはあると考えられる物質

この区分には、ヒトの性機能および生殖能あるいは発生に悪影響を及ぼすことが知られている物質、またはできれば他の補足情報もあることが望ましいが、動物試験によりその物質がヒトの生殖を阻害する可能性があることが強く推定される物質が含まれる。規制のためには、分類のための証拠が主としてヒトのデータによるものか（区分1A）、あるいは動物データによるものなのか（区分1B）によってさらに区別することもできる。

区分1A：ヒトに対して生殖毒性があることが知られている物質

この区分への物質の分類は、主にヒトにおける証拠をもとにして行われる。

区分1B：ヒトに対して生殖毒性があると考えられる物質

この区分への物質の分類は、主に実験動物による証拠をもとにして行われる。動物実験より得られたデータは、他の毒性作用のない状況で性機能および生殖能または発生に対する悪影響の明確な証拠があるか、または他の毒性作用も同時に生じている場合には、その生殖に対する悪影響が、他の毒性作用が原因となった2次的な非特異的影響ではないと見なされるべきである。ただし、ヒトに対する影響の妥当性について疑いが生じるようなメカニズムに関する情報がある場合には、区分2に分類する方がより適切である。

区分2：ヒトに対する生殖毒性が疑われる物質

この区分に分類するのは次のような物質である。できれば他の補足情報もあることが望ましいが、ヒトまたは実験動物から、他の毒性作用のない状況で性機能および生殖能あるいは発生に対する悪影響についてある程度の証拠が得られている物質、または、他の毒性作用も同時に生じている場合には、他の毒性作用が原因となった2次的な非特異的影響ではないと見なされるが、当該物質を区分1に分類するにはまだ証拠が十分でないような物質。例えば、試験に欠陥があり、証拠の信頼性が低いため、区分2とした方がより適切な分類であると思われる場合がある。

図 3.7.1（a）　生殖毒性物質の有害性区分

授乳に対するまたは授乳を介した影響

授乳に対するまたは授乳を介した影響は別の区分に振り分けられる。多くの物質には、授乳によって幼児に悪影響を及ぼす可能性についての情報がないことが認められている。ただし、女性によって吸収され、母乳分泌に影響を与える、または授乳中の子供の健康に懸念をもたらすに十分な量で母乳中に存在すると思われる物質（代謝物も含めて）は、哺乳中の乳児に対するこの有害性に分類して示すべきである。この分類は下記の事項をもとに指定される。

（a）吸収、代謝、分布および排泄に関する試験で、当該物質が母乳中で毒性を持ちうる濃度で存在する可能性が認められた場合、または

（b）動物を用いた一世代または二世代試験の結果より、母乳中への移行による子への悪影響または母乳の質に対する悪影響の明らかな証拠が得られた場合、または

（c）授乳期間中の乳児に対する有害性を示す証拠がヒトで得られた場合。

A4.4

図 3.7.1（b）　授乳影響の有害性区分

3.7.4　危険有害性情報の伝達

表 3.7.2　生殖毒性のラベル要素

	区分 1 （区分 1A、1B）	区分 2	授乳に対するまたは授乳を介した影響に関する追加区分
絵表示			*絵表示なし*
注意喚起語	危険	警告	*注意喚起語なし*
危険有害性情報	生殖能または胎児への悪影響のおそれ （もし判れば影響の内容を記載する）（他の経路からのばく露が有害でないことが決定的に証明されている場合、有害なばく露経路を記載）	生殖能または胎児への悪影響のおそれの疑い （もし判れば影響の内容を記載する）（他の経路からのばく露が有害でないことが決定的に証明されている場合、有害なばく露経路を記載）	授乳中の子に害を及ぼすおそれ

第 3.8 章　特定標的臓器毒性　単回ばく露

3.8.1　定義および一般事項

3.8.1.1　*特定標的臓器毒性—単回ばく露*とは、物質または混合物への単回のばく露後に起こる、特異的な非致死性の標的臓器への影響をさす。可逆的と不可逆的、あるいは急性および遅発性両方の、かつ第 3.1 章から 3.7 章において明確に扱われていない、機能を損ないうるすべての重大な健康への影響がこれに含まれる（3.8.1.6 も参照）。

3.8.1.6　反復ばく露により起きる特定標的臓器毒性は GHS 第 3.9 章で記述され、それゆえに本章からは除外されている。物質および混合物は、単回および反復投与による毒性に関して独立に分類されるべきである。

　急性毒性、皮膚腐食性／刺激性、重篤な眼に対する損傷性／眼刺激性、呼吸器または皮膚感作性、生殖細胞変異原性、発がん性、生殖毒性、および誤えん有害性のような、他の特定毒性影響は GHS の中で別に評価されるので、ここには含まれない。

3.8.2　物質の分類基準

3.8.2.1　区分1および区分2の物質

> **区分1**：ヒトに重大な毒性を示した物質、または実験動物での試験の証拠に基づいて単回ばく露によってヒトに重大な毒性を示す可能性があると考えられる物質
>
> 　区分1に物質を分類するには、次に基づいて行う：
>
> （a）ヒトの症例または疫学的研究からの信頼でき、かつ質の良い証拠、または、
>
> （b）実験動物における適切な試験において、一般的に低濃度のばく露でヒトの健康に関連のある有意なおよび／または強い毒性作用を生じたという所見。証拠の重み付けの評価の一環として使用すべき用量／濃度ガイダンス値は後述する（3.8.2.1.9参照）。
>
> **区分2**：実験動物を用いた試験の証拠に基づき単回ばく露によってヒトの健康に有害である可能性があると考えられる物質
>
> 　物質を区分2に分類するには、実験動物での適切な試験において、一般的に中等度のばく露濃度でヒトの健康に関連のある重大な毒性影響を生じたという所見に基づいて行われる。ガイダンス用量／濃度値は分類を容易にするために後述する（3.8.2.1.9参照）。
>
> 　例外的に、ヒトでの証拠も、物質を区分2に分類するために使用できる（3.8.2.1.9参照）。
>
> **区分3**：一時的な特定臓器への影響
>
> 　物質または混合物が上記に示された区分1または2に分類される基準に合致しない特定臓器への影響がある。これらは、ばく露の後、短期間だけ、ヒトの機能に悪影響を及ぼし、構造または機能に重大な変化を残すことなく合理的な期間において回復する影響である。この区分は、麻酔の作用および気道刺激性のみを含む。物質／混合物は、3.8.2.2において議論されているように、これらの影響に対して明確に分類できる。
>
> *注記：これらの区分においても、分類された物質によって一次的影響を受けた特定標的臓器／器官が明示されるか、または一般的な全身毒性物質であることが明示される。毒性の主標的臓器を決定し、その意義にそって分類する、例えば肝毒性物質、神経毒性物質のように分類するよう努力するべきである。そのデータを注意深く評価し、できる限り二次的影響を含めないようにすべきである。例えば、肝毒性物質は、神経または消化器官で二次的影響を起こすことがある。*

図 3.8.1　特定標的臓器毒性—単回ばく露のための区分

A4.4

3.8.4　危険有害性情報の伝達

表 3.8.3　単回ばく露による特定標的臓器毒性のラベル要素

	区分 1	区分 2	区分 3
絵表示			
注意喚起語	危険	警告	警告
危険有害性情報	臓器の障害 （もし判れば影響を受けるすべての臓器を記載） （他の経路からのばく露が有害でないことが決定的に証明されている場合、有害なばく露経路を記載）	臓器の障害のおそれ （もし判れば影響を受けるすべての臓器を記載） （他の経路からのばく露が有害でないことが決定的に証明されている場合、有害なばく露経路を記載）	呼吸器への刺激のおそれ または 眠気またはめまいのおそれ

第 3.9 章　特定標的臓器毒性　反復ばく露

3.9.1　定義および一般事項

3.9.1.1 *特定標的臓器毒性―反復ばく露*とは、物質または混合物への反復ばく露後に起こる、特異的な標的の臓器への影響をさす。可逆的、不可逆的、あるいは急性または遅発性両方の機能を損ないうる、そして第 3.1 章から第 3.7 章および第 3.10 章では検討されていない、すべての重大な健康への影響がこれに含まれる（3.9.1.6 参照）。

3.9.2　物質の分類基準

3.9.2.1 物質は、影響を生ずるばく露期間および用量／濃度を考慮に入れて勧告されたガイダンス値（3.9.2.9 参照）の使用を含む、入手されたすべての証拠の重みに基づいて専門家の行った判断によって、特定標的臓器毒性物質として分類される。そして、観察された影響の性質および重度によって 2 種の区分のいずれかに分類される。

区分1：ヒトに重大な毒性を示した物質、または実験動物での試験の証拠に基づいて反復ばく露によってヒトに重大な毒性を示す可能性があると考えられる物質

物質を区分1に分類するのは、次に基づいて行う：

（a）ヒトの症例または疫学的研究からの信頼でき、かつ質の良い証拠、または、

（b）実験動物での適切な試験において、一般的に低いばく露濃度で、ヒトの健康に関連のある重大な、または強い毒性影響を生じたという所見。証拠評価の重み付けの一環として使用すべき用量／濃度のガイダンス値は後述する（3.9.2.9参照）。

区分2：動物実験の証拠に基づき反復ばく露によってヒトの健康に有害である可能性があると考えられる物質

物質を区分2に分類するには、実験動物での適切な試験において、一般的に中等度のばく露濃度で、ヒトの健康に関連のある重大な毒性影響を生じたという所見に基づいて行う。分類に役立つ用量／濃度のガイダンス値は後述する（3.9.2.9参照）。

例外的なケースにおいてヒトでの証拠を、物質を区分2に分類するために使用できる（3.9.2.6参照）。

注記：いずれの区分においても、分類された物質によって最初に影響を受けた特定標的臓器／器官が明示されるか、または一般的な全身毒性物質であることが明示される。毒性の主標的臓器を決定し（例えば肝毒性物質、神経毒性物質）、その目的にそって分類するよう努力すべきである。そのデータを注意深く評価し、できる限り二次的影響を含めないようにすべきである。例えば、肝毒性物質は、神経または消化器官に二次的影響を起こすことがある。

図3.9.1　特定標的臓器毒性—反復ばく露のための区分

3.9.4　危険有害性情報の伝達

表示要件に関する通則および細則は、*危険有害性に関する情報の伝達：表示*（第1.4章）に定める。附属書1に分類と表示に関する概要表を示す。附属書3には、注意書きおよび所管官庁が許可した場合に使用可能な注意絵表示の例を示す。

表3.9.4　反復ばく露による特定標的臓器毒性のラベル要素

	区分1	区分2
絵表示		
注意喚起語	危険	警告
危険有害性情報	長期にわたる、または反復ばく露による臓器の障害（判っていれば影響を受けるすべての臓器名を記載）（他の経路からのばく露が有害でないことが決定的に証明されている場合、有害なばく露経路を記載）	長期にわたる、または反復ばく露による臓器の障害のおそれ（判っていれば影響を受けるすべての臓器名を記載）（他の経路からのばく露が有害でないことが決定的に証明されている場合、有害なばく露経路を記載）

A4.4

第3.10章　誤えん有害性

3.10.1　定義と一般的および特殊な問題

3.10.1.2　*誤えん有害性*とは、物質または混合物の誤えん後に起こる、化学肺炎、肺損傷あるいは死のような重篤な急性影響をさす。

3.10.1.3　誤えんは、原因物質が喉頭咽頭部分の上気道と上部消化官の岐路部分に入り込むと同時になされる吸気により引き起こされる。

3.10.2　物質の分類基準

表3.10.1　誤えん有害性の区分

区分	判定基準
区分1：ヒトへの誤えん有害性があると知られている、またはヒトへの誤えん有害性があるとみなされる化学品	区分1に分類される物質： （a）ヒトに関する信頼度が高く、かつ質の良い有効な証拠に基づく（注記1を参照）；または （b）40℃で測定した動粘性率が20.5 mm²/s以下の炭化水素の場合。
区分2：ヒトへの誤えん有害性があると推測される化学品	40℃で測定した動粘性率が14 mm²/s以下で区分1に分類されない物質であって、既存の動物実験、ならびに表面張力、水溶性、沸点および揮発性を考慮した専門家の判断に基づく（注記2参照）

注記1　区分1に含まれる物質の例はある種の炭化水素であるテレビン油およびパイン油である。

注記2　この点を考慮し、次の物質をこの区分に含める所管官庁もあると考えられる：3以上13を超えない炭素原子で構成された一級のノルマルアルコール；イソブチルアルコールおよび13を超えない炭素原子で構成されたケトン。

3.10.4　危険有害性情報の伝達

表3.10.2　誤えん有害性のラベル要素

	区分1	区分2
絵表示		
注意喚起語	危険	警告
危険有害性情報	飲み込んで気道に侵入すると生命に危険のおそれ	飲み込んで気道に侵入すると有害のおそれ

第4部 環境に対する有害性

第4.1章 水生環境有害性

4.1.1 定義および一般事項

4.1.1.1 定義

*急性水生毒性*とは、物質への短期的な水生ばく露において、生物に対して有害な、当該物質の本質的な特性をいう。

*慢性水生毒性*とは、水生生物のライフサイクルに対応した水生ばく露期間に、水生生物に悪影響を及ぼすような、物質の本質的な特性を意味する。

*長期（慢性）有害性*は、分類の目的では、水生環境における化学品への長期間のばく露を受けた後にその慢性毒性によって引き起こされる化学品の有害性を意味する。

*短期（急性）有害性*は、分類の目的では、化学品への短期の水生ばく露の間にその急性毒性によって生物に引き起こされる化学品の有害性を意味する。

4.1.1.3 急性水生毒性

急性水生毒性は通常、魚類の96時間 LC_{50}（OECD テストガイドライン203またはこれに相当する試験）、甲殻類の48時間 EC_{50}（OECD テストガイドライン202またはこれに相当する試験）または藻類の72時間もしくは96時間 EC_{50}（OECD テストガイドライン201またはこれに相当する試験）により決定される。これらの生物種はすべての水生生物に代わるものとしてみなされるが、例えば Lemna（アオウキクサ）等その他の生物種に関するデータも、試験方法が適切なものであれば、考慮されることもある。

4.1.1.4 慢性水生毒性

慢性毒性データは、急性毒性データほどは利用できるものがなく、一連の試験手順もそれほど標準化されていない。OECD テストガイドライン210（魚類の初期生活段階毒性試験）または211（ミジンコの繁殖試験）および201（藻類生長阻害試験）によって得られたデータは受け入れることができる（附属書9の A9.3.3.2 参照）。その他、有効性が確認され、国際的に容認された試験も採用できる。NOEC または相当する EC_x を採用するべきである。

4.1.1.5 生物蓄積性

生物蓄積性は通常、オクタノール／水分配係数を用いて決定され、一般的には OECD テストガイドライン107、117または123により決定された $\log K_{ow}$ として報告される。この値が生物蓄積性の潜在的な可能性を示しているのに対して、実験的に求められた生物濃縮係数（BCF）はより適切な尺度を与えるものであり、入手できれば BCF の方を採用すべきである。BCF は OECD テストガイドライン305に従って決定されるべきである。

4.1.1.6 急速分解性

4.1.1.6.1 環境中での分解は生物的分解と非生物的分解（例えば加水分解）とがあり、採用される判定基準はこの事実を反映している（4.1.2.11.3 参照）。易生分解性は OECD テストガイドライン301（A-F）にある OECD の生分解性試験により最も容易に定義づけできる。これらの試験で急速分解性とされるレベルは、ほとんどの環境中での急速分解性の指標とみなすことができる。これらは淡水系での試験であるため、海水環境により適合している OECD テストガイドライン306より得られる結果も取り入れることとされた。こうしたデータが利用できな

い場合には、BOD（5日間）/COD比が0.5より大きいことが急速分解性の指標と考えられている。

4.1.2　物質の分類基準

表4.1.1　水生環境有害性物質の区分

（a）短期（急性）水生有害性

区分 急性1
　　96時間LC_{50}（魚類に対する）≦1mg/l および／または
　　48時間EC_{50}（甲殻類に対する）≦1mg/l および／または
　　72または96時間ErC_{50}（藻類または他の水生植物に対する）≦1mg/l
　　規制体系によっては、急性1をさらに細分して、$L(E)C_{50}$≦0.1mg/l という、より低い濃度帯を
　　含む場合もある。

区分 急性2
　　96時間LC_{50}（魚類に対する）>1mg/l だが ≦10mg/l および／または
　　48時間EC_{50}（甲殻類に対する）>1mg/l だが ≦10mg/l および／または
　　72または96時間ErC_{50}（藻類または他の水生植物に対する）>1mg/l だが ≦10mg/l

区分 急性3
　　96時間LC_{50}（魚類に対する）>10mg/l だが ≦100mg/l および／または
　　48時間EC_{50}（甲殻類に対する）>10mg/l だが ≦100mg/l および／または
　　72または96時間ErC_{50}（藻類または他の水生植物に対する）>10mg/l だが ≦100mg/l
　　規制体系によっては、$L(E)C_{50}$が100mg/lを超える、別の区分を設ける場合もある。

（b）長期（慢性）水生有害性
　（i）慢性毒性の十分なデータが得られる、急速分解性のない物質

区分 慢性1：*（注記2）*
　　慢性NOECまたはEC_x（魚類に対する）≦0.1mg/l および／または
　　慢性NOECまたはEC_x（甲殻類に対する）≦0.1mg/l および／または
　　慢性NOECまたはEC_x（藻類または他の水生植物に対する）≦0.1mg/l

区分 慢性2：
　　慢性NOECまたはEC_x（魚類に対する）≦1mg/l および／または
　　慢性NOECまたはEC_x（甲殻類に対する）≦1mg/l および／または
　　慢性NOECまたはEC_x（藻類または他の水生植物に対する）≦1mg/l

A4.4

（ⅱ）慢性毒性の十分なデータが得られる、急速分解性のある物質

> **区分 慢性 1**（*注記 2*）
> 　慢性 NOEC または EC_x（魚類に対する）≦0.01 mg/l および／または
> 　慢性 NOEC または EC_x（甲殻類に対する）≦0.01 mg/l および／または
> 　慢性 NOEC または EC_x（藻類または他の水生植物に対する）≦0.01 mg/l
>
> **区分 慢性 2**
> 　慢性 NOEC または EC_x（魚類に対する）≦0.1 mg/l および／または
> 　慢性 NOEC または EC_x（甲殻類に対する）≦0.1 mg/l および／または
> 　慢性 NOEC または EC_x（藻類または他の水生植物に対する）≦0.1 mg/l
>
> **区分 慢性 3**
> 　慢性 NOEC または EC_x（魚類に対する）≦1 mg/l および／または
> 　慢性 NOEC または EC_x（甲殻類に対する）≦1 mg/l および／または
> 　慢性 NOEC または EC_x（藻類または他の水生植物に対する）≦1 mg/l

（ⅲ）慢性毒性の十分なデータが得られない物質

> **区分 慢性 1：**
> 　96 時間 LC_{50}（魚類に対する）≦1 mg/l および／または
> 　48 時間 EC_{50}（甲殻類に対する）≦1 mg/l および／または
> 　72 または 96 時間 ErC_{50}（藻類または他の水生植物に対する）≦1 mg/l
> 　であって急速分解性がないか、または実験的に求められた BCF≧500（またはデータがないときは log K_{ow}≧4）であること
>
> **区分 慢性 2：**
> 　96 時間 LC_{50}（魚類に対する）>1 mg/l だが ≦10 mg/l および／または
> 　48 時間 EC_{50}（甲殻類に対する）>1 mg/l だが ≦10 mg/l および／または
> 　72 または 96 時間 ErC_{50}（藻類または他の水生植物に対する）>1 mg/l だが ≦10 mg/l
> 　であって急速分解性がないか、または実験的に求められた BCF≧500（またはデータがないときは log K_{ow}≧4）であること
>
> **区分 慢性 3：**
> 　96 時間 LC_{50}（魚類に対する）>10 mg/l だが ≦100 mg/l および／または
> 　48 時間 EC_{50}（甲殻類に対する）>10 mg/l だが ≦100 mg/l および／または
> 　72 または 96 時間 ErC_{50}（藻類または他の水生植物に対する）>10 mg/l だが ≦100 mg/l
> 　であって急速分解性がないか、または実験的に求められた BCF≧500（またはデータがないときは log K_{ow}≧4）であること

（ｃ）「セーフティネット」分類

> **区分 慢性 4**
> 水溶性が低く水中溶解度までの濃度で急性毒性がみられないものであって、急速分解性ではなく、生物蓄積性を示す log K_{ow}≧4 であるもの。他に科学的証拠が存在して分類が必要でないことが判明している場合はこの限りでない。そのような証拠とは、実験的に求められた BCF < 500 であること、または慢性毒性 NOEC > 1 mg/l であること、あるいは環境中において急速分解性であることの証拠などである。

A4.4

4.1.4　危険有害性情報の伝達

表 4.1.6　水生環境有害性物質のラベル要素

短期（急性）水性有害性

	区分1	区分2	区分3
絵表示		絵表示なし	絵表示なし
注意喚起語	警告	注意喚起語なし	注意喚起語なし
危険有害性情報	水生生物に非常に強い毒性	水生生物に毒性	水生生物に有害

長期（慢性）水性有害性

	区分1	区分2	区分3	区分4
絵表示			絵表示なし	絵表示なし
注意喚起語	警告	注意喚起語なし	注意喚起語なし	注意喚起語なし
危険有害性情報	長期継続的影響により水生生物に非常に強い毒性	長期継続的影響により水生生物に毒性	長期継続的影響により水生生物に有害	長期継続的影響により水生生物に有害のおそれ

第4.2章　オゾン層への有害性

4.2.2　分類基準

表 4.2.1　オゾン層への有害性のある物質および混合物の基準

区分	基準
1	モントリオール議定書の附属書に列記された、あらゆる規制物質；または モントリオール議定書の附属書に列記された成分を、濃度≧0.1% で少なくとも1つ含むあらゆる混合物

4.2.3　危険有害性に関する情報の伝達

表 4.2.2　オゾン層への有害性のある物質および混合物のラベル要素

	区分1
絵表示	
注意喚起語	警告
危険有害性情報	オゾン層を破壊し、健康および環境に有害

出典：化学品の分類および表示に関する世界調和システム（GHS）　改訂 9 版（https://www.mhlw.go.jp/bunya/roudoukijun/anzeneisei55/index.html）をもとに一部改変・要約。

A4.4

A4.5　化学品（混合物）の分類作業の実際

　化学物質管理者は、GHS分類を実施する能力は要求されないが、GHS分類担当者がどのような作業を経て化学品のGHS分類を行うのか理解することが望まれる。この項目では、混合物の分類作業の現状について解説する。

　混合物は純物質（化学物質）と異なり、公的機関がGHS分類を公表したものはない。製造事業者は、混合物を構成する成分（化学物質）のGHS分類結果を、原料メーカーから、若しくは公的機関のサイトから入手し、GHSの判定基準に則って混合物としてのGHS分類を実施するよりほかはない。

　混合物のGHS分類には特有の判定基準が設定されていて、健康有害性と環境有害性については、類似製品のデータを使ったり、あるいは成分とその含有量から判定したりする方法が認められている。このような、混合物の判定基準が記述された公的文書は、下記の三つである。

GHS文書
　いわゆるパープルブック。国連発行であり、GHS分類の判定基準の原点。
JIS Z 7252　「GHSに基づく化学品の分類方法」
　GHS文書に則り、ビルディングブロックアプローチを採用して、日本におけるGHS分類の判定基準を定めたもの。現在の最新版は2019年発行のもの。
事業者向けGHS分類ガイダンス
　日本におけるGHS分類の実務手引書。混合物の分類については「事業者向け」のガイダンスを参照する。「政府向けGHS分類ガイダンスもあるが、これは国によるGHS分類を実施する際に使われるものであり、化学物質のみを対象とし、混合物についての説明はない。

　GHS分類担当者は、これらの文書等を学習、理解した上で混合物のGHS分類を実施することとなる。しかし、2～3成分程度ならばまだしも、数種の成分、中には10種を超えるような成分から成る混合物の場合、GHS分類は大変な労力がかかってしまう。
　また、法令においてラベル／SDSの対象となる化学物質が追加されると、その化学物質を裾切値以上含有する混合物もラベル／SDSの対象となる。新規に作成しなければならないラベル／SDS対象製品数は、事業者によっては爆発的に増えることもある。それはラベル／SDSの元となるGHS分類を実施しなければならない製品数が増えることを意味する。

　混合物のGHS分類については、現在国内では下記のような方法がある。事業者は、自社の事情やGHS分類担当者のスキル等を考慮して、自社に最適な分類作業の方法を検討することになる。表に混合物分類ツールを示す。

	概要	長所	留意点
手作業	特にツールやシステムを使わない。	・経費が抑えられる。	・分類に時間がかかる。 ・ヒューマンエラーが発生しうる。
社内ツール	社内で構築されたもの	・社内事情を反映させやすい。 ・分類のスピードが速い。 ・ヒューマンエラーがない。	・社内ツールを作るのに時間、経費、労力がかかる。 ・メンテナンスは自力（分類の判定基準等が変更された場合のプログラム修正など）
社外有料ツール	民間企業で作成され、サブスク提供あるいは販売されているもの。小規模のものから大規模のものまで様々	・分類のスピードが速い。 ・ヒューマンエラーがない。 ・あらかじめ化学物質の GHS 分類が搭載されているものが多い。 ・ツール作成企業のメンテナンスやアフターフォローが期待できる。	・販売されたものはかなり高価なものが多い。 ・ツールによっては社内事情や社内 IT 環境との相性がよくないケースもある。
経産省 GHS 分類ツール	経産省が平成 25 年に公開したツール。PC にダウンロードして使用する。	・無料 ・分類のスピードが速い。 ・ヒューマンエラーがない。 ・分類結果を手動で変更可能 ・化学物質の GHS 分類結果が搭載済み。 ・ツール内に分類結果を残すことができる。	・IT 環境によっては、ダウンロードできない、あるいは作業スピードが遅いケースがある。 ・令和 3 年をもって、メンテナンスがストップした。今後は化学物質の GHS 分類の更新等があれば、自力で変更作業を行う必要がある。
NITE-Gmiccs	NITE が令和 3 年に公開したツール。WEB 上で使用する。	・無料 ・分類のスピードが速い。 ・ヒューマンエラーがない。 ・分類結果を手動で変更可能 ・ダウンロード不要のため PC への負荷がない。 ・化学物質の GHS 分類結果が搭載済み。 ・経産省によるメンテナンスが実施される。	・ツール内に分類結果を残すことができない。データのインポート、エクスポートは可能。
外注	GHS 分類やラベル／SDS 作成の代行企業に依頼	・外注先の専門家に任せられる。 ・製品の特性や自社事情を相談、反映してもらえるケースが多い。	・安くはない。 ・GHS 分類の責任は、外注先ではなく依頼した事業者にあり、最終判断は自社で行わなければならない。 ・週単位のレベルで時間がかかるケースがある。

A4.5

A4.6 化学物質対策に関する Q&A（ラベル・SDS）

一般

- Q 1. SDS の提供を義務付けた日本の法律は何か。
- Q 2. 化学物質の危険有害性に関する GHS 分類とは何か。
- Q 3. GHS と労働安全衛生法はどのように関連しているか。

分類

- Q 4. 混合物の GHS 分類の方法を知りたい。
- Q 5. 危険性・有害性分類と絵表示はどのような関係にあるか。
- Q 6. 同じ物質であっても、入手した SDS と、「職場のあんぜんサイト」のモデル SDS で危険性・有害性の分類区分に違いがあるのはなぜか。

対象物質

- Q 7. 「表示対象物」と「通知対象物」の違いは何か。
- Q 8. 労働安全衛生法の表示及び通知対象となっている物質リストの入手方法を知りたい。
- Q 9. 「シリカ」、「非晶質シリカ」、「結晶質シリカ」の違いを知りたい。
- Q 10. 新たに表示又は通知対象物が追加された場合、従来の物質数と新規追加された物質数の合計が追加後の総物質数にならない場合があるのはなぜか。
- Q 11. 輸入化学品の労働安全衛生法の対応要否を確認するため、表示及び通知対象物リストの英文版を海外メーカーに提供したい。どこで確認できるか。

裾切値

- Q 12. 表示及び通知対象物ごとに設定されている「裾切値」とは何か。
- Q 13. 異性体がある化学物質の裾切値を考える場合、異性体個々の濃度をすべて合算した濃度で判定するのか、それとも異性体個々の濃度を別々に判定するのか。
- Q 14. ニトログリセリンやニトロセルローズ、硝酸アンモニウムに裾切値が定められていないのはなぜか。

対象範囲

- Q 15. 少量の試験研究用の物やサンプルとして提供する物もラベル表示及び SDS の交付の対象になるか。
- Q 16. ラベル表示及び SDS の交付が義務付けられた表示及び通知対象物以外の化学物質についても、ラベル表示又は SDS の交付を行う必要があるか。
- Q 17. 製品を運搬するだけの運送業者に SDS を交付する必要はあるか。
- Q 18. 業務用の印刷に用いるトナーカートリッジはラベル表示及び SDS の交付の対象か。
- Q 19. 表示及び通知対象物を海外に輸出する際に、労働安全衛生法に基づくラベル表示と SDS の交付は必要か。

一般消費者の生活の用

- Q 20. ラベル表示又は SDS の交付の義務の対象外となる「（容器又は包装のうち）主として一般消費者の生活の用に供するためのもの」又は「一般消費者の生活の用に供される製品」とはどのようなものか。
- Q 21. エタノール等を含む食品に表示及び通知対象物を含有している場合にも、ラベル表示又は SDS の交付は必要か。

- Q 22.　一般家庭用の洗剤等もラベル表示や SDS 交付の対象になるか。
- Q 23.　センサー、ブレーカー、端子等の電子部品にも表示又は通知対象物を含有している場合、ラベル・SDS が必要か。

経過措置

- Q 24.　ラベルの経過措置の説明にある「施行日において現に存するもの」とはどういう意味か。
- Q 25.　表示対象物の新規追加によって、ラベル表示が新たに必要となった製品の場合、当該追加以前にラベル表示せず譲渡又は提供し、当該追加後、譲渡又は提供先が別の事業者に譲渡又は提供する場合、ラベルは誰が表示するのか。

固形物除外

- Q 26.　固形物が、ラベル表示義務の対象から除外される条件は何か。
- Q 27.　アルミのインゴットを販売している。当該インゴットはラベル表示又は SDS 交付義務の対象か。

供給者

- Q 28.　流通業者（商社等）が化学品をユーザーに販売する場合、ラベルや SDS に記載すべき供給者名は誰になるのか。また、多数の譲渡・提供者が介在する場合、そのすべてを供給者として記載する必要があるか。
- Q 29.　他社に製造委託した化学品を自社ブランドで販売する場合、ラベル表示及び SDS 交付義務は、どちらの事業者になるか。
- Q 30.　化学品を輸入し、販売する場合、ラベルや SDS に記載する供給者は海外製造者で良いか。
- Q 31.　事業場で製造した化学品を同一事業者内の他事業場で使用する場合、ラベル表示及び SDS 交付の義務はあるか。

ラベル記載内容

- Q 32.　ラベルの大きさ及び色に関しての規定はあるか。
- Q 33.　化学品を包装する樹脂製の袋にラベルを印刷する時、絵表示の赤枠の中の下地の色が袋の薄青色になるが、白でなければならないか。
- Q 34.　輸入した化学品を譲渡又は提供する場合、ラベル及び SDS は英語表記で良いか。
- Q 35.　輸入した化学品を自社で使用する場合、日本語のラベル及び SDS は必要か。
- Q 36.　ラベルには、JIS Z 7253 で規定されている項目はすべて記載する必要があるか。
- Q 37.　GHS 分類の結果、危険性・有害性に分類されない場合でもラベルは必要か。
- Q 38.　ラベルに成分を記載する必要があるか。
- Q 39.　「職場のあんぜんサイト」で公表されているモデルラベルやモデル SDS をそのまま自社のラベルや SDS として利用しても良いか。
- Q 40.　2017 年 8 月 3 日から非晶質シリカは対象外となった。今までシリカと表示したラベルを回収する必要はあるか。

ラベル貼付箇所

- Q 41.　容器が小さくてラベルを貼りきれない場合でも、出荷する容器にラベルをつけなければならないか。例えば、容器 10 本を入れた箱にラベルを貼って出荷することは可能か。
- Q 42.　化学品をタンクローリーやミキサー車で輸送する場合、ラベル表示はどうするべ

きか。
- Q 43. 製品容器に加えて、輸送用の外装段ボールにもラベル表示が必要か。

SDS 記載内容

- Q 44. SDS の記載項目は決められているか。
- Q 45. 混合物の SDS には含有成分すべての名称や含有量（重量%）を記載しなければならないか。
- Q 46. SDS の「3. 組成及び成分情報」にはすべての成分情報を記載しなければならないか。
- Q 47. SDS の成分名表記は政令名称（クロム及びその化合物）か、化学物質名（重クロム酸カリウム）か。
- Q 48. 適用法令については法令の名称の他に当該法令の基づく規制に関する情報を記載するとなっているが、規制に関する情報の書き方について説明してほしい。

SDS 交付

- Q 49. SDS はいつ交付しなければならないのか。
- Q 50. ホームページで SDS を提供しても良いか。
- Q 51. 提供しているラベルや SDS は定期的に更新しなければならないか。

事業場内表示

- Q 52. 表示対象物に新しく追加された物質を含有する化学品を自社で使用する場合、化学品の事業場内表示はどのように対応すればよいか。
- Q 53. 入手した SDS を作業現場に掲示する必要があるか。
- Q 54. 事業場で化学品を納入時の容器から小分けして保管又は取り扱う場合、ラベル表示は必要か。
- Q 55. ラベルや SDS の記載内容を労働者に教育する義務はあるか。

罰則

- Q 56. ラベル表示、SDS 交付に関する罰則はあるか。

略語	正式名称
安衛法	労働安全衛生法（昭和 47 年法律第 57 号）（厚生労働省所管）「労安法」と略すこともある
化管法	特定化学物質の環境への排出量の把握等及び管理の改善の促進に関する法律（平成 11 年法律第 86 号）（経済産業省、環境省所管）
毒劇法	毒物及び劇物取締法（昭和 25 年法律第 303 号）（厚生労働省所管）
表示・通知指針	化学物質等の危険性又は有害性等の表示又は通知等の促進に関する指針（平成 24 年 3 月 16 日　厚生労働省告示第 133 号）
化学物質リスクアセスメント指針	化学物質等による危険性又は有害性等の調査等に関する指針（平成 27 年 9 月 18 日　危険性又は有害性等の調査等に関する指針告示第 3 号）
GHS	化学品の分類および表示に関する世界調和システム（Globally Harmonized System of Classification and Labelling of Chemicals）
SDS	安全データシート（Safety Data Sheet）

一　　般

■ Q1　SDS の提供を義務付けた日本の法律は何か。

日本で SDS の提供を義務付けている法律は次の３つです。

・労働安全衛生法（「安衛法」と略す。）（厚生労働省所管）

・特定化学物質の環境への排出量の把握等及び管理の改善の促進に関する法律（「化管法」と略す。）（経済産業省、環境省所管）

・毒物及び劇物取締法（「毒劇法」と略す。）（厚生労働省所管）

これら３法におけるラベルや SDS の提供制度の詳細については、次の資料をご確認ください。

〈― GHS 対応― 化管法・安衛法・毒劇法におけるラベル表示・SDS 提供制度〉

https://www.mhlw.go.jp/new-info/kobetu/roudou/gyousei/anzen/dl/130813-01-all.pdf

■ Q2　化学物質の危険有害性に関する GHS 分類とは何か。

GHS とは 2003 年 7 月に国際連合から公表された「化学品の分類および表示に関する世界調和システム（Globally Harmonized System of Classification and Labelling of Chemicals）」のことで、国際的に調和された基準により化学品の危険有害性に関する情報をそれを取り扱う人々に伝達することで、健康と環境の保護を行うこと等を目的とした国連文書です。

GHS には以下の内容が含まれています。

・物質及び混合物を、健康、環境、及び物理化学的危険有害性に応じて分類するために調和された判定基準

・ラベル及び SDS の要求事項を含む、調和された危険性・有害性に関する情報の伝達に関する事項

GHS 分類とは、上記の基準に従って行われた危険性・有害性の種類と程度を示す分類方法や分類結果のことです。

なお、日本では、GHS 分類及び危険性・有害性に関する情報の伝達（ラベル・SDS）に関し、GHS に基づく日本産業規格（JIS 規格）として次の２つの規格が定められています。

・JIS Z 7252「GHS に基づく化学品の分類方法」

・JIS Z 7253「GHS に基づく化学品の危険有害性情報の伝達方法―ラベル，作業場内の表示及び安全データシート（SDS）」

〈職場のあんぜんサイト　GHS とは〉

https://anzeninfo.mhlw.go.jp/user/anzen/kag/ankg_ghs.htm

〈日本産業標準調査会において JIS を検索（閲覧のみ）〉

https://www.jisc.go.jp/app/jis/general/GnrJISSearch.html

■ Q3　GHS と労働安全衛生法はどのように関連しているか。

安衛法では、表示及び通知対象物について、ラベル表示及び SDS の交付が義務付けられ、表示又は通知する事項が定められていますが、GHS に基づく JIS 規格（JIS Z 7252/JIS Z 7253）に準拠して作成されたラベル及び SDS であれば当該規定を遵守したものとなります。

A4.6 **分　類**

■ Q4　混合物の GHS 分類の方法を知りたい。

GHS 分類の方法は、JIS Z 7252「GHS に基づく化学品の分類方法」で標準化されています。また、GHS 分類を行う際の手引きとして「事業者向け GHS 分類ガイダンス」（令和元年度改訂版（ver.2.0）。経済産業省）が作成されていますので、併せて参照してください。

更に、混合物の GHS 分類の支援ツールとして、経済産業省において「GHS 混合物分類判定システム」（令和元年度版）を公開していますので、これも活用してください。

〈日本産業標準調査会 JIS 検索において JIS Z 7252 を検索（閲覧のみ）〉

https://www.jisc.go.jp/app/jis/general/GnrJISSearch.html

〈経済産業省　GHS 分類ガイダンス〉

https://www.meti.go.jp/policy/chemical_management/int/ghs_tool_01GHSmanual.html

〈経済産業省　GHS 分類判定システム〉

https://www.meti.go.jp/policy/chemical_management/int/ghs_auto_classification_tool_ver4.html

■ Q5　危険性・有害性分類と絵表示はどのような関係にあるか。

GHS では、危険性・有害性の分類（危険有害性のクラス及び区分）に対応して、9 種類の絵表示（ピクトグラム）が割り当てられています。

具体的な危険性・有害性のクラス及び区分に応じた絵表示については、JIS Z 7253「GHS に基づく化学品の危険有害性情報の伝達方法—ラベル，作業場内の表示及び安全データシート（SDS）」や「職場のあんぜんサイト」等で確認してください。

〈職場のあんぜんサイト　GHS とは〉

https://anzeninfo.mhlw.go.jp/user/anzen/kag/ankg_ghs.htm

〈日本産業標準調査会 JIS 検索において JIS Z 7253 を検索（閲覧のみ）〉

https://www.jisc.go.jp/app/jis/general/GnrJISSearch.html

■ Q6　同じ物質であっても、入手した SDS と、「職場のあんぜんサイト」のモデル SDS で危険性・有害性の分類区分に違いがあるのはなぜか。

同じ物質であっても、GHS 分類を行う際に根拠とした文献や試験結果等が異なる場合には、GHS 分類結果が異なる場合があります。

SDS に記載する GHS 分類は、事業者の責任において行うものであり、モデル SDS の分類結果を採用するか、他の情報をもとに別の分類を行うかは、事業者が判断することになります。

対象物質

■ Q7　「表示対象物」と「通知対象物」の違いは何か。

「表示対象物」とは、安衛法第57条第1項の規定により、容器に入れ、又は包装して、譲渡し、又は提供する際に、当該容器又は包装に、同項に掲げる事項の表示が義務付けられている物質です（ラベル表示）。

一方、「通知対象物」とは、安衛法第57条の2第1項の規定により、譲渡し、又は提供する際に、譲渡し、又は提供する相手方に、同項に掲げる事項の通知が義務付けられている物質です（SDSの交付）。

また、「表示対象物」と「通知対象物」には、どちらも安衛法第56条第1項又は労働安全衛生法施行令（昭和47年政令第318号）別表第3第1号若しくは別表第9に掲げる物質の一部が該当します。

なお、平成28年6月1日以降、「表示対象物」と「通知対象物」は同じ物質を対象としており、「表示対象物」又は「通知対象物質」を一定濃度（裾切値）以上含有する製剤（混合物）についてもラベル表示又はSDSの交付の義務がありますが、一部の物質については、ラベル表示義務に係る裾切値よりSDSの交付義務に係る裾切値が低い値になっています。

■ Q8　労働安全衛生法の表示及び通知対象となっている物質リストの入手方法を知りたい。

安衛法の表示及び通知対象物の物質リストとして「職場のあんぜんサイト」で次の2つのファイルが公開されています。

・物質一覧（Excelファイル）
・物質一覧（法令の物質名称を展開（参考））（PDFファイル）

〈職場のあんぜんサイト　表示・通知対象物質の一覧・検索〉

https://anzeninfo.mhlw.go.jp/anzen/gmsds/gmsds640.html

■ Q9　「シリカ」、「非晶質シリカ」、「結晶質シリカ」の違いを知りたい。

「シリカ」は、「結晶質シリカ」と「非晶質シリカ」に分類できます。

結晶質シリカは、石英やクリストバライト、トロポリなど「原子やイオンあるいは分子が三次元の周期性をもって配列し空間格子を形成した結晶構造を持つ固体物質」です。

非晶質シリカは、石英ガラスやシリカゲルなど「原子または分子が規則正しい空間的配列を持つ結晶を作らずに集合した固体状態の物質」です。

従来、結晶質シリカ及び非晶質シリカを共に「シリカ」として労働安全衛生法施行令別表第9に掲げ、ラベル表示及びSDSの交付の対象としていました。

しかしながら、非晶質シリカは結晶質シリカに比べ健康有害性が低いため、平成29年8月3日の政省令改正（※）によって別表第9から除外され、結晶質シリカのみがラベル表示及びSDSの交付の対象となりました。

ただし、粉状の非晶質シリカについては、鉱物性粉じんとしての有害性があり、粉じん障害防止規則（昭和54年労働省令第18号）に定める措置等を講じて高濃度ばく露を防止することが求められています。

A4.6

※労働安全衛生法施行令の一部を改正する政令（平成29年政令第218号）及び労働安全衛生規則の一部を改正する省令（平成29年厚生労働省令第89号）

■ **Q10　新たに表示又は通知対象物が追加された場合、従来の物質数と新規追加された物質数の合計が追加後の総物質数にならない場合があるのはなぜか。**

総物質数は、労働安全衛生法施行令別表第9の号の総数を言います。

新たに表示又は通知対象物が追加された場合、当該物質と従来の物質との整理が実施されます。

例えば、平成30年7月に追加された「ほう酸」は、改正前の第544号「ほう酸ナトリウム」と統合されて第544号「ホウ酸及びそのナトリウム塩」とされ、物質数は増加していません。

このような整理によって、「従来の物質数」と「新規追加された物質数」の合計が「追加後の総物質数」と異なる場合があります。

■ **Q11　輸入化学品の労働安全衛生法の対応要否を確認するため、表示及び通知対象物リストの英文版を海外メーカーに提供したい。どこで確認できるか。**

「職場のあんぜんサイト」に掲載された「労働安全衛生法施行令別表第9及び別表第3第1号に掲げるラベル表示・SDS交付義務対象673物質の一覧」に英文物質名が併記されています。

また、安衛法に基づくラベル及びSDS制度についての概要の英文資料にも、当該物質リストが掲載されています。

〈職場のあんぜんサイト　表示・通知対象物質の一覧・検索〉

https://anzeninfo.mhlw.go.jp/anzen/gmsds/gmsds640.html

〈― GHS対応― 化管法・安衛法におけるラベル表示・SDS提供制度　安衛法部分（英語版）〉

https://www.mhlw.go.jp/new-info/kobetu/roudou/gyousei/anzen/dl/180815-01.pdf

裾　切　値

■ **Q12　表示及び通知対象物ごとに設定されている「裾切値」とは何か。**

裾切値とは、製剤（混合物）中の対象物質の含有量（重量％）がその値未満の場合、ラベル表示又はSDSの交付の対象とならない値を言います。表示及び通知対象物ごとにラベル表示の裾切値とSDSの交付の裾切値がそれぞれ定められており、「職場のあんぜんサイト」等で確認することができます。

なお、物質によってはラベル表示の裾切値とSDSの交付の裾切値が異なる場合があります。

〈職場のあんぜんサイト　表示・通知対象物質の一覧・検索〉

https://anzeninfo.mhlw.go.jp/anzen/gmsds/gmsds640.html

■ **Q13　異性体がある化学物質の裾切値を考える場合、異性体個々の濃度をすべて合算した濃度で判定するのか、それとも異性体個々の濃度を別々に判定するのか。**

異性体の個々の濃度を合算した数値を裾切値と比較し、判断してください。

■ **Q14　ニトログリセリンやニトロセルローズ、硝酸アンモニウムに裾切値が定められていないのはなぜか。**

　ニトログリセリンとニトロセルローズは火薬等に使われる爆発性の物質です。また、硝酸アンモニウムは他の物質を酸化させる性質を持っています。

　これらの物質を混合物とした場合の危険性は、混合する他の物質により変わります。このため、混合する他の物質によっては、その混合物が爆発性、酸化性又は危険性を持たないことがあります。これらの混合物の危険性等については個別に実測する必要がありますので、裾切値を記載していません。

対象範囲

■ **Q15　少量の試験研究用の物やサンプルとして提供する物もラベル表示及び SDS の交付の対象になるか。**

　ラベル表示及び SDS の交付については、安衛法令上、取扱量による適用除外はありませんので、たとえ研究目的、少量又はサンプル提供であっても、ラベル表示及び SDS の交付が必要です。

■ **Q16　ラベル表示及び SDS の交付が義務付けられた表示及び通知対象物以外の化学物質についても、ラベル表示又は SDS の交付を行う必要があるか。**

　表示及び通知対象物以外の物質についても、労働安全衛生規則（昭和 47 年労働省令第 32 号）第 24 条の 14 及び第 24 条の 15 に基づき、労働者に対する危険又は健康障害を生ずるおそれのある物を譲渡等する際には、すべてラベル表示及び SDS の交付を行うよう努めてください。

　なお、労働者に対する危険又は健康障害を生ずるおそれのある物とは、JIS Z 7253「GHS に基づく化学品の危険有害性情報の伝達方法―ラベル，作業場内の表示及び安全データシート（SDS）」の付属書 A（A. 4 を除く。）の定めにより危険性・有害性クラス、危険性・有害性区分及びラベル要素が定められた物理化学的危険性又は健康有害性を有するものを言います。

■ **Q17　製品を運搬するだけの運送業者に SDS を交付する必要はあるか。**

　化学品を運搬するだけの運送業者は、化学品を譲渡し、又は提供する相手方には該当しないため、SDS の交付の義務はありません。

　なお、運送業者は、輸送時の事故における措置、連絡通報事項を明記したイエローカード（緊急連絡カード）を携行することが推奨されています。（平成 21 年 6 月 2 日付け薬食化発第 0602001 号「毒物又は劇物の流出・漏洩等の事故防止対策の徹底について」）

■ **Q18　業務用の印刷に用いるトナーカートリッジはラベル表示及び SDS の交付の対象か。**

　トナーカートリッジは使用の過程で内容物が放出されますので、ラベル表示及び SDS の交付が除外される「対象物が密封された状態で取扱われる製品」等の一般消費者の生活の用に供するためのものとは言えません。

　そのため、当該トナーカートリッジの成分に表示又は通知対象物が含まれている場合は、ラベル表示及び SDS の交付の対象となります。

■ **Q19　表示及び通知対象物を海外に輸出する際に、労働安全衛生法に基づくラベル表示と SDS の交付は必要か。**

安衛法に基づくラベル表示及び SDS の交付に係る規定の対象は国内の「労働者」及び「譲渡し、又は提供する相手方」であり、海外に輸出する物については本条の適用対象外となることから、安衛法上の義務付けはありません。

ただし、GHS 分類、ラベル及び SDS は国際調和のために国際連合が公表した仕組みですので、海外の譲渡又は提供先にもラベル表示及び SDS の交付を行うことが望まれます。その場合、輸出相手国における、ラベル及び SDS に関わる法令の定めに則り対応してください。

一般消費者の生活の用

■ **Q20　ラベル表示又は SDS の交付の義務の対象外となる「（容器又は包装のうち）主として一般消費者の生活の用に供するためのもの」又は「一般消費者の生活の用に供される製品」とはどのようなものか。**

安衛法上ラベル表示義務又は SDS の交付義務の適用が除外されるものは以下のとおりです。
〈ラベル表示及び SDS の交付について〉
「主として一般消費者の生活の用に供するためのもの」には、以下のものが含まれます。
(1) 医薬品、医療機器等の品質、有効性及び安全性の確保に関する法律（昭和 35 年法律第 145 号）に定められている医薬品、医薬部外品及び化粧品
(2) 農薬取締法（昭和 23 年法律第 85 号）に定められている農薬
(3) 労働者による取扱いの過程において固体以外の状態にならず、かつ、粉状または粒状にならない製品（工具、部品等いわゆる成形品）
(4) 表示対象物が密封された状態で取り扱われる製品（電池など）
(5) 一般消費者のもとに提供される段階の食品（ただし、労働者が表示対象物にばく露するおそれのある作業が予定されるものを除く）

■ **Q21　エタノール等を含む食品に表示及び通知対象物を含有している場合にも、ラベル表示又は SDS の交付は必要か。**

一般消費者に提供されるもの（そのまま店頭に並ぶもの）、飲食店向けに販売される酒類、食品工場向けに販売される味噌、醤油、たれなど、食品として喫食できる段階のものについては、主として一般消費者の生活の用に供するための容器若しくは包装又は製品に該当し、ラベル表示又は SDS の交付義務の対象から除外されます。

ただし、食品製造段階で使用される添加材、保存料、香料等については、それら化学物質類が製造工程中に作業者にばく露する可能性が考えられますので、ラベル又は SDS による情報提供が必要となります。

なお、次の資料で、食品用途における適用除外の例が示されていますので、ご参照ください。
〈一般消費者の生活の用に供するための製品（適用除外）の例〉
https://www.mhlw.go.jp/file/06-Seisakujouhou-11300000-Roudoukijunkyokuanzeneiseibu/tekiyoujogai.pdf

■ Q22　一般家庭用の洗剤等もラベル表示や SDS 交付の対象になるか。

　スーパー、ホームセンター等で販売される消費者向け商品は主として一般消費者の生活の用に供するための容器若しくは包装又は製品に該当し、ラベル表示又は SDS 交付義務の対象から除外されます。

■ Q23　センサー、ブレーカー、端子等の電子部品にも表示又は通知対象物を含有している場合、ラベル・SDS が必要か。

　労働者による取扱いの過程において固体以外の状態にならず、かつ、粉状または粒状にならない電子部品等は、一般消費者の生活の用に供するための製品に該当し、ラベル表示又は SDS の交付義務の対象から除外されます。

経過措置

■ Q24　ラベルの経過措置の説明にある「施行日において現に存するもの」とはどういう意味か。

　「施行日において現に存するもの」とは、施行日時点で、すでに対象物質を含む化学品が容器包装されて流通過程にある、または製造者の出荷段階にあるものを言います。そのため、施行日時点で容器包装されていない対象物質を含む化学品は「現に存するもの」には該当せず、経過措置による猶予は適用されません。

■ Q25　表示対象物の新規追加によって、ラベル表示が新たに必要となった製品の場合、当該追加以前にラベル表示せず譲渡又は提供し、当該追加後、譲渡又は提供先が別の事業者に譲渡又は提供する場合、ラベルは誰が表示するのか。

　表示対象物を追加する改正に係る経過措置で定めた期日前に譲渡又は提供したものに関しては、譲渡又は提供者に表示の義務はありません。一方、譲渡又は提供先が経過措置で定めた期日以降、更に別の事業者に譲渡又は提供する場合は、譲渡又は提供先が化学品にラベル表示をしなければなりません。

固形物除外

■ Q26　固形物が、ラベル表示義務の対象から除外される条件は何か。

　純物質（含有量 100% のもの）のうち、次の金属が粉状以外（塊、板、棒、線など）の場合、ラベル表示義務の対象から除外されます。

　　アルミニウム、イットリウム、インジウム、カドミウム、銀、クロム、コバルト、すず、タリウム、タングステン、タンタル、銅、鉛、ニッケル、白金、ハフニウム、フェロバナジウム、マンガン、モリブデン、ロジウム

　また、混合物については、運搬中又は貯蔵中において固体以外の状態にならず、かつ粉状にならないもののうち、危険性又は皮膚腐食性を有しないものの場合、ラベル表示の適用除外となります。

　なお、上記の適用除外はラベル表示に関するものであるため、SDS の交付は必要です。

■ **Q27　アルミのインゴットを販売している。当該インゴットはラベル表示又は SDS 交付義務の対象か。**

　運搬中および貯蔵中の過程で固体以外の状態にならず、また粉状にならないため、ラベル表示は除外されます。ただし、販売先の労働者による取扱いの過程において、固体以外の状態または粉状、粒状となる場合は SDS 交付が必要となります。インゴットは通常販売先において溶融など加工が予定されるため、SDS 交付は必要となると考えられます。

　また、アルミニウム単体又はアルミニウムを含有する製剤その他の物（以下「アルミニウム等」という。）であって、サッシ等の最終の用途が限定される製品であり、かつ当該製品の労働者による組立て又は取付施工等の際の作業によってアルミニウム等が固体以外のものにならずかつ粉状（インハラブル粒子）にならないものは、「主として一般消費者の生活の用に供するための製品」として、ラベル表示、SDS 交付及びリスクアセスメント実施義務の対象にならないものとして取り扱って差し支えありません。

供 給 者

■ **Q28　流通業者（商社等）が化学品をユーザーに販売する場合、ラベルや SDS に記載すべき供給者名は誰になるのか。また、多数の譲渡・提供者が介在する場合、そのすべてを供給者として記載する必要があるか。**

　化学品の譲渡又は提供時には、その譲渡・提供者の名称、住所及び電話番号をラベルや SDS に記載しなければならないため、流通業者も含め少なくとも直近の譲渡又は提供者は名称、住所等を記載していただく義務があります。

　実務的には、メーカーの名称と連絡先の記載に加え、販売者の名称と連絡先を追記していただく方法などが考えられます。

■ **Q29　他社に製造委託した化学品を自社ブランドで販売する場合、ラベル表示及び SDS 交付義務は、どちらの事業者になるか。**

　ラベル表示及び SDS 交付の義務は、化学品の譲渡又は提供者にあります。そのため、他社が製造したものであっても、販売時には販売する事業者がラベル表示及び SDS 交付を行う必要があります。一方、製造者は、自社ブランドでなくても、委託元に譲渡又は提供する際はラベル表示及び SDS の交付を行う必要があります。

　実務的には、製造者と販売者の名称、住所及び連絡先を併記する等の方法が考えられます。

■ **Q30　化学品を輸入し、販売する場合、ラベルや SDS に記載する供給者は海外製造者で良いか。**

　ラベル及び SDS に記載する供給者情報には、化学品の譲渡又は提供者の情報を記載します。国内の事業者が輸入した化学品を販売する場合は、輸入者が譲渡又は提供者になるため、海外の製造者ではなく、輸入者の情報を記載する必要があります。

■ **Q31　事業場で製造した化学品を同一事業者内の他事業場で使用する場合、ラベル表示及び SDS 交付の義務はあるか。**

　同一の事業者が従業員の管理責任を持つ限り、事業場間での移動であっても、譲渡又は提供

には該当しないため、表示及び通知対象物についてのラベル表示及びSDS交付義務の適用はありません。しかし、事業者にはSDSの内容を関係する労働者に周知する義務があります。また、表示・通知指針では、事業場内でのラベル表示をするものとしております。

ラベル記載内容

■ Q32　ラベルの大きさ及び色に関しての規定はあるか。

JIS規格（JIS Z 7253）では、絵表示は一辺が1cm以上の正方形、枠は赤及びマークは黒と規定されています。絵表示以外は、色又は大きさについての規定はありませんが、文字は、容易に読める大きさにする必要があります。

■ Q33　化学品を包装する樹脂製の袋にラベルを印刷する時、絵表示の赤枠の中の下　　　地の色が袋の薄青色になるが、白でなければならないか。

JIS規格（JIS Z 7253）では、絵表示は一辺が1cm以上の正方形、枠は赤及びマークは黒と規定されています。また、平成24年3月29日付け基発第329011号「化学物質等の危険性又は有害性等の表示又は通知等の促進に関する指針について」では、「白色の背景」に「黒のシンボル」とありますが、はっきりとマークが見え読み取れることができれば材料の色のままでも構いません。あくまでも視認性が高いことが求められます。

■ Q34　輸入した化学品を譲渡又は提供する場合、ラベル及びSDSは英語表記で良い　　　か。

危険有害性や取扱い上の注意を、事業者、労働者が読めるようにすることが重要であるため、輸入品を日本国内で最初に譲渡・提供する事業者が、外国語を日本語に翻訳したラベルとSDSを作成して提供する必要があります。令和元年7月25日付け基安化発0725第1号において、ラベルとSDSは邦文で記載するとしており、また、JIS Z 7253「GHSに基づく化学品の危険有害性情報の伝達方法—ラベル，作業場内の表示及び安全データシート（SDS）」においてもラベル及びSDSは日本語で表記すると示されています。

■ Q35　輸入した化学品を自社で使用する場合、日本語のラベル及びSDSは必要か。

輸入した化学品の自社使用は、譲渡又は提供には該当しないため、ラベル表示及びSDSの交付義務の適用はありません。

ただし、自社事業場内の労働災害を防止するため、労働者が理解できる言語での危険有害性の周知やリスクアセスメントの実施、その結果に基づくリスク低減措置の実施などが必要になります。

■ Q36　ラベルには、JIS Z 7253で規定されている項目はすべて記載する必要がある　　　か。

安衛法では、ラベル記載項目として次の項目を定めており、JIS Z 7253「GHSに基づく化学品の危険有害性情報の伝達方法—ラベル，作業場内の表示及び安全データシート（SDS）」に準拠した記載を行えば、これらの項目が網羅されることになります。

1．名称

2．注意喚起語
3．人体に及ぼす作用
4．安定性及び反応性
5．貯蔵または取扱い上の注意
6．標章（絵表示）
7．表示をする者の氏名、住所及び電話番号

なお、項目の一部省略については Q37 を参照してください。

■ **Q37　GHS 分類の結果、危険性・有害性に分類されない場合でもラベルは必要か。**

ラベルに記載すべき事項のうち「人体に及ぼす作用」「安定性及び反応性」「注意喚起語」「標章」（JIS Z 7253「GHS に基づく化学品の危険有害性情報の伝達方法―ラベル，作業場内の表示及び安全データシート（SDS）」では「危険有害性情報」「注意喚起語」「絵表示」に相当）については、GHS 分類に従い分類した結果、危険有害性クラス及び危険有害性区分が決定されない場合、記載を要しないため、省略可能です。ただし、「名称」や「表示をする者の氏名、住所及び電話番号」は危険有害性に関わらず記載が必要であり、また、「貯蔵または取扱い上の注意」については、災害防止のため必要な措置等を記載することが必要です。そのため、ラベル表示そのものを省略することはできません。

■ **Q38　ラベルに成分を記載する必要があるか。**

従来は、成分もラベルの必須記載項目でしたが、2016 年 6 月以降は表示及び通知義務対象物が大幅に増加し、そのすべての物質の成分を記載した場合にラベルの視認性が悪化する可能性があることから、任意記載項目となりました。ただし、事業者が化学品の使用者に伝えることが適切と判断する成分については、記載することが望まれます。

■ **Q39　「職場のあんぜんサイト」で公表されているモデルラベルやモデル SDS をそのまま自社のラベルや SDS として利用しても良いか。**

「職場のあんぜんサイト」で公表しているモデルラベル及びモデル SDS は、譲渡又は提供者がラベルや SDS を作成する際の参考としていただくためのものですので、ご活用いただいて問題ありません。ただし、その場合であっても、ラベルや SDS の記載内容については、譲渡又は提供者の責任において行っていただくことになります。

■ **Q40　2017 年 8 月 3 日から非晶質シリカは対象外となった。今までシリカと表示したラベルを回収する必要はあるか。**

非晶質シリカについては、表示及び通知対象物から除外されましたが、既に「シリカ」として表示及び通知されているものについて、ラベル及び SDS の内容の修正は不要です。

ラベル貼付箇所

■ Q41　容器が小さくてラベルを貼りきれない場合でも、出荷する容器にラベルをつけなければならないか。例えば、容器 10 本を入れた箱にラベルを貼って出荷することは可能か。

　化学物質を取扱う労働者が容器を開封する際にラベルを確認できるよう、個々の容器にラベルを貼付する必要があります。小さい容器であってもラベルは容器に直接貼るか、それが難しい場合は票箋（タグ）で結び付けるのが原則です。

■ Q42　化学品をタンクローリーやミキサー車で輸送する場合、ラベル表示はどうするべきか。

　安衛法第 57 条第 2 項により、化学品を容器に入れないで、又は包装しないで譲渡又は提供する場合は、ラベル表示に相当する情報を記載した文書を交付することが義務付けられております。

　ほとんどの情報は SDS に含まれておりますので、実行上、SDS の交付により条件を満たしますが、SDS に同法第 57 条第 1 項第 2 号の標章（絵表示）の記載が必要であることにご注意ください。

■ Q43　製品容器に加えて、輸送用の外装段ボールにもラベル表示が必要か。

　個々の製品容器にラベル表示されていれば、段ボール等の外装容器に再度ラベル表示する必要はありません。

SDS 記載内容

■ Q44　SDS の記載項目は決められているか。

　安衛法では、SDS 記載項目として次の項目を定めており、JIS Z 7253「GHS に基づく化学品の危険有害性情報の伝達方法—ラベル，作業場内の表示及び安全データシート（SDS）」に準拠した記載を行えば、これらの項目が網羅されることになります。

1. 名称
2. 成分およびその含有量
3. 物理的及び化学的性質
4. 人体に及ぼす作用
5. 貯蔵または取扱い上の注意
6. 流出その他の事故が発生した場合に構ずべき応急の措置
7. 通知を行う者の氏名、住所及び電話番号
8. 危険性または有害性の要約
9. 安定性及び反応性
10. 適用される法令
11. その他参考となる事項（出典、環境影響情報など）

■ Q45　混合物の SDS には含有成分すべての名称や含有量（重量%）を記載しなければならないか。

通知対象物に該当する成分は、SDS に各名称及びその含有量（重量%）を記載しなければなりません。その他の物質については、組成の全部を記載する必要はありません。

ただし、JIS Z 7253「GHS に基づく化学品の危険有害性情報の伝達方法—ラベル，作業場内の表示及び安全データシート（SDS）」では、混合物の GHS 分類基準に基づき、危険性・有害性区分の分類根拠となった成分の名称及びその含有量を記載することが望ましいとされています。

■ Q46　SDS の「3.　組成及び成分情報」にはすべての成分情報を記載しなければならないか。

安衛法により、通知対象物に該当する成分の名称は、すべて明記しなければなりませんが、含有量については重量%で記載しなければなりません（製品により、含有量に幅がある物については、濃度範囲による表記も可）。

なお、通知義務対象物質でない成分の名称及びその含有率についても、記載することが望ましいとされています。

■ Q47　SDS の成分名表記は政令名称（クロム及びその化合物）か、化学物質名（重クロム酸カリウム）か。

令和元年 7 月 25 日付け基安化発 0725 第 1 号では「通知対象物質が裾切値以上含有される場合、当該通知対象物質の名称を列記」とあり、「重クロム酸カリウム」又は労働安全衛生規則別表第 2 の名称（例えば「重クロム酸塩」）と記載する必要があります。

さらに JIS 規格では、SDS 交付対象の化学品（混合物）の危険性・有害性区分の分類根拠となった成分の名称及びその含有量を記載することが望ましいとされています。

■ Q48　適用法令については法令の名称の他に当該法令の基づく規制に関する情報を記載するとなっているが、規制に関する情報の書き方について説明してほしい。

SDS の適用法令欄について詳細な規定はありませんが、受け取った者が適切に対応できることが必要です。このため、まずは SDS の提供を義務付けている法令（安衛法、化管法及び毒劇法）の適用有無を記載します。安衛法については、どの規定が適用になるのかわかるよう、通知対象物や表示対象物、特定化学物質、有機溶剤、製造許可物質などの別を記載します。更に、必要に応じて他の法令（消防法や化審法、大気汚染防止法、船舶安全法など）の適用を記載します。

SDS 交付

■ Q49　SDS はいつ交付しなければならないのか。

化学品の譲渡又は提供者は、化学品を譲渡又は提供する時までに譲渡又は提供先に SDS を交付します。継続的に反復して譲渡又は提供する場合は、一度 SDS 交付を行えば都度交付する必要はありませんが、交付漏れ等がないよう SDS 交付先を管理しておくことが必要です。

また、SDS の記載内容に変更がある場合は改めて交付するよう努めてください。

■ Q50　ホームページで SDS を提供しても良いか。

SDS は文書で提供するのが原則ですが、相手方がホームページ等、文書以外の媒体での通知に同意していれば、譲渡又は提供者の管理下にあるホームページでの提供も可能です。その場合、ホームページのアドレスを相手方にメール等により知らせることにより通知がなされたことになります。（令和 4 年 5 月改正）

なお、手交以外の方法により通知する場合は、相手方が受領したことを確認することが望ましいです。

■ Q51　提供しているラベルや SDS は定期的に更新しなければならないか。

定期的な更新は義務付けられていませんが、提供した SDS の内容に変更が生じた場合には、速やかに、過去の譲渡又は提供先に変更後の SDS を提供するよう努めてください。（令和 4 年 5 月改正）

なお、表示対象物において虚偽のラベル表示を行った場合は罰則の対象になりますので、記載内容に変更が必要となる知見を得た場合は、速やかに更新する必要があります。

事業場内表示

■ Q52　表示対象物に新しく追加された物質を含有する化学品を自社で使用する場合、化学品の事業場内表示はどのように対応すればよいか。

新規に表示対象物に指定されたからといって、化学品の危険性・有害性分類が変更になるわけではありません。そのため、従来からラベル表示がされていれば、従来のラベルを事業場内表示として利用できます。

一方、従来ラベル表示が無かった場合には、経過措置期間中に譲渡又は提供元が新たにラベル表示を実施するため、ラベルを入手した後に、事業場内表示を行うようにしてください。

■ Q53　入手した SDS を作業現場に掲示する必要があるか。

譲渡又は提供を受けた SDS は、次のいずれかの方法で化学物質を取り扱う労働者が常時確認できるよう周知することが必要です。

1. 作業場に常時掲示するか備え付ける
2. 書面を労働者に交付する
3. 電子媒体で記録し、作業場に常時確認可能な機器（パソコン端末など）を設置

■ Q54　事業場で化学品を納入時の容器から小分けして保管又は取り扱う場合、ラベル表示は必要か。

表示・通知指針によって、事業場内でも容器に譲渡・提供時と同様のラベルを貼付することとされています。

小分けした容器等に入れて使用する場合で、容器が小さくて同様なラベルが貼付できない時は、次の 2 項目の併記により表示することができます。（令和 4 年 5 月改正）

・化学品の名称（事業場内で管理に使用する管理番号でも可）

A4.6

・（必要に応じて）絵表示

■ Q55　ラベルやSDSの記載内容を労働者に教育する義務はあるか。

SDSについては、化学品を取り扱う労働者に掲示や書面交付、常時閲覧可能な電子ファイル等によって、周知することが義務付けられています。

しかしながら、ラベル表示の対象物質が増加し、労働者がラベルを目にする機会が増えていること等を踏まえると、周知のみによってラベルやSDSの内容を労働者に理解を促すことは困難な場合があります。そのため、事業場として、ラベルやSDSの内容の理解を促す教育や訓練を実施することが望まれます。

なお、厚生労働省では、事業場内の教育及び訓練で活用できる資料を公表しておりますので、ご活用ください。

厚生労働省ホームページ＞分野別の政策一覧＞雇用労働＞労働基準＞安全・衛生＞職場における化学物質対策について＞《ラベルでアクション》～事業場における化学物質管理の促進のために～

https://www.mhlw.go.jp/stf/seisakunitsuite/bunya/0000135046.html

罰　　　則

■ Q56　ラベル表示、SDS交付に関する罰則はあるか。

ラベル表示を行わなかった場合、又は虚偽の表示をした場合は「6カ月以下の懲役または50万円以下の罰金」が設けられています。

一方、SDS交付については罰則は設けられていませんが、法律違反になることに変わりはなく、労働基準監督署の指導対象となります。

_____

出典：厚生労働省ウェブサイト（https://www.mhlw.go.jp/stf/newpage_11237.html）をもとに一部改変

A6.1　化学物質等による危険性又は有害性等の調査等に関する指針

化学物質等による危険性又は有害性等の調査等に関する指針

平成 27 年 9 月 18 日　危険性又は有害性等の調査等に関する指針公示第 3 号
改正　令和 5 年 4 月 27 日　危険性又は有害性等の調査等に関する指針公示第 4 号

1　趣旨等

　本指針は、労働安全衛生法（昭和 47 年法律第 57 号。以下「法」という。）第 57 条の 3 第 3 項の規定に基づき、事業者が、化学物質、化学物質を含有する製剤その他の物で労働者の危険又は健康障害を生ずるおそれのあるものによる危険性又は有害性等の調査（以下「リスクアセスメント」という。）を実施し、その結果に基づいて労働者の危険又は健康障害を防止するため必要な措置（以下「リスク低減措置」という。）が各事業場において適切かつ有効に実施されるよう、「化学物質による健康障害防止のための濃度の基準の適用等に関する技術上の指針」（令和 5 年 4 月 27 日付け技術上の指針公示第 24 号）と相まって、リスクアセスメントからリスク低減措置の実施までの一連の措置の基本的な考え方及び具体的な手順の例を示すとともに、これらの措置の実施上の留意事項を定めたものである。

　また、本指針は、「労働安全衛生マネジメントシステムに関する指針」（平成 11 年労働省告示第 53 号）に定める危険性又は有害性等の調査及び実施事項の特定の具体的実施事項としても位置付けられるものである。

2　適用

　本指針は、リスクアセスメント対象物（リスクアセスメントをしなければならない労働安全衛生法施行令（昭和 47 年政令第 318 号。以下「令」という。）第 18 条各号に掲げる物及び法第 57 条の 2 第 1 項に規定する通知対象物をいう。以下同じ。）に係るリスクアセスメントについて適用し、労働者の就業に係る全てのものを対象とする。

3　実施内容

　事業者は、法第 57 条の 3 第 1 項に基づくリスクアセスメントとして、（1）から（3）までに掲げる事項を、労働安全衛生規則（昭和 47 年労働省令第 32 号。以下「安衛則」という。）第 34 条の 2 の 8 に基づき（5）に掲げる事項を実施しなければならない。また、法第 57 条の 3 第 2 項に基づき、安衛則第 577 条の 2 に基づく措置その他の法令の規定による措置を講ずるほか（4）に掲げる事項を実施するよう努めなければならない。

（1）リスクアセスメント対象物による危険性又は有害性の特定

（2）（1）により特定されたリスクアセスメント対象物による危険性又は有害性並びに当該リスクアセスメント対象物を取り扱う作業方法、設備等により業務に従事する労働者に危険を及ぼし、又は当該労働者の健康障害を生ずるおそれの程度及び当該危険又は健康障害の程度（以下「リスク」という。）の見積り（安衛則第 577 条の 2 第 2 項の厚生労働大臣が定める濃度の基準（以下「濃度基準値」という。）が定められている物質については、屋内事業場における労働者のばく露の程度が濃度基準値を超えるおそれの把握を含む。）

（3）（2）の見積りに基づき、リスクアセスメント対象物への労働者のばく露の程度を最小限度とすること及び濃度基準値が定められている物質については屋内事業場における労働者のばく露の程度を濃度基準値以下とすることを含めたリスク低減措置の内容の検討

（4）（3）のリスク低減措置の実施

（5）リスクアセスメント結果等の記録及び保存並びに周知

4　実施体制等

（1）事業者は、次に掲げる体制でリスクアセスメント及びリスク低減措置（以下「リスクアセスメント等」という。）を実施するものとする。

ア　総括安全衛生管理者が選任されている場合には、当該者にリスクアセスメント等の実施を統括管理させること。総括安全衛生管理者が選任されていない場合には、事業の実施を統括管理する者に統括管理させること。

イ　安全管理者又は衛生管理者が選任されている場合には、当該者にリスクアセスメント等の実施を管理させること。

ウ　化学物質管理者（安衛則第12条の5第1項に規定する化学物質管理者をいう。以下同じ。）を選任し、安全管理者又は衛生管理者が選任されている場合にはその管理の下、化学物質管理者にリスクアセスメント等に関する技術的事項を管理させること。

エ　安全衛生委員会、安全委員会又は衛生委員会が設置されている場合には、これらの委員会においてリスクアセスメント等に関することを調査審議させること。また、リスクアセスメント等の対象業務に従事する労働者に化学物質の管理の実施状況を共有し、当該管理の実施状況について、これらの労働者の意見を聴取する機会を設け、リスクアセスメント等の実施を決定する段階において労働者を参画させること。

オ　リスクアセスメント等の実施に当たっては、必要に応じ、事業場内の化学物質管理専門家や作業環境管理専門家のほか、リスクアセスメント対象物に係る危険性及び有害性や、機械設備、化学設備、生産技術等についての専門的知識を有する者を参画させること。

カ　上記のほか、より詳細なリスクアセスメント手法の導入又はリスク低減措置の実施に当たっての、技術的な助言を得るため、事業場内に化学物質管理専門家や作業環境管理専門家等がいない場合は、外部の専門家の活用を図ることが望ましいこと。

（2）事業者は、（1）のリスクアセスメント等の実施を管理する者等（カの外部の専門家を除く。）に対し、化学物質管理者の管理のもとで、リスクアセスメント等を実施するために必要な教育を実施するものとする。

5　実施時期

（1）事業者は、安衛則第34条の2の7第1項に基づき、次のアからウまでに掲げる時期にリスクアセスメントを行うものとする。

ア　リスクアセスメント対象物を原材料等として新規に採用し、又は変更するとき。

イ　リスクアセスメント対象物を製造し、又は取り扱う業務に係る作業の方法又は手順を新規に採用し、又は変更するとき。

ウ　リスクアセスメント対象物による危険性又は有害性等について変化が生じ、又は生ずるおそれがあるとき。具体的には、以下の（ア）、（イ）が含まれること。

　　（ア）過去に提供された安全データシート（以下「SDS」という。）の危険性又は有害性に係る情報が変更され、その内容が事業者に提供された場合

　（イ）濃度基準値が新たに設定された場合又は当該値が変更された場合

（2）事業者は、（1）のほか、次のアからウまでに掲げる場合にもリスクアセスメントを行う
　　よう努めること。

　ア　リスクアセスメント対象物に係る労働災害が発生した場合であって、過去のリスクアセス
　　メント等の内容に問題があることが確認された場合

　イ　前回のリスクアセスメント等から一定の期間が経過し、リスクアセスメント対象物に係
　　る機械設備等の経年による劣化、労働者の入れ替わり等に伴う労働者の安全衛生に係る知
　　識経験の変化、新たな安全衛生に係る知見の集積等があった場合

　ウ　既に製造し、又は取り扱っていた物質がリスクアセスメント対象物として新たに追加さ
　　れた場合など、当該リスクアセスメント対象物を製造し、又は取り扱う業務について過去
　　にリスクアセスメント等を実施したことがない場合

（3）事業者は、（1）のア又はイに掲げる作業を開始する前に、リスク低減措置を実施するこ
　　とが必要であることに留意するものとする。

（4）事業者は、（1）のア又はイに係る設備改修等の計画を策定するときは、その計画策定段
　　階においてもリスクアセスメント等を実施することが望ましいこと。

6　リスクアセスメント等の対象の選定

　　事業者は、次に定めるところにより、リスクアセスメント等の実施対象を選定するものとす
　る。

（1）事業場において製造又は取り扱う全てのリスクアセスメント対象物をリスクアセスメン
　　ト等の対象とすること。

（2）リスクアセスメント等は、対象のリスクアセスメント対象物を製造し、又は取り扱う業
　　務ごとに行うこと。ただし、例えば、当該業務に複数の作業工程がある場合に、当該工程を
　　1つの単位とする、当該業務のうち同一場所において行われる複数の作業を1つの単位とす
　　るなど、事業場の実情に応じ適切な単位で行うことも可能であること。

（3）元方事業者にあっては、その労働者及び関係請負人の労働者が同一の場所で作業を行う
　　こと（以下「混在作業」という。）によって生ずる労働災害を防止するため、当該混在作業
　　についても、リスクアセスメント等の対象とすること。

7　情報の入手等

（1）事業者は、リスクアセスメント等の実施に当たり、次に掲げる情報に関する資料等を入
　　手するものとする。

　　　入手に当たっては、リスクアセスメント等の対象には、定常的な作業のみならず、非定常
　　作業も含まれることに留意すること。

　　　また、混在作業等複数の事業者が同一の場所で作業を行う場合にあっては、当該複数の事
　　業者が同一の場所で作業を行う状況に関する資料等も含めるものとすること。

　ア　リスクアセスメント等の対象となるリスクアセスメント対象物に係る危険性又は有害性
　　に関する情報（SDS等）

　イ　リスクアセスメント等の対象となる作業を実施する状況に関する情報（作業標準、作業
　　手順書等、機械設備等に関する情報を含む。）

（2）事業者は、（1）のほか、次に掲げる情報に関する資料等を、必要に応じ入手するものと
　　すること。

A6.1

　　ア　リスクアセスメント対象物に係る機械設備等のレイアウト等、作業の周辺の環境に関する情報

　　イ　作業環境測定結果等

　　ウ　災害事例、災害統計等

　　エ　その他、リスクアセスメント等の実施に当たり参考となる資料等

（3）事業者は、情報の入手に当たり、次に掲げる事項に留意するものとする。

　　ア　新たにリスクアセスメント対象物を外部から取得等しようとする場合には、当該リスクアセスメント対象物を譲渡し、又は提供する者から、当該リスクアセスメント対象物に係るSDSを確実に入手すること。

　　イ　リスクアセスメント対象物に係る新たな機械設備等を外部から導入しようとする場合には、当該機械設備等の製造者に対し、当該設備等の設計・製造段階においてリスクアセスメントを実施することを求め、その結果を入手すること。

　　ウ　リスクアセスメント対象物に係る機械設備等の使用又は改造等を行おうとする場合に、自らが当該機械設備等の管理権原を有しないときは、管理権原を有する者等が実施した当該機械設備等に対するリスクアセスメントの結果を入手すること。

（4）元方事業者は、次に掲げる場合には、関係請負人におけるリスクアセスメントの円滑な実施に資するよう、自ら実施したリスクアセスメント等の結果を当該業務に係る関係請負人に提供すること。

　　ア　複数の事業者が同一の場所で作業する場合であって、混在作業におけるリスクアセスメント対象物による労働災害を防止するために元方事業者がリスクアセスメント等を実施したとき。

　　イ　リスクアセスメント対象物にばく露するおそれがある場所等、リスクアセスメント対象物による危険性又は有害性がある場所において、複数の事業者が作業を行う場合であって、元方事業者が当該場所に関するリスクアセスメント等を実施したとき。

8　危険性又は有害性の特定

　事業者は、リスクアセスメント対象物について、リスクアセスメント等の対象となる業務を洗い出した上で、原則としてアからウまでに即して危険性又は有害性を特定すること。また、必要に応じ、エに掲げるものについても特定することが望ましいこと。

　　ア　国際連合から勧告として公表された「化学品の分類及び表示に関する世界調和システム（GHS）」（以下「GHS」という。）又は日本産業規格Z 7252に基づき分類されたリスクアセスメント対象物の危険性又は有害性（SDSを入手した場合には、当該SDSに記載されているGHS分類結果）

　　イ　リスクアセスメント対象物の管理濃度及び濃度基準値。これらの値が設定されていない場合であって、日本産業衛生学会の許容濃度又は米国産業衛生専門家会議（ACGIH）のTLV-TWA等のリスクアセスメント対象物のばく露限界（以下「ばく露限界」という。）が設定されている場合にはその値（SDSを入手した場合には、当該SDSに記載されているばく露限界）

　　ウ　皮膚等障害化学物質等（安衛則第594条の2で定める皮膚若しくは眼に障害を与えるおそれ又は皮膚から吸収され、若しくは皮膚に侵入して、健康障害を生ずるおそれがあることが明らかな化学物質又は化学物質を含有する製剤）への該当性

エ　アからウまでによって特定される危険性又は有害性以外の、負傷又は疾病の原因となる
　　おそれのある危険性又は有害性。この場合、過去にリスクアセスメント対象物による労働
　　災害が発生した作業、リスクアセスメント対象物による危険又は健康障害のおそれがある
　　事象が発生した作業等により事業者が把握している情報があるときには、当該情報に基づ
　　く危険性又は有害性が必ず含まれるよう留意すること。

9　リスクの見積り

（1）事業者は、リスク低減措置の内容を検討するため、安衛則第34条の2の7第2項に基づ
　　き、次に掲げるいずれかの方法（危険性に係るものにあっては、ア又はウに掲げる方法に限
　　る。）により、又はこれらの方法の併用によりリスクアセスメント対象物によるリスクを見
　　積もるものとする。

ア　リスクアセスメント対象物が当該業務に従事する労働者に危険を及ぼし、又はリスクア
　　セスメント対象物により当該労働者の健康障害を生ずるおそれの程度（発生可能性）及び
　　当該危険又は健康障害の程度（重篤度）を考慮する方法。具体的には、次に掲げる方法が
　　あること。

　　（ア）発生可能性及び重篤度を相対的に尺度化し、それらを縦軸と横軸とし、あらかじめ
　　　　　発生可能性及び重篤度に応じてリスクが割り付けられた表を使用してリスクを見積
　　　　　もる方法

　　（イ）発生可能性及び重篤度を一定の尺度によりそれぞれ数値化し、それらを加算又は乗
　　　　　算等してリスクを見積もる方法

　　（ウ）発生可能性及び重篤度を段階的に分岐していくことによりリスクを見積もる方法

　　（エ）ILOの化学物質リスク簡易評価法（コントロール・バンディング）等を用いてリス
　　　　　クを見積もる方法

　　（オ）化学プラント等の化学反応のプロセス等による災害のシナリオを仮定して、その事
　　　　　象の発生可能性と重篤度を考慮する方法

イ　当該業務に従事する労働者がリスクアセスメント対象物にさらされる程度（ばく露の程
　　度）及び当該リスクアセスメント対象物の有害性の程度を考慮する方法。具体的には、次
　　に掲げる方法があること。

　　（ア）管理濃度が定められている物質については、作業環境測定により測定した当該物質
　　　　　の第一評価値を当該物質の管理濃度と比較する方法

　　（イ）濃度基準値が設定されている物質については、個人ばく露測定により測定した当該
　　　　　物質の濃度を当該物質の濃度基準値と比較する方法

　　（ウ）管理濃度又は濃度基準値が設定されていない物質については、対象の業務について
　　　　　作業環境測定等により測定した作業場所における当該物質の気中濃度等を当該物質
　　　　　のばく露限界と比較する方法

　　（エ）数理モデルを用いて対象の業務に係る作業を行う労働者の周辺のリスクアセスメン
　　　　　ト対象物の気中濃度を推定し、当該物質の濃度基準値又はばく露限界と比較する方
　　　　　法

　　（オ）リスクアセスメント対象物への労働者のばく露の程度及び当該物質による有害性の
　　　　　程度を相対的に尺度化し、それらを縦軸と横軸とし、あらかじめばく露の程度及び
　　　　　有害性の程度に応じてリスクが割り付けられた表を使用してリスクを見積もる方法

　　ウ　ア又はイに掲げる方法に準ずる方法。具体的には、次に掲げる方法があること。

　　　（ア）リスクアセスメント対象物に係る危険又は健康障害を防止するための具体的な措置
　　　　　が労働安全衛生法関係法令（主に健康障害の防止を目的とした有機溶剤中毒予防規
　　　　　則（昭和47年労働省令第36号）、鉛中毒予防規則（昭和47年労働省令第37号）、
　　　　　四アルキル鉛中毒予防規則（昭和47年労働省令第38号）及び特定化学物質障害予
　　　　　防規則（昭和47年労働省令第39号）の規定並びに主に危険の防止を目的とした令
　　　　　別表第1に掲げる危険物に係る安衛則の規定）の各条項に規定されている場合に、
　　　　　当該規定を確認する方法

　　　（イ）リスクアセスメント対象物に係る危険を防止するための具体的な規定が労働安全衛
　　　　　生法関係法令に規定されていない場合において、当該物質のSDSに記載されている
　　　　　危険性の種類（例えば「爆発物」など）を確認し、当該危険性と同種の危険性を有し、
　　　　　かつ、具体的措置が規定されている物に係る当該規定を確認する方法

　　　（ウ）毎回異なる環境で作業を行う場合において、典型的な作業を洗い出し、あらかじめ
　　　　　当該作業において労働者がばく露される物質の濃度を測定し、その測定結果に基づ
　　　　　くリスク低減措置を定めたマニュアル等を作成するとともに、当該マニュアル等に
　　　　　定められた措置が適切に実施されていることを確認する方法

（2）事業者は、（1）のア又はイの方法により見積りを行うに際しては、用いるリスクの見積
　り方法に応じて、7で入手した情報等から次に掲げる事項等必要な情報を使用すること。

　　ア　当該リスクアセスメント対象物の性状

　　イ　当該リスクアセスメント対象物の製造量又は取扱量

　　ウ　当該リスクアセスメント対象物の製造又は取扱い（以下「製造等」という。）に係る作
　　　業の内容

　　エ　当該リスクアセスメント対象物の製造等に係る作業の条件及び関連設備の状況

　　オ　当該リスクアセスメント対象物の製造等に係る作業への人員配置の状況

　　カ　作業時間及び作業の頻度

　　キ　換気設備の設置状況

　　ク　有効な保護具の選択及び使用状況

　　ケ　当該リスクアセスメント対象物に係る既存の作業環境中の濃度若しくはばく露濃度の測
　　　定結果又は生物学的モニタリング結果

（3）事業者は、（1）のアの方法によるリスクの見積りに当たり、次に掲げる事項等に留意す
　るものとする。

　　ア　過去に実際に発生した負傷又は疾病の重篤度ではなく、最悪の状況を想定した最も重篤
　　　な負傷又は疾病の重篤度を見積もること。

　　イ　負傷又は疾病の重篤度は、傷害や疾病等の種類にかかわらず、共通の尺度を使うことが
　　　望ましいことから、基本的に、負傷又は疾病による休業日数等を尺度として使用すること。

　　ウ　リスクアセスメントの対象の業務に従事する労働者の疲労等の危険性又は有害性への付
　　　加的影響を考慮することが望ましいこと。

（4）事業者は、一定の安全衛生対策が講じられた状態でリスクを見積もる場合には、用いる
　リスクの見積り方法における必要性に応じて、次に掲げる事項等を考慮すること。

　　ア　安全装置の設置、立入禁止措置、排気・換気装置の設置その他の労働災害防止のための

機能又は方策（以下「安全衛生機能等」という。）の信頼性及び維持能力

イ　安全衛生機能等を無効化する又は無視する可能性

ウ　作業手順の逸脱、操作ミスその他の予見可能な意図的・非意図的な誤使用又は危険行動の可能性

エ　有害性が立証されていないが、一定の根拠がある場合における当該根拠に基づく有害性

10　リスク低減措置の検討及び実施

（1）事業者は、法令に定められた措置がある場合にはそれを必ず実施するほか、法令に定められた措置がない場合には、次に掲げる優先順位でリスクアセスメント対象物に労働者がばく露する程度を最小限度とすることを含めたリスク低減措置の内容を検討するものとする。ただし、9（1）イの方法を用いたリスクの見積り結果として、労働者がばく露される程度が濃度基準値又はばく露限界を十分に下回ることが確認できる場合は、当該リスクは、許容範囲内であり、追加のリスク低減措置を検討する必要がないものとして差し支えないものであること。

ア　危険性又は有害性のより低い物質への代替、化学反応のプロセス等の運転条件の変更、取り扱うリスクアセスメント対象物の形状の変更等又はこれらの併用によるリスクの低減

イ　リスクアセスメント対象物に係る機械設備等の防爆構造化、安全装置の二重化等の工学的対策又はリスクアセスメント対象物に係る機械設備等の密閉化、局所排気装置の設置等の衛生工学的対策

ウ　作業手順の改善、立入禁止等の管理的対策

エ　リスクアセスメント対象物の有害性に応じた有効な保護具の選択及び使用

（2）（1）の検討に当たっては、より優先順位の高い措置を実施することにした場合であって、当該措置により十分にリスクが低減される場合には、当該措置よりも優先順位の低い措置の検討まで要するものではないこと。また、リスク低減に要する負担がリスク低減による労働災害防止効果と比較して大幅に大きく、両者に著しい不均衡が発生する場合であって、措置を講ずることを求めることが著しく合理性を欠くと考えられるときを除き、可能な限り高い優先順位のリスク低減措置を実施する必要があるものとする。

（3）死亡、後遺障害又は重篤な疾病をもたらすおそれのあるリスクに対して、適切なリスク低減措置の実施に時間を要する場合は、暫定的な措置を直ちに講ずるほか、（1）において検討したリスク低減措置の内容を速やかに実施するよう努めるものとする。

（4）リスク低減措置を講じた場合には、当該措置を実施した後に見込まれるリスクを見積もることが望ましいこと。

11　リスクアセスメント結果等の労働者への周知等

（1）事業者は、安衛則第34条の2の8に基づき次に掲げる事項をリスクアセスメント対象物を製造し、又は取り扱う業務に従事する労働者に周知するものとする。

ア　対象のリスクアセスメント対象物の名称

イ　対象業務の内容

ウ　リスクアセスメントの結果

　（ア）特定した危険性又は有害性

　（イ）見積もったリスク

エ　実施するリスク低減措置の内容

（2）（1）の周知は、安衛則第34条の2の8第2項に基づく方法によること。

（3）法第59条第1項に基づく雇入れ時教育及び同条第2項に基づく作業変更時教育においては、安衛則第35条第1項第1号、第2号及び第5号に掲げる事項として、（1）に掲げる事項を含めること。

　　なお、5の（1）に掲げるリスクアセスメント等の実施時期のうちアからウまでについては、法第59条第2項の「作業内容を変更したとき」に該当するものであること。

（4）事業者は（1）に掲げる事項について記録を作成し、次にリスクアセスメントを行うまでの期間（リスクアセスメントを行った日から起算して3年以内に当該リスクアセスメント対象物についてリスクアセスメントを行ったときは、3年間）保存しなければならないこと。

12　その他

　　リスクアセスメント対象物以外のものであって、化学物質、化学物質を含有する製剤その他の物で労働者に危険又は健康障害を生ずるおそれのあるものについては、法第28条の2及び安衛則第577条の3に基づき、この指針に準じて取り組むよう努めること。

出典：「基発0427 第3号　厚生労働省労働基準局長　化学物質等による危険性又は有害性等の調査等に関する指針の一部を改正する指針について　別紙3　化学物質等による危険性又は有害性等の調査等に関する指針」
（https://www.mhlw.go.jp/hourei/doc/tsuchi/T230428K0050.pdf）

A6.2　リスクアセスメントを実施しましょう

化学物質を取扱う事業場の皆さまへ

労働災害を防止するため
リスクアセスメントを実施しましょう

労働安全衛生法が改正されました（平成28年6月1日施行）

一定の危険有害性のある化学物質（640物質）について

1．事業場における**リスクアセスメント**が義務づけられました。
2．譲渡提供時に容器などへの**ラベル表示**が義務づけられました。

<リスクアセスメントとは>

化学物質やその製剤の持つ危険性や有害性を特定し、それによる労働者への危険または健康障害を生じるおそれの程度を見積もり、リスクの低減対策を検討することをいいます。

<対象となる事業場は>

業種、事業場規模にかかわらず、対象となる化学物質の製造・取扱いを行うすべての事業場が対象となります。

製造業、建設業だけでなく、清掃業、卸売・小売業、飲食店、医療・福祉業など、さまざまな業種で化学物質を含む製品が使われており、労働災害のリスクがあります。

<リスクアセスメントの実施義務の対象物質>

事業場で扱っている製品に、対象物質が含まれているかどうか確認しましょう。対象は安全データシート（SDS）の交付義務の対象である**640物質**です。

640物質は以下のサイトで公開しています。
http://anzeninfo.mhlw.go.jp/anzen_pg/GHS_MSD_FND.aspx

職場のあんぜんサイト　SDS　検索

対象物質に当たらない場合でも、リスクアセスメントを行うよう努めましょう。

あなたの職場でも化学物質を使っていませんか？
リスクアセスメントのやり方を見ていきましょう

厚生労働省・都道府県労働局・労働基準監督署

A6.2

1．リスクアセスメントの実施時期　　　（安衛則第34条の2の7第1項）

施行日(平成28年6月1日)以降、該当する場合に実施します。

> **＜法律上の実施義務＞**
> 1. 対象物を原材料などとして**新規に採用**したり、**変更**したりするとき
> 2. 対象物を製造し、または取り扱う業務の作業の方法や作業手順を新規に採用したり変更したりするとき
> 3. 前の2つに掲げるもののほか、対象物による**危険性または有害性**などについて**変化が生じたり、生じるおそれがあったりするとき**
>
> ※新たな危険有害性の情報が、SDSなどにより提供された場合など

> **＜指針による努力義務＞**
> 1. 労働災害発生時
> ※過去のリスクアセスメント（RA）に問題があるとき
> 2. 過去のRA実施以降、機械設備などの経年劣化、労働者の知識経験などリスクの状況に変化があったとき
> 3. **過去にRAを実施したことがないとき**
> ※施行日前から取り扱っている物質を、施行日前と同様の作業方法で取り扱う場合で、過去にRAを実施したことがない、または実施結果が確認できない場合

2．リスクアセスメントの実施体制

リスクアセスメントとリスク低減措置を実施するための体制を整えます。
安全衛生委員会などの活用などを通じ、労働者を参画させます。

担当者	説　明	実施内容
総括安全衛生管理者など	事業の実施を統括管理する人 （事業場のトップ）	リスクアセスメントなどの実施を統括管理
安全管理者または衛生管理者 作業主任者、職長、班長など	労働者を指導監督する地位にある人	リスクアセスメントなどの**実施を管理**
化学物質管理者	化学物質などの適切な管理について必要な能力がある人の中から指名	リスクアセスメントなどの**技術的業務を実施**
専門的知識のある人	必要に応じ、化学物質の危険性と有害性や、化学物質のための機械設備などについての専門的知識のある人	対象となる化学物質、機械設備のリスクアセスメントなどへの参画
外部の専門家	労働衛生コンサルタント、労働安全コンサルタント、作業環境測定士、インダストリアル・ハイジニストなど	より詳細なリスクアセスメント手法の導入など、**技術的な助言を得るために活用が望ましい**

※事業者は、上記のリスクアセスメントの実施に携わる人（外部の専門家を除く）に対し、必要な教育を実施するようにします。

3．リスクアセスメントの流れ

リスクアセスメントは以下のような手順で進めます。

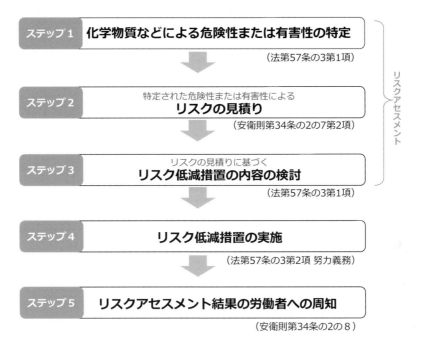

ステップ1 化学物質などによる危険性または有害性の特定

（法第57条の3第1項）

ステップ2 特定された危険性または有害性による
リスクの見積り

（安衛則第34条の2の7第2項）

ステップ3 リスクの見積りに基づく
リスク低減措置の内容の検討

（法第57条の3第1項）

リスクアセスメント

ステップ4 **リスク低減措置の実施**

（法第57条の3第2項 努力義務）

ステップ5 **リスクアセスメント結果の労働者への周知**

（安衛則第34条の2の8）

「ラベルでアクション」運動実施中！職場で扱っている製品のラベル表示を確認しましょう

「ラベルでアクション」

GHSマーク（絵表示）があったら、SDSの確認とリスクアセスメントの実施につなげましょう

（製品の名称）　△△△**製品**　○○○○

（絵表示）　　　　　　　　　　　（注意喚起語）

危険

（危険有害性情報）
・**引火性液体及び蒸気**　　・**吸入すると有毒**

（注意書き）**取扱い注意**　（供給者の特定）
・**火気厳禁**　　　・**防爆構造の器具を用いる**

A6.2

| ステップ1 | 化学物質などによる危険性または有害性の特定 |

化学物質などについて、リスクアセスメントなどの対象となる業務を洗い出した上で、**SDSに記載されているGHS分類**などに即して危険性または有害性を特定します。

<**危険有害性クラスと区分（強さ）に応じた絵表示と注意書き**>

【炎】	可燃性／引火性ガス 引火性液体 可燃性固体 自己反応性化学品　など	【円上の炎】	支燃性／酸化性ガス 酸化性液体・固体	【爆弾の爆発】	爆発物 自己反応性化学品 有機過酸化物
【腐食性】	金属腐食性物質 皮膚腐食性 眼に対する重大な損傷性	【ガスボンベ】	高圧ガス	【どくろ】	急性毒性 （区分1～3）
【感嘆符】	急性毒性　（区分4） 皮膚刺激性(区分2) 眼刺激性(区分2A) 皮膚感作性 特定標的臓器毒性 （区分3）　など	【環境】	水生環境有害性	【健康有害性】	呼吸器感作性 生殖細胞変異原性 発がん性 生殖毒性 特定標的臓器毒性 （区分1，2） 吸引性呼吸器有害性

<**ＧＨＳ国連勧告に基づくＳＤＳの記載項目**>

1	化学品および会社情報	9	物理的および化学的性質 （引火点、蒸気圧など）
2	**危険有害性の要約（GHS分類）**	10	**安定性および反応性**
3	組成および成分情報 （CAS番号、化学名、含有量など）	11	**有害性情報（LD$_{50}$値、IARC区分など）**
4	応急措置	12	環境影響情報
5	火災時の措置	13	廃棄上の注意
6	漏出時の措置	14	輸送上の注意
7	取扱いおよび保管上の注意	15	適用法令（安衛法、化管法、消防法など）
8	ばく露防止および保護措置 （ばく露限界値、保護具など）	16	その他の情報

ステップ2 **リスクの見積り**

リスクアセスメントは、対象物を製造し、または取り扱う業務ごとに、次のア〜ウのいずれかの方法またはこれらの方法の併用によって行います。（危険性についてはアとウに限る）

ア．対象物が労働者に危険を及ぼし、または健康障害を生ずるおそれの程度（発生可能性）と、危険または健康障害の程度（重篤度）を考慮する方法

具体的には以下のような方法があります。

マトリクス法	発生可能性と重篤度を相対的に尺度化し、それらを縦軸と横軸とし、あらかじめ発生可能性と重篤度に応じてリスクが割り付けられた表を使用してリスクを見積もる方法
数値化法	発生可能性と重篤度を一定の尺度によりそれぞれ数値化し、それらを加算または乗算などしてリスクを見積もる方法
枝分かれ図を用いた方法	発生可能性と重篤度を段階的に分岐していくことによりリスクを見積もる方法
コントロール・バンディング	化学物質リスク簡易評価法（コントロール・バンディング）などを用いてリスクを見積もる方法
災害のシナリオから見積もる方法	化学プラントなどの化学反応のプロセスなどによる災害のシナリオを仮定して、その事象の発生可能性と重篤度を考慮する方法

イ．労働者が対象物にさらされる程度（ばく露濃度など）とこの対象物の有害性の程度を考慮する方法

具体的には以下のような方法があります。このうち実測値による方法が望ましいです。

実測値による方法	対象の業務について作業環境測定などによって測定した作業場所における化学物質などの気中濃度などを、その化学物質などのばく露限界（日本産業衛生学会の許容濃度、米国産業衛生専門家会議（ACGIH）のTLV-TWAなど）と比較する方法
使用量などから推定する方法	数理モデルを用いて対象の業務の作業を行う労働者の周辺の化学物質などの気中濃度を推定し、その化学物質のばく露限界と比較する方法
あらかじめ尺度化した表を使用する方法	対象の化学物質などへの労働者のばく露の程度とこの化学物質などによる有害性を相対的に尺度化し、これらを縦軸と横軸とし、あらかじめばく露の程度と有害性の程度に応じてリスクが割り付けられた表を使用してリスクを見積もる方法

ウ．その他、アまたはイに準じる方法

危険または健康障害を防止するための具体的な措置が労働安全衛生法関係法令の各条項に規定されている場合に、これらの規定を確認する方法などがあります。

①特別則（労働安全衛生法に基づく化学物質等に関する個別の規則）の対象物質（特定化学物質、有機溶剤など）については、特別則に定める具体的な措置の状況を確認する方法

②安衛令別表1に定める危険物および同等のGHS分類による危険性のある物質について、安衛則第四章などの規定を確認する方法

A6.2

例1：マトリクスを用いた方法

※発生可能性「②比較的高い」、重篤度「②後遺障害」の場合の見積り例

		危険または健康障害の程度（重篤度）			
		死亡	後遺障害	休業	軽傷
危険または健康障害を生じるおそれの程度（発生可能性）	極めて高い	5	5	4	3
	比較的高い	5	4	3	2
	可能性あり	4	3	2	1
	ほとんどない	4	3	1	1

リスク		優先度
4～5	高	直ちにリスク低減措置を講じる必要がある。措置を講じるまで作業停止する必要がある。
2～3	中	速やかにリスク低減措置を講じる必要がある。措置を講じるまで使用しないことが望ましい。
1	低	必要に応じてリスク低減措置を実施する。

例2：化学物質などの有害性とばく露の量を相対的に尺度化し、リスクを見積もる方法の例

①SDSを用い、GHS分類などを参照して有害性のレベルを区分する。

有害性のレベル	GHS分類における健康有害性クラスと区分	
A	・皮膚刺激性 ・眼刺激性 ・吸引性呼吸器有害性 ・その他のグループに分類されない粉体、蒸気	区分2 区分2 区分1
B	・急性毒性 ・特定標的臓器（単回ばく露）	区分4 区分2
C	・急性毒性 ・皮膚腐食性 ・眼刺激性 ・皮膚感作性 ・特定標的臓器（単回ばく露） ・特定標的臓器（反復ばく露）	区分3 区分1 区分1 区分1 区分1 区分2
D	・急性毒性 ・発がん性 ・特定標的臓器（反復ばく露） ・生殖毒性	区分1, 2 区分2 区分1 区分1, 2
E	・生殖細胞変異原性 ・発がん性 ・呼吸器感作性	区分1, 2 区分1 区分1

②作業環境レベルと作業時間などから、ばく露レベルを推定する。
（作業レベルは以下のような式で算出）

作業環境レベル ＝（取扱量）＋（揮発性・飛散性）－（換気）

取扱量	揮発性・飛散性	換　気
多量：3 中量：2 少量：1	高：3 中：2 低：1	遠隔操作・完全密閉：4 局所排気：3 全体換気・屋外作業：2 換気なし：1

ばく露レベル		作業環境レベル				
		5以上	4	3	2	1以下
年間作業時間	400時間超過	V	V	IV	IV	III
	100～400時間	V	IV	IV	III	II
	25～100時間	IV	IV	III	III	II
	10～25時間	IV	III	III	II	II
	10時間未満	III	II	II	II	I

③有害性のレベルとばく露レベルからリスクを見積る。

		ばく露レベル				
		V	IV	III	II	I
有害性のレベル	E	5	5	4	4	3
	D	5	4	4	3	2
	C	4	4	3	3	2
	B	4	3	3	2	2
	A	3	2	2	2	1

※これらの表はリスクの見積り方を例示するものであり、有害性のレベル分け、ばく露レベルの推定は仮のものです。

例3：実測値を用いる方法

実際に、化学物質などの気中濃度を測定し、ばく露限界値と比較する方法は、最も基本的な方法として推奨されます。

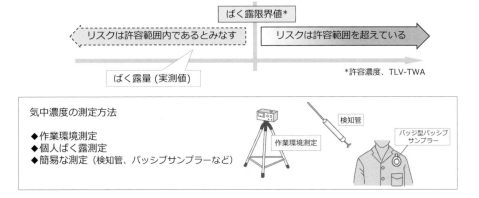

気中濃度の測定方法

◆作業環境測定
◆個人ばく露測定
◆簡易な測定（検知管、パッシブサンプラーなど）

例4：コントロール・バンディングを用いた方法

「コントロール・バンディング」は簡易なリスクアセスメント手法です。
これは、ILO（国際労働機関）が、開発途上国の中小企業を対象に、有害性のある化学物質から労働者の健康を守るために、簡単で実用的なリスクアセスメント手法を取り入れて開発した化学物質の管理手法です。

厚生労働省のホームページ「職場のあんぜんサイト」で、支援システムを提供しており、サイト上で必要な情報を入力すると、リスクレベルと、それに応じた実施すべき対策と参考となる対策シートが得られます。

http://anzeninfo.mhlw.go.jp/ras/user/anzen/kag/ras_start.html

なお、対策シートはリスク低減措置の検討の参考としていただく材料です。
換気設備、保護具などの必要性について検討いただくとともに、より詳細なリスクアセスメントに向けたスクリーニングとしても使用することが可能です。

例5：ECETOC-TRA（ばく露推定モデルの一つ）を用いた方法

欧州化学物質生態毒性・毒性センター（ECETOC）が提供するリスクアセスメントツール（ECETOC-TRA）は定量的評価が可能なツールとして普及しています。

http://www.ecetoc.org/tra　　（英語）

化学物質の物理化学的性状、作業工程（プロセスカテゴリー）、作業時間、換気条件などを入力することによって、推定ばく露濃度が算出されます。

その他

危険物については、化学プラントのセーフティ・アセスメントなどの方法があります。

A6.2

ステップ3　リスク低減措置の内容の検討

リスクアセスメントの結果に基づき、労働者の危険または健康障害を防止するための措置の内容を検討してください。

◆労働安全衛生法に基づく労働安全衛生規則や特定化学物質障害予防規則などの特別則に規定がある場合は、その措置をとる必要があります。

◆次に掲げる優先順位でリスク低減措置の内容を検討します。

　ア．危険性または有害性のより低い物質への代替、化学反応の
　　　プロセスなどの運転条件の変更、取り扱う化学物質などの
　　　形状の変更など、またはこれらの併用によるリスクの低減

　　　※危険有害性の不明な物質に代替することは避けるようにして
　　　　ください。

　イ．化学物質のための機械設備などの防爆構造化、安全装置の
　　　二重化などの工学的対策または化学物質のための機械設備
　　　などの密閉化、局所排気装置の設置などの衛生工学的対策

　ウ．作業手順の改善、立入禁止などの管理的対策

　エ．化学物質などの有害性に応じた有効な保護具の使用

ステップ4　リスク低減措置の実施

検討したリスク低減措置の内容を速やかに実施するよう努めます。

死亡、後遺障害または重篤な疾病のおそれのあるリスクに対しては、暫定的措置を直ちに実施してください。
リスク低減措置の実施後に、改めてリスクを見積もるとよいでしょう。

リスク低減措置の実施には、例えば次のようなものがあります。

◆危険有害性の高い物質から低い物質に変更する。

　物質を代替する場合には、その代替物の危険有害性が低いことを、GHS区分やばく露限界値などをもとに、しっかり確認します。
　確認できない場合には、代替すべきではありません。危険有害性が明らかな物質でも、適切に管理して使用することが大切です。

◆温度や圧力などの運転条件を変えて発散量を減らす。

◆化学物質などの形状を、粉から粒に変更して取り扱う。

◆衛生工学的対策として、蓋のない容器に蓋をつける、容器を密閉する、局所排気装置の
　フード形状を囲い込み型に改良する、作業場所に拡散防止のためのパーテーション
　（間仕切り、ビニールカーテンなど）を付ける。

◆全体換気により作業場全体の気中濃度を下げる。

◆発散の少ない作業手順に見直す、作業手順書、立入禁止場所などを守るための教育を実施
　する。

◆防毒マスクや防じんマスクを使用する。

　使用期限（破過など）、保管方法に注意が必要です。

A6.2

ステップ5 **リスクアセスメント結果の労働者への周知**

リスクアセスメントを実施したら、以下の事項を労働者に周知します。

1 周知事項
　　① 対象物の名称
　　② 対象業務の内容
　　③ リスクアセスメントの結果（特定した危険性または有害性、見積もったリスク）
　　④ 実施するリスク低減措置の内容

2 周知の方法は以下のいずれかによります。　　※SDSを労働者に周知する方法と同様です。
　　① 作業場に常時掲示、または備え付け
　　② 書面を労働者に交付
　　③ 電子媒体で記録し、作業場に常時確認可能な機器（パソコン端末など）を設置

3 法第59条第1項に基づく雇入れ時の教育と同条第2項に基づく作業変更時の教育において、上記の周知事項を含めるものとします。

4 リスクアセスメントの対象の業務が継続し、上記の労働者への周知などを行っている間は、それらの周知事項を記録し、保存しておきましょう。

その他

法に基づくリスクアセスメント義務の対象とならない化学物質などであっても、法第28条の2に基づき、リスクアセスメントを行う努力義務がありますので、上記に準じて取り組むように努めてください。

4.　労働安全衛生法・関係法令

労働安全衛生法（平成26年6月25日改正）

第57条の3

事業者は、厚生労働省令で定めるところにより、第57条第1項の政令で定める物及び通知対象物による危険性又は有害性等を調査しなければならない。

2　事業者は、前項の調査の結果に基づいて、この法律又はこれに基づく命令の規定による措置を講ずるほか、労働者の危険又は健康障害を防止するため必要な措置を講ずるように努めなければならない。

3　厚生労働大臣は、第28条第1項及び第3項に定めるもののほか、前二項の措置に関して、その適切かつ有効な実施を図るため必要な指針を公表するものとする。

4　厚生労働大臣は、前項の指針に従い、事業者又はその団体に対し、必要な指導、援助等を行うことができる。

労働安全衛生規則（平成27年6月23日改正）

第34条の2の7

法第57条の3第1項の危険性又は有害性等の調査（主として一般消費者の生活の用に供される製品に係るものを除く。次項及び次条第1項において「調査」という。）は、次に掲げる時期に行うものとする。

一　令第18条各号に掲げる物及び法第57条の2第1項に規定する通知対象物（以下この条及び次条において「調査対象物」という。）を原材料等として新規に採用し、又は変更するとき。

二　調査対象物を製造し、又は取り扱う業務に係る作業の方法又は手順を新規に採用し、又は変更するとき。

三　前二号に掲げるもののほか、調査対象物による危険性又は有害性等について変化が生じ、又は生ずるおそれがあるとき。

2　調査は、調査対象物を製造し、又は取り扱う業務ごとに、次に掲げるいずれかの方法（調査のうち危険性に係るものにあつては、第一号又は第三号（第一号に係る部分に限る。）に掲げる方法に限る。）により、又はこれらの方法の併用により行わなければならない。

一　当該調査対象物が当該業務に従事する労働者に危険を及ぼし、又は当該調査対象物により当該労働者の健康障害を生ずるおそれの程度及び当該危険又は健康障害の程度を考慮する方法

二　当該業務に従事する労働者が当該調査対象物にさらされる程度及び当該調査対象物の有害性の程度を考慮する方法

三　前二号に掲げる方法に準ずる方法

第34条の2の8

事業者は、調査を行つたときは、次に掲げる事項を、前条第2項の調査対象物を製造し、又は取り扱う業務に従事する労働者に周知させなければならない。

一　当該調査対象物の名称

二　当該業務の内容

三　当該調査の結果

四　当該調査の結果に基づき事業者が講ずる労働者の危険又は健康障害を防止するため必要な措置の内容

2　前項の規定による周知は、次に掲げるいずれかの方法により行うものとする。

一　当該調査対象物を製造し、又は取り扱う各作業場の見やすい場所に常時掲示し、又は備え付けること。

二　書面を、当該調査対象物を製造し、又は取り扱う業務に従事する労働者に交付すること。

三　磁気テープ、磁気ディスクその他これらに準ずる物に記録し、かつ、当該調査対象物を製造し、又は取り扱う各作業場に、当該調査対象物を製造し、又は取り扱う業務に従事する労働者が当該記録の内容を常時確認できる機器を設置すること。

A6.2

化学物質等による危険性又は有害性等の調査等に関する指針（平成27年9月18日公示）

本指針については、A6.1 参照。

5. リスクアセスメント実施に対する相談窓口、専門家による支援

A6.2

1. 法令、通知に関する相談窓口

都道府県労働局または労働基準監督署の健康主務課

所在案内：http://www.mhlw.go.jp/kouseiroudoushou/shozaiannai/roudoukyoku/

2. 支援事業

※平成27年度の例

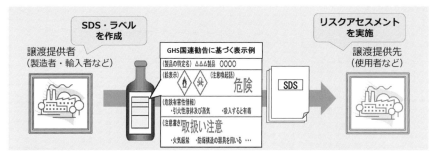

1）相談窓口（コールセンター）を設置し、電話やメールなどで相談を受付

SDSやラベルの作成、リスクアセスメント（「化学物質リスク簡易評価法（コントロール・バンディング）」の使い方など）について相談できます。

※コントロール・バンディングの支援サービス：コールセンターが入力を支援し、評価結果をメールなどで通知

> ▶化学物質や化学品の危険性や有害性を調べる方法をご紹介します
> ▶GHSラベルやSDSの読み方をお教えします
> ▶化学物質のリスクアセスメントの仕方を説明します
> ▶リスクアセスメント結果の内容を説明します
> ▶リスクを低減するための対策をアドバイスします

2）専門家によるリスクアセスメントの訪問支援

相談窓口における相談の結果、事業場の要望に応じて専門家を派遣、リスクアセスメントの実施を支援

コールセンターの番号や訪問支援の問い合わせ先は、厚生労働省ホームページでお知らせしています。

| 厚生労働省　化学物質管理　相談窓口 | 検索 |

ラベル（表示）を作成する譲渡提供者（メーカーなど）の皆さまへ

ラベル（表示）は、安衛令別表第9に掲げる640の化学物質などが対象です

化学物質などを譲渡提供する際には、次の事項を記載したラベルを容器に貼付します。

① 名称
② 注意喚起語
③ 人体に及ぼす作用、安定性、反応性
④ 貯蔵または取扱い上の注意
⑤ 標章（絵表示）
⑥ 表示をする人の氏名、住所、電話番号

注）「成分」の表示については、平成28年6月1日以降、記載義務がなくなりますが、適切と考えられる
　　成分の表示を行うことが望まれます。

ラベル（表示）に関する固形物の適用除外（令第18条および安衛則第30条関係）

純物質	金属*については、粉状以外（塊、板、棒、線など）の場合は適用除外 *イットリウム、インジウム、カドミウム、銀、クロム、コバルト、すず、タリウム、タングステン、タンタル、銅、鉛、ニッケル、白金、ハフニウム、フェロバナジウム、マンガン、モリブデン、ロジウム
混合物	640物質に掲げる物を含有する製剤のうち、**運搬中や貯蔵中で固体以外の状態にならず、かつ、粉状*にならない物**は適用除外 *粉状とは、流体力学的粒子径が0.1mm以下のインハラブル（吸入性）粒子を含むものをいいます。 **具体的には、鋼材、ワイヤ、プラスチックのペレットなどは原則適用除外**となります。

<適用除外とならない危険物または皮膚腐食性のあるもの>

以下のものは適用除外となりません。

1　危険物（安衛令別表第一に掲げるもの）
2　可燃性の物等爆発または火災の原因となるおそれのある物
3　皮膚に対して腐食の危険を生ずるもの（例えば酸化カルシウム、水酸化ナトリウムなどを含む製剤）

※具体的には、GHS分類の危険有害性クラスで物理化学的危険性または皮膚腐食性を有するもの

ラベル（表示）の適用除外　（一般消費者の生活の用）

主として一般消費者の生活の用に供するための製品は除きます。
これには以下のものが含まれます。

◆「医薬品、医療機器等の品質、有効性及び安全性の確保等に関する法律」（昭和35年法律第145号）に定められている**医薬品、医薬部外品、化粧品**
◆「農薬取締法」（昭和23年法律第125号）に定められている**農薬**
◆**労働者による取扱いの過程で固体以外の状態にならず、かつ、粉状または粒状にならない製品**
◆表示対象物が**密封された状態**で取り扱われる製品
◆**一般消費者のもとに提供される段階の食品**
　ただし、水酸化ナトリウム、硫酸、酸化チタンなどが含まれた食品添加物、エタノールなどが含まれた酒類など、表示対象物が含まれているものであって、譲渡・提供先において、労働者がこれらの食品添加物を添加し、または酒類を希釈するなど、**労働者が表示対象物にばく露するおそれのある作業が予定されるものについては、「主として一般消費者の生活の用に供するためのもの」には該当しない**こと。

注）**固形物の適用除外は、ラベル表示のみです。**
　　固形物の場合も、SDSの交付はこれまでどおり必要です。
注）ラベル作成の詳細、裾切値については、関係法令、JISZ7253などを参照してください。

A6.2

化学物質のSDS活用＆リスクアセスメント自主点検票

事業場名	点検実施日
責任者名（衛生管理者など）	担当者職氏名

1.事業場内で化学物質を取り扱っていますか。 ※塗料、洗浄剤、加工材など、身近なものにも化学物質が使われています。	□はい　□いいえ ⇒いいえの場合、点検終了
2.その製品にSDS（安全データシート）は添付されていますか。	□はい　□いいえ ⇒いいえの場合、納入元から 　入手してください
3.その化学物質は何ですか。法令上①〜③のどれに当てはまりますか。 　①特定化学物質・有機溶剤　②①以外のSDS対象物　③その他 　化学物質名　　　　　　　　　　　CAS番号(SDSに記載) 　（　　　　　　　　　）（　　　　　　　　　　　） 　（　　　　　　　　　）（　　　　　　　　　　　） 　（　　　　　　　　　）（　　　　　　　　　　　） 　（　　　　　　　　　）（　　　　　　　　　　　）	⇒SDSの「15.適用法令」の 　欄を確認！または「職場の 　あんぜんサイト」などで検索！ □①　□②　□③ □①　□②　□③ □①　□②　□③ □①　□②　□③
4.その化学物質の取扱い業務について、リスクアセスメントを実施したことはありますか。	□はい　□いいえ
はいの場合、その結果を確認することはできますか。 　⇒はいの場合、6.へ 　⇒いいえの場合、 　　**リスクアセスメントを実施しましょう**	□はい　□いいえ
いいえの場合、 　　**リスクアセスメントを実施しましょう**	□はい　□いいえ
5.リスクアセスメントの方法を選択しましょう。（詳しくは5ページ） 　SDSのGHS分類による危険有害性情報を参照して確認します。 　　危険性についての方法　→□災害シナリオを想定して見積もる方法 　　　　　　　　　　　　　　　（マトリクス法など） 　　　　　　　　　　　　　　□法令規定を確認する方法　　　□その他 　　有害性についての方法　→□ばく露濃度の測定（実測） 　　　　　　　　　　　　　　□コントロール・バンディング 　　　　　　　　　　　　　　□ECETOC-TRAなど　　　　　□その他	□危険性　□有害性
6.リスクアセスメントの結果を労働者に周知していますか。	□はい　□いいえ ⇒いいえの場合、改善しましょう
7.SDSの内容を労働者に周知していますか。 ※作業場に備付け、各労働者に配布、パソコンなどで閲覧などの方法があります。	□はい　□いいえ ⇒いいえの場合、改善しましょう
8.SDS対象物（3.の①または②）に当たる場合、納入された容器などにラベル表示がされていますか。 　⇒はいの場合、事業場内でもラベル表示したままにしましょう 　⇒いいえの場合、納入元にラベル表示について照会しましょう	□はい　□いいえ

＜化学物質管理に関する相談窓口＞

SDSの活用やリスクアセスメントの実施について、専門家に相談することができます。
問い合わせ先は、厚生労働省のホームページでお知らせしています。

厚生労働省　化学物質管理　相談窓口	**検 索**

（平成27年9月作成）

出典：「労働災害を防止するためリスクアセスメントを実施しましょう」(厚生労働省・都道府県労働局・労働基準監督署）をもとに一部改変
　　（https://www.mhlw.go.jp/file/06-Seisakujouhou-11300000-Roudoukijunkyokuanzeneiseibu/0000099625.pdf）

A6.3 濃度基準値に関する告示

○厚生労働省告示第百七十七号

　労働安全衛生規則（昭和四十七年労働省令第三十二号）第五百七十七条の二第二項の規定に基づき、労働安全衛生規則第五百七十七条の二第二項の規定に基づき厚生労働大臣が定める物及び厚生労働大臣が定める濃度の基準を次のように定め、令和六年四月一日から適用する。

　令和五年四月二十七日

厚生労働大臣　加藤　勝信

労働安全衛生規則第五百七十七条の二第二項の規定に基づき厚生労働大臣が定める物及び厚生労働大臣が定める濃度の基準

一　労働安全衛生規則（昭和四十七年労働省令第三十二号）第五百七十七条の二第二項の厚生労働大臣が定める物は、別表の左欄に掲げる物とする。

二　労働安全衛生規則第五百七十七条の二第二項の厚生労働大臣が定める濃度の基準は、別表の左欄に掲げる物の種類に応じ、同表の中欄及び右欄に掲げる値とする。この場合において、次のイ及びロに掲げる値は、それぞれイ及びロに定める濃度の基準を超えてはならない。

　イ　一日の労働時間のうち八時間のばく露における別表の左欄に掲げる物の濃度を各測定の測定時間により加重平均して得られる値（以下「八時間時間加重平均値」という。）　八時間濃度基準値

　ロ　一日の労働時間のうち別表の左欄に掲げる物の濃度が最も高くなると思われる十五分間のばく露における当該物の濃度を各測定の測定時間により加重平均して得られる値（以下「十五分間時間加重平均値」という。）　短時間濃度基準値

三　前号に規定する濃度の基準について、事業者は、次に掲げる事項を行うよう努めるものとする。

　イ　別表の左欄に掲げる物のうち、八時間濃度基準値及び短時間濃度基準値が定められているものについて、当該物のばく露における十五分間時間加重平均値が八時間濃度基準値を超え、かつ、短時間濃度基準値以下の場合にあっては、当該ばく露の回数が一日の労働時間中に四回を超えず、かつ、当該ばく露の間隔を一時間以上とすること。

　ロ　別表の左欄に掲げる物のうち、八時間濃度基準値が定められており、かつ、短時間濃度基準値が定められていないものについて、当該物のばく露における十五分間時間加重平均値が八時間濃度基準値を超える場合にあっては、当該ばく露の十五分間時間加重平均値が八時間濃度基準値の三倍を超えないようにすること。

　ハ　別表の左欄に掲げる物のうち、短時間濃度基準値が天井値として定められているものについて、当該物のばく露における濃度が、いかなる短時間のばく露におけるものであるかを問わず、短時間濃度基準値を超えないようにすること。

　ニ　別表の左欄に掲げる物のうち、有害性の種類及び当該有害性が影響を及ぼす臓器が同一であるものを二種類以上含有する混合物の八時間濃度基準値については、次の式により計算して得た値（以下このニにおいて「換算値」という。）が一を超えないようにすること。

$$C = \frac{C_1}{L_1} + \frac{C_2}{L_2} + \cdots\cdots$$

> この式において、C、C_1、C_2 ……及び L_1、L_2 ……は、それぞれ次の値を表すものとする。
> C　換算値
> C_1、C_2 ……　物の種類ごとの八時間時間加重平均値
> L_1、L_2 ……　物の種類ごとの八時間濃度基準値

A6.3

ホ　ニの規定は、短時間濃度基準値について準用する。この場合において、ニの規定中「八時間時間加重平均値」とあるのは「十五分間時間加重平均値」と、「八時間濃度基準値」とあるのは「短時間濃度基準値」と読み替えるものとする。

別表（第一号～第三号関係）

物の種類	八時間濃度基準値	短時間濃度基準値
アクリル酸エチル	2 ppm	—
アクリル酸メチル	2 ppm	—
アクロレイン	—	0.1 ppm※
アセチルサリチル酸（別名アスピリン）	5 mg/m³	—
アセトアルデヒド	—	10 ppm
アセトニトリル	10 ppm	—
アセトンシアノヒドリン	—	5 ppm
アニリン	2 ppm	—
1-アリルオキシ-2, 3-エポキシプロパン	1 ppm	—
アルファ-メチルスチレン	10 ppm	—
イソプレン	3 ppm	—
イソホロン	—	5 ppm
一酸化二窒素	100 ppm	—
イプシロン-カプロラクタム	5 mg/m³	—
エチリデンノルボルネン	2 ppm	4 ppm
2-エチルヘキサン酸	5 mg/m³	—
エチレングリコール	10 ppm	50 ppm
エチレンクロロヒドリン	2 ppm	—
エピクロロヒドリン	0.5 ppm	—
塩化アリル	1 ppm	—
オルト-アニシジン	0.1 ppm	—
キシリジン	0.5 ppm	—
クメン	10 ppm	—
グルタルアルデヒド	—	0.03 ppm※

物の種類	八時間濃度基準値	短時間濃度基準値
クロロエタン（別名塩化エチル）	100 ppm	—
クロロピクリン	—	0.1 ppm※
酢酸ビニル	10 ppm	15 ppm
ジエタノールアミン	1 mg/m³	—
ジエチルケトン	—	300 ppm
シクロヘキシルアミン	—	5 ppm
ジクロロエチレン（1, 1-ジクロロエチレンに限る。）	5 ppm	—
2, 4-ジクロロフェノキシ酢酸	2 mg/m³	—
1, 3-ジクロロプロペン	1 ppm	—
2, 6-ジ-ターシャリ-ブチル-4-クレゾール	10 mg/m³	—
ジフェニルアミン	5 mg/m³	—
ジボラン	0.01 ppm	—
N, N-ジメチルアセトアミド	5 ppm	—
ジメチルアミン	2 ppm	—
臭素	—	0.2 ppm
しよう脳	2 ppm	—
タリウム	0.02 mg/m³	—
チオりん酸 O, O-ジエチル-O-(2-イソプロピル-6-メチル-4-ピリミジニル)（別名ダイアジノン）	0.01 mg/m³	—
テトラエチルチウラムジスルフィド（別名ジスルフィラム）	2 mg/m³	—
テトラメチルチウラムジスルフィド（別名チウラム）	0.2 mg/m³	—
トリクロロ酢酸	0.5 ppm	—
1-ナフチル-N-メチルカルバメート（別名カルバリル）	0.5 mg/m³	—
ニッケル	1 mg/m³	—
ニトロベンゼン	0.1 ppm	—
N-[1-(N-ノルマル-ブチルカルバモイル)-1H-2-ベンゾイミダゾリル]カルバミン酸メチル（別名ベノミル）	1 mg/m³	—
パラ-ジクロロベンゼン	10 ppm	—
パラ-ターシャリ-ブチルトルエン	1 ppm	—
ヒドラジン及びその一水和物	0.01 ppm	—
ヒドロキノン	1 mg/m³	—
ビフェニル	3 mg/m³	—
ピリジン	1 ppm	—
フェニルオキシラン	1 ppm	—
2-ブテナール	—	0.3 ppm※
フルフラール	0.2 ppm	—
フルフリルアルコール	0.2 ppm	—
1-ブロモプロパン	0.1 ppm	—

A6.3

物の種類	八時間濃度基準値	短時間濃度基準値
ほう酸及びそのナトリウム塩（四ほう酸ナトリウム十水和物（別名ホウ砂）に限る。）	ホウ素として 0.1 mg/m³	ホウ素として 0.75 mg/m³
メタクリロニトリル	1 ppm	—
メチル-ターシャリ-ブチルエーテル（別名 MTBE）	50 ppm	—
4, 4′-メチレンジアニリン	0.4 mg/m³	—
りん化水素	0.05 ppm	0.15 ppm
りん酸トリトリル（りん酸トリ（オルト-トリル）に限る。）	0.03 mg/m³	—
レソルシノール	10 ppm	—

備考

1　この表の中欄及び右欄の値は、温度 25 度、1 気圧の空気中における濃度を示す。

2　※の付されている短時間濃度基準値は、第二号ロの規定の適用の対象となるとともに、第三号ハの規定の適用の対象となる天井値。

出典：「厚生労働省告示第百七十七号　労働安全衛生規則第五百七十七条の二第二項の規定に基づき厚生労働大臣が定める物及び厚生労働大臣が定める濃度の基準」（厚生労働省）
（https://www.mhlw.go.jp/content/11300000/001091419.pdf）

A6.4 化学物質による健康障害防止のための濃度の基準の適用等に関する技術上の指針

化学物質による健康障害防止のための濃度の基準の適用等に関する技術上の指針

令和5年4月27日　技術上の指針公示第24号

　労働安全衛生法（昭和47年法律第57号）第28条第1項の規定に基づき、化学物質による健康障害防止のための濃度の基準の適用等に関する技術上の指針を次のとおり公表する。

1　総則

1－1　趣旨

(1)　国内で輸入、製造、使用されている化学物質は数万種類にのぼり、その中には、危険性や有害性が不明な物質が多く含まれる。さらに、化学物質による休業4日以上の労働災害（がん等の遅発性疾病を除く。）のうち、特別規則（有機溶剤中毒予防規則（昭和47年労働省令第36号）、鉛中毒予防規則（昭和47年労働省令第37号）、四アルキル鉛中毒予防規則（昭和47年労働省令第38号）及び特定化学物質障害予防規則（昭和47年労働省令第39号）をいう。以下同じ。）の規制の対象となっていない物質に起因するものが約8割を占めている。また、化学物質へのばく露に起因する職業がんも発生している。これらを踏まえ、特別規則の規制の対象となっていない物質への対策の強化を主眼とし、国によるばく露の上限となる基準等の制定、危険性や有害性に関する情報の伝達の仕組みの整備や拡充を前提として、事業者が危険性や有害性に関する情報を踏まえたリスクアセスメント（労働安全衛生法（昭和47年法律第57号。以下「法」という。）第57条の3第1項の規定による危険性又は有害性の調査（主として一般消費者の生活の用に供される製品に係るものを除く。）をいう。以下同じ。）を実施し、その結果に基づき、国の定める基準等の範囲内で、ばく露防止のために講ずべき措置を適切に実施するための制度を導入することとしたところである。

(2)　本指針は、化学物質等による危険性又は有害性等の調査等に関する指針（平成27年9月18日付け危険性又は有害性等の調査等に関する指針公示第3号。以下「化学物質リスクアセスメント指針」という。）と相まって、リスクアセスメント対象物（リスクアセスメントをしなければならない労働安全衛生法施行令（昭和47年政令第318号）第18条各号に掲げる物及び法第57条の2第1項に規定する通知対象物をいう。以下同じ。）を製造し、又は取り扱う事業者において、労働安全衛生規則（昭和47年労働省令第32号。以下「安衛則」という。）等の規定が円滑かつ適切に実施されるよう、安衛則第577条の2第2項の規定に基づき厚生労働大臣が定める濃度の基準（以下「濃度基準値」という。）及びその適用、労働者のばく露の程度が濃度基準値以下であることを確認するための方法、物質の濃度の測定における試料採取方法及び分析方法並びに有効な保護具の適切な選択及び使用等について、法令で規定された事項のほか、事業者が実施すべき事項を一体的に規定したものである。

　なお、リスクアセスメント対象物以外の化学物質を製造し、又は取り扱う事業者においては、本指針を活用し、労働者が当該化学物質にばく露される程度を最小限度とするように努

めなければならない。

1－2　実施内容

事業者は、次に掲げる事項を実施するものとする。

(1)　事業場で使用する全てのリスクアセスメント対象物について、危険性又は有害性を特定し、労働者が当該物にばく露される程度を把握した上で、リスクを見積もること。

(2)　濃度基準値が設定されている物質について、リスクの見積りの過程において、労働者が当該物質にばく露される程度が濃度基準値を超えるおそれがある屋内作業を把握した場合は、ばく露される程度が濃度基準値以下であることを確認するための測定（以下「確認測定」という。）を実施すること。

(3)　(1)及び(2)の結果に基づき、危険性又は有害性の低い物質への代替、工学的対策、管理的対策、有効な保護具の使用という優先順位に従い、労働者がリスクアセスメント対象物にばく露される程度を最小限度とすることを含め、必要なリスク低減措置（リスクアセスメントの結果に基づいて労働者の危険又は健康障害を防止するための措置をいう。以下同じ。）を実施すること。その際、濃度基準値が設定されている物質については、労働者が当該物質にばく露される程度を濃度基準値以下としなければならないこと。

2　リスクアセスメント及びその結果に基づく労働者のばく露の程度を濃度基準値以下とする措置等を含めたリスク低減措置

2－1　基本的考え方

(1)　事業者は、事業場で使用する全てのリスクアセスメント対象物について、危険性又は有害性を特定し、労働者が当該物にばく露される程度を数理モデルの活用を含めた適切な方法により把握した上で、リスクを見積もり、その結果に基づき、危険性又は有害性の低い物質への代替、工学的対策、管理的対策、有効な保護具の使用等により、当該物にばく露される程度を最小限度とすることを含め、必要なリスク低減措置を実施すること。

(2)　事業者は、濃度基準値が設定されている物質について、リスクの見積もりの過程において、労働者が当該物質にばく露される程度が濃度基準値を超えるおそれのある屋内作業を把握した場合は、確認測定を実施し、その結果に基づき、当該作業に従事する全ての労働者が当該物質にばく露される程度を濃度基準値以下とすることを含め、必要なリスク低減措置を実施すること。この場合において、ばく露される当該物質の濃度の平均値の上側信頼限界（95％）（濃度の確率的な分布のうち、高濃度側から5％に相当する濃度の推計値をいう。以下同じ。）が濃度基準値以下であることを維持することまで求める趣旨ではないこと。

(3)　事業者は、濃度基準値が設定されていない物質について、リスクの見積りの結果、一定以上のリスクがある場合等、労働者のばく露状況を正確に評価する必要がある場合には、当該物質の濃度の測定を実施すること。この測定は、作業場全体のばく露状況を評価し、必要なリスク低減措置を検討するために行うものであることから、工学的対策を実施しうる場合にあっては、個人サンプリング法等の労働者の呼吸域における物質の濃度の測定のみならず、よくデザインされた場の測定も必要になる場合があること。また、事業者は、統計的な根拠を持って事業場における化学物質へのばく露が適切に管理されていることを示すため、測定値のばらつきに対して、統計上の上側信頼限界（95％）を踏まえた評価を行うことが望ましいこと。

(4)　事業者は、建設作業等、毎回異なる環境で作業を行う場合については、典型的な作業を洗い出し、あらかじめ当該作業において労働者がばく露される物質の濃度を測定し、その測定結果に基づく局所排気装置の設置及び使用、要求防護係数に対して十分な余裕を持った指定防護係数を有する有効な呼吸用保護具の使用（防毒マスクの場合は適切な吸収缶の使用）等を行うことを定めたマニュアル等を作成することで、作業ごとに労働者がばく露される物質の濃度を測定することなく当該作業におけるリスクアセスメントを実施することができること。また、当該マニュアル等に定められた措置を適切に実施することで、当該作業において、労働者のばく露の程度を最小限度とすることを含めたリスク低減措置を実施することができること。

(5)　事業者は、(1)から(4)までに定めるリスクアセスメント及びその結果に基づくリスク低減措置については、化学物質管理者（安衛則第12条の5第1項に規定する化学物質管理者をいう。以下同じ。）の管理下において実施する必要があること。

(6)　事業者は、リスクアセスメントと濃度基準値については、次に掲げる事項に留意すること。

　　ア　リスクアセスメントの実施時期は、安衛則第34条の2の7第1項の規定により、①リスクアセスメント対象物を原材料等として新規に採用し、又は変更するとき、②リスクアセスメント対象物を製造し、又は取り扱う業務に係る作業の方法又は手順を新規に採用し、又は変更するとき、③リスクアセスメント対象物の危険性又は有害性等について変化が生じ、又は生ずるおそれがあるときとされていること。なお、「有害性等について変化が生じ」には、濃度基準値が新たに定められた場合や、すでに使用している物質が新たにリスクアセスメント対象物となった場合が含まれること。さらに、化学物質リスクアセスメント指針においては、前回のリスクアセスメントから一定の期間が経過し、設備等の経年劣化、労働者の入れ替わり等に伴う知識経験等の変化、新たな安全衛生に係る知見の集積等があった場合には、再度、リスクアセスメントを実施するよう努めることとしていること。

　　イ　労働者のばく露の程度が濃度基準値以下であることを確認する方法は、事業者において決定されるものであり、確認測定の方法以外の方法でも差し支えないが、事業者は、労働基準監督機関等に対して、労働者のばく露の程度が濃度基準値以下であることを明らかにできる必要があること。また、確認測定を行う場合は、確認測定の精度を担保するため、作業環境測定士が関与することが望ましいこと。

　　ウ　労働者のばく露の程度は、呼吸用保護具を使用していない場合は、労働者の呼吸域において測定される濃度で、呼吸用保護具を使用している場合は、呼吸用保護具の内側の濃度で表されること。したがって、労働者の呼吸域における物質の濃度が濃度基準値を上回っていたとしても、有効な呼吸用保護具の使用により、労働者がばく露される物質の濃度を濃度基準値以下とすることが許容されることに留意すること。ただし、実際に呼吸用保護具の内側の濃度の測定を行うことは困難であるため、労働者の呼吸域における物質の濃度を呼吸用保護具の指定防護係数で除して、呼吸用保護具の内側の濃度を算定することができること。

　　エ　よくデザインされた場の測定とは、主として工学的対策の実施のために、化学物質の発散源の特定、局所排気装置等の有効性の確認等のために、固定点で行う測定をいうこと。従来の作業環境測定のA・B測定の手法も含まれる。場の測定については、作業環

　　境測定士の関与が望ましいこと。

2－2　リスクアセスメントにおける測定

　2－2－1　基本的考え方

　　　事業者は、リスクアセスメントの結果に基づくリスク低減措置として、労働者のばく露の程度を濃度基準値以下とすることのみならず、危険性又は有害性の低い物質への代替、工学的対策、管理的対策、有効な保護具の使用等を駆使し、労働者のばく露の程度を最小限度とすることを含めた措置を実施する必要があること。事業者は、工学的対策の設定及び評価を実施する場合には、個人ばく露測定のみならず、よくデザインされた場の測定を行うこと。

　2－2－2　試料の採取場所及び評価

　(1)　事業場における全ての労働者のばく露の程度を最小限度とすることを含めたリスク低減措置の実施のために、ばく露状況の評価は、事業場のばく露状況を包括的に評価できるものであることが望ましいこと。このため、事業者は、労働者がばく露される濃度が最も高いと想定される均等ばく露作業（労働者がばく露する物質の量がほぼ均一であると見込まれる作業であって、屋内作業場におけるものに限る。以下同じ。）のみならず、幅広い作業を対象として、当該作業に従事する労働者の呼吸域における物質の濃度の測定を行い、その測定結果を統計的に分析し、統計上の上側信頼限界（95％）を活用した評価や物質の濃度が最も高い時間帯に行う測定の結果を活用した評価を行うことが望ましいこと。

　(2)　対象者の選定、実施時期、試料採取方法及び分析方法については、3及び4に定める確認測定に関する事項に準じて行うことが望ましいこと。

3　確認測定の対象者の選定及び実施時期

3－1　確認測定の対象者の選定

(1)　事業者は、リスクアセスメントによる作業内容の調査、場の測定の結果及び数理モデルによる解析の結果等を踏まえ、均等ばく露作業に従事する労働者のばく露の程度を評価すること。その結果、労働者のばく露の程度が8時間のばく露に対する濃度基準値（以下「八時間濃度基準値」という。）の2分の1程度を超えると評価された場合は、確認測定を実施すること。

(2)　全ての労働者のばく露の程度が濃度基準値以下であることを確認するという趣旨から、事業者は、労働者のばく露の程度が最も高いと想定される均等ばく露作業における最も高いばく露を受ける労働者（以下「最大ばく露労働者」という。）に対して確認測定を行うこと。その測定結果に基づき、事業場の全ての労働者に対して一律のリスク低減措置を行うのであれば、最大ばく露労働者が従事する作業よりもばく露の程度が低いことが想定される作業に従事する労働者について確認測定を行う必要はないこと。しかし、事業者が、ばく露の程度に応じてリスク低減措置の内容や呼吸用保護具の要求防護係数を作業ごとに最適化するために、当該作業ごとに最大ばく露労働者を選定し、確認測定を実施することが望ましいこと。

(3)　均等ばく露作業ごとに確認測定を行う場合は、均等ばく露作業に従事する労働者の作業内容を把握した上で、当該作業における最大ばく露労働者を選定し、当該労働者の呼吸域における物質の濃度を測定することが妥当であること。

(4)　均等ばく露作業の特定に当たっては、同一の均等ばく露作業において複数の労働者の呼

吸域における物質の濃度の測定を行った場合であって、各労働者の濃度の測定値が測定を行った全労働者の濃度の測定値の平均値の2分の1から2倍の間に収まらない場合は、均等ばく露作業を細分化し、次回以降の確認測定を実施することが望ましいこと。

(5)　労働者のばく露の程度を最小限度とし、労働者のばく露の程度を濃度基準値以下とするために講ずる措置については、安衛則第577条の2第10項の規定により、事業者は、関係労働者の意見を聴取するとともに、安衛則第22条第11号の規定により、衛生委員会において、それらの措置について審議することが義務付けられていることに留意し、確認測定の結果の共有も含めて、関係労働者との意思疎通を十分に行うとともに、安全衛生委員会又は衛生委員会で十分な審議を行う必要があること。

(6)　確認測定の対象者の選定等については、以下の事項に留意すること。

　　ア　確認測定の実施の基準として、八時間濃度基準値の2分の1程度を採用する趣旨は、数理モデルや場の測定による労働者の呼吸域における物質の濃度の推定は、濃度が高くなると、ばらつきが大きくなり、推定の信頼性が低くなることを踏まえたものであること。このため、労働者がばく露される物質の濃度を低くするため、必要なリスク低減措置を実施することが重要となること。

　　イ　ばく露の程度が八時間濃度基準値の2分の1程度を超えている労働者に対する確認測定は、測定中に、当該労働者が濃度基準値以上の濃度にばく露されることのないよう、有効な呼吸用保護具を着用させて測定を行うこと。

　　ウ　均等ばく露作業ごとに確認測定を行う場合において、測定結果のばらつきや測定の失敗等を考慮し、八時間濃度基準値との比較を行うための確認測定については、均等ばく露作業ごとに最低限2人の測定対象者を選定することが望ましいこと。15分間のばく露に対する濃度基準値（以下「短時間濃度基準値」という。）との比較を行うための確認測定については、最大ばく露労働者のみを対象とすることで差し支えないこと。

　　エ　均等ばく露作業において、最大ばく露労働者を特定できない場合は、均等ばく露作業に従事する者の5分の1程度の労働者を抽出して確認測定を実施する方法があること。

3-2　確認測定の実施時期

(1)　事業者は、確認測定の結果、労働者の呼吸域における物質の濃度が、濃度基準値を超えている作業場については、少なくとも6月に1回、確認測定を実施すること。

(2)　事業者は、確認測定の結果、労働者の呼吸域における物質の濃度が、濃度基準値の2分の1程度を上回り、濃度基準値を超えない作業場については、一定の頻度で確認測定を実施することが望ましいこと。その頻度については、安衛則第34条の2の7及び化学物質リスクアセスメント指針に規定されるリスクアセスメントの実施時期を踏まえつつ、リスクアセスメントの結果、定点の連続モニタリングの結果、工学的対策の信頼性、製造し又は取り扱う化学物質の毒性の程度等を勘案し、労働者の呼吸域における物質の濃度に応じた頻度となるように事業者が判断すべきであること。

(3)　確認測定の実施時期等については、以下の事項に留意すること。

　　ア　確認測定は、最初の測定は呼吸用保護具の要求防護係数を算出するため個人ばく露測定が必要であるが、定期的に行う測定はばく露状況に大きな変動がないことを確認する趣旨であるため、定点の連続モニタリングや場の測定といった方法も認められること。

　　イ　労働者の呼吸域における物質の濃度が濃度基準値以下の場合の確認測定の頻度につい

ては、局所排気装置等を整備する等により作業環境を安定的に管理し、定点の連続モニタリング等によって環境中の濃度に大きな変動がないことを確認している場合は、作業の方法や局所排気装置等の変更がない限り、確認測定を定期的に実施することは要しないこと。

4　確認測定における試料採取方法及び分析方法

4−1　標準的な試料採取方法及び分析方法

　確認測定における、事業者による標準的な試料採取方法及び分析方法は、別表1に定めるところによること。なお、これらの方法と同等以上の精度を有する方法がある場合は、それらの方法によることとして差し支えないこと。

4−2　試料空気の採取方法

4−2−1　確認測定における試料採取機器の装着方法

　　事業者は、確認測定における試料空気の採取については、作業に従事する労働者の身体に装着する試料採取機器を用いる方法により行うこと。この場合において、当該試料採取機器の採取口は、当該労働者の呼吸域における物質の濃度を測定するために最も適切な部位に装着しなければならないこと。

4−2−2　蒸気及びエアロゾル粒子が同時に存在する場合の試料採取機器

　　事業者は、室温において、蒸気とエアロゾル粒子が同時に存在する物質については、濃度の測定に当たっては、濃度の過小評価を避けるため、原則として、飽和蒸気圧の濃度基準値に対する比（飽和蒸気圧／濃度基準値）が 0.1 以上 10 以下の物質については、蒸気とエアロゾル粒子の両方の試料を採取すること。

　　ただし、事業者は、作業実態において、蒸気やエアロゾル粒子によるばく露が想定される物質については、当該比が 0.1 以上 10 以下でない場合であっても、蒸気とエアロゾル粒子の両方の試料を採取することが望ましいこと。

　　別表1において、当該物質については、蒸気とエアロゾル粒子の両方を捕集すべきであることを明記するとともに、標準的な試料採取方法として、蒸気を捕集する方法とエアロゾル粒子を捕集する方法を併記し、蒸気とエアロゾル粒子の両方を捕集する方法（相補捕集法）が定められていること。

　　事業場の作業環境に応じ、当該物質の測定及び管理のために必要がある場合は、次に掲げる算式により、濃度基準値の単位を変換できること。

　　　　$C(mg/m^3) = 分子量(g) / モル体積(L) \times C(mL/m^3 = ppm)$

　　　　ただし、室温は 25℃、気圧は 1 気圧とすること。

4−3　試料空気の採取時間

4−3−1　八時間濃度基準値と比較するための試料空気の採取時間

(1)　空気試料の採取時間については、八時間濃度基準値と比較するという趣旨を踏まえ、連続する 8 時間の測定を行い採取した 1 つの試料か、複数の測定を連続して行って採取した合計 8 時間分の試料とすることが望ましいこと。8 時間未満の連続した試料や短時間ランダムサンプリングは望ましくないこと。

(2)　ただし、一労働日を通じて労働者がばく露する物質の濃度が比較的均一であり、自動化かつ密閉化された作業という限定的な場面においては、事業者は、試料採取時間の短縮

を行うことは可能であること。この場合において、測定されない時間の存在は、測定の信頼性に対する深刻な弱点となるため、事業者は、測定されていない時間帯のばく露状況が測定されている時間帯のばく露状況と均一であることを、過去の測定結果や作業工程の観察等によって明らかにするとともに、試料採取時間は、労働者のばく露の程度が高い時間帯を含めて、少なくとも２時間（８時間の25％）以上とし、測定されていない時間帯のばく露における濃度は、測定されている時間のばく露における濃度と同一であるとみなすこと。

(3)　八時間濃度基準値と比較するための試料空気の採取時間については、以下の事項に留意すること。

　ア　八時間濃度基準値と比較をするための労働者の呼吸域における物質の濃度の測定に当たっては、適切な能力を持った自社の労働者が試料採取を行い、その試料の分析を分析機関に委託する方法があること。

　イ　この場合、作業内容や労働者をよく知る者が試料採取を行うことができるため、試料採取の適切な実施が担保できるとともに、試料採取の外部委託の費用を低減することが可能となること。

4-3-2　短時間濃度基準値と比較するための試料空気の採取時間

(1)　事業者は、労働者のばく露の程度が短時間濃度基準値以下であることを確認するための測定においては、最大ばく露労働者（１人）について、１日の労働時間のうち最もばく露の程度が高いと推定される15分間に当該測定を実施する必要があること。

(2)　事業者は、測定結果のばらつきや測定の失敗等を考慮し、当該労働時間中に少なくとも３回程度測定を実施し、最も高い測定値で比較を行うことが望ましいこと。ただし、１日の労働時間中の化学物質にばく露される作業時間が15分程度以下である場合は、１回で差し支えないこと。

4-3-3　短時間作業の場合の八時間濃度基準値と比較するための試料空気の採取時間
　　　事業者は、短時間作業が断続的に行われる場合や、一労働日における化学物質にばく露する作業を行う時間の合計が８時間未満の場合における八時間濃度基準値と比較するための試料空気の採取時間は、労働者がばく露する作業を行う時間のみとすることができる。

5　濃度基準値及びその適用

5-1　八時間濃度基準値及び短時間濃度基準値の適用

(1)　事業者は、別表２の左欄に掲げる物（※２と付されているものを除く。以下同じ。）を製造し、又は取り扱う業務（主として一般消費者の生活の用に供される製品に係るものを除く。）を行う屋内作業場においては、当該業務に従事する労働者がこれらの物にばく露される程度を濃度基準値以下としなければならないこと。

(2)　濃度基準値は、別表２の左欄に掲げる物の種類に応じ、同表の中欄及び右欄に掲げる値とすること。この場合において、次のア及びイに掲げる値は、それぞれア及びイに定める濃度の基準を超えてはならないこと。

　ア　１日の労働時間のうち８時間のばく露における別表２の左欄に掲げる物の濃度を各測定の測定時間により加重平均して得られる値（以下「八時間時間加重平均値」という。）
　　　八時間濃度基準値

イ　１日の労働時間のうち別表２の左欄に掲げる物の濃度が最も高くなると思われる 15 分間のばく露における当該物の濃度を各測定の測定時間により加重平均して得られる値（以下「十五分間時間加重平均値」という。）　短時間濃度基準値

5－2　濃度基準値の適用に当たって実施に努めなければならない事項

事業者は、５－１の濃度基準値について、次に掲げる事項を行うよう努めなければならないこと。

(1)　別表２の左欄に掲げる物のうち、八時間濃度基準値及び短時間濃度基準値が定められているものについて、当該物のばく露における十五分間時間加重平均値が八時間濃度基準値を超え、かつ、短時間濃度基準値以下の場合にあっては、当該ばく露の回数が１日の労働時間中に４回を超えず、かつ、当該ばく露の間隔を１時間以上とすること。

(2)　別表２の左欄に掲げる物のうち、八時間濃度基準値が定められており、かつ、短時間濃度基準値が定められていないものについて、当該物のばく露における十五分間時間加重平均値が八時間濃度基準値を超える場合にあっては、当該ばく露の十五分間時間加重平均値が八時間濃度基準値の３倍を超えないようにすること。

(3)　別表２の左欄に掲げる物のうち、短時間濃度基準値が天井値として定められているものは、当該物のばく露における濃度が、いかなる短時間のばく露におけるものであるかを問わず、短時間濃度基準値を超えないようにすること。

(4)　別表２の左欄に掲げる物のうち、有害性の種類及び当該有害性が影響を及ぼす臓器が同一であるものを２種類以上含有する混合物の八時間濃度基準値については、次の式により計算して得た値が１を超えないようにすること。

$$C = C_1/L_1 + C_2/L_2 + \cdots\cdots$$

この式において、C、C_1、C_2…及び L_1、L_2…は、それぞれ次の値を表すものとする。
C　換算値
C_1、C_2 ……　物の種類ごとの八時間時間加重平均値
L_1、L_2 ……　物の種類ごとの八時間濃度基準値

(5)　(4)の規定は、短時間濃度基準値について準用すること。

6　濃度基準値の趣旨等及び適用に当たっての留意事項

事業者は、濃度基準値の適用に当たり、次に掲げる事項に留意すること。

6－1　濃度基準値の設定

6－1－1　基本的考え方

(1)　各物質の濃度基準値は、原則として、収集された信頼のおける文献で示された無毒性量等に対し、不確実係数等を考慮の上、決定されたものである。各物質の濃度基準値は、設定された時点での知見に基づき設定されたものであり、濃度基準値に影響を与える新たな知見が得られた場合等においては、再度検討を行う必要があるものであること。

(2)　特別規則の適用のある物質については、特別規則による規制との二重規制を避けるため、濃度基準値を設定していないこと。

6－1－2　発がん性物質への濃度基準値の設定

(1)　濃度基準値の設定においては、ヒトに対する発がん性が明確な物質（別表１の左欄に※５及び別表２の左欄に※２と付されているもの。）については、発がんが確率的影響で

A6.4

あることから、長期的な健康影響が発生しない安全な閾値である濃度基準値を設定することは困難であること。このため、当該物質には、濃度基準値の設定がなされていないこと。

(2)　これらの物質について、事業者は、有害性の低い物質への代替、工学的対策、管理的対策、有効な保護具の使用等により、労働者がこれらの物質にばく露される程度を最小限度としなければならないこと。

6−2　濃度基準値の趣旨

6−2−1　八時間濃度基準値の趣旨

(1)　八時間濃度基準値は、長期間ばく露することにより健康障害が生ずることが知られている物質について、当該障害を防止するため、八時間時間加重平均値が超えてはならない濃度基準値として設定されたものであり、この濃度以下のばく露においては、おおむね全ての労働者に健康障害を生じないと考えられているものであること。

(2)　短時間作業が断続的に行われる場合や、一労働日における化学物質にばく露する作業を行う時間の合計が8時間未満の場合は、ばく露する作業を行う時間以外の時間（8時間からばく露作業時間を引いた時間。以下「非ばく露作業時間」という。）について、ばく露における物質の濃度をゼロとみなして、ばく露作業時間及び非ばく露作業時間における物質の濃度をそれぞれの測定時間で加重平均して八時間時間加重平均値を算出するか、非ばく露作業時間を含めて8時間の測定を行い、当該濃度を8時間で加重平均して八時間時間加重平均値を算出すること（参考1の計算例参照）。

(3)　この場合において、八時間時間加重平均値と八時間濃度基準値を単純に比較するだけでは、短時間作業の作業中に八時間濃度基準値をはるかに上回る高い濃度のばく露が許容されるおそれがあるため、事業者は、十五分間時間加重平均値を測定し、短時間濃度基準値の定めがある物は5−1(2)イに定める基準を満たさなければならないとともに、5−2(1)から(5)までに定める事項を行うように努めること。

6−2−2　短時間濃度基準値の趣旨

(1)　短時間濃度基準値は、短時間でのばく露により急性健康障害が生ずることが知られている物質について、当該障害を防止するため、作業中のいかなるばく露においても、十五分間時間加重平均値が超えてはならない濃度基準値として設定されたものであること。さらに、十五分間時間加重平均値が八時間濃度基準値を超え、かつ、短時間濃度基準値以下の場合にあっては、複数の高い濃度のばく露による急性健康障害を防止する観点から、5−2(1)において、十五分間時間加重平均値が八時間濃度基準値を超える最大の回数を4回とし、最短の間隔を1時間とすることを努力義務としたこと。

(2)　八時間濃度基準値が設定されているが、短時間濃度基準値が設定されていない物質についても、八時間濃度基準値が均等なばく露を想定して設定されていることを踏まえ、毒性学の見地から、短期間に高濃度のばく露を受けることは避けるべきであること。このため、5−2(2)において、たとえば、8時間中ばく露作業時間が1時間、非ばく露作業時間が7時間の場合に、1時間のばく露作業時間において八時間濃度基準値の8倍の濃度のばく露を許容するようなことがないよう、作業中のいかなるばく露においても、十五分間時間加重平均値が、八時間濃度基準値の3倍を超えないことを努力義務としたこと。

6−2−3　天井値の趣旨

(1)　天井値については、眼への刺激性等、非常に短い時間で急性影響が生ずることが疫学

調査等により明らかな物質について規定されており、いかなる短時間のばく露においても超えてはならない基準値であること。事業者は、濃度の連続測定によってばく露が天井値を超えないように管理することが望ましいが、現時点における連続測定手法の技術的限界を踏まえ、その実施については努力義務とされていること。

(2)　事業者は、連続測定が実施できない場合は、当該物質の十五分間時間加重平均値が短時間濃度基準値を超えないようにしなければならないこと。また、事業者は、天井値の趣旨を踏まえ、当該物質への労働者のばく露が天井値を超えないよう、十五分間時間加重平均値が余裕を持って天井値を下回るように管理する等の措置を講ずることが望ましいこと。

6−3　濃度基準値の適用に当たっての留意事項

6−3−1　混合物への濃度基準値の適用

(1)　混合物に含まれる複数の化学物質が、同一の毒性作用機序によって同一の標的臓器に作用する場合、それらの物質の相互作用によって、相加効果や相乗効果によって毒性が増大するおそれがあること。しかし、複数の化学物質による相互作用は、個別の化学物質の組み合わせに依存し、かつ、相互作用も様々であること。

(2)　これを踏まえ、混合物への濃度基準値の適用においては、混合物に含まれる複数の化学物質が、同一の毒性作用機序によって同一の標的臓器に作用することが明らかな場合には、それら物質による相互作用を考慮すべきであるため、5−2(4)に定める相加式を活用してばく露管理を行うことが努力義務とされていること。

6−3−2　一労働日の労働時間が8時間を超える場合の適用

(1)　一労働日における化学物質にばく露する作業を行う時間の合計が8時間を超える作業がある場合には、作業時間が8時間を超えないように管理することが原則であること。

(2)　やむを得ず化学物質にばく露する作業が8時間を超える場合、八時間時間加重平均値は、当該作業のうち、最も濃度が高いと思われる時間を含めた8時間のばく露における濃度の測定により求めること。この場合において、事業者は、当該八時間時間加重平均値が八時間濃度基準値を下回るのみならず、化学物質にばく露する全ての作業時間におけるばく露量が、八時間濃度基準値で8時間ばく露したばく露量を超えないように管理する等、適切な管理を行うこと。また、八時間濃度基準値を当該時間用に換算した基準値（八時間濃度基準値×8時間／実作業時間）により、労働者のばく露を管理する方法や、毒性学に基づく代謝メカニズムを用いた数理モデルを用いたばく露管理の方法も提唱されていることから、ばく露作業の時間が8時間を超える場合の措置については、化学物質管理専門家等の専門家の意見を踏まえ、必要な管理を実施すること。

7　リスク低減措置

7−1　基本的考え方

　事業者は、化学物質リスクアセスメント指針に規定されているように、危険性又は有害性の低い物質への代替、工学的対策、管理的対策、有効な保護具の使用という優先順位に従い、対策を検討し、労働者のばく露の程度を濃度基準値以下とすることを含めたリスク低減措置を実施すること。その際、保護具については、適切に選択され、使用されなければ効果を発揮しないことを踏まえ、本質安全化、工学的対策等の信頼性と比較し、最も低い優先順位が設定され

ていることに留意すること。

7－2　保護具の適切な使用

(1)　事業者は、確認測定により、労働者の呼吸域における物質の濃度が、保護具の使用を除くリスク低減措置を講じてもなお、当該物質の濃度基準値を超えること等、リスクが高いことを把握した場合、有効な呼吸用保護具を選択し、労働者に適切に使用させること。その際、事業者は、保護具のうち、呼吸用保護具を使用する場合においては、その選択及び装着が適切に実施されなければ、所期の性能が発揮されないことに留意し、7－3及び7－4に定める呼吸用保護具の選択及び適切な使用の確認を行うこと。

(2)　事業者は、皮膚若しくは眼に障害を与えるおそれ又は皮膚から吸収され、若しくは皮膚から侵入して、健康障害を生ずるおそれがあることが明らかな化学物質及びそれを含有する製剤を製造し、又は取り扱う業務に労働者を従事させるときは、不浸透性の保護衣、保護手袋、履物又は保護眼鏡等の適切な保護具を使用させなければならないこと。

(3)　事業者は、保護具に関する措置については、保護具に関して必要な教育を受けた保護具着用管理責任者（安衛則第12条の6第1項に規定する保護具着用管理責任者をいう。）の管理下で行わせなければならないこと。

7－3　呼吸用保護具の適切な選択

　事業者は、濃度基準値が設定されている物質について、次に掲げるところにより、適切な呼吸用保護具を選択し、労働者に使用させること。

(1)　労働者に使用させる呼吸用保護具については、要求防護係数を上回る指定防護係数を有するものでなければならないこと。

(2)　(1)の要求防護係数は、次の式により計算すること。

$$PF_r = C/C_0$$

　この式において、PF_r、C 及び C_0 は、それぞれ次の値を表すものとする。

PF_r　　要求防護係数

C　　化学物質の濃度の測定の結果得られた値

C_0　　化学物質の濃度基準値

(3)　(2)の化学物質の濃度の測定の結果得られた値は、測定値のうち最大の値とすること。

(4)　要求防護係数の決定及び適切な保護具の選択は、化学物質管理者の管理のもと、保護具着用管理責任者が確認測定を行った者と連携しつつ行うこと。

(5)　複数の化学物質を同時に又は順番に製造し、又は取り扱う作業場における呼吸用保護具の要求防護係数については、それぞれの化学物質ごとに算出された要求防護係数のうち、最大のものを当該呼吸用保護具の要求防護係数として取り扱うこと。

(6)　(1)の指定防護係数は、別表第3－1から第3－4までの左欄に掲げる呼吸用保護具の種類に応じ、それぞれ同表の右欄に掲げる値とすること。ただし、指定防護係数は、別表第3－5の左欄に掲げる呼吸用保護具を使用した作業における当該呼吸用保護具の外側及び内側の化学物質の濃度の測定又はそれと同等の測定の結果により得られた当該呼吸用保護具に係る防護係数が同表の右欄に掲げる指定防護係数を上回ることを当該呼吸用保護具の製造者が明らかにする書面が当該呼吸用保護具に添付されている場合は、同表の左欄に掲げる呼吸用保護具の種類に応じ、それぞれ同表の右欄に掲げる値とすることができること。

(7)　防じん又は防毒の機能を有する呼吸用保護具の選択に当たっては、主に蒸気又はガスと

A6.4

してばく露する化学物質（濃度基準値の単位が ppm であるもの）については、有効な防毒機能を有する呼吸用保護具を選択し、主に粒子としてばく露する化学物質（濃度基準値の単位が mg/m³ であるもの）については、粉じんの種類（固体粒子又はミスト）に応じ、有効な防じん機能を有する呼吸用保護具を労働者に使用させること。ただし、4－2－2で定める蒸気及び粒子の両方によるばく露が想定される物質については、防じん及び防毒の両方の機能を有する呼吸用保護具を労働者に使用させること。

(8)　防毒の機能を有する呼吸用保護具は化学物質の種類に応じて、十分な除毒能力を有する吸収缶を備えた防毒マスク、防毒機能を有する電動ファン付き呼吸用保護具又は別表第3－4に規定する呼吸用保護具を労働者に使用させなければならないこと。

A6.4

7－4　呼吸用保護具の装着の確認

事業者は、次に掲げるところにより、呼吸用保護具の適切な装着を1年に1回、定期に確認すること。

(1)　呼吸用保護具（面体を有するものに限る。）を使用する労働者について、日本産業規格T 8150（呼吸用保護具の選択、使用及び保守管理方法）に定める方法又はこれと同等の方法により当該労働者の顔面と当該呼吸用保護具の面体との密着の程度を示す係数（以下「フィットファクタ」という。）を求め、当該フィットファクタが要求フィットファクタを上回っていることを確認する方法とすること。

(2)　フィットファクタは、次の式により計算するものとする。

$$FF = C_{out}/C_{in}$$

この式において FF、C_{out} 及び C_{in} は、それぞれ次の値を表すものとする。
FF　フィットファクタ
C_{out}　呼吸用保護具の外側の測定対象物の濃度
C_{in}　呼吸用保護具の内側の測定対象物の濃度

(3)　(1)の要求フィットファクタは、呼吸用保護具の種類に応じ、次に掲げる値とする。
　　全面形面体を有する呼吸用保護具　500
　　半面形面体を有する呼吸用保護具　100

別表1　物質別の試料採取方法及び分析方法

物質名	試料採取方法	分析方法
アクリル酸エチル	固体捕集方法	ガスクロマトグラフ分析方法
アクリル酸メチル	固体捕集方法	ガスクロマトグラフ分析方法
アクロレイン	固体捕集方法[※1]	高速液体クロマトグラフ分析方法
アセチルサリチル酸（別名アスピリン）	ろ過捕集方法	高速液体クロマトグラフ分析方法
アセトアルデヒド	固体捕集方法[※1]	高速液体クロマトグラフ分析方法
アセトニトリル	固体捕集方法	ガスクロマトグラフ分析方法
アセトンシアノヒドリン	固体捕集方法	ガスクロマトグラフ分析方法
アニリン	ろ過捕集方法[※2]	ガスクロマトグラフ分析方法
1-アリルオキシ-2,3-エポキシプロパン	固体捕集方法	ガスクロマトグラフ分析方法
アルファ－メチルスチレン	固体捕集方法	ガスクロマトグラフ分析方法

物質名	試料採取方法	分析方法
イソプレン	固体捕集方法	ガスクロマトグラフ分析方法
イソホロン	固体捕集方法	ガスクロマトグラフ分析方法
一酸化二窒素	直接捕集方法	ガスクロマトグラフ分析方法[3]
イプシロン-カプロラクタム[4]	ろ過捕集方法及び固体捕集方法	ガスクロマトグラフ分析方法
エチリデンノルボルネン	固体捕集方法	ガスクロマトグラフ分析方法
2-エチルヘキサン酸	固体捕集方法	高速液体クロマトグラフ分析方法
エチレングリコール	固体捕集方法	ガスクロマトグラフ分析方法
エチレンクロロヒドリン	固体捕集方法	ガスクロマトグラフ分析方法
エピクロロヒドリン	固体捕集方法	ガスクロマトグラフ分析方法
2,3-エポキシ-1-プロパノール[5]	固体捕集方法	ガスクロマトグラフ分析方法
塩化アリル	固体捕集方法	ガスクロマトグラフ分析方法
オルト-アニシジン	固体捕集方法	高速液体クロマトグラフ分析方法
キシリジン	ろ過捕集方法[2]	ガスクロマトグラフ分析方法
クメン	固体捕集方法	ガスクロマトグラフ分析方法
グルタルアルデヒド	固体捕集方法[1]	高速液体クロマトグラフ分析方法
クロロエタン（別名塩化エチル）	固体捕集方法	ガスクロマトグラフ分析方法
クロロピクリン	固体捕集方法	ガスクロマトグラフ分析方法
酢酸ビニル	固体捕集方法	ガスクロマトグラフ分析方法
ジエタノールアミン	ろ過捕集方法[2]	高速液体クロマトグラフ分析方法
ジエチルケトン	固体捕集方法	ガスクロマトグラフ分析方法
シクロヘキシルアミン	ろ過捕集方法[2]	イオンクロマトグラフ分析方法
ジクロロエチレン（1,1-ジクロロエチレンに限る。）	固体捕集方法	ガスクロマトグラフ分析方法
2,4-ジクロロフェノキシ酢酸	ろ過捕集方法及び固体捕集方法	高速液体クロマトグラフ分析方法
1,3-ジクロロプロペン	固体捕集方法	ガスクロマトグラフ分析方法
2,6-ジ-ターシャリ-ブチル-4-クレゾール	ろ過捕集方法及び固体捕集方法	ガスクロマトグラフ分析方法
ジフェニルアミン[4]	ろ過捕集方法及び固体捕集方法	ガスクロマトグラフ分析方法
ジボラン	溶液捕集方法	誘導結合プラズマ発光分光分析方法
N,N-ジメチルアセトアミド	固体捕集方法	ガスクロマトグラフ分析方法
ジメチルアミン	固体捕集方法[1]	高速液体クロマトグラフ分析方法
臭素	ろ過捕集方法[2]	イオンクロマトグラフ分析方法
しよう脳	固体捕集方法	ガスクロマトグラフ分析方法
タリウム	ろ過捕集方法	誘導結合プラズマ質量分析方法

A6.4

A6.4

物質名	試料採取方法	分析方法
チオりん酸 O, O-ジエチル-O-(2-イソプロピル-6-メチル-4-ピリミジニル)（別名ダイアジノン）	ろ過捕集方法及び固体捕集方法	液体クロマトグラフ質量分析方法
テトラエチルチウラムジスルフィド（別名ジスルフィラム）	ろ過捕集方法及び固体捕集方法	高速液体クロマトグラフ分析方法
テトラメチルチウラムジスルフィド（別名チウラム）	ろ過捕集方法	高速液体クロマトグラフ分析方法
トリクロロ酢酸	固体捕集方法	高速液体クロマトグラフ分析方法
1, 2, 3-トリクロロプロパン[※5]	固体捕集方法	ガスクロマトグラフ分析方法
1-ナフチル-N-メチルカルバメート（別名カルバリル）[※4]	ろ過捕集方法及び固体捕集方法	高速液体クロマトグラフ分析方法
ニッケル	ろ過捕集方法	誘導結合プラズマ発光分光分析方法
ニトロベンゼン	固体捕集方法	ガスクロマトグラフ分析方法
ノルマル-ブチル=2, 3-エポキシプロピルエーテル[※5]	固体捕集方法	ガスクロマトグラフ分析方法
N-[1-(N-ノルマル-ブチルカルバモイル)-1H-2-ベンゾイミダゾリル]カルバミン酸メチル（別名ベノミル）	ろ過捕集方法及び固体捕集方法	高速液体クロマトグラフ分析方法
パラ-ジクロロベンゼン	固体捕集方法	ガスクロマトグラフ分析方法
パラ-ターシャリ-ブチルトルエン	固体捕集方法	ガスクロマトグラフ分析方法
ヒドラジン及びその一水和物	ろ過捕集方法[※2]	高速液体クロマトグラフ分析方法
ヒドロキノン	ろ過捕集方法	高速液体クロマトグラフ分析方法
ビフェニル	固体捕集方法	ガスクロマトグラフ分析方法
ピリジン	固体捕集方法	ガスクロマトグラフ分析方法
フェニルオキシラン	固体捕集方法	ガスクロマトグラフ分析方法
フェニルヒドラジン[※5]	液体捕集方法	高速液体クロマトグラフ分析方法
フェニレンジアミン（オルト-フェニレンジアミンに限る。）[※5]	ろ過捕集方法[※2]	高速液体クロマトグラフ分析方法
2-ブテナール	固体捕集方法[※1]	高速液体クロマトグラフ分析方法
フルフラール	固体捕集方法	高速液体クロマトグラフ分析方法又はガスクロマトグラフ分析方法[※6]
フルフリルアルコール	固体捕集方法	ガスクロマトグラフ分析方法
1-ブロモプロパン	固体捕集方法	ガスクロマトグラフ分析方法
2-ブロモプロパン[※5]	固体捕集方法	ガスクロマトグラフ分析方法
ほう酸及びそのナトリウム塩（四ほう酸ナトリウム十水和物（別名ホウ砂）に限る。）	ろ過捕集方法	誘導結合プラズマ発光分光分析方法
メタクリロニトリル	固体捕集方法	ガスクロマトグラフ分析方法
メチル-ターシャリ-ブチルエーテル（別名MTBE）	固体捕集方法	ガスクロマトグラフ分析方法

物質名	試料採取方法	分析方法
4,4'-メチレンジアニリン	ろ過捕集方法[※2]	高速液体クロマトグラフ分析方法
りん化水素	固体捕集方法[※1]	吸光光度分析方法
りん酸トリトリル（りん酸トリ(オルト-トリル)に限る。）	ろ過捕集方法	高速液体クロマトグラフ分析方法
レソルシノール	ろ過捕集方法及び固体捕集方法	高速液体クロマトグラフ分析方法

備考
1　※1の付されている物質の試料採取方法については、捕集剤との化学反応により測定しようとする物質を採取する方法であること。
2　※2の付されている物質の試料採取方法については、ろ過材に含浸させた化学物質との反応により測定しようとする物質を採取する方法であること。
3　※3の付されている物質の分析方法に用いられる機器は、電子捕獲型検出器（ECD）又は質量分析器を有するガスクロマトグラフであること。
4　※4が付されている物質については、蒸気と粒子の両方を捕集すべき物質であり、当該物質の試料採取方法におけるろ過捕集方法は粒子を捕集するための方法、固体捕集方法は蒸気を捕集するための方法に該当するものであること。
5　※5の付されている物質については、発がん性が明確で、長期的な健康影響が生じない安全な閾値としての濃度基準値を設定できない物質。
6　※6の付されている物質の試料採取方法については、分析方法がガスクロマトグラフ分析方法の場合にあっては、捕集剤との化学反応により測定しようとする物質を採取する方法であること。

別表2　物質別濃度基準値一覧（発がん性が明確であるため、長期的な健康影響が生じない安全な閾値としての濃度基準値を設定できない物質を含む。）

物質の種類	八時間濃度基準値	短時間濃度基準値
アクリル酸エチル	2ppm	―
アクリル酸メチル	2ppm	―
アクロレイン	―	0.1ppm[※1]
アセチルサリチル酸（別名アスピリン）	5mg/m^3	―
アセトアルデヒド	―	10ppm
アセトニトリル	10ppm	―
アセトンシアノヒドリン	―	5ppm
アニリン	2ppm	―
1-アリルオキシ-2,3-エポキシプロパン	1ppm	―
アルファ-メチルスチレン	10ppm	―
イソプレン	3ppm	―
イソホロン	―	5ppm
一酸化二窒素	100ppm	―
イプシロン-カプロラクタム	5mg/m^3	―

物質の種類	八時間濃度基準値	短時間濃度基準値
エチリデンノルボルネン	2ppm	4ppm
2-エチルヘキサン酸	$5\,mg/m^3$	―
エチレングリコール	10ppm	50ppm
エチレンクロロヒドリン	2ppm	―
エピクロロヒドリン	0.5ppm	―
2,3-エポキシ-1-プロパノール[2]	―	
塩化アリル	1ppm	―
オルト-アニシジン	0.1ppm	―
キシリジン	0.5ppm	―
クメン	10ppm	
グルタルアルデヒド	―	0.03ppm[1]
クロロエタン（別名塩化エチル）	100ppm	―
クロロピクリン	―	0.1ppm[1]
酢酸ビニル	10ppm	15ppm
ジエタノールアミン	$1\,mg/m^3$	―
ジエチルケトン		300ppm
シクロヘキシルアミン		5ppm
ジクロロエチレン（1,1-ジクロロエチレンに限る。）	5ppm	
2,4-ジクロロフェノキシ酢酸	$2\,mg/m^3$	―
1,3-ジクロロプロペン	1ppm	
2,6-ジ-ターシャリ-ブチル-4-クレゾール	$10\,mg/m^3$	―
ジフェニルアミン	$5\,mg/m^3$	―
ジボラン	0.01ppm	―
N,N-ジメチルアセトアミド	5ppm	―
ジメチルアミン	2ppm	―
臭素	―	0.2ppm
しょう脳	2ppm	―
タリウム	$0.02\,mg/m^3$	
チオりん酸O,O-ジエチル-O-(2-イソプロピル-6-メチル-4-ピリミジニル)（別名ダイアジノン）	$0.01\,mg/m^3$	―
テトラエチルチウラムジスルフィド（別名ジスルフィラム）	$2\,mg/m^3$	―
テトラメチルチウラムジスルフィド（別名チウラム）	$0.2\,mg/m^3$	―
トリクロロ酢酸	0.5ppm	―
1,2,3-トリクロロプロパン[2]	―	
1-ナフチル-N-メチルカルバメート（別名カルバリル）	$0.5\,mg/m^3$	―
ニッケル	$1\,mg/m^3$	―

A6.4

物質の種類	八時間濃度基準値	短時間濃度基準値
ニトロベンゼン	0.1 ppm	—
ノルマル-ブチル=2, 3-エポキシプロピルエーテル[※2]	—	—
N-[1-(N-ノルマル-ブチルカルバモイル)-1H-2-ベンゾイミダゾリル]カルバミン酸メチル（別名ベノミル）	1 mg/m³	—
パラ-ジクロロベンゼン	10 ppm	—
パラ-ターシャリ-ブチルトルエン	1 ppm	—
ヒドラジン及びその一水和物	0.01 ppm	—
ヒドロキノン	1 mg/m³	—
ビフェニル	3 mg/m³	—
ピリジン	1 ppm	—
フェニルオキシラン	1 ppm	—
フェニルヒドラジン[※2]	—	—
フェニレンジアミン（オルト-フェニレンジアミンに限る。）[※2]	—	—
2-ブテナール	—	0.3 ppm[※1]
フルフラール	0.2 ppm	—
フルフリルアルコール	0.2 ppm	—
1-ブロモプロパン	0.1 ppm	—
2-ブロモプロパン[※2]	—	—
ほう酸及びそのナトリウム塩（四ほう酸ナトリウム十水和物（別名ホウ砂）に限る。）	ホウ素として 0.1 mg/m³	ホウ素として 0.75 mg/m³
メタクリロニトリル	1 ppm	—
メチル-ターシャリ-ブチルエーテル（別名 MTBE）	50 ppm	—
4, 4'-メチレンジアニリン	0.4 mg/m³	—
りん化水素	0.05 ppm	0.15 ppm
りん酸トリトリル（りん酸トリ(オルト-トリル)に限る。）	0.03 mg/m³	—
レソルシノール	10 ppm	—

A6.4

備考
1 この表の中欄及び右欄の値は、温度 25 度、1 気圧の空気中における濃度を示す。
2 ※1 の付されている短時間濃度基準値については、5−1 の（2）のイの規定を適用するとともに、5−2 の(3)の規定の適用の対象となる天井値として取り扱うものとする。
3 ※2 の付されている物質については、発がん性が明確であるため、長期的な健康影響が生じない安全な閾値としての濃度基準値を設定できない物質である。事業者は、この物質に労働者がばく露される程度を最小限度にしなければならない。

別表第 3－1

防じんマスクの種類			指定防護係数
取替え式	全面形面体	RS3 又は RL3	50
		RS2 又は RL2	14
		RS1 又は RL1	4
	半面形面体	RS3 又は RL3	10
		RS2 又は RL2	10
		RS1 又は RL1	4
使い捨て式		DS3 又は DL3	10
		DS2 又は DL2	10
		DS1 又は DL1	4
備考　RS1、RS2、RS3、RL1、RL2、RL3、DS1、DS2、DS3、DL1、DL2 及び DL3 は、防じんマスクの規格（昭和 63 年労働省告示第 19 号）第 1 条第 3 項の規定による区分であること。			

別表第 3－2

防毒マスクの種類	指定防護係数
全面形面体	50
半面形面体	10

別表第 3－3

電動ファン付き呼吸用保護具の種類				指定防護係数
防じん機能を有する電動ファン付き呼吸用保護具	全面形面体	S 級	PS3 又は PL3	1,000
		A 級	PS2 又は PL2	90
		A 級又は B 級	PS1 又は PL1	19
	半面形面体	S 級	PS3 又は PL3	50
		A 級	PS2 又は PL2	33
		A 級又は B 級	PS1 又は PL1	14
	フード又はフェイスシールドを有するもの	S 級	PS3 又は PL3	25
		A 級	PS3 又は PL3	20
		S 級又は A 級	PS2 又は PL2	20
		S 級、A 級又は B 級	PS1 又は PL1	11
防毒機能を有する電動ファン付き呼吸用保護具	防じん機能を有しないもの	全面形面体		1,000
		半面形面体		50
		フード又はフェイスシールド		25
	防じん機能を有するもの	全面形面体	PS3 又は PL3	1,000
			PS2 又は PL2	90
			PS1 又は PL1	19

A6.4

	半面形面体	PS3 又は PL3	50
		PS2 又は PL2	33
		PS1 又は PL1	14
	フード又はフェイスシールドを有するもの	PS3 又は PL3	25
		PS2 又は PL2	20
		PS1 又は PL1	11

備考　S級、A級及びB級は、電動ファン付き呼吸用保護具の規格（平成26年厚生労働省告示第455号）第2条第4項の規定による区分（別表第3−5において同じ。）であること。PS1、PS2、PS3、PL1、PL2及びPL3は、同条第5項の規定による区分（別表第3−5において同じ。）であること。

A6.4

別表第3−4

その他の呼吸用保護具の種類			指定防護係数
循環式呼吸器	全面形面体	圧縮酸素形かつ陽圧形	10,000
		圧縮酸素形かつ陰圧形	50
		酸素発生形	50
	半面形面体	圧縮酸素形かつ陽圧形	50
		圧縮酸素形かつ陰圧形	10
		酸素発生形	10
空気呼吸器	全面形面体	プレッシャデマンド形	10,000
		デマンド形	50
	半面形面体	プレッシャデマンド形	50
		デマンド形	10
エアラインマスク	全面形面体	プレッシャデマンド形	1,000
		デマンド形	50
		一定流量形	1,000
	半面形面体	プレッシャデマンド形	50
		デマンド形	10
		一定流量形	50
	フード又はフェイスシールド	一定流量形	25
ホースマスク	全面形面体	電動送風機形	1,000
		手動送風機形又は肺力吸引形	50
	半面形面体	電動送風機形	50
		手動送風機形又は肺力吸引形	10
	フード又はフェイスシールドを有するもの	電動送風機形	25

別表第 3−5

呼吸用保護具の種類		指定防護係数
防じん機能を有する電動ファン付き呼吸用保護具であって半面形面体を有するもの	S 級かつ PS3 又は PL3	300
防じん機能を有する電動ファン付き呼吸用保護具であってフードを有するもの		1,000
防じん機能を有する電動ファン付き呼吸用保護具であってフェイスシールドを有するもの		300
防毒機能を有する電動ファン付き呼吸用保護具であって防じん機能を有するもののうち、半面形面体を有するもの	PS3 又は PL3	300
防毒機能を有する電動ファン付き呼吸用保護具であって防じん機能を有するもののうち、フードを有するもの		1,000
防毒機能を有する電動ファン付き呼吸用保護具であって防じん機能を有するもののうち、フェイスシールドを有するもの		300
防毒機能を有する電動ファン付き呼吸用保護具であって防じん機能を有しないもののうち、半面形面体を有するもの		300
防毒機能を有する電動ファン付き呼吸用保護具であって防じん機能を有しないもののうち、フードを有するもの		1,000
防毒機能を有する電動ファン付き呼吸用保護具であって防じん機能を有しないもののうち、フェイスシールドを有するもの		300
フードを有するエアラインマスク	一定流量形	1,000

（参考1）八時間時間加重平均値の計算方法

例1：8時間の濃度が $0.15\,\text{mg/m}^3$ の場合

　　　八時間時間加重平均値 $= (0.15\,\text{mg/m}^3 \times 8\text{h})/8\text{h} \quad = 0.15\,\text{mg/m}^3$

例2：7時間20分（7.33時間）の濃度が $0.12\,\text{mg/m}^3$ で、40分間（0.67時間）の濃度がゼロの場合

　　　八時間時間加重平均値 $= [(0.12\,\text{mg/m}^3 \times 7.33\text{h}) + (0\,\text{mg/m}^3 \times 0.67\text{h})]/8\text{h}$

　　　　　　　　　　　　$= 0.11\,\text{mg/m}^3$

例3：2時間の濃度が $0.1\,\text{mg/m}^3$ で、2時間の濃度が $0.21\,\text{mg/m}^3$ で、4時間の濃度がゼロの場合

　　　八時間時間加重平均値 $= [(0.1\,\text{mg/m}^3 \times 2\text{h}) + (0.21\,\text{mg/m}^3 \times 2\text{h}) + (0\,\text{mg/m}^3 \times 4\text{h})]/8\text{h}$

　　　　　　　　　　　　$= 0.078\,\text{mg/m}^3$

A6.4

（参考2）フローチャート

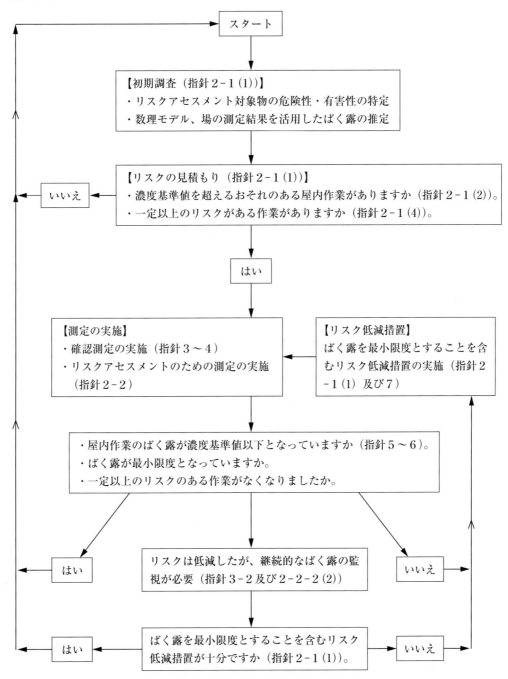

A6.4

出典：「化学物質による健康障害防止のための濃度の基準の適用等に関する技術上の指針」令和5年4
　　　月27日　技術上の指針公示第24号
　　　（https://www.mhlw.go.jp/content/11300000/001091556.pdf）

A6.5　CREATE-SIMPLE 設計基準

CREATE-SIMPLE の設計基準

2023 年 3 月

厚生労働省労働基準局安全衛生部化学物質対策課

みずほリサーチ＆テクノロジーズ株式会社

目次

（本書頁）

【改定履歴】
・2018 年 3 月　　　初版
・2019 年 3 月　　　経皮吸収のリスクアセスメント及び爆発・火災のリスクアセスメントを追加
・2023 年 3 月　　　合算リスクの考え方を追加。引火性液体の誤記を修正（図表 27）。

1.　概要

　CREATE-SIMPLE ver.1.0 及び 1.1 は、吸入ばく露による健康リスクについて、主に数 L から数 mL（数 kg から数 mg）の化学物質を取り扱う事業者に向けた簡易リスクアセスメント手法[1]でであったが、CREATE-SIMPLE ver.2.0 では、経皮ばく露による健康リスクと取扱う化学物質が潜在的に保有する危険性リスクの見積もりを可能とした。併せて、多量（数 kL、数 ton）の化学物質を取扱う場合も対象とした。

● 　吸入ばく露による健康リスク

　英国 HSE COSHH essentials に基づくコントロール・バンディング手法の考え方を踏まえ、ばく露限界値（または GHS 区分情報に基づく管理目標濃度）と化学物質の性状や取扱い条件等から推定したばく露濃度を比較し、リスクを見積もる方法を採用しています。

● 　経皮ばく露による健康リスク

　米国 NIOSH の「A Strategy for Assigning New NIOSH Skin Notations」に基づく、経皮吸収のモデルを踏まえた、経皮吸収量と経皮ばく露限界値の比較し、リスクを見積もる方法を採用しています。

● 　危険性リスク

　化学物質の GHS 区分情報と取扱状況（取扱量、換気状況、着火源の有無など）を踏まえてリスクレベルを推定する方法を採用しています。取扱物質そのものが潜在的に有している危険性をユーザーが「知ること」、「気付くこと」を目的としています。

　また、現在公開されている厚生労働版コントロール・バンディング同様に、GHS 区分情報（皮膚腐食性／刺激性、皮膚感作性、眼損傷製／刺激性）などを用いて皮膚腐食性や眼刺激性など局所的な影響が見られる物質は、別途リスクレベル「S」を設定する考え方も採用しています。

---

[1] 化学物質の有害性（吸入ばく露）のみを対象としているため、危険性（爆発・火災等）については別途他の手法を用いてリスクアセスメントを実施することを前提としていた。なお、CREATE-SIMPLE ver.2.0 では、プロセスは考慮していないため、プロセスで用いる場合は別途他の手法を用いてリスクアセスメントを実施すること。

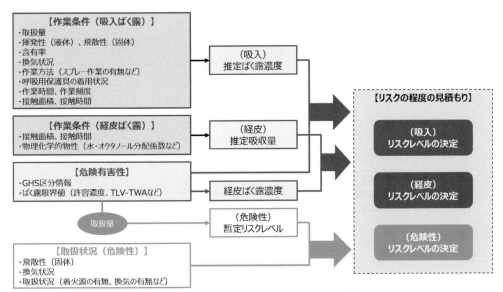

図表 1　リスクアセスメント手法の全体像

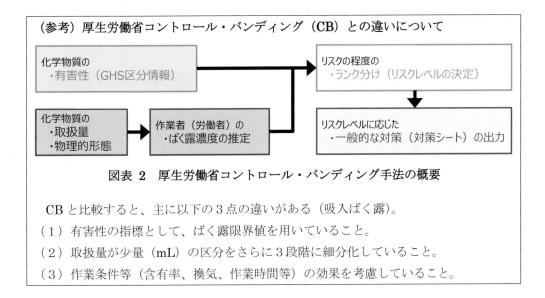

（参考）厚生労働省コントロール・バンディング（CB）との違いについて

図表 2　厚生労働省コントロール・バンディング手法の概要

　CB と比較すると、主に以下の3点の違いがある（吸入ばく露）。

（1）有害性の指標として、ばく露限界値を用いていること。

（2）取扱量が少量（mL）の区分をさらに3段階に細分化していること。

（3）作業条件等（含有率、換気、作業時間等）の効果を考慮していること。

2.　有害性の程度の把握

2.1.　ばく露限界値（吸入）の選定

　SDS を確認し、ばく露限界値が存在する場合には、図表 3 のフローに従って、リスクの判定に用いるばく露基準値を決定します。

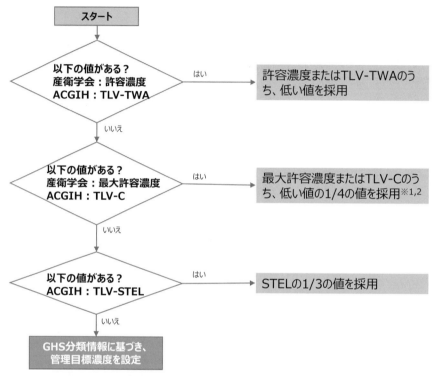

図表 3　ばく露限界値の選定フロー

※1　当該値を天井値として運用するため作業時間による補正は行わない。
※2　仮に、8 時間ばく露限界値を算出した場合の値である。8 時間値（TLV-TWA または許容濃度）と天井値（TLV-C または最大許容濃度）がある物質について、その比の平均は 3.55 となった。安全側を見て、最大許容濃度または TLV-C のうち、低い値の「1/4」を 8 時間ばく露限界値相当値として取り扱うこととした。しかしながら、本手法はあくまで 8 時間のばく露リスクアセスメントであるため、短時間曝露の評価が行われていないことに注意する必要がある。

2.2. 管理目標濃度の設定

ばく露限界値が得られない場合には、図表 4 に基づき、GHS 分類情報から管理目標濃度[2]を設定します。

図表 4 管理目標濃度の設定[3]

HL	GHS 有害性分類と区分	管理目標濃度	
		液体[ppm]	粉体[mg/m³]
5	呼吸器感作性：区分1 生殖細胞変異原性：区分1または2 発がん性：区分1	～0.05	～0.001
4	急性毒性：区分1または2 発がん性：区分2 生殖毒性：区分1または2 特定標記臓器毒性（反復ばく露）：区分1	0.05～0.5	0.001～0.01
3	急性毒性：区分3 皮膚腐食性／刺激性：区分1 眼に対する重篤な損傷性／眼刺激性：区分1 皮膚感作性：区分1 特定標記臓器毒性（単回ばく露）：区分1 特定標記臓器毒性（反復ばく露）：区分2	0.5～5	0.01～0.1
2	急性毒性：区分4 特定標記臓器毒性（単回ばく露）：区分2	5～50	0.1～1
1	急性毒性：区分5 皮膚腐食性／刺激性：区分2または3 眼に対する重篤な損傷性／眼刺激性：区分2 特定標記臓器毒性（単回ばく露）：区分3 誤えん有害性：区分1または2 他の有害性ランク（1～5）に分類されない粉体と液体（区分外も含む）	50～500	1～10

※1 区分 2A のように区分が細分化されている場合、区分 2 として取り扱う。

※2 複数の GHS 区分が当てはまる場合には、一番ハザードレベル（HL）の高い GHS 分類に基づき、管理目標濃度を設定する。

---

[2] 管理目標濃度は〇〇ppm 以上～〇〇ppm 未満となる。

[3] 混合物の場合、混合物の GHS 区分情報を活用する方法があります。また、混合物の GHS 区分情報がない場合、含有成分のうち最も大きな有害性レベルを示した物質の HL をその混合物の HL と見なす方法があります。なお、両者とも取扱量、揮発性・飛散性等は混合物として考慮します。

2.3.　皮膚、眼への有害性の確認

　下記に該当する場合には、リスクレベル S（皮膚、眼への有害性が認められる）とします。

・　　GHS 分類情報において、以下に当てはまるもの

皮膚腐食性／刺激性	区分 1、2
眼に対する重篤な損傷／眼の刺激性	区分 1、2
皮膚感作性	区分 1

　リスクレベル S の場合には、労働安全衛生保護具の着用が必要となります。

A6.5

3.　推定ばく露濃度（吸入）の算出

　取扱い物質の揮発性・飛散性及び取扱量から決定した推定ばく露濃度範囲に対して、各条件における補正係数をかけて、推定ばく露濃度を求めます。

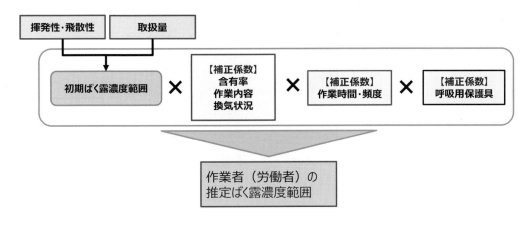

図表 5　ばく露の推定方法の概要

3.1.　揮発性・飛散性レベル、取扱量レベルの設定

●　揮発性・飛散性

　以下の表から、揮発性・飛散性レベルを決定します。

図表 6　揮発性・飛散性レベル

物理的形状（粉体）	沸点（液体）	揮発性・飛散性レベル
微細な軽い粉体 （セメント、カーボンブラックなど）	50℃未満	高
結晶状・顆粒状 （衣類用洗剤など）	50℃以上 150℃未満	中
壊れないペレット （錠剤、PVC ペレットなど）	150℃以上	低

　本手法では、簡易にするため、室温による作業を想定していますが、作業温度が異なる場合には、揮発性が異なるため、補正が必要です。

　また沸点が得られない場合には、蒸気圧から揮発性レベルを決定することができます。

　詳細は、HSE COSHH essentials の技術資料[4]を参照してください。

---

[4]　HSE COSHH essentials: Controlling exposure to chemicals – a simple control banding approach
　　（http://www.hse.gov.uk/pubns/guidance/coshh-technical-basis.pdf）

● 業温度が室温以外の場合

室温以外で行われる作業には沸点に加え、作業温度（取り扱い温度）を考慮する必要があります。ILO では、揮発性を判断するため、下記のようなグラフを公開しています

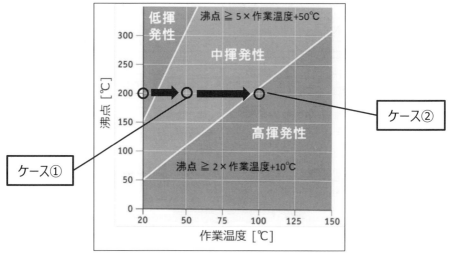

ケース①：常温（20℃）で沸点 200℃の物質は低揮発性ですが、50℃の作業温度下の場合には、その物質は、「中揮発性」と判断できます。

ケース②：一方、作業温度が 100℃の場合、その物質の揮発性は「高揮発性」と判断できます

A6.5

● 取扱量[5]

　事業場における 1 回あたりの商品の取扱量（連続作業では 1 日の取扱量）から、取扱量のカテゴリーを選択します。

図表 7　取扱量レベル

粉体	液体	取扱量レベル
1ton 以上	1kL 以上	大量
1kg～1ton 未満以上	1L～1kL 以上	中量
100g～1000g	100mL～1000mL	少量
10g～100g	10mL～100mL	微量
10g 未満	10mL 未満	極微量

[5] HSE COSHH essentials に基づく取扱量における少量（g、 ml）のカテゴリを、本手法では少量、微量、極微量の 3 段階に分割している。

3.2. 初期ばく露濃度範囲の決定

● 初期ばく露濃度範囲

取扱量レベル及び揮発性・飛散性レベルから、推定ばく露濃度範囲（8時間）を設定します。

なお、下記の推定バンドは、換気条件が"工業的な全体換気"の場合における推定値です。そのため、次の節では、作業条件や換気条件等に応じたばく露推定バンドの補正を行います。

図表 8　粉体の初期ばく露濃度範囲[6]

低飛散性 （壊れないペレット）	中飛散性 （結晶状・顆粒状）	高飛散性 （微細な軽い粉体）	ばく露バンド (mg/m^3)
10g 未満	−	−	0.001 以上〜0.01 未満
10g〜1000g	1000g 未満	100g 未満	0.01 以上〜0.1 未満
kg & ton	−	100g〜1000g	0.1 以上〜1 未満
−	kg	kg	1 以上〜10 未満
−	ton	ton	10〜

図表 9　蒸気の初期ばく露濃度範囲[7]

低揮発性 （150℃以上）	中揮発性 （50℃以上 150℃未満）	高揮発性 （50℃未満）	ばく露バンド (ppm)
10mL 未満	−	−	0.05 以上〜0.5 未満
1000mL 未満	100mL 未満	10mL 未満	0.5 以上〜5 未満
L & kL	100mL〜1000mL	10mL〜1000mL	5 以上〜50 未満
−	L & kL	L	50 以上〜500 未満
−	−	kL	500〜

A6.5

---

[6] HSE COSHH essentials に基づく取扱量における少量（g）のカテゴリを3つに分割しており、それに伴い、高飛散性かつ取扱量 100g 未満の場合または低飛散性かつ 10g 未満の場合には、ばく露推定バンドを1つ下げることとした。

[7] HSE COSHH essentials に基づく取扱量における少量（ml）のカテゴリを3つに分割しており、それに伴い、低揮発性かつ 10mL 未満の場合、中揮発性かつ取扱量 100mL 未満または高揮発性かつ取扱量 10mL 未満の場合には、ばく露推定バンドを1つ下げることとした。

3.3.　ばく露濃度範囲の補正[8]

　3.2 節で得られたばく露濃度範囲に各種条件（作業内容、換気条件等）から導出した補正
係数かけ、ばく露濃度範囲を補正します。

● 　物質の含有率による補正[9]

　物質の含有率に応じた補正係数を初期ばく露濃度範囲に乗じます。

図表 10　化学物質の含有率による補正

含有率の条件	補正係数
25%以上	1
5〜25%未満	3/5
1〜5%未満	1/5
1%未満	1/10

● 　作業内容による補正

　ばく露が大きくなる特定の作業については、作業内容に応じた補正係数を初期ばく露濃
度範囲に乗じます。

図表 11　作業内容による補正

補正する作業内容の条件	補正係数
スプレー作業やミストが発生する作業など、空気中に飛散しやすい作業 （粉体の場合には、粉体塗装や研磨のグラインダー作業など）	10
化学物質の合計塗布面積が 1m^2 超かつ 1 日あたり 1L 以上を使用する作業[10] （例：塗装作業や接着作業など）	10

※上記に示した条件以外で、何らかの理由により<u>特にばく露が大きくなる作業に関しては、
本手法ではリスクを低く見積もる可能性</u>があります。

---

[8] ばく露濃度範囲の補正を行った場合に、補正後の推定ばく露濃度範囲の上限値が、0.005 ppm（液体）
または 0.001 mg/m^3（粉体）未満となる場合には、補正後のばく露濃度範囲をそれぞれ、〜0.005 ppm
（液体）、〜0.001 mg/m^3（粉体）とする。

[9] 含有率の条件は、ECETOC TRA のモデルにおける補正係数を採用した。ECETOC-TRA の技術資料に
よると、ある物質 A と他物質（共に液体）の混合物が理想混合溶液である場合、Raoult の法則、Dalton
の法則が成立し、混合物中の A の含有量比（モル分率）に応じて A の蒸気圧が下がるので、純物質の場
合より放散量が小さくなる。実際の混合物（非理想混合溶液）では成分 A の蒸気圧は理想混合溶液におけ
る蒸気圧より高くなることも低くなることもある。ECETOC-TRA の混合物の補正係数は「高くなる」事
を勘案して、含有量比に対して安全側の数値となっている。また、この補正係数は固体と固体の混合物に
も適用できるとしている。以上の考え方を本リスクアセスメントにも適用した。
　詳細は ECETOC Technical Report No.114 を参照。（http://www.ecetoc.org/wp-
content/uploads/2014/08/ECETOC-TR-114-ECETOC-TRA-v3-Background-rationale-for-the-
improvements.pdf）

[10] Baua EMKG-EXPO-Tool の条件を採用。

● **換気条件による補正**

事業場における換気条件に応じた補正係数を初期ばく露濃度範囲に乗じます。

図表 12 換気条件による補正

換気レベル	換気状況の目安	補正係数
A	特に換気がない部屋	4
B	一般の全体換気	3
C	工業的な全体換気、屋外作業	1
D	局所排気（外付け式）	1/10
E	局所排気（囲い式）	1/100
F	密閉容器内での取扱い	1/1000

※工業的な全体換気を 1 とした。

図表 13 【参考】ECETOC TRA における全体換気の区分[11]

換気状態	条件	換気の効果	補正係数 （強制全体換気を 1 とする）
通常の全体換気 （Basic general ventilation）	・通常の自然換気（非意図的に生じる作業室内の自然換気） ・換気回数：1〜3 回／h	0% (1.0 x)	3.33
良好な全体換気 （Good general ventilation）	・意識的に窓やドアを開くことによる換気、換気扇などによる換気 ・換気回数：3〜5 回／h	30% (0.7 x)	2.33
強制全体換気 （Enhanced general ventilation）	・作業環境で使用するための工業的な換気装置での換気 ・換気回数：5〜10 回／h	70% (0.3 x)	1

---

[11] ECETOC Technical Report No.114 p.14 Table1 （http://www.ecetoc.org/wp-content/uploads/2014/08/ECETOC-TR-114-ECETOC-TRA-v3-Background-rationale-for-the-improvements.pdf）

図表 14　換気条件の説明

レベル	補正係数	換気状況	補足説明、事例	想定換気回数[12]（回/hr）
A[13]	4	特に換気がない部屋	・ 換気のない密閉された部屋でも、通常人がいる環境であれば最低限の自然換気はあると考えられる。	1~3 未満
B	3	全体換気	・ 窓やドアが開いている部屋。 ・ 一般的な換気扇のある部屋（例：台所用小型換気扇）。 ・ ビル内で全体空調がある場合（例：中央管理区分式の空調）。一般に一定程度の外気取入れがある。 ・ 大空間の屋内の一部（例：ショッピングセンターや大きな作業場の一隅など）。	3~5 未満
C	1	工業的な全体換気	・ 工業的な全体換気装置のある部屋（大型換気扇や排風機）。 ・ 屋外作業。	5 以上
D	1/10	局所排気装置（外付け式）	・ 化学物質の発散源近くで上方向や横方向から吸引する場合（例：調理場の上部吸引フード） ・ プッシュプル型換気装置[14]	-
E	1/100	局所排気装置（囲い式）、	・ 実験室のドラフトチャンバーの中に化学物質を置いて作業する場合など	-
F	1/1000	密閉容器内での取扱い	・ 密閉設備（漏れがないこと） ・ グローブボックス（密閉型作業箱）の中に化学物質を置いて作業する場合など	-

A6.5

---

[12] ECETOC-TRA による区分（図表 13）を参考にし、「2.3」等の小数は切り上げて整数とした。

[13] 換気回数 1 回/hr 未満という状況は一般には想定していない。

[14] プッシュプル型換気装置は一般に外付け式より効果は高いが、作業者が気流内に入るケースがあるため外付け式と同じ区分とした。

● **作業時間・頻度による補正**

推定ばく露濃度範囲は、8 時間の値を基準としていますが、作業時間及び作業頻度が少ない場合には、ばく露量を過大に見積もる可能性があります。

そこで図表 15、図表 16 に従い作業頻度及び作業時間ににじた補正係数を初期ばく露濃度範囲に乗じます。

なお、ここでいう<u>作業時間は作業そのものの時間でなく、化学物質を取扱う時間の全体とし、準備や後片づけも適宜「作業時間」に含める</u>こととします。

図表 15　作業時間・頻度による補正（作業頻度が週 1 回以上の場合）

条件	補正係数
週合計作業時間が 40 時間を超える場合。 または 1 日の作業時間が 8 時間を超え、かつ頻度が週 3 日以上の場合。	10
補正係数 10 または 1/10 に該当しない場合	1
週合計作業時間が 4 時間以下の場合	1/10

図表 16　作業時間・頻度による補正（作業頻度が週 1 回未満の場合）

年間作業時間	補正係数
192 時間を超える場合	1
192 時間以下の場合	1/10

GHS 分類における呼吸器感作性、日本産業衛生学会の最大許容濃度、ACGIH の TLV-C のうち、いずれかがある物質については、作業頻度・時間による補正を行わない。

● **呼吸用保護具の有無による補正**

　呼吸用保護具の指定防護係数及びフィットテストの状況に応じた補正係数を初期ばく露濃度範囲に乗じます。

　フィットテストとは呼吸用保護具と顔との接触面に漏れがないかを確認するテストのことで、フィットテストが為されている場合に、呼吸用保護具の本来の性能（指定防護係数）が発揮されるとします。補正係数を「呼吸用保護具の種類による係数（指定防護係数の逆数）」と「フィットテスト有無による係数」の積とします（図表 17）。

　「フィットテスト有無による係数」は有りの場合は 1.0、簡易法では約 1.5、無い場合は 2.0 としています。

なお、呼吸用保護具は必ず国家検定品を用いることが重要です。

A6.5

　補正係数＝　「呼吸用保護具の種類による係数」×「フィットテスト有無による係数」

図表 17　呼吸用保護具の有無による補正

呼吸用保護具	指定防護係数	フィットテストに応じた補正		
		フィットテスト ※1	簡易法 ※2（フィットチェック）	なし
使い捨て式（防じん）※3	10	-	-	1/5
半面型（防じん、防毒）	10	1/10	1/7[15]	1/5
全面型（防じん、防毒）	50	1/50	1/35[15]	1/25
電動ファン付き（防じん）	100	1/100	1/70[15]	1/50

※1　定量的な方法として、粉じん計を用い呼吸用保護具の中と外の粉じん量を測定する方法がある。定性的な方法として、呼吸用保護具を着けた被験者の周囲に甘味料等をスプレーし味覚を感じるかをテストする方法等がある。

※2　呼吸用保護具のフィルターの表面を手でおおってゆっくり息を吸い込み、マスクが顔に向かって引き込まれるかをテストする方法（陰圧法）、呼吸用保護具を手で顔面に押し付けながら、フィルターの表面や排気口を手でおおって息を吐き、息がマスクと顔のすき間から漏れないかをテストする方法（陽圧法）がある。

※3　使い捨て式はフィットテスト、簡易式テストができない。なお、化学物質の蒸気に対して活性炭入り使い捨て防じんマスクを使用することは、マスクを使わないよりは好ましいと考えられるが、定量的な蒸気の除去能力が明確でないため、補正係数としては扱わない。

---

[15] CREATE-SIMPLE においては、呼吸用保護具の種類による係数（指定防護係数の逆数）×1.5 として換算している。

4. 経皮吸収量の算出

4.1. リスクの見積もりの流れ

● 【STEP1】経皮ばく露限界値の算出

ばく露限界値（許容濃度、TLV-TWA など）は、吸入によるばく露を対象に設定されているため、そのままでは経皮吸収量と比較することができません。そのため、ばく露限界値に肺内保持係数と呼吸量を乗じて経皮ばく露限界値を算出する必要があります。つまり、ばく露限界値と等しい気中濃度下で、1 日（8 時間）作業した場合に体内に取り込まれる化学物質の量を算出し、これを有害性の程度とします。

● 【STEP2】経皮吸収量の算出

STEP1 で算出した経皮ばく露限界値と比較するため、透過係数、濃度、接触面積、接触時間から経皮吸収量を算出します。CREATE-SIMPLE では、透過係数を Robinson 修正式の皮膚透過係数予測式から定常状態を仮定し算出します（付着した化学物質の蒸発及び気体からの皮膚吸収量は考慮しません）。

● 【STEP3】リスクレベルの判定

STEP1 で求めた経皮ばく露限界値と STEP2 で求めた経皮吸収量を比較してリスクを判定します。CREATE-SIMPLE では、経皮ばく露限界値と経皮吸収量から算出したばく露比に応じてリスクレベル（I~IV）を判定し、リスクを見積もる方法を採用しています。

4.2. 経皮ばく露限界地の算出

経皮ばく露限界値は、下記の計算式に基づいて算出しています。

$$経皮ばく露限界値 ＝ ばく露限界値（吸入）\times RF \times 呼吸量$$

CREATE-SIMPLE では、RF（Retenion、肺内保持係数）は 75%、呼吸量は 10m³（1 日 8 時間の呼吸量）と仮定して経皮ばく露限界値を算出しています。

なお、ばく露限界値が全身への影響ではなく、例えば呼吸器感作性等をエンドポイントとして設定されている場合であっても、基本的には、「呼吸器感作性、気道刺激性等のエンドポイントの基準値＜他の慢性毒性影響等の基準値」の関係が成り立つことから、ばく露限界値を用いることとしました。

A6.5

4.3. 経皮吸収量の計算

経皮吸収量は、下記の計算式に基づいて算出しています。

$$SD = K_p \times S_w \times SA \times t$$

SD：経皮吸収量（mg）、Kp：皮膚透過係数（cm/hr）、Sw：水溶解度（mg/cm³）
SA：接触面積（cm²）、t：接触時間（hr）

Kp は、Robinson 修正式の皮膚透過係数予測式から算出しますが、CREATE-SIMPLE では、付着した化学物質の蒸発及び気体からの皮膚吸収量は考慮していません。

A6.5

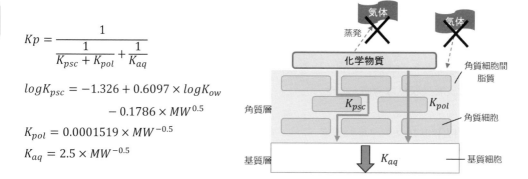

$$Kp = \cfrac{1}{\cfrac{1}{K_{psc} + K_{pol}} + \cfrac{1}{K_{aq}}}$$

$$logK_{psc} = -1.326 + 0.6097 \times logK_{ow} - 0.1786 \times MW^{0.5}$$

$$K_{pol} = 0.0001519 \times MW^{-0.5}$$

$$K_{aq} = 2.5 \times MW^{-0.5}$$

log Kow：オクタノール/水分配係数（無次元）、MW：分子量（g/mol）

● 接触時間

接触時間は、①作業時間中にスプラッシュを n 回浴びる、②作業時間中に継続的に化学物質が皮膚に接触するなどのケースが考えられますが、CREATE-SIMPLE では、スプラッシュの回数を作業者が把握することは難しいことから、②を採用し、基本的に「接触時間＝作業時間」としています。なお、蒸気圧の低い物質は作業後も皮膚に留まる可能性があるため、接触時間＜吸収時間となり、過小評価になる可能性があるため、接触時間は単位面積当たりの最大付着量（液体：7 mg/cm2、固体：3 mg/cm2）が蒸発又は吸収により消失する時間を推計し、作業時間に加算した。なお、接触時間の最大値は 10 時間とした。

蒸発速度は、AIHA IHSkinPerm[16]における推計式を用いた。

$$蒸発速度[mg \cdot cm^{-2}h^{-1}] = \frac{\beta * Mw * Vp}{R * T * 10}$$

$$\beta = \frac{0.0111 * V^{0.96} * D_g^{0.19}}{v^{0.15} * x^{0.04}}$$

$$D_g = 0.06 * \sqrt{76/Mw}$$

気体

蒸発[$mg \cdot cm^{-2}\,h^{-1}$]

化学物質（$7\,mg \cdot cm^{-2}$）

皮膚

吸収 $K_p \times S_w [mg \cdot cm^{-2}\,h^{-1}]$

---

[16] IH SkinPerm v2.0 Reference Manual

● 接触面積

化学物質への接触の状況から次のとおり接触面積を設定しています。

図表 18　接触状況と接触面積

接触の状況	接触面積（cm²）	参考文献
大きなコインのサイズ、小さな飛沫	10	RISKOFDERM(2003)
片手の手のひら付着	240	ECETOC TRA
両手の手のひらに付着	480	ECETOC TRA
両手全体に付着	960	ECETOC TRA
両手及び手首	1500	ECETOC TRA
両手の肘から下全体	1980	ECETOC TRA

4.4.　リスクレベルの判定

　算出した経皮ばく露限界値と経皮吸収量を比較し、図表 19 に基づいてリスクレベルを判定しています。

　CREATE-SIMPLE では、併せて眼損傷性／刺激性、皮膚腐食性／刺激性、皮膚感作性の GHS 区分に応じて皮膚や眼への局所影響についてもリスクレベルを付与しています。

図表 19　リスクレベルの定義（経皮吸収）

経皮吸収のリスクレベルの定義	目や皮膚への影響	説明	保護手袋の基準
リスクレベルⅣ （経皮吸収量≧経皮ばく露限界値×10）	眼損傷性／刺激性：区分1 皮膚腐食性／刺激性：区分1 皮膚感作性：区分1	至急リスクを下げる対策を実施しましょう。	耐透過性・耐浸透性の手袋を着用すること
リスクレベルⅢ （経皮ばく露限界値×10>経皮吸収量≧経皮ばく露限界値）	眼損傷性／刺激性：区分2 皮膚腐食性／刺激性：区分2	リスクを下げる対策を実施しましょう。	耐透過性・耐浸透性の手袋を着用すること
リスクレベルⅡ （経皮ばく露限界値>経皮吸収量≧経皮ばく露限界値×0.1）	—	良好です。機器や器具、作業手順などの管理に努めましょう。	耐透過性・耐浸透性の手袋の着用を推奨
リスクレベルⅠ （経皮ばく露限界値×0.1 >経皮吸収量）	—	十分に良好です	手袋を着用すること

図表 20　手袋着用状況・教育状況と補正係数

手袋着用状況	教育状況	防護率（%）	補正係数	備考
手袋をしていない／取り扱う化学物質に関する情報のない手袋を着用している		0	1	—
耐透過性・耐浸透性の手袋の着用をしている。	教育や訓練を行っていない	80	1/5	GHS分類において「皮膚腐食性／刺激性、皮膚感作性」の物質は当該項目を選択していた場合に、リスクレベルⅡとする。
	基本的な教育や訓練を行っている	90	1/10	
	十分な教育や訓練（定期的な再教育も含む）を行っている	95	1/20	

4.5.　（参考）経皮吸収量の補正

　推定経皮吸収量は、保護手袋の装着状況及び保護手袋に関する教育の実施状況に応じて図表 20 に沿って補正しています。最終的には、経皮ばく露限界値と補正経皮吸収慮を図表 19 に従ってリスクレベルを判定しています。

　なお、ここでの教育状況は下記を参考にユーザーが選択することとしています。

図表 21　教育の内容とレベル

種類	内容	レベル
体制	作業場ごとに化学防護手袋を管理する保護具着用管理責任者を指名し、化学防護手袋の適正な選択、着用及び取扱方法について労働者に対し必要な指導を行いましょう。	2
選択	化学防護手袋には、素材がいろいろあり、また素材の厚さ、手袋の大きさ、腕まで防護するものなど、多種にわたっているので、作業にあったものを選ぶようにしましょう。	1
選択	使用する化学物質に対して、劣化しにくく（耐劣化性）、透過しにくい（耐透過性）素材のものを選定するようにしましょう。	1
選択	自分の手にあった使いやすいものを使用しましょう。	1
選択	作業者に対して皮膚アレルギーの無いことを確認しましょう。	1
使用	取扱説明書に記載されている耐透過性クラス等を参考として、作業に対して余裕のある使用時間を設定し、その時間の範囲内で化学防護手袋を使用しましょう。	2
使用	化学防護手袋に付着した化学物質は透過が進行し続けるので、作業を中断しても使用可能時間は延長しないようにしましょう。	2
使用	使用前に、傷、孔あき、亀裂等の外観上の問題が無いことを確認すると共に、手袋の内側に空気を吹き込んで空気が抜けないことを確認しましょう	1
使用	使用中に、ひっかけ、突き刺し、引き裂きなどを生じたときは、すぐに交換しましょう。	1
使用	化学防護手袋を脱ぐときは、付着している化学物質が、身体に付着しないよう、できるだけ化学物質の付着面が内側になるように外しましょう。	2
使用	強度の向上等の目的で、化学防護手袋とその他の手袋を二重装着した場合でも、化学防護手袋は使用可能時間の範囲で使用しましょう	2
保管・廃棄	取り扱った化学物質の安全データシート(SDS)、法令等に従って適切に廃棄しましょう。	2
保管・廃棄	化学物質に触れることで、成分が抜けて硬くなったゴムは、組成の変化により物性が変化していると考えられるので、再利用せず廃棄しましょう。	2
保管・廃棄	直射日光、高温多湿を避け、冷暗所に保管して下さい。またオゾンを発生する機器（モーター類、殺菌灯等）の近くに保管しないようにしましょう。	2

（※レベル 1：基本的な教育、レベル 2：十分な教育・訓練）

5.　リスクの判定

5.1.　吸入のリスク

● **ばく露基準値がある場合**

以下の表からリスクレベルを判定します。

図表 22　リスクレベルの定義（ばく露限界値あり）

リスクレベル	定義
IV （大きなリスク）	推定ばく露濃度範囲の上限＞OEL×１０
III （中程度のリスク）	OEL×１０≧推定ばく露濃度範囲の上限＞OEL
II （小さなリスク）	OEL≧推定ばく露濃度範囲の上限＞OEL×１／１０
I （些細なリスク）	推定ばく露濃度範囲の上限≦OEL×１／１０

＊OEL：ばく露限界値

上記の定義を図示すると以下となる。（ばく露限界値が 10 ppm の場合）

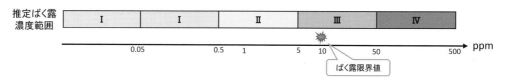

また、リスクレベル S の場合（2.3 参照）には、別途保護メガネ、化学保護手袋等の着用を検討する必要があります。

● **ばく露限界値がない場合**

GHS 分類情報から管理目標濃度を設定した場合には、<u>管理目標濃度の上限を図表 22 におけるばく露限界値（OEL）</u>として、リスクを判定します。

5.2. 経皮吸収のリスク

4.4.参照。

5.3. 合算のリスク

吸入ばく露によるリスクと経皮吸収による健康リスクは別々にリスクレベルを算出しますが、一方、それぞれの経路ではリスクは許容範囲内であっても、吸入、経皮を合算すると、ばく露限界値を上回るケース（リスクが許容範囲を超える場合）があります。

そのため、CREATE-SIMPLE では、吸入ばく露及び経皮吸収それぞれでばく露比を算出し、合算リスクレベルを求めています。

● 吸入

ばく露比＝推定ばく露濃度範囲の上限／ばく露限界値

● 経皮

ばく露比＝経皮吸収量／経皮ばく露限界値

リスクレベル	定義
IV （大きなリスク）	ばく露比＞10
III （中程度のリスク）	10≧ばく露比＞1
II （小さなリスク）	1≧ばく露比＞0.1
I （些細なリスク）	ばく露比≦0.1

● 計算例

・吸入ばく露限界値 10 ppm、推定ばく露濃度 0.5～5 ppm

⇒リスクレベルII（ばく露比 0.5（5 ppm /10 ppm））

・経皮ばく露限界値 120 mg/day、経皮吸収量 102 mg

⇒リスクレベルII（ばく露比 0.85（102 mg/120 mg/day））

よって吸入及び経皮の合計リスクレベルは、III（0.5 + 0.85 = 1.35）

6.　（参考）ばく露濃度推定シート【CREATE-SIMPLE ver.1.1】

粉体の場合	低飛散性 （壊れないペレット）	中飛散性 （結晶状・顆粒状）	高飛散性 （微細な軽い粉体）
	10g 未満	－	－
	10g〜1000g	1000g 未満	100g 未満
	1kg 以上	－	100g〜1000g
	－	1kg 以上	1kg 以上

初期ばく露濃度（mg/m³）
0.001 以上〜0.01 未満
0.01 以上〜0.1 未満
0.1 以上〜1 未満
1 以上〜10 未満
or

液体の場合	低揮発性 （沸点：150℃以上）	中揮発性 （沸点：50℃以上 150℃未満）	高揮発性 （沸点：50℃未満）
	10mL 未満	－	－
	1000mL 未満	100mL 未満	10mL 未満
	1L 以上	100mL〜1000mL	10mL〜1000mL
	－	1L 以上	1L 以上

初期ばく露濃度（ppm）
0.05 以上〜0.5 未満
0.5 以上〜5 未満
5 以上〜50 未満
50 以上〜500 未満

✖

含有率	含有率の条件	補正係数
	25%以上	1
	5%以上〜25%未満	3/5
	1%以上〜5%未満	1/5
	1%未満	1/10

補正係数

✖

作業	補正する作業内容の条件	補正係数
	スプレー作業など、空気中に飛散しやすい作業	10
	該当なし	1

補正係数

✖

作業	補正する作業内容の条件	補正係数
	化学物質の合計塗布面積が 1m² 超 かつ 取扱量 1L 以上	10
	該当なし	1

補正係数

✖

換気	換気レベル	換気状況の目安	補正係数
	レベル A	特に換気がない部屋	4
	レベル B	全体換気	3
	レベル C	工業的な全体換気	1
	レベル D	局所排気（外付け式）	1/10
	レベル E	局所排気（囲い式）	1/100
	レベル F	密閉容器内での取扱い	1/1000

補正係数

✖

作業時間・頻度	条件（作業頻度が週 1 回以上の場合）	補正係数
	週合計作業時間が 40 時間を超える場合。 または 1 日の作業時間が 8 時間を超え、かつ頻度が週 3 日以上の場合。	10
	補正係数 10 または 1/10 に該当しない場合	1
	週合計作業時間が 4 時間以下の場合	1/10
	条件（作業頻度が週 1 回未満）	補正係数
	年間作業時間の合計が 192 時間を超える場合	1
	年間作業時間の合計が 192 時間以下の場合	1/10

補正係数

✖

呼吸用保護具	保護具の種類	フィットテストの有無		
		フィットテスト	簡易法 （フィットチェック）	なし
	装着していない	－	－	1
	使い捨て式	－	－	1/5
	半面型	1/10	1/7	1/5
	全面型	1/50	1/35	1/25
	電動ファン付き	1/100	1/70	1/50

補正係数

推定ばく露濃度
〜
mg/m³ ・ ppm

A6.5

7.　危険性のリスク判定

　危険性は GHS 区分情報を活用し、エンドポイント（火薬類、引火性液体など）ごとに取扱量に応じた暫定リスクレベル（以降「暫定 RL」という）を設定のうえ、引火点や作業状況（着火源の有無、近傍での有機物・金属の取り扱いの有無、空気や水との接触状況など）から暫定 RL を補正してリスクレベルを決定しています。

7.1.　暫定リスクレベルの設定

● 　火薬類

　等級 1.1~1.5 の場合、取扱量に関わらず、すべて暫定 RL を「5」と設定し、併せて「専門家または購入元に取り扱い方等を確認・相談のうえ SDS 等に従い取り扱うこと。」と表示しています。一方、等級 1.6 の場合、GHS の定義を踏まえ、取扱量に関わらず、暫定 RL を「5」と設定し、併せて「取り扱い方によっては危険性が顕在化するおそれがあるため、必要に応じて専門家または購入元に取り扱い方等を確認・相談のうえ SDS 等に従い取り扱うこと。」と表示しています。

● 　自然発火性液体・自然発火性固体

　取扱量に関わらず、すべて暫定 RL を「5」と設定し、併せて「専門家または購入元に取り扱い方等を確認・相談のうえ SDS 等に従い取り扱うこと。」と表示しています。

● 　可燃性・引火性ガス

　図表 23 のとおり取扱量に応じて暫定 RL を設定しています。

図表 23　可燃性・引火性ガスの暫定 RL

		GHS 区分情報（ハザードレベル）	
		区分 1	区分 2
取扱量	（ガス重量）ton	5	5
	（ガス重量）≥1kg	5	5
	（ガス重量）1000g~100g	5	4
	（ガス重量）100g~10g	4	3
	（ガス重量）≤10 g	3	2

　ガスは、液体と異なり「揮発」という物理現象を介さないことから引火性液体（後述）よりも高い暫定 RL を設定しています。

　さらに取扱状況に応じて下記のとおり暫定 RL を引き下げています。

✓ 　着火源の有無：着火源が除去れている場合、暫定 RL を 1 つ引き下げる

✓ 　換気の有無：換気がされている場合（換気レベル D 以上）、暫定 RL を 1 つ引き下げる

● エアゾール

図表 24 のとおり取扱量に応じて暫定 RL を設定しています。

図表 24　エアゾールの暫定 RL

		GHS 区分情報（ハザードレベル）		
		区分 1	区分 2	区分 3
取扱量	（ガス重量）ton	5	5	2
	（ガス重量）≥1kg	5	5	2
	（ガス重量）1000g~100g	5	4	2
	（ガス重量）100g~10g	4	4	1
	（ガス重量）≤10 g	3	3	1

A6.5

エアゾールは、GHS の定義を踏まえ、原則可燃性・引火性ガスと同様に暫定 RL を設定するが、通常容器は圧力が高い状態にあり、噴霧させて用いることなどから可燃性・引火性ガスよりも高い暫定 RL を設定しています。区分 3 に該当するエアゾールの場合、非引火性エアゾールに該当するため、暫定 RL は区分 1、2 よりも低く設定しています。

さらに取扱状況に応じて下記のとおり暫定 RL を引き下げています（区分 3 は考慮しない）。

✓　着火源の有無：着火源が除去れている場合、暫定 RL を 1 つ引き下げる

✓　換気の有無：換気がされている場合（換気レベル D 以上）、暫定 RL を 1 つ引き下げる

● 支燃性ガス・酸化性ガス

図表 25 のとおり取扱量に応じて暫定 RL を設定しています。

図表 25　支燃性・酸化性ガスの暫定 RL

		GHS 区分情報（ハザードレベル）
		区分 1
取扱量	（ガス重量）ton	5
	（ガス重量）≥1kg	4
	（ガス重量）1000g~100g	3
	（ガス重量）100g~10g	2
	（ガス重量）≤10 g	2

ガスは、液体や固体と異なり、「揮発」や「飛散」という物理現象を介さないことから、酸化性液体・固体（後述）よりも高い暫定 RL を設定しています。

● 高圧ガス

図表 26 のとおり取扱量に応じて暫定 RL を設定しています。

図表 26 高圧ガスの暫定 RL

		GHS 区分情報（ハザードレベル）
		区分 1
	（ガス重量）ton	5
取	（ガス重量）≥1kg	4
扱	（ガス重量）1000g~100g	3
量	（ガス重量）100g~10g	2
	（ガス重量）≤10 g	2

A6.5

高圧ガスは区分（圧縮ガス、液化ガス、溶解ガス、深冷液化ガス）によらず、取扱量に応じて暫定 RL を「2」または「1」と設定し、併せて「圧力に応じて法令（高圧ガス保安法、安全衛生規則、ボイラー則など）を参照のうえ対応すること。」と表示しています。

なお、CREATE−SIMPLE では、不活性ガスを想定しており、引火性を有する場合は可燃性・引火性ガスなどでリスクレベルを設定しています。

● 引火性液体

図表 27 のとおり取扱量に応じて暫定 RL を設定しています。

図表 27 引火性液体の暫定 RL

		GHS 区分情報（ハザードレベル）		
		区分 1、2 取扱温度≧引火点	区分 3 （取扱温度<引火点）	区分 4 （取扱温度<引火点）
	kL, ton	5	4	3
取	≥1L, ≥1kg	5	3	2
扱	1000mL~100mL, 1000g~100g	4	2	2
量	100mL~10mL, 100g~10g	3	2	2
	≤10mL, ≤10 g	2	2	1

GHS の区分では、基本的に引火点によって区分が決定しており、引火後の影響度は考慮されていないことから引火のしやすさという観点から取扱温度≧引火点と区分 1 および 2 は同じ暫定 RL を設定しています。また、引火点は試験条件（closed cup 等の条件）によって精度が変わることから、10℃安全マージンを取ることとしています（取扱温度：55℃、引火点：60℃の場合、安全マージンを考慮し取扱温度を 65℃として暫定 RL を決定）。

さらに取扱状況に応じて下記のとおり暫定 RL を引き下げています。

- ✓ 着火源の有無：着火源が除去れている場合、暫定 RL を 1 つ引き下げる
- ✓ 換気の有無：換気がされている場合（換気レベル D 以上）、暫定 RL を 1 つ引き下げる

● 可燃性固体

図表 28 のとおり取扱量に応じて暫定 RL を設定しています。

図表 28　可燃性固体の暫定 RL

		GHS 区分情報（ハザードレベル）
		区分 1、区分 2
取扱量	kL, ton	5
	≥1L, ≥1kg	4
	1000mL~100mL, 1000g~100g	3
	100mL~10mL, 100g~10g	2
	≤10mL, ≤10 g	2

ここでの「固体」は、原則「粉じん」を想定して暫定 RL を設定しており、区分 1 の場合は、固体の形状（飛散性）によらず暫定 RL は図表 28 に沿って設定しています。しかし、区分 2 の場合、固体の形状が「低揮発性」の場合、暫定 RL を 1 つ引き下げています。

さらに取扱状況に応じて下記のとおり暫定 RL を引き下げています。

- ✓ 着火源の有無：着火源が除去れている場合、暫定 RL を 1 つ引き下げる

● 自己反応性化学品・有機化酸化物

図表 29 のとおり取扱量に応じて暫定 RL を設定しています。

図表 29　自己反応性化学品・有機過酸化物の暫定 RL

		GHS 区分情報（ハザードレベル）	
		タイプ A~F	タイプ G
取扱量	kL, ton	5	5
	≥1L, ≥1kg	5	4
	1000mL~100mL, 1000g~100g	5	3
	100mL~10mL, 100g~10g	5	2
	≤10mL, ≤10 g	5	1

タイプ A~F の場合、取扱量に関わらず、すべて暫定 RL を「5」と設定し、併せて「専門

家または購入元に取り扱い方等を確認・相談のうえ SDS 等に従い取り扱うこと。」と表示しています。一方、タイプ G の場合、GHS の定義を踏まえ、取扱量に応じた暫定 RL を設定しています。

● 自己発熱性化学品

図表 30 のとおり取扱量に応じて暫定 RL を設定しています。

図表 30　自己発熱性化学品の暫定 RL

		GHS 区分情報（ハザードレベル）
		区分 1
取扱量	kL, ton	5
	≥1L, ≥1kg	4
	1000mL~100mL, 1000g~100g	3
	100mL~10mL, 100g~10g	2
	≤10mL, ≤10 g	2

さらに取扱状況に応じて下記のとおり暫定 RL を引き下げています。

　　✓　空気・水との接触の有無：閉鎖系で取扱われている場合、暫定 RL を 1 つ引き下げる

● 水反応可燃性化学品

図表 31 のとおり取扱量に応じて暫定 RL を設定しています。

図表 31　水反応可燃性化学品の暫定 RL

		GHS 区分情報（ハザードレベル）		
		区分 1	区分 2	区分 3
取扱量	kL, ton	5	5	5
	≥1L, ≥1kg	5	5	4
	1000mL~100mL, 1000g~100g	5	4	3
	100mL~10mL, 100g~10g	5	4	3
	≤10mL, ≤10 g	5	3	2

区分 1 の場合、取扱量に関わらず、すべて暫定 RL を「5」と設定し、併せて「専門家または購入元に取り扱い方等を確認・相談のうえ SDS 等に従い取り扱うこと。」と表示しています。一方、区分 2 及び区分 3 の場合、可燃性又は引火性ガスの発生することが判断のポイントになっていることから、可燃性・引火性ガスと同様の暫定 RL を設定しています。

さらに取扱状況に応じて下記のとおり暫定 RL を引き下げています。

　　✓　着火源の有無：着火源が除去れている場合、暫定RLを1つ引き下げる

　　✓　空気・水との接触の有無：閉鎖系で取扱われている場合、暫定RLを1つ引き下げる

● 酸化性液体・酸化性固体

図表32のとおり取扱量に応じて暫定RLを設定しています。

図表 32　酸化性液体・酸化性固体の暫定RL

| | | GHS 区分情報（ハザードレベル） | | |
		区分1	区分2	区分3
取扱量	kL, ton	5	4	3
	≥1L, ≥1kg	4	3	2
	1000mL~100mL, 1000g~100g	3	2	2
	100mL~10mL, 100g~10g	2	2	2
	≤10mL, ≤10 g	2	2	1

さらに取扱状況に応じて下記のとおり暫定RLを引き下げちます。

　　✓　有機物・金属の取扱いの有無：有機物・金属を近傍で取り扱って<u>いない</u>場合、暫定RLを1つ引き下げる

● 金属腐食性物質

暫定RLを「2」と設定し、併せて「貯蔵、使用時に容器や配管などを腐食し破損、割れのおそれがあるため、SDS等を確認し適切に取り扱うこと。」と表示しています。

● （参考）着火源

ここでの着火源の有無の判断基準は、下記のとおりです。ここでは、下記を参考にチェックを行い、ユーザーが、着火源がないと判断した場合、暫定RLを引き下げています。

　　✓　静電気対策が講じられている

　　　　➢　化学物質の配管内などでの流速（移送速度）は大きくし過ぎていない

　　　　➢　化学物質が流動・移動（混合や混練を含む）する箇所はアースをとっている

　　　　➢　帯電防止の衣服・靴などを着用している

　　　　➢　作業場の湿度は低くし過ぎていない（30%以下は危険）

　　　　➢　床の伝導性は確保している（絶縁シート上で作業は行っていない、など）

　　✓　近傍に裸火や高温部は存在しない

　　✓　金属同士の接触など火花が生じるおそれのある作業は行っていない

　　✓　取扱う化学物質に摩擦や強い衝撃を与えるおそれはない

A6.5

なお、静電気対策の詳細については、適宜「静電気安全指針」を参照してください。

7.2.　リスクレベルの判定

暫定 RL を下記の表に当てはめてリスクレベルを判定しています。

リスクレベル	暫定 RL	説明
IV （大きなリスク）	4 以上	・ 最優先でリスク低減措置を講じる必要がある。 ・ 通常の条件でリスクが顕在化する可能性が極めて高く、またリスクが顕在化した場合の影響が重大となり得る（死傷、設備の破壊など）
III （中程度のリスク）	3	・ 優先的にリスク低減措置を講じる必要がある。 ・ 条件が整えば、リスクが顕在化する可能性が高く、またリスクが顕在化した場合の影響が大きい（死傷、設備の破壊など）
II （小さなリスク）	2	・ リスク低減措置を講じることを推奨する。 ・ リスクが顕在化する可能性は高くないと考えられるが、条件によってはリスクが顕在化するおそれもあるため、注意を要する。
I （些細なリスク）	1 以下	・ 必要に応じてリスク低減措置を講じる。 ・ 少なくとも現状を維持する努力を要するが、費用対効果などを考慮し、リスク低減措置の計画的な実施が望ましい。

A6.5

8.　**文献**

- UK HSE「The technical basis for COSHH essentials: Easy steps to control chemicals」（2009）
- 山田憲一「簡易で定性的な化学物質のリスクアセスメント手法としてのコントロールバンディング」（産業医学レビュー）（2017）
- BAuA「EMKG-EXPO-TOOL」（2014）
- 福井大学工学部技術部安全衛生管理推進グループ「中災防テキスト発行以降の更新に関する説明」（2017）
- 中央労働災害防止協会「テキスト化学物質のリスクアセスメント」（2016）
- 米国 NIOSH「A Strategy for Assigning New NIOSH Skin Notations」（2009）
- AIHA「IH SkinPerm」（2014）
- 英国化学工学会「Flammability A safety guide for users Safe working with industrial solvents」（2013）

A6.5

9.　おわりに

本リスクアセスメント手法の構築にあたり、検討委員会により検討が行われました。

【平成２８年度　第３次産業にむけた簡易リスクアセスメント手法検討委員会】

（委員）

上村 達也　化成品工業協会　技術部　部長

島田 良雄　全国ビルメンテナンス協会　労働災害防止専門委員会　委員

田中 茂　　十文字学園女子大学　人間生活学研究科　教授

○ 橋本 晴男　東京工業大学 キャンパスマネジメント本部 特任教授

萩原 直見　ＮＰＯ法人日本ネイリスト協会　理事・法制委員会委員長

木村 俊弥　ＮＰＯ法人日本ネイリスト協会　常務理事・事務局長

正田 浩三　東京美装興業株式会社 技術部　部長

山田 憲一　中央労働災害防止協会　労働衛生調査分析センター

（五十音順・敬称略、○は委員長を示す。）

【平成２９年度　簡易リスクアセスメント手法検討委員会】

上村 達也　化成品工業協会 技術部　部長

佐藤 嘉彦　労働安全衛生総合研究所 化学安全研究グループ

島田 行恭　労働安全衛生総合研究所 リスク管理研究センター センター長

田中 茂　　十文字学園女子大学 人間生活学研究科　教授

藤間 俊彦　AGC 株式会社 環境安全品質部 マネージャー

○ 橋本 晴男　東京工業大学 キャンパスマネジメント本部 特任教授

山田 憲一　中央労働災害防止協会　労働衛生調査分析センター

（五十音順・敬称略、○は委員長を示す。）

（事務局）

みずほリサーチ＆テクノロジーズ株式会社

出典：「CREATE-SIMPLE の設計基準」（厚生労働省　みずほリサーチ＆テクノロジーズ株式会社）
（https://anzeninfo.mhlw.go.jp/user/anzen/kag/ankgc07_3.htm）
（随時最新版が公開されるため、サイトにて最新版を確認すること。）

A6.6　化学物質の自律的管理におけるリスクアセスメントのためのばく露モニタリングに関する検討会報告書

（令和4年5月　独立行政法人　労働者健康安全機構　労働安全衛生総合研究所　化学物質情報管理研究センター）

1　検討会の趣旨・開催状況

（1）趣旨

　産業利用される化学物質の増大、化学物質等によるがん等の重大な職業性疾病の発生、危険性・有害性に関する情報伝達制度の未整備、小規模事業場における化学物質管理に対する支援の不十分などの課題を受け、「職場における化学物質等の管理のあり方に関する検討会報告書（以下、「あり方検討会報告書」という）」において、化学物質による労働災害を防ぐために、自律的な管理への転換が提言された。

　当該報告書の提言において、国がばく露管理のための指針値を定める物質には、事業者に対し、労働者が吸入する有害物質の濃度を指針値以下とする義務を設けることを述べている。

　自律管理におけるリスクアセスメントの指標として「ばく露限界値（仮称）」が設定される予定であり、これとの比較のために行われる有害物質の労働環境気中濃度の測定方法及びその評価方法（以下「ばく露モニタリング」という。）について検討する必要がある。検討に当たっては、従来の作業環境測定との整合性や、小規模事業場における導入・実現可能性などを考慮の上で、自律的な管理を円滑かつ着実に社会実装し、化学物質による労働災害を防ぐことができる仕組みとなるよう留意するべきである。

　以上から本検討会では、化学物質による労働災害を防ぐために必要な、化学物質の自律的管理におけるリスクアセスメントのためのばく露モニタリング及び付随する諸課題について検討することとした。

（2）参集者　※○：座長

　伊藤　昭好　（独）労働者健康安全機構労働安全衛生総合研究所化学物質情報管理研究センター長代理

　小野真理子　（独）労働者健康安全機構労働安全衛生総合研究所化学物質情報管理研究センター化学物質情報管理部特任研究員

　鷹屋　光俊　（独）労働者健康安全機構労働安全衛生総合研究所化学物質情報管理研究センターばく露評価研究部部長

　田村三樹夫　田村労働安全衛生コンサルタント事務所　所長

　土屋眞知子　土屋眞知子コンサルタントオフィス　代表

　藤間　俊彦　AGC 株式会社　環境安全品質本部　環境安全部　マネージャー

　中原　浩彦　ENEOS 株式会社　環境安全部　産業衛生グループ　プリンシパルスペシャリスト、NAOSH コンサルティング　代表

○橋本　晴男　橋本安全衛生コンサルタントオフィス　所長

宮内　博幸　産業医科大学 作業環境計測制御学講座 教授
山田　憲一　労働衛生コンサルタント（元 中央労働災害防止協会）
山室　堅治　中央労働災害防止協会 労働衛生調査分析センター 上席専門役
　　　　　　　　　　　　　　　　　　　　　※役職は報告書とりまとめ時の役職

（3）開催状況

　令和 3 年 10 月　7 日（木）第 1 回開催
　　　　　11 月　8 日（月）第 2 回開催
　　　　　12 月 27 日（月）第 3 回開催
　令和 4 年　2 月　1 日（火）第 4 回開催
　　　　　　2 月 28 日（月）第 5 回開催
　　　　　　3 月 31 日（木）第 6 回開催

A6.6

2　ばく露モニタリング方法に関する検討結果

（1）前提条件と検討結果の概要

ア　前提条件と用語の定義

　検討にあたっては、化学物質のリスクアセスメントの円滑な社会実装を実現するための手順を示すこと、労働者が吸入する有害物質の濃度がばく露管理値以下であることを確認する手法を提示することを目的とした。本報告書では自律管理として複数の方法を示し、いずれの方法においても労働者保護の見地から、「ばく露管理値以下」の基準を、実測値とばく露管理値の単純比較よりも厳しく設定した。

　自律管理の方法としては、既存のリソースを活用することを前提とした。既存のリソースとは、以下の文書を指し、これらの内容については、原則として修正検討は行わなかった。

- CREATE-SIMPLE を用いた化学物質のリスクアセスメントマニュアル（職場のあんぜんサイト）
- リアルタイムモニターを用いた化学物質のリスクアセスメントガイドブック（職場のあんぜんサイト）
- 化学物質の個人ばく露測定のガイドライン（日本産業衛生学会 産業衛生技術部会）
- 作業環境測定基準[4]・作業環境評価基準（厚生労働省告示）
- 検知管を用いた化学物質のリスクアセスメントガイドブック（職場のあんぜんサイト）

また、屋外作業については検討の対象に含めるが、化学物質の危険性（爆発火災等）については検討の対象外とすることも前提とした。

　なお、本検討会では、作業者の呼吸域でのばく露濃度を実測あるいは推定する方法を含めて検討した。呼吸用保護具を使用した場合に作業者が吸入する濃度については、本報告書の評価に基づいて、選択した呼吸用保護具とその防護係数を加味して推測することになる。

　本報告書でリスクアセスメントの対象とする化学物質は、新たな化学物質管理において事業者が自律的にリスクアセスメントを行う物質であり、具体的には次が該当する。

- 特定化学物質障害予防規則、有機溶剤中毒予防規則、鉛中毒予防規則、粉じん障害防止規則、四アルキル鉛中毒予防規則（以下「特化則等」という。）の対象外の物質については、

リスクアセスメントが義務化され、かつばく露管理値が設定されている物質

・特化則等が適用除外となった場合には適用除外となった化学物質等も対象となること。

　本報告書では、基本的に経気道ばく露による健康面のリスクアセスメントを取り扱う。経皮吸収や皮膚、眼への有害性が認められる物質のリスクアセスメントは後述する CREATE-SIMPLE を用いて実施することが可能で、結果に応じ保護手袋や保護めがねなどの個人保護具等を着用するなどの対策がとれる。

　本報告書で述べるリスクアセスメントなどの方法は、化学物質管理者など職場の第一線でリスクアセスメントを行う者が準拠することを前提としている。あり方検討会報告書で言う化学物質管理の専門家がリスクアセスメント等を行うまたは助言する等の場合は、本報告書の方法を参照することが勧められるものの、化学物質管理の専門家の判断に基づく場合はそれ以外の方法を妨げるものではない。ただし「労働者の吸入する有害物質濃度がばく露管理値以下であることの基準」に関しては、本報告書の内容から危険側に偏らないよう慎重に判断することが強く勧められる。

　なお、本報告書中で使用する用語の定義を以下に示す。

A6.6

- **リスクアセスメント**：化学物質のリスクアセスメントでは、化学物質の有害性（ハザード）とばく露を組み合わせて健康影響を評価する。本検討会では、このうちばく露をモニタリングする手法について検討した。このばく露リスクアセスメントの目的は、単にばく露を下げることではなく労働者の健康障害を防ぐことが最終的な目的となる。厳密には「ばく露リスクアセスメント」であるが、本報告書では、以降簡略化してリスクアセスメントと称することとした。

- **ばく露管理値**：あり方検討会報告書において「ばく露限界値（仮称）」と称されていたもの。省令では「厚生労働大臣が定める濃度の基準」とされているが、専門家の参集を得て行う会議（以降「ばく露管理値にかかる専門家会議」と称する）で呼称を「ばく露管理値」とすることとされたので、本報告書中ではこれを用いた。

- **専門家**：あり方検討会報告書には、化学物質による労働災害が発生した際に、確認・指導を行う「化学物質管理の専門家（以下「化学物質管理専門家」という。）」、要件としては労働衛生コンサルタント（労働衛生工学、5 年以上の経験）、衛生工学衛生管理者（8 年以上の経験）、作業環境測定士（8 年以上の経験）、オキュペイショナル・ハイジニスト（IOHA 認証）があげられている。また作業環境測定結果が第 3 管理区分であった場合に改善の可否等の意見を述べる「作業環境管理の専門家（以下「作業環境管理専門家」という。）」、要件としては作業環境測定士（6 年以上の経験）、衛生工学衛生管理者（6 年以上の経験）、労働衛生コンサルタント（労働衛生工学、3 年以上の経験）、オキュペイショナル・ハイジニスト（IOHA 認証）があげられている。本報告書で単に専門家といった場合は両方の専門家を指す。

- **変更の管理**：取扱物質や作業条件、または化学物質の危険性や有害性情報に変更があった時に、その変更に関連する管理を随時見直すことで、本報告書では原則としてリスクアセスメントを再度行うことを指す（実際にはこれ以外に変更内容の労働者への周知なども必要）。

- **長時間評価**：ある作業をある間隔で長い年月継続した場合のばく露による健康影響（慢性

影響）のリスクを評価するもので、その作業の1日内における継続時間にかかわらず、たとえその時間が短くても必ず行う。この評価では原則8時間のばく露量を見積り、「8時間ばく露管理値」を基準値として比較する。リスクアセスメントの基本と言える。

- **短時間評価**：短時間のばく露による健康影響（急性影響）のリスクを評価するもので、「短時間ばく露管理値」が定められた化学物質のみを対象とし、短時間で高濃度のばく露のおそれがある場合のみに行う。「短時間ばく露管理値」の詳細（定義）が「ばく露管理値にかかる専門家会議」により決定されていないため、本報告では次のa)、b)の2つに相当する値を想定する。これらa)、b)の値は、いずれも一部の化学物質についてのみ設定されている。
  - a) 米国 ACGIH の TWA-STEL 値：「1作業日で超えてはならない15分間の時間加重平均値」
  - b) 米国 ACGIH の TWA-C 値：「いかなる時点においても超えてはならない濃度」。日本産業衛生学会もほぼ同じ概念の濃度として「最大許容濃度」を設定している。
- **個人ばく露測定**：「化学物質の個人ばく露測定のガイドライン」に準拠した方法を指す。
- **リアルタイムモニターによるリスクアセスメント**：「リアルタイムモニターを用いた化学物質のリスクアセスメントガイドブック」に準拠した方法を指す。
- **リアルタイムモニター**：化学物質（ガス・蒸気状物質）を測定するものに限定し、直読式であり、軽量・小型で体に装着可能なものや、手に持って、あるいは肩に下げて測定ができる測定機器を指す。
- **検知管によるリスクアセスメント**：「検知管を用いた化学物質のリスクアセスメントガイドブック」に準拠した方法を指す。
- **簡易測定**：検知管またはリアルタイムモニターを用いた測定を指す。
- **ばく露測定**：個人ばく露測定および簡易測定の総称
- **作業環境測定**：A・B測定またはC・D測定を用いてリスクアセスメント（労働者が吸入する有害物質の濃度がばく露管理値以下であることを確認することを含む）を行うことを指す。
- **同等ばく露グループ**：ほぼ同等のばく露を受けている作業者のグループ。
- **均等ばく露作業**：労働者がばく露される対象化学物質の量がほぼ均一であると見込まれる作業。

イ　検討結果の概要

　ばく露のリスクアセスメントのうち長時間評価について、検討結果の概要を下図に示す。
　リスクアセスメントの実施時期（後述）において、リスクアセスメントが開始されることになるが、まず、適切な事前調査が必要である。次いで、できる限り実測による方法をとることが原則的に望ましいものの、数理モデルである CREATE-SIMPLE により、まずスクリーニングを実施することが可能である。その利点については、後述の CREATE-SIMPLE の節で述べる。また CREATE-SIMPLE では経気道ばく露だけで行うことを基本とする。経皮ばく露がある場合（皮膚に化学物質が接触する場合等）のみ、経皮ばく露を加えて行う。また CREATE-SIMPLE を経由しないで実測を選択する場合、リスクレベル S（皮膚、眼への有害性が認められる）の評価が行われないことから、別途、GHS 分類情報の確認により労働安全

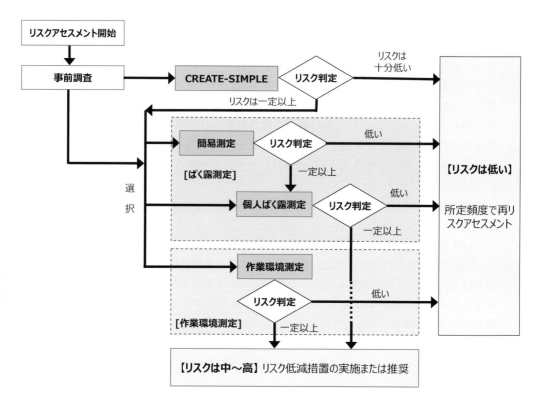

図 1　ばく露リスクアセスメント（長時間評価）の概要

衛生保護具の着用の有無の評価を行う必要がある。

　CREATE-SIMPLE の評価結果でリスクが一定以上であれば実測が必要となる。事業者は、ばく露測定あるいは作業環境測定を選択して実施する。その結果、ばく露測定で管理区分 3、または作業環境測定で第 3 管理区分と評価された場合は、ばく露管理値を超えていると判断されるため（ばく露測定や C・D 測定の場合、統計的に労働者の 50％以上程度が超えている）、事業者は、ばく露低減対策や呼吸用保護具着用の措置が必要となる。ばく露測定で管理区分 2、作業環境測定で第 2 管理区分であれば、ばく露管理値を超えるおそれがあり（ばく露測定や C・D 測定の場合、統計的に労働者の 5 ～ 50％程度が超えている）、ばく露低減対策の実施が強く望まれる。CREATE-SIMPLE でリスクレベルⅠ、またはばく露測定で管理区分 1（1A、1Bと 1C）、または作業環境測定で第 1 管理区分の場合、労働者の吸入する有害物質濃度がばく露管理値以下であると判断できる。また、各リスクアセスメント法による各々の結果に応じ、後述する所定の間隔で再測定や再リスクアセスメントを実施する。

　短時間ばく露のリスクアセスメントは、ばく露管理値にかかる専門家会議によって短時間ばく露のばく露管理値が示された場合に実施する。化学物質管理者等のリスクアセスメント実施者が、短時間で高濃度のばく露のおそれがあると判断した場合に、個人ばく露測定や検知管・リアルタイムモニターを用いた測定によって評価する。CREATE-SIMPLE は適用できない。なお、作業環境測定の D 測定及び B 測定（B 測定は、作業時間中の濃度が最も高くなると思われる時間と場所において行う測定であるため、作業によっては D 測定より高い値となる可能性があり、その場合において）を適用できる。

　混合物の場合は、原則として物質ごとに評価することとする。ただし、化学物質管理専門家が判断する場合は、有害性、揮発性の低い物質は省略したり、健康影響が同じ物質は加算しての評価も可能である。リアルタイムモニター及び検知管は妨害がない場合あるいは過大評価になる場合等は使用してもよい。

　測定の実施者については、第一種作業環境測定士、作業環境測定機関等、当該測定について十分な知識及び経験を有する者により実施されることが適切であるとした。

　リスクアセスメント結果の記録については、CREATE-SIMPLE の実施レポートに基本情報等が掲載されているので、これを記録とし保管することを推奨する。加えて、その他の調査・観察事項等、結果に基づく措置、実測によるリスクアセスメント結果等も同レポートの所定欄に追加記録しておくこととした（改修を計画中である）。

（2）事前調査

　「化学物質等による危険性又は有害性の調査等に関する指針」によれば、リスクアセスメントの実施時期は、①化学物質等を原材料として新規に採用し、又は変更するとき、②化学物質等を製造し、又は取り扱う業務に係る作業の方法の又は手順を新規に採用し、又は変更するとき、③化学物質等による危険性又は有害性等について、変化が生じ、又は生ずるおそれがあるときとされている。このうち、本報告書が特に対象としているのは、新たに「ばく露管理値」が設定されたときであり、③に該当する。また、それ以外に上記①、②、さらには再リスクアセスメントが必要となったとき等もリスクアセスメントの実施時期となる。

　まず、リスクアセスメントを実施する第一歩は事前調査であり、これを必ず行う。「化学物質の個人ばく露測定のガイドライン」「検知管を用いた化学物質のリスクアセスメントガイドブック」「リアルタイムモニターを用いた化学物質のリスクアセスメントガイドブック」のいずれも、事前調査に紙面を割いて解説している。

　たとえば、「化学物質の個人ばく露測定のガイドライン」では表1のようにポイントがまとめられている。これを参考に、対象作業の内容について作業場の文書・記録類の調査、作業場の管理者等への聞き取りや作業場の観察などによって調査し記録する。

　「リアルタイムモニターを用いた化学物質のリスクアセスメントガイドブック」では事前調査の詳細な解説が掲載されているので、ポイントを紹介する。

① 　対象物質の確認

　安全データシート（SDS）等でリスクアセスメント対象物質の有害性を確認する必要があるが、後述する CREATE-SIMPLE のツール（Excel）に内蔵されている多数の物質についてこのツールから必要な情報を得ることができる。ばく露限界値については、本報告書では、ばく露管理値が示された化学物質を対象としているので、これを充てることになる。ばく露管理値も CREATE-SIMPLE のツールに内蔵される予定である。

② 　対象とする作業の選定

　リスクアセスメントとはある化学物質の取扱作業のリスクを評価することであるが、この評価には長時間評価と短時間評価の2通りがある。

　また、リスクアセスメントの方法には長時間評価と短時間評価への適／不適がある。これを表2に整理する。

　なお、従来からの作業環境測定（A・B測定、C・D測定）の目的は、作業環境の良否の把

表 1　作業場の事前調査の方法と調査内容（下線は CREATE-SIMPLE への入力事項）

方法	調査内容の例（*1）
情報の事前入手 （文書情報など）	作業場での一般調査内容の一部
作業場での一般調査 （文書、記録など）	事業場・作業場の組織 生産工程、実施場所 主要取扱化学物質とその SDS 過去のばく露評価・管理の記録 過去の測定結果（作業環境測定などを含む） 特殊健康診断の記録 過去の事故、苦情等の記録
作業場の管理者から の聞き取り（*2）	評価対象とする化学物質 職場での作業分担（SEG の設定） 代表的な作業と手順（取扱物質、頻度、時間等） ばく露の有無、ばく露やその懸念のある作業 過去の事故、苦情等 非定常作業
作業場の観察	工程、取扱物質、作業状況全般 発生源の状況（取扱量、温度、囲い等） 有害物質の伝播の状況（全体換気、局排、気流等） 作業方法（大きな発散、移動、近接作業、皮膚吸収、保護具等） 整理整頓（汚染した器具、ウエス、廃棄物等） 作業者へのヒアリング（ばく露の実感、懸念等） ばく露の有無とその程度（有害因子毎。8 時間/短時間毎） 測定の要否 ばく露の主な原因（発生源、拡散状況等） 必要なリスク低減措置の候補案（作業環境管理対策を含む）

*1: 代表的な例を示したもので、これらが全てでなく、また必ず行うことでもない
*2: 必要に応じ、事業場の作業環境測定士、衛生管理者、産業医等からも聞取りを行う
（「化学物質の個人ばく露測定のガイドライン」、産衛誌 57 巻、A20、2015。一部改変）

握とされる。一方、本報告書での作業環境測定（A・B 測定、C・D 測定）は、その方法は従来と同じであるが、その目的はリスクアセスメントであり、「労働者が吸入する有害物質の濃度がばく露管理値以下であることを確認する方法」であることに注意が必要である。

　リスクアセスメントを行う事業場において化学物質を取り扱う作業は一般的に複数存在するが、優先順位をつけ、最もリスク（有害性×ばく露）が大きいと思われる作業から順にリスクアセスメントを行うことが効果的、効率的である。ここで、有害性の大きさについては、ばく露限界値や GHS 情報から、ばく露の大きさについては、物質の使用量、作業の方法や工程、取扱時間、および職場の管理者や作業者からの意見などをもとに判断する。なお、異なる有害性の化学物質については、ばく露限界値から有害性を比較することはできない。
③　事前調査でばく露が大きい場合の対応
　事前調査で明らかにばく露が大きいと考えられる場合には、まず容易にできるリスク低減措置などの対応を実施したうえで、リスクアセスメントを行うことが勧められる。明らかにばく

表2　長時間評価と短時間評価に対するリスクアセスメント方法の適否

リスクアセスメント法	長時間評価	短時間評価
基準値（ばく露管理値）	8時間値 （長時間値）	15分値 （短時間値）
CREATE-SIMPLE	○	×
リアルタイムモニター	○	○
個人ばく露測定	○	○
作業環境測定	○（A・B、C・D測定）	○（B、D測定）
検知管	×（*）	○

*：「パッシブ・ドシチューブ」などの長時間測定用の検知管による測定は、個人ばく露測定の一手法として取り扱う。

露が大きいとは、たとえば、以下の例などである。

- 有機溶剤の臭気が強く感じられる。
- 換気の悪い場所で有害物質の発散が見受けられる。
- 粉体取扱箇所で著しい発じんが目視できる。
- 作業現場にて過去に事故やヒヤリハットなどの事例があった（作業中に気分が悪くなった等）。
- 作業者等からの苦情がある。

ただし粉じんが見えない、臭気がないという状況でも化学物質のばく露リスクが低いとは限らない点に注意が必要である。

さらに、容易にできるリスク低減措置とは、以下の例などである。

作業環境管理対策としての例：

- 発散源が開放されている設備は可能な限り密閉化、包囲化する。
- 有害物質を作業者から物理的に隔離するために仕切り板、カーテンなどを設ける。

作業管理対策としての例：

- 発散源となる有機溶剤の容器等をフード内に格納する。
- 作業位置を常に風上側になるよう変更する。
- 有害物質容器に常に蓋をする。
- 作業後汚染した治具類を速やかに洗浄・払拭する。
- 汚染ウエス、廃棄物等から有害物質が飛散しないように袋等に入れて片付ける。

ただし、囲い込んだ場所で作業を実施することは高濃度ばく露となるため、作業そのものを囲い込む際には注意が必要である。

④　モニタリング手法の選定について

「あり方検討会報告書」によれば、労働者が吸入する有害物質の濃度をばく露管理値以下に管理する方法として、以下の方法を挙げている。

- 当該労働者に係る個人ばく露測定の測定値（実測値）とばく露管理値を比較する方法
- 作業環境測定（A・B測定又はC・D測定）の測定値（実測値）とばく露管理値を比較する方法
- 「CREATE-SIMPLE」等の数理モデルによる推定値とばく露管理値を比較する方法

　本報告書では、この３つの方法を取り上げており、事前調査の段階でいずれの方法が適するかを検討することもよい。

　※ばく露低減対策として、発生源の特定や工学的対策を実施するために、その有効性を確認する場合には、よくデザインされた「場の測定」と組み合わせた総合的な測定を実施することが必要である。

⑤　ばく露測定を行う場合の対象者の選定について

　ばく露測定（個人ばく露測定等）および作業環境測定のＣ・Ｄ測定においては、測定の対象者を選定する必要がある。リスクアセスメントの対象とする化学物質の取扱作業は、一人だけの作業者が行うこともあるが、一般には複数の作業者が行うことが多い。この作業者(例：５人)を一つのグループと考えた場合、リスクアセスメントの目的はこのグループのリスクを評価しリスクを抑えることになる。リスクアセスメントの測定自体はある一人の作業者に対して行うが、その目的はあくまでグループのリスクの抑制であり、その個人ではない。したがって、ある測定値はグループを代表する値と捉えることが適切であり、必要以上に被測定者と結び付けて捉えるべきではない。（但し、測定時に被測定者に特異的なばく露があった場合等は除く）。

　従って、測定対象者はそのグループから原則任意に選ぶが、職場の監督者などに当日の作業予定を確認し、非定常的な仕事をする予定者は測定対象から外し、代表的な作業を行う者を選ぶようにする。また、もしグループの中で作業内容が若干異なり、ばく露に差が想定されるような場合は、過小評価を避ける意味で、高めの作業者を選択することが良い。

　なお、リスクアセスメントの結果リスク低減措置を検討する場合にも、リスクアセスメントで測定した対象者個人のリスクを抑える（例：測定対象者に対してのみ作業方法の改善を行う）のではなく、対象グループ全体のリスクが低減できるようにする。

　ばく露測定では、事前調査で「同等ばく露グループ」を特定しこの中から対象者を選択する。一方、作業環境測定のＣ・Ｄ測定では、「均等ばく露作業」を特定しこの作業に従事する労働者から対象者を選択する。

〈参考情報：同じ作業者が異なる作業場で同一化学物質を取り扱う時の対応—同等ばく露グループと均等ばく露作業の違い〉

　次のような２つの作業、作業Ｅ、作業Ｆのリスクアセスメント（長時間評価）を行うと仮定する。作業Ｅ、Ｆは同じ労働者により、各々１日の午前、午後に、各々作業場ＰおよびＱで行われる。作業の内容は異なるが、使用する物質（Ｘ）は同じである。

表３　同じ労働者によって異なる作業が行われる場合

作業名	作業Ｅ	作業Ｆ
作業場	Ｐ	Ｑ
作業のタイミング	午前	午後
作業内容	作業Ｇ	作業Ｈ
取扱物質、化学物質	Ｘ	
作業者（グループ）	同じ	

A6.6

　この時、作業 E、F を各々評価するのか、またはまとめて評価できるのかは、リスクアセスメントの方法により、表4のように異なる。

表4　表3のケースにおけるリスクアセスメントの実施方法

リスクアセスメント法 (長時間評価)	リスクアセスメントの実施方法	
	作業 E、F 別々	作業 E、F 一緒
CREATE-SIMPLE	○	×
リアルタイムモニター	△	○（作業 E、F を通し測定）
個人ばく露測定	△	○（作業 E、F を通し測定）
作業環境測定	○	×

　　　○：推奨、△：可能、×：不適

　個人ばく露測定やリアルタイムモニターの長時間評価では、作業 E、F を分けて測定することもできるが、1日通して1つのサンプラーで測定することが効率的で一般的である。一方、作業環境測定は必ず作業場（単位作業場所）毎に評価することになる。
　上記のようなケースで、均等ばく露作業は、「同じ測定対象物質の均等ばく露作業 G、H があり、G が午前中、H が午後に行われる場合、単位作業場所は2つとなり個々に C 測定と評価を行う」とされており（「デザインサンプリングの実務、C・D 測定編」、日本作業環境測定協会、p.21）、この場合は午前と午後の2つの作業に分かれる。均等ばく露作業は「単位作業場所に紐づけられた作業」に着目した概念である。一方、上記のケースで、同等ばく露グループは途中で作業場が P、Q と変わってもグループは1つで変わりはない。同等ばく露グループは「作業者」に着目した概念である。このように、同等ばく露グループと均等ばく露作業は類似した概念でありながら一部異なっているために、本報告書では使い分けている。

（3）CREATE-SIMPLE によるリスクアセスメント

　事前調査の結果を踏まえて、数理モデルである CREATE-SIMPLE によりスクリーニングを実施することが可能である。CREATE-SIMPLE の検証のために収集されたばく露測定データと CREATE-SIMPLE によるリスク評価結果を比較したところ、推定値が実測値を下回ることがほとんどなく安全側の評価であった。特にリスクレベル I であれば、推定値は実測値をすべて上回っていた。
　CREATE-SIMPLE を行うことの利点として、リスクに応じた合理的な管理との観点から、リスクが十分低いことが確認できれば実測せずにリスクアセスメントを終了することができること、化学系大企業等でリスクアセスメントの対象作業が数千件以上など膨大になる場合等にも現実的に対処し得ること、また CREATE-SIMPLE を使用することにより、リスクアセスメント結果を電子化された共通様式で保存可能であることが挙げられる。
　具体的な手順は、「CREATE-SIMPLE を用いた化学物質リスクアセスメントマニュアル（最新版、「職場のあんぜんサイト」に掲載）」に従う。まず、事前調査で得た情報を入力する。ばく露を評価する目的であるので、この時点では呼吸用保護具は使用しない条件で入力する。

　なお、CREATE-SIMPLE では、常温でガス状の物質（塩素、硫化水素等）、および溶接作業や研磨作業等で発生する粉じんについては評価ができないものがあるため、実測して判断する。呼吸器感作性物質については、ばく露管理値が呼吸器感作性を根拠に定められている物質については CREATE-SIMPLE が適用できるが、そうでない場合は判定結果が不十分（危険）な場合がある。したがって呼吸器感作性物質については適宜産業医または化学物質管理専門家に相談する。

　入力に際し、特に取扱量や換気状況については評価結果を大きく左右するので、注意が必要である。取扱量は「取り扱う」量であり、「消費する（作業中に揮発などで減少する）」量ではない。換気については、例えば、全体換気や局所排気がある場合でも、発生源または作業位置がその気流の流れから外れた位置にある場合などは、その換気条件の CREATE-SIMPLE への入力は不適切となる。CREATE-SIMPLE への入力因子について不明な点や判断に迷うことがあれば、専門家の助言を求めるとよい。

　CREATE-SIMPLE の入力因子は限られており、入力因子に関係しない職場の特別な状況やその変化（例：周囲の汚染されたぼろ布などから物質の発散が大きい、または逆に周囲の汚染物質を片付けた、発散源との間に仕切りを設けた等）がある場合は、CREATE-SIMPLE の結果に頼ることは適切でなく、実測を行うことが勧められる。

　CREATE-SIMPLE は主に経気道ばく露のリスクを評価するものであるが、付随した機能として経皮吸収や皮膚、眼への有害性が認められる物質の皮膚接触や経皮吸収によるリスクの評価ができる。さらに、入力した作業条件等をそのまま利用し、安全面（火災、爆発）の簡単なリスクアセスメントができる機能も備わっている。

　CREATE-SIMPLE による評価結果はリスクレベル I ～ IV で示される。リスクレベルに応じた対応手順は表 5 に示すとおりである。

表 5　CREATE-SIMPLE によるリスクアセスメント結果と対応手順

リスクレベル	対応手順
I	リスクアセスメントを終了し、現状を維持する。注 1 ） たとえば 3 年以内(*1)に、再リスクアセスメントを実施する。
II	実測によるリスクアセスメントを実施する。 または、ばく露低減対策を実施した場合、直後に再リスクアセスメント(*2)を実施する。注 2 ）
III、IV	実測によるリスクアセスメントを実施する。 ばく露低減対策を実施した場合でも、実測によるリスクアセスメントを実施する。

注 1 ）リスクアセスメント記録を 3 年間（発がん性物質の場合は 30 年間）保存する。

注 2 ）リスクレベル II でも実測すると管理区分 1 （1A、1B と 1C）や第 1 管理区分に収まることも多く、過大な対策費の抑制が可能。簡単な対策でリスクレベル I になるようであれば実施すればよいが事業者の判断事項。

*1：最長 3 年という根拠は、リスクアセスメント記録の保存義務期間による。多品種少量生産等で、製造ライン・使用量が頻繁に変動する場合、物質の有害性が高い場合、ばく露管理値が特に小さい場合、使用量が特に多い場合、取扱労働者が多い場合、作業手順書が整備されていない場合等は間隔を短くする。専門家の指導・確認などの関与がある場合は間隔を 3 年までのばすことができる。間隔は事業者の判断事項。

*2：方法は任意。事業者の判断（注：CREATE-SIMPLE でもよい）

　CREATE-SIMPLE でリスクレベル I の場合、労働者の吸入する有害物質濃度がばく露管理値以下であると判断できる。

　上表における「再リスクアセスメント」は後節で実測を行った場合にも発生するが、これに関して重要なことは、再リスクアセスメント時には、作業現場の事前調査を必ず再度行うことである。前回の事前調査の結果を参照し、これに比較して現在の作業状況に変化がないか、またどこが変化したかを確認する。もし変化があった場合は、リスクアセスメントを再度行う。その方法は任意であり CREATE-SIMPLE でもよい。CREATE-SIMPLE の入力因子に関係しない変化の場合は実測を行う。もし変化がない場合には、前回の CREATE-SIMPLE の結果を確認し、入力内容が現状と変わらないのであれば、CREATE-SIMPLE の入力を再度行う必要はなく、再リスクアセスメントを行ったとの記録を残して終了としてよい。

　上記および後節では、定期的な再リスクアセスメントの間隔を定めており、これはリスクアセスメント後の作業場の変化の可能性に備えるものである。ただし、このような定期的な間隔の間においても作業条件等の変化の可能性は常にあり、場合によりリスクが大きく変化し得る。これに随時対応するために「変更の管理」を必ず実施することとする。

　変更の管理の考え方は、わが国でも次のように具体的に見られる。

- 2016 年から施行、義務化された化学物質のリスクアセスメントの指針では、リスクアセスメントを行う時期として「化学物質、製造や取扱いの手順、または化学物質の危険性や有害性情報に変更があった時」が明示されている。

- 労働安全衛生マネジメントシステム、ISO 45001 においては、同様の概念として変更の管理が明記されている（JIS Q 45001、8.1.3 項）。その目的は、「変更が生じた際に、新たな危険源及び労働安全衛生リスクが作業環境に取り込まれることを最小限に抑え、職場の労働安全衛生を向上させること」とされる。

　変更の管理を適切に行うためには、事業場内でまず「変更」を常時監視する仕組みが必要である。次いで、その発生時にそれが化学物質管理者等に伝達され「変更の管理」すなわち再リスクアセスメントが行われなければならない。したがって事業所の中でこのような仕組みを構築しておく必要がある。例えば事業場で新たな化学物質を導入（購入など）する場合には、その使用目的や関連する作業を確認し、必要に応じてリスクアセスメントを実施する。設備の新設や改造においては、それに伴って変化する化学物質や作業手順を確認し、それに関して変更の管理を実施する。事業場内で変更の管理の意識を浸透させ確実に実行するためには、例えば安全衛生委員会などで変更の管理について定期的に取り上げ随時実施を要請する、および変更の管理の実施報告を行うといった運用は有効と考えられる。

　変更の管理に関係して重要なことは「作業手順書（SOP）の作成」である。そもそも作業の正確さや効率性、および安全衛生の確保の上から作業毎に作業手順書を作成することは基本である。作業手順書が作られ職場に定着していれば、作業内容等に変化があった場合当然作業手順書の変更をまず行うので、これを機会として変更に伴う再リスクアセスメントを行うことができる。化学物質取扱作業に関して、作業毎に作業手順書を作成することは強く推奨される。

　さらに、CREATE-SIMPLE に関しては、ばく露管理値をツールに反映することや、リスクアセスメント記録として保存するため、事前調査のやや詳しい結果や、実測した場合の結果の要約を記録できる機能などの改修が計画されているので、最新版を使用することを心がけるとよい。

A6.6

　CREATE-SIMPLE 以外の定量的・定性的なリスクアセスメント手法も複数存在し、大手事業場などによっては独自の手法を用いているところもある模様である。このような場合、化学物質管理専門家がその内容を確認し検証した場合は、CREATE-SIMPLE 以外の方法を妨げるものではない。ただし「労働者の吸入する有害物質濃度がばく露管理値以下であることの基準」に関しては、「CREATE-SIMPLE のリスクレベル I」から危険側に偏らないようにするべきである。

（4）ばく露測定によるリスクアセスメント（長時間評価）

　ばく露管理値（8時間）は8時間を通じたばく露に対する基準値なので、ばく露測定にあたっては、長時間評価における測定時間は8時間を原則とする。

　例外として、測定時間を8時間未満とする場合には、以下の①〜③に留意する必要がある。

　① ばく露（作業）が、ある時間帯に限定される場合

　ばく露のある時間帯だけを測定し、測定データを得る。測定値の評価にあたっては、以下に留意する。

A6.6

　作業時間（測定時間）が短い場合にその時間内での平均濃度が高くなりすぎないように注意しなければならない（下記の「例」、および「参考」参照）。このために、測定データが、短時間ばく露管理値（設定されている場合）、またはばく露管理値の3倍（短時間ばく露管理値が設定されていない場合）を超えている場合は、労働者のばく露濃度がばく露管理値を超えている（管理区分3相当、長時間評価の結果としての扱い）と判断し、ばく露低減対策や呼吸用保護具着用の措置が必要となる。

　　〈例〉 ばく露管理値（8時間）が 10ppm の物質（短時間のばく露管理値は未設定）を取り扱う1日2時間だけの作業がある。この作業を2時間、3回測定し3点の測定値を得たところ、その算術平均値は 36ppm であった。ばく露の8時間加重平均値は 9ppm （=36 × 2/8）であり、ばく露管理値を下回るが、作業時間におけるばく露の平均値（36ppm）が8時間ばく露管理値の3倍（30ppm）を超えるため、この作業については管理区分3と判断した。

　参考：上記の例のように、測定値から算定される8時間時間加重平均値がばく露管理値内である場合でも、「短時間での高いばく露」には注意を払う必要があり、内外のばく露測定のガイド類には「短時間高ばく露」を避ける方法が示されている。下記にその例を示す。

　a）米国 ACGIH：「3-5 ルール」と称し、以下を判断の目安として示している。「労働者の一時的なばく露は、1回15分以内であれば TWA 値（8時間時間加重平均値）の3倍を超えてよいが、その間隔は1時間以上開きかつ1日に4回まででなければならない。但し、如何なる状況であれ15分間ばく露値として TWA 値の5倍を超えてはならない。これに加えて8時間労働として TWA 値を超えてはならない。」

　b）日本産業衛生学会（許容濃度）：「濃度変動の評価」として、「（前略）どの程度の幅の変動が許容されるかは物質によって異なる。特に注記のない限りばく露濃度が最大になると予想される時間を含む15分間の平均ばく露濃度が、許容濃度の数値の 1.5 倍を超えないことが望ましい」としている。

> c) 化学物質の個人ばく露測定のガイドライン（日本産業衛生学会）：「短時間高ばく露が懸念される測定結果においては、短時間評価相当の評価を行うことにより短時間高ばく露を防ぐこととし、STEL 値がある物質については STEL 値を、ない物質については 8 時間ばく露限界値の 3 倍値を STEL 相当値として用いる」としている。

② ばく露が「一定（*1）」と事前調査と過去の測定値で判断できる場合

少なくとも 2 時間を測定。測定して得た値を測定値とする。

（*1: 過去の測定結果から、工程、取扱量、換気条件などが 1 日を通して、および異なる日で「同一」の場合。例：ライン製造工程や印刷工場などで、自動化や密閉化等により化学物質の発散が手作業にもとづかない場合等）

③ ばく露が「ほぼ一定（*2）」と事前調査と過去の測定値で判断できる場合

原則、作業時間の全てを測定することが望ましい。

8 時間未満しか測定ができない場合、換算係数を掛ける方法がとれる。

（*2: 過去の測定結果から、工程、取扱量、換気条件などが 1 日を通して、および異なる日で「ほぼ同一」だが、時間的変動がないとは言えない場合（例：手作業にもとづく化学物質の発散がある等））

測定時間を短縮する場合は、過去の測定から、幾何平均値等を算定し、それに基づいた換算係数を算定することが原則である。なお、日本産業衛生学会のガイドライン（日本産業衛生学会 2015）においては、一定の条件下で使用できる換算係数を表 6 のとおり示している。例えば、1 日のばく露（作業）時間が 6 時間の場合、最短で 1 時間以上 1.5 時間（=6 × 2/8）未満の測定を行うことが可能で、この時の換算係数は 2.0 となる。

なお、上記ガイドラインの換算係数は、過去の測定データ（Kumagai & Matsunaga 1999）の 90 パーセンタイル値から算出されているが、ACGIH（2022）では、よく管理されている工程においては、短時間ばく露値の幾何標準偏差は 2.0 であり、全測定値の 95％が幾何平均値の 3.13 倍の範囲内となるとしている。

表 6　測定時間が 8 時間未満の場合の対応

	1 日のばく露（作業）時間		換算係数
	（A）8 時間	（B）8 時間未満（T 時間）(*)	
測定時間	1 時間以上 2 時間未満	［T × 1/8］以上 ［T × 2/8］未満	2.0
	2 時間以上 4 時間未満	［T × 2/8］以上 ［T × 4/8］未満	1.5
	4 時間以上 6 時間未満	［T × 4/8］以上 ［T × 6/8］未満	1.2
	6 時間以上	［T × 6/8］以上	1.0

（* 最短測定時間は 1 時間とする）

測定値の評価は次のように行う。

- 1 日のばく露（作業）時間が 8 時間の場合（表中 A）、測定データに換算係数を掛け、8 時間加重平均値とする。
- 1 日のばく露（作業）時間が 8 時間未満の場合（表中 B）、測定データに換算係数を掛け、①と同様に、短時間ばく露も踏まえた評価を行う。

　ばく露測定において作業時間が8時間を超える場合は、以下の Brief & Scala モデルにより修正することとした。

$$ばく露管理値(T 時間)=ばく露管理値(8 時間)\times 8/T \times(24-T)/16$$

　なお、「パッシブ・ドシチューブ」などの長時間測定用の検知管が一部の化学物質について利用できる。本報告書ではこれら検知管を「個人ばく露測定用パッシブサンプラー」とみなして取扱い、その測定結果は個人ばく露測定として取り扱う。

ア　リアルタイムモニターによる長時間評価

　リアルタイムモニターを用いて測定することが可能な物質（約270物質）の場合、「リアルタイムモニターを用いた化学物質のリスクアセスメントガイドブック」に基づいた手順で評価することができる。なお、粉じんや粒子状物質のリスクアセスメントはできない。その方法の概略は次のとおり。

- サンプル数（測定回数、n）は5以上が望ましい。サンプル数が1～4でも可能だが、この場合でも多いほど望ましい。
- リアルタイムモニターを被測定者の呼吸域に装着し、所定時間測定し測定データを得る。測定データから測定値を求める。
- n 個のサンプルの測定値の算術平均値（AM）を求める。
- 算術平均値（AM）とばく露管理値を比較、評価し、管理区分を求める。

　上記ガイドブックはサンプル数が4以下の場合の安全係数を定めているが、作業環境測定のC測定では労働者一人の測定も許されていることなどを考慮し、作業環境測定による評価との乖離を防ぐ意味から安全係数は使用しないこととする。

　ガイドブックでは6区分としているが、本検討会では表7に示す4管理区分に整理して取り扱うこととした。

表7　リアルタイムモニターによる長時間評価方法と結果の解釈

管理区分	評価方法	解釈（判定）
1A、1B（*）	AM＜ばく露管理値×0.1	十分に良好
1C	AM＜ばく露管理値×0.3	良好
2	AM≦ばく露管理値	ばく露管理値を超えるおそれがある。ばく露低減対策を実施することが強く望まれる。
3	ばく露管理値＜AM	ばく露管理値を超えている。直ちにばく露低減対策を実施する。

（*「1A、1B」で一語。新たな呼称を作った場合、元々の呼称と混乱するためこのようにした。）

　ここで、管理区分1（1A、1Bと1C）、及び管理区分2と3は、算出するための計算が若干簡略化されてはいるが、従来の作業環境測定における第1～第3管理区分と基本的な定義は同じである。管理区分1を細分化する理由については、次の個人ばく露測定の項で述べる。

　管理区分1（1A、1Bと1C）の場合、労働者の吸入する有害物質濃度がばく露管理値以下であると判断できる。

各管理区分に応じた対応は表8に示すとおりとした。

表8　リアルタイムモニターによる長時間評価結果と対応手順

管理区分	対応手順
1A、1B	たとえば3年以内に再度リスクアセスメント（＊）を実施する。（間隔は事業者の判断）
1C	たとえば2年以内に実測によるリスクアセスメントを実施する。（間隔は事業者の判断）または、ばく露低減対策を実施した場合、たとえば2年以内にリスクアセスメント（＊）を実施する。
2	「ばく露管理値を超えるおそれがある。対策を実施することが強く望まれる。」個人ばく露測定によるリスクアセスメントを実施する。または、ばく露低減対策を実施した場合、直後に再度リスクアセスメント（＊）を実施する。（注1）
3	「ばく露管理値を超えている。直ちに対策を実施する。」個人ばく露測定によるリスクアセスメントを実施する。ばく露低減対策を実施した場合でも、直後に確認のために個人ばく露測定を実施する。（注2）

注1）　リアルタイムモニター測定では不確実さが伴うため、管理区分2では対策の有無によらず、そのまま一定期間置くことはせず、個人ばく露測定に進むか、またはリスクを低減させる。
注2）　リアルタイムモニター測定では不確実さが伴うため、対策の有無によらず個人ばく露測定を実施する。
＊：方法は任意。事業者の判断（注：CREATE-SIMPLEでもよい）

A6.6

この管理区分についての説明は以下のとおり。
- 管理区分1A、1B：十分に良好。ここで、実測定をしたということはCREATE-SIMPLEのリスクレベルがⅡ以上であったということになる。但し、CREATE-SIMPLEの結果と実測値の比較結果では前者の方がリスクが高く出る傾向が明らかであった。従って、実測の結果が管理区分1A、1Bということは、リスクが低いことが確認されたと解釈できる。このため再リスクアセスメントの間隔はCREATE-SIMPLEでのリスクレベルⅠと同様に3年以内とした。
- 管理区分1C：良好であり、1A、1Bに準じた解釈ができる。但し、過去の作業環境測定等において、第1管理区分が次回に2となったという事例が時々見られる。このため、管理区分1A、1Bよりも間隔を短くし、さらに信頼性を高める意味で再測定とした。また、ばく露低減対策は必要ではないが、何らかの対策を行った場合には所定の期間の後にリスクアセスメントを行う（CREATE-SIMPLEでも可）こととした。
- 管理区分2、3：より信頼性の高い個人ばく露測定に進む。またこの時点でばく露低減対策を行うことも可能としており、その場合の再評価の方法はリスクに応じて設定した。

〈参考：再リスクアセスメント／再測定の間隔〉
　以上において、管理区分1A、1B、1Cで再リスクアセスメント又は再測定の間隔は従来の作業環境測定の6月以内より長く3または2年以内としている。この理由について検討会で出た意見を含め説明を示す。
- 自律的な化学物質管理の下では、リスクに応じた合理的な対応がなされるべきで

　ある。事業者の費用対効果の観点からリスクに応じた間隔が妥当である。

- 化学物質の取扱いの多い大〜中企業では、リスクアセスメントの数が数千から数万にのぼる実情がある。現実的な対処のためにはリスクに応じた間隔の設定が妥当である。
- 従来の特化則等における管理の課題として、事業者側から、第1管理区分が継続されている作業場（ばく露リスクは極めて小さいと考えられる）において6月ごとに測定を継続することは過剰であると指摘されていた。（特殊健康診断においても同様な指摘があった）。このような過剰な対応を強制することは自律的な管理にそぐわない。
- 欧米の法令やガイドラインにおいても、再測定が必要な場合の間隔は前回の測定結果に応じて変わり6月〜3年等である。（例：米OSHAはベンゼンに関して、ばく露が基準値以上の場合（第3管理区分相当）で6月後、基準値の1/2以上の場合（第2管理区分にほぼ相当）で1年後、それ未満は変更発生時のみの測定を規定。欧州のばく露測定ガイドライン（2018年）では、前回のばく露結果に応じ、1〜3年後の再測定を推奨。）。

- リスクアセスメントに作業環境測定（A・B測定、C・D測定）を用いた場合においても、この間隔は6月に固定せず結果に応じ柔軟な対応ができるようにした。
- 間隔が長くなることへの安全策として、2（3）項で述べた変更の管理、及び手順書の作成を行う。

イ　個人ばく露測定による長時間評価

　個人ばく露測定によるリスク評価に基づく手順については、日本産業衛生学会産業衛生技術部会提案の「化学物質の個人ばく露測定のガイドライン」に基づいて評価することができる。その方法の概略は次のとおり。

- サンプル数（測定回数、n）は5以上が望ましい。サンプル数が1〜4でも可能だが、この場合でも多いほど望ましい。
- 個人サンプラーを被測定者の呼吸域に装着し、所定時間測定し測定データを得る。測定データから測定値を求める。
- n個のサンプルの測定値の算術平均値（AM）を求める。AMは作業環境測定での第2評価値（対数正規分布における算術平均の推定値）と意味は同じ。サンプル数が1の場合は、AMは測定値そのものとする。
- ばく露分布の上側95％値（X_{95}）を次式から求める。この式は、作業環境測定で第1評価値を求める方法と同じで、X_{95}は第1評価値と全く同じ。

$$\log(X_{95})=\log(GM)+1.645\times\log(GSD)$$

　　（GM：幾何平均値）（GSD：幾何標準偏差）

- サンプル数が4以下の場合は、$X_{95}=3AM$としてX_{95}を求める。X_{95}とAMの比は統計的に参考図（図2）の関係となるので、同等ばく露グループの一般的な幾何標準偏差（2.0程度）から見て、X_{95}を安全側（大き目）に推定していることになる。
- AMとX_{95}、およびばく露管理値を比較、評価し、管理区分を求める。

サンプル数が4以下の場合の安全係数は元の個人ばく露測定ガイドラインにも定めがなく適用しない。

　測定条件の計画にあたっては、測定の定量下限値がばく露管理値に対して十分な値となるように測定時間やサンプリング速度を設定する必要がある。また、測定値が定量下限値以下となった場合、「定量下限値 /2」を測定値として扱う等の方法もある（個人ばく露測定のガイドラインより）ので参考にする。なお以上は短時間評価についても同様である。

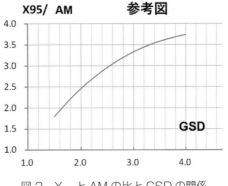

図2　X_{95} と AM の比と GSD の関係

　個人ばく露測定ガイドラインでは6区分としているが、本検討会では表9に示す4管理区分に整理して取り扱うこととした。

A6.6

表9　個人ばく露測定による長時間評価方法と結果の解釈

管理区分	評価方法	解釈（判定）
1A、1B	X_{95} ＜ばく露管理値かつ AM ＜（ばく露管理値 × 0.1）	十分に良好
1C	X_{95} ＜ばく露管理値かつ （ばく露管理値 × 0.1）≦ AM	良好
2	AM ≦ばく露管理値≦ X_{95}	ばく露管理値を超えるおそれがある。ばく露低減対策を実施することが強く望まれる。
3	ばく露管理値＜ AM	ばく露管理値を超えている。直ちにばく露低減対策を実施する。

　管理区分1（1A、1Bと1C）、及び管理区分2と3は、従来の作業環境測定における第1〜第3管理区分と基本的な定義は同じである。

　管理区分1（1A、1Bと1C）の場合、労働者の吸入する有害物質濃度がばく露管理値以下であると判断できる。

　本報告書では、管理区分1内を「1A、1B」（1Aと1Bの区分を結合）、および「1C」の2管理区分にすることを提案する。この理由は次のとおりである。

- もともと、個人ばく露測定のガイドラインでは、作業環境測定の第1管理区分に相当する「管理区分1」を1A、1B、1Cと3区分に分けている。なお、参考までに、各区分の範囲の上限は、ばく露限界値（ばく露管理値）に対し、各々約3%、10%、約30%値に相当する（X_{95}=3AM の関係より）。

- 最近の欧米の個人ばく露測定のガイドラインでは判断基準が厳しくなっており、本報告書の管理区分1相当では「良好」とはならない。アメリカ AIHA の方法（2015年）では、本報告書の管理区分2は「不適合」、管理区分1のうち、上述の1Bと1Cは「評価不十分（グレーゾーン）」、1Aでようやく「適合」となる。EU のばく露測定ガイドライン（2018年）では、統計的信頼度70%以上における本報告書の管理区分1相当で「適合」となる（本報告書の場合この信頼度は50%）。

- 一方で本報告書ではリスクアセスメントの方法として作業環境測定も用い、その第1管理区分を「良好」とするため、これに準じばく露測定の場合の管理区分1を「良好」とせざるを得ない。そこで、管理区分1を1A、1Bと1Cに分け、1A、1Bを「より望ましい区分（十分に良好）」とし、ばく露管理における一段上の（欧米に近い）目標とした。
- 統計的にばく露管理値以上にばく露されている労働者の割合は、幾何標準偏差の大きさによって変わるが、仮にこれを3とした場合、区分1Cの場合で最大5%、区分1A、1Bの場合で同0.4%と非常に大きな違いになる。これより、管理区分1A、1Bという「より望ましい区分」を設定する意義は大きいと考えられる。
- 1A、1Bと1Cでリスクの大きさが異なるため、これを反映した再リスクアセスメントの間隔を各々設定できる。

各管理区分に応じた対応は表10に示すとおりとした。

表10　個人ばく露測定による長時間評価結果と対応手順

A6.6

管理区分	対応手順
1A、1B	たとえば3年以内に再度リスクアセスメント(*1)を実施する。
1C	たとえば2年以内に再測定(*2)を実施する。 または、ばく露低減対策を実施した場合、たとえば2年以内にリスクアセスメント(*1)を実施する。
2	「ばく露管理値を超えるおそれがある。対策を実施することが強く望まれる。」　たとえば1年以内に再測定(*2)を実施する。 または、ばく露低減対策を実施した場合、たとえば1年以内にリスクアセスメント(*1)を実施する。(注)
3	「ばく露管理値を超えている。直ちに対策を実施する。」 対策直後に確認のために再測定(*2)を実施する。その後の再測定等はその結果に従う。 呼吸用保護具で対処している場合は、6月以内に再測定(*2)を実施する。

注）個人ばく露測定は信頼性が高いので、対策を行えば1年以内に測定を必須とはしない。対策が入力因子に反映される場合はCREATE-SIMPLEを、そうでない場合は実測を行う等を事業者が判断できる。

*1: 方法は任意。事業者の判断（注：CREATE-SIMPLEでもよい）
*2: 個人ばく露測定

上記の管理区分の説明はリアルタイムモニターの場合に準じている。一部異なるところは次である。

・個人ばく露測定はばく露測定として最終的な方法であり結果の確実性が高いため、対応をリアルタイムモニターの場合から若干変更しているところがある。

・管理区分2では統計的に労働者のうちの最大50%近くがばく露管理値を超えることになる。これは許容しにくい状況であり、前述のように海外のガイドライン等では許容されない領域である。そこで、作業環境測定における従来の解釈も参考に、ここでは、「対策の実施が『強く望まれる』」とした。

（5）作業環境測定による長時間評価

　ここで、作業環境測定とは、A・B測定またはC・D測定を用いてリスクアセスメントを行うことを意味する。特化則等対象物質以外のばく露管理値が示された物質についても、作業環境測定によって評価ができるものとした。

　作業環境測定の測定と評価は従来通り、作業環境測定基準、作業環境評価基準の方法に従い、第1～第3の管理区分が決定される。（「A・B測定」または「C・D測定」の各組み合わせで行う。）評価に使われる基準値（管理濃度相当値）については、本報告書ではばく露管理値を仮に想定するが、ばく露管理値にかかる専門家会議によるばく露管理値の位置づけは尊重されるべきで、同会議との調整が必要な可能性がある。

　第1～第3の管理区分の定義（解釈）および必要な対応は表11のとおりで、基本的に従来通りとする。第1管理区分となったとき、労働者の吸入する有害物質濃度がばく露管理値以下であると判断できる。第2管理区分について従来は「作業環境を改善するため必要な措置を講ずるよう努めなければならない」としているが、ばく露測定で管理区分2について「対策を実施することが強く望まれる」としたことを踏まえ、作業環境測定の第2管理区分についても同様とした。

　各管理区分に応じた再リスクアセスメント／測定は、表12に示すとおりとした。従来の作業環境測定では、管理区分によらず原則6月以内の再測定が義務付けられていたが、リスクに応じた合理的な対応の観点から第1、第2管理区分ではより長い期間も可能とした。

表11　作業環境測定による長時間評価結果と対応および説明

管理区分	対応	説明（法令上、特化則）
第1	良好	—
第2	改善に努める	・施設、設備、作業工程又は作業方法の点検を行い、その結果に基づき、施設又は設備の設置又は整備、作業工程又は作業方法の改善その他作業環境を改善するため必要な措置を講ずるよう努めなければならない。 ・必要な措置を講ずることが強く望まれる。
第3	改善を行う	・直ちに、（中略）施設又は設備の設置又は整備、作業工程又は作業方法の改善その他作業環境を改善するため必要な措置を講じ、第1管理区分又は第2管理区分となるようにしなければならない。 ・措置の効果を確認するため、同項の場所について当該特定化学物質の濃度を測定及び評価を行わなければならない。 ・労働者に有効な呼吸用保護具を使用させるほか、健康診断の実施その他労働者の健康の保持を図るため必要な措置を講ずる。 ・評価の記録、講ずる措置及び再評価の結果を労働者に周知。

表 12　作業環境測定による長時間評価結果と対応手順

管理区分	対応手順
第 1	専門家の関与及び第 1 管理区分が一定期間（*1）継続することを踏まえた上で、たとえば 2 年以内で再リスクアセスメント（*2）を実施する。
第 2	専門家の意見を踏まえた上で、たとえば 1 年以内で再測定を実施する。 または、ばく露低減対策を実施した場合、たとえば 1 年以内に再リスクアセスメント（*2）を実施する。
第 3	ばく露低減対策を実施して、直ちに再測定を実施する。その後の再測定等はその結果に従う。呼吸用保護具を使用する場合は 6 月以内ごとに再測定を実施する。

*1：検知管測定の特例許可の条件である 2 年等。
*2：方法は任意。事業者の判断（注：CREATE-SIMPLE でもよい）

（6）長時間評価についての整理と注意事項

A6.6

　リスクアセスメントの長時間評価には、CREATE-SIMPLE、ばく露測定（リアルタイムモニター、個人ばく露測定）、作業環境測定（A・B 測定、C・D 測定）が利用でき、事業者が選択できる。

　表 13 に整理して示す。

　表中の実施間隔については、リスクの高い管理区分 3 や第 3 管理区分以外では、リスクに応じて法定の作業環境測定の 6 月より長い「1 年以内」や「2 年以内」等としている。これは、「1 年」や「2 年」が適するという事とは意味が異なる。この間隔を定める場合は、変更の管理が徹底されていることをまず大前提とした上で、設備、工程、作業等の実態を考慮し、適宜専門家に意見を求めることを含めて、リスクに応じた適切な間隔とするよう事業者が責任を持って決定することを求めるものである。再測定や再リスクアセスメントの間隔を短くすることを妨げるものではない。

　なお、測定方法は事業者の判断により、ばく露測定又は作業環境測定のどちらかを選択できるが、以下の目的に関しては、それぞれの特徴を踏まえて選択することが望ましい。（注：長時間と短時間の測定について記載）

表13 各リスクアセスメント方法による長時間評価

管理する方法		測定・評価方法	評価結果と措置		実施間隔
推定	CREATE-SIMPLE (C-S)	CREATE-SIMPLEを用いた化学物質のリスクアセスメントマニュアル	リスクレベルⅠ	十分に良好(**)	たとえば3年以内(*1)に再実施
			リスクレベルⅡ以上	実測する	
実測	簡易測定(リアルタイムモニター)	リアルタイムモニターを用いた化学物質のリスクアセスメントガイドブック	管理区分 1A、1B	十分に良好(**)	たとえば3年以内(*2)に再RA(C-S可)
			管理区分 1C	良好(**)	たとえば2年以内(*2)に再測定
					ばく露低減措置を行えばたとえば2年以内(*2)に再RA(C-S可)
			管理区分 2	個人ばく露測定を実施	ばく露低減措置を行えば直後に再RA(C-S可)
			管理区分 3	個人ばく露測定を実施	
	個人ばく露測定	化学物質の個人ばく露測定のガイドライン	管理区分 1A、1B	十分に良好(**)	たとえば3年以内に再RA(C-S可)
			管理区分 1C	良好(**)	たとえば2年以内に再測定
					ばく露低減措置を行えばたとえば2年以内に再RA(C-S可)
			管理区分 2	改善を強く推奨	たとえば1年以内に再測定
					ばく露低減措置を行えばたとえば1年以内に再RA(C-S可)
			管理区分 3	対策を実施する 直ちに再測定を行う	実施する対策が呼吸用保護具の場合は6月以内に再測定
	作業環境測定(A・B測定、C・D測定)	作業環境測定基準 作業環境評価基準	第1管理区分	良好(**)	たとえば2年以内(*3)に再RA(C-S可)
			第2管理区分	改善を(強く)推奨	たとえば1年以内(*4)に再測定
					ばく露低減措置を行えばたとえば1年以内に再RA(*5)(C-S可)
			第3管理区分	対策を実施する 直ちに再測定を行う	実施する対策が呼吸用保護具の場合は6月以内に再測定

A6.6

　**：労働者の吸入する有害物質濃度がばく露管理値以下であると判断できる。
　*1：多品種少量生産等で、製造ライン・使用量が頻繁に変動する場合、物質の有害性が高い場合、ばく露管理値が特に小さい場合、使用量が特に多い場合、取扱労働者が多い場合、作業手順書が整備されていない場合等は間隔を短くする。専門家の指導・確認などの関与がある場合は間隔をたとえば3年までのばすことができる。間隔は事業者の判断事項。
　*2：事業者の判断事項
　*3：専門家の関与及び第1管理区分が一定期間継続することを踏まえた上で、たとえば2年以内で再リスクアセスメントを実施する。
　*4：専門家の意見を踏まえた上で、たとえば1年以内で再測定を実施する。
　*5：専門家の意見を踏まえた上で、たとえば1年以内で再リスクアセスメントを実施する。
　※表中、再RAとあるのは、現場調査を再度行い前回との差の有無を確認することがポイントであり、差がなければCREATE-SIMPLEを一からやり直す必要はなく、前回の内容を確認することでよい。

表 14　ばく露リスクアセスメントにおける測定方法の選択

目的	個人ばく露測定	A・B 測定	C・D 測定
特殊健康診断*	○	×	△ （C 測定は 8 時間平均化が必要）
呼吸用保護具の選択	○	×	○
屋外作業	○	×	×

○：適、△：可能、×：不適

*：労働者がばく露管理値（8 時間）を超えてばく露した可能性がある等必要な場合に実施する健康診断

　ところで、ばく露測定又は作業環境測定のどちらかを選択できる場合、両方の方法で測定は可能か、またその結果に差異があった場合どうするかという質問がありうる。両方の方法で測定することは特に妨げない。もしその結果に差異があった場合は、単純にどちらかを優先するなどでなく、その差異の原因を検討し、労働者の真のばく露（ばく露管理値の定義である 1 日 8 時間を通したばく露）の状況を反映しているのがどちらかを考察して判断することとする。この場合には専門家の関与が勧められる。

（7）ばく露のリスクアセスメント（短時間評価）

　リスクアセスメントのうち短時間評価は、短時間のばく露管理値が設定された物質を対象とし、化学物質管理者が短時間で高濃度ばく露のおそれがあると判断した場合に実施する。この評価の最終的な目的は、労働者の短時間のばく露が短時間ばく露管理値以下であるかを判定することである。手作業などで高濃度が生じている場合、定期的な発散などで高濃度となる時間帯がある場合などはこれらを対象とし、そこを外して他の部分だけ短時間測定をするような事態を避けるよう注意する。

　方法は、ばく露測定（個人ばく露測定、検知管、リアルタイムモニター）、作業環境測定（B 測定(＊)、D 測定）から事業所の判断で選択する。

　（＊ B 測定は、作業時間中の濃度が最も高くなると思われる時間と場所において行う測定であるため、作業によっては D 測定より高い値となる可能性があり、その場合において）

　測定対象とする時間（サンプリング時間）は、短時間ばく露管理値の詳細が決定されていないので、次の a）、b）の 2 つに相当する場合を想定し設定することにより、測定値を得る。

a) 米国 ACGIH の TWA-STEL 値、「1 作業日で超えてはならない 15 分間の時間加重平均値」相当の定義の場合、以下のようにする。いずれも、最もばく露が大きいと思われる時間帯を測定する。

  ① ばく露測定の場合 15 分を原則とする。作業時間が 15 分未満で、その時間帯について測定した場合は、他の時間帯のばく露をゼロとし、15 分間の時間加重平均値を計算し測定値とする。

  ② B 測定の場合 10 分とする。

  ③ D 測定の場合 15 分とする。

b) 米国 ACGIH の TWA-C 値、または日本産業衛生学会の最大許容濃度、「いかなる時点においても超えてはならない濃度」相当の定義の場合、より短時間の測定が望ましいものとなる。ただしこの場合、リアルタイムモニターで測定したピーク値を用いることは

　　想定されていない。（参考：「実際には最大ばく露濃度を含むと考えられる5分程度まで
　　の短時間の測定によって得られる最大の値を考えれば良い」（日本産業衛生学会））

　具体的な測定方法・評価方法は、それぞれのガイドライン・ガイドブックに従うものとする
が、リアルタイムモニターを用いる場合は、サンプル数が4以下の場合の安全係数は用いない。
検知管を用いた場合は、「検知管を用いた化学物質のリスクアセスメントガイドブック」に準
拠した安全係数を用いる。

　CREATE-SIMPLE は長時間ばく露専用のため、使用不可である。

　短時間評価を行った場合は測定法に関わらず、長時間評価と短時間評価の結果は独立して扱
い、各結果に応じた対応をとる。

　なお、リアルタイムモニターは、ばく露履歴が把握できるという長所があるので、リスクア
セスメントの手段として直接使用しない場合であっても、高濃度ばく露のタイミングを把握す
るために適宜活用することができる。

ア　検知管を用いた短時間評価

　検知管を用いて測定することが可能な物質（約220物質）の場合、「検知管を用いた化学物
質のリスクアセスメントガイドブック」に基づいた手順で短時間評価を行うことができる。そ
の方法の概略は次のとおり。

- サンプリング時間内を n 等分する（n は2以上5程度以下）。
- 等分した各時間内において検知管を用い被測定者の呼吸域で各1回ずつ測定し、n 個の
  測定値を得る。
- サンプリング時間が15分未満（T 分とする）の場合は、各測定データに「T/15」を掛け、
  測定値とする。
- 同様の測定をさらに別の作業日（または同日内）の同じ作業について繰り返すことが勧
  められる。この時、繰り返し測定した作業の回数を m 回とする。
- 全ての測定値の算術平均値（AM）を求める。
- 算術平均値（AM）に、m と n に応じた安全係数を掛け、補正測定値を求める。
- 補正測定値とばく露管理値を比較、評価し、管理区分を求める。

　管理区分の定義は、補正測定値を用いる点以外リアルタイムモニター（長時間評価）と同様
である。その解釈（判定）、各管理区分に応じた対応は表15に示すとおりとした。管理区分
1A、1B の場合、労働者の吸入する有害物質濃度がばく露管理値以下であると判断できる。

イ　リアルタイムモニターを用いた短時間評価

　リアルタイムモニターを用いた長時間評価の方法に準じ、所定の測定時間で短時間評価を行
うことができる。

- サンプル数は1以上とし、多いほど望ましい。
- 得た測定値の取扱いはリアルタイムモニターの長時間評価と同じ。ばく露管理値は短時
  間値を用いる。
- 管理区分の定義、その解釈（判定）、各区分に応じた対応は上記の検知管による測定の
  場合と同じ。

　管理区分 1A、1B の場合、労働者の吸入する有害物質濃度がばく露管理値以下であると判断
できる。

表15　検知管による短時間評価結果と対応手順

管理区分	解釈（判定）、対応手順
1A、1B	「十分に良好」 たとえば3年以内に再度リスクアセスメント（＊）を実施する。（間隔は事業者の判断）
1C	「良好」 たとえば2年以内に実測によるリスクアセスメントを実施する。（間隔は事業者の判断） または、ばく露低減対策を実施した場合、たとえば2年以内にリスクアセスメント（＊）を実施する。
2	「ばく露管理値を超えるおそれがある。対策を実施することが強く望まれる。」 個人ばく露測定によるリスクアセスメントを実施する。 または、ばく露低減対策を実施した場合、直後に再度リスクアセスメント（＊）を実施する。（注1）
3	「ばく露管理値を超えている。直ちに対策を実施する。」 個人ばく露測定によるリスクアセスメントを実施する。 ばく露低減対策を実施した場合でも、直後に確認のために個人ばく露測定を実施する。（注2）

注1）リアルタイムモニター・検知管測定では不確実さが伴うため、管理区分2では対策の有無によらず、そのまま1～2年置く等ということはせず、個人ばく露測定に進むか、またはリスクを低減させる。

注2）リアルタイムモニター測定では不確実さが伴うため、対策の有無によらず個人ばく露測定を実施する。

＊：方法は任意。事業者の判断（注：CREATE-SIMPLE でもよい）

ウ　個人ばく露測定を用いた短時間評価

　個人ばく露測定を用いた長時間評価の方法に準じ、所定の測定時間で短時間評価を行うことができる。

- サンプル数は1以上とし、多いほど望ましい。
- 得た測定値の取扱いは長時間評価と同じで、AM と X_{95} をばく露管理値（短時間値）と比較し、長時間評価と同様に管理区分を判定する。

　その解釈（判定）、各管理区分に応じた対応は表16のとおりとする。管理区分1A、1Bの場合、労働者の吸入する有害物質濃度がばく露管理値以下であると判断できる。

エ　作業環境測定を用いた短時間評価

　作業環境測定基準、作業環境評価基準に基づくB測定、D測定は、短時間ばく露管理値を使用しないので、そのままでは短時間評価には使用できない。

　ただしD測定やB測定（＊B測定は、作業時間中の濃度が最も高くなると思われる時間と場所において行う測定であるため、作業によってはD測定より高い値となる可能性があり、その場合において）は、そこで得た測定データを、個人ばく露測定を用いた短時間評価の測定値として使用できる。その評価等は個人ばく露測定を用いた短時間評価に準ずる。

（8）混合物の場合の評価について

　混合物の場合、原則として物質ごとに評価することとする。CREATE-SIMPLE の適用も可

表16　個人ばく露測定による短時間評価結果と対応手順

管理区分	対応手順
1 A、1 B	「十分に良好」 たとえば3年以内に再度リスクアセスメント(*1)を実施する。
1 C	「良好」 たとえば2年以内に再測定(*2)を実施する。 または、ばく露低減対策を実施した場合、2年以内にリスクアセスメント(*1)を実施する。
2	「ばく露管理値を超えるおそれがある。対策を実施することが強く望まれる。」 たとえば1年以内に再測定(*2)を実施する。 または、ばく露低減対策を実施した場合、たとえば1年以内にリスクアセスメント(*1)を実施する。(注)
3	「ばく露管理値を超えている。直ちに対策を実施する。」 対策直後に確認のために再測定(*2)を実施する。その後の再測定等はその結果に従う。 呼吸用保護具で対処している場合は、6月以内に再測定(*2)を実施する。

注）個人ばく露測定は信頼性が高いので、対策を行えば1年以内に測定を必須とはしない。対策が入力因子に反映される場合はCREATE-SIMPLEを、そうでない場合は実測を行う等を事業者が判断できる。

*1: 方法は任意。事業者の判断（注：CREATE-SIMPLEでもよい））

*2: 個人ばく露測定。

能である。ただし、化学物質管理専門家が判断する場合は、有害性、揮発性、含有量の低い物質は省略するなどリスクに応じた一定程度の選別ができるものとする。

　測定の方法としては、個別の物質が特定できる個人ばく露測定又は作業環境測定が推奨される。化学物質管理専門家が指導する場合、リアルタイムモニターと検知管は、妨害物質がない場合あるいは共存物質により過大評価になる場合は使用してもよい。リアルタイムモニターのガイドブックでは、測定結果から、混合物の含有量や揮発性をもとに比較的信頼性高く個別物質のリスクアセスメントができる方法が提案されている。この方法はやや複雑なので、化学物質管理専門家の指導のもとに使用することが推奨される。

　同じく化学物質管理専門家が指導する場合は、健康影響が同じ物質に関して加算してのばく露評価を合わせて行うことが望ましい。

　また、化学物質管理専門家が上記の指導を行った場合は、その専門家の名前を記録しておくこととする。

（9）測定の実施者について

　ばく露濃度測定（簡易測定と個人ばく露測定）は、第一種作業環境測定士、作業環境測定機関等、当該測定について十分な知識及び経験を有する者により実施されることが適切である（溶接ヒュームの測定と同じ扱い）。サンプリングを実施する者は、原則として作業環境測定士が簡易測定法と個人ばく露測定法の講習を受講することが望ましい。分析にあたっては、第一種作業環境測定士相当の能力が必要と考えられる。

　作業環境測定は、作業環境測定士によって実施されることが適切である。

　いずれの場合も、測定の実施者は、CREATE-SIMPLE のリスクレベルⅡ以上から関与することになるため、測定の根拠となった CREATE-SIMPLE の結果を確認するべきで、さらにその方法等に不備があれば助言をすることが望ましい。従って、測定の実施者には CREATE-SIMPLE の理解が必要で、たとえば CREATE-SIMPLE の実習が予定されている化学物質管理者講習等の受講が必要となる。このように、測定の実施者は CREATE-SIMPLE に関する助言者の一面を備えることが望まれる。

（10）　リスクアセスメント結果の記録について

　リスクアセスメント結果の記録については、一定期間の保存が義務付けられる予定である。このとき CREATE-SIMPLE の実施レポート（Excel）には基本情報等が掲載されているので、これを記録とし保管することを推奨する。加えて、その他の調査・観察事項等、結果に基づく措置も追加記録し、再リスクアセスメント時（事前調査の再実施時）に参照できるようにする。

　CREATE-SIMPLE でリスクレベルⅡ以上となって実測によるリスクアセスメントを実施した場合は、実施日、実測方法、その他の調査・観察事項等、主な結果（管理区分、AM、X_{95}）、結果に基づく措置等の要旨を追加記録するとよい。これらの記録については、当面は CREATE-SIMPLE の実施レポートの備考欄を活用して追記ができる。

　CREATE-SIMPLE に対しては、上記の各種情報や結果を追記しやすいフォームに改修することが計画されている。また、このような電子データ化により、行政に報告した場合にビッグデータとして活用する等の仕組みに発展できる。

　以上の記録と合わせ、実測時のサンプラーやポンプ等の条件の記録、被測定者の行動記録や分析の記録も測定結果の裏付けデータとして保存する。

（11）　その他の検討結果
ア　ばく露管理値が示されていない場合

　あり方検討会報告書において、ばく露管理値が示されていない物質については、吸入する濃度をなるべく低くすることが義務付けられることになっている。しかしリスクアセスメントは義務付けられているため、何らかの方法で実施する必要がある。この場合、次のような化学物質については、たとえば CREATE-SIMPLE によるリスクアセスメントが可能である。

- 他の国によりばく露限界値が設定されている物質
- 企業や諸機関によりばく露限界値（または相当値）が設定されている物質（REACH における DNEL 等）
- GHS 分類が為されている物質：CREATE-SIMPLE が GHS 情報をもとに「管理目標濃度」を設定することになる。
- NOAEL、LOAEL 等がある物質：化学物質管理専門家や毒性学の専門家等によりばく露限界値相当値の設定が可能な場合がある。

　CREATE-SIMPLE のツール（Excel）には、現時点において約 3 000 物質についてばく露限界値や GHS 分類情報が内蔵されている。今後この物質数が増えるとともに、内蔵される上記情報も拡充される計画である。なおリスクアセスメント実施者が自らばく露限界値（または相当値）や GHS 情報を入力することもできる。

　なお、CREATE-SIMPLE では、日本産業衛生学会の許容濃度、ACGIH の TLV 等がない

物質では、GHS 分類による管理目標濃度を利用することになっている。

　その結果、リスクレベルⅡ以上となって、実測が可能な場合は、本報告書で推奨する方法に準じた方法で実施するとよい。この場合、管理目標濃度範囲の下限値をばく露限界値として用いることとする。

　一方、実測が不可能な場合は、化学物質管理専門家に相談するか、既存のリスクアセスメント法（マトリクス法など、利用できる場合）を利用し検討することも選択肢になる。

イ　生物学的モニタリングについて

　経皮吸収が疑われる物質等については、生物学的モニタリングによるリスクアセスメントが必要となるが、評価基準や方法については、ばく露管理値にかかる専門家会議に委ねることとした。

（12）留意事項

　本報告書においては「労働者のばく露をばく露管理値以下にする」基準も含めてリスクアセスメントの進め方やその結果の判断方法を検討の対象とした。

　一方で、今後法令では、「労働者がばく露される程度を厚生労働大臣が定める濃度の基準（ばく露管理値）以下とする（＊）」ことが明記される予定である。ここでリスクアセスメントの結果、第2管理区分（または管理区分2）となった状態を考えると、すでに述べたように労働者の一定割合がばく露管理値を超えているということが想定される。すなわちこの状態は上記（＊）の条件を満たしていない労働者がいるとも考えられる。したがって、すでに第2管理区分（または管理区分2）における対応として述べたように、これらの状態においては、ばく露低減対策を取ることが強く推奨され、作業環境管理等の対応を進めるとともに、呼吸用保護具の使用についても考慮する余地があると考えられる。また、測定結果に基づき呼吸用保護具の要求防護係数を算定する場合は、均等ばく露作業ごとの測定値のうちの最大値を用いることを求める法令が既にあることに留意が必要である。

3　自律的管理におけるリスクアセスメントの社会実装のために

　本検討会では、リスクアセスメントを適切に行いばく露を的確に評価する手順を提案するための議論を行ってきた。その過程で、自律的管理に移行したときの事業者、特に中小事業者の対応について、不安や疑義が多く挙げられた。自律的管理では、作業者の吸入する化学物質濃度をばく露管理値以下にすることが義務づけられているが、その実践は事業者に委ねられる。事業者には、労働者の健康確保に関する結果責任を真摯に受け止め化学物質管理に必要な経営資源を投じること、必要な技術や技術者・専門家を確保すること、一方行政には、事業者を規制および支援するための仕組みを構築すること等が求められるところである。この中で、化学物質管理に精通した労働基準監督官の大幅な増員などの行政施策も必要ではないかという意見も出された。ここでは、本検討会で議論され、多くの委員に賛同された意見を、リスクアセスメントの社会実装（普及し定着させること）に向けた要望として掲載して結びとしたい。

　①　リスクアセスメントの結果を行政へ報告することを義務付けることによって、リスクアセスメントの普及が促進されると考えられる。さらに報告の前に専門家（化学物質管理または作業環境管理専門家）による内容の確認を受けることとすれば、リスクアセスメントの質の一定の担保が可能となる。報告様式にはCREATE-SIMPLEのツール（Excel）

が利用でき、行政としてもこれをビッグデータとして有効活用するなどの可能性があると思われる。

② 化学物質管理者の養成講習は 2 日程度のカリキュラムが予定されている。これでは、単独でリスクアセスメントを担わせることは CREATE-SIMPLE 以外はほぼ困難と予想される。従って、専門家（外部、内部とも）が、リスクアセスメントを助言者として指導するなど関与できる仕組みと、事業場が専門家を利用しやすい方策や、専門家を活用することのインセンティブが必要と考えられる。

③ 本検討会の結果にもとづくリスクアセスメントでは、実測部分に作業環境測定士（相当者）の活用が不可欠である。また、作業環境測定士は CREATE-SIMPLE の結果を確認することにもなる。したがって、作業環境測定士には化学物質管理者講習の受講や各種ばく露測定の能力向上は必須と言える。さらに、作業環境測定士がその役割を従来より広げ、作業環境管理専門家の一人（経験 6 年以上の作業環境測定士）として、またはそれ以外のその能力や経験に応じて、中小企業等のリスクアセスメントや改善の指導を行う仕組みが必要と思われる。

④ 個人ばく露測定について、検知管やリアルタイムモニターのような分かり易いガイドブックと、データの整理支援ツール（Excel 等）の作成・配布が必要である。また、CREATE-SIMPLE を含めた統合的なばく露リスクアセスメント・ツールを作成・配布すれば、社会実装の促進に寄与できるものと考えられる。

参考文献

1) CREATE-SIMPLE を用いた化学物質のリスクアセスメントマニュアル
   https://anzeninfo.mhlw.go.jp/user/anzen/kag/pdf/CREATE-SIMPLE_manual_v2.0.pdf
2) リアルタイムモニターを用いた化学物質のリスクアセスメントガイドブック
   https://anzeninfo.mhlw.go.jp/user/anzen/kag/pdf/realtimemonitor-guidebook.pdf
3) 化学物質の個人ばく露測定のガイドライン、日本産業衛生学会 産業衛生技術部会 個人ばく露測定に関する委員会、産衛誌、57、2015：A13-A60
4) 作業環境測定基準、昭和 51 年 4 月 22 日労働省告示第 46 号 最終改正令和 2 年 12 月 25 日厚生労働省告示第 397 号
5) 作業環境評価基準、昭和 63 年 9 月 1 日労働省告示第 79 号 最終改正令和 2 年 4 月 22 日厚生労働省告示第 192 号
6) 検知管を用いた化学物質のリスクアセスメントガイドブック
   https://anzeninfo.mhlw.go.jp/user/anzen/kag/pdf/kenchi-guidebook.pdf
7) ACGIH (2022), 2022 TLVs and BEIs based on the documentation of the threshold limit values for chemical substances and physical agents and biological exposure indices. ACGIH, Cincinnati, USA. pp. 3-5, pp. 7-8
8) 金属アーク溶接等作業を継続して行う屋内作業場に係る溶接ヒュームの濃度の測定の方法等、令和 2 年 7 月 31 日厚生労働省告示第 286 号

A6.6

A6.7　化学物質対策に関するＱ＆Ａ（リスクアセスメント 関係）

A6.7

一般

- Q 1-1.　なぜリスクアセスメントを行わなければならないのか。
- Q 1-2.　リスクアセスメントはどのような手順で実施するのか。

対象物質

- Q 2-1.　塗料やシンナー等の混合物の場合、リスクアセスメントの義務が課されたリスクアセスメント対象物であるかをどのように確認したら良いか。

対象範囲

- Q 3-1.　労働安全衛生法では、「危険性または有害性等の調査」となっているが、危険性と有害性のどちらかのリスクアセスメントを行えばよいか。
- Q 3-2.　研究や分析等で化学品を少量だけ取り扱う場合もリスクアセスメントが必要か。
- Q 3-3.　少量多品種の化学物質を取り扱っているが、全ての化学物質についてリスクアセスメントを実施しなければならないか。
- Q 3-4.　反応等で対象物質を製造する場合、リスクアセスメントは必要か。
- Q 3-5.　ラベルに危険有害性の絵表示があれば、リスクアセスメントを実施しなければならないのか。
- Q 3-6.　リスクアセスメント対象物からそれ以外の物質に代替すれば、リスクアセスメントは実施しなくても良いか。

一般消費者の生活の用

- Q 4-1.　リスクアセスメント対象物を含む化学品でも、一般消費者用に販売されているものは、リスクアセスメントをしなくても良いか。
- Q 4-2.　ガソリンを使った発電機での作業について、ガソリンのリスクアセスメントは必要か。

実施主体

- Q 5-1.　どのような事業場がリスクアセスメントを行う義務があるか。
- Q 5-2.　塗装作業を外注する場合、リスクアセスメントを実施するのは塗装作業を請け負った事業者か。
- Q 5-3.　元請事業者が塗装作業を下請事業者に任せた場合、リスクアセスメントは誰が実施しなければならないのか。
- Q 5-4.　元請事業者のもと、複数の下請事業者が同一作業場で作業を行う（混合作業）場合、リスクアセスメントは誰が実施するのか。
- Q 5-5.　化学品を保管・運搬するだけの運送業者等はリスクアセスメントを実施する必要はあるか。
- Q 5-6.　譲渡・提供先からリスクアセスメントの実施要請を受けたが、リスクアセスメントは譲渡・提供者に実施義務があるのか。

実施時期

- Q 6-1.　リスクアセスメントはいつ実施するのか。
- Q 6-2.　リスクアセスメントの実施時期について、「化学物等による危険性または有害性等について変化が生じ、又は生ずるおそれがあるとき」とはどういうときか。
- Q 6-3.　原材料の新規採用や変更を行う場合、取扱いを開始した後にリスクアセスメントを行えばよいか。
- Q 6-4.　リスクアセスメントが義務化される以前から同じ物質を同じ手順で使用している場合にもリスクアセスメントが必要か。
- Q 6-5.　リスクアセスメントは毎年見直しをしなければならないか。

体制

- Q 7-1.　リスクアセスメントを実施する前に実施体制を決める必要があるか。

危険有害性の特定

- Q 8-1.　リスクアセスメントを実施する際に、SDSに記載されたどの情報を活用すればよいか。
- Q 8-2.　粉体を水に溶かし、水溶液として使う作業をする場合、リスクアセスメントはどの作業単位で実施しなければならないのか。
- Q 8-3.　アスファルトは、どの状態のときに（どの段階で）リスクアセスメントをすればよいか。

リスク見積り

- Q 9-1.　リスクアセスメントの実施方法は決められているか。
- Q 9-2.　現場ごとに取り扱う化学物質や作業環境が異なる場合、リスクアセスメントはどのように実施すべきか。
- Q 9-3.　特別規則（特定化学物質障害予防規則、有機溶剤中毒予防規則等）の対象物質は、従来から特別規則に従った管理を実施しているが、リスクアセスメントは別途必要か。
- Q 9-4.　化学関係とは無縁の業種で、化学の知識も乏しい。リスクアセスメントをどう進めたらよいか。
- Q 9-5.　リスクアセスメントとしてコントロール・バンディングを使ったが、結果としてリスクレベルが高く評価され、対策として代替物質への変更などが提示されたが実施が困難である。他にどのようなリスク見積り手法があるか。

CB（コントロール・バンディング）

- Q 10-1.　コントロール・バンディングのStep2「GHS分類区分」の選択肢にない区分がSDSに記載されていた場合、どのように入力するのか。
- Q 10-2.　混合物のSDSに沸点の記載がない場合、コントロール・バンディングには何を入力すれば良いか。
- Q 10-3.　混合物のコントロール・バンディングの入力方法を知りたい。
- Q 10-4.　コントロール・バンディングの物質リストに含まれていない物質の場合、どのように入力すれば良いか。

CREATE-SIMPLE（クリエイト・シンプル）

- Q 11-1.　CREATE-SIMPLEとコントロール・バンディングとは何が異なりますか。
- Q 11-2.　CREATE-SIMPLEの物資一覧等を確認したが対象物質が含まれていない場合

はどのように対応するのか。

- Q 11-3. CREATE-SIMPLE で物質検索を行い、各種情報が自動入力されたが、「リスクを判定」すると「Step2 の物理化学的性状を全て入力してください」とエラーが表示されたが、どのように対応すればよいか。
- Q 11-4. CREATE-SIMPLE で塗料等の混合物はどのように評価するのか。
- Q 11-5. 水酸化ナトリウム等の固体を溶かした水溶液は、液体・固体のいずれで評価すべきか。
- Q 11-6. コントロール・バンディングや CREATE-SIMPLE でリスクアセスメントを行う場合、昇華性のある固体（ヨウ素、ナフタレンなど）は、液体または固体のどちらでリスクアセスメントを実施すればよいか。
- Q 11-7. CREATE-SIMPLE で屋外作業を評価する場合、換気状況はどれを選択すべきか。
- Q 11-8. 同じ物質を異なる作業で実施している場合には、CREATE-SIMPLE ではどのように考えればよいですか。
- Q 11-9. CREATE-SIMPLE の評価結果として示されるリスクレベルはどのような意味か。
- Q 11-10. CREATE-SIMPLE の危険性は、プロセスの状況まで十分に踏まえてリスクを見積もっているか。
- Q 11-11. CREATE-SIMPLE は定期的に更新されるのか。
- Q 11-12. CREATE-SIMPLE はバージョンアップされますが、バージョンアップごとに再評価する必要があるか。
- Q 11-13. リスクの低減対策として、物質の代替を検討しています。CREATE-SIMPLE の実施レポートではどのように入力すればよいか。

リスク低減措置

- Q 12-1. リスクアセスメント実施後のリスク低減措置の実施は義務か。
- Q 12-2. リスクを低減するためにはどのような措置を講ずるべきか。
- Q 12-3. リスク低減措置を実施した後に改めてリスクの見積りを実施しなければならないか。

リスクアセスメント結果の活用

- Q 13-1. リスクアセスメントの結果について、保存の義務はあるか。
- Q 13-2. リスクアセスメントを実施した結果を記載する決められた様式はあるか。また、結果を行政に提出しなければならないか。
- Q 13-3. リスクアセスメント結果の周知はどのような方法で実施するのか。

その他

- Q 14-1. リスクアセスメントの実施について、罰則はあるか。

A6.7

略語	正式名称
安衛法	労働安全衛生法（昭和47年法律第57号）（厚生労働省所管）「労安法」と略すこともある
化管法	特定化学物質の環境への排出量の把握等及び管理の改善の促進に関する法律（平成11年法律第86号）（経済産業省、環境省所管）
毒劇法	毒物及び劇物取締法（昭和25年法律第303号）（厚生労働省所管）
化学物質リスクアセスメント指針	化学物質等による危険性又は有害性等の調査等に関する指針（平成27年9月18日　危険性又は有害性等の調査等に関する指針告示第3号）
GHS	化学品の分類および表示に関する世界調和システム（Globally Harmonized System of Classification and Labelling of Chemicals）
SDS	安全データシート（Safety Data Sheet）

一　般

■ Q1-1　なぜリスクアセスメントを行わなければならないのか。

リスクアセスメントとは、事業者及び労働者がその危険性や有害性を認識し、事業者が労働者への危険または健康障害を生じるおそれの程度を見積り、リスクの低減対策を検討することです。

これにより、化学物質の危険有害性によって起こりうる労働災害の未然防止に繋げることがリスクアセスメントの目的になります。

■ Q1-2　リスクアセスメントはどのような手順で実施するのか。

リスクアセスメントは大きく次の5つのステップで実施します。

1．化学物質などによる危険性または有害性の特定
2．リスクの見積り
3．リスク低減措置の内容の検討
4．リスク低減措置の実施
5．リスクアセスメント結果の労働者への周知

各ステップの概要については、パンフレット等で確認することができます。

〈厚生労働省　労働災害を防止するためリスクアセスメントを実施しましょう〉

https://www.mhlw.go.jp/file/06-Seisakujouhou-11300000-Roudoukijunkyokuanzeneiseibu/0000099625.pdf

対象物質

■ Q2-1　塗料やシンナー等の混合物の場合、リスクアセスメントの義務が課されたりリスクアセスメント対象物であるかをどのように確認したら良いか。

リスクアセスメントの義務が課される物質は、ラベル表示及びSDS交付義務が課された物質と同一です。

そのため、塗料やシンナーなど、提供された化学品のSDSの「15.適用法令」に「労働安全

衛生法 第 57 条の適用あり」、「労働安全衛生法 表示（または通知）対象物」などの記載があれば、リスクアセスメントの実施義務対象物質が成分として含まれていることになります。

　また、SDS の「3.組成及び成分情報」に記載された各成分の情報から「職場のあんぜんサイト」に掲載されている表示・通知対象物のリスト等で確認することもできます。

　なお、対象物質は今後も国（政府）による GHS 分類結果に基づき追加されることが予定されています。

〈職場のあんぜんサイト　表示・通知対象物質（ラベル表示・SDS 交付義務対象物質）の一覧・検索〉

https://anzeninfo.mhlw.go.jp/anzen/gmsds/gmsds640.html

対象範囲

■ Q3-1　労働安全衛生法では、「危険性または有害性等の調査」となっているが、危険性と有害性のどちらかのリスクアセスメントを行えばよいか。

　危険性と有害性のどちらか一方を実施すれば良いというわけではありません。

　取り扱っている化学物質が危険性と有害性の両方に該当するのであれば、危険性と有害性それぞれのリスクアセスメントを行う必要があります。リスク見積り手法によっては、危険性と有害性のどちらも同じ方法で実施することもできますが、危険性と有害性でそれぞれ異なる方法で見積もることが必要な場合もあります。

　また、リスク低減措置についても危険性と有害性それぞれの観点から検討・実施する必要があります。

A6.7

■ Q3-2　研究や分析等で化学品を少量だけ取り扱う場合もリスクアセスメントが必要か。

　リスクアセスメントは業種や事業規模、物質の取扱量等に関わらず、リスクアセスメント対象物を取り扱うすべての事業場が対象となっています。そのため、少量・多品種を取り扱う試験研究業や教育業（大学の研究室等）でも、リスクアセスメントを実施する必要があります。リスクアセスメントの具体的な実施方法としては、取扱物質、作業手順から防護措置を簡単にチェックする方法などが考えられますので、各事業者が適切な方法で行うようにしてください。

■ Q3-3　少量多品種の化学物質を取り扱っているが、全ての化学物質についてリスクアセスメントを実施しなければならないか。

　化学物質ごとに危険有害性の種類や程度が異なりますので、原則、個々の化学物質についてリスクアセスメントを行っていただく必要があります。

　ただし、研究や分析など多品種を同一作業で扱っているような場合、すべての物質に対してリスクアセスメントを行うと多大な労力がかかる場合があります。そのような場合には、次のような観点から優先順位を決定し、効率的にリスクアセスメントを行ってください。

・明らかに有害性が高い物質（ばく露限界値が他の物質に比べて 10 ～ 100 倍厳しい等）

・明らかに含有率が高い物質（他の物質の含有量が微量）

・明らかに揮発性が高い物質（他の物質が低揮発性等）

　危険有害性の種類ごとに最もレベルの高い危険有害性を有する（例：揮発性が高く、ばく露

限界値が低い）化学物質についてリスクアセスメントを実施し、リスクが低いと判断できる、あるいはリスクに基づくリスク低減措置を講じれば、他の物質についてもリスクが低い、十分なリスク低減措置を講じていると判断することができます。

■ Q3-4　反応等で対象物質を製造する場合、リスクアセスメントは必要か。

製造工程段階で、リスクアセスメント対象物を生成する場合は、製造後の作業についてリスクアセスメントを実施することが必要です。また、製造中間体についてもリスクアセスメントの対象となります。

■ Q3-5　ラベルに危険有害性の絵表示があれば、リスクアセスメントを実施しなければならないのか。

危険有害性を有するすべての化学品がリスクアセスメント対象物に指定されているわけではありません。そのため、ラベルに危険有害性の絵表示があるからといって、必ずしもリスクアセスメントの実施義務があるとは限りません。ただし、絵表示があるということはその化学品が何らかの危険有害性を有していることになり、仮にリスクアセスメント対象物でなかったとしても、そのような化学品はリスクアセスメントの努力義務の対象となります。

リスクアセスメント対象物以外にも危険有害性を有する化学品は多く存在していることから、ラベルで絵表示を確認したら、SDS で詳細を確認し、リスクアセスメントを実施するよう努めてください。

■ Q3-6　リスクアセスメント対象物からそれ以外の物質に代替すれば、リスクアセスメントは実施しなくても良いか。

リスクアセスメント対象物以外であれば実施義務はありませんが、代替後の化学物質が何らかの危険有害性を有している場合には、リスクアセスメントを実施するよう努めなければなりません。また、物質の代替を検討する場合には、

・ばく露限界値がより大きい化学物質
・GHS 又は JIS Z 7252「GHS に基づく化学品の分類方法」に基づく危険性または有害性の区分がより低い化学物質

など、危険有害性が低いことが明らかな化学物質への代替を行うものとし、危険有害性が不明な化学物質等への代替は避けなければなりません。

一般消費者の生活の用

■ Q4-1　リスクアセスメント対象物を含む化学品でも、一般消費者用に販売されているものは、リスクアセスメントをしなくても良いか。

リスクアセスメントは SDS 交付の義務対象である通知対象物に対して課せられています（安衛法第 57 条の 3 第 1 項）。そのため、SDS 交付の義務から除外される「主として一般消費者の生活の用に供されるための製品」については、リスクアセスメントの実施対象からも除外されます。ただし、業務用洗剤等のように業務に使用することが想定されている製品は、スーパーやホームセンター、一般消費者も入手可能な方法で譲渡・提供されているものであっても上記除外には該当しないため、SDS 交付義務の対象であり、リスクアセスメントの対象となります。

なお、リスクアセスメント対象物以外であっても危険有害性を有する化学品は、リスクアセスメントの努力義務の対象ではあるため、必要に応じてSDSを入手し、リスクアセスメントを実施するようにしてください。

■ Q4-2　ガソリンを使った発電機での作業について、ガソリンのリスクアセスメントは必要か。

市販のガソリンを想定される用途の範囲内で使用する場合は、「主として一般消費者の生活の用に供するための製品」として義務の対象からは除外されるため、リスクアセスメントの実施義務はありません。

しかし、工事現場等で給油の作業等を行う場合には様々な危険が伴い、不完全燃焼による一酸化炭素中毒などの労働災害なども発生しています。そのため、リスクアセスメントの努力義務の対象としてリスクアセスメントを実施し、その結果に基づき換気や作業手順等の見直しに取り組むよう努めてください。

実施主体

■ Q5-1　どのような事業場がリスクアセスメントを行う義務があるか。

業種や事業場規模に関わらず、労働安全衛生法施行令（昭和47年政令第318号）別表第3第1号及び別表第9に規定される通知対象物及びこれを一定濃度（裾切値）以上含有する製剤（混合物）を取扱う全ての事業場が、使用量に関係なくリスクアセスメントを実施する義務があります。

そのため、製造業や建設業だけでなく、清掃業や卸・小売業、宿泊業、飲食店、医療・福祉業などのサービス業も幅広く対象となり得ます。

■ Q5-2　塗装作業を外注する場合、リスクアセスメントを実施するのは塗装作業を請け負った事業者か。

塗装作業を請け負った事業者が、購入元等から入手した使用塗料のSDSを使って、リスクアセスメントを実施してください。

■ Q5-3　元請事業者が塗装作業を下請事業者に任せた場合、リスクアセスメントは誰が実施しなければならないのか。

原則、現場作業員を直接雇用している下請事業者が当該作業にかかるリスクアセスメントを実施し、必要に応じてリスク低減措置を講ずる必要があります。

しかし、複数の下請事業者が混在して作業を行う場合等、下請事業者だけではリスクアセスメントやリスク低減措置の実施等における決定等ができない場合には、元請事業者が作業場における監督者として現場全体のリスクアセスメントを行い、その結果を各事業者に提供することが必要です。また、下請事業者が行う個々のリスクアセスメントに参画・支援することが望まれます。

なお、元方事業者と関係請負人における安全衛生管理については、化学工業や自動車製造業、建設業などを対象としたマニュアルやリーフレット等を公表していますので、参考にしてください。

〈厚労省　安全衛生関係リーフレット等一覧〉

https://www.mhlw.go.jp/stf/seisakunitsuite/bunya/koyou_roudou/roudoukijun/gyousei/anzen/index.html

■ Q5-4　元請事業者のもと、複数の下請事業者が同一作業場で作業を行う（混在作業）場合、リスクアセスメントは誰が実施するのか。

　同一の場所で複数の事業者が混在作業を行う場合、作業を請け負った事業者は、作業の混在の有無や混在作業において他の事業者が使用する化学物質等による危険有害性を把握できません。そのため、元請事業者が混在作業について事前にリスクアセスメントを実施し、その結果を各事業者に提供することが必要です。

■ Q5-5　化学品を保管・運搬するだけの運送業者等はリスクアセスメントを実施する必要はあるか。

　化学品を運搬する業務は、化学品の製造・取扱いには該当しないため、リスクアセスメント実施義務の対象外となります。

　ただし、運送業者が化学品を小分けにしたり、容器を開けて作業を行う等、労働者がばく露する可能性がある場合は、化学品の取扱いに該当するため、リスクアセスメントを実施してください。

■ Q5-6　譲渡・提供先からリスクアセスメントの実施要請を受けたが、リスクアセスメントは譲渡・提供者に実施義務があるのか。

　リスクアセスメントは、自らが使用する労働者に化学品を取り扱わせる事業者が実施するものです。そのため、譲渡・提供者が譲渡提供先のリスクアセスメントを行うことはできません。そのため、譲渡・提供者による譲渡・提供先のリスクアセスメントの実施支援を妨げるものではありませんが、実施主体はあくまでも譲渡・提供先の事業者です。

実施時期

■ Q6-1　リスクアセスメントはいつ実施するのか。

　リスクアセスメントの実施時期については、次のように定められています。

〈法律上の実施義務〉

・対象物を原材料などとして新規に採用したり、変更したりするとき

・対象物を製造し、または取り扱う業務の作業方法や作業手順を新規に採用したり変更したりするとき

・上記のほか、対象物による危険性または有害性などについて変化が生じたり、生じるおそれがあったりするとき（新たな危険有害性の情報がSDSなどにより提供された場合など）

〈指針による努力義務〉

・労働災害発生時（過去のリスクアセスメントに問題があるとき）

・過去のリスクアセスメント実施以降、機械設備などの経年劣化、労働者の知識経験などリスクの状況に変化があったとき

・過去にリスクアセスメントを実施したことがないとき（施行日前から取り扱っている物質

A6.7

を、施行日前と同様の作業方法で取り扱う場合で、過去にリスクアセスメントを実施したことがない、または実施結果が確認できない場合)

原材料や作業内容、危険有害性等が変化したときに実施することが義務付けられていますが、これまでリスクアセスメントを実施していない等においても、実施するよう努めてください。

■ Q6-2　リスクアセスメントの実施時期について、「化学物等による危険性または有害性等について変化が生じ、又は生ずるおそれがあるとき」とはどういうときか。

「化学物質等による危険性または有害性に係る新たな知見が確認されたこと」を意味しています。令和4年5月の省令改正によって、SDSを交付する譲渡・提供者には、SDSの記載項目のうち「人体に及ぼす作用」について、令和5年4月1日より、5年以内ごとの定期的な確認や、確認の結果変更がある場合には確認後1年以内の更新が義務付けられます。

譲渡・提供先は、更新されたSDSの入手等を通じて危険有害性の変化を把握した場合には、新たなSDSに基づき、リスクアセスメントを実施しなければなりません。

■ Q6-3　原材料の新規採用や変更を行う場合、取扱いを開始した後にリスクアセスメントを行えばよいか。

労働災害を防止するためには、必要なリスク低減措置を実施した上で新たな化学品の取扱いを開始することが必要です。

そのため、新規採用や変更によって新たな化学品の取扱いを開始する前に、リスクアセスメントを実施し、その結果に基づくリスク低減措置を検討・実施した上で取扱いを開始する必要があります。

■ Q6-4　リスクアセスメントが義務化される以前から同じ物質を同じ手順で使用している場合にもリスクアセスメントが必要か。

従来から取り扱っている物質を従来どおりの方法で取り扱う場合は、リスクアセスメント実施義務の対象にはなりません。

しかし、過去にリスクアセスメントを行ったことがない場合等には、事業場における化学物質のリスクを把握するためにも、計画的にリスクアセスメントを実施するようにしてください。

■ Q6-5　リスクアセスメントは毎年見直しをしなければならないか。

化学物質の新規採用や変更、作業手順の変更等を行う場合には、その都度リスクアセスメントの実施が義務付けられていますが、同じ化学物質を、同じ作業条件及び同じ作業手順で取扱う場合の見直し頻度については定められていません。

ただし、令和4年5月の省令改正によって、令和5年4月1日からリスクアセスメント対象物については、ばく露の程度を最小限度とすることが義務化され、ばく露状況に変化がないことを確認するため、過去の化学物質の測定結果やリスクアセスメントの結果に応じた適切な頻度で再確認をすることが望まれます。

体　　制

■ Q7-1　リスクアセスメントを実施する前に実施体制を決める必要があるか。

　令和4年5月の省令改正によって、令和6年4月1日からリスクアセスメント対象物の製造・取扱事業場等において化学物質管理者を選任することが義務化されます。

　化学物質管理者は、ラベル・SDS等の作成の管理、リスクアセスメント実施等、化学物質の管理に関わるもので、リスクアセスメント対象物に対する対策を適切に進める上で不可欠な職務を管理する者として位置づけられており、リスクアセスメントは化学物質管理者の管理のもと実施することが求められます。

危険有害性の特定

■ Q8-1　リスクアセスメントを実施する際に、SDSに記載されたどの情報を活用すればよいか。

　リスクの見積り時に活用するSDS記載情報は主として次の5項目です（項目番号はJIS Z 7253より）。

　　　2-危険有害性の要約
　　　8-ばく露防止及び保護措置
　　　9-物理的及び化学的性質
　　　10-安定性及び反応性
　　　11-有害性情報

　なお、リスク見積り手法によって、どの情報を使用するかは異なってきます。例えば、コントロール・バンディングは、上記の「2」に記載されたGHS分類区分と「9」に記載された沸点等を活用します。また、実測値による方法や使用量等から推定する方法では、「8」に記載されたばく露限界値を活用します。

■ Q8-2　粉体を水に溶かし、水溶液として使う作業をする場合、リスクアセスメントはどの作業単位で実施しなければならないのか。

　リスクアセスメントは、対象の化学物質等を取扱う作業ごとに行うことが原則です。そのため「粉体を溶かす作業」「水溶液を使用する作業」でそれぞれリスクアセスメントを実施する必要があります。

　ただし、リスクを評価する上で密接な関係にある複数の作業工程を1つの単位とする場合、同一場所において行われる複数の作業のうち有機溶剤作業と溶接作業などのようにリスクが影響し合うものを1つの単位とする場合など、実状に応じた作業単位でのリスクアセスメントが適切な場合もあります。

■ Q8-3　アスファルトは、どの状態のときに（どの段階で）リスクアセスメントをすればよいか。

　アスファルト原材料を取扱う工程、アスファルト合材の製造工程、アスファルト合材を用いた舗装や防水工事等の作業工程がリスクアセスメントの対象となります。

　なお、建設業者が舗装・防水工事後、施主に引き渡した後は、「一般消費者の生活の用に供

される製品」となるため、リスクアセスメントの対象ではありません。

リスク見積り

■ Q9-1　リスクアセスメントの実施方法は決められているか。

リスクアセスメントは次の3つのいずれか又は組み合わせで実施すれば良いことになっています。採用しなければならない方法は決められていません。

1. リスクアセスメント対象物が当該業務に従事する労働者に危険を及ぼし、又はリスクアセスメント対象物により当該労働者の健康障害を生ずるおそれの程度及び当該危険又は健康障害の程度を考慮する方法
2. 当該業務に従事する労働者がリスクアセスメント対象物にさらされる程度及びリスクアセスメント対象物の有害性の程度を考慮する方法
3. 前二号に掲げる方法に準ずる方法（有機溶剤中毒予防規則、特定化学物質障害予防規則等で具体的な措置が規定されている場合に、当該規定を確認する方法など）

上記3つの具体的な方法として「化学物質リスクアセスメント指針」で複数の方法が例示されており、「職場のあんぜんサイト」には、複数のリスクアセスメント支援ツールが提供されていますのでご活用ください。

また、一部の業界団体等では典型的な作業におけるリスクアセスメントの実施方法、リスクアセスメント結果に基づく必要な措置をまとめたマニュアル等を作成している場合があります。これら業種別のマニュアル等がある場合にはマニュアル等に従った方法でも構いません。

このようにリスクアセスメントの方法は、1つに限定されるものではなく、事業者の実態に応じ、各方法の特徴を踏まえて選択・組み合わせて実施することが可能です。

〈職場のあんぜんサイト　化学物質のリスクアセスメント実施支援〉

https://anzeninfo.mhlw.go.jp/user/anzen/kag/ankgc07.htm

■ Q9-2　現場ごとに取り扱う化学物質や作業環境が異なる場合、リスクアセスメントはどのように実施すべきか。

取り扱う化学物質や作業環境が異なる場合には、現場ごと、取り扱う化学物質ごとに実施することが原則です。

一方、同じ物質を同じ条件で取り扱う場合のリスクは同じになりますので、評価情報を共有することが可能です。

また、取り扱う化学物質の有害性や揮発性、取扱量や作業時間、換気条件等の作業環境から、最もリスクが高くなる条件でリスクアセスメントを実施し、必要なリスク低減措置を実施することにより、全化学物質についてリスクの低減化が図られたことになります。

また、一部の業界団体等では典型的な作業におけるリスクアセスメントの実施方法、リスクアセスメント結果に基づく必要な措置をまとめたマニュアル等を作成している場合があります。これら業種別のマニュアル等がある場合にはマニュアル等に従った方法でも構いません。

A6.7

■ Q9-3　特別規則（特定化学物質障害予防規則、有機溶剤中毒予防規則等）の対象物質は、従来から特別規則に従った管理を実施しているが、リスクアセスメントは別途必要か。

特別規則の対象であっても、リスクアセスメントの実施は義務付けられています。

ただし、特別規則対象物質の場合は、特別規則に定める具体的な措置の実施状況を確認することでリスクアセスメントを実施する方法があります。

■ Q9-4　化学関係とは無縁の業種で、化学の知識も乏しい。リスクアセスメントをどう進めたらよいか。

「職場のあんぜんサイト」で初級者から上級者までを対象とした複数のリスクアセスメント支援ツールが提供されています。

初級者向けとしては、

・爆発・火災等のリスクアセスメントのためのスクリーニング支援ツール（危険性のみ）

・CREATE-SIMPLE（危険性・有害性）

などがあり、比較的容易にリスクの見積り等を実施することができますので、まずはこれらのツールをご活用ください。

ただし、各支援ツールには特徴や限界がありますので、リスクを見積もった結果が事業場の実態とそぐわない場合やリスク低減措置の検討に繋げられないような場合には、より精度の高い別の見積り手法を検討する等の継続した改善を図ってください。

〈職場のあんぜんサイト〉

https://anzeninfo.mhlw.go.jp/user/anzen/kag/ankgc07.htm

■ Q9-5　リスクアセスメントとしてコントロール・バンディングを使ったが、結果としてリスクレベルが高く評価され、対策として代替物質への変更などが提示されたが実施が困難である。他にどのようなリスク見積り手法があるか。

「職場のあんぜんサイト」で提供されているリスクアセスメント支援ツールのうち、有害性に関してはコントロール・バンディングが最も簡易なツールとして位置づけられ、簡易なツールであるほど安全側の評価、つまりリスクが高く評価される傾向にあります。

各ツールにはそれぞれ特徴や限界があるため、簡易なツールを活用した場合には、リスクを見積もったとしても、次のようなリスク低減措置に繋がらない場合が想定されます。

・リスク低減措置を検討してもリスクレベルが下がらない場合

・具体的なリスク低減措置がわからない場合

・導入コストがかかるリスク低減措置の場合

そのような場合には、より精度の高いツールを活用してリスクアセスメントを実施してください。

・CREATE-SIMPLE

・業種別のリスクアセスメントシート

・検知管を用いた化学物質のリスクアセスメントガイドブック

・リアルタイムモニターを用いた化学物質のリスクアセスメントガイドブック　など

なお、これらのリスク見積り手法を実施するためのツールや、リスク見積り手法の選択につ

いての考え方の例を「職場のあんぜんサイト」で紹介していますので、ご活用ください。

〈職場のあんぜんサイト　リスクアセスメント支援ツール〉

https://anzeninfo.mhlw.go.jp/user/anzen/kag/ankgc07.htm#h2_2

〈職場のあんぜんサイト　リスクアセスメント実施・低減対策検討の支援〉

https://anzeninfo.mhlw.go.jp/user/anzen/kag/ankgc07.htm#h2_3

CB（コントロール・バンディング）

■ Q10-1　コントロール・バンディングの Step2「GHS 分類区分」の選択肢にない区分が SDS に記載されていた場合、どのように入力するのか。

　コントロール・バンディングの Step2「GHS 分類区分」の選択肢にない区分（例えば「急性毒性 区分5」）が SDS に記載されていた場合は、コントロール・バンディングの「その他」を選択してください。

■ Q10-2　混合物の SDS に沸点の記載がない場合、コントロール・バンディングには何を入力すれば良いか。

　含有成分のうち最も沸点の低い物質の沸点を入力することで、より安全側で評価することになります。

　なお、含有成分の沸点も不明な場合には "−" を入力することで、中揮発性（作業温度 20℃の場合に、沸点 50 〜 150℃）として評価されます。

■ Q10-3　混合物のコントロール・バンディングの入力方法を知りたい。

　混合物の場合、成分ごとに入力する方法と混合物として一括入力する方法があります。

　成分ごとに入力する方法は、Step1 の化学物質数を "成分数" とし、各成分について、Step2 の各項目を選択・入力します。成分ごとに入力することで、各成分の GHS 分類区分またはばく露限界値（許容濃度等）を考慮した有害性ランクが決定されます。

　一方、混合物として一括入力する方法では、Step1 の化学物質数を "1" とし、Step2 の "GHS 分類区分" の『選択』をクリック、SDS の「2. 危険有害性の要約」に記載されている「健康有害性の分類区分」を入力します。この場合、各成分の許容濃度は考慮できず、入力した混合物の GHS 分類区分から有害性ランクが決定されます。

　コントロール・バンディングはあくまで簡易的な手法であるため、実施者がやりやすい方法を採用して構いません。

■ Q10-4　コントロール・バンディングの物質リストに含まれていない物質の場合、どのように入力すれば良いか。

　コントロール・バンディングの Step2 の「化学物質名称」の検索ボタンで表示される物質リストに該当しない場合には、入手した SDS を元に「GHS 分類区分」や「沸点」を選択・入力してください。

　なお、物質リストに該当した場合であっても、自動反映による GHS 分類区分はあくまで参考としてご活用ください。

A6.7

CREATE-SIMPLE（クリエイト・シンプル）

■ Q11-1　CREATE-SIMPLEとコントロール・バンディングとは何が異なりますか。

コントロール・バンディングと比較するとCREATE-SIMPLEは、以下の３点からより精緻にリスクアセスメントを実施することができます。

- ・有害性の程度としてばく露限界値を用いていること
- ・取扱量少量（mL）単位が細分化されていること
- ・CBでは考慮していない作業条件（含有率、換気、作業時間、保護具等）の効果を考慮していること

■ Q11-2　CREATE-SIMPLEの物資一覧等を確認したが対象物質が含まれていない場合はどのように対応するのか。

CREATE-SIMPLEではリスクアセスメント対象物等の物質情報を収載していますが、すべての物質が収載されているわけではありません。物質一覧に含まれていない場合には、SDSを確認し、STEP2のばく露限界値やGHS分類情報、物理化学的性状を手入力してください。

また、収載済の物質でSTEP2の情報が自動入力された場合であっても、SDSを確認し正しく入力されていることを確認してください。

■ Q11-3　CREATE-SIMPLEで物質検索を行い、各種情報が自動入力されたが、「リスクを判定」すると「Step2の物理化学的性状を全て入力してください」とエラーが表示されたが、どのように対応すればよいか。

CREATE-SIMPLEのリスクアセスメント対象では、吸入、経皮吸収、危険性（爆発・火災）を選択することができます。このうち、経皮吸収と危険性（爆発・火災）を対象とする場合には、次の物理化学的性状の入力が必須になります。

- ・経皮吸収：分子量、水／オクタノール分配係数、水溶解度、蒸気圧
- ・危険性（爆発・火災）：引火点

また、CREATE-SIMPLEに収載され自動入力される物質であっても、一部の物質では物理化学的性状等の一部の情報のデータがないため、自動入力されない場合があります。その場合は

- ・SDSの「9-物理的及び化学的性質」等を確認し、物理化学的性状を手入力する。SDSにも記載がない場合には安全側の数値（例：蒸気圧の場合は0等）を手入力する
- ・リスクアセスメント対象の経皮吸収または危険（爆発・火災）のチェックをはずす

ことで判定を行うことができます。

■ Q11-4　CREATE-SIMPLEで塗料等の混合物はどのように評価するのか。

混合物の場合、成分ごとに評価する方法と混合物としての一括で評価する方法があります。

（1）成分ごとの評価

全成分についてそれぞれ評価するか、SDS等から含有率が高い、ばく露限界値が最も低い、揮発性が大きい等、最も危険有害性が高いと想定される代表物質を選定して実施します。

（2）混合物として評価

　SDS に混合物としての GHS 分類結果が記載されている場合には、CREATE-SIMPLE の「GHS 分類情報」に手入力することで実施します。ただし、混合物の GHS 分類を用いた評価では、成分ごとのばく露限界値を用いた評価に比べ、安全側に評価される傾向があります。

■ **Q11-5　水酸化ナトリウム等の固体を溶かした水溶液は、液体・固体のいずれで評価すべきか。**

　固体を溶かした水溶液は、液体としてリスクを判定してください。一般的に固体を溶かした水溶液の場合、溶かした固体は揮発しないため、低揮発性の液体として判定することができます。

　なお、水酸化ナトリウム水溶液のように溶かした固体の揮発がない場合には、CREATE-SIMPLE によらずとも、定性的に吸入によるリスクは低いものと判断できます。ただし、皮膚や眼の接触等によるリスクがある場合には、SDS 等に基づき対応を図ってください。

■ **Q11-6　コントロール・バンディングや CREATE-SIMPLE でリスクアセスメントを行う場合、昇華性のある固体（ヨウ素、ナフタレンなど）は、液体または固体のどちらでリスクアセスメントを実施すればよいか。**

　昇華性のある固体は、ばく露が懸念されるため、液体として取り扱うことが望ましいです。その際、揮発性については固体の蒸気圧に応じて次のように設定することが望ましいです。
　・低揮発性：0.5 kPa 未満
　・中揮発性：0.5 ～ 25 kPa
　・高揮発性：25 kPa 超

■ **Q11-7　CREATE-SIMPLE で屋外作業を評価する場合、換気状況はどれを選択すべきか。**

　屋外作業の場合は換気レベル C（工業的な全体換気）を選択してください。なお、換気状況を始めたとした各項目の選択時の考え方等については、CREATE-SIMPLE のマニュアルや設計基準も参考にしてください。
　〈職場のあんぜんサイト　CREATE-SIMPLE〉
　https://anzeninfo.mhlw.go.jp/user/anzen/kag/ankgc07_3.htm

■ **Q11-8　同じ物質を異なる作業で実施している場合には、CREATE-SIMPLE ではどのように考えればよいですか。**

　例えば、アセトンを同じ労働者が作業 A、作業 B、作業 C でそれぞれ 1 時間使用している場合には、それぞれの作業ごとにリスクアセスメントを実施してください。その際に作業時間は作業 A、B、C の合計時間である 3 時間を入力すると、安全側としてリスクアセスメントを実施することができます。

■ **Q11-9　CREATE-SIMPLE の評価結果として示されるリスクレベルはどのような意味か。**

　CREATE-SIMPLE のリスクレベルは I ～ IV の 4 段階で出力されますが、「STEP2 取扱い

物質の情報」に基づく結果と、「STEP3 物質の使用状況」に基づく結果を比較することでリスクレベルが決定されます。

　吸入ばく露を例に挙げる、STEP2 の情報に基づく「ばく露基準値」または「管理目標濃度」と、STEP3 の情報に基づく「推定ばく露濃度範囲」であり、その数値の比較によって、次のようにリスクレベルが決定されます。

- ・Ⅳ（大きなリスク）：推定ばく露濃度範囲の上限＞ばく露基準値または管理目標濃度の上限値×10
- ・Ⅲ（中程度のリスク）：ばく露基準値または管理目標濃度の上限値×10≧推定ばく露濃度範囲の上限＞ばく露基準値または管理目標濃度の上限値
- ・Ⅱ（小さなリスク）：ばく露基準値または管理目標濃度の上限値≧推定ばく露濃度範囲の上限＞ばく露基準値または管理目標濃度の上限値×1/10
- ・Ⅰ（些細なリスク）：推定ばく露濃度範囲の上限≦ばく露基準値または管理目標濃度の上限値×1/10

詳細については、「CREATE-SIMPLE の設計基準」をご確認ください。

〈職場のあんぜんサイト　リスクアセスメント支援ツール〉

https://anzeninfo.mhlw.go.jp/user/anzen/kag/ankgc07.htm#h2_2

A6.7

■ Q11-10　CREATE-SIMPLE の危険性は、プロセスの状況まで十分に踏まえてリスクを見積もっているか。

　危険性は、取扱量や換気状況、着火源の有無等の状況からリスクを見積もっていますが、CREATE-SIMPLE では十分にプロセスを踏まえているわけではありません。基本的に取扱物質が潜在的に有している危険性のみを対象としているため、プロセスを踏まえる場合は別途「安衛研 リスクアセスメント等実施支援ツール」などをご利用ください。

〈職場のあんぜんサイト　リスクアセスメント支援ツール〉

https://anzeninfo.mhlw.go.jp/user/anzen/kag/ankgc07.htm#h2_2

■ Q11-11　CREATE-SIMPLE は定期的に更新されるのか。

　CREATE-SIMPLE ではリスクアセスメント対象物質の情報として、国による GHS 分類結果やばく露限界値等が収載されています。これらの情報が更新されることから、原則年 1 回データ更新を行う予定となっています。またその際には不具合等の修正にも努めています。

■ Q11-12　CREATE-SIMPLE はバージョンアップされますが、バージョンアップごとに再評価する必要があるか。

　必ずしも全ての物質について再評価する必要はありませんが、国（政府）による GHS 分類結果で区分の変更が行われた物質、許容濃度等の勧告及び ACGIH TLV において、ばく露限界値の新規設定・変更が行われた物質については、有害性情報の変更により再評価が必要となる可能性があります。また、作業内容が変更された場合や前回の評価から一定期間が経過している場合には、再評価を検討してください。

■ **Q11-13　リスクの低減対策として、物質の代替を検討しています。CREATE-SIMPLE の実施レポートではどのように入力すればよいか。**

　物質の代替を検討している場合には、代替後の物質のばく露限界値を CREATE-SIMPLE の対策後の列のばく露限界値の欄に手動で入力してください。また、あわせて揮発性・飛散性レベルも変わる場合には、同様に手動で選択する必要があります。

リスク低減措置

■ **Q12-1　リスクアセスメント実施後のリスク低減措置の実施は義務か。**

　特定化学物質障害予防規則、有機溶剤中毒予防規則等の特別規則に講ずべき措置が定められている場合は、リスクアセスメントの結果に関わらず、定められた措置を必ず実施しなければなりません。

　さらに、令和 4 年 5 月の省令改正によって労働安全衛生規則により、次のような義務が課されます。

・リスクアセスメント対象物に労働者がばく露される程度を最小限度とする義務（令和 5 年 4 月施行）

・リスクアセスメント対象物のうち濃度基準値が設定された物質については、屋内作業場で労働者がばく露される程度を濃度基準値以下にする義務（令和 6 年 4 月施行）

　なお、リスクアセスメント対象物以外の危険有害性を有する物質についても、ばく露される程度を最小限度にする努力義務が課されるため、リスクアセスメントの結果を踏まえ、リスクが高いと判断した作業から優先して必要なリスク低減措置を講じるよう努めてください。

■ **Q12-2　リスクを低減するためにはどのような措置を講ずるべきか。**

　法令に定められた措置がある場合にはそれを必ず実施するほか、法令に定められた措置がない場合には、化学物質リスクアセスメント指針に基づき、次の優先順位でリスク低減措置の内容を検討する必要があります。

１．危険性又は有害性のより低い物質への代替、化学反応のプロセス等の運転条件の変更、取り扱う化学物質等の形状の変更等又はこれらの併用によるリスクの低減

２．化学物質等に係る機械設備等の防爆構造化、安全装置の二重化等の工学的対策又は化学物質等に係る機械設備等の密閉化、局所排気装置の設置等の衛生工学的対策

３．作業手順の改善、立入禁止等の管理的対策

４．化学物質等の有害性に応じた有効な保護具の使用

　なお、これ以外の方法で有効なリスク低減措置がある場合は、その他の方法によっても構いません。

　リスク低減措置の検討にあたっては、「リスクアセスメント実施支援システム（コントロール・バンディング）により出力される対策シートの一覧」や「作業別モデル対策シート」もご活用ください。

〈厚生労働省　リスクアセスメント実施支援システム（コントロール・バンディング）により出力される対策シートの一覧〉

https://www.mhlw.go.jp/stf/seisakunitsuite/bunya/0000148537.html

〈職場のあんぜんサイト　作業別モデル対策シート〉

A6.7

https://anzeninfo.mhlw.go.jp/user/anzen/kag/ankgc07_6.htm

■ Q12-3 リスク低減措置を実施した後に改めてリスクの見積りを実施しなければならないか。

リスク低減措置を実施した場合には、そのリスク低減措置の効果を把握するためにも、実施後のリスクを見積もることが望ましいとされています。

なお、CREATE-SIMPLE 等のように換気や保護具等のリスク低減措置の条件を入力してリスクを見積るツールでは、条件を変更することで、リスク低減措置の効果をあらかじめ見積もることが可能です。

〈職場のあんぜんサイト　リスクアセスメント支援ツール〉

https://anzeninfo.mhlw.go.jp/user/anzen/kag/ankgc07.htm#h2_2

リスクアセスメント結果の活用

■ Q13-1 リスクアセスメントの結果について、保存の義務はあるか。

令和4年5月の省令改正によって、令和5年4月1日からリスクアセスメント結果等の記録を作成し、次のリスクアセスメントを行うまでの期間（次のリスクアセスメントが3年以内に実施される場合は3年間）保存することが義務付けられます。

■ Q13-2 リスクアセスメントを実施した結果を記載する決められた様式はあるか。また、結果を行政に提出しなければならないか。

令和4年5月の省令改正によって、令和5年4月1日から、リスクアセスメント結果等の記録を作成し次のリスクアセスメントを行うまでの期間（次のリスクアセスメントが3年以内に実施される場合は3年間）保存することが義務付けられます。従来、労働者への周知項目として定められていた次の項目を記録として保存することが必要です。

・リスクアセスメント対象物の名称
・業務内容
・リスクアセスメント結果
・リスクアセスメント結果に基づき事業者が講じる労働者の危険又は健康障害を防止するため必要な措置の内容

これらの記録については、様式は規定されていません。そのため各事業場で作成や管理がしやすい様式を活用してください。作成にあたっては、「職場のあんぜんサイト」に「リスクアセスメント実施レポート（結果記入シート）」の一例を掲載しており、またCREATE-SIMPLEで出力可能な「実施レポート」や「結果一覧」等もリスクアセスメント結果の記録として活用頂けますので、参考にしてください。

なお、行政への提出は不要ですが、リスクアセスメントの実施状況等の確認のため、労働基準監督署等から提示を求められる場合があります。

■ Q13-3 リスクアセスメント結果の周知はどのような方法で実施するのか。

リスクアセスメントの結果は、SDS の周知と同様に、次のいずれかの方法で労働者が常時確認できるよう周知することが義務付けられています。

1．リスクアセスメント対象物質を取り扱う作業場の見やすい場所に常時掲示し、又は備え付ける
2．書面を労働者に交付する
3．電子媒体に記録し、かつ、作業場に当該記録を常時確認できる機器（パソコン端末など）を設置する

そ　の　他

■ Q14-1　リスクアセスメントの実施について、罰則はあるか。

　リスクアセスメントの実施自体については、罰則は設けられていませんが、実施すべき要件に該当する場合に実施していなければ法律違反になり、労働基準監督署の行政指導の対象となります。

出典：厚生労働省ウェブサイト（https://www.mhlw.go.jp/stf/newpage_11389.html）をもとに一部改変

A6.7

A7.1 化学物質の危険性に対するリスク低減措置の例

表 A7.1.1 開放系作業における火災・爆発防止のための多重防護によるリスク低減措置の例[1]

リスク低減措置の目的	A）本質安全対策	B）工学的対策	C）管理的対策	D）保護具の着用
a）異常発生防止対策	単体の健全設計 ・最大負荷での機器設計 ・腐食に対する適切材料選定など 誤操作防止設計 ・人間特性を考慮した作業環境設計 設備設計あるいは反応条件の変更：作業者による失敗の影響を局限化する JNIOSH-TD-No.5の参考資料C（表C1）の「A.除去と代替」及び「B.より安全な条件」なども含む	▲爆発性雰囲気形成防止対策：引き金事象発生防止対策を含む（表7.3参照） ▲着火源発現防止対策：引き金事象発生防止対策を含む（表7.4、表7.5参照） 機器の信頼性設計 ・予備機の設置、冗長化、機能としての信頼性向上など フールプルーフ設計 ・誤操作をし難いように、また、過失を許容できるような設備の設計 ・誤操作に対しても正常な動作を続け、安全性を確保できるような設計 ・ヒューマンマシンインターフェース（作業者に合わせた設計） 正常と異常を判別し易い設計 その他 ・相互に接触してはならない物質が接触する可能性を減らすための分離装置、専用機器、その他設備 フェイルセーフ設計：機器故障が発生しても安全な方向に移行する 安全インターロック：特定された異常状態（不安全状態）の検知に基づきシステムを自動的に安全な状態にする	▲爆発性雰囲気形成防止対策：引き金事象発生防止対策を含む（表7.3参照） ▲着火源発現防止対策：引き金事象発生防止対策を含む（表7.4、表7.5参照） 作業（操作）手順書の改訂 ・主要な封じ込めシステムの適切な設計と設置とそれらの機能を維持するための検査、テスト、メンテナンス ・正常運転からの逸脱（ずれ）の原因を同定する仕組み ・不適切な作業手順の可能性を減らすための手順（書）の改訂 ・作業者による作業実施の確実性を高めるための教育・訓練 ・「火気厳禁」などのポスター掲示 作業者対応（異常発生を検知してから事故発生までに時間的余裕がある場合） ・異常発生検知に基づく作業員による手動操作での異常発生対応（局所排気装置の起動など） ・異常発生時対応マニュアルの整備と平時における教育・訓練	—
b）事故発生防止対策		a）異常発生防止対策の欄を参照	a）異常発生防止対策の欄を参照	—

[1] 出典：「労働安全衛生総合研究所技術資料 JNIOSH-TD-No.7（2021）化学物質の危険性に対するリスクアセスメント等実施のための参考資料—開放系作業における火災・爆発を防止するために—」表3.3をもとに作成
（https://www.jniosh.johas.go.jp/publication/doc/td/TD-No7.pdf）

c) 被害の局限化対策	JNIOSH-TD-No. 5 の参考資料 C（表 C1）の「C. 保有量の低減」なども含む	事故（火災・爆発）発生検知・警報システム ・炎感知、煙感知、熱感知と警報システム 火災・爆発発生時の拡大防止 ・設備間距離 ・設備レイアウト ・消火設備、散水設備、泡消火器 ・蒸気緩和システム ・防火壁 ・耐火・耐爆構造 緊急時対応 ・消防車など緊急車両用アクセス ・非常照明設備 ・構内連絡用通信設備 その他 ・爆発放散口 ・耐火性支持と構造用鋼 ・居住建屋の耐爆構造	緊急時対応 ・緊急対応管理計画 ・避難経路の確保 ・避難訓練 作業に関係無い人の立ち入り禁止 地域住民・公共設備への緊急対応	保護具の着用 ・安全靴 ・保護帽（ヘルメット） ・空気呼吸器、耐熱性保護具（消火活動時着用）
d) 異常発生検知手段		▲爆発性雰囲気の形成（漏洩・侵入）を検知するための固定式ガス検知器や警報システム 漏洩検知と警報システム 工業用監視カメラ （考慮すべき点） 信頼性が高いセンサーの使用	▲手持ちガス検知器による定期的、あるいは作業開始前及び作業中の濃度測定など	

A7.1

A7.2 衛生工学的対策

Ⅰ．局所排気装置

屋内作業場の多くの現場で採用されてきた、代表的な衛生工学対策である局所排気装置について、化学物質管理者が計画時、並びに運用時に知識として持っておいていただきたい、設計手順、吸引不足の原因について解説する。

1．局所排気装置の設計手順

基本的な設計手順は、次のとおりである。化学物質管理者自身が、自ら設計する場面は限られているものと思われるが、施工会社と計画について検討する時、あるいは設計資料に目を通す時の参考にしてもらいたい。詳細に換気量を見積もる必要のない全体換気の設計経験しかない施工会社も、現実に存在する。形だけの設備にならないよう、施工会社の技量をよく見極めるために、計画の核となる部分については、化学物質管理者は学んでおきたい。

（1）フードの設置箇所、並びに形状を決める。

実作業が行われる箇所を確認し、もし複数箇所で作業が行われているようならば、できる限り作業を行う箇所を集約する。そのうえで、実作業が行われる箇所ごとにフードの設置を検討する。次に、まずは設置予定箇所ごとに、囲い式フード（フードの中で有害な化学物質を取り扱う）の設置が可能かどうかを検討し、問題がなければ囲い式フードを採用する。もし作業性に支障をきたすようならば、外付け式フード（フードから離れた場所で有害な化学物質を取り扱う）を採用する。

フードの形状の選択、捕捉フードかレシーバー式フード（有害な化学物質の方からフードに飛び込んでくる場合に採用するフード）かの選択、吸引方向の決定などについては、対象となる化学物質の拡散の仕方、挙動などの特性をよく踏まえて（例えば、有機溶剤は空気より比重が大きい、溶接ヒュームは熱を伴うため、一定の高さまでは上昇するなど）決める必要がある。フードの型式を表 A7.2.1 に示す。

A7.2

表 A7.2.1　フードの型式分類

型式			特徴
捕捉フード	囲い式フード	カバー型	開口部が小さい。
		グローブボックス型	
	囲い式フード（ブース式）	ドラフトチェンバ型	開口部が大きい。
		建築ブース型	
	外付け式フード	上方吸引型	対象の化学物質の特性、作業性に応じて使い分けをする。
		側方吸引型	
		下方吸引型	
レシーバー式フード	キャノピー型		熱浮力による上昇気流を利用する。
	グラインダーカバー型		回転による慣性気流を利用する。

外付け式フードを計画する時には、できる限りフランジ（フードの端部に張り出しているつば）を取り付けることを考慮する。フランジを取り付けた方が、必要排風量を節約出来ることが立証されている。

（2）制御風速を決める。

フードに有害な化学物質を吸引するために、囲い式フードにあってはフード開口面上、外付け式フード、並びにレシーバー式フードにあってはフードの開口面から最も離れた作業位置において、適切な気流の流れが確保されていなければならない。このため、それぞれの位置で適切な気流の流れを得るために、それぞれの位置でどの程度の風速を出すかを拠り所に、装置全体を設計していくことになる。

設計にあっては、各特別規則に書かれている数値を参考［対象の化学物質と物性が近い物質の基準値など、参考文献1)～3)を参照］に見積もる。特別規則の適用となっていない化学物質を取り扱う場合、あるいは特別規則の適用除外となった作業場においては、運用時に、作業環境測定結果、あるいはばく露濃度測定結果を踏まえて、もし過剰な吸引を行っているようならば、流量調整ダンパーなどの排風量を調節するための器具で調節する。

（3）必要排風量を計算する。

参考文献4)、5)を参照して、必要排風量を見積もる。

（4）搬送速度、並びにダクト径を仮決めする。

ダクトの抵抗（圧力損失）と、ダクト内への有害な化学物質の堆積の可能性を考慮した上で、参考図書などを参考にして搬送速度の目安を立てる。次に、搬送速度と必要排風量からダクト径（角型ダクトにあっては、短辺と長辺の寸法）の仮決めをする。

A7.2

（5）屋外排気口の位置、並びに排風機、空気清浄装置の設置箇所を決める。

屋外排気口、排風機の設置箇所を決め、労働安全衛生法令だけではなく、大気汚染防止法、水質汚濁防止法などの環境に係る法律、並びに地方自治体ごとの条例もよく学び、関係法令を全て満たした形で必要な空気清浄装置を検討し、設置箇所を決める。また、流量調整ダンパーなどの排風量を調節するための器具、ダクト内を掃除するための掃除口の設置も合わせて行う。

（6）ダクト系を設計する。

抵抗（圧力損失）をできるだけ少なくするために、まずはダクトの長さはできるだけ短く、ダクトのベンド（曲がり）はできるだけ少なく、また接続部などにおける極端な断面形状の変化はできるだけ避けて配管設計を行う。この段階で、ダクト径の見直しを図ることもある。

（7）ダクト系の抵抗（圧力損失）値を見積もり、排風機に求められる静圧値を求める。

フード、ダクト、空気清浄装置、屋外排気口などのユニットごとに、圧力損失を計算で見積もるとともに、排風機に求める静圧値を求める。計算方法については、参考文献4)、5)を参照されたい。

（8）排風機（ファン）を選定する。

必要排風量と求められる静圧値を基に、適切な動作点（排風機の「静圧・排風量特性曲線」上の、実際に稼働する際の点）が得られる排風機を選定する。

２．吸引不足が生じる時の主な原因

（１）作業場で改善を図ることが可能な原因

① 囲い式フードの開口部を広げている。

② 外付け式フードの開口部から、離れたところで作業をしている。

③ フードの開口部近くに気流を妨害する物が置かれている。

④ 作業場に、吸引気流を乱してしまう気流の流れがある。

⑤ ダクト内に粉じんなどが堆積して、通気抵抗が増えている。

　上記のような原因で吸引不足が生じている場合は、化学物質管理者が作業場の職長、作業者を交えて、教育も兼ねた形で改善を進めることが大切である。

（２）事業者として改善を図る必要がある原因

① 流量調整ダンパーが不適切である。

② ダクト系に破損個所があり、空気が漏れている。

③ 作業のやり方が変化し、フードの形状、吸引方向が現状の作業に合っていない。

④ 給気不足で、作業場内が減圧状態となっている。

⑤ 排風機、空気清浄装置のメンテナンス不足、あるいは経年劣化により、適切な性能が確保されていない。

　上記のような原因で吸引不足が生じている場合は、化学物質管理者が幹部社員、関連部門に報告し、事業者として改善措置を図るべく、化学物質管理者自らが中心になって進めて行く。

Ⅱ．プッシュプル型換気装置

A7.2

　プッシュプル型換気装置の設計にあたっては、参考文献６）、７）、８）を参照されたい。

Ⅲ．全体換気装置

１．換気のやり方

　特に、急性中毒発生の可能性があるタンク等の内部など、通風が不十分な屋内作業場では、必ず機械による換気が必要となる。どのような換気のやり方が適切なのか、あるいはどの程度の換気量が必要かについては、対象の化学物質の特性を踏まえて個々の場面で判断しなければならない。有機溶剤中毒予防規則では、全体換気装置の性能の要件を定めている［参考文献９）を参照］。このような事柄について判断が難しい場合には、専門家の助言を得てもらいたい。ここでは、換気のやり方の基本のみ解説する。

（１）自然換気

　作業場内外の温度差、風力による圧力差（自然に任せる）を利用して行う方法。この方法では、計画的に換気量を確保できない、排気口の位置を選べないなどのデメリットがある。したがって、機械による換気が現実的なやり方といえよう。

（２）機械換気

　機械換気には、３種類の換気方式がある。

① 送気式

　通風が不十分な屋内作業場において、ダクトを使って、作業場の奥、若しくは作業を行っている作業者位置に新鮮な空気を送気する方法。排気は自然に外部に排出される。アーク溶接を行う通常の屋内作業場で、排風機で他の場所に吹き飛ばす方法を採用する場合があるが、この

ような場合には、吹き飛ばす場所、吹き飛ばす方向などをよく検討する必要がある。

② 排気式

通風が不十分な屋内作業場において、ダクトを使って、作業場の奥、若しくは作業を行っている作業者位置の空気を排気する方法。新鮮な空気が作業場入口から自然に流入する。

③ 送排気式

通風が不十分な屋内作業場において、送気、排気、それぞれの別のダクトを利用して行う方法。

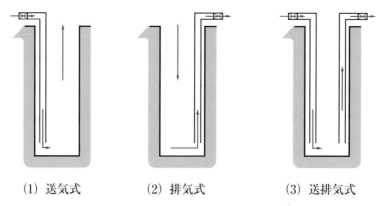

(1) 送気式　　　　　(2) 排気式　　　　　(3) 送排気式

A7.2

参考文献

1） 有機溶剤中毒予防規則第16条（局所排気装置の性能）

2） 特定化学物質障害予防規則の規定に基づく厚生労働大臣が定める性能（最終改正　令和2年4月22日厚生労働大臣告示第192号）

3） 粉じん障害防止規則第11条第1項第5号の規定に基づく厚生労働大臣が定める要件（最終改正　平成12年12月25日　労働省告示第120号）

4） 中央労働災害防止協会編「局所排気・プッシュプル型換気装置及び空気清浄装置の標準設計と保守管理　改訂第5版」中央労働災害防止協会（2021）

5） 沼野雄志著「新　やさしい局排設計教室　改訂第7版」中央労働災害防止協会（2019）

6） 有機溶剤中毒予防規則第16条の2の規定に基づく厚生労働大臣が定める構造及び性能（最終改正　平成12年12月25日労働省告示第120号）

7） 特定化学物質障害予防規則第7条第2項第4号及び第50条第1項第8号ホの厚生労働大臣が定める要件（最終改正　平成18年2月16日厚生労働大臣告示第58号）

8） 粉じん障害防止規則第11条第2項第4号の規定に基づく厚生労働大臣が定める要件（最終改正　平成12年12月25日労働省告示第120号）

9） 有機溶剤中毒予防規則第17条（全体換気装置の性能）

A7.3　防じんマスクの選択、使用等について

○防じんマスクの選択、使用等について

（平成 17 年 2 月 7 日）

（基発第 0207006 号）

（都道府県労働局長あて厚生労働省労働基準局長通知）

（公印省略）

［5 年保存］

　防じんマスクは、空気中に浮遊する粒子状物質（以下「粉じん等」という。）の吸入により生じるじん肺等の疾病を予防するために使用されるものであり、その規格については、防じんマスクの規格（昭和 63 年労働省告示第 19 号）において定められているが、その適正な使用等を図るため、平成 8 年 8 月 6 日付け基発第 505 号「防じんマスクの選択、使用等について」により、その適正な選択、使用等について指示してきたところである。

　防じんマスクの規格については、その後、平成 12 年 9 月 11 日に公示され、同年 11 月 15 日から適用された「防じんマスクの規格及び防毒マスクの規格の一部を改正する告示（平成 12 年労働省告示第 88 号）」において一部が改正されたが、改正前の防じんマスクの規格（以下「旧規格」という。）に基づく型式検定に合格した防じんマスクであって、当該型式の型式検定合格証の有効期間（5 年）が満了する日までに製造されたものについては、改正後の防じんマスクの規格（以下「新規格」という。）に基づく型式検定に合格したものとみなすこととしていたことから、改正後も引き続き、新規格に基づく防じんマスクと併せて、旧規格に基づく防じんマスクが使用されていたところである。

　しかしながら、最近、新規格に基づく防じんマスクが大部分を占めることとなってきた現状にかんがみ、今般、新規格に基づく防じんマスクの選択、使用等の留意事項について下記のとおり定めたので、了知の上、今後の防じんマスクの選択、使用等の適正化を図るための指導等に当たって遺憾なきを期されたい。

　なお、平成 8 年 8 月 6 日付け基発第 505 号「防じんマスクの選択、使用等について」は、本通達をもって廃止する。

　おって、日本呼吸用保護具工業会会長あてに別添のとおり通知済であるので申し添える。

記

第 1　事業者が留意する事項

　1　全体的な留意事項

　　　事業者は、防じんマスクの選択、使用等に当たって、次に掲げる事項について特に留意すること。

（1）　事業者は、衛生管理者、作業主任者等の労働衛生に関する知識及び経験を有する者のうちから、各作業場ごとに防じんマスクを管理する保護具着用管理責任者を指名し、防じんマスクの適正な選択、着用及び取扱方法について必要な指導を行わせるとともに、防じんマスクの適正な保守管理に当たらせること。

（2）　事業者は、作業に適した防じんマスクを選択し、防じんマスクを着用する労働者に対し、当該防じんマスクの取扱説明書、ガイドブック、パンフレット等（以下「取扱説明書等」

という。）に基づき、防じんマスクの適正な装着方法、使用方法及び顔面と面体の密着性の確認方法について十分な教育や訓練を行うこと。

2　防じんマスクの選択に当たっての留意事項

防じんマスクの選択に当たっては、次の事項に留意すること。

(1)　防じんマスクは、機械等検定規則（昭和47年労働省令第45号）第14条の規定に基づき面体、ろ過材及び吸気補助具が分離できる吸気補助具付き防じんマスクの吸気補助具ごと（使い捨て式防じんマスクにあっては面体ごと）に付されている型式検定合格標章により型式検定合格品であることを確認すること。なお、吸気補助具付き防じんマスクについては、機械等検定規則（昭和47年労働省令第45号）に定める型式検定合格標章に「補」が記載されていることに留意すること。

また、型式検定合格標章において、型式検定合格番号の同一のものが適切な組合せであり、当該組合せで使用して初めて型式検定に合格した防じんマスクとして有効に機能するものであることに留意すること。

(2)　労働安全衛生規則（昭和47年労働省令第32号。以下「安衛則」という。）第592条の5、鉛中毒予防規則（昭和47年労働省令第37号。以下「鉛則」という。）第58条、特定化学物質等障害予防規則（昭和47年労働省令第39号。以下「特化則」という。）第43条、電離放射線障害防止規則（昭和47年労働省令第41号。以下「電離則」という。）第38条及び粉じん障害防止規則（昭和54年労働省令第18号。以下「粉じん則」という。）第27条のほか労働安全衛生法令に定める呼吸用保護具のうち防じんマスクについては、粉じん等の種類及び作業内容に応じ、別紙の表に示す防じんマスクの規格第1条第3項に定める性能を有するものであること。

A7.3

(3)　次の事項について留意の上、防じんマスクの性能が記載されている取扱説明書等を参考に、それぞれの作業に適した防じんマスクを選ぶこと。

ア　粉じん等の種類及び作業内容の区分並びにオイルミスト等の混在の有無の区分のうち、複数の性能の防じんマスクを使用させることが可能な区分であっても、作業環境中の粉じん等の種類、作業内容、粉じん等の発散状況、作業時のばく露の危険性の程度等を考慮した上で、適切な区分の防じんマスクを選ぶこと。高濃度ばく露のおそれがあると認められるときは、できるだけ粉じん捕集効率が高く、かつ、排気弁の動的漏れ率が低いものを選ぶこと。さらに、顔面とマスクの面体の高い密着性が要求される有害性の高い物質を取り扱う作業については、取替え式の防じんマスクを選ぶこと。

イ　粉じん等の種類及び作業内容の区分並びにオイルミスト等の混在の有無の区分のうち、複数の性能の防じんマスクを使用させることが可能な区分については、作業内容、作業強度等を考慮し、防じんマスクの重量、吸気抵抗、排気抵抗等が当該作業に適したものを選ぶこと。具体的には、吸気抵抗及び排気抵抗が低いほど呼吸が楽にできることから、作業強度が強い場合にあっては、吸気抵抗及び排気抵抗ができるだけ低いものを選ぶこと。

ウ　ろ過材を有効に使用することのできる時間は、作業環境中の粉じん等の種類、粒径、発散状況及び濃度に影響を受けるため、これらの要因を考慮して選択すること。

吸気抵抗上昇値が高いものほど目詰まりが早く、より短時間で息苦しくなることから、有効に使用することのできる時間は短くなること。

また、防じんマスクは一般に粉じん等を捕集するに従って吸気抵抗が高くなるが、RS1、RS2、RS3、DS1、DS2 又は DS3 の防じんマスクでは、オイルミスト等が堆積した場合に吸気抵抗が変化せずに急激に粒子捕集効率が低下するもの、また、RL1、RL2、RL3、DL1、DL2 又は DL3 の防じんマスクでも多量のオイルミスト等の堆積により粒子捕集効率が低下するものがあるので、吸気抵抗の上昇のみを使用限度の判断基準にしないこと。

(4) 防じんマスクの顔面への密着性の確認

粒子捕集効率の高い防じんマスクであっても、着用者の顔面と防じんマスクの面体との密着が十分でなく漏れがあると、粉じんの吸入を防ぐ効果が低下するため、防じんマスクの面体は、着用者の顔面に合った形状及び寸法の接顔部を有するものを選択すること。特に、ろ過材の粒子捕集効率が高くなるほど、粉じんの吸入を防ぐ効果を上げるためには、密着性を確保する必要があること。そのため、以下の方法又はこれと同等以上の方法により、各着用者に顔面への密着性の良否を確認させること。

なお、大気中の粉じん、塩化ナトリウムエアロゾル、サッカリンエアロゾル等を用いて密着性の良否を確認する機器もあるので、これらを可能な限り利用し、良好な密着性を確保すること。

ア 取替え式防じんマスクの場合

作業時に着用する場合と同じように、防じんマスクを着用させる。なお、保護帽、保護眼鏡等の着用が必要な作業にあっては、保護帽、保護眼鏡等も同時に着用させる。その後、いずれかの方法により密着性を確認させること。

(ア) 陰圧法

防じんマスクの面体を顔面に押しつけないように、フィットチェッカー等を用いて吸気口をふさぐ。息を吸って、防じんマスクの面体と顔面との隙間から空気が面体内に漏れ込まず、面体が顔面に吸いつけられるかどうかを確認する。

(イ) 陽圧法

防じんマスクの面体を顔面に押しつけないように、フィットチェッカー等を用いて排気口をふさぐ。息を吐いて、空気が面体内から流出せず、面体内に呼気が滞留することによって面体が膨張するかどうかを確認する。

イ 使い捨て式防じんマスクの場合

使い捨て式防じんマスクの取扱説明書等に記載されている漏れ率のデータを参考とし、個々の着用者に合った大きさ、形状のものを選択すること。

3 防じんマスクの使用に当たっての留意事項

防じんマスクの使用に当たっては、次の事項に留意すること。

(1) 防じんマスクは、酸素濃度 18% 未満の場所では使用してはならないこと。このような場所では給気式呼吸用保護具を使用させること。

また、防じんマスク(防臭の機能を有しているものを含む。)は、有害なガスが存在する場所においては使用させてはならないこと。このような場所では防毒マスク又は給気式呼吸用保護具を使用させること。

(2) 防じんマスクを適正に使用するため、防じんマスクを着用する前には、その都度、着用者に次の事項について点検を行わせること。

A7.3

　　ア　吸気弁、面体、排気弁、しめひも等に破損、亀裂又は著しい変形がないこと。

　　イ　吸気弁、排気弁及び弁座に粉じん等が付着していないこと。

　　　　なお、排気弁に粉じん等が付着している場合には、相当の漏れ込みが考えられるので、

　　　陰圧法により密着性、排気弁の気密性等を十分に確認すること。

　　ウ　吸気弁及び排気弁が弁座に適切に固定され、排気弁の気密性が保たれていること。

　　エ　ろ過材が適切に取り付けられていること。

　　オ　ろ過材が破損したり、穴が開いていないこと。

　　カ　ろ過材から異臭が出ていないこと。

　　キ　予備の防じんマスク及びろ過材を用意していること。

(3)　防じんマスクを適正に使用させるため、顔面と面体の接顔部の位置、しめひもの位置
　　及び締め方等を適切にさせること。また、しめひもについては、耳にかけることなく、後
　　頭部において固定させること。

(4)　着用後、防じんマスクの内部への空気の漏れ込みがないことをフィットチェッカー等
　　を用いて確認させること。

　　　なお、取替え式防じんマスクに係る密着性の確認方法は、上記 2 の(4)のアに記載した
　　いずれかの方法によること。

(5)　次のような防じんマスクの着用は、粉じん等が面体の接顔部から面体内へ漏れ込むお
　　それがあるため、行わせないこと。

　　ア　タオル等を当てた上から防じんマスクを使用すること。

　　イ　面体の接顔部に「接顔メリヤス」等を使用すること。ただし、防じんマスクの着用に
　　　より皮膚に湿しん等を起こすおそれがある場合で、かつ、面体と顔面との密着性が良好
　　　であるときは、この限りでないこと。

　　ウ　着用者のひげ、もみあげ、前髪等が面体の接顔部と顔面の間に入り込んだり、排気弁
　　　の作動を妨害するような状態で防じんマスクを使用すること。

(6)　防じんマスクの使用中に息苦しさを感じた場合には、ろ過材を交換すること。

　　　なお、使い捨て式防じんマスクにあっては、当該マスクに表示されている使用限度時間
　　に達した場合又は使用限度時間内であっても、息苦しさを感じたり、著しい型くずれを生
　　じた場合には廃棄すること。

4　防じんマスクの保守管理上の留意事項

　防じんマスクの保守管理に当たっては、次の事項に留意すること。

(1)　予備の防じんマスク、ろ過材その他の部品を常時備え付け、適時交換して使用できる
　　ようにすること。

(2)　防じんマスクを常に有効かつ清潔に保持するため、使用後は粉じん等及び湿気の少な
　　い場所で、吸気弁、面体、排気弁、しめひも等の破損、亀裂、変形等の状況及びろ過材の
　　固定不良、破損等の状況を点検するとともに、防じんマスクの各部について次の方法によ
　　り手入れを行うこと。ただし、取扱説明書等に特別な手入れ方法が記載されている場合は、
　　その方法に従うこと。

　　ア　吸気弁、面体、排気弁、しめひも等については、乾燥した布片又は軽く水で湿らせた
　　　布片で、付着した粉じん、汗等を取り除くこと。

　　　　また、汚れの著しいときは、ろ過材を取り外した上で面体を中性洗剤等により水洗す

A7.3

ること。
　イ　ろ過材については、よく乾燥させ、ろ過材上に付着した粉じん等が飛散しない程度に
　　軽くたたいて粉じん等を払い落すこと。
　　　ただし、ひ素、クロム等の有害性が高い粉じん等に対して使用したろ過材については、
　　1回使用するごとに廃棄すること。
　　　なお、ろ過材上に付着した粉じん等を圧搾空気等で吹き飛ばしたり、ろ過材を強くた
　　たくなどの方法によるろ過材の手入れは、ろ過材を破損させるほか、粉じん等を再飛散
　　させることとなるので行わないこと。
　　　また、ろ過材には水洗して再使用できるものと、水洗すると性能が低下したり破損し
　　たりするものがあるので、取扱説明書等の記載内容を確認し、水洗が可能な旨の記載の
　　あるもの以外は水洗してはならないこと。
　ウ　取扱説明書等に記載されている防じんマスクの性能は、ろ過材が新品の場合のもので
　　あり、一度使用したろ過材を手入れして再使用（水洗して再使用することを含む。）す
　　る場合は、新品時より粒子捕集効率が低下していないこと及び吸気抵抗が上昇していな
　　いことを確認して使用すること。
(3)　次のいずれかに該当する場合には、防じんマスクの部品を交換し、又は防じんマスク
　を廃棄すること。
　ア　ろ過材について、破損した場合、穴が開いた場合又は著しい変形を生じた場合
　イ　吸気弁、面体、排気弁等について、破損、亀裂若しくは著しい変形を生じた場合又は
　　粘着性が認められた場合
　ウ　しめひもについて、破損した場合又は弾性が失われ、伸縮不良の状態が認められた場
　　合
　エ　使い捨て式防じんマスクにあっては、使用限度時間に達した場合又は使用限度時間内
　　であっても、作業に支障をきたすような息苦しさを感じたり著しい型くずれを生じた場
　　合
(4)　点検後、直射日光の当たらない、湿気の少ない清潔な場所に専用の保管場所を設け、
　管理状況が容易に確認できるように保管すること。なお、保管に当たっては、積み重ね、
　折り曲げ等により面体、連結管、しめひも等について、亀裂、変形等の異常を生じないよ
　うにすること。
(5)　使用済みのろ過材及び使い捨て式防じんマスクは、付着した粉じん等が再飛散しない
　ように容器又は袋に詰めた状態で廃棄すること。
第2　製造者等が留意する事項
　防じんマスクの製造者等は、次の事項を実施するよう努めること。
1　防じんマスクの販売に際し、事業者等に対し、防じんマスクの選択、使用等に関する情
　報の提供及びその具体的な指導をすること。
2　防じんマスクの選択、使用等について、不適切な状態を把握した場合には、これを是正
　するように、事業者等に対し、指導すること。

A7.3

別紙

粉じん等の種類及び作業内容	防じんマスクの性能の区分
○　安衛則第592条の5 　　廃棄物の焼却施設に係る作業で、ダイオキシン類の粉じんのばく露のおそれのある作業において使用する防じんマスク	
・オイルミスト等が混在しない場合	RS3、RL3
・オイルミスト等が混在する場合	RL3
○　電離則第38条 　　放射性物質がこぼれたとき等による汚染のおそれがある区域内の作業又は緊急作業において使用する防じんマスク	
・オイルミスト等が混在しない場合	RS3、RL3
・オイルミスト等が混在する場合	RL3
○　鉛則第58条、特化則第43条及び粉じん則第27条 　　金属のヒューム（溶接ヒュームを含む。）を発散する場所における作業において使用する防じんマスク	
・オイルミスト等が混在しない場合	RS2、RS3、DS2、DS3 RL2、RL3、DL2、DL3
・オイルミスト等が混在する場合	RL2、RL3、DL2、DL3
○　鉛則第58条及び特化則第43条 　　管理濃度が0.1mg/m³以下の物質の粉じんを発散する場所における作業において使用する防じんマスク	
・オイルミスト等が混在しない場合	RS2、RS3、DS2、DS3 RL2、RL3、DL2、DL3
・オイルミスト等が混在する場合	RL2、RL3、DL2、DL3
○　上記以外の粉じん作業	
・オイルミスト等が混在しない場合	RS1、RS2、RS3 DS1、DS2、DS3 RL1、RL2、RL3 DL1、DL2、DL3
・オイルミスト等が混在する場合	RL1、RL2、RL3 DL1、DL2、DL3

A7.3

○防じんマスクの使用、選択等について

（平成 17 年 2 月 7 日）

（基発第 0207008 号）

（日本呼吸用保護具工業会会長あて厚生労働省労働基準局長通知）

（公印省略）

　労働基準行政につきましては、日頃から格別の御協力を賜り厚く御礼申し上げます。

　さて、厚生労働省では防じんマスクの適正な使用、選択等を図るため、別添写しのとおり平成 17 年 2 月 7 日付け基発第 0207006 号をもって都道府県労働局長あて通達したところであります。

　つきましては、貴工業会におかれましても会員企業等に対し、下記の事項について関係事業場に対して専門家の立場から指導するよう周知方お願いいたします。

記

1　防じんマスクの販売に際しては、防じんマスクの選択、使用方法、保管方法、廃棄方法等について、具体的に指導すること。

2　防じんマスクの装着、管理状況等について、不適切な状態を把握した場合には、その是正について指導すること。

3　関係事業場から防じんマスクの使用条件、管理方法等について説明等を求められた場合には、適切に対応すること。

出典：「基発第 0207006 号　都道府県労働局長あて厚生労働省労働基準局長通知　防じんマスクの選択、使用等について」（厚生労働省）
　　　「基発第 0207008 号　日本呼吸用保護具工業会会長あて厚生労働省労働基準局長通知　防じんマスクの使用、選択等について」（厚生労働省）
　　　（https://www.mhlw.go.jp/web/t_doc?dataId=00tc2747&dataType=1&pageNo=1）

A7.3

A7.4　防毒マスクの選択、使用等について

○防毒マスクの選択、使用等について

（平成 17 年 2 月 7 日）

（基発第 0207007 号）

（都道府県労働局長あて厚生労働省労働基準局長通知）

（公印省略）

［5 年保存］

　防毒マスクは、有毒なガス、蒸気等の吸入により生じる人体への影響を防止するために使用されるものであり、その規格については、防毒マスクの規格（平成 2 年労働省告示第 68 号）において定められているが、その適正な使用等を図るため、平成 8 年 8 月 6 日付け基発第 504 号「防毒マスクの選択、使用等について」により、その選択、使用等について指示してきたところである。

　防毒マスクの規格については、その後、平成 12 年 9 月 11 日に公示され、同年 11 月 15 日から適用された「防じんマスクの規格及び防毒マスクの規格の一部を改正する告示（平成 12 年労働省告示第 88 号）」において一部が改正されたが、改正前の防毒マスクの規格（以下「旧規格」という。）に基づく型式検定に合格した防毒マスクであって、当該型式の型式検定合格証の有効期間（5 年）が満了する日までに製造されたものについては、改正後の防毒マスクの規格（以下「新規格」という。）に基づく型式検定に合格したものとみなすこととしていたことから、改正後も引き続き、新規格に基づく防毒マスクと併せて、旧規格に基づく防毒マスクが使用されていたところである。

　しかしながら、最近、新規格に基づく防毒マスクが大部分を占めることとなってきた現状にかんがみ、今般、新規格に基づく防毒マスクの選択、使用等の留意事項について下記のとおり定めたので、了知の上、今後の防毒マスクの選択、使用等の適正化を図るための指導等に当たって遺憾なきを期されたい。

　なお、平成 8 年 8 月 6 日付け基発第 504 号「防毒マスクの選択、使用等について」は、本通達をもって廃止する。

　おって、日本呼吸用保護具工業会会長あてに別添[*1]のとおり通知済であるので申し添える。

記

第 1　事業者が留意する事項

　1　全体的な留意事項

　　事業者は防毒マスクの選択、使用等に当たって、次に掲げる事項について特に留意すること。

　(1) 事業者は、衛生管理者、作業主任者等の労働衛生に関する知識及び経験を有する者のうちから、各作業場ごとに防毒マスクを管理する保護具着用管理責任者を指名し、防毒マスクの適正な選択、着用及び取扱方法について必要な指導を行わせるとともに、防毒マスクの適正な保守管理に当たらせること。

＊1　別添は本書では省略。

(2) 事業者は、作業に適した防毒マスクを選択し、防毒マスクを着用する労働者に対し、当
該防毒マスクの取扱説明書、ガイドブック、パンフレット等（以下「取扱説明書等」とい
う。）に基づき、防毒マスクの適正な装着方法、使用方法及び顔面と面体の密着性の確認
方法について十分な教育や訓練を行うこと。

2　防毒マスクの選択に当たっての留意事項

　　防毒マスクの選択に当たっては、次の事項に留意すること。

(1) 防毒マスクは、機械等検定規則（昭和 47 年労働省令第 45 号）第 14 条の規定に基づき
吸収缶（ハロゲンガス用、有機ガス用、一酸化炭素用、アンモニア用及び亜硫酸ガス用の
ものに限る。）及び面体ごとに付されている型式検定合格標章により、型式検定合格品で
あることを確認すること。

(2) 次の事項について留意の上、防毒マスクの性能が記載されている取扱説明書等を参考に、
それぞれの作業に適した防毒マスクを選ぶこと。

　ア　作業内容、作業強度等を考慮し、防毒マスクの重量、吸気抵抗、排気抵抗等が当該作
業に適したものを選ぶこと。具体的には、吸気抵抗及び排気抵抗が低いほど呼吸が楽に
できることから、作業強度が強い場合にあっては、吸気抵抗及び排気抵抗ができるだけ
低いものを選ぶこと。

　イ　作業環境中の有害物質（防毒マスクの規格第 1 条の表下欄に掲げる有害物質をいう。
以下同じ。）の種類、濃度及び粉じん等の有無に応じて、面体及び吸収缶の種類を選ぶ
こと。その際、次の事項について留意すること。

　（ア）作業環境中の有害物質の種類、発散状況、濃度、作業時のばく露の危険性の程度
を着用者に理解させること。

　（イ）作業環境中の有害物質の濃度に対して除毒能力に十分な余裕のあるものであるこ
と。

　　　なお、除毒能力の高低の判断方法としては、防毒マスク及び防毒マスク用吸収缶
に添付されている破過曲線図から、一定のガス濃度に対する破過時間（吸収缶が除
毒能力を喪失するまでの時間）の長短を比較する方法があること。

　　　例えば、次の図に示す吸収缶 A 及び同 B の破過曲線図では、ガス濃度 1％の場合
を比べると、破過時間は A が 30 分、B が 55 分となり、A に比べて B の除毒能力が
高いことがわかること。

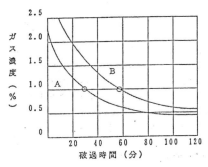

　（ウ）有機ガス用防毒マスクの吸収缶は、有機ガスの種類により防毒マスクの規格第 7
条に規定される除毒能力試験の試験用ガスと異なる破過時間を示す場合があること。

特に、メタノール、ジクロルメタン、二硫化炭素、アセトン等については、試験用
ガスに比べて破過時間が著しく短くなるので注意すること。

（エ）使用する環境の温度又は湿度によっては、吸収缶の破過時間が短くなる場合があ
ること。

有機ガス用防毒マスクの吸収缶は、使用する環境の温度又は湿度が高いほど破過
時間が短くなる傾向があり、沸点の低い物質ほど、その傾向が顕著であること。また、
一酸化炭素用防毒マスクの吸収缶は、使用する環境の湿度が高いほど破過時間が短
くなる傾向にあること。

（オ）防毒マスクの吸収缶の破過時間を推定する必要があるときには、当該吸収缶の製
造者等に照会すること。

（カ）ガス又は蒸気状の有害物質が粉じん等と混在している作業環境中では、粉じん等
を捕集する防じん機能を有する防毒マスクを選択すること。その際、次の事項につ
いて留意すること。

（i）防じん機能を有する防毒マスクの吸収缶は、作業環境中の粉じん等の種類、発
散状況、作業時のばく露の危険性の程度等を考慮した上で、適切な区分のものを
選ぶこと。なお、作業環境中に粉じん等に混じってオイルミスト等が存在する場
合にあっては、液体の試験粒子を用いた粒子捕集効率試験に合格した吸収缶（L1、
L2 及び L3）を選ぶこと。また、粒子捕集効率が高いほど、粉じん等をよく捕集
できること。

（ii）吸収缶の破過時間に加え、捕集する作業環境中の粉じん等の種類、粒径、発散
状況及び濃度が使用限度時間に影響するので、これらの要因を考慮して選択する
こと。なお、防じん機能を有する防毒マスクの吸収缶の取扱説明書等には、吸気
抵抗上昇値が記載されているが、これが高いものほど目詰まりが早く、より短時
間で息苦しくなることから、使用限度時間は短くなること。

（iii）防じん機能を有する防毒マスクの吸収缶のろ過材は、一般に粉じん等を捕集す
るに従って吸気抵抗が高くなるが、S1、S2 又は S3 のろ過材では、オイルミスト
等が堆積した場合に吸気抵抗が変化せずに急激に粒子捕集効率が低下するもの、
また、L1、L2 又は L3 のろ過材でも多量のオイルミスト等の堆積により粒子捕集
効率が低下するものがあるので、吸気抵抗の上昇のみを使用限度の判断基準にし
ないこと。

（キ）2 種類以上の有害物質が混在する作業環境中で防毒マスクを使用する場合には次
によること。

（i）作業環境中に混在する 2 種類以上の有害物質についてそれぞれ合格した吸収缶
を選定すること。

（ii）この場合の吸収缶の破過時間については、当該吸収缶の製造者等に照会するこ
と。

（3）防毒マスクの顔面への密着性の確認　着用者の顔面と防毒マスクの面体との密着が十分
でなく漏れがあると有害物質の吸入を防ぐ効果が低下するため、防毒マスクの面体は、着
用者の顔面に合った形状及び寸法の接顔部を有するものを選択すること。そのため、以下
の方法又はこれと同等以上の方法により、各着用者に顔面への密着性の良否を確認させる

A7.4

こと。

　　まず、作業時に着用する場合と同じように、防毒マスクを着用させる。なお、保護帽、保護眼鏡等の着用が必要な作業にあっては、保護帽、保護眼鏡等も同時に着用させる。その後、いずれかの方法により密着性を確認させること。

　ア　陰圧法

　　　防毒マスクの面体を顔面に押しつけないように、フィットチェッカー等を用いて吸気口をふさぐ。息を吸って、防毒マスクの面体と顔面との隙間から空気が面体内に漏れ込まず、面体が顔面に吸いつけられるかどうかを確認する。

　イ　陽圧法

　　　防毒マスクの面体を顔面に押しつけないように、フィットチェッカー等を用いて排気口をふさぐ。息を吐いて、空気が面体内から流出せず、面体内に呼気が滞留することによって面体が膨張するかどうかを確認する。

3　防毒マスクの使用に当たっての留意事項

　　防毒マスクの使用に当たっては、次の事項に留意すること。

(1)　防毒マスクは、酸素濃度18％未満の場所では使用してはならないこと。このような場所では給気式呼吸用保護具を使用させること。

(2)　防毒マスクを着用しての作業は、通常より呼吸器系等に負荷がかかることから、呼吸器系等に疾患がある者については、防毒マスクを着用しての作業が適当であるか否かについて、産業医等に確認すること。

(3)　防毒マスクを適正に使用するため、防毒マスクを着用する前には、その都度、着用者に次の事項について点検を行わせること。

　ア　吸気弁、面体、排気弁、しめひも等に破損、亀裂又は著しい変形がないこと。

　イ　吸気弁、排気弁及び弁座に粉じん等が付着していないこと。

　　　なお、排気弁に粉じん等が付着している場合には、相当の漏れ込みが考えられるので、陰圧法により密着性、排気弁の気密性等を十分に確認すること。

　ウ　吸気弁及び排気弁が弁座に適切に固定され、排気弁の気密性が保たれていること。

　エ　吸収缶が適切に取り付けられていること。

　オ　吸収缶に水が浸入したり、破損又は変形していないこと。

　カ　吸収缶から異臭が出ていないこと。

　キ　ろ過材が分離できる吸収缶にあっては、ろ過材が適切に取り付けられていること。

　ク　未使用の吸収缶にあっては、製造者が指定する保存期限を超えていないこと。

　　　また、包装が破損せず気密性が保たれていること。

　ケ　予備の防毒マスク及び吸収缶を用意していること。

(4)　防毒マスクの使用時間について、当該防毒マスクの取扱説明書等及び破過曲線図、製造者等への照会結果等に基づいて、作業場所における空気中に存在する有害物質の濃度並びに作業場所における温度及び湿度に対して余裕のある使用限度時間をあらかじめ設定し、その設定時間を限度に防毒マスクを使用させること。

　　また、防毒マスク及び防毒マスク用吸収缶に添付されている使用時間記録カードには、使用した時間を必ず記録させ、使用限度時間を超えて使用させないこと。

　　なお、従来から行われているところの、防毒マスクの使用中に臭気等を感知した場合を

A7.4

使用限度時間の到来として吸収缶の交換時期とする方法は、有害物質の臭気等を感知できる濃度がばく露限界濃度より著しく小さい物質に限り行っても差し支えないこと。以下に例を掲げる。

アセトン（果実臭）

クレゾール（クレゾール臭）

酢酸イソブチル（エステル臭）

酢酸イソプロピル（果実臭）

酢酸エチル（マニュキュア臭）

酢酸ブチル（バナナ臭）

酢酸プロピル（エステル臭）

スチレン（甘い刺激臭）

1-ブタノール（アルコール臭）

2-ブタノール（アルコール臭）

メチルイソブチルケトン（甘い刺激臭）

メチルエチルケトン（甘い刺激臭）

(5) 防毒マスクの使用中に有害物質の臭気等を感知した場合は、直ちに着用状態の確認を行わせ、必要に応じて吸収缶を交換させること。

(6) 一度使用した吸収缶は、破過曲線図、使用時間記録カード等により、十分な除毒能力が残存していることを確認できるものについてのみ、再使用させて差し支えないこと。

　　ただし、メタノール、二硫化炭素等破過時間が試験用ガスの破過時間よりも著しく短い有害物質に対して使用した吸収缶は、吸収缶の吸収剤に吸着された有害物質が時間と共に吸収剤から微量ずつ脱着して面体側に漏れ出してくることがあるため、再使用させないこと。

(7) 防毒マスクを適正に使用させるため、顔面と面体の接顔部の位置、しめひもの位置及び締め方等を適切にさせること。また、しめひもについては、耳にかけることなく、後頭部において固定させること。

(8) 着用後、防毒マスクの内部への空気の漏れ込みがないことをフィットチェッカー等を用いて確認させること。

　　なお、密着性の確認方法は、上記2の(3)に記載したいずれかの方法によること。

(9) 次のような防毒マスクの着用は、有害物質が面体の接顔部から面体内へ漏れ込むおそれがあるため、行わせないこと。

ア　タオル等を当てた上から防毒マスクを使用すること。

イ　面体の接顔部に「接顔メリヤス」等を使用すること。

ウ　着用者のひげ、もみあげ、前髪等が面体の接顔部と顔面の間に入り込んだり、排気弁の作動を妨害するような状態で防毒マスクを使用すること。

(10) 防じんマスクの使用が義務付けられている業務であって防毒マスクの使用が必要な場合には、防じん機能を有する防毒マスクを使用させること。

　　また、吹付け塗装作業等のように、防じんマスクの使用の義務付けがない業務であっても、有機溶剤の蒸気と塗料の粒子等の粉じんとが混在している場合については、同様に、防じん機能を有する防毒マスクを使用させること。

A7.4

4 防毒マスクの保守管理上の留意事項

防毒マスクの保守管理に当たっては、次の事項に留意すること。

(1) 予備の防毒マスク、吸収缶その他の部品を常時備え付け、適時交換して使用できるようにすること。

(2) 防毒マスクを常に有効かつ清潔に保持するため、使用後は有害物質及び湿気の少ない場所で、吸気弁、面体、排気弁、しめひも等の破損、亀裂、変形等の状況及び吸収缶の固定不良、破損等の状況を点検するとともに、防毒マスクの各部について次の方法により手入れを行うこと。ただし、取扱説明書等に特別な手入れ方法が記載されている場合は、その方法に従うこと。

ア 吸気弁、面体、排気弁、しめひも等については、乾燥した布片又は軽く水で湿らせた布片で、付着した有害物質、汗等を取り除くこと。

また、汚れの著しいときは、吸収缶を取り外した上で面体を中性洗剤等により水洗すること。

イ 吸収缶については、吸収缶に充填されている活性炭等は吸湿又は乾燥により能力が低下するものが多いため、使用直前まで開封しないこと。

また、使用後は上栓及び下栓を閉めて保管すること。栓がないものにあっては、密封できる容器又は袋に入れて保管すること。

(3) 次のいずれかに該当する場合には、防毒マスクの部品を交換し、又は防毒マスクを廃棄すること。

ア 吸収缶について、破損若しくは著しい変形が認められた場合又はあらかじめ設定した使用限度時間に達した場合

イ 吸気弁、面体、排気弁等について、破損、亀裂若しくは著しい変形を生じた場合又は粘着性が認められた場合

ウ しめひもについて、破損した場合又は弾性が失われ、伸縮不良の状態が認められた場合

(4) 点検後、直射日光の当たらない、湿気の少ない清潔な場所に専用の保管場所を設け、管理状況が容易に確認できるように保管すること。なお、保管に当たっては、積み重ね、折り曲げ等により面体、連結管、しめひも等について、亀裂、変形等の異常を生じないようにすること。

なお、一度使用した吸収缶を保管すると、一度吸着された有害物質が脱着すること等により、破過時間が破過曲線図によって推定した時間より著しく短くなる場合があるので注意すること。

(5) 使用済みの吸収缶の廃棄にあっては、吸収剤に吸着された有害物質が遊離し、又は吸収剤が吸収缶外に飛散しないように容器又は袋に詰めた状態で廃棄すること。

第2 製造者等が留意する事項

防毒マスクの製造者等は、次の事項を実施するよう努めること。

1 防毒マスクの販売に際し、事業者等に対し、防毒マスクの選択、使用等に関する情報の提供及びその具体的な指導をすること。

2 防毒マスクの選択、使用等について、不適切な状態を把握した場合には、これを是正するように、事業者等に対し、指導すること。

A7.4

出典：「基発第 0207007 号　都道府県労働局長あて厚生労働省労働基準局長通知　防毒マスクの選択、
　　　使用等について」（厚生労働省）
　　　（https://www.mhlw.go.jp/web/t_doc?dataId=00tc2748&dataType=1&pageNo=1）

A7.4

A8.1 職場の見回り〜リスクアセスメントの始まり

リスクアセスメントを実施し、許容できるまでリスク低減策を定めても、実際に対策が決めたとおりに行われていないと労働者の安全・健康を保つことはできない。そのために、定期的に職場の見回りを行い、確実に対策が実施されているか確認することが重要である。

見回りを実施する主な目的は以下が挙げられる。

- ハザード周知の確認
- リスク低減対策の実施状況確認
- 安全対策機器管理の確認
- 未認識ハザードの発掘

以下、それぞれの目的に応じて解説する。

A8.1.1 ハザード周知の確認

職場に存在するハザード及び、その危険性・有害性の認識がないと、人事異動等で組織の構成員が変わっていくに伴い、時間とともに作業員の対策も実行されなくなる（対策が風化する）。したがって、時間が経過してもハザード情報を伝える仕組みや努力は必要である。

そのための具体的方法としては、掲示板や教育が挙げられる。職場の見回りでは、掲示板などが情報発信に活用されているか、実際に作業者が本当にハザードを認識しているか、作業員にハザードについて尋ねてみるとよい。

ハザード情報入手源としては、SDS がその第一手段であるがゆえに、SDS 管理状況のチェックはとても重要である。例えば、以下のチェックをすることで、浸透度を確認できる。

- その作業場で使用する SDS がすべて入手されているか？
- その製品に関係する人が、必要時に速やかに SDS を見ることができるように管理されているか？
- SDS は最新版になっているか？
- SDS 更新時に、従来のリスク評価や対策に修正が必要か検討されているか？
- 作業員は、実際に SDS を読んで必要な情報（危険性・有害性、保護具など）を入手可能か？

SDS と並んで重要なのがラベル表示である。製品に、内容物がわかるようにラベルが貼られているかは要注意ポイントである。特に、小分けした場合に、すべての小分けした容器に内容物がわかるようになっている必要がある。小分けした本人はわかっているかもしれないが、第三者にはその内容物がわからないと誤使用事故の原因となり得る。例えば、空きペットボトルに小分けした化学物質を、飲料と勘違いして飲んでしまう事故は跡を絶たない。

図 A8.1.1　清涼飲料水容器に小分けしたシンナーの誤飲による中毒（厚生労働省　職場の安全サイト事故事例[1] より）

＊1　https://anzeninfo.mhlw.go.jp/anzen_pg/SAI_DET.aspx?joho_no=101619

A8.1

A8.1.2　リスク低減対策の実施状況確認

リスク評価結果は、確実に実施されなければならない。

A8.1.2.1　工学的対策の確認

密閉化対策をとった場合は、化学物質が外に出てこないために、非常に有効な方法ではあるが、密閉容器の漏えいが起きていたり、作業手順によっては内容物が出てくる場合もあるので確認が必要である。見回り時に、化学物質の臭気を感じたり、漏えいの痕跡があれば、要注意である。こういった状況の確認のため、可能であれば、見回り時に対象化学物質を測定できる直読計や検知管を持参することを推奨する。

図 A8.1.2　スモークテスターの例[*2]

換気により化学物質濃度を下げる方法を採用した場合は、スモークテスターを用いて空気の流れを確認するのがよい。局所排気では、実際に化学物質を使っている場所で煙が局所排気に吸い込まれているか、全体換気では、作業位置が化学物質使用場所の下流になっていないかを確認することができる。

A8.1.2.2　作業手順遵守状況の確認

作業手順でリスク低減対策をとった場合は、作業手順が遵守されているか確認が必要である。面倒だからといって本来実施すべき作業工程を省いたり（ショートカット）、昔の手順でも問題がなかったと勝手に判断して、勝手に以前の手順で作業を実施することがあり得る。もし見回りで、こういった手順の逸脱が起きていることを発見したら、手順を確実に遵守するための手立てを講じる必要がある。ただし、人の行動の問題に帰着して終えるのではなく、手順が煩雑だからルールが守られない可能性まで立ち返ってみて、リスクを高めることなく、より簡素な手順を考え直すことも必要になるかもしれない。また、手順の逸脱は人の行動に起因する以上、完全になくすことは不可能であるので、より根源対策として設備改造などの工学的対策を検討する必要が出てくる。

A8.1.2.3　保護具使用状況の確認

保護具でリスク低減を行う場合には、しっかりと管理をしなければ、保護具は有効に機能しないために、見回りで管理状況を確認する必要がある。チェックポイントを以下に整理する。
全般
　・保護具の種類は適切か？
　　　例：有害物質ガスのある場所で防塵マスクを使用
　　　　　目に刺激がある化学物質を扱うときに、通常の安全眼鏡を使用
　・保護具は正しく着用しているか？

*2　スモークジェネレーター（気流検査器）SG-1（光明理化学工業株式会社）
　　（https://www.komyokk.co.jp/product/001/005/1500.html）

・不測の事態も想定して保護具を選定しているか？
　　例：液体の場合、液が顔に飛散した場合を想定し
　　　　て、面体・保護眼鏡、保護衣、呼吸用保護具
　　　　を着用しているか？
・手袋の材質は化学物質にあった材質か？
　　例：国内には耐油手袋と称して、ポリウレタン製
　　　　手袋が広く使われているが、有機溶剤には一
　　　　般には適切か確認ができていない場合が多
　　　　い。

呼吸用保護具

・期限内の吸収缶が使われているか？

・倉庫にある吸収缶が期限切れになっていないか？

・吸収缶の交換は、適切に行われていて、古い吸収缶
　を装着したままになっていないか？

・マスクのしめひもをヘルメットの上から装着するなど、不安定な装着方法をしていない
　か？

・ひげを生やした状態でマスクをしていないか？

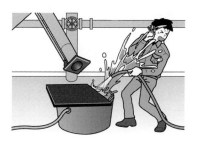

図 A8.1.3　強アルカリ性廃液の薄め手順間違いにより突沸した廃液の被液及び発生したガスの吸入によるフッ化水素中毒による死亡（厚生労働省　職場の安全サイト事故事例[3]より）

A8.1.3　緊急時対応機器管理の確認

　腐食性のある化学物質が体にかかった時の対応は、リスク対策検討の時に事前に考えておく必要があるが、見回りでは、実際に発生した場合に使用できる状況に管理されているかを確認することが必要である。

　例えば、酸が目に入った場合はすぐに洗顔器で目を洗う必要があるが、その可能性がある作業場の近くに洗顔設備がないと、速やかに洗うことができない。また、実際に水を出してみて、水量が十分か、さび等の濁りがないかなどを点検しているか、日常の管理状況の確認を行うことが望ましい。

A8.1.4　未認識ハザードの発掘

　最初にハザードを洗い出してリスクアセスメントを行った際に、ハザードを誤認識したり、うっかり漏れてしまう場合もある。また、時が経過し、新しい製品を使い始めていたが、ハザード認識がされず、リスクアセスメントが未実施のままになっていることもある。見回りでは、リスクアセスメント未実施の物質がないか確認するいい機会でもある。臭いや濡れるはずのない場所でのシミなど、五感を働かせて現場を見ると同時に、現場の人に日常作業で気になっている点をヒアリングするのがよい。

図 A8.1.4　グラインダーで金属板性缶を切断時に気化したシンナーへ火花が飛び爆発（厚生労働省　職場の安全サイト事故事例[4]より）

A8.1

　また、リスク評価をするときに、個々のハザードに着目をしていると、複数の作業が重なった時に生じるリスクに気が付かない場合がある。例えば、有機溶剤を扱う作業で、たまたま別の作業で火気を扱う作業があった場合、有機溶剤蒸気が床上に滞留し、着火・爆発するリスクも考えておく必要がある。

　実際の現場で、そのような状況を発見することも、職場の見回りの大切なポイントである。

A8.1

A9.1　労働安全衛生法における健康診断

　労働安全衛生法に基づき、労働者の健康状態を把握する健康診断は、一般健康診断と特殊健康診断に大別される（以下、労働安全衛生法は「法」、労働安全衛生規則は「規則」としている）。

健診名	根拠条文	目的・頻度等
一般健康診断	法第66条第1項 規則で健診項目を規定	
（1）雇入時の健康診断	規則第43条	常時使用する労働者を雇い入れた際の健康状態を把握し、適正な配置や就業後の健康管理基礎資料とする。
（2）定期健康診断	規則第44条	常時使用する全ての労働者に定期（1年以内ごとに1回）に実施する、生活習慣病も含め経時的な変化に留意しながら疾病の早期発見と予防のための適切な管理を行う。
（3）特定業務従事者の健康診断	規則第45条	深夜業務、重量物取扱い業務など規則に定められている「特定業務」に常時従事している労働者に対し実施する、配置替えの際及び6か月以内ごとに1回実施する。
（4）海外派遣労働者の健康診断	規則第45条の2	労働者を海外に6か月以上派遣しようとするとき、又は海外に6か月以上派遣した労働者を国内の業務に従事させるときに実施する。
（5）給食従業員の検便	規則第47条	食堂又は炊事場における給食の業務に従事する労働者に対し、雇入れの際又は当該業務への配置替えの際、検便を実施する。
特殊健康診断 **（実施義務）**	法第66条第2項及び第3項 ［（1）じん肺を除く］ 施行令で対象業務、 規則で健診項目を規定	
（1）じん肺健康診断	じん肺法第3条、第7条〜第9条の2	常時粉じん作業に従事する労働者に対して実施する、対象者の所見により1年以内ごと又は3年以内ごと
（2）高気圧作業健康診断	施行令第22条第1項第1号 高圧則第38条	有害業務に従事する者に対する健康診断、雇入れ時又は配置替えの際及び6か月以内に1回定期に実施する。 特定化学物質の一部及び石綿など発がんのおそれがある場合には、それらの業務に従事させなくなった場合においても、その者を雇用している間は特殊健康診断の対象者とする。
（3）電離放射線健康診断	施行令第22条第1項第2号 電離則第56条	
（4）特定化学物質健康診断	施行令第22条第1項第3号 施行令第22条第2項 特化則第39条	
（5）石綿健康診断	施行令第22条第1項第3号 施行令第22条第2項 石綿則第40条	

(6) 鉛健康診断	施行令第 22 条第 1 項第 4 号 鉛則第 53 条	
(7) 四アルキル鉛健康診断	施行令第 22 条第 1 項第 5 号 四アルキル鉛則第 22 条	
(8) 有機溶剤健康診断	施行令第 22 条第 1 項第 6 号 有機則第 29 条	
(9) 除染等業務従事者健康診断	施行令第 22 条第 1 項第 2 号 除染電離則第 20 条	
(10) 歯科特殊健康診断	施行令第 22 条第 3 項 規則第 48 条	

特殊健康診断（指導勧奨）	関連通達
(1) 紫外線・赤外線にさらされる業務	昭 31.5.18 基発第 308 号
(2) 著しい騒音を発生する屋内作業場などにおける騒音作業	平 4.10.1 基発第 546 号
(3) 黄りんを取り扱う業務、又はりんの化合物のガス、蒸気若しくは粉じんを発散する場所における業務	昭 31.5.18 基発第 308 号
(4) 有機りん剤を取り扱う業務又はそのガス、蒸気若しくは粉じんを発散する場所における業務	昭 31.5.18 基発第 308 号
(5) 亜硫酸ガスを発散する場所における業務	昭 31.5.18 基発第 308 号
(6) 二硫化炭素を取り扱う業務又はそのガスを発散する場所における業務（有機溶剤業務に係るものを除く）	昭 31.5.18 基発第 308 号 昭 45.8.7 基発第 572 号
(7) ベンゼンのニトロアミド化合物を取り扱う業務又はそれらのガス、蒸気若しくは粉じんを発散する場所における業務	昭 31.5.18 基発第 308 号
(8) 脂肪族の塩化又は臭化化合物（有機溶剤として法規に規定されているものを除く）を取り扱う業務又はそれらのガス、蒸気若しくは粉じんを発散する場所における業務	昭 31.5.18 基発第 308 号 昭 45.8.7 基発第 572 号
(9) 砒素化合物（アルシン又は砒化ガリウムに限る）を取り扱う業務またはそのガス、蒸気若しくは粉じんを発散する場所における業務	昭 34.5.4 基発第 359 号
(10) フェニル水銀化合物を取り扱う業務又はそのガス、蒸気若しくは粉じんを発散する場所における業務	昭 40.5.12 基発第 518 号
(11) アルキル水銀化合物（アルキル基がメチル基又はエチル基である物を除く）を取り扱う業務又はそのガス、蒸気若しくは粉じんを発散する場所における業務	昭 40.5.12 基発第 518 号
(12) クロルナフタリンを取り扱う業務又はそのガス、蒸気若しくは粉じんを発散する場所における業務	昭 40.5.12 基発第 518 号
(13) 沃素を取り扱う業務又はそのガス、蒸気若しくは粉じんを発散する場所における業務	昭 40.5.12 基発第 518 号
(14) 米杉、ネズコ、リョウブ又はラワンの粉じん等を発散する場所における業務	昭 45.1.7 基発第 2 号
(15) 超音波溶着機と取り扱う業務	昭 46.4.17 基発第 326 号
(16) メチレンジフェニルイソシアネート（M.D.I）を取り扱う業務又はこのガス若しくは蒸気を発散する場所における業務	昭 40.5.12 基発第 518 号

A9.1

(17) フェザーミル等肥料製造工程における業務	昭 45.5.8 基発第 360 号
(18) クロルプロマジン等フェノチアジン系薬剤を取り扱う業務	昭 45.12.12 基発第 889 号
(19) キーパンチャーの業務	昭 39.9.22 基発第 1106 号
(20) 都市ガス配管工事業務（一酸化炭素）	昭 40.12.8 基発第 1568 号
(21) 地下駐車場における業務（排気ガス）	昭 46.3.18 基発第 223 号
(22) チェーンソー使用による身体に著しい振動を与える業務	昭 45.2.28 基発第 134 号 昭 50.10.20 基発第 610 号 平 21.7.10 基発 0710 号第 1 号
(23) チェーンソー以外の振動工具（さく岩機、チッピングハンマー等）の取扱い業務	昭 49.1.28 基発第 45 号 昭 50.10.20 基発第 609 号 昭 50.10.20 基発第 610 号 平 21.7.10 基発 0710 号第 2 号
(24) 重量物取扱い業務、介護作業等腰部に著しい負担のかかる作業	平 25.6.18 基発 0618 号第 1 号
(25) 金銭登録の業務	昭 48.3.30 基発第 188 号 昭 48.12.22 基発第 717 号
(26) 引金付工具を取り扱う作業	昭 50.2.19 基発第 94 号
(27) 情報機器作業	令 1.7.12 基発 0712 第 3 号
(28) レーザー機器を取り扱う業務又はレーザー光線にさらされる恐れのある業務	昭 50.2.19 基発第 94 号 平 17.3.25 基発 0325002 号

　健診項目の詳細な内容については規則、通達等を参照のこと。

健康診断実施後の措置：

　労働安全衛生法第 66 条の 4、第 66 条の 5 の規定により、事業者は、健康診断の結果、医師等の意見を踏まえ、労働者の健康を保持するため必要があると認めるときは、当該労働者の実情を考慮して、就業場所の変更、作業の転換、労働時間の短縮、深夜業の回数の減少、昼間勤務への転換等の措置を講ずるほか、作業環境測定の実施、施設・設備の設置又は整備、医師等の意見の衛生委員会若しくは安全衛生委員会又は労働時間等設定改善委員会への報告その他の適切な措置を講じなければならないこととされている。

　（改正 平成 29 年 4 月 14 日 健康診断結果措置指針公示第 9 号[*1]）

A9.1

---

*1　「健康診断結果に基づき事業者が講ずべき措置に関する指針　改正 平成 29 年 4 月 14 日 健康診断結果措置指針公示第 9 号」（厚生労働省）
　　（https://www.mhlw.go.jp/hourei/doc/kouji/K170417K0020.pdf）

A9.2　健康診断結果に基づき事業者が講ずべき措置に関する指針

健康診断結果に基づき事業者が講ずべき措置に関する指針

	平成　8 年 10 月　1 日	健康診断結果措置指針公示第 1 号
改正	平成 12 年　3 月 31 日	健康診断結果措置指針公示第 2 号
改正	平成 13 年　3 月 30 日	健康診断結果措置指針公示第 3 号
改正	平成 14 年　2 月 25 日	健康診断結果措置指針公示第 4 号
改正	平成 17 年　3 月 31 日	健康診断結果措置指針公示第 5 号
改正	平成 18 年　3 月 31 日	健康診断結果措置指針公示第 6 号
改正	平成 20 年　1 月 31 日	健康診断結果措置指針公示第 7 号
改正	平成 27 年 11 月 30 日	健康診断結果措置指針公示第 8 号
改正	平成 29 年　4 月 14 日	健康診断結果措置指針公示第 9 号

1　趣旨

　産業構造の変化、働き方の多様化を背景とした労働時間分布の長短二極化、高齢化の進展等労働者を取り巻く環境は大きく変化してきている。その中で、脳・心臓疾患につながる所見を始めとして何らかの異常の所見があると認められる労働者が年々増加し、5 割を超えている。さらに、労働者が業務上の事由によって脳・心臓疾患を発症し突然死等の重大な事態に至る「過労死」等の事案が多発し、社会的にも大きな問題となっている。

　このような状況の中で、労働者が職業生活の全期間を通して健康で働くことができるようにするためには、事業者が労働者の健康状態を的確に把握し、その結果に基づき、医学的知見を踏まえて、労働者の健康管理を適切に講ずることが不可欠である。そのためには、事業者は、健康診断（労働安全衛生法（昭和 47 年法律第 57 号）第 66 条の 2 の規定に基づく深夜業に従事する労働者が自ら受けた健康診断（以下「自発的健診」という。）及び労働者災害補償保険法（昭和 22 年法律第 50 号）第 26 条第 2 項第 1 号の規定に基づく二次健康診断（以下「二次健康診断」という。）を含む。）の結果、異常の所見があると診断された労働者について、当該労働者の健康を保持するために必要な措置について聴取した医師又は歯科医師（以下「医師等」という。）の意見を十分勘案し、必要があると認めるときは、当該労働者の実情を考慮して、就業場所の変更、作業の転換、労働時間の短縮、深夜業の回数の減少、昼間勤務への転換等の措置を講ずるほか、作業環境測定の実施、施設又は設備の設置又は整備、当該医師等の意見の衛生委員会若しくは安全衛生委員会（以下「衛生委員会等」という。）又は労働時間等設定改善委員会（労働時間等の設定の改善に関する特別措置法（平成 4 年法律第 90 号）第 7 条第 1 項に規定する労働時間等設定改善委員会をいう。以下同じ。）への報告その他の適切な措置を講ずる必要がある（以下、事業者が講ずる必要があるこれらの措置を「就業上の措置」という。）。

　また、個人情報の保護に関する法律（平成 15 年法律第 57 号）の趣旨を踏まえ、健康診断の結果等の個々の労働者の健康に関する個人情報（以下「健康情報」という。）については、特にその適正な取扱いの確保を図る必要がある。

　この指針は、健康診断の結果に基づく就業上の措置が、適切かつ有効に実施されるため、就業上の措置の決定・実施の手順に従って、健康診断の実施、健康診断の結果についての医師等からの意見の聴取、就業上の措置の決定、健康情報の適正な取扱い等についての留意事項を定めたものである。

2　就業上の措置の決定・実施の手順と留意事項

（1）健康診断の実施

　事業者は、労働安全衛生法第66条第1項から第4項までの規定に定めるところにより、労働者に対し医師等による健康診断を実施し、当該労働者ごとに診断区分（異常なし、要観察、要医療等の区分をいう。以下同じ。）に関する医師等の判定を受けるものとする。

　なお、健康診断の実施に当たっては、事業者は受診率が向上するよう労働者に対する周知及び指導に努める必要がある。

　また、産業医の選任義務のある事業場においては、事業者は、当該事業場の労働者の健康管理を担当する産業医に対して、健康診断の計画や実施上の注意等について助言を求めることが必要である。

（2）二次健康診断の受診勧奨等

　事業者は、労働安全衛生法第66条第1項の規定による健康診断又は当該健康診断に係る同条第5項ただし書の規定による健康診断（以下「一次健康診断」という。）における医師の診断の結果に基づき、二次健康診断の対象となる労働者を把握し、当該労働者に対して、二次健康診断の受診を勧奨するとともに、診断区分に関する医師の判定を受けた当該二次健康診断の結果を事業者に提出するよう働きかけることが適当である。

（3）健康診断の結果についての医師等からの意見の聴取

　事業者は、労働安全衛生法第66条の4の規定に基づき、健康診断の結果（当該健康診断の項目に異常の所見があると診断された労働者に係るものに限る。）について、医師等の意見を聴かなければならない。

イ　意見を聴く医師等

　事業者は、産業医の選任義務のある事業場においては、産業医が労働者個人ごとの健康状態や作業内容、作業環境についてより詳細に把握しうる立場にあることから、産業医から意見を聴くことが適当である。

　なお、産業医の選任義務のない事業場においては、労働者の健康管理等を行うのに必要な医学に関する知識を有する医師等から意見を聴くことが適当であり、こうした医師が労働者の健康管理等に関する相談等に応じる地域産業保健センターの活用を図ること等が適当である。

ロ　医師等に対する情報の提供

　事業者は、適切に意見を聴くため、必要に応じ、意見を聴く医師等に対し、労働者に係る作業環境、労働時間、労働密度、深夜業の回数及び時間数、作業態様、作業負荷の状況、過去の健康診断の結果等に関する情報及び職場巡視の機会を提供し、また、健康診断の結果のみでは労働者の身体的又は精神的状態を判断するための情報が十分でない場合は、労働者との面接の機会を提供することが適当である。また、過去に実施された労働安全衛生法第66条の8、第66条の9及び第66条の10第3項の規定に基づく医師による面接指導等の結果又は労働者から同意を得て事業者に提供された法第66条の10第1項の規定に基

づく心理的な負担の程度を把握するための検査の結果に関する情報を提供することも考えられる。

　　なお、労働安全衛生規則（昭和 47 年労働省令第 32 号）第 51 条の 2 第 3 項等の規定に基づき、事業者は、医師等から、意見聴取を行う上で必要となる労働者の業務に関する情報を求められたときは、速やかに、これを提供する必要がある。

　　また、二次健康診断の結果について医師等の意見を聴取するに当たっては、意見を聴く医師等に対し、当該二次健康診断の前提となった一次健康診断の結果に関する情報を提供することが適当である。

ハ　意見の内容

　　事業者は、就業上の措置に関し、その必要性の有無、講ずべき措置の内容等に係る意見を医師等から聴く必要がある。

（イ）就業区分及びその内容についての意見

　　当該労働者に係る就業区分及びその内容に関する医師等の判断を下記の区分（例）によって求めるものとする。

就業区分		就業上の措置の内容
区分	内容	
通常勤務	通常の勤務でよいもの	
就業制限	勤務に制限を加える必要のあるもの	勤務による負荷を軽減するため、労働時間の短縮、出張の制限、時間外労働の制限、労働負荷の制限、作業の転換、就業場所の変更、深夜業の回数の減少、昼間勤務への転換等の措置を講じる。
要休業	勤務を休む必要のあるもの	療養のため、休暇、休職等により一定期間勤務させない措置を講じる。

（ロ）作業環境管理及び作業管理についての意見

　　健康診断の結果、作業環境管理及び作業管理を見直す必要がある場合には、作業環境測定の実施、施設又は設備の設置又は整備、作業方法の改善その他の適切な措置の必要性について意見を求めるものとする。

ニ　意見の聴取の方法と時期

　　事業者は、医師等に対し、労働安全衛生規則等に基づく健康診断の個人票の様式中医師等の意見欄に、就業上の措置に関する意見を記入することを求めることとする。

　　なお、記載内容が不明確である場合等については、当該医師等に内容等の確認を求めておくことが適当である。

　　また、意見の聴取は、速やかに行うことが望ましく、特に自発的健診及び二次健康診断に係る意見の聴取はできる限り迅速に行うことが適当である。

（4）就業上の措置の決定等

イ　労働者からの意見の聴取等

　　事業者は、（3）の医師等の意見に基づいて、就業区分に応じた就業上の措置を決定する場合には、あらかじめ当該労働者の意見を聴き、十分な話合いを通じてその労働者の了解が得られるよう努めることが適当である。

A9.2

　なお、産業医の選任義務のある事業場においては、必要に応じて、産業医の同席の下に労働者の意見を聴くことが適当である。

ロ　衛生委員会等への医師等の意見の報告等

　衛生委員会等において労働者の健康障害の防止対策及び健康の保持増進対策について調査審議を行い、又は労働時間等設定改善委員会において労働者の健康に配慮した労働時間等の設定の改善について調査審議を行うに当たっては、労働者の健康の状況を把握した上で調査審議を行うことが、より適切な措置の決定等に有効であると考えられることから、事業者は、衛生委員会等の設置義務のある事業場又は労働時間等設定改善委員会を設置している事業場においては、必要に応じ、健康診断の結果に係る医師等の意見をこれらの委員会に報告することが適当である。

　なお、この報告に当たっては、労働者のプライバシーに配慮し、労働者個人が特定されないよう医師等の意見を適宜集約し、又は加工する等の措置を講ずる必要がある。

　また、事業者は、就業上の措置のうち、作業環境測定の実施、施設又は設備の設置又は整備、作業方法の改善その他の適切な措置を決定する場合には、衛生委員会等の設置義務のある事業場においては、必要に応じ、衛生委員会等を開催して調査審議することが適当である。

ハ　就業上の措置の実施に当たっての留意事項

（イ）関係者間の連携等

　事業者は、就業上の措置を実施し、又は当該措置の変更若しくは解除をしようとするに当たっては、医師等と他の産業保健スタッフとの連携はもちろんのこと、当該事業場の健康管理部門と人事労務管理部門との連携にも十分留意する必要がある。また、就業上の措置の実施に当たっては、特に労働者の勤務する職場の管理監督者の理解を得ることが不可欠であることから、プライバシーに配慮しつつ事業者は、当該管理監督者に対し、就業上の措置の目的、内容等について理解が得られるよう必要な説明を行うことが適当である。

　また、労働者の健康状態を把握し、適切に評価するためには、健康診断の結果を総合的に考慮することが基本であり、例えば、平成19年の労働安全衛生規則の改正により新たに追加された腹囲等の項目もこの総合的考慮の対象とすることが適当と考えられる。しかし、この項目の追加によって、事業者に対して、従来と異なる責任が求められるものではない。

　なお、就業上の措置を講じた後、健康状態の改善が見られた場合には、医師等の意見を聴いた上で、通常の勤務に戻す等適切な措置を講ずる必要がある。

（ロ）健康診断結果を理由とした不利益な取扱いの防止

　健康診断の結果に基づく就業上の措置は、労働者の健康の確保を目的とするものであるため、事業者が、健康診断において把握した労働者の健康情報等に基づき、当該労働者の健康の確保に必要な範囲を超えて、当該労働者に対して不利益な取扱いを行うことはあってはならない。このため、以下に掲げる事業者による不利益な取扱いについては、一般的に合理的なものとはいえないため、事業者はこれらを行ってはならない。なお、不利益な取扱いの理由が以下に掲げる理由以外のものであったとしても、実質的に以下に掲げるものに該当するとみなされる場合には、当該不利益な取扱いについても、行っ

A9.2

てはならない。

①　就業上の措置の実施に当たり、健康診断の結果に基づく必要な措置について医師の意見を聴取すること等の法令上求められる手順に従わず、不利益な取扱いを行うこと。

②　就業上の措置の実施に当たり、医師の意見とはその内容・程度が著しく異なる等医師の意見を勘案し必要と認められる範囲内となっていないもの又は労働者の実情が考慮されていないもの等の法令上求められる要件を満たさない内容の不利益な取扱いを行うこと。

③　健康診断の結果を理由として、以下の措置を行うこと。

(a)　解雇すること。

(b)　期間を定めて雇用される者について契約の更新をしないこと。

(c)　退職勧奨を行うこと。

(d)　不当な動機・目的をもってなされたと判断されるような配置転換又は職位（役職）の変更を命じること。

(e)　その他の労働契約法等の労働関係法令に違反する措置を講じること。

（5）その他の留意事項

イ　健康診断結果の通知

　事業者は、労働者が自らの健康状態を把握し、自主的に健康管理が行えるよう、労働安全衛生法第66条の6の規定に基づき、健康診断を受けた労働者に対して、異常の所見の有無にかかわらず、遅滞なくその結果を通知しなければならない。

ロ　保健指導

　事業者は、労働者の自主的な健康管理を促進するため、労働安全衛生法第66条の7第1項の規定に基づき、一般健康診断の結果、特に健康の保持に努める必要があると認める労働者に対して、医師又は保健師による保健指導を受けさせるよう努めなければならない。この場合、保健指導として必要に応じ日常生活面での指導、健康管理に関する情報の提供、健康診断に基づく再検査又は精密検査、治療のための受診の勧奨等を行うほか、その円滑な実施に向けて、健康保険組合その他の健康増進事業実施者（健康増進法（平成14年法律第103号）第6条に規定する健康増進事業実施者をいう。）等との連携を図ること。

　深夜業に従事する労働者については、昼間業務に従事する者とは異なる生活様式を求められていることに配慮し、睡眠指導や食生活指導等を一層重視した保健指導を行うよう努めることが必要である。

　また、労働者災害補償保険法第26条第2項第2号の規定に基づく特定保健指導及び高齢者の医療の確保に関する法律（昭和57年法律第80号）第24条の規定に基づく特定保健指導を受けた労働者については、労働安全衛生法第66条の7第1項の規定に基づく保健指導を行う医師又は保健師にこれらの特定保健指導の内容を伝えるよう働きかけることが適当である。

　なお、産業医の選任義務のある事業場においては、個々の労働者ごとの健康状態や作業内容、作業環境等についてより詳細に把握し得る立場にある産業医が中心となり実施されることが適当である。

ハ　再検査又は精密検査の取扱い

　事業者は、就業上の措置を決定するに当たっては、できる限り詳しい情報に基づいて行

うことが適当であることから、再検査又は精密検査を行う必要のある労働者に対して、当該再検査又は精密検査受診を勧奨するとともに、意見を聴く医師等に当該検査の結果を提出するよう働きかけることが適当である。

なお、再検査又は精密検査は、診断の確定や症状の程度を明らかにするものであり、一律には事業者にその実施が義務付けられているものではないが、有機溶剤中毒予防規則（昭和 47 年労働省令第 36 号）、鉛中毒予防規則（昭和 47 年労働省令第 37 号）、特定化学物質障害予防規則（昭和 47 年労働省令第 39 号）、高気圧作業安全衛生規則（昭和 47 年労働省令第 40 号）及び石綿障害予防規則（平成 17 年厚生労働省令第 21 号）に基づく特殊健康診断として規定されているものについては、事業者にその実施が義務付けられているので留意する必要がある。

ニ　健康情報の保護

事業者は、雇用管理に関する個人情報の適正な取扱いを確保するために事業者が講ずべき措置に関する指針（平成 16 年厚生労働省告示第 259 号）に基づき、健康情報の保護に留意し、その適正な取扱いを確保する必要がある。

事業者は、就業上の措置の実施に当たって、産業保健業務従事者（産業医、保健師等、衛生管理者その他の労働者の健康管理に関する業務に従事する者をいう。）以外の者に健康情報を取り扱わせる時は、これらの者が取り扱う健康情報が就業上の措置を実施する上で必要最小限のものとなるよう、必要に応じて健康情報の内容を適切に加工した上で提供する等の措置を講ずる必要があり、診断名、検査値、具体的な愁訴の内容等の加工前の情報や詳細な医学的情報は取り扱わせてはならないものとする。

ホ　健康診断結果の記録の保存

事業者は、労働安全衛生法第 66 条の 3 及び第 103 条の規定に基づき、健康診断結果の記録を保存しなければならない。記録の保存には、書面による保存及び電磁的記録による保存があり、電磁的記録による保存を行う場合は、厚生労働省の所管する法令の規定に基づく民間事業者等が行う書面の保存等における情報通信の技術の利用に関する省令（平成 17 年厚生労働省令第 44 号）に基づき適切な保存を行う必要がある。また、健康診断結果には医療に関する情報が含まれることから、事業者は安全管理措置等について「医療情報システムの安全管理に関するガイドライン」を参照することが望ましい。

また、二次健康診断の結果については、事業者にその保存が義務付けられているものではないが、継続的に健康管理を行うことができるよう、保存することが望ましい。

なお、保存に当たっては、当該労働者の同意を得ることが必要である。

3　派遣労働者に対する健康診断に係る留意事項

（1）健康診断の実施

派遣労働者については、労働安全衛生法第 66 条第 1 項の規定に基づく健康診断（以下「一般健康診断」という。）は派遣元事業者が実施し、同条第 2 項又は第 3 項に基づく健康診断（以下「特殊健康診断」という。）は派遣先事業者が実施しなければならない。

派遣労働者に対する一般健康診断の実施に当たって、派遣先事業者は、当該派遣労働者が派遣元事業者が実施する一般健康診断を受診することができるよう必要な配慮をすることが適当である。また、派遣元事業者から依頼があった場合には、派遣先事業者は、その雇用する労働者に対する一般健康診断を実施する際に、派遣労働者もこれを受診することができる

A9.2

よう配慮することが望ましい。なお、派遣先事業者が、派遣労働者も含めて一般健康診断を実施するに当たっては、当該一般健康診断の結果は、派遣元事業者が取り扱うべきものであることから、一般健康診断を実施した医師から直接派遣元事業者に結果を提供させること等の方法により、派遣先事業者は当該結果を把握しないようにする必要がある。

（２）医師に対する情報の提供

　派遣元事業主は、一般健康診断の結果について適切に医師から意見を聴くことができるよう、労働者派遣事業の適正な運営の確保及び派遣労働者の保護等に関する法律（昭和60年法律第88号）（以下「労働者派遣法」という。）第42条第3項の規定に基づき派遣先事業者から通知された当該労働者の労働時間に加え、必要に応じ、派遣先事業者に対し、その他の勤務の状況又は職場環境に関する情報について提供するよう依頼し、派遣先事業者は、派遣元事業者から依頼があった場合には、必要な情報を提供することとする。

　この場合において、派遣元事業者は、派遣先事業者への依頼について、あらかじめ、当該派遣労働者の同意を得なければならない。

（３）就業上の措置の決定等

　派遣労働者に対し就業上の措置を講ずるに当たって、派遣先の協力が必要な場合には、派遣元事業者は、派遣先事業者に対して、当該措置の実施に協力するよう要請することとし、派遣先事業者は、派遣元事業者から要請があった場合には、これに応じ、必要な協力を行うこととする。この場合において、派遣元事業者は、派遣先事業者への要請について、あらかじめ、当該派遣労働者の同意を得なければならない。

　また、派遣先事業者は、特殊健康診断の結果に基づく就業上の措置を講ずるに当たっては、派遣元事業者と連絡調整を行った上でこれを実施することとし、就業上の措置を実施したときは、派遣元事業者に対し、当該措置の内容に関する情報を提供することとする。

（４）不利益な取扱いの禁止

　次に掲げる派遣先事業者による派遣労働者に対する不利益な取扱いについては、一般的に合理的なものとはいえないため、派遣先事業者はこれを行ってはならない。なお、不利益な取扱いの理由がこれ以外のものであったとしても、実質的にこれに該当するとみなされる場合には、当該不利益な取扱いについても行ってはならない。

① 　一般健康診断の結果に基づく派遣労働者の就業上の措置について、派遣元事業者からその実施に協力するよう要請があったことを理由として、派遣先事業者が、当該派遣労働者の変更を求めること。

② 　派遣元事業者が本人の同意を得て、派遣先事業者に派遣労働者の一般健康診断の結果を提供した場合において、これを理由として、派遣先事業者が、派遣元事業者が聴取した医師の意見を勘案せず又は当該派遣労働者の実情を考慮せず、当該派遣労働者の変更を求めること。

③ 　特殊健康診断の結果に基づく就業上の措置の実施に当たり、健康診断の結果に基づく必要な措置について医師の意見を聴取すること等の法令上求められる手順に従わず、派遣先事業者が、当該派遣労働者の変更を求めること。

④ 　特殊健康診断の結果に基づく就業上の措置の実施に当たり、医師の意見を勘案せず又は労働者の実情を考慮せず、派遣先事業者が、当該派遣労働者の変更を求めること。

（５）特殊健康診断の結果の保存及び通知

A9.2

特殊健康診断の結果の記録の保存は、派遣先事業者が行わなければならないが、派遣労働者については、派遣先が変更になった場合にも、当該派遣労働者の健康管理が継続的に行われるよう、労働者派遣法第 45 条第 10 項及び第 11 項の規定に基づき、派遣先事業者は、特殊健康診断の結果の記録の写しを派遣元事業者に送付しなければならず、派遣元事業者は、派遣先事業者から送付を受けた当該記録の写しを保存しなければならない。

また、派遣元事業者は、当該記録の写しに基づき、派遣労働者に対して特殊健康診断の結果を通知しなければならない。

（6）健康情報の保護

派遣労働者の一般健康診断に関する健康情報については、派遣元事業者の責任において取り扱うものとし、派遣元事業者は、派遣労働者の同意を得ずに、これを派遣先事業者に提供してはならない。

出典：「健康診断結果に基づき事業者が講ずべき措置に関する指針　改正 平成 29 年 4 月 14 日 健康診断結果措置指針公示第 9 号」（厚生労働省）
（https://www.mhlw.go.jp/hourei/doc/kouji/K170417K0020.pdf）

A9.2

A11　用語集

あ行

用語・略語	説明	出典
安全データシート（SDS：Safety Data Sheet）	化学物質を含有する製品を他の事業者に提供する際、その性状及び取扱いに関する情報を提供するために製品ごとに配布する説明書。化学物質排出把握管理促進法の第一種及び第二種指定化学物質、労働安全衛生法の通知対象物質、毒物及び劇物取締法の対象物質について、SDS の添付が義務付けられている。SDS の呼称については、MSDS の記載内容について定めた JIS Z 7250：2010 及び表示について定めた JIS Z 7251：2010 が JIS Z 7253：2012 に統合された際に、MSDS から SDS に変更されている。	NITE 用語集
閾値	化学物質の有害性において、それ以下のばく露量では悪影響が生じないとされる量。化学物質の有害性は閾値が存在することが多いが、遺伝毒性発がん物質による作用などでは閾値が存在しないと考えられている。	NITE 用語集をもとに加筆修正
液体	50℃において 300 kPa（3 bar）以下の蒸気圧を有し、20℃、標準気圧 101.3 kPa では完全にガス状ではなく、かつ、標準気圧 101.3 kPa において融点または初留点が 20℃ 以下の物質をいう。固有の融点が特定できない粘性の大きい物質または混合物は、ASTM の D4359-90 試験を行うか、または危険物の国際道路輸送に関する欧州協定（ADR）の附属文書 A の 2.3.4 節に定められている流動性特定のための（針入度計）試験を行わねばならない。	GHS 改訂 9 版
絵表示	特定の情報を伝達することを意図したシンボルと境界線、背景のパターンまたは色のような図的要素から構成されるものをいう。	職場のあんぜんサイト

か行

用語・略語	説明	出典
化学品	化学物質又は混合物	JIS Z 7252：2019
化学物質	天然に存在するか、又は任意の製造過程において得られる元素及びその化合物。化学物質の安定性を保つ上で必要な添加物及び用いられる工程に由来する不純物を含有するものも含む。ただし、化学物質の安定性に影響を与えることなく、又はその組成を変化させることなく分離することが可能な溶剤は含まない。	JIS Z 7252：2019
化学物質管理者	ラベル・SDS 等の作成の管理、リスクアセスメント実施、ばく露防止措置の実施等、化学物質管理を適切に進める上で不可欠な職務を管理する担当者	―
化学物質管理専門家	事業場における化学物質の管理について必要な知識及び技能を有する者として厚生労働大臣が定めるもの。具体的な要件は以下の告示に定められている。 化学物質管理専門家告示（安衛則等関係）（令和 4 年厚生労働省告示第 274 号） 化学物質管理専門家告示（粉じん則関係）（令和 4 年厚生労働省告示第 275 号）	―

A11

化学物質の管理に係る技術的事項の管理	事業場においては、事業者が化学物質の危険有害性を把握し、適切に取り扱うことが求められるが、その際におけるラベル・SDS等の作成やリスクアセスメントの実施、ばく露防止措置の実施等が適切に行われるようにすること。	—
化学物質排出把握管理促進法（化管法）	特定の有害化学物質の排出量を報告するシステム（いわゆるPRTR制度）と、化学物質の有害性に関する情報を提供するシステム（SDS制度）の二つの制度からなる。PRTR制度では、対象業種、対象規模、対象物質などが決められており、各事業所から都道府県知事を通じて、所管中央省庁へ、その事業所の対象物質排出量が報告され、その集計内容が公表される。SDSはこの報告のために、各事業所での取扱い物質の内容および量の把握のための有用なツールとなる。	職場のあんぜんサイト
感嘆符	GHSでは危険有害性を表す絵表示のひとつ。	職場のあんぜんサイト
官報公示整理番号	化学物質審査規制法（化審法）及び労働安全衛生法（安衛法）に基づいて、官報に公示された化学物質に付与された番号。	NITE用語集
管理濃度	作業環境測定結果から当該作業場所の作業環境管理の良否を判断する際の管理区分を決定するための指標として定められたものであり、作業環境評価基準（昭和63年、労働省告示第79号）の別表にその値が示されている。許容濃度がばく露濃度の基準として定められているのとは性格が異なる。	職場のあんぜんサイト
危険性／有害性	化学品がもつ悪影響が生じる潜在的な特性。物理化学的危険性、健康有害性及び環境有害性がある。	—
急性毒性	1回または短時間ばく露したときに発現する毒性を急性毒性という。被験物質を動物に1回または短時間に適用した際に発現する有害作用を測定する試験を急性毒性試験という。発現する症状及び体重や生化学変化、病理学的変化等を指標として、その物質の毒性の様相を質的及び量的（致死量）な両面から解明する。単回投与毒性試験ともいう。	職場のあんぜんサイト
吸入ばく露	呼吸によって化学物質にばく露すること。	NITE用語集
局所影響	化学物質が接触した部位に限局して起こる生体反応を指す。目や皮膚の刺激性（腐食性）。	職場のあんぜんサイトをもとに加筆修正
許容濃度	労働現場で労働者がばく露されても、空気中濃度がこの数値以下であれば、ほとんどすべての労働者に健康上の悪影響がみられないと判断される濃度を許容濃度という。ばく露限界値、許容ばく露限界ともいう。 日本では日本産業衛生学会が勧告値を発表している。米国ではACGIHが勧告値を発表している。 許容濃度の勧告値としては時間加重平均（TWA；作業員が通常1日8時間、週40時間での許容値）、短時間ばく露限界（STEL；15分間内における平均値が超えてはならない値）、天井値（C；この値を超えてはならない上限値）、等がある。	職場のあんぜんサイト
経口ばく露	食品や水などの摂取によって化学物質にばく露すること。	NITE用語集

A11

経皮ばく露	皮膚との接触によって化学物質にばく露すること。	NITE 用語集
国連分類・国連番号	国連の経済社会理事会に属する危険物輸送専門家委員会が作成した「危険物輸送に関する国連勧告」による危険物の分類と4桁の番号のことである。SDS に記載する場合には、クラス等の名称、国連番号、容器等級を記入する。船舶安全法に基づく危険物船舶運送及び貯蔵規則（危規則）告示別表にも分類と国連番号、容器等級が記載されている。	職場のあんぜんサイト
個人ばく露濃度	労働者がばく露される濃度（個人ばく露測定により測定される呼吸域の濃度）であり、呼吸用保護具を着用している場合には、呼吸用保護具の内側の濃度を指す。	—
個人ばく露モニタリング	個人ばく露濃度を推定・評価する方法を指す。	—
固体	液体又は気体の定義に当てはまらない化学品。	JIS Z 7252：2019
混合物	互いに反応を起こさない二つ以上の化学物質を混合したもの。合金は、混合物とみなす。	JIS Z 7252：2019

さ行

用語・略語	説明	出典
種差	動物の種類に対する化学物質への反応の差異。	NITE 用語集
蒸気	液体または固体の状態から放出されたガス上の物質または混合物をいう。	職場のあんぜんサイト
蒸気圧	ある温度において、化学物質の気体が液相又は固相と共存状態にあるときの気相の分圧。平衡状態にあるときを指す飽和蒸気圧を意味することが多い。	NITE 用語集
職業ばく露限界	作業環境中での化学物質について、ほとんど全ての労働者に健康上の悪影響がみられないと判断される濃度。労働衛生管理などの指針値として使われる。日本産業衛生学会では、「労働者が1日8時間、週40時間程度、肉体的に激しくない強度」の労働状況におけるばく露を想定している。	NITE 用語集
自律的な化学物質管理	国はばく露濃度等の管理基準を定め、危険性・有害性に関する情報の伝達の仕組みを整備・拡充し、事業者はその情報に基づいてリスクアセスメントを行い、ばく露防止のために講ずべき措置を自ら選択して実行することを原則とする仕組み。	—
裾切値	製剤（混合物）中の対象物質の含有量（重量%）がその値未満の場合、ラベル表示又は SDS の交付や GHS 分類の対象とならない値。カットオフ値ともいう。	職場のあんぜんサイト
スロープファクター	ある物質を人が一生涯にわたって経口摂取した場合の、摂取量に対する発がんの発生確率の増加分。一日あたり体重1kg あたり1mg 摂取した場合の確率を表す。	NITE 用語集
成形品	各種の定義があるが、一般的には、成形されてそのまま消費者の用途に提供されるようなものを指す。その化学物質を提供する側では最終製品として位置付けていても、提供された側でさらに加工されるような場合（例えば、樹脂のフィルム）、成形品にはあ	職場のあんぜんサイト

	たらないとされることが多い。特に、SDS 作成の観点からは、提供先でその化学製品に含まれる化学物質に労働者がばく露される可能性があるかといった点もポイントとなる。	
生物学的モニタリング（ヒト）	人のばく露量、体内摂取量、影響又は感受性を把握するため、血液、尿、毛髪などを試料として行う分析。分析には、試料（把握する対象、対象とする物質、因子の種類に適したもの）、媒体、生物指標（バイオマーカー）が用いられる。	NITE 用語集
成分	化学品を構成する化学物質か、又は単一化学物質の同定が難しい場合は、起源若しくは製法によって特定できる要素。	JIS Z 7252：2019

た行

用語・略語	説明	出典
注意書き	GHS では、危険有害性のある製品へのばく露あるいは危険有害性のある製品の不適切な貯蔵又は取扱いから生じる有害影響を最小にするため、又は予防するために取るべき推奨措置を記述した文言（または絵表示）をいう。	職場のあんぜんサイトをもとに加筆修正
毒物及び劇物取締法（毒劇法）	労働安全衛生法、化学物質排出把握管理促進法と同時期に SDS 提供について義務化。混合物の考え方が、他の法律とは異なり、既に毒劇法の対象となっている毒物及び劇物の指定令で定められている濃度が提供義務の裾切り値となる。	職場のあんぜんサイト

な行

用語・略語	説明	出典
日本産業衛生学会	産業医学に関する学会。特に、職場における許容濃度について勧告値を設定している。勧告値の改訂、追加などは、総会で提案され産業衛生学雑誌で公表される。 勧告値の設定にあたっては、設定理由書を同時に公開しており、その内容は、化学物質の有害性の概要を確認するためには極めて有効。	職場のあんぜんサイト
日本産業規格（JIS）	JIS を参照。	―
濃度基準値	安衛法第 22 条に基づく健康障害を防止するための基準であり、全ての労働者のばく露がそれを上回ってはならない濃度の基準。	―

は行

用語・略語	説明	出典
ばく露	人や生物が化学物質にさらされること。食品や水などの摂取による経口ばく露や、呼吸による吸入ばく露、皮膚との接触による経皮ばく露などの種類がある。	NITE 用語集
標的器官	化学物質が体内に取り込まれたときに特異的に影響を受ける特定の器官。	NITE 用語集

A11

粉じん	ガス（通常空気）の中に浮遊する物質または混合物の固体の粒子をいう。	職場のあんぜんサイト
法令順守型	職場における化学物質管理を巡る現状認識を踏まえ、有害性の高い物質について国がリスク評価を行い、特定化学物質障害予防規則等の対象物質に追加し、ばく露防止のために講ずべき措置を国が個別具体的に法令で定めるというこれまでの仕組み。	―

ま行

用語・略語	説明	出典
慢性毒性（長期毒性）	長期間ばく露又は繰返しばく露によって現れる毒性をいい、1回又は短時間ばく露の急性毒性、期間の比較的短い亜急性毒性と対比して用いる。被験物質を実験動物に長期間（化学物質の場合には12ヶ月以上）反復して投与し、その際に発現する動物の機能及び形態等の変化を観察することにより、物質による何らかの毒性影響が認められる量（毒性発現量）及び影響が発現しない量（無影響量、無有害影響量）を明らかにする試験を慢性毒性試験という。 無影響量 No Observed Effect Level（NOEL） 無毒性量 No Observed Adverse Effect Level（NOAEL） 12ヶ月未満の場合は亜急性毒性試験又は亜慢性毒性試験という。	職場のあんぜんサイト
ミスト	ガス（通常空気）の中に浮遊する物質または混合物の液滴をいう。	職場のあんぜんサイト
眼刺激性	眼の表面に試験物質をばく露した後に生じた眼の変化で、ばく露から21日以内に完全に回復するものをいう。	職場のあんぜんサイト

や行

用語・略語	説明	出典
ユニットリスク	ある物質を人が一生涯にわたってある濃度で摂取（吸入、飲水）した場合の、摂取量に対する発がんの発生確率の増加分。一日あたり体重1kgあたり、飲料水中には$1\mu g/L$、大気中には$1\mu g/m^3$の割合で含まれる物質にばく露し続けた場合の確率を表す。	NITE用語集

ら行

用語・略語	説明	出典
ラベル	危険有害な製品に関する書面、印刷またはグラフィックによる情報要素のまとまりであって、目的とする部門に対して関連するものが選択されており、危険有害性のある物質の容器に直接、あるいはその外部梱包に貼付、印刷または添付されるものをいう。	GHS改訂9版
リスク	ある危険性／有害性な事象が発生する確率。化学物質の場合、それぞれの固有の影響（危険性／有害性）と化学物質に接する機会（特定事象の発生確率、ばく露可能性）とから算出される。	職場のあんぜんサイトをもとに加筆修正

A11

リスクアセスメント	化学物質やその製剤のもつ危険性や有害性を特定し、それによる労働者への危険又は健康障害を生じるおそれの程度を見積もり、リスクの低減対策を検討すること。	―
リスクアセスメント対象物	労働安全衛生法施行令（昭和 47 年政令第 318 号）第 18 条各号に掲げる物及び法第 57 条の 2 第 1 項に規定する通知対象物のこと。「ラベル表示対象物」、「通知対象物」と同一である。なお「通知対象物」は「SDS 交付義務物質」とも呼ばれている。	―
リスクマネジメント	リスク評価の結果に基づき、政策的、社会経済的、技術的な様々な要素を考慮してリスクを回避、低減するための方策を検討、決定、実施すること。化学物質のリスクマネジメントには、「リスクだけでなく、コスト及びベネフィットも考慮した評価」、「排出及びばく露の防止など、リスクを回避、低減するための対策の実施」、「対策によるリスク削減効果の評価、点検」までのプロセスが含まれる。	NITE 用語集
量—影響関係	個体レベルでの用量（ばく露量）と影響の間の関係である。ばく露量の増加は影響の強さを増大させたり、別の重大な影響を生じさせたりすること。	―
量—反応関係	化学物質等が生体に作用した量又は濃度と、当該化学物質等にばく露された集団内で、一定の健康への影響を示す個体の割合。	職場のあんぜんサイト

アルファベット

用語・略語	説明	出典
ACGIH	米国産業衛生専門家会議。米国の産業衛生専門家の組織であって、職業及び環境一般に関する保健衛生について管理及び技術的な分野を扱っている。毎年、化学物質や物理的作用の許容濃度の勧告、生物学的ばく露指標、化学物質の発がん性の分類を公表し、世界的にも重要視されており、ACGIH の勧告値が世界中の国々やその政府機関内で全面的又は部分的に採用されているため、これらの値は作業環境における汚染物質濃度の規制に強い指導力を持つに至っている。なお、Governmental の名前がついているが政府機関ではない。	職場のあんぜんサイト
A 測定	作業環境測定において、場の測定として、単位作業場所の床面上の 6 メートル以下等間隔の縦横線の交点において資料を採取する測定。	―
B 測定	作業環境測定において、場の測定として、発散源に近接した作業の場合、作業時間中最も濃度が高くなると思われる場所と時間帯に試料を 10 分間採取する測定。	―
C 測定	作業環境測定において、単位作業場所において作業に従事する全時間について、労働者の身体に試料採取機器等を装着し、測定する方法（個人サンプリング法）。	―

A11

CAS 登録番号 （CAS RN®）	アメリカ化学会（ACS）の一部門である化学情報サービス機関（CAS）が、化学物質に付与している番号。CAS 登録番号（CAS RN®）は、ハイフンにより 3 つの部分に分かれており、一番左の部分は 7 桁までの数字、真中の部分は 2 桁の数字、一番右の部分はチェック数字と呼ばれる 1 桁の数字で表される。例：ホルムアルデヒド（50-00-0）、ベンゼン（71-43-2）、トルエン（108-88-3）。	NITE 用語集をもとに加筆修正
CLP 規則	EU において、主にハザードコミュニケーションの実施を目的とした、GHS をベースとした化学品の分類、表示、包装に関する規則。正式名称は「物質及び混合物の分類、表示及び包装に関する欧州議会及び理事会規則」。	NITE 用語集
D 測定	個人サンプリング法において、発散源に近接した作業の場合、作業時間中最も濃度が高くなると思われる時間帯に 15 分間試料を採取する測定。	―
GHS	1992 年に採択されたアジェンダ 21 の第 19 章に基づいて、国、地域によって異なっている化学品の危険性や有害性の分類基準、表示内容などを統一する制度。国連危険物輸送に関する専門家小委員会（UNSCETDG）、OECD、国際労働機関（ILO）で検討され、最終的に、適切な化学物質管理のための組織間プログラム（IOMC）で調整されて 2003 年 7 月にとりまとめられた。国連 GHS 専門家委員会では 2 年に一度 GHS の改訂を行っている。	NITE 用語集
IARC	国際がん研究機関。通常『アイエーアールシー』又は『アイアーク』と呼ばれる。世界保健機関（WHO）に所属する国際的ながんの研究機関であり、フランスのリヨンにある。化学物質等の人に対する発がん性を、疫学及び動物実験、短期試験の結果に基づいて各国の専門家による会議で討議して分類評価を行っている。この分類は、1、2A、2B、3、4 に分かれ、重要視されている。	職場のあんぜんサイト
JIS	日本産業規格、Japanese Industrial Standards の略。産業標準化法に基づいて主務大臣により制定される日本の鉱工業に関する国家規格。制定範囲は 19 部門に分類され、それぞれアルファベットで始まる略号で示されている（SDS の JIS 規格 Z 7253 は「Z：その他」の部門）。製品規格（形状、寸法、品質等）、方法規格（試験、分析、測定方法等）および基本規格（用語、単位等）がある。作成された規格の見直し審議は、制定、改正または確認の日から 5 年を経過する日までに行われる。	職場のあんぜんサイト
NOAEL	No Observed Adverse Effect Level（NOAEL） 毒性試験において有害な影響が認められなかった最高のばく露量。無有害影響量ともいう。	職場のあんぜんサイトをもとに加筆修正
NOEL	No Observed Effect Level（NOEL） 毒性試験において影響が認められなかった最高のばく露量。無影響量ともいう。	職場のあんぜんサイトをもとに加筆修正

A11

REACH 規則	EU において、化学物質の登録、評価、認可及び制限をひとつに統合した規則。人の健康や環境の保護のため、化学物質とその使用を管理するための欧州議会及び欧州理事会規則である。企業は、生産及び輸入する量が年間 1 トン以上の化学物質について、性状、用途、有害性情報などを専用データベースに登録する。規制当局は、登録された情報の適合性などの評価や、事業者に対してリスク評価の要請を実施する。また、発がん性、変異原性、生殖発生毒性、残留性の有機汚染物質など、高懸念物質の認可手続きを導入している。	NITE 用語集
SDS (Safety Data Sheet)	米国では MSDS（Material Safety Data Sheet）といい、欧州等では SDS（Safety Data Sheet）という。平成 4 年の労働省告示では「化学物質等安全性データシート」、平成 5 年の厚生省・通商産業省告示では「化学物質安全性データシート」、と称していたが、JIS Z 7253 では「安全データシート」が使用された。	職場のあんぜんサイト

（用語集の出典）

- 職場のあんぜんサイト 有害性・GHS 関係用語解説[1]
- NITE 用語・略語集[2]
- JIS Z 7252：2019
- GHS 改訂 9 版[3]

A11

---

[1]　https://anzeninfo.mhlw.go.jp/user/anzen/kag/kag_yogo.html
[2]　https://www.nite.go.jp/chem/hajimete/term/yougoryakugotop.html
[3]　http://www.env.go.jp/chemi/ghs/

A12　リスクアセスメント対象物

（令和 4 年 10 月 1 日現在）

番号	物質名	ラベル裾切値	SDS 裾切値
労働安全衛生法施行令別表第 3 第 1 号（製造許可物質、特定化学物質第一類物質）			
1	ジクロルベンジジン及びその塩	0.1%	0.1%
2	アルファ-ナフチルアミン及びその塩	1%	1%
3	塩素化ビフェニル（別名 PCB）	0.1%	0.1%
4	オルト-トリジン及びその塩	1%	0.1%
5	ジアニシジン及びその塩	1%	0.1%
6	ベリリウム及びその化合物	0.1%	0.1%
7	ベンゾトリクロリド	0.1%	0.1%
労働安全衛生法施行令別表第 9			
1	アクリルアミド	0.1%	0.1%
2	アクリル酸	1%	1%
3	アクリル酸エチル	1%	0.1%
4	アクリル酸ノルマル-ブチル	1%	0.1%
5	アクリル酸 2-ヒドロキシプロピル	1%	0.1%
6	アクリル酸メチル	1%	0.1%
7	アクリロニトリル	1%	0.1%
8	アクロレイン	1%	1%
9	アジ化ナトリウム	1%	1%
10	アジピン酸	1%	1%
11	アジポニトリル	1%	1%
11-2	亜硝酸イソブチル	1%	0.1%
11-3	アスファルト	1%	0.1%
11-4	アセチルアセトン	1%	1%
12	アセチルサリチル酸（別名アスピリン）	0.3%	0.1%
13	アセトアミド	1%	0.1%
14	アセトアルデヒド	1%	0.1%
15	アセトニトリル	1%	1%
16	アセトフェノン	1%	1%
17	アセトン	1%	0.1%
18	アセトンシアノヒドリン	1%	1%
19	アニリン	1%	0.1%
20	アミド硫酸アンモニウム	1%	1%
21	2-アミノエタノール	1%	0.1%
22	4-アミノ-6-ターシャリ-ブチル-3-メチルチオ-1, 2, 4-トリアジン-5(4H)-オン（別名メトリブジン）	1%	1%
23	3-アミノ-1H-1, 2, 4-トリアゾール（別名アミトロール）	1%	0.1%
24	4-アミノ-3, 5, 6-トリクロロピリジン-2-カルボン酸（別名ピクロラム）	1%	1%

番号	物質名	ラベル裾切値	SDS 裾切値
25	2-アミノピリジン	1%	1%
26	亜硫酸水素ナトリウム	1%	1%
27	アリルアルコール	1%	1%
28	1-アリルオキシ-2,3-エポキシプロパン	1%	0.1%
29	アリル水銀化合物	1%	0.1%
30	アリル-ノルマル-プロピルジスルフィド	1%	0.1%
31	亜りん酸トリメチル	1%	1%
32	アルキルアルミニウム化合物	1%	1%
33	アルキル水銀化合物	0.3%	0.1%
34	3-(アルファ-アセトニルベンジル)-4-ヒドロキシクマリン（別名ワルファリン）	0.3%	0.1%
35	アルファ,アルファ-ジクロロトルエン	0.1%	0.1%
36	アルファ-メチルスチレン	1%	0.1%
37	アルミニウム	1%	1%
	アルミニウム水溶性塩	1%	0.1%
38	アンチモン及びその化合物（三酸化二アンチモンを除く。）	1%	0.1%
	三酸化二アンチモン	0.1%	0.1%
39	アンモニア	0.2%	0.1%
39-2	石綿分析用試料等※1	0.1%	0.1%
40	3-イソシアナトメチル-3,5,5-トリメチルシクロヘキシル=イソシアネート	1%	0.1%
41	イソシアン酸メチル	0.3%	0.1%
42	イソプレン	1%	0.1%
43	N-イソプロピルアニリン	1%	0.1%
44	N-イソプロピルアミノホスホン酸 O-エチル-O-(3-メチル-4-メチルチオフェニル)（別名フェナミホス）	1%	0.1%
45	イソプロピルアミン	1%	1%
46	イソプロピルエーテル	1%	0.1%
47	3'-イソプロポキシ-2-トリフルオロメチルベンズアニリド（別名フルトラニル）	1%	1%
48	イソペンチルアルコール（別名イソアミルアルコール）	1%	1%
49	イソホロン	1%	0.1%
50	一塩化硫黄	1%	1%
51	一酸化炭素	0.3%	0.1%
52	一酸化窒素	1%	1%
53	一酸化二窒素	0.3%	0.1%
54	イットリウム及びその化合物	1%	1%
55	イプシロン-カプロラクタム	1%	1%
56	2-イミダゾリジンチオン	0.3%	0.1%
57	4,4'-(4-イミノシクロヘキサ-2,5-ジエニリデンメチル)ジアニリン塩酸塩（別名 CI ベイシックレッド 9）	1%	0.1%

A12

※1 番号 39-2 の「石綿分析用試料等」とは、石綿のうち労働安全衛生法施行令第 16 条第 1 項第 4 号イからハまでに掲げる物で同号の厚生労働省令で定めるものに限ります。

番号	物質名	ラベル裾切値	SDS 裾切値
58	インジウム	1%	1%
	インジウム化合物	0.1%	0.1%
59	インデン	1%	1%
60	ウレタン	0.1%	0.1%
61	エタノール	0.1%	0.1%
62	エタンチオール	1%	1%
63	エチリデンノルボルネン	1%	0.1%
64	エチルアミン	1%	1%
65	エチルエーテル	1%	0.1%
66	エチル-セカンダリ-ペンチルケトン	1%	1%
67	エチル-パラ-ニトロフェニルチオノベンゼンホスホネイト（別名 EPN）	1%	0.1%
68	O-エチル-S-フェニル=エチルホスホノチオロチオナート（別名ホノホス）	1%	0.1%
69	2-エチルヘキサン酸	0.3%	0.1%
70	エチルベンゼン	0.1%	0.1%
71	エチルメチルケトンペルオキシド	1%	1%
72	N-エチルモルホリン	1%	1%
72-2	エチレン	1%	1%
73	エチレンイミン	0.1%	0.1%
74	エチレンオキシド	0.1%	0.1%
75	エチレングリコール	1%	1%
76	エチレングリコールモノイソプロピルエーテル	1%	1%
77	エチレングリコールモノエチルエーテル（別名セロソルブ）	0.3%	0.1%
78	エチレングリコールモノエチルエーテルアセテート（別名セロソルブアセテート）	0.3%	0.1%
79	エチレングリコールモノ-ノルマル-ブチルエーテル（別名ブチルセロソルブ）	1%	0.1%
79-2	エチレングリコールモノブチルエーテルアセタート	1%	0.1%
80	エチレングリコールモノメチルエーテル（別名メチルセロソルブ）	0.3%	0.1%
81	エチレングリコールモノメチルエーテルアセテート	0.3%	0.1%
82	エチレンクロロヒドリン	0.1%	0.1%
83	エチレンジアミン	1%	0.1%
84	1,1′-エチレン-2,2′-ビピリジニウム=ジブロミド（別名ジクアット）	1%	0.1%
85	2-エトキシ-2,2-ジメチルエタン	1%	1%
86	2-(4-エトキシフェニル)-2-メチルプロピル=3-フェノキシベンジルエーテル（別名エトフェンプロックス）	1%	1%
87	エピクロロヒドリン	0.1%	0.1%
88	1,2-エポキシ-3-イソプロポキシプロパン	1%	1%
89	2,3-エポキシ-1-プロパナール	1%	0.1%
90	2,3-エポキシ-1-プロパノール	0.1%	0.1%
91	2,3-エポキシプロピル=フェニルエーテル	1%	0.1%
92	エメリー	1%	1%
93	エリオナイト	0.1%	0.1%
94	塩化亜鉛	1%	0.1%

A12

番号	物質名	ラベル裾切値	SDS 裾切値
95	塩化アリル	1%	0.1%
96	塩化アンモニウム	1%	1%
97	塩化シアン	1%	1%
98	塩化水素	0.2%	0.1%
99	塩化チオニル	1%	1%
100	塩化ビニル	0.1%	0.1%
101	塩化ベンジル	1%	0.1%
102	塩化ベンゾイル	1%	1%
103	塩化ホスホリル	1%	1%
104	塩素	1%	1%
105	塩素化カンフェン（別名トキサフェン）	1%	0.1%
106	塩素化ジフェニルオキシド	1%	1%
107	黄りん	1%	0.1%
108	4,4′-オキシビス(2-クロロアニリン)	1%	0.1%
109	オキシビス(チオホスホン酸)O, O, O′, O′-テトラエチル（別名スルホテップ）	1%	0.1%
110	4,4′-オキシビスベンゼンスルホニルヒドラジド	1%	1%
111	オキシビスホスホン酸四ナトリウム	1%	1%
112	オクタクロロナフタレン	1%	1%
113	1, 2, 4, 5, 6, 7, 8, 8-オクタクロロ-2, 3, 3a, 4, 7, 7a-ヘキサヒドロ-4, 7-メタノ-1H-インデン（別名クロルデン）	1%	0.1%
114	2-オクタノール	1%	1%
115	オクタン	1%	1%
116	オゾン	1%	0.1%
117	オメガ-クロロアセトフェノン	1%	0.1%
118	オーラミン	1%	0.1%
119	オルト-アニシジン	1%	0.1%
120	オルト-クロロスチレン	1%	1%
121	オルト-クロロトルエン	1%	1%
122	オルト-ジクロロベンゼン	1%	1%
123	オルト-セカンダリ-ブチルフェノール	1%	1%
124	オルト-ニトロアニソール	1%	0.1%
125	オルト-フタロジニトリル	1%	1%
126	過酸化水素	1%	0.1%
127	ガソリン	1%	0.1%
128	カテコール	1%	0.1%
129	カドミウム及びその化合物	0.1%	0.1%
130	カーボンブラック	1%	0.1%
131	カルシウムシアナミド	1%	1%
132	ぎ酸	1%	1%
133	ぎ酸エチル	1%	1%
134	ぎ酸メチル	1%	1%

A12

番号	物質名	ラベル裾切値	SDS 裾切値
135	キシリジン	1%	0.1%
	2, 3-キシリジン		
	2, 4-キシリジン		
	2, 5-キシリジン		
	2, 6-キシリジン		
	3, 4-キシリジン		
	3, 5-キシリジン		
136	キシレン	0.3%	0.1%
	o-キシレン		
	m-キシレン		
	p-キシレン		
137	銀及びその水溶性化合物	1%	0.1%
138	クメン	1%	0.1%
139	グルタルアルデヒド	1%	0.1%
140	クレオソート油	0.1%	0.1%
141	クレゾール	1%	0.1%
	o-クレゾール		
	m-クレゾール	1%	0.1%
	p-クレゾール		
142	クロム及びその化合物（クロム酸及びクロム酸塩並びに重クロム酸及び重クロム酸塩を除く。）	1%	0.1%
	クロム酸及びクロム酸塩	0.1%	0.1%
	重クロム酸及び重クロム酸塩	0.1%	0.1%
143	クロロアセチル=クロリド	1%	1%
144	クロロアセトアルデヒド	1%	0.1%
145	クロロアセトン	1%	1%
146	クロロエタン（別名塩化エチル）	1%	0.1%
147	2-クロロ-4-エチルアミノ-6-イソプロピルアミノ-1, 3, 5-トリアジン（別名アトラジン）	1%	0.1%
148	4-クロロ-オルト-フェニレンジアミン	1%	0.1%
148-2	クロロ酢酸	1%	1%
149	クロロジフルオロメタン（別名 HCFC-22）	1%	0.1%
150	2-クロロ-6-トリクロロメチルピリジン（別名ニトラピリン）	1%	1%
151	2-クロロ-1, 1, 2-トリフルオロエチルジフルオロメチルエーテル（別名エンフルラン）	1%	0.1%
152	1-クロロ-1-ニトロプロパン	1%	1%
153	クロロピクリン	1%	1%
154	クロロフェノール	1%	0.1%
	o-クロロフェノール		
	m-クロロフェノール		
	p-クロロフェノール		
155	2-クロロ-1, 3-ブタジエン	1%	0.1%
155-2	1-クロロ-2 プロパノール	1%	1%
155-3	2-クロロ-1 プロパノール	1%	1%

番号	物質名	ラベル裾切値	SDS 裾切値
156	2-クロロプロピオン酸	1%	1%
157	2-クロロベンジリデンマロノニトリル	1%	1%
158	クロロベンゼン	1%	0.1%
159	クロロペンタフルオロエタン（別名 CFC-115）	1%	1%
160	クロロホルム	1%	0.1%
161	クロロメタン（別名塩化メチル）	0.3%	0.1%
162	4-クロロ-2-メチルアニリン及びその塩酸塩	0.1%	0.1%
162-2	O-3-クロロ-4-メチル-2-オキソ-2H-クロメン-7-イル=O′O″-ジエチル=ホスホロチオアート	1%	1%
163	クロロメチルメチルエーテル	0.1%	0.1%
164	軽油	1%	0.1%
165	けつ岩油	0.1%	0.1%
165-2	結晶質シリカ	0.1%	0.1%
166	ケテン	1%	1%
167	ゲルマン	1%	1%
168	鉱油	1%	0.1%
169	五塩化りん	1%	1%
170	固形パラフィン	1%	1%
171	五酸化バナジウム	0.1%	0.1%
172	コバルト及びその化合物	0.1%	0.1%
173	五弗化臭素	1%	1%
174	コールタール	0.1%	0.1%
175	コールタールナフサ	1%	1%
176	酢酸	1%	1%
177	酢酸エチル	1%	1%
178	酢酸 1,3-ジメチルブチル	1%	1%
179	酢酸鉛	0.3%	0.1%
180	酢酸ビニル	1%	0.1%
181	酢酸ブチル 酢酸 n-ブチル 酢酸イソブチル 酢酸 tert-ブチル 酢酸 sec-ブチル	1%	1%
182	酢酸プロピル 酢酸 n-プロピル 酢酸イソプロピル	1%	1%
183	酢酸ベンジル	1%	1%
184	酢酸ペンチル（別名酢酸アミル） 酢酸 n-ペンチル（別名酢酸 n-アミル） 酢酸イソペンチル（別名酢酸イソアミル）	1%	0.1%
185	酢酸メチル	1%	1%
186	サチライシン	1%	0.1%

A12

番号	物質名	ラベル裾切値	SDS 裾切値
187	三塩化りん	1%	1%
188	酸化亜鉛	1%	0.1%
189	酸化アルミニウム	1%	1%
190	酸化カルシウム	1%	1%
191	酸化チタン(Ⅳ)	1%	0.1%
192	酸化鉄	1%	1%
193	1,2-酸化ブチレン	1%	0.1%
194	酸化プロピレン	0.1%	0.1%
195	酸化メシチル	1%	0.1%
196	三酸化二ほう素	1%	1%
197	三臭化ほう素	1%	1%
197-2	三弗化アルミニウム	1%	0.1%
198	三弗化塩素	1%	1%
199	三弗化ほう素	1%	1%
200	次亜塩素酸カルシウム	1%	0.1%
201	N,N'-ジアセチルベンジジン	1%	0.1%
202	ジアセトンアルコール	1%	0.1%
203	ジアゾメタン	0.2%	0.1%
204	シアナミド	1%	0.1%
205	2-シアノアクリル酸エチル	1%	0.1%
206	2-シアノアクリル酸メチル	1%	0.1%
207	2,4-ジアミノアニソール	1%	0.1%
208	4,4'-ジアミノジフェニルエーテル	1%	0.1%
209	4,4'-ジアミノジフェニルスルフィド	1%	0.1%
210	4,4'-ジアミノ-3,3'-ジメチルジフェニルメタン	1%	0.1%
211	2,4-ジアミノトルエン	1%	0.1%
212	四アルキル鉛	—	0.1%
213	シアン化カリウム	1%	1%
214	シアン化カルシウム	1%	1%
215	シアン化水素	1%	1%
216	シアン化ナトリウム	1%	1%
217	ジイソブチルケトン	1%	1%
218	ジイソプロピルアミン	1%	1%
219	ジエタノールアミン	1%	0.1%
220	2-(ジエチルアミノ)エタノール	1%	1%
221	ジエチルアミン	1%	1%
222	ジエチルケトン	1%	1%
223	ジエチル-パラ-ニトロフェニルチオホスフェイト（別名パラチオン）	1%	0.1%
224	1,2-ジエチルヒドラジン	1%	0.1%
224-2	N,N-ジエチルヒドロキシルアミン	1%	1%
224-3	ジエチレングリコールモノブチルエーテル	1%	1%

A12

番号	物質名	ラベル裾切値	SDS 裾切値
225	ジエチレントリアミン	0.3%	0.1%
226	四塩化炭素	1%	0.1%
227	1, 4-ジオキサン	1%	0.1%
228	1, 4-ジオキサン-2, 3-ジイルジチオビス(チオホスホン酸)O, O, O′, O′-テトラエチル（別名ジオキサチオン）	1%	1%
229	1, 3-ジオキソラン	1%	0.1%
230	シクロヘキサノール	1%	0.1%
231	シクロヘキサノン	1%	0.1%
232	シクロヘキサン	1%	1%
233	シクロヘキシルアミン	0.1%	0.1%
234	2-シクロヘキシルビフェニル	1%	0.1%
235	シクロヘキセン	1%	1%
236	シクロペンタジエニルトリカルボニルマンガン	1%	1%
237	シクロペンタジエン	1%	1%
238	シクロペンタン	1%	1%
239	ジクロロアセチレン	1%	1%
240	ジクロロエタン 1, 1-ジクロロエタン 1, 2-ジクロロエタン	1%	0.1%
241	ジクロロエチレン 1, 1-ジクロロエチレン 1, 2-ジクロロエチレン	1%	0.1%
241-2	ジクロロ酢酸	1%	0.1%
242	3, 3′-ジクロロ-4, 4′-ジアミノジフェニルメタン	0.1%	0.1%
243	ジクロロジフルオロメタン（別名 CFC-12）	1%	1%
244	1, 3-ジクロロ-5, 5-ジメチルイミダゾリジン-2, 4-ジオン	1%	1%
245	3, 5-ジクロロ-2, 6-ジメチル-4-ピリジノール（別名クロピドール）	1%	1%
246	ジクロロテトラフルオロエタン（別名 CFC-114）	1%	1%
247	2, 2-ジクロロ-1, 1, 1-トリフルオロエタン（別名 HCFC-123）	1%	1%
248	1, 1-ジクロロ-1-ニトロエタン	1%	1%
249	3-(3, 4-ジクロロフェニル)-1, 1-ジメチル尿素（別名ジウロン）	1%	1%
250	2, 4-ジクロロフェノキシエチル硫酸ナトリウム	1%	1%
251	2, 4-ジクロロフェノキシ酢酸	1%	0.1%
252	1, 4-ジクロロ-2-ブテン	0.1%	0.1%
253	ジクロロフルオロメタン（別名 HCFC-21）	1%	0.1%
254	1, 2-ジクロロプロパン	0.1%	0.1%
255	2, 2-ジクロロプロピオン酸	1%	1%
256	1, 3-ジクロロプロペン	1%	0.1%
257	ジクロロメタン（別名二塩化メチレン）	1%	0.1%
258	四酸化オスミウム	1%	1%
259	ジシアン	1%	1%
260	ジシクロペンタジエニル鉄	1%	1%

A12

番号	物質名	ラベル裾切値	SDS 裾切値
261	ジシクロペンタジエン	1%	1%
262	2,6-ジ-ターシャリ-ブチル-4-クレゾール	1%	0.1%
263	1,3-ジチオラン-2-イリデンマロン酸ジイソプロピル（別名イソプロチオラン）	1%	1%
264	ジチオりん酸 O-エチル-O-(4-メチルチオフェニル)-S-ノルマル-プロピル（別名スルプロホス）	1%	1%
265	ジチオりん酸 O,O-ジエチル-S-(2-エチルチオエチル)（別名ジスルホトン）	1%	0.1%
266	ジチオりん酸 O,O-ジエチル-S-エチルチオメチル（別名ホレート）	1%	0.1%
266-2	ジチオりん酸 O,O-ジエチル-S-(ターシャリ-ブチルチオメチル)（別名テルブホス）	1%	0.1%
267	ジチオりん酸 O,O-ジメチル-S-[(4-オキソ-1,2,3-ベンゾトリアジン-3(4H)-イル)メチル]（別名アジンホスメチル）	1%	0.1%
268	ジチオりん酸 O,O-ジメチル-S-1,2-ビス(エトキシカルボニル)エチル（別名マラチオン）	1%	0.1%
269	ジナトリウム=4-[(2,4-ジメチルフェニル)アゾ]-3-ヒドロキシ-2,7-ナフタレンジスルホナート（別名ポンソー MX）	1%	0.1%
270	ジナトリウム=8-[[3,3′-ジメチル-4′-[[4-[[(4-メチルフェニル)スルホニル]オキシ]フェニル]アゾ][1,1′-ビフェニル]-4-イル]アゾ]-7-ヒドロキシ-1,3-ナフタレンジスルホナート（別名 CI アシッドレッド 114）	1%	0.1%
271	ジナトリウム=3-ヒドロキシ-4-[(2,4,5-トリメチルフェニル)アゾ]-2,7-ナフタレンジスルホナート（別名ポンソー 3R）	1%	0.1%
272	2,4-ジニトロトルエン	1%	0.1%
273	ジニトロベンゼン	1%	0.1%
274	2-(ジ-ノルマル-ブチルアミノ)エタノール	1%	1%
275	ジ-ノルマル-プロピルケトン	1%	1%
276	ジビニルベンゼン	1%	0.1%
277	ジフェニルアミン	1%	0.1%
278	ジフェニルエーテル	1%	1%
279	1,2-ジブロモエタン（別名 EDB）	0.1%	0.1%
280	1,2-ジブロモ-3-クロロプロパン	0.1%	0.1%
281	ジブロモジフルオロメタン	1%	1%
282	ジベンゾイルペルオキシド	1%	0.1%
283	ジボラン	1%	1%
284	N,N-ジメチルアセトアミド	1%	0.1%
285	N,N-ジメチルアニリン	1%	1%
286	[4-[[4-(ジメチルアミノ)フェニル][4-[エチル(3-スルホベンジル)アミノ]フェニル]メチリデン]シクロヘキサン-2,5-ジエン-1-イリデン](エチル)(3-スルホナトベンジル)アンモニウムナトリウム塩（別名ベンジルバイオレット 4B）	1%	0.1%
287	ジメチルアミン	1%	0.1%
288	ジメチルエチルメルカプトエチルチオホスフェイト（別名メチルジメトン）	1%	0.1%
289	ジメチルエトキシシラン	1%	0.1%
290	ジメチルカルバモイル=クロリド	0.1%	0.1%
291	ジメチル-2,2-ジクロロビニルホスフェイト（別名 DDVP）	1%	0.1%
292	ジメチルジスルフィド	1%	0.1%
292-2	ジメチル=2,2,2-トリクロロ-1-ヒドロキシエチルホスホナート（別名 DEP）	1%	0.1%
293	N,N-ジメチルニトロソアミン	0.1%	0.1%
294	ジメチル-パラ-ニトロフェニルチオホスフェイト（別名メチルパラチオン）	1%	0.1%

A12

番号	物質名	ラベル裾切値	SDS 裾切値
295	ジメチルヒドラジン 1, 1-ジメチルヒドラジン 1, 2-ジメチルヒドラジン	0.1%	0.1%
296	1, 1′-ジメチル-4, 4′-ビピリジニウム=ジクロリド（別名パラコート）	1%	1%
297	1, 1′-ジメチル-4, 4′-ビピリジニウム 2 メタンスルホン酸塩	1%	1%
298	2-(4, 6-ジメチル-2-ピリミジニルアミノカルボニルアミノスルホニル)安息香酸メチル（別名スルホメチュロンメチル）	1%	0.1%
299	N, N-ジメチルホルムアミド	0.3%	0.1%
300	1-[(2, 5-ジメトキシフェニル)アゾ]-2-ナフトール（別名シトラスレッドナンバー 2）	1%	0.1%
301	臭化エチル	1%	0.1%
302	臭化水素	1%	1%
303	臭化メチル	1%	0.1%
304	しゅう酸	1%	0.1%
305	臭素	1%	1%
306	臭素化ビフェニル	1%	0.1%
307	硝酸	1%	1%
308	硝酸アンモニウム	—	—
309	硝酸ノルマル-プロピル	1%	1%
310	しょう脳	1%	1%
311	シラン	1%	1%
313	ジルコニウム化合物	1%	1%
314	人造鉱物繊維（リフラクトリーセラミックファイバーを除く。）	1%	1%
	リフラクトリーセラミックファイバー	1%	0.1%
315	水銀及びその無機化合物	0.3%	0.1%
316	水酸化カリウム	1%	1%
317	水酸化カルシウム	1%	1%
318	水酸化セシウム	1%	1%
319	水酸化ナトリウム	1%	1%
320	水酸化リチウム	0.3%	0.1%
320-2	水素化ビス(2-メトキシエトキシ)アルミニウムナトリウム	1%	1%
321	水素化リチウム	0.3%	0.1%
322	すず及びその化合物	1%	0.1%
323	スチレン	0.3%	0.1%
324	ステアリン酸亜鉛	1%	1%
325	ステアリン酸ナトリウム	1%	1%
326	ステアリン酸鉛	0.1%	0.1%
327	ステアリン酸マグネシウム	1%	1%
328	ストリキニーネ	1%	1%
329	石油エーテル	1%	1%
330	石油ナフサ	1%	1%
331	石油ベンジン	1%	1%

A12

番号	物質名	ラベル裾切値	SDS 裾切値
332	セスキ炭酸ナトリウム	1%	1%
333	セレン及びその化合物	1%	0.1%
334	2-ターシャリ-ブチルイミノ-3-イソプロピル-5-フェニルテトラヒドロ-4H-1, 3, 5-チアジアジン-4-オン（別名ブプロフェジン）	1%	1%
335	タリウム及びその水溶性化合物	0.1%	0.1%
336	炭化けい素	0.1%	0.1%
337	タングステン及びその水溶性化合物	1%	1%
338	タンタル及びその酸化物	1%	1%
339	チオジ(パラ-フェニレン)-ジオキシ-ビス(チオホスホン酸)O, O, O′, O′-テトラメチル（別名テメホス）	1%	1%
340	チオ尿素	1%	0.1%
341	4, 4′-チオビス(6-ターシャリ-ブチル-3-メチルフェノール)	1%	1%
342	チオフェノール	1%	0.1%
343	チオりん酸 O, O-ジエチル-O-(2-イソプロピル-6-メチル-4-ピリミジニル)（別名ダイアジノン）	1%	0.1%
344	チオりん酸 O, O-ジエチル-エチルチオエチル（別名ジメトン）	1%	0.1%
345	チオりん酸 O, O-ジエチル-O-(6-オキソ-1-フェニル-1, 6-ジヒドロ-3-ピリダジニル)（別名ピリダフェンチオン）	1%	1%
346	チオりん酸 O, O-ジエチル-O-(3, 5, 6-トリクロロ-2-ピリジル)（別名クロルピリホス）	1%	1%
347	チオりん酸 O, O-ジエチル-O-[4-(メチルスルフィニル)フェニル]（別名フェンスルホチオン）	1%	1%
348	チオりん酸 O, O-ジメチル-O-(2, 4, 5-トリクロロフェニル)（別名ロンネル）	1%	0.1%
349	チオりん酸 O, O-ジメチル-O-(3-メチル-4-ニトロフェニル)（別名フェニトロチオン）	1%	1%
350	チオりん酸 O, O-ジメチル-O-(3-メチル-4-メチルチオフェニル)（別名フェンチオン）	1%	0.1%
351	デカボラン	1%	1%
352	鉄水溶性塩	1%	1%
353	1, 4, 7, 8-テトラアミノアントラキノン（別名ジスパースブルー 1）	1%	0.1%
354	テトラエチルチウラムジスルフィド（別名ジスルフィラム）	1%	0.1%
355	テトラエチルピロホスフェイト（別名 TEPP）	1%	1%
356	テトラエトキシシラン	1%	1%
357	1, 1, 2, 2-テトラクロロエタン（別名四塩化アセチレン）	1%	0.1%
358	N-(1, 1, 2, 2-テトラクロロエチルチオ)-1, 2, 3, 6-テトラヒドロフタルイミド（別名キャプタフォル）	0.1%	0.1%
359	テトラクロロエチレン（別名パークロルエチレン）	0.1%	0.1%
360	4, 5, 6, 7-テトラクロロ-1, 3-ジヒドロベンゾ[c]フラン-2-オン（別名フサライド）	1%	1%
361	テトラクロロジフルオロエタン（別名 CFC-112）	1%	1%
362	2, 3, 7, 8-テトラクロロジベンゾ-1, 4-ジオキシン	0.1%	0.1%
363	テトラクロロナフタレン	1%	1%
364	テトラナトリウム=3, 3′-[(3, 3′-ジメチル-4, 4′-ビフェニリレン)ビス(アゾ)]ビス[5-アミノ-4-ヒドロキシ-2, 7-ナフタレンジスルホナート]（別名トリパンブルー）	1%	0.1%
365	テトラナトリウム=3, 3′-[(3, 3′-ジメトキシ-4, 4′-ビフェニリレン)ビス(アゾ)]ビス[5-アミノ-4-ヒドロキシ-2, 7-ナフタレンジスルホナート]（別名 CI ダイレクトブルー 15）	1%	0.1%
366	テトラニトロメタン	1%	0.1%

A12

番号	物質名	ラベル裾切値	SDS 裾切値
367	テトラヒドロフラン	1%	0.1%
367-2	テトラヒドロメチル無水フタル酸	1%	0.1%
368	テトラフルオロエチレン	1%	0.1%
369	1, 1, 2, 2-テトラブロモエタン	1%	1%
370	テトラブロモメタン	1%	1%
371	テトラメチルこはく酸ニトリル	1%	1%
372	テトラメチルチウラムジスルフィド（別名チウラム）	0.1%	0.1%
373	テトラメトキシシラン	1%	1%
374	テトリル	1%	0.1%
375	テルフェニル	1%	1%
376	テルル及びその化合物	1%	0.1%
377	テレビン油	1%	0.1%
378	テレフタル酸	1%	1%
379	銅及びその化合物	1%	0.1%
380	灯油	1%	0.1%
381	トリエタノールアミン	1%	0.1%
382	トリエチルアミン	1%	1%
383	トリクロロエタン 1, 1, 1-トリクロロエタン 1, 1, 2-トリクロロエタン	1%	0.1%
384	トリクロロエチレン	0.1%	0.1%
385	トリクロロ酢酸	1%	0.1%
386	1, 1, 2-トリクロロ-1, 2, 2-トリフルオロエタン	1%	1%
387	トリクロロナフタレン	1%	1%
388	1, 1, 1-トリクロロ-2, 2-ビス(4-クロロフェニル)エタン（別名 DDT）	0.1%	0.1%
389	1, 1, 1-トリクロロ-2, 2-ビス(4-メトキシフェニル)エタン（別名メトキシクロル）	1%	0.1%
390	2, 4, 5-トリクロロフェノキシ酢酸	0.3%	0.1%
391	トリクロロフルオロメタン（別名 CFC-11）	1%	0.1%
392	1, 2, 3-トリクロロプロパン	0.1%	0.1%
393	1, 2, 4-トリクロロベンゼン	1%	1%
394	トリクロロメチルスルフェニル=クロリド	1%	1%
395	N-(トリクロロメチルチオ)-1, 2, 3, 6-テトラヒドロフタルイミド（別名キャプタン）	1%	0.1%
396	トリシクロヘキシルすず=ヒドロキシド	1%	1%
397	1, 3, 5-トリス(2, 3-エポキシプロピル)-1, 3, 5-トリアジン-2, 4, 6(1H, 3H, 5H)-トリオン	0.1%	0.1%
398	トリス(N, N-ジメチルジチオカルバメート)鉄（別名ファーバム）	1%	0.1%
399	トリニトロトルエン	1%	0.1%
400	トリフェニルアミン	1%	1%
401	トリブロモメタン	1%	0.1%
402	2-トリメチルアセチル-1, 3-インダンジオン	1%	1%
403	トリメチルアミン	1%	1%

A12

番号	物質名	ラベル裾切値	SDS 裾切値
404	トリメチルベンゼン	1%	1%
405	トリレンジイソシアネート	1%	0.1%
406	トルイジン o-トルイジン m-トルイジン p-トルイジン	0.1%	0.1%
407	トルエン	0.3%	0.1%
408	ナフタレン	1%	0.1%
409	1-ナフチルチオ尿素	1%	1%
410	1-ナフチル-N-メチルカルバメート（別名カルバリル）	1%	1%
411	鉛及びその無機化合物	0.1%	0.1%
412	二亜硫酸ナトリウム	1%	1%
413	ニコチン	1%	0.1%
414	二酸化硫黄	1%	1%
415	二酸化塩素	1%	1%
416	二酸化窒素	1%	0.1%
417	二硝酸プロピレン	1%	1%
418	ニッケル	1%	0.1%
	ニッケル化合物 ニッケルカルボニル	0.1%	0.1%
419	ニトリロ三酢酸	1%	0.1%
420	5-ニトロアセナフテン	1%	0.1%
421	ニトロエタン	1%	1%
422	ニトログリコール	1%	1%
423	ニトログリセリン	—	—
424	ニトロセルローズ	—	—
425	N-ニトロソモルホリン	1%	0.1%
426	ニトロトルエン o-ニトロトルエン m-ニトロトルエン p-ニトロトルエン	0.1%	0.1%
427	ニトロプロパン 1-ニトロプロパン 2-ニトロプロパン	1%	0.1%
428	ニトロベンゼン	1%	0.1%
429	ニトロメタン	1%	0.1%
430	乳酸ノルマル-ブチル	1%	1%
431	二硫化炭素	0.3%	0.1%
432	ノナン	1%	1%
433	ノルマル-ブチルアミン	1%	1%
434	ノルマル-ブチルエチルケトン	1%	1%
435	ノルマル-ブチル-2,3-エポキシプロピルエーテル	1%	0.1%

A12

番号	物質名	ラベル裾切値	SDS 裾切値
436	N-[1-(N-ノルマル-ブチルカルバモイル)-1H-2-ベンゾイミダゾリル]カルバミン酸メチル（別名ベノミル）	0.1%	0.1%
437	白金及びその水溶性塩	1%	0.1%
438	ハフニウム及びその化合物	1%	1%
439	パラ-アニシジン	1%	1%
440	パラ-クロロアニリン	1%	0.1%
441	パラ-ジクロロベンゼン	0.3%	0.1%
442	パラ-ジメチルアミノアゾベンゼン	1%	0.1%
443	パラ-ターシャリ-ブチルトルエン	0.3%	0.1%
444	パラ-ニトロアニリン	1%	0.1%
445	パラ-ニトロクロロベンゼン	1%	0.1%
446	パラ-フェニルアゾアニリン	1%	0.1%
447	パラ-ベンゾキノン	1%	1%
448	パラ-メトキシフェノール	1%	1%
449	バリウム及びその水溶性化合物	1%	1%
450	ピクリン酸	―	―
451	ビス(2,3-エポキシプロピル)エーテル	1%	1%
452	1,3-ビス[(2,3-エポキシプロピル)オキシ]ベンゼン	1%	0.1%
453	ビス(2-クロロエチル)エーテル	1%	1%
454	ビス(2-クロロエチル)スルフィド（別名マスタードガス）	0.1%	0.1%
455	N,N-ビス(2-クロロエチル)メチルアミン-N-オキシド	0.1%	0.1%
456	ビス(ジチオりん酸)S,S′-メチレン-O,O,O′,O′-テトラエチル（別名エチオン）	1%	1%
457	ビス(2-ジメチルアミノエチル)エーテル	1%	1%
458	砒素及びその化合物	0.1%	0.1%
459	ヒドラジン	1%	0.1%
460	ヒドラジン一水和物	1%	0.1%
461	ヒドロキノン	0.1%	0.1%
462	4-ビニル-1-シクロヘキセン	1%	0.1%
463	4-ビニルシクロヘキセンジオキシド	1%	0.1%
464	ビニルトルエン	1%	1%
464-2	N-ビニル-2-ピロリドン	1%	0.1%
465	ビフェニル	1%	0.1%
466	ピペラジン二塩酸塩	1%	1%
467	ピリジン	1%	0.1%
468	ピレトラム	1%	0.1%
468-2	フェニルイソシアネート	1%	0.1%
469	フェニルオキシラン	0.1%	0.1%
470	フェニルヒドラジン	1%	0.1%
471	フェニルホスフィン	1%	0.1%

A12

番号	物質名	ラベル裾切値	SDS 裾切値
472	フェニレンジアミン	1%	0.1%
	o-フェニレンジアミン		
	m-フェニレンジアミン		
	p-フェニレンジアミン		
473	フェノチアジン	1%	1%
474	フェノール	0.1%	0.1%
475	フェロバナジウム	1%	1%
476	1, 3-ブタジエン	0.1%	0.1%
477	ブタノール	1%	0.1%
	1-ブタノール		
	2-ブタノール		
	イソブタノール（イソブチルアルコール）		
	tert-ブタノール		
478	フタル酸ジエチル	1%	0.1%
479	フタル酸ジ-ノルマル-ブチル	0.3%	0.1%
480	フタル酸ジメチル	1%	1%
481	フタル酸ビス(2-エチルヘキシル)（別名 DEHP）	0.3%	0.1%
482	ブタン	1%	1%
482-2	2, 3-ブタンジオン（別名ジアセチル）	1%	0.1%
483	1-ブタンチオール	1%	1%
484	弗化カルボニル	1%	1%
485	弗化ビニリデン	1%	1%
486	弗化ビニル	0.1%	0.1%
487	弗素及びその水溶性無機化合物	1%	0.1%
	弗化水素		
488	2-ブテナール	0.1%	0.1%
488-2	ブテン	1%	1%
	1-ブテン		
	2-ブテン		
	イソブテン		
489	フルオロ酢酸ナトリウム	1%	1%
490	フルフラール	1%	0.1%
491	フルフリルアルコール	1%	1%
492	1, 3-プロパンスルトン	0.1%	0.1%
492-2	プロピオンアルデヒド	1%	1%
493	プロピオン酸	1%	1%
494	プロピルアルコール	1%	0.1%
	n-プロピルアルコール		
	イソプロピルアルコール		
495	プロピレンイミン	1%	0.1%
496	プロピレングリコールモノメチルエーテル	1%	1%
497	2-プロピン-1-オール	1%	1%

A12

番号	物質名	ラベル裾切値	SDS 裾切値
497-2	プロペン	1%	1%
498	ブロモエチレン	0.1%	0.1%
499	2-ブロモ-2-クロロ-1, 1, 1-トリフルオロエタン（別名ハロタン）	1%	0.1%
500	ブロモクロロメタン	1%	1%
501	ブロモジクロロメタン	1%	0.1%
502	5-ブロモ-3-セカンダリ-ブチル-6-メチル-1, 2, 3, 4-テトラヒドロピリミジン-2, 4-ジオン（別名ブロマシル）	1%	0.1%
503	ブロモトリフルオロメタン	1%	0.1%
503-2	1-ブロモプロパン	1%	0.1%
504	2-ブロモプロパン	0.3%	0.1%
504-2	3-ブロモ-1-プロペン（別名臭化アリル）	1%	1%
505	ヘキサクロロエタン	1%	0.1%
506	1, 2, 3, 4, 10, 10-ヘキサクロロ-6, 7-エポキシ-1, 4, 4a, 5, 6, 7, 8, 8a-オクタヒドロ-エキソ-1, 4-エンド-5, 8-ジメタノナフタレン（別名ディルドリン）	0.3%	0.1%
507	1, 2, 3, 4, 10, 10-ヘキサクロロ-6, 7-エポキシ-1, 4, 4a, 5, 6, 7, 8, 8a-オクタヒドロ-エンド-1, 4-エンド-5, 8-ジメタノナフタレン（別名エンドリン）	1%	1%
508	1, 2, 3, 4, 5, 6-ヘキサクロロシクロヘキサン（別名リンデン）	1%	0.1%
509	ヘキサクロロシクロペンタジエン	1%	0.1%
510	ヘキサクロロナフタレン	1%	1%
511	1, 4, 5, 6, 7, 7-ヘキサクロロビシクロ[2, 2, 1]-5-ヘプテン-2, 3-ジカルボン酸（別名クロレンド酸）	1%	0.1%
512	1, 2, 3, 4, 10, 10-ヘキサクロロ-1, 4, 4a, 5, 8, 8a-ヘキサヒドロ-エキソ-1, 4-エンド-5, 8-ジメタノナフタレン（別名アルドリン）	1%	0.1%
513	ヘキサクロロヘキサヒドロメタノベンゾジオキサチエピンオキサイド（別名ベンゾエピン）	1%	1%
514	ヘキサクロロベンゼン	0.3%	0.1%
515	ヘキサヒドロ-1, 3, 5-トリニトロ-1, 3, 5-トリアジン（別名シクロナイト）	1%	1%
516	ヘキサフルオロアセトン	1%	0.1%
516-2	ヘキサフルオロアルミン酸三ナトリウム	1%	1%
516-3	ヘキサフルオロプロペン	1%	1%
517	ヘキサメチルホスホリックトリアミド	0.1%	0.1%
518	ヘキサメチレンジアミン	1%	0.1%
519	ヘキサメチレン=ジイソシアネート	1%	0.1%
520	ヘキサン	1%	0.1%
	n-ヘキサン		
521	1-ヘキセン	1%	1%
522	ベーターブチロラクトン	1%	0.1%
523	ベータープロピオラクトン	0.1%	0.1%
524	1, 4, 5, 6, 7, 8, 8-ヘプタクロロ-2, 3-エポキシ-3a, 4, 7, 7a-テトラヒドロ-4, 7-メタノ-1H-インデン（別名ヘプタクロルエポキシド）	0.3%	0.1%
525	1, 4, 5, 6, 7, 8, 8-ヘプタクロロ-3a, 4, 7, 7a-テトラヒドロ-4, 7-メタノ-1H-インデン（別名ヘプタクロル）	0.3%	0.1%
526	ヘプタン	1%	1%
527	ペルオキソ二硫酸アンモニウム	1%	0.1%

A12

番号	物質名	ラベル裾切値	SDS 裾切値
528	ペルオキソ二硫酸カリウム	1%	0.1%
529	ペルオキソ二硫酸ナトリウム	1%	0.1%
530	ペルフルオロオクタン酸	0.3%	0.1%
	ペルフルオロオクタン酸アンモニウム塩	1%	0.1%
530-2	ベンジルアルコール	1%	1%
531	ベンゼン	0.1%	0.1%
532	1, 2, 4-ベンゼントリカルボン酸 1, 2-無水物	1%	0.1%
533	ベンゾ[a]アントラセン	1%	0.1%
534	ベンゾ[a]ピレン	0.1%	0.1%
535	ベンゾフラン	1%	0.1%
536	ベンゾ[e]フルオラセン	0.1%	0.1%
537	ペンタクロロナフタレン	1%	1%
538	ペンタクロロニトロベンゼン	1%	0.1%
539	ペンタクロロフェノール（別名 PCP）及びそのナトリウム塩	0.3%	0.1%
540	1-ペンタナール	1%	1%
541	1, 1, 3, 3, 3-ペンタフルオロ-2-(トリフルオロメチル)-1-プロペン（別名 PFIB）	1%	1%
542	ペンタボラン	1%	1%
543	ペンタン	1%	1%
544	ほう酸	0.3%	0.1%
	ほう酸ナトリウム	1%	0.1%
545	ホスゲン	1%	1%
545-2	ポルトランドセメント	1%	1%
546	(2-ホルミルヒドラジノ)-4-(5-ニトロ-2-フリル)チアゾール	1%	0.1%
547	ホルムアミド	0.3%	0.1%
548	ホルムアルデヒド	0.1%	0.1%
549	マゼンタ	1%	0.1%
550	マンガン	0.3%	0.1%
	無機マンガン化合物	1%	0.1%
551	ミネラルスピリット（ミネラルシンナー、ペトロリウムスピリット、ホワイトスピリット及びミネラルターペンを含む。）	1%	1%
552	無水酢酸	1%	1%
553	無水フタル酸	1%	0.1%
554	無水マレイン酸	1%	0.1%
555	メタ-キシリレンジアミン	1%	0.1%
556	メタクリル酸	1%	1%
557	メタクリル酸メチル	1%	0.1%
558	メタクリロニトリル	0.3%	0.1%
559	メタ-ジシアノベンゼン	1%	1%
560	メタノール	0.3%	0.1%
561	メタンスルホン酸エチル	0.1%	0.1%
562	メタンスルホン酸メチル	0.1%	0.1%

番号	物質名	ラベル裾切値	SDS 裾切値
563	メチラール	1%	1%
564	メチルアセチレン	1%	1%
565	N-メチルアニリン	1%	1%
566	2, 2′-[[4-(メチルアミノ)-3-ニトロフェニル]アミノ]ジエタノール（別名 HC ブルーナンバー 1）	1%	0.1%
567	N-メチルアミノホスホン酸 O-(4-ターシャリ-ブチル-2-クロロフェニル)-O-メチル（別名クルホメート）	1%	1%
568	メチルアミン	0.1%	0.1%
569	メチルイソブチルケトン	1%	0.1%
570	メチルエチルケトン	1%	1%
571	N-メチルカルバミン酸 2-イソプロピルオキシフェニル（別名プロポキスル）	0.1%	0.1%
572	N-メチルカルバミン酸 2, 3-ジヒドロ-2, 2-ジメチル-7-ベンゾ[b]フラニル（別名カルボフラン）	1%	1%
573	N-メチルカルバミン酸 2-セカンダリ-ブチルフェニル（別名フェノブカルブ）	1%	1%
574	メチルシクロヘキサノール	1%	1%
575	メチルシクロヘキサノン	1%	1%
576	メチルシクロヘキサン	1%	1%
577	2-メチルシクロペンタジエニルトリカルボニルマンガン	1%	1%
578	2-メチル-4, 6-ジニトロフェノール	0.1%	0.1%
579	2-メチル-3, 5-ジニトロベンズアミド（別名ジニトルミド）	1%	1%
580	メチル-ターシャリ-ブチルエーテル（別名 MTBE）	1%	0.1%
581	5-メチル-1, 2, 4-トリアゾロ[3, 4-b]ベンゾチアゾール（別名トリシクラゾール）	1%	1%
582	2-メチル-4-(2-トリルアゾ)アニリン	0.1%	0.1%
582-2	メチルナフタレン / 1-メチルナフタレン / 2-メチルナフタレン	1%	1%
582-3	2-メチル-5-ニトロアニリン	1%	0.1%
583	2-メチル-1-ニトロアントラキノン	1%	0.1%
584	N-メチル-N-ニトロソカルバミン酸エチル	1%	0.1%
585	メチル-ノルマル-ブチルケトン	1%	1%
586	メチル-ノルマル-ペンチルケトン	1%	1%
587	メチルヒドラジン	1%	0.1%
588	メチルビニルケトン	1%	0.1%
588-2	N-メチル-2-ピロリドン	1%	0.1%
589	1-[(2-メチルフェニル)アゾ]-2-ナフトール（別名オイルオレンジ SS）	1%	0.1%
590	メチルプロピルケトン	1%	1%
591	5-メチル-2-ヘキサノン	1%	1%
592	4-メチル-2-ペンタノール	1%	1%
593	2-メチル-2, 4-ペンタンジオール	1%	1%
594	2-メチル-N-[3-(1-メチルエトキシ)フェニル]ベンズアミド（別名メプロニル）	1%	1%
595	S-メチル-N-(メチルカルバモイルオキシ)チオアセチミデート（別名メソミル）	1%	1%
596	メチルメルカプタン	1%	1%

A12

番号	物質名	ラベル裾切値	SDS 裾切値
597	4,4′-メチレンジアニリン	1%	0.1%
598	メチレンビス(4,1-シクロヘキシレン)=ジイソシアネート	1%	0.1%
599	メチレンビス(4,1-フェニレン)=ジイソシアネート（別名 MDI）※2	1%	0.1%
600	2-メトキシ-5-メチルアニリン	1%	0.1%
601	1-(2-メトキシ-2-メチルエトキシ)-2-プロパノール	1%	1%
601-2	2-メトキシ-2-メチルブタン（別名ターシャリ-アミルメチルエーテル）	1%	0.1%
602	メルカプト酢酸	1%	0.1%
603	モリブデン及びその化合物	1%	0.1%
	酸化モリブデン(VI)（別名 三酸化モリブデン）	1%	0.1%
604	モルホリン	1%	1%
606	沃素	1%	0.1%
	沃素化合物（沃化物）	1%	1%
607	ヨードホルム	1%	1%
607-2	硫化カルボニル	1%	1%
608	硫化ジメチル	1%	1%
609	硫化水素	1%	1%
610	硫化水素ナトリウム	1%	1%
611	硫化ナトリウム	1%	1%
612	硫化りん	1%	1%
613	硫酸	1%	1%
614	硫酸ジイソプロピル	1%	0.1%
615	硫酸ジエチル	0.1%	0.1%
616	硫酸ジメチル	0.1%	0.1%
617	りん化水素	1%	1%
618	りん酸	1%	1%
619	りん酸ジ-ノルマル-ブチル	1%	1%
620	りん酸ジ-ノルマル-ブチル=フェニル	1%	1%
621	りん酸 1,2-ジブロモ-2,2-ジクロロエチル=ジメチル（別名ナレド）	1%	0.1%
622	りん酸ジメチル=(E)-1-(N,N-ジメチルカルバモイル)-1-プロペン-2-イル（別名ジクロトホス）	1%	1%
623	りん酸ジメチル=(E)-1-(N-メチルカルバモイル)-1-プロペン-2-イル（別名モノクロトホス）	1%	1%
624	りん酸ジメチル=1-メトキシカルボニル-1-プロペン-2-イル（別名メビンホス）	1%	1%
625	りん酸トリ(オルト-トリル)	1%	1%
626	りん酸トリス(2,3-ジブロモプロピル)	0.1%	0.1%
627	りん酸トリ-ノルマル-ブチル	1%	1%
628	りん酸トリフェニル	1%	1%
629	レソルシノール	1%	0.1%
630	六塩化ブタジエン	1%	0.1%

※2　番号 599 の「MDI」は「4,4′-MDI」のみを指します。

A12

番号	物質名	ラベル裾切値	SDS 裾切値
631	ロジウム及びその化合物	1%	0.1%
632	ロジン	1%	0.1%
633	ロテノン	1%	1%

※番号 312、605 は欠番です。

※「―」は裾切値の設定がないことを示します。

　なお、ニトログリセリンを含有する製剤その他の物については、98% 以上の不揮発性で水に溶けない鈍感剤で鈍性化したもので、かつ、ニトログリセリンの含有量が 0.1% 未満のものは除きます。

※ CAS 番号は本書では省略しています。出典又は NITE-CHRIP（https://www.nite.go.jp/chem/chrip/chrip_search/systemTop）を参照してください。

●職場のあんぜんサイトもご利用ください。
　（https://anzeninfo.mhlw.go.jp）

出典：「― GHS 対応―化管法・安衛法・毒劇法におけるラベル表示・SDS 提供制度」P.42 以降（経済産業省、厚生労働省）をもとに作成
　　　（https://www.mhlw.go.jp/new-info/kobetu/roudou/gyousei/anzen/dl/131003-01-all.pdf）

A12

化学物質管理者専門的講習テキスト　総合版
　　―リスクアセスメント対象物製造事業場・取扱い事業場向け―

2023 年 7 月 31 日　　第 1 版第 1 刷発行
2024 年 3 月 15 日　　　　　第 4 刷発行

編 著 者　城内　博

発 行 者　朝日　弘

発 行 所　一般財団法人 日本規格協会
　　　　　〒 108-0073　東京都港区三田 3 丁目 13-12 三田 MT ビル
　　　　　　　　　　　https://www.jsa.or.jp/
　　　　　　　　　　　振替　00160-2-195146

製　　作　日本規格協会ソリューションズ株式会社
印 刷 所　三美印刷株式会社

© Hiroshi Jonai, et al., 2023　　　　　　　　　Printed in Japan
ISBN978-4-542-40417-5